农业部农业环境与气候变化重点开放实验室

农业生物资源与环境修复

朱昌雄　主编

中国农业科学技术出版社

图书在版编目（CIP）数据

农业生物资源与环境修复／朱昌雄主编．—北京：中国农业科学技术出版社，2009.3
ISBN 978－7－80233－773－2

Ⅰ．农…　Ⅱ．朱…　Ⅲ．农业－环境污染－污染防治　Ⅳ．X592

中国版本图书馆 CIP 数据核字（2008）第 189702 号

责任编辑　张孝安
责任校对　贾晓红

出 版 者　中国农业科学技术出版社
　　　　　北京市中关村南大街 12 号　邮编：100081
电　　话　(010)82109708(编辑室)(010)82109704(发行部)
　　　　　(010)82109703(读者服务部)
传　　真　(010) 82109709
网　　址　http://www.castp.cn
经 销 者　新华书店北京发行所
印 刷 者　北京富泰印刷有限责任公司
开　　本　787 mm×1 092 mm　1/16
印　　张　26.25
字　　数　600 千字
版　　次　2009 年 3 月第 1 版　2009 年 3 月第 1 次印刷
定　　价　120.00 元

农业生物资源与环境修复

编委会

主　编

朱昌雄

执行主编

郭　萍　顾金刚

编　委

朱昌雄　郭　萍　姜瑞波　顾金刚

崔丽虹　付卫东　霍炜洁　黄亚丽

刘　雪　宋　魏　田云龙　肖晶晶

于　江　叶　婧　赵永坤　邓春生

张国良　马春森　张燕荣　李　峰

龚明波

前 言

为了探讨我国“十一五”期间农业生物资源与环境调控的发展趋势，推动各单位“产、学、研、用”全面发展，编者于2006年10月25日在福建省厦门市召开了“第一届全国生物资源与环境调控学术研讨会”，旨在为该领域的学者与专家搭建了一个良好的交流与合作平台。第一届学术交流与研讨会得到了中国农学会农业资源与环境分会和中国农业科学院农业环境与可持续发展研究所的大力支持，同时也得到了与会专家、学者、企业家与相关人士的支持。经过两年多的深入研究，各位专家、学者、企业家和相关人士在该领域都取得了一定的成绩。为了更好地开展交流与合作，也为了维护本届大会的宗旨，加速生物环境保护产业的发展进程，提升整个产业的技术水平，为农业源污染的防治和农业可持续发展及安全与健康食品的生产做出贡献，编者于2008年7月13日在山东省烟台市召开了“第二届全国农业生物资源与环境调控学术研讨会”。该会的召开得到了与会代表的大力支持，同时得到了科技部国家水体污染控制与治理重大科技专项——典型村镇饮用水安全保障技术体系研究与示范项目（2008ZX07425）的大力支持，编者在此代表组织委员会表示衷心的感谢。

“第二届全国农业生物资源与环境调控学术研讨会”收到论文70余篇。来稿从不同的角度反映了我国在生物资源与环境调控领域的有关研究、开发和应用现状。为了促进该领域的发展与学术交流，本书从大会投稿中选取优秀论文25篇，与本书编者撰写的相关内容汇编为正式出版物。编委会根据与会者研究方向的不同，将该书分为农业微生物资源与环境调控、肥料污染控制与生态修复、农药污染与治理、畜禽养殖废弃物的污染及其处理利用、水产养殖污染与修复、重金属污染与修复、农产品加工业的污染和治理、石油污染土壤的微生物修复和外来入侵生物与污染控制等九个部分，对各领域的国内外研究进展和发展趋势等进行了概括和总结，以便业内外人士更好地了解该领域的现状和发展趋势。

现就书中的有关事项说明如下：

一、本书中的文章除个别的为特邀文章外，其余均来自于会议论文；

二、凡入选的论文文字均以作者来稿为准，除个别稿件进行编辑加工技术处理外，大多数论文未作实质性的改动；

三、凡入选的论文，文责自负，多位作者的论文在目录中仅列第一作者姓名；

四、由于论文交付时间先后不一，加之印刷时间紧迫，全书在编辑过程中错误和不妥之处在所难免，敬请读者谅解。

本书在编辑和出版过程中得到了多位专家、学者的关爱和指导，以及各参会代表积极地撰稿和投稿。在此，编者向所有投稿作者表示衷心的感谢，并致以崇高的敬意！

编者

2008年10月

目　　录

第一章

农业微生物资源与环境调控

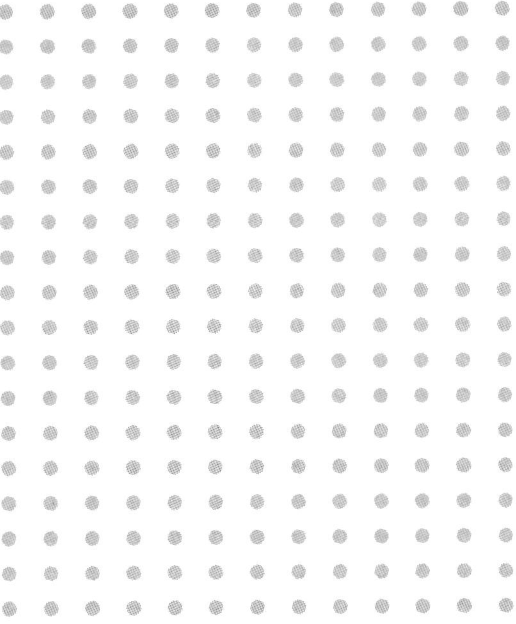

农业微生物资源与环境调控

1　农业微生物资源保藏机构及职能

1.1　农业微生物资源概念

微生物资源是指可培养的、有一定科学意义或实用价值的细菌、真菌、病毒、细胞株及相关的信息资料。农业微生物是与农业生产（农作物种植业、畜禽饲养业和水产养殖业）、农产品加工、农业环境保护和农业生物技术有关的微生物的总称。在生物技术众多领域中，微生物酶工程技术是农业技术革新中的最主要力量之一。我国拥有世界的生物资源达10%，据不完全统计其中微生物种类有3万种以上，与世界其他国家相比较，这种优势是不可多得的，同时还意味着我国的微生物工程和酶工程研究由于如此丰富的材料而具有很大的发展潜力[1]。微生物资源开发有着具大的潜力，微生物技术的可促进了传统农业的革新和改造，农业微生物研究涉及农业生产环境的各方面。微生物可以把农作物秸秆、糟、粕及其他农副产品转化成动物饲料，也可以转变成生物肥料，活化土壤中难以利用的营养元素，提高土壤养分供应能力，具有保水、保肥能力。微生物农药高效、安全、无残留，不杀伤天敌，有利于生态平衡，并且可大幅度减少化学农药的施用，有效降低农产品中的有毒物质残留。微生物饲料可促进畜禽肠道有益菌群建立，抑制病原菌繁殖，提高动物防病抗病能力，减少化学兽药和抗生素使用量，降低甚至消除化学兽药和抗生素在畜产品中的残留。微生物生态环境保护剂，可直接清除水、土壤和空气中的有害化学物质，消除污染。

1.2　微生物保藏机构发展进程

微生物菌种资源保藏机构缘起欧洲，捷克微生物学家 Fran-tisek Kral 最早从事微生物菌种的公共性保藏。1890 ~ 1911 年，Karl 收集保藏了世界上一大批有价值的菌种，并于1900年、1902年、1904年和1911年连续出版菌种目录。1911年7月22日，Karl 去世后，Ernst Pribram 教授负责保管 Karl 的菌种。Pribram 教授并于1914年将 Karl 的菌种带到奥地利维也纳州立血清研究所。1911 ~ 1914 年期间，由于疏于管理和保藏技术的限制，大部分菌种失活。第二次世界大战前夕，Pribram 教授将 Karl 保藏室的部分菌种带到美国芝加哥 loyola 大学。1938年，Pribram 教授遇车祸去世，带去的菌种命运也无从知晓，留在欧洲的菌种也因第二次世界大战而被毁掉[2]。除 Kral 建立的菌种保藏室之外，20世纪初在法国、比利时、英国和日本的有关研究所也相继建立了几个菌种保藏机构，但无从查找相关资料。有据可查的是1906年在荷兰建立是的 CBS（Centralbureau voor Schimmelcultures)。随后，美国、日本和英国等一些菌种保藏机构相继成立。例如美国于1925年成立 America Type Culture Collection，简称 ATCC。

我国的微生物菌种资源保藏工作虽开展较早，但过程较曲折。我国近代微生物菌种保存始于20世纪20年代，仅零星的菌种存放于相关酿造实验室。新中国成立之前，国家一直处于战乱时期，对微生物种质资源收集、保藏工作不重视，没有专门的机构，菌种保藏、检测、鉴定技术及设施相当落后。30年代后期，方心芳先生在黄海化学工业研究社工作期间，注重收集与保存微生物菌种资源。1950年冬，中国科学院竺可桢副院长到黄海化工研究社征询如何转移保藏在大连科学研究所内的微生物菌种时，方心芳提出了设立全国性微生物菌种保藏机构的建议。1951年中国科学院成立了菌种保藏委员会，1953年初，菌种保藏委员会成为具有实体的科研机构，在方心芳的具体领导下着手积极开展菌种收集、保藏和研究工作[3]。此外，一些从事微生物的研究单位相继成立了菌种保藏组，如中国农业科学院土壤肥料研究所的菌种保藏组，开始收集以根瘤菌、农用抗生素产生菌以及微生物肥料用菌等农业微生物菌种；中国医药生物制品检定所，收集医学细菌等。1979年，在原国家科委的组织领导下，召开了第一届全国菌种保藏会议，成立了中国微生物菌种保藏管理委员会，成立了6个专业性保藏管理中心。1984年7月，召开了第二届全国菌种保藏会议，成立了第七个专业性保藏管理中心，分别是普通微生物、农业微生物、工业微生物、兽医微生物、林业微生物、医学微生物和抗生素（后改为药用微生物）菌种中心，7个中心在各自专业领域内收集、鉴定、评价、保藏、供应微生物菌种，并承担国际交流任务。此后，教育部成立了中国典型培养物保藏管理中心，一些大学、研究所成立了一些专业微生物保藏机构，如海洋微生物菌种保藏管理中心等。

1.3 微生物保藏机构的核心职能

微生物资源的挖掘、利用、保护及保存。微生物新种属的发现认知，将是一个长期的过程。从巴斯德研究酵母发酵开始算人类有意识利用微生物资源开始的话，至今已有100多年的历史，20世纪50年代后，则是大规模利用微生物资源的黄金期，并且取得了辉煌的成就。80年代以后，由于分子生物学技术的发展，才意识到我们所认识的微生物仅仅是实有数的1%～10%，甚至不到千分之一。例如，目前我们所知道的真菌仅占5%，实际可能有150多万种[4]；笔者知道的细菌仅占12%，实际可能有4万种。如果说我们所认识到的微生物资源仅占实有数的10%，实际被人们利用的不到0.1%，对微生物功能多样性的认识有待于进一步加强，微生物的开发利用有巨大的提升空间。ICCC-11会议上的微生物生态型（Phenotype）[5]的提出，对于理解、研究微生物资源的多样性具有深刻意义。

微生物保藏技术研究与应用。避免微生物菌株在保藏过程中形态特征、生理生化性状、基因信息的发生变化对于菌株的工业化生产、分类、教学研究具有重要意义。虽然微生物菌株在长期保藏中不可避免的出现致病力下降、酶活力下降、酶活性丢失，但从Ryan等人的研究中可以发现，采用不同的保藏程序方法可以不同程度的降低菌株长期保藏过程中退化。此外，菌株在致病活性、酶活力性状的长期保藏对保藏工艺选择性体现在“株”的水平上，同一个种菌种的不同菌株也需要进行保藏工艺的研究才能保证其形态特征、生理生化特征的稳定遗传。对于一些微生物菌株诱导酶活性的丢失，一般情况下只要菌株基因信息完整，在加入相应诱导物，菌株会重新恢复一定的产酶能力，但酶活力的产量是否得到恢复视具体情况而定。对于一些生产性的菌株或工程菌株来说，多是经过诱变、基因重组、基因突变或转基因等手段得到，其基因组的稳定性相对于野生菌株来说，稳定性可能下降，此类菌株在长期保藏的过程中需要特殊的保藏工艺处理，才能够保证基因信息的稳定遗传[6,7]。

模式菌和标准菌株保存与共享。模式菌和标准菌株可广泛应用于分类、检测等各项研究中。世界培养物保藏联盟（World Federation of Culture Collection，WFCC）的指导手册中也明确指出“菌种保藏中心保存一些经鉴定的、国际承认的参考菌株是必要的”。在全球的 WDCM 微生物保藏中，据不完全统计，细菌模式菌约有 18 560 株，真菌模式菌 25 098 株，微藻类模式菌 1 774 株，古菌模式菌 427 株[8]。从整体而言，我国微生物菌种保藏机构模式菌和标准菌株的的保藏比例较小。

微生物资源规范管理的实践者。为了保证微生物资源的可持续利用，CBD 公约的规定如下：“每一缔约国应尽可能并酌情在国家决策过程中考虑到生物资源的保护和持续利用；采取有关利用生物资源的措施，以避免或尽量减少对生物多样性的不利影响；保护并鼓励那些按照传统文化惯例而且符合保护或持续利用要求的生物资源习惯使用方式；在生物多样性已减少的退化地区资助地方居民规划和实施补救行动；鼓励其政府当局和私营部门合作制定生物资源持续利用的方法。最好在遗传资源原产国建立和维持移地保护及研究植物、动物和微生物的设施，采取措施以恢复和复原受威胁物种并在适当情况下将这些物种重新引进其自然生境中，进行合作，为以上所概括的移地保护措施以及在发展中国家建立和维持移地保护设施提供财政和其他援助，按照本公约有关条款从事保护生物多样性、持续利用其组成部分以及公平合理分享由利用遗传资源而产生的惠益”。微生物菌种保藏机构的运行是国际、国家政策的执行者与维护者。

《中国微生物菌种保藏管理条例》第二章第四条规定如下：“（一）各保藏管理中心有权向国内有关单位收集和索取有一定价值的菌种；（二）凡单位或个人分离，选育或引进具有一定价值的菌种，应及时将该菌种的复制培养物及详细资料，送交有关保藏管理中心。确认有保存价值者，方可入藏；（三）下述菌种均为国家重要的生物资源，均需向有关中心办理入藏手续。1. 申请专利的菌种；2. 报部和省、自治区、直辖市级科研成果所涉及的菌种；3. 新种、新型菌种。”第五条规定如下：“（一）各保藏管理中心所保藏的菌种，必须具有该菌种的详细历史及有关实验资料；（二）各保藏管理中心对其所负责保藏的菌种均应采取妥善、可靠的方法保藏，避免菌种的污染或死亡；（三）各保藏管理中心应制定安全、严密的保管制度，并指定专人负责；（四）各保藏管理中心应尊重申请保藏单位或个人的劳动成果，并为其作证，维护其合法权益，不得擅自扩散。”此外，《食用菌菌种管理办法》（农业部令第 62 号）第二章第九条规定“从境外引进菌种，应当依法检疫，并在引进后 30 日内，送适量菌种至中国农业微生物菌种保藏管理中心保存”。

1.4 微生物资源保藏概况

截止到2008年8月6日，有67个国家536个菌种保藏机构在WDCM注册，约保藏150余万株微生物菌种资源，其中细菌约572 203株，真菌477 671株，病毒15 801株，细胞系11 269株，其他微生物318 475株[8]。我国自2003年启动微生物菌种资源平台项目建设以来，对各微生物保藏机构的微生物菌株进行了整理整合，截止到2007年12月31日，中国农业、医学、药用、兽医、工业、林业、海洋以及武汉大学等微生物菌种保藏中心已保藏整理、整合完成11.2万株，累计保藏菌株数量达18.2万株。我国农业微生物资源在环境降解、肥效用、食用菌、植物病原、生物防治、能源、微生物饲料、特殊环境和基因资源9个领域整理整合1.73万株，安全保藏各类微生物资源1.2万余株。

2 生物防治微生物资源及应用

2.1 微生物农药定义及生防微生物的种类

微生物农药（Microbial pesticides）是生物农药（Biopesticides）的重要组成部分。生物农药是指微生物本身以及源于微生物、植物及其他生物体的产物[9]，其内涵是通过生物的作用（非化学毒性）方式杀死有害生物。美国环保局EPA将生物农药分为3类：活体微生物组成的微生物农药，转基因植物农药（Plant-Incorporated-Protectants，PIPS）通过非毒性作用机制天然存在的生物化学农药。我国学者对微生物农药的定义是利用微生物及其基因产生或表达的各种生物活性成分[10]。显然这一定义包括了通过化学毒性作用的农药。微生物农药（活体）是目前生物农药研究中最活跃的领域，每年登记的数量在不断增加。在“The Biopesticide Manual”[11]中，登记注册的微生物农药组分达60个。美国环保局登记的微生物（病毒、细菌、放线菌和真菌）种、变种及专化型达42种。我国登记注册的微生物农药组分18个，产品53个之多[12]。尽管微生物农药的品种较多，但目前的市场主要是Bt制剂。用于有害生物治理的微生物资源非常丰富，具体有多少种微生物没有确切的统计，昆虫病原微生物（细菌、病毒、真菌和线虫）报道有1 500多种[13]。其中，昆虫病原真菌达750种之多[14]，而研究较多的只有20种左右[15]。

2.2 生防制剂的研究与应用

2.2.1 Bt制剂的研究与应用 苏云金芽孢杆菌（Bt）是一种杆状细菌，因从德国苏云金省发现、分离而得名，至今已近百年。它是目前世界上用途最广、开发时间最长、产量最大、应用最成功的微生物杀虫剂，占生物防治剂总量的95%以上，已有60多个国家登记了120多个品种，广泛用于防治农业、林业、贮藏物害虫以及医学昆虫。美国用以防治蔬菜害虫和玉米害虫的面积分别占总面积的80%和50%，销售额从80年代末的4 000万美元上升到90年代的5亿多美元。我国于1959年引进Bt杀虫剂，1965年在武汉建成国内第一家Bt杀虫剂生产企业。经过多年的发展，Bt杀虫剂已成为我国工业化

和生产水平最高的生物农药之一。我国目前已登记的 Bt 杀虫剂粉剂有 16 种，液剂 12 种，生产厂家达 76 家，年产量达 $2.0 \times 10^{8} \sim 3.0 \times 10^{10}$kg，在 20 多个省、市、区用于防治粮、棉、果、蔬、林等作物上的 20 多种害虫，使用面积达 300hm^2 以上。近年来，高含量的 Bt 杀虫剂粉剂已出口到泰国、新加坡、美国等国家和我国台湾省。采用基因工程技术构建药效稳定，防治面较广的 Bt 工程菌剂，是当前生物农药发展的新趋势。我国构建的高效杀虫重组苏云金杆菌已于 2000 年底通过了安全性评价获准进行商品化生产，而且第二代细胞工程杀虫剂和第三代基因工程杀虫剂即将问世，它可以克服杀虫谱窄、持效期短和药效慢等弊端。

2.2.2 *病毒杀虫剂的研究与应用* 昆虫杆状病毒是一类重要的、较早应用的昆虫病原微生物。迄今为止，发现的昆虫病毒已超过 1 000 多株，涉及 11 个目的 900 多种昆虫，已有 20 多个国家对 30 多种病毒杀虫剂进行了登记、注册、生产和应用。昆虫杆状病毒杀虫剂是我国第一个商品化生产的病毒杀虫剂，粉剂和乳悬剂都已推广应用于棉铃虫的防治。斜纹夜蛾 NPV 杀虫剂——咀瘟一号、黄地老虎 GV 杀虫剂和菜青虫 GV 杀虫剂等 9 种昆虫病毒杀虫剂均已注册，每年使用面积达到 $6.6 \times 10^{6}hm^2$ 以上。我国采用利尿激素基因、昆虫保幼激素酯酶基因、Bt 杀虫蛋白基因、蝎神经毒素基因等构建的重组病毒杀虫剂大大缩短了害虫致病时间，防治效果显著。

2.2.3 *真菌杀虫剂的研究与应用现状* 真菌杀虫剂等新型生物农药在病虫害防治中也显示出良好的应用前景。应用真菌杀虫剂防治害虫一直受到国内外的广泛关注，国际生防组织使用黄绿绿僵菌防治沙漠蝗虫，美国引进舞毒蛾噬虫霉防治舞毒蛾，巴西使用金龟子绿僵菌防治甘薯沫蝉等，均取得了显著效果。我国开展真菌制剂的研究开发已有 30 多年的历史，其中主要以研究球孢白僵菌为主。白僵菌对多种农林害虫具有致死作用，已知的寄主昆虫达 707 种，大面积用于防治松毛虫、玉米螟和水稻叶蝉等害虫。目前虽然还未开发成功白僵菌制剂产品，但每年应用白僵菌在南方地区大面积防治林区松毛虫和东北地区防治玉米螟等的面积达 $7.0 \times 10^{6}hm^2$。木霉菌已开发成功，取得农药登记注册，用于防治蔬菜灰霉病具有较理想的效果和应用前景。目前处于小试和中试阶段的真菌制剂还有绿僵菌（主要用于防治地下害虫、天牛蝗等）、淡紫拟青霉（具有较高的杀虫活性，其发酵液含有类似生长素和细胞分裂素的成分，主要用于防治大豆孢囊线虫和烟草根结线虫）、虫霉和蜡蚧轮枝菌等。

2.2.4 *真菌除草剂的应用与研究现状* 随着除草剂在农业中的广泛应用，利用高效低毒的微生物除草剂引起了许多发达国家的重视，并相继开展了大量的研究工作，涉及的微生物有 80 多种。真菌除草剂主要属丝孢纲和腔孢纲，其中 17% 具有良好或极好的实际使用前景。我国对于微生物除草剂也有一定的研究，如山东省农业科学院植物保护研究所筛选的“鲁保一号”微生物除草剂是一种专性寄生于菟丝子的黑盘孢目毛炭疽菌属的真菌，防除主要的农田杂草菟丝子效果显著。20 世纪 70 年代，在 20 多个省推广应用，防效率达 85% 以上，平均可挽回损失达 30% ~50% 。

3 肥效微生物资源及应用

3.1 微生物肥料概况

肥料效应用微生物种质资源分为两类，一类是通过其中所含微生物的生命活动，增加了植物营养元素的供应量，导致植物营养状况的改善，进而产量增加，代表品种是要菌肥；另一类是广义的微生物肥料，其制品虽然也是通过其中所含的微生物生命活动作用使作物增产，但它不仅仅限于提高植物营养元素的供应水平，还包括了它们所产生的次生代射物质，如激素类物质对植物的刺激作用，促进植物对营养元素的吸收利用，或者能够拮抗某些病原微生物的致病作用，减轻病虫害而使作物产量增加。

国外对微生物肥料的研究和应用历史较我国长，其主要的品种是各种根瘤菌肥。早在20世纪20年代在美国、澳大利亚等国就开始有根瘤菌接种剂（根瘤菌肥料）的研究和试用。此外，前苏联及东欧一些国家的科研人员进行了固氮菌肥料和磷细菌肥料的研究和应用，所用的菌种为圆褐固氮菌和巨大芽孢杆菌。他们和前捷克斯洛伐克、英格兰及印度研究固氮菌的工作者证实，这类细菌能分泌生长物质和一种抗真菌的抗生素，能促进种子发芽和根的生长；20世纪70年代末和80年代初，一些国家对固氮细菌和解磷细菌进行了田间试验，结果各异，对其作用还有相当大的争议。但在固氮螺菌与禾本科作物联想合共生的研究中取得了一定的进展，在许多国家作为接种剂使用。

关于微生物肥料方面的研究，我国起始于20世纪50年代。20世纪50年代，我国从前苏联引进自生固氮菌、磷细菌和硅酸盐细菌剂，称为细菌肥料；20世纪60年代又推广使用放线菌制成的“5406”抗生菌肥料和固氮蓝绿藻肥；20世纪70～80年代中期，又开始研究VA菌根，以改善植物磷素营养条件和提高水分利用率；20世纪80年代中期至90年代，农业生产中又相继应用联合固氮菌和生物钾肥作为拌种剂。

1995年曾估计全国有生产企业120家总产量40万t，根据目前的调查结果，我国生产微生物肥料企业总数可能超过500家，总产量超过500万t。全国除了西藏自治区以外，其余省市均有生产企业，但数量和分布不均衡。企业的组成仍在“洗牌”，一些企业经营不善退出，又有新的企业上马。

根据对当前微生物肥料行业生产品种的不完全统计，已经投入生产和正在研发过程的品种分为两大类：一类为微生物发酵扩培为主的菌剂类，其中包括根瘤菌及固氮菌剂、解磷细真菌菌剂、硅酸盐菌剂、促生菌剂、有机物料秸秆腐熟剂、放线菌菌剂、光合细菌菌剂、菌根真菌制剂、厌氧菌制剂和土壤水体修复剂等。另一类为微生物制剂与营养物质有机和无机复配的生物有机肥或生物有机无机肥料类。产品中所使用的菌种早已突破过去的种类少、组合单一的模式。据不完全统计已达80种以上[16]，见表1所示。

表1 微生物肥料主要类型[17]

肥料类型			微生物组成	主要产品	应用对象
单一菌肥	固氮菌肥料	固氮菌肥料	固氮菌属 芽孢梭菌属 粪产碱杆菌固氮红螺菌固氮蓝细菌 固氮螺菌	肥力高	甘蔗、小麦、燕麦、谷物、棉花和蔬菜等
		根瘤菌肥料	固氮根瘤菌		豆科植物
	解钾、磷细菌肥料	硅酸盐细菌肥料	钾细菌、硅酸盐细菌	“巨微”牌硅酸盐菌剂	玉米、棉花、水稻、小麦、烤烟和薯类等
		磷细菌肥料	磷细菌		稻、麦、大豆等
	抗生菌肥料	放线菌、产抗生素菌	“5406”抗生菌肥料、奇四抗生菌肥		棉花等
	菌根菌肥料	彩色豆马勃菌 内囊霉菌（VA菌根）			造林、需要育苗的植物
	光合生物肥料	红螺菌、紫硫菌等	PSB生物肥料		果蔬作物
	PGPR	肥料革兰氏阴性细菌			苜蓿和小麦
复合生物肥料	复合微生物-微量元素复合生物肥料	钼、钴、钨	“阿姆斯”、“保绿丰”		蚕豆
	联合固氮菌复合生物肥料	雀稗固氮菌、联合固氮细菌、固氮菌、根瘤菌	EM、酵素菌、辽农牌植物动力微生物菌剂、“绿工”牌生物		小麦与各种作物
	磷细菌和钾细菌复合生物肥料	磷细菌和钾细菌有机肥	微生物福贝菌剂		
	多菌株多营养复合生物肥料	EM（光合细菌、乳酸菌、酵母菌、放线菌等）“垦易”（细菌、放线菌、霉菌、酵母及芽孢杆菌）	“农业一号”、“田力宝”、“垦易”		

3.2 主要肥效微生物资源

3.2.1 根瘤菌 根瘤菌是一类共生固氮细菌的总称，它的突出特点是能与豆科植物形成共生体，将大气中的氮分子转化成氨，供宿主植物作氮肥。全球豆科植物共有700多个属，19 700多个种，我国约有150多个属，1 500多个种，在这近2万种豆科植物中做过结瘤情况调查的不过3 000种，而进行过共生关系研究的仅0.5%左右。中国农业大学“根瘤菌资源多样性研究课题组”历经30余年的努力，为根瘤菌应用积累了丰硕的种质贮备和研究成果：在全国32个省、市、区700多县采集了根瘤标本近万份，从600多种豆科植物上分离、确认和保藏根瘤菌9 000多株，其中许多豆科植物是中国特有生态类型的植物资源；发现了一批高抗逆性的菌株；初步建立了目前国际上数量最多和多样性最丰富的根瘤菌资源库，既为国家保存了十分可贵的根瘤菌资源，更为我国豆科植物接种根瘤菌提供了种质资源保障。依条件的不同，根瘤菌可满足其宿主植物所需氮素营养的50% ~100%，豆科作物可不施或少施氮肥。豆科植物的地下部分含植物总氮量的35%，残体被分解后还可供下茬作物利用。近几十年来很多国家豆科植物播种面积不断扩大，以大豆为例，据FAO统计，从1961 ~2000年世界大豆收获面积增长了1.49倍，美国增加1.35倍，巴西增加35.9倍，阿根廷增加了592.3倍（中国却减少了0.37%）。这种增长速度超过了世界上任何一种粮食作物。由于豆类作物扩增，很多国家的化学氮肥的用量则可大幅度减少，如巴西现在减少进口氮肥，每年可节约20亿美元。美国从1895年首次进行根瘤菌剂商业生产，最大发展时期是在1929 ~1940年，澳大利亚是在第二次世界大战之后发展根瘤菌剂生产。目前，美国有80%的苜蓿在播种之前进行根瘤菌接种，加拿大和澳大利亚几乎所有的苜蓿均接种根瘤菌。巴西种大豆，均不施氮肥，只接种根瘤菌，可增产30%，卢旺达以根瘤菌接种豆科植物，增产40% ~60%。我国20世纪50 ~60年代，花生、大豆接种根瘤菌增产10%或更多，绿肥作物紫云英接种根瘤菌增产更明显，高达1 ~3倍。

3.2.2 AM真菌 丛枝菌根（*Arbuscular Mycorrhiza*，AM）真菌是自然界中分布最广、农业和生态意义都十分重要的一类土壤真菌。AM真菌生态适应性强，资源丰富，迄今世界范围内已报道的AM真菌已超过200种，我国发现38属104种（包括12个新种）。众多研究表明，AM真菌在土壤中广泛分布于农田、森林和草原土壤中外，热带雨林、半干旱灌木丛、湿地、高山、低地、沙滩，以及沙漠、碱土、盐土、贫瘠土、各种污染土壤、煤矿、废矿区和退化草场土壤中都有存在。AM真菌的宿主范围也十分广泛，可与陆地上90%以上的植物形成丛枝菌根，特别是栽培植物中绝大多数的农作物、园艺作物、经济作物、牧草等都能被AM真菌侵染。AM真菌与植物根系形成的共生体对植物的作用主要体现在以下4个方面：①改善宿主营养状况，促进宿主的生长发育，提高产量和品质；②提高宿主抗逆性：抗旱、抗病、抗盐碱、耐酸、抗污染、抗重金属等；③改善土壤结构及理化性质；④生态意义重大：影响植物多样性及生态系统功能和稳定。由于AM真菌不能离体培养，只能通过与植物共生的方法进行分离培养，因此，这类真菌的资源收集与保藏都在专门的机构进行。目前，已经建成的国际性和地区性AM真菌种质资源库有5个：国际AM真菌保藏中心（International Culture Collection of Arbuscular and Vesicular-Arbuscular Mycorrhizal Fungi INVAM）由美国国家基金会资助，1985年在美国佛罗里达成立，成立初期保藏菌种约200株。1990年移到西弗吉尼亚大学，经过19年的建设库存菌株1 061株，包括70个已知种和45个未定种，截至2005年有1 400，包括75个已知种和34个未定种。亚洲AM真菌保藏中心（Centre for Mycorrhizal Culture Collection CMCC）设在印度新德里Tata能量研究所，1994年成立时保藏菌株180株。欧洲AM真菌保藏中心（European Bank of Glomales BEG）于1989年由欧盟的科学家们所组成的一个非正式组织，现在设在英国，拥有的菌种约50株，而可提供外界研究的菌株只有7株。加拿大AM真菌根器官繁殖种中心（库）（Glomales in vitro collection GINCO）保藏种27个。至2007年底，北京市农林科学院保藏AM真菌3个属19个种，共计95个菌株。

3.2.3 溶磷微生物 土壤中许多微生物都具有不同程度的解磷能力，既有分解含磷土壤有机化合物的有机磷微生物，也有溶解无机磷酸盐的无机磷微生物。早在19世纪，有的土壤学家就曾指出土壤微生物对磷的转化作用。20世纪初，在欧洲相继有人研究了土壤中微生物转化磷的过程。1948年，Gerretsen研究了微生物对植物生长的影响，发现生长于不灭菌的土壤中的植物干物重比生长于灭菌土壤的植物干物重增加72% ~188%，磷的吸收量增加79% ~342%。其后，Sperber坚定了由土壤解磷细菌产生的几种有机酸，认为解磷细菌通过分泌有机酸促进了土壤磷的释放[18]。20世纪50年代，前苏联研究者蒙基娜从土壤中分离到一种解磷巨大芽孢杆菌，分解核酸和卵磷脂的能力很强，接种于土壤中能提高土壤的有效磷含量[19]。我国在20世纪50年代对解磷细菌研究与应用开始起步，1955年，我国东北农业科学院学者从东北黑钙土中分离出能分解有机磷的巨大芽孢杆菌[19]。土壤中解磷能力较强的解磷微生物主要有巨大芽孢杆菌（*Bacillus megatherium*）、蜡状芽孢杆菌（*Bacillus cereus*）及假单胞菌如草生假单孢菌（*Pseudomonas herbicola*）等。尹瑞龄等发现我国黑钙土壤中解磷菌含量较多，但种类较少，其中以芽孢杆菌和假单胞菌为主，碱土中解磷微生物的数量较少[20]。林启美等分析了农田、林地、草地以及菜地土壤有机磷细菌数量及种群结构，发现土壤有机磷细菌数量比无机磷细菌多，且林地和菜地土壤中的解磷细菌主要是假单孢菌，在农田中只发现假单孢菌和沙门氏菌属两种解磷细菌[21]。土壤解磷微生物包括细菌、真菌和放线菌等。目前报道具有解磷作用的细菌类有：*Bacillus*、*Pseudom onas*、*Erwinia*、*Agrobacterium*、*Serratia*、*Flarobacterium*、*Enterbacter*、*Micricoccus*、*Azotobacter*、*Rhizobium*、*Salmonella*、*Chromobacterium*、*Alcaligenes*、*Arthrobacter*、*Thiobacillus* 和 *Escherichia*；解磷真菌类有：*Penicillium*、*Aspergillus*、*Rhizopus*、*Fusarium* 和 *Sclerotium*；放线菌 *Streptomyces* 等，其中解磷巨大芽孢杆菌是发现最早、解磷效果最好、使用国家多、推广面积大的菌株，它兼有溶解磷酸三钙的能力。

3.2.4 解钾微生物 胶质芽孢杆菌（*Bacillus mucilaginosus*）是一种能分解硅酸盐矿物的细菌，国内一些学者也把它称为硅酸盐细菌，它能分解钾长石、云母等铝硅酸盐的原生质态矿物，使土壤中的不溶性K、P、Si等转变为可溶性元素供植物利用。同时还可产生多种生物活性物质，促进植物生长。硅酸盐细菌主要指胶冻芽孢杆菌（*B. mucilaginosus*）和环状芽孢杆菌（*B. circulans*）及其他经过鉴定的种类。*B. circulans* 是国际承认的一种。此类菌可分解土壤中难溶的P、K，此类菌发酵液中有激素类物质，在根际形成优势种，可抑制其他病原菌的生长，达到增产效果。

3.2.5 根际细菌PGPR 根际细菌（*Rhizibacteria*）是从根际分离所得，据其对植物的不同反应分为有益、中性、有害三种，Kloepper和Schroth于1978年提出，将与根有密切联系并强定殖于根系，能促进植物生长的根际细菌定义为PGPR（Plant growth-promoting Rhizobacteria）。近年来，植物根际促生细菌已成为新的研究热点，自1988年开始，关于PGPR国际研讨会已举行了5届，随着微生物技术的发展和对根际细菌区系这一主题的广泛研究，现在清楚的知道，细菌对根中的生长刺激因素的反应比放线菌、真菌或藻类都强烈。Ostenorp 和 Sikora 研究指出根际细菌 G－菌的细胞壁脂双层膜上具有与根表面外源凝集素（Lectin）相结合的结构，因而与根具有较强的亲和力，较易在植物根部定殖。PGPR 的研究已有 80 多年的历史，近 20 年来，PGPR 的存在和作用日益引起微生物学家、植保学家和农学家的关注，在已有的研究报道中有 *Acinetobacter*、*Actinoplanes*、*Aeromonas*、*Agrobacterium*、*Acaligenes*、*Arotebacter*、*Arthrobacter*、*Azotobacter*、*Bacillus*、*Bradyrhizobium*、*Cellulomonas*、*Enterobacter*、*Erwinia*、*Flavobacterium*、*Hafnia*、*Micromonospora*、*Pseudomonas*、*Pasteuria*、*Rahnella*、*Rhizobium*、*Serratia*、*Streptomyces* 和 *Xanthomonas* 等 23 个属的细菌株。现已为国际承认的有固氮作用的需氧芽孢细菌，多粘芽孢杆菌（*Bacillus polymyxa*），其中一个有较强固氮能力的变种于 1984 年定名为固氮芽孢杆菌（*Bacillus azolofixans*），其固氮酶活性可达 $69\times10^6\sim240\times10^6$mg 分子乙烯/ml · h^{-1}，用凯式定氮法检定其固氮能力为 3.3～6.0mg N · g^{-1} 葡萄糖。此类菌剂 80℃干燥制成干粉后可长期储存，适合于制成粉状或颗粒状微生物肥料，是固氮菌类更新换代的最佳菌种[22]。

3.3 微生物肥料需求潜力巨大

我国现有耕地的 78% 属于中低产田，在中低产耕地改良和土壤退化治理中，微生物肥料大有用武之地。据 FAO 估算，自然界生物固氮量（纯氮）约 2 亿 t/年，豆科植物根瘤菌贡献其中的 65%～70%。美国 1997 年统计数据表明，依靠豆科作物所固定的氮为 620 万 t，约占其年施肥总量的 1/3。美国普遍实行大豆（接种根瘤菌）、玉米轮作，从 20 世纪 80 年代中期以来，氮肥年施用量一直维持在 1 000万 t 左右。我国 2004 年豆类种植总面积 1 280万 hm^2，如果按国际上统计的几种常见豆科作物最高固氮量的平均数为 300kg/(hm^2 · a) 计算，固氮总量可达 380 万 t，约占同年氮肥消耗总量的 1/10。目前全国平均氮肥利用率仅为 30%，据估计我国每年损失的氮肥价值在 400 亿元以上。

4 饲料微生物资源及应用

4.1 饲料微生物应用的类型及种类

目前在畜牧饲养及养殖业中的微生物制品主要有饲用微生物添加剂、动物微生态制剂、饲料酶、生物兽药及养殖水质净化剂等。这些微生物制品的应用一方面可以提高饲料的转化率，促进畜禽生长；另一方面可以调整动物的微生态平衡，提高动物的健康水平。还有一些活菌剂可以用于治疗动物疾病。例如治疗由于大肠杆菌引起的腹泻，可以用对大肠杆菌有抑制作用的芽孢杆菌活菌制剂。在畜禽养殖中推广微生物制品，可以减少抗菌素的使用，在水产养殖中使用微生物水质净化剂，例如光合细菌可以有效地控制由残余饲料引起水质污染、减少抗生素的使用，降低养殖成本。由利于生产安全食品提高产品出口竞争力。

益生素（Probiotic）一词首先被 Lilley 和 Stillwell 使用，最初被定义为“由一种微生物分泌的刺激若干种微生物生长的物质”。美国学者 Parker 认为：“益生素是维持肠道内微生物平衡的微生物或物质”，由于该定义范围太大，易于引起混乱，美国食品与药品管理局（FDA）把该类产品定义为“可以直接饲用的微生物制品”。Fuller 重新定义为“一种可通过改变肠道菌群平衡而对动物施加有利影响的活的微生物饲料添加剂”。Hsossard 给益生素的定义是“摄入动物体内参与肠道内微生物群落的阻碍作用，或者通过增强非特异性免疫功能来预防疾病而间接地起到促进生长作用和提高饲料效率的活的微生物培养物”。Gatesoupe 定义为“微生物以活体形式进入宿主胃肠道并且改善宿主的健康水平”。Gram 等去掉“改善宿主胃肠道”的限制，拓宽了益生菌的定义范围：一种活的微生物辅助剂，可以通过改善宿主微生态平衡对宿主产生有益的影响。Naidll 等将益生菌定义为“可以作为饲料添加剂的一类微生物，通过调节宿主细胞黏膜以及系统的免疫功能来影响宿主的生理状态，同时改善宿主的肠道微生态平衡，阻止致病菌的生长繁殖”。我国学者在 1991 年提出了一个较通俗的概念“饲用微生物添加剂”，也有人将益生素称为“益生菌、活菌剂、微生态制剂、促菌生、生菌素、促生素和利生素”。微生物添加剂亦称益生素（Probiotic）、促生素、生菌素、益菌素及微生态制剂等[23]。

到目前为止，开发应用的饲用微生物的品种很多，但出于对菌种安全性的考虑，我国《饲料添加剂品种目录（2006）》准予使用的有 16 种。按其菌种类型，饲用微生物添加剂可分为乳酸菌类、芽孢杆菌类、酵母菌类和光合细菌类。乳酸菌是一类可以分解碳水化合物产生乳酸的细菌总称，其中以乳酸杆菌属、双歧杆菌属为代表。乳酸杆菌是动物胃肠道中的优势菌群，应用历史最早，种类很多，均为无孢子生成苗，厌氧或兼性厌氧，不耐高温；实际生产中的此类产品有乳酸菌发酵饲料、乳酸菌粉及乳酸菌提取物。我国允许作为饲料添加剂的乳酸杆菌有嗜酸乳杆菌、干酪乳杆菌、粪肠球菌（粪链球菌）、乳酸肠球菌、屎肠球菌、乳酸乳杆菌、植物乳杆菌、乳酸片球菌、戊糖片球菌及保加利亚乳杆菌；而双歧杆菌有两歧双歧杆菌（农业部公告第 318 号，2006）。目前主要应用的是嗜酸乳酸杆菌和粪链球菌。芽孢杆菌在动物肠道中仅零星存在，属需氧菌。此类菌普遍存在于土壤、水、发酵食品和动物粪便中，易培养。比起乳酸杆菌属具有能耐受胃内低 pH 值环境，在肠道的正常生态中只有少量存在，不会大量增殖，多种有效的酶促活性等优点。其孢子对热、压、酸、碱、酶及某些药物、X 射线等不良环境具有很强的耐受性，在饲料加工、贮存及消化道中稳定性好。我国允许作为饲料添加剂的芽孢杆菌有枯草芽孢杆菌和地衣芽孢杆菌（农业部公告第 318 号，2006）。我国目前畜禽用的微生物添加剂产品以芽孢杆菌为主。酵母菌零星存在于动物肠道微生物群落中，好氧，富含蛋白质和多种 B 族维生素、不耐热。我国允许作为饲料添加剂的酵母菌有产朊假丝酵母和酿酒酵母（农业部公告第 318 号，2006）。光合细菌主要在水产养殖中使用，用作饲料添加剂或水质净化剂。我国允许作为饲料添加剂的光合细菌有沼泽红假单胞菌（农业部公告第 318 号，2006）。

4.2 微生物饲料的主要应用类型

作为畜、禽和鱼类的饲料以及适用于加工或改善饲料质量的微生物，在日益发展的基础上，人们逐渐认识并利用微生物增加饲料新品种或改进饲料质量。饲料微生物的应用包括：青贮饲料、单细胞蛋白和发酵饲料等方面。

4.2.1 青贮饲料 利用乳酸细菌类微生物发酵产生乳酸贮存的饲料。目前研究和应用的青贮接种剂按使用目的可以分为两类，一类是促进发酵的微生物，主要包括同型发酵乳酸菌；另一类是提高青贮饲料有氧稳定性的微生物，主要包括布氏乳杆菌和丙酸菌，但这些种类又往往会复合在一起，且很多商品制剂中还加入了纤维素酶、半纤维素酶等酶制剂，以增加接种菌的发酵底物，因此，对于商品制剂来说，往往很难分类。同型发酵乳酸菌接种剂是一种传统的接种剂，经常使用的是具有同型发酵能力的如植物乳杆菌（*Lactobacillus plantarum*）、粪链球菌（*Enterococcus faecium*）和片球菌（*Pediococcus* spp.）等，它们可以有效的利用作物的可溶性碳水化合物，增加乳酸的产量、迅速的降低 pH 值。当然，很多接种剂含有一种以上的乳酸菌或含有同一类的几种乳酸菌，因为不同的乳酸菌可以在不同的 pH 值条件下生长良好，这样可以使青贮的不同阶段（pH 值为 4~6）都有快速的发酵。Whitten bury1961 年首先提出了理想接种标准，这一原始标准不断的被完善，可将其主要内容归纳为：①快速生长并同自然菌株的成功竞争；②糖的同型发酵和乳酸的快速产生；③耐酸性（pH 值接近 4）；④发酵范围较广的糖类；⑤不产生源自蔗糖的不可发酵的右旋糖苷和源自果糖的甘露醇；⑥不降解有机酸；⑦温度在 50℃以上时可以增殖或者至少可以生存；⑧低湿度的萎蔫牧草上增殖较好；⑨最好是单产 L（+）乳酸异构体的菌株。完全满足这些标准的 LAB 菌种较为稀少。Woolford 和 Sawczyc 在实验室条件下对 21 株乳酸菌进行筛选，结果发现没有一株完全满足这些标准；然而它们的确发现了三株满足大多数条件的菌株：坚韧链球菌（*Streptococcus durans*）、嗜酸乳杆菌（*Lactobacillus acidophilus*）和胚芽乳杆菌或植物乳杆菌（*Lactobacillus plantarum*）。胚芽乳杆菌或植物乳杆菌在厌氧、pH 值大于 5 时生长缓慢，鉴于此，接种剂中经常将该菌连同其他菌共同使用。常用的有粪链球菌（*Enterococcus faecalis*），它比较适合开始发酵时的环境，另外片球菌属的若干种（*Pediococcus* spp.）也较常用。乳酸球菌在青贮饲料发酵初期旺盛繁殖，为乳酸杆菌创造良好生育环境，即在乳酸发酵中起先导作用，乳酸杆菌与乳酸球菌间有着相辅相成的作用。乳酸杆菌在青贮饲料发酵过程中占有支配地位。根据上述原则选择的接种菌，可使青贮过程产生更多的乳酸和更大比例的同型发酵性乳酸菌。布氏乳杆菌具有提高青贮饲料有氧稳定性能力，如 *Lactobacillus buchneri* 40788，一种异型发酵乳酸菌，它可以产生高剂量的乙酸抑制酵母和霉菌，从而使青贮饲料在暴露于空气中时不易损坏。布氏乳杆菌是近十年来才被人们认识的，它的应用改变了接种剂原有的定义和标准。此外，还有一些接种剂含有丙酸菌，目的和使用布氏乳杆菌相似，即利用其生产丙酸的能力来提高青贮饲料的有氧稳定性[24]。

4.2.2 单细胞蛋白 微小生物的细胞蛋白。常被用作精饲料或一般饲料的添加剂，从而增加畜、禽和鱼类的蛋白质营养。常用的有饲料酵母（啤酒厂制酒，发酵后滤出的酵母），干制后约含有 50% 的蛋白质和多种维生素，是营养价值较高的添加剂。木材水解液、废糖蜜、亚硫酸纸浆液和食品加工业的下脚料或废水，也被利用来培养饲料酵母（如产朊假丝酵母、热带假丝酵母），供作饲料蛋白。中国近年来利用白地霉在开放式浅池或深层培养中生产大量菌体，进而加工成猪、鱼等的高蛋白饲料。小球藻、栅藻、螺旋藻等在浅水中，用人工培养液于阳光下开放培养，繁殖藻体，经适当加工后也可制成优质的饲料。此外，某些假丝酵母、球拟酵母、克勒克酵母能利用石油中的某些成分作为碳源和能源而生长繁殖，以石油为原料，人工培养这类酵母，从而得到蛋白质。但这类酵母细胞蛋白质须慎重加工处理，确证其对畜、禽无毒时，方能用作饲料。

4.2.3 *发酵饲料* 某些粗饲料经接种合适的菌剂，在人工控制的条件下，发酵成为营养价值较高的饲料。其中比较成功的是借助曲霉、酵母的活动，将半纤维素、淀粉含量高的粗饲料发酵成为适口的饲料。也有把富含纤维素、木质素的原料，经接种担子菌（如侧耳属、鬼伞属的一些种）以及黑曲霉、木霉进行纤维素分解，以提高饲料的利用率。也有利用栽培食用菌的培养料经加工而成饲料的。如中国福建、浙江等省已经用种过蘑菇仍含大量蘑菇菌丝体的培养料，作为牛和鱼类的饲料。利用微生物发酵饲料的另一种方法是依照牛、羊的瘤胃，安装发酵设备，充以粉碎的秸秆，以瘤胃液作为发酵微生物类群的接种剂，在无氧和适温条件下进行纤维素的分解，变纤维素和半纤维素等为有效性糖类，提高营养价值。

5 环境微生物资源及应用

5.1 环境微生物的概念

环境微生物是自然界中群体数目最庞大、种属类群最繁多、基因资源最丰富和应用范围最广泛的一类生物，在自然界物质循环和能量循环中充当着最积极和最重要的推动者的角色。即使在极端环境包括极端污染环境中，能发现的唯一的生命形式只有微生物。环境微生物在长期进化过程中获得的抗逆性（如耐盐、耐酸碱、耐寒等），生物降解特性（如对农药等有机污染物的降解）和其他优良的生物特性（如合成杀虫抗病活性物等），是自然界赋予人类的最宝贵的财富。国内自20世纪80年代环境污染问题出现以来，开始重视对污染物降解性菌种资源的分离筛选和应用研究，并取得了丰硕的成果，获得了一大批能降解农药、石油类、芳香烃类、抗生素、卤代烃类等严重污染我国农田土壤和水体的有机污染物的微生物菌株。

5.2 环境微生物研究概况

5.2.1 *农药降解微生物资源* 获取高效农药降解菌和降解基因的主要途径是从受污染的土壤、水体底泥、污水处理厂排出的污泥等受污染的环境介质中筛选、驯化、富集和分离。人们已分离了许多可降解农药的微生物，这些微生物包括细菌、真菌、放线菌和藻类。细菌主要有 *Pseudomonas*、*Bacillus*、*Arthrobacter*、*Corynebacterim*、*Flavobacterium*、*Xanthomonas*、*Azotomonus* 和 *Thiobacillus* 等。真菌主要有 *Aspergillus*、*Penlcillium*、*Trichoderma* 和 *Fusarium* 等。在这些微生物中，往往一种微生物可降解多种农药，如细菌中假单孢菌属的一些种可降解 DDT、γ-BHC、艾氏剂、毒杀芬和马拉硫磷等20多种农药，而真菌中曲霉属的一些种可降解狄氏剂、异狄氏剂、七氯、敌百虫、澳硫磷和地虫磷等多种农药。同时存在于自然环境中的藻类对有机磷也有降解作用，如小球绿藻属降解甲拌磷、对硫磷等。我国农药降解微生物菌种资源和应用方面的研究工作处于国际研究前沿。其中，南京农业大学从全国各地收到各种农药和有机化工产品生产废水污染的土壤采集的1 000多个环境样品中，采用土壤环流柱、改进的梯度稀释接种、抗性压力、平板指示法等方法大通量筛选到有潜在应用价值的菌株1 500余株，建立了环境微生物菌种种质资源库。这些菌株包括能够耐受高温、高盐、强酸、强碱的菌株，能够降解农药和各种有毒有机污染物的菌株，能够分泌各种酶类的菌株等。农药降解菌株有500多株，能够降解的农药包括有机磷（甲胺磷、1605、三唑磷、甲基1605、久效磷、敌敌畏、蚍虫磷、甲拌磷和毒死蜱等）、有机氮（呋喃丹、杀虫双、杀虫单）、有机氯（666、DDT）、菊酯类（氰戊菊酯、溴氰菊酯、氯氰菊酯、杀灭菊酯和联苯菊酯等）和除草剂（阿特拉津、丁草胺、异丙隆、甲磺隆和氯磺隆）等。

5.2.2 有机污染排放物降解 持久性有机污染物因滞留性、生物蓄积性和长半衰期，难降解、高毒、三致性及生殖毒性，广为人们所关注，已被欧盟立法控制，并列入美国环保署（EPA）优先控制污染物中环境优先污染物黑名单。这些外来物进入环境的时间相对较短，天然微生物还未完整地进化出能系统降解此类化合物的酶或酶系及相应代谢机制，因而持久滞留于环境中，对生态环境和人体健康构成威胁。随着使用量的增大，很多自然水体中都能检测到，其浓度甚至超过美国环保局规定的安全浓度，造成严重的环境污染，生物降解这些污染物已成为全球范围的研究热点。持久性有机污染物主要为有机氯农药，包括滴滴涕、氯丹、灭蚁灵、艾氏剂、狄氏剂、异狄氏剂、七氯、毒杀酚、六氯苯和多氯联苯、呋喃丹；苯环类污染物，包括苯酚类、苯胺类、萘、蒽、菲、芘等；硝基类化合物；石油类污染物，包括烷烃、烯烃、卤代烃、芳烃等；以及医药和化工中间体和染料类污染物等。不同种类的微生物，其降解芳香族类化合物的途径不尽相同，好氧微生物与厌氧微生物降解芳香化合物的代谢途径就完全不同。好氧微生物在降解芳香化合物过程中，代谢的最初分支点是两个双羟酚中间产物，即儿茶酚和原儿茶酸。研究较多的细菌包括 *Pseudomonas putida*、*Acinetobacter calcoaceticus* 和 *Alcaligenes eutrophus* 等。好氧条件下的白腐真菌对芳香硝基化合物研究较多。许多厌氧微生物或兼性好氧微生物在厌氧条件下，也能降解芳香化合物。如在厌氧条件下，芳香硝基化合物主要进行硝基的还原反应，许多细菌都可以催化此反应的发生，其中硫化细菌和梭菌的研究较为深入。

5.2.3 有机废弃物降解利用 有机废弃物主要包括农田废弃物降解、畜禽粪便资源化等，其中对纤维素类、木质素类的有机废弃物的降解研究较多，包括细菌、放线菌、真菌以及白腐真菌等。

5.2.3.1 细菌 具有纤维素降解能力的细菌包括食纤维粘菌（*Cytophaga*），纤维多囊粘菌（*Polyangium cellulosum*）、纤维单孢菌属（*Cellulomonas*）、纤维弧菌属（*Cellvibrio*）等。近年来发现一些高温菌具有降解纤维素的能力，例如日本 Tsukuba 发酵研究所分离出的约休梭状芽孢杆菌（*Clostridium josui* sp. *nov.*），南美微生物菌种保藏中心自阿根廷 Buenose Aires 的河床沉积物中分离的嗜热解纸沙草梭状芽孢杆菌（*Clostridium thermopapyrolyticum* sp. *nov.*），这些菌种的共同特点是生长温度较高[25]。

5.2.3.2 放线菌 土壤中放线菌有2% ~4% 能分解农作物秸秆，所有放线菌中约有

11% ~65%具有降解秸秆的能力，这些放线菌主要有孢囊链霉菌属（*Streptosporangium*）、链霉菌属（*Streptomyces*）、小单孢菌属（*Micromonospora*）和诺卡氏菌属（*Nocardia*）。

5.2.3.3 真菌 真菌是目前研究对降解秸秆效率最高的微生物类型。主要有木霉属（*Trichoderma*）、毛壳菌属（*Chaetomium*）以及白腐真菌（White-rot fungi）等。木霉属（*Trichoderma*）主要有绿色木霉（*Trichoderma viride*）、康氏木霉（*Trichoderma koningii*）、长柄木霉（*Trichoderma longibrachiatum*）等。Reese 在进行微生物有机质对纤维素降解的相对作用时发现绿色木霉有降解纤维素的作用[26]；我国进入 20 世纪 70 年代开始对绿色木霉进行系统研究。张海等从腐败秸秆上分离筛选出绿色木霉，对秸秆类天然纤维素材料有较强的降解作用[27]；张丽萍等利用绿色木霉（*Trichoderma viride*）“9405”固态发酵，可提高纤维素酶的活性，提高秸秆降解率[28]。本课题组自 2002 年开始，从全国各地分离木霉属真菌 500 余株，已筛选出具有纤维素酶活性 100 余株。对于毛壳菌属的研究不多，近年来逐渐提出有关菌种可以降解秸秆中的纤维素，王瑞君从土壤样品中筛选分离出毛壳菌（*Chaetomium cellulolyticum*）纯菌种，对玉米秸秆进行单菌固体浅层发酵，可有效降解秸秆[29]。现在研究发现，秸秆中的木质素不易降解，白腐真菌作为可降解秸秆中木质素的主要有效菌种。Zadrazil 等 1982 年研究了 200 多种白腐真菌后发现，有几十种白腐真菌能显著的提高秸秆木质素的降解率；Robert 于 1984 年发现白腐真菌菌丝可穿过组织细胞壁，破坏细胞壁结构，从而达到降解秸秆的效果[30]。我国陆师义（1989）等报道，食用真菌中的平菇、凤尾菇、香菇、冬菇等木腐类真菌属于白腐菌类，分解木质素和纤维素的能力较强[31]；袁彤光等（1998）也做过试验，同样证明了香菇白腐真菌生物降解木质素的显著作用[32]。目前研究最多的白腐真菌有：黄孢原毛平革菌（*Phanerochete chrysosporium*）、烟管菌（*Berkandera adusta*）、变色栓菌（*Thametes versicolor*）、糙皮侧耳（*Pleurotus ostreatus*）、*Dichomitus squalens*、*Ceriporriopsis subvermispora* 等[33~37]。其中，黄孢原毛平革菌（*Phanerochete chrysosporium*）国际上研究最多，被作为降解木质素的代表菌株，表现出更有效降解能力，但在我国尚未发现有分布。

5.3 应用案例

获得高效的降解性微生物菌种资源是生产微生物修复制剂的基础，是研发微生物修复技术体系中最为关键的一环。国外自 20 世纪 60 年度以来就非常重视具有降解有机污染物功能的微生物菌种资源的分离筛选，并获得了一大批能够降解石油类污染物、芳香烃类污染物、卤代烃类污染物、农药等有机污染物的降解菌株，特别是获得了多株能高效降解石油类污染物的降解菌株。并且在此基础上开发了很多的微生物修复菌剂产品，如美国环境保护局在阿拉斯加 Exxon Vadez 石油泄漏的生物修复项目中，投加超级工程菌菌剂，短时间内消除了污染，为生物修复提供了第一个成功的例证。另外，美国密执安 Grayling 一个空军基地由柴油贮罐管道破裂造成深层土壤和水体高浓度污染，及弗吉尼亚州受二氯乙烯、三氯乙烯、四氯乙烯和 BTEX 污染土壤、地下水采用微生物修复技术，在分别投加降解菌剂经过 13 个月和 16 个月的运行处理后，土壤和地下水污染物浓度水均可满足密州自然资源局规定标准。目前，有机污染物的微生物修复在国际上现已形成一个产业，成立了一些专业公司，对一些污染区域的治理进行技术指导、咨询和工程治理。如美国 BCI 公司（Bioremediation Consulting Inc.）为有机氯溶剂污染提供分析服务，并根据分析结果提供相应的微生物制剂。美国 WIK Associates Inc. 开发了针对土壤石油烃污染进行原位修复的 Bugs + plus 系列产品。美国 WIK Associate Inc. 应用 Bugs + plus 系列产品，采用原位或异位修复方式成功地完成许多石油烃污染修复工程。美国工程服务生物修复公司（Engineering Services and Bioremediation Company）开发了修复土壤污染的系列专利产品，他们的产品有混合微生物制剂（microbial blends）及配套的机械或营养添加物产品，如 Bio-RaptorTM，remedilineTM。

6　食用菌资源及栽培应用

6.1　食用菌的概念、栽培历史及种类

食用菌是能够形成大型肉质或胶质的子实体或菌核类组织并能供人们食用或药用的一类大型真菌。常见的食用菌如香菇、平菇、木耳、银耳、金针菇、草菇、双孢菇等，其被食用的部分都是子实体，而茯苓和猪苓则是菌核。除少数几种子囊菌外，绝大多数的食用菌属于担子菌门，其中又以伞菌目为最多。大多数食用菌既是营养丰富、味道鲜美的食品，又是对疾病具有一定治疗或预防效果的药用菌，如猴头菇、银耳等。所以，食用菌和药用菌并无明显的界限和标志加以区别，只是各自在功能和用途上有些主次之分。

我国人民对大型真菌的认识历史悠久，早在先秦时代即有记载，庄子在他的《逍遥游》中说到："朝菌不知晦朔"，在《齐物论》中提到"蒸成菌"。后来列子的《汤问篇》中提到"朽壤之上，有菌芝者"。秦汉以后，随着唐、宋文化的昌盛，我国人民对大型真菌的观察与认识，也从零星记载，逐步走向深入与系统化。如宋代陈仁玉的《菌谱》、明代潘之恒的《广菌谱》、明代李时珍著《本草纲目》中的菜部第二十八卷，以及清代吴林著的《吴菌谱》等。

随着对大型真菌认识的不断加深，在长期采食野生食用菌的基础上，为了提高对食用菌的利用效率，逐渐从野生采集发展为人工栽培。通过长期的生产实践，有的地方形成了对某种食用菌的专业化生产，并形成了一套较为完整的生产工序。唐代苏恭《唐本草注》（660）中记载了栽培木耳的方法，这是关于食用菌栽培最早的记载。唐代韩鄂所著的《四时纂要》中"种菌子"一段记录了金针菇的栽培过程。元代王祯所撰《农书》（1313）中的"菌子"一段中，记载了山区农民栽培香菇的经验。1707 年，双孢菇的栽培始于法国。1822 年《广东通志》的记载，已经把草菇列为"家菇"了，可见草菇的栽培历史最少也有 200 多年的历史了。

我国自然条件优越，是世界上食用菌种质资源最丰富的国家之一。地球上已知能形成大型子实体的真菌估计约有 10 000多种，其中可以食用的 2 000多种，我国已发现食用菌 981 种，其中能够进行人工栽培的有 80 多种，目前商业化栽培的有 50 多种。丰富食用菌资源是我国食用菌产业成功的重要基础。1950 年，我国商业化栽培的食用菌仅有 5 种，截至 2002 年，我国商业化栽培的食用菌达 50 多种，除双孢菇是从国外引进的

种质资源外，其他种类的食用菌资源在我国都非常丰富，目前我国已经发现981种食用菌。近几年我国食用菌产业的迅速发展与白灵菇、杏鲍菇、灵芝、鸡腿菇等一批新种的驯化、选育和大规模栽培密不可分。如白灵菇在2000年之前的栽培量很少，2001年仅为7.3万t，2002年为34.3万t，2003年达到52.2万t。其次，新品种的选育也是一个关键的因素，目前仅中国农业微生物菌种保藏管理中心保藏的平菇品种就达100多个，香菇品种100多个，金针菇50多个。

6.2 食用菌产业发展概况

工业革命后，随着微生物学、真菌学、遗传学、生理学和生物化学等学科的发展，德国、法国、英国、美国及日本等国间将食用菌的栽培和育种工作推进到科学化的阶段，成为重要的产业。20世纪初，法国在双孢蘑菇纯菌种的分离培养方面首告成功。日本在20世纪20年代末，首先制成香菇的纯培养菌种。其后，各国开始利用粪草（堆肥）、秸秆、木屑等大规模栽培食用菌。20世纪60年代，欧洲、北美的一些国家食用菌的生产，平均每年以7%的速度递增，产量占世界总产量的90%以上。我国作为一个农业大国，食用菌的栽培原料（秸秆、木屑、枝丫和粪便）丰富，农业人口众多，为食用菌产业发展创造了条件。1978年，我国食用菌总产量仅为6万t，其后，我国食用菌产业的迅速发展，2002年，我国食用菌总产量达到了876万t。现在，我国已经成为世界上最大的食用菌生产和消费大国。尤其是进入21世纪的这几年，食用菌产业发展尤为迅猛，2000年的食用菌总产量为664万t，2001年为782万t，2002年为876万t，2003年达到10 386万t，见表2所示。

表2 我国食用用菌的主要种的产量（万t）

种类	1986年	1998年	2000年	2001年	2002年	2003年
平菇	10.0	102.0	170.0	259.0	265.7	248.8
香菇	12.0	138.8	220.5	207.2	221.4	222.8
双孢蘑菇	18.5	42.6	63.7	74.3	92.3	133.0
木耳	8.0	49.1	96.8	112.4	124.2	165.5
草菇	10.0	3.2	11.2	11.6	15.1	19.7
金针菇	1.0	18.9	29.9	38.9	50.5	55.8
银耳	5.0	10.0	10.3	11.4	13.8	18.3
猴头菌	5.0	2.8	0.6	0.95	1.3	3.1
蟹味菇	—	2.1	8.4	12.0	19.0	24.3
滑菇	0.08	3.1	4.8	51.0	8.5	17.1
灰树花	—	1.0	6.0	1.5	3.7	25.0
鸡腿菇	—	—	—	3.9	15.7	17.8
白灵菇	—	—	—	0.7	3.4	5.2
杏鲍菇	—	—	—	2.1	7.2	11.4
黄伞	—	—	—	—	4.8	9.3
竹荪	—	—	—	1.0	1.3	3.2

续表

种类	1986 年	1998 年	2000 年	2001 年	2002 年	2003 年
巴西蘑菇	—	—	—	—	1.5	4.2
灵芝	—	—	1.35	2.2	3.7	4.9
茯苓	—	—	—	—	7.4	14.6
其他	—	66.4	45.6	31.0	17.0	57.2
合计	58.5	440.0	664.0	781.9	876.5	1 038.7

目前，食用菌已经成为中国农业中的一个重要产业，是种植业中仅次于粮、棉、油、果、菜的第六大类产品。现在，中国食用菌年产量占世界总产量的60%以上，出口量占亚洲出口总量的80%，占全球贸易的40%。2002 年其产量为876 万 t，加工后的总产值408 亿元。目前，我国已有多种类的食用菌出口，2002 年出口到119 个国家和地区。其中干香菇出口 6 648t，创汇 4 148万美元，占世界香菇贸易额的 80%；干黑木耳出口 7 767t，创汇 2 504万美元。我国的食用菌重点产区主要分布在河北省、河南省、山东省、浙江省、江苏省、福建省、云南省和四川省等。全国有 2 个省年产量超过 100 万 t，3 个省超过 50 万 t，6 个省超过 30 万 t，4 个省超过 10 万 t。

我国的食用菌产业中，除了商业化栽培生产食用菌外，野生食用菌的采集、加工、贸易也是异军突起，其中，云南省的野生食用菌资源最丰富，据云南省商务厅统计，2005 年，云南省出口的野生食用菌将达 8 000t 左右，产值达到 20 亿元人民币。其中出口超过 2 000多吨，创汇 7 000万美元，产品销往世界 40 多个国家和地区，野生食用菌已成为该省的大宗出口商品。松茸、牛肝菌、羊肚菌和块菌等已逐渐开发成较大宗的出口商品，远销日本、意大利、法国、德国和美国等国家。

6.3 食用菌促进农业生态系统的良性循环

6.3.1 食用菌产业秸秆、枝丫等废弃物的利用 我国每年农林业的秸秆、枝丫及酿造工业的副产品总量估计达 6 亿 t，其中 75% ~80% 被用于牛羊的饲料、秸秆还田及农民的燃料等，剩余的 20% ~25% 如果被焚烧，将造成极大的资源浪费和环境污染。

木腐型食用菌以前采用段木栽培法，现已改用“代料”栽培，所谓“代料”，是指代替段木栽培木腐型食用菌的各种有机物。代料栽培食用菌，不仅可以保护林木，而且具有生产周期短、生物效率高、便于工厂化生产等优点。利用农林业的秸秆、枝丫及酿造工业的副产品栽培食用菌，还可以消除环境污染，因此食用菌产业是一项利废为宝、化害为利的有机物转化途径。

食用菌同其他植物相比，具有繁殖快、生物效率高的特点。每公顷菇房若周年栽培双孢蘑菇一年可生产 22t 蛋白质，相比而言，多数农作物每公顷每年的蛋白质产量仅为 1 ~2t。食用菌不仅美味可口，而且有很高的营养价值和药用价值。1998 年全国食用菌产量为 400 万 t，2000 年为 660 万 t，2001 年达 781 万 t。按各种食用菌的平均生物学效率为 30% 来计算，2001 年栽培食用菌所利用的 2 603.3万 t 工农业副产品仅占全国工农业副产品总量的4.3%，所以有很大的发展潜力。

6.3.2　食用菌菌糠的肥效作用　如果在农作物的栽培过程中过量使用化肥，亚硝胺的前体硝酸离子（NO_3^-）和亚硝酸离子（NO_2^-）的含量在农产品中大幅超标。施用有机肥料，发展绿色农业或有机农业是当今农业的发展趋势。有机农业绝对禁止使用化肥和化学农药。但由于化肥效益明显和施用方便，所以农民不愿生产和使用有机肥。生产食用菌后的菌糠粗蛋白含量高于10%。其他肥用指标（N、P_2O_5 和 K_2O）也达到或超过了人粪尿、猪粪和牛粪（表3），是优质的有机肥料。栽培食用菌的同时就生产出了大量优质的有机肥。施用这种有机肥料，农作物中的硝酸盐和亚硝酸盐含量将会降低，消费者可得到更安全的农产品。所以，发展食用菌产业不仅可以致富，而且还能促进有机农业的发展。

表3　食用菌糙皮侧耳（Pleurotus osteatus）的菌糠肥用价值分析（%）

类型	N	P_2O_5	K_2O
平菇菌糠	1.70	0.61	1.13
人粪尿	0.60	0.16	0.30
猪粪	0.60	0.60	0.50
牛粪	0.59	0.28	0.14

2001年，我国食用菌产量为781万t，利用的工农业副产品总量为2 603.3万t，出菇后原料重量约减少一半，即产生1 301.7万t干菌糠，除少数菌糠被进一步加工利用外，绝大部分可作为优质有机肥料用于农业。菌糠的含氨量为17%，1 301.7万t菌糠的含氮量是22.1万t，相当于48.0万t尿素的含氮量，能满足128万 hm^2（1 920万亩）土地一个生长季节对氨的需求。

参考文献

[1] 李学勇．把握生命科学和生物技术发展的战略机遇．中国软科学，2003，3：1~4

[2] 陶天申等主编．原核生物系统学．第四章菌种保藏在原核生物分类研究中的应用．北京：化学工业出版社，2007

[3] 程光胜，方心芳——我国现代工业微生物学的开拓者（1907~1992）．中国科学技术专家传略．（资料来源 http：//www.wmw.cn，2006，12.7）

[4] Hawksworth D. L, The fungi dimension of biodiversity: magnitudes significance and conservation. *Mycological Research*, 1991, 95: 641~645

[5] P. Kampfer. Describing new Bacteria Taxa-the role of phenotype. In Erko Stackebrandt. *et al*. Edit. Proceedings of the Tenth International Congress for Culture Collection, proceedings conections between collections, (Science for Service, Service for Science). Germany, 2007

[6] 顾金刚等．真菌长期保藏与性状变化．朱昌雄主编．农业生物资源与环境调控．北京：中国农业科学技术出版社，2007

[7] 顾金刚等．真菌保藏技术研究进展．菌物学报，2007，26（2）：316~320

[8] http：//wdcm.nig.ac.jp/statistics.html

[9] Hall, F. P. & Menn, J. J. Biopesticides: Use and Delivery. Huana Press, 1999
[10] 喻子牛，柯云，刘子绎，孙明．微生物农药在病虫害可持续控制中的应用及发展策略．“微生物农药及其产业化”，北京：科学出版社，2000
[11] Capping, L. G. The Biopesticide Manual. British Crop Protection Council, arnham Royal, UK 1998
[12] 顾宝根，姜辉．我国微生物农药的现状及问题．“微生物农药及其产业化”（喻子牛主编），北京：科学出版社，2000
[13] Miller, L. K., Lingg, A. J. & Bulla, L. A. Jr. Bacterial, viral, and fungal insecticides. Science, 1983, 219: 715～721
[14] Kirk, P. M., Cannon, P. F., David, J. C. & Stalper, J. A. Dictionary of the Fungi. CABI Publishing, 2001
[15] Zimmermann, G. Insect pathogenic fungi as pest control agents. P. 217～231. In “Biological Plant and Health Protection: Biological Control of Plant Pests and Vectors of Human and Animal Diseases” (Franz, J. M. ed.). Fortschritte der Zoologie. Gustav Fisher Verlag, Stuttgart, Germany, 1986
[16] 葛诚．微生物肥料的核心是特定的有效菌种．中国农资，2005，6：50～51
[17] 朱英等．微生物肥料的研究进展．贵州农业科学，2005，33（增刊）：89～91
[18] 陆文静等．石灰性土壤难溶态磷的微生物转化和利用．植物营养与肥料学报，1999，5（1）：7～11
[19] 陈廷伟等．解磷巨大芽孢杆菌分类名称、形态特征及解磷性能评述．土壤肥料，2005，（1）：7～11
[20] 尹瑞龄．我国旱地土壤的溶磷微生物．土壤，1988，20（5）：243～246
[21] 林启美等．四种不同生态环境中解磷细菌的数量及种群分布．土壤与环境，2000，9（1）：34～371
[22] 顾金刚等．根际促生细菌（PGPR）防治土传病害研究进展．第一届农业微生物资源与应用研讨会论文集，2002
[23] 刘襄河等．益生素的研究进展及其在动物养殖中的应用现状．河北渔业，2007，167（11）：8～11
[24] 郑新毅等．微生物青贮接种剂研究进展与探讨．草食家畜，2007，136（3）：41～45
[25] Drent W. J, Lahpor G. A, Wiegant W. M, *et al.* Fermentation of Inulin by *Clostridium thermosuccinogenes* sp. nov., termophlic anaerobic bacterium isolated from various habitata. Appl Environ Microbiol, 1991, 57（2）: 455～462
[26] Reese, E. T. and Levinson, H, S. A comparative study of the breakdown of cellulose by microorganisms. Physiologia P. L., 1952, 5: 345～66
[27] 张海等．一株纤维素酶产生菌及其对秸秆纤维素的降解作用．农牧产品开发，1997，4：30～31
[28] 张丽萍等．绿色木霉固态发酵产纤维素酶条件及酶性质的研究．河北省科学院学报，2000，17（2）
[29] 王瑞君．分解纤维素毛壳菌的筛选．内蒙古师范大学学报，2001，30（2）
[30] 闵晓梅等．白腐真菌处理秸秆的研究．饲料研究，2000，9：7～9
[31] 陆师义等．食用菌栽培在生态良性循环中的意义．生物学通报，1989（6）：10～1
[32] 袁彤光等．食用菌与植物全纤维物质．食用菌，1998（1）：4～5
[33] Tien M, KentKirk T. Lignin-degrading enzyme from Phanerocheete Chrysosporium: purification, characterization, and catalytic properties of a unipue H_2O_2-requiring oxygenase. Proc. Natl. Acad. Sci. USA, 1984, 81: 2280～2284

[34] Yoshiokimura, Yasuhiko Asada, ToyonoriOka, *et al.* Molecular analysis of a Bjerkandera adusta lignin peroxidase gene. Appl. Microbiol. Biotechnol, 1991, 35: 501 ~ 514

[35] EdgarOng, W Brent R Pollock, Michael Smith. Cloning and sequence analysis of two laccase complementary DNAs from the ligninolytic basidiomycete Trametes versicolor. Gene, 1997, 196: 113 ~ 119

[36] Yasuhiko Asada, Akira Watanabe, Toshikazu Lrie, *et al.* Structures of genomic and complementary DNAs coding for Pleurotus ostreatus Manganese (Ⅱ) Peroxidase. Biochemical Biophysica Acta., 1995, 1251: 205 ~ 209

[37] Dongmei Li, Ning Li, Biao Ma, *et al.* Characterization of genes encoding two manganese peroxidase from the lignin-degrading fungus Dichomitus squalens Biochemical Biophysica Acta, 1999, 1434: 356 ~ 364

放线菌资源的重要性及相关菌种的分类鉴定[*]

张　丽[**]　肖佳华　田云龙　刘　雪　朱昌雄[***]

（中国农业科学院农业环境与可持续发展研究所，北京　100081）

摘　要：本文阐述了放线菌在抗生素方面的应用，详述了资源的重要性及其开发中存在的问题，并对部分现有放线菌菌株进行了分类鉴定，主要从培养特征、生理生化特征和保守序列16S rDNA比对三个方面进行分类鉴定，为放线菌的研究和开发应用提供了有效的菌种信息。

关键词：放线菌；抗生素；鉴定

放线菌作为微生物的一个重要分支，不但在自然界物质循环中起着独特的作用，而且与人类的关系密切。放线菌及其产生的抗生素或酶制剂等活性物质的应用广泛，涉及医药、农业、工业和环境等各个领域。现阶段抗生素及其他非抗菌类生物活性物质的应用主要是医药和农业两方面。

1　放线菌次生代谢物质的应用

1.1　医用抗生素的应用

从20世纪40年代美国土壤微生物学家Selman A. Waksman先后发现了链霉素等[1]放线菌产生的抗生素开始，抗生素的研究飞速发展，使抗生素在抗感染药物中的治疗中发挥了主导性的作用，奠定了现代抗生素制药工业发展的基础。

抗生素的类别有β-内酰胺类、大环内酯类、氨基糖苷类等，成功用于医药的主要有四环素类、链霉素、红霉素、放线菌素D和阿霉素等，近年来还在稀有放线菌中发现有许多高活性的抗肿瘤抗生素。药用抗生素在临床上的应用普遍，治疗了很多曾被认为的疑难杂症[2,3]。我国1956年投产了金霉素，1958年投产了链霉素，目前我国可以生产的天然抗生素已达30种，2006年抗生素类原料药出口总额为15亿美元，同比去年增长了66.4%，占全部医药类商品出口总额的21.76%[4]。成为世界上生产品种最

* 基金项目：国家自然科技资源平台项目（2005DKA21201）。

** 作者简介：张丽，中国农业科学院农业环境与可持续发展研究所，硕士。

*** 通讯作者：朱昌雄，中国农业科学院农业环境与可持续发展研究所，研究员，博士生导师。

多、产量最大的国家。

1.2 农用抗生素的应用

我国农用抗生素的研究开始于1950年。农用抗生素系指微生物产生的，可用于防治农业有害生物的微生物次级代谢产物[5,6]。农业抗生素按作用分为杀虫杀螨和抗菌剂与除草剂等。

放线菌产生的抗生素对昆虫和螨类具有治病和毒杀作用，被称为杀虫抗生素或杀虫素。农抗在杀虫抗生素上的应用从20世纪90年代后发展迅速，我国的杀虫抗生素工作始于20世纪70年代初期，杀蚜素是我国首次报道的杀虫抗生素。其产生菌是从杭州天目山竹林土壤中分离得到的一株链霉菌，对蚜虫又很高的防治效果。而后应用成功的杀虫抗生素有浏阳霉素、华光霉素和阿维菌素，特别是阿维菌素的迅速推广，开创了杀虫抗生素的新时代[7,8]。

我国在杀菌农用抗生素上也有长足发展。如上海农药研究所开发的“9022”；中国农业科学院生物防治研究所开发的由吸水链霉菌LP-93产生的波拉霉素，主要品种还有井冈霉素、链霉素、农抗120和中生菌素等，对瓜果蔬菜的多种病害都有有效的防治作用。

对于抗生素在除草上的应用，开发较为成功的除草剂品种是由日本最先投入生产的双丙氨磷，产生菌为吸水链霉菌，是一种具有氨基磷酸结构的抗生素物质，主要用于防除一年生和多年生禾本科杂草和阔叶杂草。近年来报道的除草抗生素还有SF-2494，由*S. mirahilis*产生；抗生素6241-B能抑制淀粉合成的选择性除草活性物质，由链霉素6241产生。

目前，我国农用抗生素年产制剂量已超过8万t。从产值来看，已实现大规模生产的最大品种是阿维菌素，其次是井冈霉素和赤霉素。据不完全统计，2005年，阿维菌素年产值达到13亿多元，井冈霉素年产值达到5亿多元，赤霉素年产值达到3亿多元；其他品种包括硫酸链霉素、农抗120、多抗霉素、宁南霉素和中生菌素等的年产值达2亿多元。农用抗生素的年总产值已超过23亿元，约占农药总产值的8%，占生物农药总产值的90%左右[9]。

饲用抗生素的使用被认为是20世纪畜牧业生产的最伟大的生物技术，主要是用于防治动物疾病、提高畜禽生产率两方面。在兽医上的抗生素品种与人的医用相似，放线菌来源的主要有链霉素、金霉素、氯霉素等，特殊的如马杜霉素、土霉素等。1950美国食品与药物管理局（FDA）首次批准在饲料中添加抗生素，我国从20世纪50年代末开始在饲料中使用，目前我国研制生产的饲用抗生素主要有泰乐菌素、盐霉素、莫能菌素、螺旋霉素和林肯霉素[10]。近年来抗生素在饲料中的使用有不少弊端逐渐显露，因而不断开发研制安全、无毒副作用的饲用抗生素替代品势在必行，由日本1983年研制成功的有效微生物[11]（Effective Microorganisms，简称EM），是由来自土壤的放线菌等几十种微生物有益菌组成，无任何毒副作用，对环境无污染，可提高饲料报酬等，使微生物活菌使用成为一个重要的研究方向。

2 开发利用放线菌资源的必要性

首先，放线菌是抗生素的主要来源菌，80%以上抗生素都来自链霉菌，其次，是诺卡氏菌属、游动放线菌属以及马杜拉放线菌属等。而从链霉菌中发现新抗生素的趋势分析来看[12]，在近10～20年内新抗生素发现的速度将趋近于零，而新抗生素发现速度的减慢不是由于资源枯竭，而是由于筛选方法的减少。因此，要使新抗生素不断产生的关键是要提高现有资源的利用率，保存好现有的微生物资源，不断挖掘新的资源。

2.1 提高放线菌的筛选效率

目前已知抗生素数量的增多，随之寻找新抗生素的难度加大。然而新的筛选方法和模型的出现，使获得新抗生素的可能性增大，使放线菌的效价得以提高。

新抗生素的筛选需要打破传统的筛选抗生素的思维，目前在新抗生素的筛选中有靶标定向筛选和使用特殊培养基、培养条件等方法。靶标定向筛选是随着发现新抗生素几率的下降和应用于临床上的抗生素的活性基团得到确认而建立起来的，主要应用于药用抗生素的筛选[13]。

使用特殊培养基和培养条件来进行筛选，依据为没有任何一种培养基能够适合于所有类型的抗生素的生产，因此为了筛选不同的抗生素可以使用不同成分的培养基。一定类型的培养基适合一定类型的抗生素的产生。大多数链霉菌在特殊的培养条件下不能产生抗生素，但是如果在这种条件下能够产生抗生素，那么发现新抗生素的可能性是相当高的。

2.2 开发新的放线菌资源

链霉菌一直以来是放线菌产生抗生素的主要产生菌。而今随着对产生抗生素的稀有放线菌的栖息地、生理学等知识的不断增多，稀有放线菌越来越被证实是产生抗生素的好的来源。有文献报道的高活性抗肿瘤抗生素有八大家族[2]，几乎每个家族都含有多种成员，它们分别来源于马杜拉放线菌、小单胞菌、游动放线菌及一种尚未确定属的未知放线菌，其中以马杜拉放线菌最多。目前由稀有放线菌产生的抗生素约占放线菌来源的1 100种抗生素的25%。因此，对放线菌中这类存在数量少、生长条件特殊的稀有放线菌的分离和筛选日益受到重视。

2.3 基因工程对放线菌菌株的改造

随着分子生物学和现代生物技术的发展，用当前分子技术独立培养方法来培养以前认为不可培养或所谓培养不了的微生物时，越来越多的结果表明这些微生物实际上可以被培养出来，同时也可用传统的筛选方法培养出来。而这些新的微生物很可能是大量生物活性物质的来源。佐治亚大学的 Janet Westpheling 和她的课题组将一种放线菌 DNA 转移到另一种放线菌的菌体内获得成功[14]，这使得制药公司在研制放线菌类的抗生素和抗癌药物方面变得容易，还可能研制出一些抗生素以对付耐现有抗生素的细菌。因此，如果对抗生素产生菌能成功改造，就有望获得更多独特的药物。

3　放线菌菌种的分类鉴定

3.1　放线菌菌种鉴定的重要性

放线菌广泛存在于自然界中，土壤、空气、海洋、湖泊和河底都有它们的存在，尤以土壤为最多。近年来放线资源的开发日益受到关注，在我国各省市的学校、科研单位等均有放线菌的分离与收藏，然而各单位的菌种多数只是简单的分离和收藏，长期如此必然使一些研究工作走了弯路，不利于资源的开发和利用。菌种鉴定是把分散在各微生物单位的菌株加以收集、整理和鉴定。由国家建立统一的菌种资源库，使所收藏的菌种资源实现单株的实物化、生长特征信息化、分类明确化，这样不但便于菌种资源的科学管理，更主要的是为科研工作者进行研究提供便利的菌种来源，从而大大加快菌种资源开发利用的速度。采集、鉴定和整理放线菌种质资源对促进我国在生物防治、环境保护和抗生素方面的发展具有重要意义。

3.2　放线菌菌种的分类鉴定

放线菌的分类发展经历了表观分类、数值分类、化学分类、分子分类以及到现在的多相分类。关于放线菌的描述最早的是1875年学者Cohn从人类现感染病灶中分类到一株丝状病原菌-链丝菌（*Streptothrix*）。1877年Harz建立了放线菌属（*Actinomyces*）；1916年Waksman首次把一些微小真菌或丝状细菌称为放线菌；1942年Waksman及其同事，发现链霉菌，并为此获诺贝尔奖；20世纪50~60年代，放线菌资源及抗生素研究与开发使放线菌分类全面展开。1961年，Waksman出版了《放线菌属和种的分类、鉴定及描述》，就此放线菌分类学形成。这一时期的放线菌分类被称为经典分类，分类主要依据是形态、培养和生理生化特征。1964年始，Lechevalier夫妇及同事进行了放线菌的化学分类，1971年发表了主要依据化学特征的分类系统。1981年，Stackebrandt和Woese根据16S rRNA相似性、DNA-rRNA杂交和DNA-DNA杂交的结果，构建了放线菌于其他生物之间的系统发育树，从此放线菌进入了分子分类时代。而现在放线菌分类中用得最多、可最靠性强的是结合上述四种方法的多相分类[15]。

3.2.1　表观分类[16]　以形态、培养特征为主，生理、生化和生态特性为辅；在划分科、属时基本以形态为主要根据，有时还需参考生态条件。在形态方面，菌丝体完善程度和是否断裂、是否形成包囊、有无气丝、有无孢子；孢子是单个、成对还是成链；培养特征中主要是基丝和生孢子气丝的颜色，以生孢气丝颜色为主，祭祀和可溶性色素颜色为辅；生化特征选用的生化指标主要是几个酶的活性上，如明胶液化、牛奶凝固和胨化、淀粉水解、纤维素分解或在其上生长、硝酸盐还原等；生态条件则是参考好气与嫌气、腐生与寄生、中温与嗜热（少数嗜低温）以及对酸碱度的要求等。表观分类基于放线菌形态及生理特征，对最初的分类鉴定起到了积极的作用，但由于表观分类主观因素对实验结果的影响大，试验结果的重复性差。

3.2.2　数值分类（Numerical taxonomy）[17]　数值分类的基本原则是把一切性状同等看

待，将不同生物的性状一起拿来进行数学统计学分析，求出其相似性的数值，由相似性的大小决定其在分类上的地位。因为计算困难，直到20世纪50年代随着计算机的发展才得到提倡和发展。数值分类用于细菌分类后，对于菌株进行大量表型性状分析十分方便，对菌株同源群的划分特别有效。数值分类的结果与其他分类方法的结果往往比较一致，而且在对菌株进行初步分群的同时，还为描述各个分类单元提供表型鉴别特征。虽然操作起来工作量较大，但因其简单、可靠，仍被广泛应用。

3.2.3　化学分类（Chemo taxonomy）[18]　放线菌化学分类系统是研究放线菌细胞的不同化学特性，并利用这些特性对它们进行分类与鉴定。用作分类的特异性化学组分包括细胞壁化学组分、醌、磷酸类酯、枝菌酸、脂肪酸等。经过20年的发展，已形成一套完整的化学分类方法，它与传统分类学、分子分类学的方法相结合来鉴别放线菌的属种，已广泛用于放线菌分类学研究。

3.2.4　分子分类（Molecular taxonomy）[19]　自20世纪80年代以来，随着分子生物学和遗传学研究的深入开展，许多国家又在一个更高的层次——分子水平上研究放线菌的分类。

分子分类中基于DNA碱基组成分析中，DNA碱基组成比例（G + Cmol%）是典型的基因指征之一。一般认为，G + Cmol%在种内不超过3%，在属内不超过10%，相差低于2%时没有分类意义。放线菌属于高GC含量的生物，放线菌的G + Cmol%变化最多不超过30%。DNA碱基分析DNA内G + C含量摩尔百分比在分类中主要用于分析不确定的分类单元，用以纠正错误的中枢划分，而不用来建立新的分类单元。

基于核酸杂交的分析主要从DNA-DNA同源性分析和DNA-rRNA同源性分析。DNA同源性常用于亲缘关系密切的微生物种内相似性描述，在检测错分菌株以及新描述的菌株划归已有分类单元时非常有用。DNA的杂交制可反映出两基因组间序列的相似性，在放线菌分类中，DNA-DNA分子杂交已被确定为建立新种的必要依据之一。DNA-DNA杂交一般反应种及亚种水平的信息，而DNA-rRNA反映的是属与属以上水平的信息。

基于核酸结构的分析一般是对16S rRNA/rDNA基因序列的分析和16S ~ 23S rRNA转录间区序列的分析，前者的依据是rRNA的结构有较好的保守性，较易于进行序列的测定和分析比较，常被用作放线菌种属的初步鉴定，但不能仅根据该指标来确定菌株的种属，必须结合其他的分类指标；后者16 ~ 23S rRNA转录间区序列（16S ~ 23S rRNA Intergenic Spacer Regions，ISR）的根据是PCR反应后ISR多样性和序列分析可鉴别细菌属与种[20]。

基于DNA指纹图谱的分析方法现在较成熟的有PCR-DNA限制性片段长度多态性分析（Restriction Fragment Length Polymorphism，RFLP）、重复片段PCR基因指纹分析（Repetitive-element PCR genomic fingerprinting，rep-PCR）是基于重复DNA片段的分型方法。主要是根据DNA片段多态性对菌种进行快速的聚类分析，从而得到菌株的亲缘关系图。该方法可靠性高，重复性较好。

3.2.5　多相分类（Polyphasic taxonomy）[21]　利用现代技术手段获得的放线菌表观和分子信息，进行放线菌的分类鉴定研究。它是综合考虑微生物的表型、基因型和系统发育等多种信息进行分类的方法。概括地讲，多相分类是传统的表型分类、数值分类和分子分类等方法的综合应用，因而可以更客观地反映生物间的系统进化关系。它被认为是研究各级分类单位最有效的方法。当我们用两种以上方法进行分类研究时，我们已经在使用多相分类的概念了。但须指出的是，多相分类目前还没有严格的规则。因此，研究时应包括尽可能多的方法，并尽量做到分类特征的可重复性以减少人为因素的影响。

3.3 部分放线菌菌株的分类鉴定

本课题组对部分放线菌菌株做了详细的整理工作，对已定名的菌株和未定名的菌株分别进行了整理，将已定名菌株按照共性描述规范进行了规范化、标准化的整理和数字化描述，将信息数据输入统一的数据库，丰富和补充了菌种资源库。

放线菌菌种鉴定参照阎逊初的《放线菌分类和鉴定标准》[22,23]，并与分子分类法相结合，前者从培养特征、生理生化特征进行描述，后者对保守序列 16S rDNA 进行测序分析，根据 Genbank 的序列比对结果，结合特征描述用多相分类的方法做出最终鉴定结果[24~26]。

3.3.1 培养特征 采用高氏合成 1 号、淀粉琼脂（合成）、葡萄糖天门冬素、察氏培养基等培养基，培养后观察时间分别为接种后 7d、15d 和 30d，观察指标有：菌落大小、表面状况、有无可溶性色素、基丝、气丝生长情况和颜色等；同时，采用插片法、压片法、印片法等观察基丝、气丝及孢子的生长情况、大小和形态等。

3.3.2 生理生化特征 所测定的生化指标集中在几个酶的活性上，进行了明胶液化、牛奶凝固与胨化、淀粉水解、硝酸盐还原、产黑色素、产硫化氢、纤维素利用、糖类利用等试验。糖类利用试验采用了九种糖：D-葡萄糖、L-阿拉伯糖、D-木糖、D-果糖、蔗糖、棉子糖、鼠李糖、肌醇和 D-甘露醇。

3.3.3 16S rDNA 的分子鉴定 首先提取基因组 DNA，对保守序列 16S rDNA 进行 PCR 扩增获得目的基因片段，所用 PCR 扩增引物[19]：正向引物为 27f：5’-AGAGTTTGA TC-CT GGCTCAG-3’；反向引物为 1 492r：5’-TACGGCTACCTTGTTACGACTT-3’。克隆载体 pMD18-T，感受态细胞为 DH5α。通过将目的片段与克隆载体连接，然后转入大肠杆菌，用氨苄青霉素进行筛选，挑取阳性克隆于 LB 培养基培养，菌液用于目的基因测序。获得目的序列后在 Genbank 进行比对，准确鉴定到属，根据序列相似度结合形态特征和生理生化特征，确定所鉴定菌株的种。

3.3.4 部分菌种鉴定结果的整理 本课题组鉴定的放线菌 50 株，全部鉴定到属，其 43 株鉴定到种；链霉菌属 48 株；其他两株分别为马杜拉放线菌属和 *Strentrophomonas* 属。所鉴定菌株功能鉴定中以小麦赤霉病为靶标病原菌，证明代谢产物均具有抑制小麦赤霉菌活性。

放线菌资源是微生物资源中的重要部分，放线菌群中的大多数放线菌种类在其本身代谢过程中产生不同的抗生素和非抗生素活性物质，其中主要来自链霉菌。当前随着微生物学研究的深入，稀有放线菌资源不断得以开发利用。保护和利用好现有放线菌资源是当前进行微生物学研究和抗生素事业发展的重要任务，是涉及人类生活多个方面的有重要意义的科研任务。

参考文献

[1] Meyer P. S. , KuPreaz J. C. , and Kilian S. G. Selection and evaluation of Astaxanth in over-producing Mutans of *Phaffia rhodozyma*, World Journal of Microbiology and Biotechology, 1993, 9: 514 ~ 520

[2] 杨秀萍．稀有放线菌产生的高效抗肿瘤抗生素．微生物学通报，1995，22（1）：49 ~ 54

[3] 廖爱芳，刘勇，王建民等．放线菌素 D 产生菌前藤黄链霉菌 N45 诱变育种研究．药物生物技术，2002，9（2）：88 ~ 90

[4] http：//www. bioindustry. cn/info/view/4036，中国抗生素类原料药的出口状况分析. 2006

[5] 朱昌雄，宋渊．我国农用抗生素的现状与发展趋势探讨．中国农业科技导报，2006，8（6）：17 ~ 19

[6] 张华，姜成林，徐丽华．药用微生物资源．微生物学通报，2004，31（2）：152 ~ 153

[7] 龙建友．新型农用抗生素的筛选研究．西北农林科技大学硕士论文，2003

[8] 尹莘耘．农用抗生素和抗生菌的筛选．抗生素，2003，8（1）：64 ~ 65

[9] 朱昌雄，蒋细良．我国农用抗生素的研发现状及其进展．现代化工，2004，24（10）：1 ~ 4

[10] 王向荣，方热军．饲用抗生素的应用现状、存在问题及其对策．湖南饲料，2006，6：19 ~ 22

[11] 赵建亚，周为琴，郭玉华．有效微生物的组成特性及其应用．广东饲料，2004，13（6）：18 ~ 19

[12] 曾文兵，王锦，段学辉．从链霉菌中发现新抗生素的趋势分析．江西农业科学，2004，22（4）：293 ~ 296

[13] 孙秋，杨慧敏，褚红标等．筛选新抗生素的方法．云南农业科技，2003，4：43 ~ 45

[14] http：//www. cqvip. com 基因工程改造放线菌 . Biotechnology News，2001，21（13）：2

[15] 徐丽华，李文均，刘志恒等主编．放线菌系统分类法—原理、方法及实践．北京：科学出版社，2007

[16] 马邦亚，杨俊秀，曹支敏．放线菌分类研究的历史与现状．西北林学院学报，1999，14（3）：76 ~ 81

[17] 李炜，刘志恒．链霉菌分类研究进展．微生物学报，2001，41（1）：121 ~ 126

[18] 阮继生，郎艳军，石彦林等．不同放线菌属的化学与分子分类．微生物学报，1994（3）：72 ~ 75

[19] 张妍，张建丽，牛宁昌．放线菌的分子分类．微生物杂志，2007，27（4）：79 ~ 83

[20] Fredricks D. N. , Fiedler T. L. , Marrazzo J. M. Molecular identi-fication of acteria associated with bacterial vainosis. N En-gl J Med, 2005, 353 (3): 1899 ~ 1911

[21] 王意敏，刘志恒．放线菌的多相分类．微生物学通报，1999，26（2）：137 ~ 140

[22] 阎逊初．放线菌的分离与鉴定．北京：科学出版社，1992

[23] 中国科学院微生物所放线菌分类组．链霉菌鉴定手册．北京：科学出版社，1975

[24] 李炜，刘志恒．链霉菌分类研究进展．微生物学报，2001，41（1）：121 ~ 126

[25] 刘丽，胡江春，王书锦．繁茂膜海绵中两株放线菌的生物学特性及其鉴定．氨基酸和生物资源，2004，26（1）：1 ~ 4

[26] 姜怡，李文均，崔晓龙等．链霉菌属一新种的多相分类. 云南大学学报（自然科学版），2004，26（2）：179 ~ 182

The Importance of *Actinomycete* Resource and Identification of Partial Strains

Zhang Li, Xiao Jiahua, Tian Yunlong,
Liu Xue, Zhu Changxiong
(Institute of Environment and Sustainable Development in Agriculture
Chinese Academy of Agricultural Sciences, Beijing 100081, China)

Abstract: Great significance of *Actinomycete* resources in development and application is stressed. Partial *Actinomycete* strains have been identified according to their cultural, physiological and biochemical characters, as well as the conservative sequence alignment of 16S rDNA, in order to provide effective strain information for the development and application of *Actinomycetes*.

Key words: *Actinomycete*; Antibiotics; Identification

复合菌群的构建及其对 COD 去除率的影响*

赵永坤[1,2]　朱昌雄[1]　李良生[3]　于化泓[2]

(1. 中国农业科学院农业环境与可持续发展研究所，北京　100081；
2. 南昌大学生命科学学院，南昌　330047；
3. 惠州市水产科学技术研究所，惠州　516007)

摘　要：采用牛津杯法对三株具有不同酶活的菌株进行了拮抗实验，结果表明，三株菌株之间不存在相互抑制作用，从而构建成一组复合菌群。通过吸光度的测定，确定了各菌株的最大吸收波长。对优势复合菌群中的三株功能菌株的生长特性与 COD 去除率的关系进行了研究，发现菌株的生长特性与 COD 去除率之间存在线性关系。研究了功能菌株不同菌浓和不同配比对 COD 去除率的影响，从而把最佳菌浓和最佳菌株配比确定为 $0.25mg \cdot ml^{-1}$ 和 1∶2∶2。

关键词：水产养殖；有机物污染；复合菌群；配比

近年来，水产养殖业得到了蓬勃的发展，已成为我国国民经济的重要支柱。然而，养殖水域环境的恶化，使得养殖池塘的自净与调节能力下降。Mires D[1] 指出水产养殖水域中的污染物有残饵、鱼类排泄物，含 N、P 的营养盐类。这些污染物的积累会导致养殖水体中化学需氧量（COD）、氨氮（$NH_3^- - N$）、亚硝酸盐氮（$NO_2^- - N$）等严重超标，影响鱼类的生长和生存。其中，水产养殖废水的污染主要是有机物污染。水体有机污染不仅可造成水体缺 O_2，直接危害养殖生物，同时也是养殖品种暴发性疾病频繁发生的主要诱因。因此，养殖水体的有机物污染已成为水产养殖的一个关键制约因素。根据被消化的食物，生产 1kg 的鱼类生物量估计可产生 162g 有机物的粪便废物，其中包含 50g 蛋白质、31g 脂质和 81g 碳水化合物[2]。水产养殖水质有机物含量对养殖生产的影响已越来越引人关注。虽然水生生态系统是一个极为复杂的系统，但主要是水质、病原和水生生物三者的平衡关系。水质中有机物越多，DO 消耗量越大，从而使水质 DO 下降，影响生物机体代谢。DO 下降可使水质处于还原状态，一些有害物质如 NH_3、NO_2^- 和 H_2S 等大量积聚，危害养殖生物[3]。所以说，养殖生产中，有机物污染是根本，$NH_3^- - N$ 和 $NO_2^- - N$ 污染是延伸危害。采用不同菌源的微生物组合成复合菌株应用于

* 基金项目：财政部社会公益和农业研究项目、“农业立体污染防治科学创新条件建设”（140102—9）。
第一作者：赵永坤（1984～），男，山东沂南人，硕士研究生，主要从事微生物工程与环境安全的研究。
通讯作者：朱昌雄，研究员，博士生导师，E-mail：zhucx120@163.com。

养殖水体，可通过菌体的互生和共生作用，迅速降解水体中的有机物，减少有害物质，提高水体中微生物的多样性指数，维持水体生态平衡。

1　材料与方法

1.1　菌种来源

本实验室分离的有机物优势降解菌株来自北京高碑店污水处理厂活性污泥和惠州市水产研究所 A13、C8 塘水样。编号为 A13F18、DSD7 和 C8ZH 三株细菌是在选择培养基上分得的，分别具有高胞外淀粉酶、蛋白酶和脂酶酶活。根据其生理生化特征和 16S rDNA 序列分析结果，它们被鉴定为烟碱降解菌（*Ochrobactrum intermedium*）、巨大芽孢杆菌（*Bacillus megaterium*）和地衣芽孢杆菌（*Bacillus licheniformis*）。

1.2　人工养殖废水的配制

0.25% 鱼饲料渗滤液（ρ/g・L^{-1}）：华山牌配合鱼饲料 2.5g，蒸馏水 250ml，浸泡过夜，滤去残渣，用蒸馏水定容至 1L，pH 值自然，121℃，20min。经过 GDYS-201M 多参数水质分析仪检测，配制的 0.25% 鱼饲料渗滤液的初始 COD 为（482.33 ± 13.97）mg・L^{-1}。

1.3　三株功能菌间的拮抗实验

采用牛津杯法对三株功能菌株之间相互进行拮抗实验，看菌株之间是否存在抑制作用。

1.4　菌悬液的制备方法

降解实验所用菌悬液采用下列方法制备：将保存在斜面上的菌种接摇瓶活化培养 18 ~ 24h 后，在 12 000rpm 条件下离心 3min 收集菌体，用无菌水洗涤两次后，称湿菌体重量。再加无菌蒸馏水重新悬浮，使湿菌体的质量浓度达到：ρ_{fw} = 0.5mg・ml^{-1}。

1.5　复合菌群各菌株最大吸收波长的确定

为使测定结果有较高的灵敏度和准确度，应选择被测物质的最大吸收波长，此时吸收最大，干扰最小。一般，细菌菌株在 380 ~ 600nm 波长范围内有最大吸收[4]。18 ~ 24h 细菌培养液在 380 ~ 600nm 波长下以未接种的培养基为空白对照进行光谱扫描，确定优势降解菌的最大吸收波长。

1.6　功能菌株生长特性与 COD 去除率的关系

一株菌株的生长特性影响 COD 去除率。将三株优势菌株配制成菌浓为 0.5mg・ml^{-1}的菌悬液，以 5% 接种量接种 0.25% 饲料渗滤液，在 28℃ 180r・min^{-1}条件下进行摇瓶实验。采用最大吸收波长下的吸光度表示菌株的生长量，测定优势菌株 7d 的吸光度和相应的 COD 去除率，从而确定菌株的生长与 COD 去除率之间的关系。

1.7 不同菌悬液浓度对 COD 去除率的影响

为了讨论不同菌悬液浓度对 COD 去除率的影响，研究优势复合菌群以 5% 接种量和 1∶1∶1 体积比在 $0.5mg \cdot ml^{-1}$、$0.25mg \cdot ml^{-1}$ 和 $0.1mg \cdot ml^{-1}$ 等不同菌浓条件下对 3d 后 0.25% 配合鱼饲料渗滤液 COD 去除率的影响，最终确定最佳的接种菌浓。

1.8 优势复合菌群各菌株间不同配比对 COD 去除率的影响

在最佳菌浓和 5% 接种量的条件下，研究优势复合菌群中各菌株在 1∶1∶1、1∶2∶1、1∶1∶2、1∶2∶2、2∶1∶1、2∶1∶2、2∶2∶1 等不同体积比下对 3d 后 0.25% 配合鱼饲料渗滤液 COD 去除率的影响，从而确定复合菌群中各菌株的最佳体积比。

2 主要仪器

GDYS-201M 多参数水质分析仪；TU—1810 pc 型紫外可见分光光度计。

3 结果与分析

3.1 三株功能菌株间的拮抗实验

采用牛津杯法对三株功能菌株之间相互进行拮抗实验。通过实验，三株菌株间没有相互抑制作用，可以构建一组复合菌群。

3.2 菌株最大吸收波长的确定

优势复合菌群中 A13F18、DSD7 和 C8ZH 三株细菌光谱扫描的峰值检出图如图 1、图 2 和图 3 所示。

如图所示，菌株 A13F18、DSD7 和 C8ZH 分别在 430nm、415nm 和 415nm 波长下有最大吸收，坐标分别为（430，2.3330）、（415，2.0512）和（415，1.9339），因此，分别以 430nm、415nm 和 415nm 作为菌株 A13F18 DSD7 和 C8ZH 生长曲线的测定波长。

3.3 优势菌株生长特性与 COD 去除率的关系

三株供试菌株的生物量和 COD 去除率之间存在线性关系，菌株的生长特性与 COD 去除率之间的关系如图 4、图 5 和图 6。菌株 A13F18 和 DSD7 1d 的时间就能达到平稳期，这说明两株细菌环境适应性强，生长较快，能够在较短的时间内分解利用环境中的有机物。

A13F18 的平稳期长，在 7d 的测试时间内都能维持一定的生物量，但是其 COD 去除率较其他两株细菌较低，大致维持在 43.99%，只是在第 5 天时其去除率达到

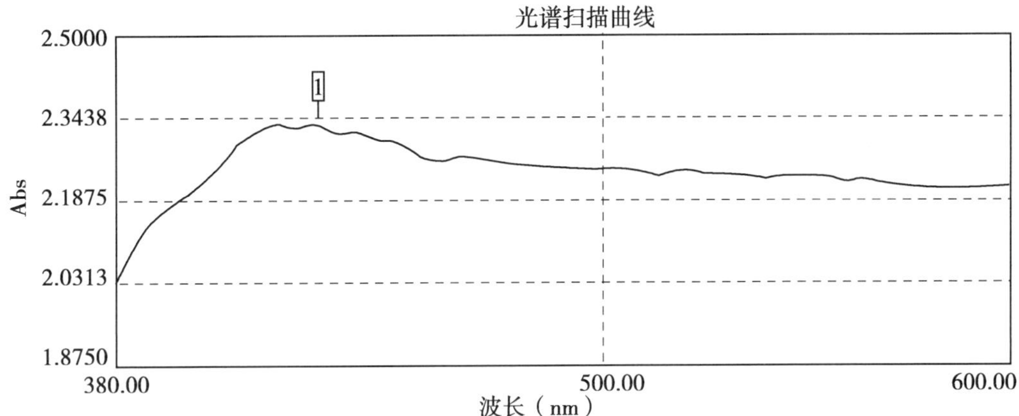

图 1 A13F18 光谱扫描的峰值检出图

Figure 1 The peak value detection graph of A13F18 strain spectrum scan

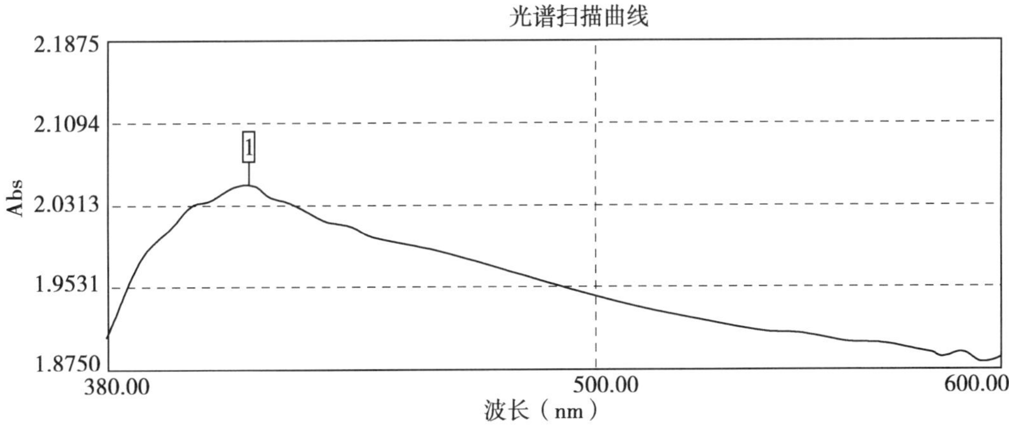

图 2 DSD7 光谱扫描的峰值检出图

Figure 2 The peak value detection graph of DSD7 strain spectrum scan

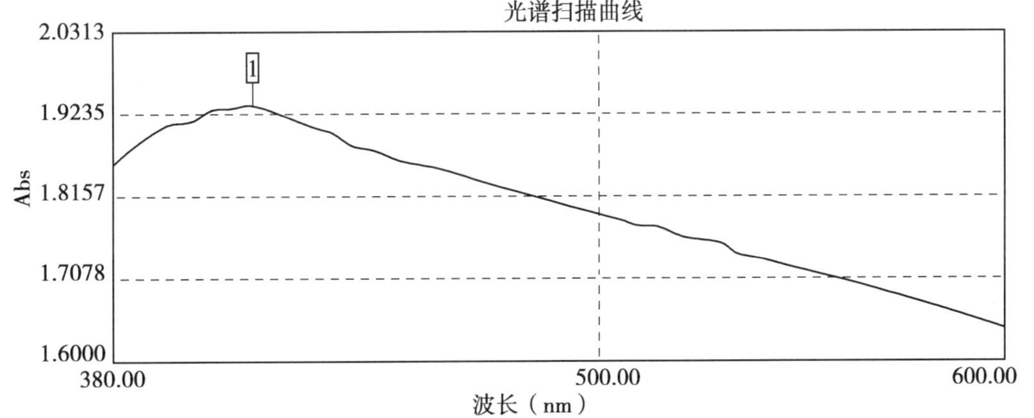

图 3 C8ZH 光谱扫描的峰值检出图

Figure 3 The peak value detection graph of C8ZH strain spectrum scan

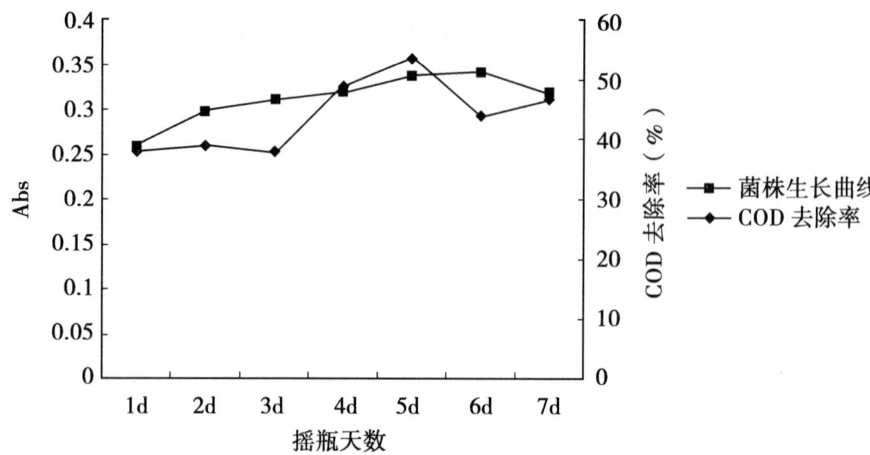

图 4　菌株 A13F18 生长特性与 COD 去除率之间的关系

Figure 4　Relationship between the growth characteristics of strain A13F18 and COD removal rate

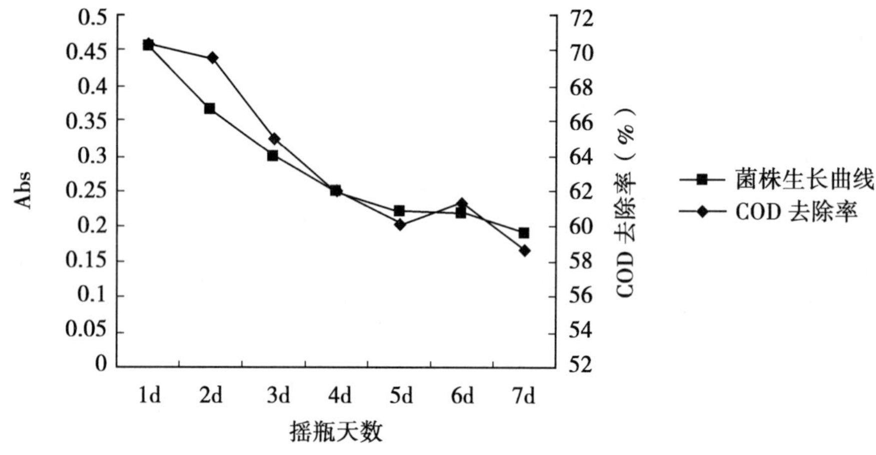

图 5　菌株 DSD7 生长特性与 COD 去除率之间的关系

Figure 5　Relationship between the growth characteristics of strain DSD7 and COD removal rate

53.57%。所以说，菌株 A13F18 胞外酶活力较低，利用有机物的能力较低。DSD7 菌株的平稳期短，第 2 天就进入衰亡期，并且随着菌株生物量的降低，COD 去除率亦降低，从初始的 70.33% 降低到 58.71%，这是由于菌体死亡自溶以有机物的形式重新释放到环境中，从而导致环境中有机物含量的增加。菌株 C8ZH 到达平稳期的时间较长，到第 3 天时才达到平稳期，但是其平稳期长，生物量高，COD 的去除率可以达到 69.92%。

从三株细菌在人工配制的养殖废水中的生长特性中看出，菌株 C8ZH 的 COD 去除率较高，并且能在较长时间内维持较高的生物量和 COD 去除率，能够发挥维持水体微生态平衡的长效机制；虽然 DSD7 能够迅速适应环境并较快地把水体中的有机物分解利

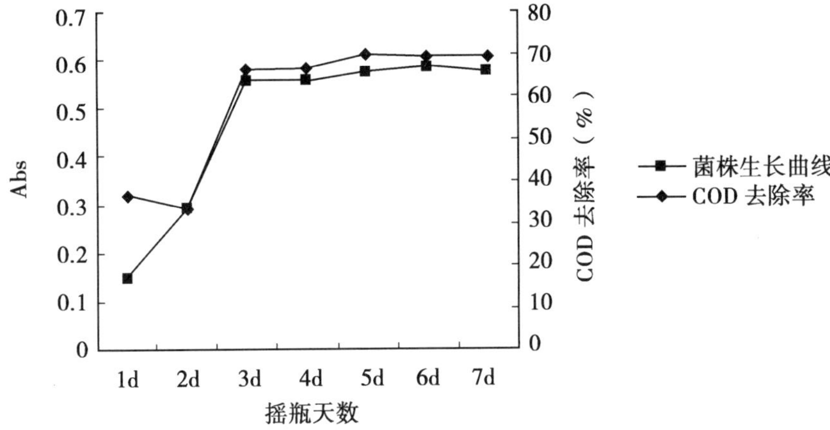

图 6　菌株 C8ZH 生长特性与 COD 去除率之间的关系

Figure 6　Relationship between the growth characteristics of strain C8ZH and COD removal rate

用掉，但是其生长不稳定，在贫营养环境中容易衰亡。所以说，从总体来看菌株 C8ZH 在优势复合菌群中起主导作用。研究结果显示，由这三株菌组成的复合菌群，其 COD 去除率可达到 75% 以上，优于单一菌株的作用效果。因为复合菌群菌株间能够为对方的生长提供生长基质或促生长因子，所以复合菌群具有的协同性和共生性保证了其 COD 去除率。

3.4　不同菌悬液浓度对 COD 去除率的影响

通过对不同菌悬液浓度对 COD 去除率影响的研究，发现 $0.5mg \cdot ml^{-1}$、$0.25mg \cdot ml^{-1}$ 和 $0.1mg \cdot ml^{-1}$ 菌浓对 COD 去除率的影响并没有显著差异（图 7）。从 COD 去除率大小来看，当菌浓为 $0.25mg \cdot ml^{-1}$ 时，其 COD 去除率为 73.62%，且标准误差较小。从应用成本和菌量两方面出发，选定菌浓 $0.25mg \cdot ml^{-1}$ 作为优势复合菌群中各菌株的浓度配比。

3.5　优势复合菌群各菌株间不同配比对 COD 去除率的影响

应用 SAS 软件中的 Duncan's 新复极差测验（Duncan's multiple range test）对由不同体积比菌株构成的复合菌群对 3d 后 0.25% 配合鱼饲料渗滤液 COD 去除率进行分析，结果如表 1 所示，通过查 F 分布表，$F_{0.05}(6,14) = 2.85$。由于 $F = 6.68 > F_{0.05}(6,14) = 2.85$，故差异均有统计学意义（均 $P < 0.05$），存在显著性差异（$P < 0.05$）。应用 Duncan's 新复极差测验进行多重比较，可根据 COD 去除率将 7 个菌群组分为 4 个差异显著的区组（图 8）。当菌株配比为 1∶2∶2、2∶1∶1 和 2∶1∶2 时，其 COD 去除率较高，并且各组间没有显著性差异。研究结果表明，菌株 DSD7 和 C8ZH 是复合菌群中优势菌株，故选择 1∶2∶2 作为复合菌群中各菌株的配比。

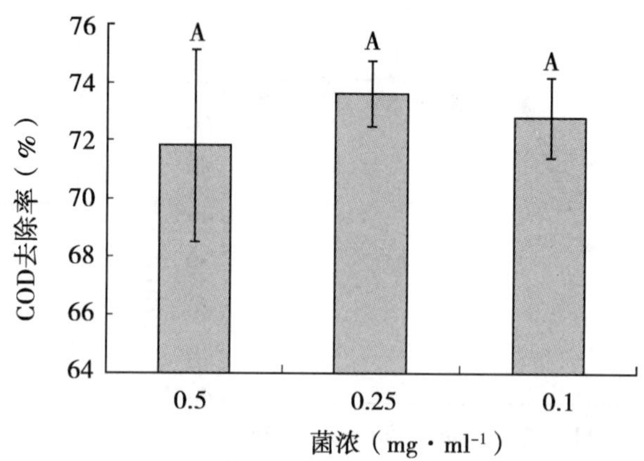

图7　不同菌悬液浓度对COD去除率的影响

Figure 7　The Effect of different concentration on COD removal rate

表1　变量分析方法

Table 1　The analysis of variance procedure

差异源	DF	SS	MS	F-value	Pr > F
组间	6	238.74699	39.791164	6.68	0.0017
组内	14	83.432312	5.9594509		
总计	20	322.1793			

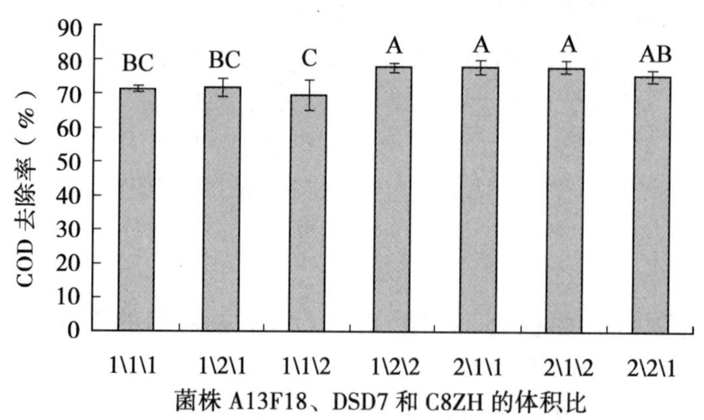

图8　菌株不同体积比对COD去除率的影响

Figure 8　The Effect of different volume ratio on COD removal rate

4　总结

采用牛津杯法对三株功能菌株进行了拮抗实验，结果表明，三株菌株之间不存在相互抑制作用，从而说明由这三株菌构建成一组复合菌群是可能的。通过吸光度的测定，确定了各菌株的最大吸收波长。对优势复合菌群中的三株功能菌株的生长特性与COD

去除率的关系进行了研究，发现菌株的生长特性与 COD 去除率之间存在线性关系。研究了功能菌株不同菌浓和不同配比对 COD 去除率的影响，从而把最佳菌浓和最佳菌株配比确定为 $0.25mg \cdot ml^{-1}$ 和 1∶2∶2。

复合菌群中各菌株在最佳配比下，更能有效地发挥其协同性和共生性，能够迅速地降解环境中的有机污染物，使之最终分解为二氧化碳、硝酸盐、硫酸盐等，有效地降低水中 COD 和 BOD，使水体中的 $NH_3^- - N$、$NO_2^- - N$ 和硫化物的浓度降低，有效地改善水质，并且能为以单细胞藻类为主的浮游植物的繁殖提供营养物质[5,6]。单细胞藻类的光合作用又为有机物的氧化分解、微生物及养殖动物的呼吸提供溶解氧。因此，会构成一个良性的生态循环，使养殖环境的菌藻趋于平衡，维持和营造良好的水质条件。本实验构建的复合菌群在实验室的条件下能够有效地去除废水中的 COD，但是在实际的养殖生产中是否能更好地发挥其降解效果，还有待进一步研究。

目前，由于多菌种混合发酵很难保证各菌株的菌量和发酵液中各菌株的合适配比，并且养殖生产中通常是将有益微生物用蔗糖液活化培养 24～48h 后全池泼洒，所以笔者认为将复合菌群中各菌株进行多元包装，然后按照最佳的配比进行活化，就可以解决复合菌群菌株配比问题，这也就是本实验的研究目的。

参考文献

[1] Mires D. Aquaculture and the aquatic environment: Mutual impact and preventive management. Bamidgeh, 1995, 47: 163～172

[2] 刘柱岩，熊彦辉．水产养殖对水域环境的影响及其治理措施．安徽农业科学，2007，35（23）：7258～7259

[3] 吴伟，余晓丽，李咏梅．不同种属的微生物对养殖水体中有机物质的生物降解．湛江海洋大学学报，2001，21（3）：67～70

[4] 侯颖，孙军德，徐建强等．养殖水体中高效氨氮降解菌的分离与鉴定．水产科学，2005，24（10）：22～24

[5] 肖国华．微生物在水产养殖环境生物修复中的作用机制．河北渔业，2006，10：1～3

[6] 贺艳辉，张红燕，袁永明等．净水微生物对水产养殖环境的修复作用．金陵科技学院学报，2005，21（3）：96～100

The Construction of Multiple Microorganisms and Its Effect on the COD Removal Rate

Zhao Yongkun[1,2], Zhu Changxiong[1], Li Liangsheng[3], Yu Huahong[2]

(1. Institute of Environment and Sustainable Development in Agriculture, Chinese Academy of Agricultural Sciences, Beijing 100081, China;
2. College of Life Sciences, Nanchang University, Nanchang 330047, China;
3. Huizhou Research Institute of Aquatic Science and Technology, Huizhou 516007, China)

Abstract: Antagonistic experiment was carried out between 3 strains of different extracellular enzyme activity bacteria by using Oxford Cup method. The experimental results indicated that the strains had no inhibition effect, therefore one group of multiple microorganisms was constructed. Through the determination of absorbance, the maximum absorption wavelength of each strain was determined. The relationship between the growth characterizations of 3 bacteria strains in the advantage multiple microorganisms and COD removal rate was researched, the result showed that there was a linear relation between them. The different concentration and different ratio of functional strains had influence on the COD removal rate, and the result showed that the optimal concentration and the best ratio were 0.25mg · ml^{-1} and 1 : 2 : 2 respectively.

Key words: Aquiculture; Organics pollution; Multiple microorganisms; Ratio

几株生物固氮菌的筛选及其16S rDNA序列分析*

王 瑞[1] 袁梦龙[2] 张 维[1] 林 敏[1]

(1. 中国农业科学院生物技术研究所，北京 100081；
2. 北京师范大学生命科学学院，北京 100875)

摘 要：从新疆某戈壁土壤中筛选具有固氮能力的细菌，经过富集培养、分离纯化得到三株编号为H-A，I-A，M-A的菌株。通过16S rDNA序列分析结合传统分类学方法确定I-A为耐盐固氮菌（*Azotobacter salinestris*），M-A为棕色固氮菌（*Azotobacter vinelandii*），H-A为褐球固氮菌（*Azotobacter chroococcum*）。

关键词：耐盐固氮菌；棕色固氮菌；褐球固氮菌；16S rDNA

氮素是限制农业生产的最重要的营养元素之一，世界农业对氮的需求平均每年增加2%[1]。自然界中可以被作物直接利用的氮素部分主要来自生物固氮，即土壤中微生物的固氮作用。农田生态系统中长期单一、过量偏施化学肥料特别是化学氮肥，造成农产品品质下降，肥料利用率低，不仅增加了农业生产成本，还严重污染环境，对人体健康造成威胁，同时还造成土壤板结，肥力下降，已成为农业可持续发展的一个重要制约因子。尽管自然界中只有部分原核生物能够固氮，但生物固氮在生产实际中发挥着重要作用：为植物特别是粮食作物提供氮素、提高产量、降低化肥用量和生产成本、减少水土污染和疾病、防治土地荒漠化、建立生态平衡和促进农业可持续发展。

本研究从新疆地区戈壁土壤中采样，并从土样中分离、筛选能够在好氧条件下进行生物固氮的细菌菌株，通过16S rDNA序列分析确定I-A为耐盐固氮菌（*Azotobacter salinestris*），M-A为棕色固氮菌（*Azotobacter vinelandii*），H-A为褐球固氮菌（*Azotobacter chroococcum*）。

1 材料与方法

1.1 样品采集环境

土样为黄沙土，采自新疆地区戈壁滩，采集地点地表裸露无植被覆盖，采集后空运

* 本研究由科技部资源平台项目2005DK21201-8资助。

至实验室于4℃保存。

1.2 培养分离方法

1.2.1 *菌株的富集培养* 称取5g土样，于100ml无氮培养集中（KH_2PO_4 0.4g·L^{-1}，K_2HPO_4 0.1g·L^{-1}，NaCl 0.1g·L^{-1}，$MgSO_4 \cdot 7H_2O$ 0.2g·L^{-1}，Na_2MoO_4 0.01g·L^{-1}，$MnSO_4 \cdot H_2O$ 0.01g·L^{-1}，$Fe_2(SO_4)_3 \cdot H_2O$ 0.01g·L^{-1}，$CaCl_2 \cdot 2H_2O$ 0.02g·L^{-1}，乳酸钠6ml，葡萄糖5.0g·L^{-1}，pH值6.8，用蒸馏水配制）[2]。在30℃，200r·min^{-1}条件下震荡培养3d。

1.2.2 *菌种的分离纯化* 吸取富集培养土壤的上清液进行梯度稀释，分别将不同梯度的菌悬液涂布于纯化无氮培养基（KH_2PO_4 0.4g·L^{-1}，K_2HPO_4 0.1g·L^{-1}，NaCl 0.1 g·L^{-1}，$MgSO_4 \cdot 7H_2O$ 0.2g·L^{-1}，Na_2MoO_4 0.01g·L^{-1}，$MnSO_4 \cdot H_2O$ 0.01g·L^{-1}，$Fe_2(SO_4)_3 \cdot H_2O$ 0.01g·L^{-1}，$CaCl_2 \cdot 2H_2O$ 0.02g·L^{-1}，乳酸钠6 ml，葡萄糖5.0g·L^{-1}，琼脂粉15g·L^{-1}，pH值6.8，用蒸馏水配制）的平板上，30℃培养，选取长势良好的单菌落进行进一步分离纯化。

1.2.3 *16S rDNA PCR扩增及序列测定* 使用通用引物F27（5’-agagtttgatcatggctcag-3’）和R1492（5’-tacggttaccttgttacgactt-3’）[3]，通过菌落PCR法克隆16S rDNA片段。之后，将PCR产物直接外送测序。

1.2.4 *系统发育树的构建* 将所得的1.5kb左右的序列与GenBank中核酸数据进行BLAST[4]分析，利用ClustalW方法进行多序列比对，通过MEGA4[5]以Neighbor-Joining法[6]构建系统发育树。

2 结果与讨论

2.1 菌株的形态

在对固氮菌进行筛选的过程中发现在无氮平板上I-A菌生长最快，30℃培养1d，菌落呈圆形，湿润黏稠，全缘，表面光滑，中央凸起，有半透明的晕圈，菌落直径约为1.5~2mm，有光泽，随菌落生长会产生褐色色素（图1）；M-A的菌落湿润，呈圆形，全缘，表面光滑，中央凸起，直径约为1~1.5mm，有光泽，菌落呈金黄色，幼龄菌呈浅黄色，随菌落生长颜色加深（图2）；H-A菌落表面光滑，不透明，全缘，中央凸起，菌落直径约为1.5~2mm（图3）。

2.2 系统发育树的构建

经过测定，得到三株菌的部分16S rDNA序列（H-A，GeneBank登录号：FJ032009；I-A，GeneBank登录号：FJ032010；M-A，GeneBank登录号：FJ032011）。将其与Genebank数据库中的核酸通过BLASTN分析表明，菌株H-A与褐球固氮菌种的相似性最高，与*Azotobacter chroococcum*的相似性为99%；菌株M-A与棕色固氮菌的相似性最高与*Azotobacter vinelandii*的相似性达98%；I-A与耐盐固氮菌相似性最高，与*Azo-*

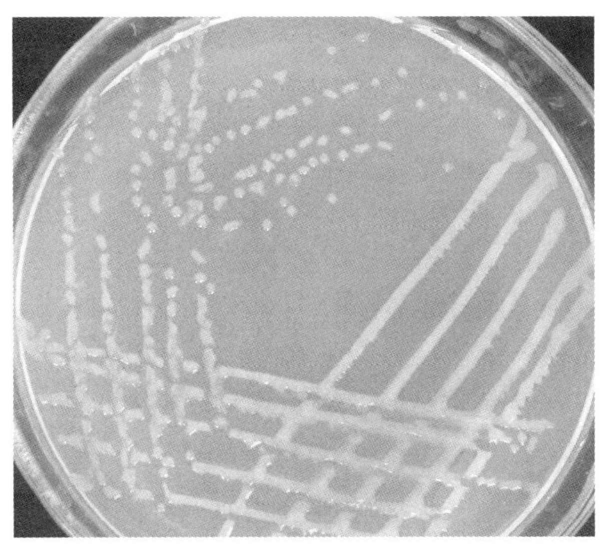

图 1　I-A 菌株菌落形态图

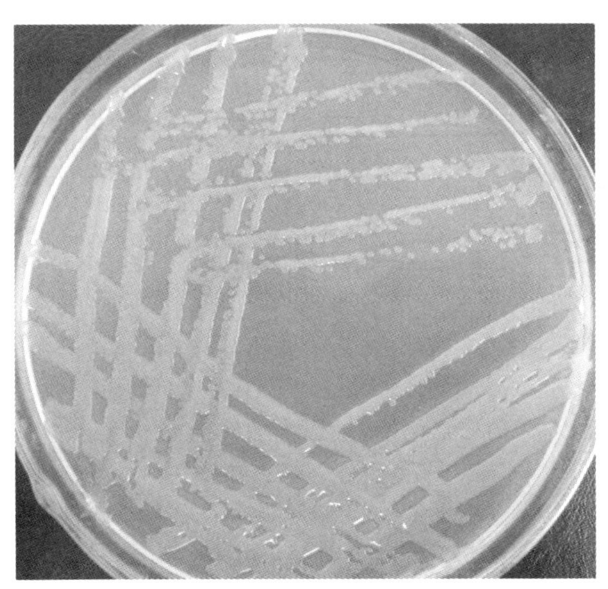

图 2　M-A 菌落形态图

tobacter salinestris 的相似性达 99%。图 4 是根据 16S rDNA 序列构建的系统发育树，此邻接树（Neighbor-Joining tree）基于 16S rDNA 构建，进行了 1 000 次重复的自展检验[7]。节点处的数值显示了相应拓扑结构的自展值。支长根据相同单位绘制，显示了各分类群的进化距离。系统分析的构建应用了 MEGA4 软件。该系统发育树选用了 *Pseudomonas* 属为外群。菌株 I-A 与其他三株已知 *Azotobacter* 构成一个自展值为 97 的单系群，而且 I-A 与其中的一株 *Azotobacter salinestris* 形成一个自展值为 99 的内部分支。M-A 与其他两株 *Azotobacter* 构成一个自展值为 100 的单系群，并且 M-A 与 *Azotobacter vinelandii* 形成一

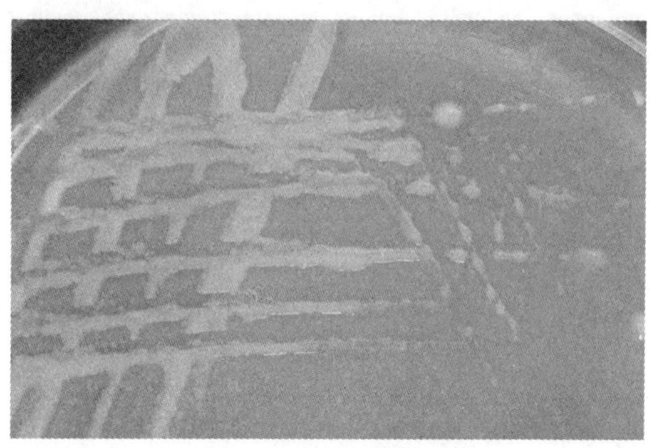

图3 H-A 菌株菌落形态图

个自展值为100的内部分支。H-A 与 *Azotobacter chroococcum* 构成一个自展值为99的单系群。基于以上结果分析：I-A 属于 *Azotobacter salinestris*，M-A 属于 *Azotobacter vinelandii*，H-A 属于 *Azotobacter chroococcum*。

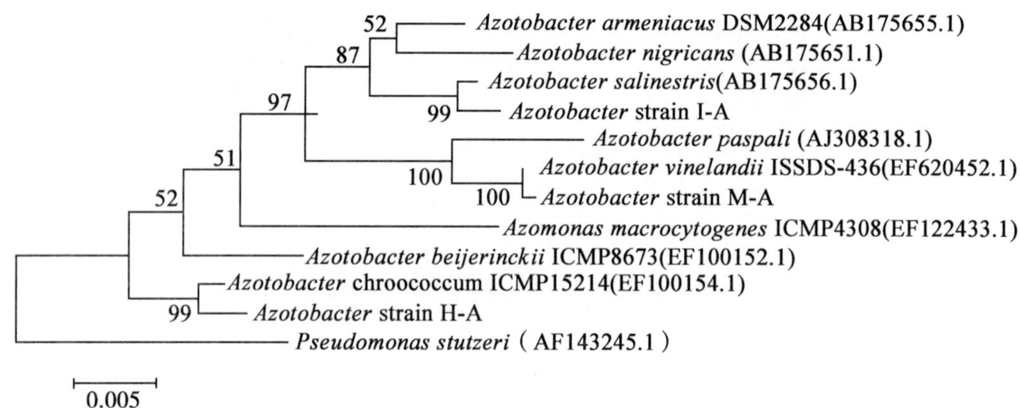

图4 基于固氮菌 H-A、I-A 和 M-A 亲缘关系相近菌株 16S rDNA 序列的系统发育树

3 结论

综上所述，我们从新疆戈壁环境中分离得到了三株具有固氮能力的固氮菌属菌株 H-A、I-A 和 M-A，并通过 16S rDNA 对其进行了初步鉴定。

这三株菌的生长速度较快，1～2d 内，可在无氮培养基上形成单菌落，这暗示着其可能具有较高的固氮酶活，有潜在的作为生物固氮工程菌或者基因库的可能。同时，这三株菌均属于好氧固氮的菌株，这为我们进一步研究在好氧条件下的菌株的固氮机理提供了一个良好的菌种平台。

参考文献

［1］李红权．固氮斯氏假单胞菌四碳二羧酸转运基因的功能鉴定及表达调控研究，微生物学通报，

2005, 35, (5): 1 ~ 4
[2] 田宏，张德罡，姚拓，席琳乔．禾本科草坪草固氮菌株筛选及部分特性初步研究，中国草地，2005，27 (5): 47 ~ 52
[3] Weisburg, W. G., Barns, S. M., Pelletier, D. A. & Lane, D. J. 16S Ribosomal DNA Amplification for Phylogenetic Study. *J Bacteriol*, 1991, 173, 697 ~ 703
[4] Altschul, Stephen F., Thomas L. Madden, Alejandro A. Schaffer, Jinghui Zhang, Zheng Zhang, Webb Miller, and David J. Lipman Gapped BLAST and PSI-BLAST: a new generation of protein database search programs. *Nucleic Acids Res*, 1997, 25, 3389 ~ 3402
[5] Tamura K, Dudley J, Nei M & Kumar S MEGA4: Molecular Evolutionary Genetics Analysis (MEGA) software version 4.0. *Molecular Biology and Evolution*, 2007, 24: 1596 ~ 1599
[6] Saitou N, Nei M. The neighbor-joining method: A new method for reconstructing phylogenetic trees. *Molecular Biology and Evolution*, 1987, 4 (4): 406 ~ 425
[7] Felsenstein J. Confidence limits on phylogenies: An approach using the bootstrap. *Evolution*, 1985, 39 (9): 783 ~ 791

Isolation and Identification of Several Strains of Biological Nitrogen Fixation Bacteriun

Wang Rui[1], Yuan Menglong[2], ZhangWei[1], Lin Min[1]
(1. Biotechnology Research Insstitute, Chinese Academy of Agricultural Sciences, Beijing 100081, China;
2. College of Life Sciences, Beijing Nomal University, Beijing 100875, China)

Abstract: Three biological nitrogen fixation bacterium strains, designated as H-A, I-A and M-A, were isolated from the Gobi soil. Based on the phenotype and the phylogenetic analysis of 16S rDNA sequence, the strain I-A is *Azotobacter salinestris*, the strain M-A is *Azotobacter vinelandii* and the strain H-A is *Azotobacter chroococcum*.

Key words: *Azotobacter salinestris*; *Azotobacter vinelandii*; *Azotobacter chroococcum*; 16S rDNA

中温厌氧纤维素降解细菌的分离、鉴定及其系统发育研究*

罗　辉[1]　仇天雷[2]　马诗淳[1]　刘来雁[1]
张　辉[1]　尹小波[1]　邓　宇[1**]

（1. 农业部沼气科学研究所，成都　610041；
2. 北京农业生物技术研究中心，北京　100089）

摘　要：以树中心湿木为样品，富集分离获得一株具有较强纤维素分解能力的中温厌氧纤维素降解细菌 CSZM-6。分离菌株为革兰氏染色阴性，直杆或稍弯曲杆菌，多数单生、少数成对或成串，部分菌体产芽孢。菌体大小为 0.5μm×（1.7～2.6）μm，严格厌氧，最适生长温度 40℃，最适 pH 值 6.5，以葡萄糖为底物时倍增时间 8.0h。菌落为圆形或不规则形状，产黄色素，分离菌株在纤维素粉固体培养基中培养 3 周后，直径为 0.5～4.0mm，水解圈直径为 2.0～18.0mm。分离菌株不仅能利用纤维素、纤维二糖和葡萄糖等碳水化合物，还能利用未经处理的报纸、水稻秸秆、麦秆。发酵纤维素产乙醇、乙酸、甲酸、丙酸、乳酸、H_2、CO_2。在菌株 CSZM-6 的纤维素酶系中，只存在外切-β-1，4 葡聚糖酶（又称 C_1 酶）和内切-β-1，4-葡聚糖酶（又称 C_x）两种组分，最适温度分别为 40℃和 45℃。通过 16S rDNA 序列分析表明，菌株 CSZM-6 为梭菌属 *Clostridium*，与 *C. papyrosolvens* 具有 99.6% 的相似性。

关键词：中温厌氧纤维素降解细菌；鉴定；16S rDNA；系统发育分析

天然纤维类物质是地球上最丰富的生物质，微生物对它们的分解不仅在整个碳循环中起重要的作用，而且具有转化为乙醇、乙酸等经济产品的潜能[1,2]。尽管地球上每年产生的大部分纤维类物质是在好氧微生物的作用下分解的，但是 5%～10% 的纤维类物质是在厌氧的条件下被分解的。厌氧纤维素降解微生物在自然界中极为丰富，包括厌氧真菌和厌氧细菌，而厌氧纤维素降解细菌分为中温菌和高温菌，共达 12 属。已从土壤[3]、厌氧消化器[4]、堆腐物[5]、动物肠道[6]和瘤胃[7]等不同的生境中分离到了厌氧纤维素降解细菌。

我们从土壤、消化器、堆腐物和树中心湿木等环境中采集大量样品，经反复筛选，获得多株中温厌氧纤维素降解细菌。从中获得的菌株 CSZM-6 具有较强的纤维素分解能

* 基金项目：农业科技成果转化资金项目（项目编号：2006GB23260391）；国家自然科技资源平台项目（项目编号：2004PKA30560）；“863”项目（项目编号：2006AA10Z420）。

** 通讯作者：邓宇，Tel：028－85260729，Fax：028－85258573，E-mail：dengkaiyu@yahoo.com.cn。

作者简介：罗辉（1983～），女，江西吉安，在读硕士研究生，主要从事能源微生物相关研究，E-mail：luohui20032000@yahoo.com.cn。

力，能将纤维类物质直接转化为多种酸、醇类物质，具有潜在的应用价值。本文报道分离菌株 CSZM-6 的生物学性质和 16S rDNA 系统发育分析，为进一步的研究工作提供基础数据。

1　材料和方法

1.1　材料

1.1.1　CSZM-6 分离自树中心湿木　PCR MasterMix，PCR 引物购自大连宝生物公司。细菌基因组 DNA 提取试剂盒 DP302-02 购自天根生化科技有限公司。

1.1.2　富集培养采用 RFT[8] 培养基　分离纯化以及生化鉴定培养基（L^{-1}）：$(NH_4)_2SO_4$ 1.3g，KH_2PO_4 1.5g，$K_2HPO_4 \times 3\ H_2O$ 2.9g，$MgCl_2 \times 6\ H_2O$ 0.2g，$CaCl_2 \times 2\ H_2O$ 0.075g，NaCl 1g，$FeSO_4 \times 7\ H_2O$ 1.25mg，蛋白胨 0.5g，酵母膏 1g，维生素溶液[9] 10ml，微量元素溶液[9] 1ml，L-半胱胺酸盐酸盐-水 0.5g，刃天青 1.0mg，pH 值 7.0，分装于厌氧管或血清瓶内，顶空为氮气，121℃，20min 高压灭菌，35℃培养。

1.2　方法

1.2.1　厌氧技术　培养基的制备及全部操作采用亨盖特（Hungate）厌氧操作改良技术[10]。

1.2.2　分离和纯化的步骤见文献[11]。

1.2.3　菌体形态电镜研究　分离菌株在葡萄糖液体培养基中培养至指数生长期后用 AMRAY 扫描显微镜观察拍照，方法见文献[12]。

1.2.4　最适温度、pH 值和 NaCl 浓度试验　温度、pH 值和 NaCl 浓度试验均以葡萄糖为碳源。接种至培养基后分别置于 5℃、15℃、20℃、25℃、30℃、35℃、40℃和 45℃下培养，测 OD_{600} 值。接种后用 1mol·L^{-1} HCl 或 2mol·L^{-1} NaOH 溶液将培养基调为 5.5 和 9.0 之间，每隔 0.5 设定 1 个处理，测定 OD_{600} 值。NaCl 浓度试验终浓度分别设为 0%、0.1%、0.2%、0.4%、0.6% 和 1%，测 OD_{600} 值。

最适生长条件下纤维素降解细菌的倍增时间测定以葡萄糖为底物，测 OD_{600} 值。取生长对数期 OD_{600} 值作非线性回归，计算得到倍增时间。

1.2.5　碳源利用和产物测定　参考文献[8,13]的方法研究生长底物的生化特征。进行生长底物试验时，用气相色谱法和离子色谱法比较以 CMC、滤纸、葡萄糖、纤维二糖和纤维素粉为底物的 5 种培养物的代谢产物。

以滤纸为碳源培养至滤纸开始溃烂时的培养物作为接种物，接种量为 1%，40℃培养 7～15d，有机酸和乙醇测定方法见文献[14]。

1.3　酶活的测定

CSZM-6 接种于滤纸条培养基中，于 40℃ 培养箱中进行发酵。将发酵液经 5 000r/min离心 10min，取上清液测定纤维素酶活。酶活单位（U）定义为：反应条件下，1min 内水解底物产生 1mmol 还原糖（以葡萄糖计）所需的酶量。

1.3.1 C_1 酶活测定 将 1.0ml 酶液和 1.5ml 0.05mol · L^{-1} pH 值 4.5 的柠檬酸缓冲液加入比色管中，混匀后先预热 5 ~ 10min，再各加入滤纸条 50mg，并置于不同温度水浴锅中恒温保温 24h，用 DNS 试剂法测定还原糖[15]。

1.3.2 C_x 酶活测定 将 1.0ml 酶液和 1.5ml 0.5% CMC 柠檬酸缓冲液（0.05mol · L^{-1}，pH 值 5.0）加入比色管中，混匀后先预热 5 ~ 10min，然后置于不同温度的水浴锅中恒温保温 1h，用 DNS 试剂法测定还原糖[15]。

1.3.3 β-葡萄糖苷酶活力的测定 将 1.0ml 酶液和 1.5ml 0.5% 水杨酸苷柠檬酸缓冲液（0.05mol · L^{-1}，pH 值 4.5）加入比色管中，混匀后先预热 5 ~ 10min，然后置于不同温度的水浴锅中恒温保温 1h，用 DNS 试剂法测定还原糖[15]。

1.4 16S rDNA 的 PCR 扩增和序列分析

供试菌株以葡萄糖为底物培养至指数生长期，离心收集菌体，按试剂盒说明方法制备模板 DNA 并用于 PCR 扩增。

用于 16S rDNA PCR 反应的引物为一对通用引物[16]。正向引物 27f：5’-AGAGTTTGATCCTGGCTCAG-3’（*E. coli* 的 16S rDNA 对应位置为 8 ~ 27）；反向引物 1 492r：5’-GGTTACCTTGTTACGACTT-3’（*E. coli* 的 16S rDNA 对应位置为 1 492 ~ 1 514）。

PCR 反应体系（50μl）为：模板 DNA 1μl，引物 27f（10μmol · L^{-1}）和 1492r（10μmol · L^{-1}）各 2μl，2 × PCR MasterMix 25μl，双蒸水 20μl。其中 PCR MasterMix 所含成分的反应终浓度为：Tris-HCl 缓冲液（pH 值 8.3）10mmol · L^{-1}，KCl 50mmol · L^{-1}，$MgCl_2$ 1.5mmol · L^{-1}，dNTP 各 250μmol · L^{-1}，Taq 聚合酶 0.05U/μl，双蒸水，其他稳定剂和增强剂。PCR 程序如下：94℃ 预变性 5min；94℃ 变性 1min，56℃ 退火 1min，72℃ 延伸 2min；第 2 步循环 29 次；72℃ 10min，4℃ 保存。PCR 产物纯化后测序，测序由大连宝生物公司完成。

1.5 系统发育树构建

得到的序列用 BLAST 软件在 GenBank 数据库中进行比对，选取序列相似性高的菌株，用 clustalw（http：//www. ebi. ac. uk/clustalw/）软件进行 16S rDNA 相似性分析，Molecular Evolutionary Genetics Analysis3. 1 软件采用邻位相连法构建系统发育树和 bootstrap 稳定性验证。

2 结果和分析

2.1 分离菌株形态学

2.1.1 菌体形态 菌株 CSZM-6，严格厌氧，革兰染色阴性，部分菌体产芽孢，无鞭毛，不运动。电镜研究表明，分离菌株大小为 0.5μm ×（1.7 ~ 2.6）μm（图 1），多数单生、少数成对或成串。

2.1.2 菌落 形成的菌落圆形或不规则形，不透明，不光滑，湿润，边缘完整，产黄色素，分离菌株在纤维素粉固体培养基中培养 3 周后，直径为 0.5 ~ 4.0mm，水解圈直径为 2.0 ~ 18.0mm（图 2）。

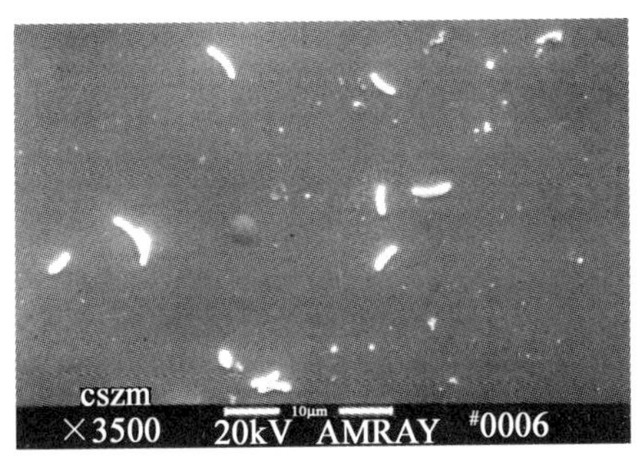

图 1 CSZM-6 的扫描电镜照片

图 2 CSZM-6 纤维素粉固体培养基中菌落照片

2.2 分离菌株的生理生化特性

分离菌株最适生长温度为 40℃，菌株在 15℃时能生长，5℃、45℃没有生长。pH 值范围为 6.0 ~ 8.5，最适 pH 值为 6.5。NaCl 浓度范围为 0% ~ 1%，最适 NaCl 浓度为 0。

图 3 为 CSZM-6 菌株生长曲线图。实验数据用 Origin. pro. 7.5 软件处理，采用 SLogistic3 公式拟合曲线，取其生长对数期直线部分作线性回归，所得直线的斜率为 μ_m（比生长速率），CSZM-6 菌株在 40℃，pH 值 6.5，NaCl 浓度为 0% 的情况下 $\mu_m = 0.12h^{-1}$。由此可知 CSZM-6 菌株的倍增时间为 8.0h。

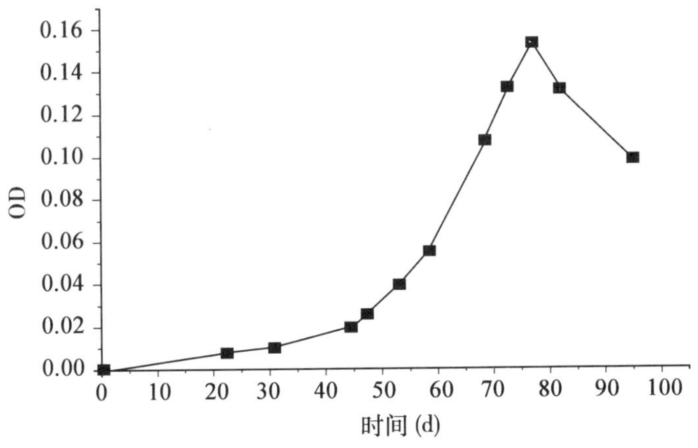

图 3 菌株 CSZM-6 的最适生长曲线

分离菌株不仅能利用纤维素、纤维二糖、糊精、葡萄糖、麦芽糖、可溶性淀粉、木聚糖、木糖、纤维素粉 MN300、CMC、糖原，还能利用未经处理的报纸、水稻秸秆、麦秆；不能利用 D-果糖、D-半乳糖、乳糖、甘露糖、明胶、水杨苷、蔗糖、蛋白胨、酵母膏、D-树胶醛糖、甘油、乳酸、甘露醇、棉子糖、L-鼠李糖、L-山梨糖、D-阿拉伯糖、D-核糖、D-山梨醇、松三糖、甲酸钠、乙酸钠、丙酸钠、丙酮酸钠、乳酸钠、丁酸钠、苦杏仁苷和无水乙醇（表 2）。发酵不同碳源为底物的产酸产醇结果见表 1 所示。

表 1　不同碳源为底物的产酸产醇结果

发酵产物	底物				
($c/10^{-3}g \cdot L^{-1}$)	滤纸	纤维素粉 MN300	CMC	纤维二糖	葡萄糖
甲酸	19.17	35.94	8.04	15.99	24.52
乙酸	989.95	929.17	128.11	780.49	853.48
丙酸	30.56	21.51	29.46	20.11	16.05
乳酸	39.27	57.71	9.50	36.63	39.57
乙醇	816.38	623.57	155.38	807.37	801.97

表 2　CSZM-6 与几株中温厌氧纤维素降解梭菌的比较

特点	1*	2[17]*	3[18]*	4[19]***	5[5]*	6[13]*	7[4]**
革兰氏染色	—	—	+	—	+	—	+
发酵产物	H C A E F L	H C A E L	H C A E	H C A E F L	H C A E F L	H C A E F L	H C A L P Bu Isob Isov S
最适生长温度(℃)	40	25~30	37	30~37	32~35	30~40	35
底物							
树胶醛糖	—	+	—	+	+	—	—
纤维二糖	+	+	+	+	+	+	+
果糖	—	+	+	+	+	+	—
半乳糖	—	+	+	+	W	NR	ND
葡萄糖	+	+	+	+	+	+	—
乳糖	—	—	+	W	—	—	—
甘露糖	—	—	+	+	W	+	—
胶质	—	—	—	NR	—	—	—
核糖	—	+	+	+	W	—	—
淀粉	+	—	—	—	—	—	—
蔗糖	—	—	—	—	—	—	—
木糖	+	+	+	+	+	+	—

1 表示菌株 CSZM-6；2 表示 *C. Papyrosolvens*；3 表示 *C. Termitis*；4 表示 *C. Cellobioparum*；5 表示 *C. Cellulolyticum*；6 表示 *C. hungati*；7 表示 *C. Aldrichii.*

+表示利用；—表示不利用；W 表示微弱利用；ND 表示不能确定；NR 表示有报道。

H 表示 H_2；C 表示 CO_2；A 表示乙酸；E 表示乙醇；F 表示甲酸；L 表示乳酸；P 表示丙酸；Bu 表示丁醇；Isob 表示异丁酸；Isov 表示异戊酸；S 表示琥珀酸。

* 表示以纤维素为底物

** 表示以纤维二糖为底物

*** 表示以葡萄糖为底物

2.3　分离菌株 CSZM-6 的纤维素酶学特性

纤维素酶系一般由 C_1 酶、C_X 酶和 β-葡萄糖苷酶 3 种组分的一种、两种或全部组成。经过试验发现，菌株 CSZM-6 的纤维素酶系中只包括 C_1 酶和 C_X 酶两种组分，而不包含 β-葡萄糖苷酶。分离菌株的 2 种酶组分的酶作用温度曲线如图 4 所示。酶活性大小用 1L 发酵液 1min 内由底物产生的葡萄糖毫摩尔数表示。从图中可以看出，两种纤维素酶的最适温度不同，分别为 40℃和 45℃。

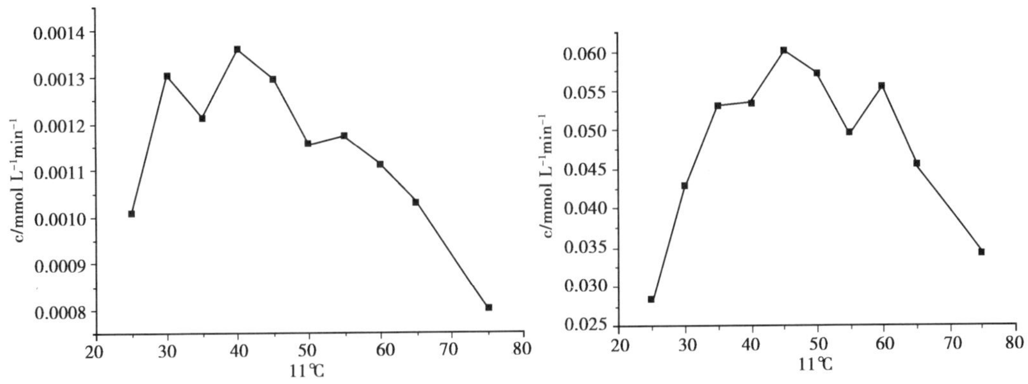

图 4　菌株 CSZM-6 中 2 种酶组分的酶作用温度曲线

2.4　分离菌株的系统发育分析

获得分离菌株 CSZM-6 的 16S rDNA 部分序列，共 1 397bp，GenBank 序列登录号为 EU057611。菌株 CSZM-6 和其他几株厌氧纤维素降解细菌的系统发育树见图 5 所示。

3　讨论

3.1　已被正式描述的中温厌氧纤维素降解细菌主要存在于 6 个属中

即梭菌属 *Clostridium*（如 *C. papyrosolves*[17]，*C. cellulolyticum*[5]），醋弧菌属 *Acetivibrio*（如 *A. cellulolyticus*[20]），*Ruminococcus*（如 *R. albus*[21]），盐胞菌属 *Halocella*（如 *H. cellulolytica*[22]），拟杆菌属 *Bacteroides*（如 *B. cellulosolvens*[23]）运动杆菌属 *Eubacterium*（如 *E. cellulosolvens*[24]）。

本项研究的分离菌株 CSZM-6 为中温厌氧纤维素降解细菌，与拟杆菌属 *Bacteroides* 的细菌差异较大。基于部分长度的 16S rDNA 序列的相似性分析表明，分离菌株与 *C. josui*，*C. cellulolyticum*，*C. termitidis* 相似性较高，分别为 98.5%、98.5%、98.2%；而与 *C. papyrosolvens* 的相似性最高，为 99.6%，从而可确定分离菌株为梭菌属 *Clostridium*。通过菌株的生理生化特性研究，与 *C. papyrosolvens* 相比，分离菌株以纤维素粉为底物滚管形成的菌落产色素，而 *C. papyrosolvens* 不产色素；以纤维素为底物发酵产甲酸，而 *C. papyrosolvens* 却不产甲酸；最适生长温度为 40℃，而 *C. papyrosolvens* 的最适生长温

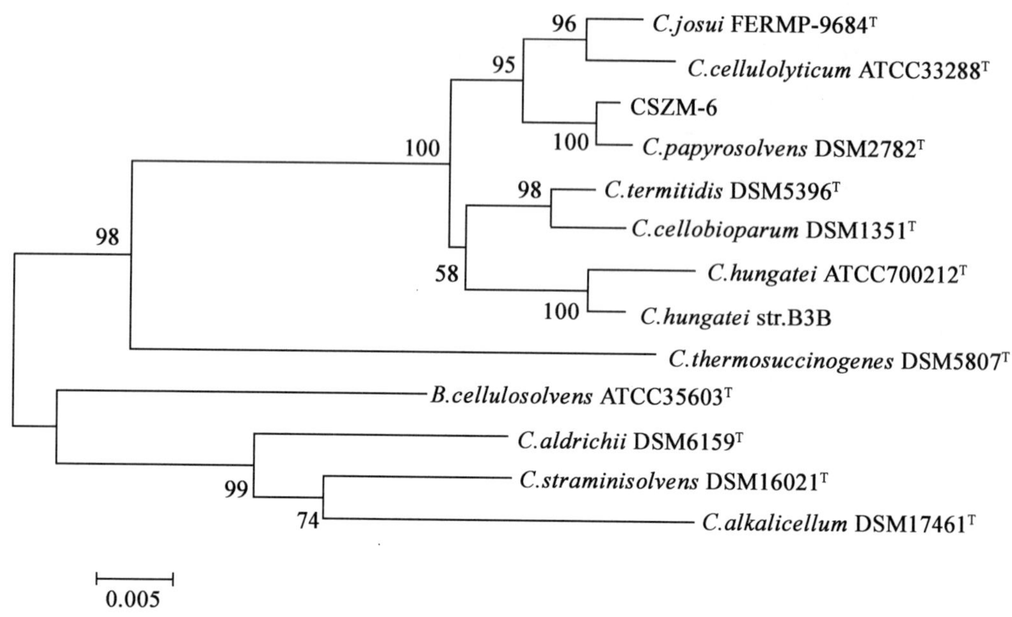

图5 基于16S rDNA序列相似性构建的菌株CSZM-6和其他中温厌氧纤维素降解细菌的系统发育树

度为25～30℃；分离菌株不能利用树胶醛糖、果糖、半乳糖、核糖，而 *C. papyrosolvens* 却能利用以上四种糖；分离菌株能水解淀粉，而 *C. papyrosolvens* 却不能水解淀粉。综上所述，进一步确定分离菌株CSZM-6的分类地位还需进行“G＋C”含量的测定和DNA杂交等试验。

3.2 分离菌株CSZM-6发酵纤维素产生乙醇

这对利用废弃纤维类物质转化为燃料乙醇可能存在潜在的应用价值。

参考文献

[1] Leschine S. B. Cellulose degradation in anaerobic environments. Annu Rev. Microbiol，1995，49：399～426

[2] Ljungdahl L. G，Eriksson K E. Ecology of microbial cellulose degradation. Adv. Microbial.，1985，8：237～299

[3] Jeong H，Yi H，Sekiguchi Y *et al. Clostridium jejuense* sp. *nov.*，isolated from soil. Int J Syst Evol Microbiol，2004，54（5）：1465～1468

[4] Yang J C，Chynoweth D P，Williams D S *et al. Clostridium aldrichii* sp. *nov.*，a cellulolytic mesophile inhabiting a wood-fermenting anaerobic digester. Int J Syst Bacteriol，1990，40（3）：268～272

[5] Petitdemange E，Caillet F，Giallo J *et al. Clostridium cellulolyticum* sp. *nov.*，a cellulolytic，mesophilic species from decayed grass. Int J Syst Bacteriol，1984，34（2）：155～159

[6] Varel V. H，Tanner R. S，Woese C. R. *Clostridium herbivorans* sp. *nov.*，a cellulolytic anaerobe from the pig intestine. Int J. Syst Bacteriol，1995，45（3）：490～494

[7] Varel V. H. Reisolation and characterization of Clostridium longisporum，a ruminal sporeforming cellulo-

lytic anaerobe. Archives of Microbiology，1989，152（3）：209～214

[8] Leschine S. B，Canale-Parola E. Mesophilic Cellulolytic Clostridia from Freshwater Environments. Applied and Environmental Microbiology，1983，46（3）：728～737

[9] Balch W. E，Fox G. E，Magrum L. J. *et al.* Methanogens：reevaluation of a unique biological group. Microbiology and Molecular Biology Reviews，1979，43（2）：260～296

[10] Balch W. E，Wolfe R. S. New approach to the cultivation of methanogenic bacteria：2-mercaptoethanesulfonic acid（HS-CoM）-dependent growth of Methanobacterium ruminantium in a pressureized atmosphere. Applied and Enviromental Microbiology，1976，32（6）：781～791

[11] 林世平，邓宇，徐恒等．高温厌氧纤维素分解菌及酶的初步研究．四川大学学报：自然科学版，2001，38（1）：134～136

[12] 仇天雷，承雷，邓宇等．一株近海沉积物中产甲烷菌的分离及鉴定．中国沼气，2006，25（2）：3～6

[13] Monserrate E，Leschine S. B，Canale-Parola E. *Clostridium hungatei* sp. *nov.*，a mesophilic，N2-fixing cellulolytic bacterium isolated from soil. Int J Syst Evol Microbiol，2001，51（1）：123～132

[14] 钱泽澎，闵航．沼气发酵微生物学．浙江：浙江科学技术出版社，1984

[15] 张龙翔，张庭芳，李令媛．生化实验方法和技术（第二版）．北京：高等教育出版社，1997

[16] Karita S.，Nakayama K.，Goto M. *et al.* A novel cellulolytic，Anaerobic，and thermophilic bacterium，Moorella sp. strain F21. Bioscience，Biotechnology and Biochemistry，2003，67（1）：183～185

[17] Madden RH，Bryder M. J，Poole N. J. Isolation and characterization of an anaerobic，cellulolytic bacterium，*Clostridium papyrosolvens* sp. *nov.* Int J Syst Bacteriol，1982，32：87～91

[18] Hethener P，Brauman A，Garcia J. L. *Clostridium termitidis* sp. *nov.*，a cellulolytic bacterium from the gut of the wood-feeding termite，Nasutitermes lujae. Systematic and Applied Microbiology，1992，15（1）：52～58

[19] Hungate R. E. Study on cellulose fermentation I. the culture and physiology of an naerobic cellulose-digesting bacterium. Journal of Bacteriology，1944，48（5）：499～513

[20] Girishchandra B P，MacKenzie C R. Metabolism of Acetivibrio Cellulolyticus during optimized growth on glucose，cellobiose and cellulose. Applied Microbiology and Biotechnology，1982，16（4）：212～218

[21] Wood T. M，Wilson C. A，Stewart C. S. Preparation of the cellulase from the cellulolytic anaerobic rumen bacterium Ruminococcus albus and its release from the bacterial cell wall. Biochem J，1982，205：129～137

[22] Simankova M. V，Chernych N. A，Osipov G. A *et al.* Halocella *cellulolytica* gen. *nov.*，sp. *nov.*，a new obligately anaerobic，halophilic，cellulolytic bacterium. Systematic and Applied Microbiology，1993，16（3）：385～389

[23] Murray W. D，Sowden L. C，Colvin J. R. Bacteroides *cellulosolvens* sp. *nov.*，a cellulolytic species from sewage sludge. Int J Syst Bacteriol，1984，34（2）：185～187

[24] Van Gylswyk N. O，Van Der Toorn J. Descriptions and designation of a neotype strain of *Eubacterium cellulosolvens*（*Cillobacterium cellulosolvens* Bryant，Small，Bouma and Robinson）Holdeman and Moore. Int J Syst Bacteriol，1986，36（2）：275～277

Isolation, Characterization and Phylogenetic Analysis of A Mesophilic Cellulytic Anaerobic Bacterium

Luo Hui[1], Qiu Tianlei[2], Ma Shichun[1], Liu Laiyan[1], Zhang Hui[1], Yin Xiaobo[1], Deng Yu[1]

(1. Biogas Institute of Ministry of Agriculture, Chengdu 610041, China;
2. Beijing Agro-Biotechnology Research Center, Beijing 100089, China)

Abstract: Through selective enrichment culture, an obligately anaerobic, mesophilic, cellulytic bacterium, strain CSZM-6 was isolated from wetwood of trees. The cells were straight or slightly curved rods that measured between 1.7μm and 2.6μm in length and approximately 0.5μm in diameter, non-motile, most occurring singly, a few in pairs or bunchy. Gram staining reaction was negative. Endospores were observed in a few bacteria. The optimum temperature and pH for growth was 40℃ and 6.5. The specific growth rate of strain CSZM-6 was $0.12h^{-1}$ and the generation time on $2g \cdot L^{-1}$ glucose was 8.0h at 40℃ and pH 6.5 without NaCl. The colonies produced by these bacteria in cellulose powder agar roll-tubes were round or irregular, opaque, non-glossy, moisture and pigmented with regular the margin. After an incubation of 3 weeks, the colonies were 0.5 ~ 4.0mm in diameter, and the clear zones which showed cellulose hydrolysis were generally 2.0 ~ 18.0mm in diameter. Cellulose, cellobiose, dextrin, glucose, maltose, starch, xylan, xylose, cellulose powder MN300, carboxymethyl cellulose, hepatin and unpretreated paper, rice straw and wheat straw supported growth. The major end products of fermentation from cellulose were ethanol, acetate, carbon dioxide and hydrogen; formate, propionate and lactate were minor products. In cellulases of strain CSZM-6, only existed exoglucanase and endoglucanase, the optimum temperature was 40℃ and 45℃ respectively. β-Glucosidases was not found in cellulases. The phylogenetic analysis based on 16S rDNA suggests that strain CSZM-6 is closely related to *C. papyrosolven* with 99.6% sequence similarity. Therefore, strain CSZM-6 is identified as a species *Clostrdium*.

Key words: Mesophilic cellulytic anaerobic bacterium; Identification; 16S rDNA; Phylogenetic analysis

一株巴菲霉素产生菌的分类鉴定及其代谢产物的生物学活性研究*

万中义[1,2]　张　丽[3]　江爱兵[1,2]
张志刚[1,2]　王开梅[1,2]　杨自文[1,2]

（1. 湖北省农业科学院生物农药工程研究中心，武汉　430064；
2. 湖北农业科技创新中心生物农药分中心，武汉　430064；
3. 中国农业科学院农业环境与可持续发展研究所，北京　100081）

摘　要：在新农用抗生素的筛选过程中，分离到一株具有良好生物学活性的放线菌，经测定，其代谢产物对多种病原真菌及害虫、杂草靶标有良好的活性。对产生菌进行常规分类鉴定及分子鉴定后，确定其为壮观链霉菌（*Streptomyces spectabils*）的一个菌株。对发酵液中的活性物质进行了提取，生测，经 HPLC 及 MS 分析，根据紫外光谱、分子量及碎片峰的分析，确定其活性物质为巴菲霉素。

关键词：巴菲霉素；壮观链霉菌；分类鉴定

放线菌是抗生素的主要来源。为了筛选具有农用生物活性的抗生素，我中心从全国各地采集了大量样品，分离纯化其中的放线菌，并进行发酵提取，生物活性测定。生测的靶标包括害虫、病原真菌及杂草等十余个。其中发现一株放线菌代谢产物具有良好的室内抗真菌及杀虫、除草活性。对其产生菌进行了常规分类鉴定及分子鉴定，确定其为壮观链霉菌（*Str. spectablis*），其活性产物经液相及质谱分析证明为巴菲霉素（Bafilomycin）。本文报告其研究结果。

1　材料与方法

1.1　菌株来源

Wa-13868，湖北省生物农药工程研究中心分离、保藏。

1.2　菌种分类鉴定

1.2.1　培养特征　在葡萄糖酵母膏、高氏一号、无机盐淀粉、察氏琼脂、天门冬素琼脂平板上划线接种，28℃培养 7d、14d 和 30d 后，记录基丝、气丝颜色及生长情况、菌

* 基金项目：国家自然科技资源平台项目（2005DKA21201）。

苔表面特征、色素产生等培养特征。

1.2.2 形态特征 在琼脂平板上接种后，斜插无菌盖玻片，28℃培养14~30d后，小心取下盖玻片，在显微镜下观察基丝、气丝和孢子丝形态，同时用印片法观察孢子形态。

1.2.3 生理生化试验 采用《链霉菌鉴定手册》中的方法。

1.2.4 16S rRNA 序列分析 采用专用试剂盒提取总DNA后，进行PCR扩增，引物为通用引物 Primer A：5'-AGAGTTTGATCCTGGCTCAG-Primer B：5'-TACGGCTACCTTGTTACGACTT。反应条件：94℃预变性5min，94℃1min，55.5℃1min，72℃3min，35个循环。扩增产物送北京基因公司测序。结果用PAUP4.0软件分析，构建系统进化树。

1.3 发酵

采用二级发酵，种子培养基28℃，150r·min^{-1}，培养4d；以10%接种量转入发酵培养基后，在相同条件下培养5d。

1.4 生测

分别采用96孔板和24孔板进行。对真菌的活性测定采用混菌法，对害虫及杂草活性的测定采用涂布法。

1.4.1 HPLC-MS 分析 进样量5μl，流动相为水和乙腈，二级管阵列式检测器检测。

2 主要试验结果

2.1 菌种分类鉴定

2.1.1 培养特征（表1）

表1 培养基特征

培养基	气丝	基丝	可溶性色素
葡萄糖酵母膏琼脂	淡茜红转舌红，毛绒状	秋海棠红，皱褶	无
高氏一号琼脂	艳红转舌红，表面绒状	丽春红	无
葡萄糖天冬素琼脂	淡茜红，表面绒状	秋海棠红	无
无机盐淀粉琼脂	气丝不明显，表面平坦	茉莉黄转橙色至烟脂红	无
察氏琼脂	较少，橙色，表面平坦	秋海棠红	无

2.1.2 生理生化特性 明胶液化，产褐色素；牛奶不凝固不胨化；淀粉水解；硝酸盐不还原；产黑色素；产硫化氢；利用D-葡萄糖、L-阿拉伯糖、D-木糖、D-果糖、棉子糖、肌醇和D-甘露醇，对鼠李糖利用可疑，不利用蔗糖。

2.1.3 形态学观察 基丝无隔不断裂，直径0.5~0.6μm；气丝直径0.6~0.7μm；孢子丝直形至波曲，孢子椭圆形至杆状，偶呈卵圆形，大小0.8~1.2μm×1.0~1.5μm；孢子链长40~50μm。

2.1.4 分子鉴定该菌株16S rRNA序列长约1.5kb，经PAUP4.0软件分析比对，该菌株与壮观链霉菌相近缘。

2.1.5 鉴定结果 根据形态特征、培养特征及生理生化特性，结合16SRNA分析结果，该菌株与壮观链霉菌非常近似，因此确定该菌株为壮观链霉菌（*Str. spectablis*）。

2.2 发酵提取物生测结果

经多次发酵验证，其活性如下：对番茄灰霉病菌（*Botrytis cinerea*）、小麦颖枯病菌（*Septoria nodorum*）、小麦赤霉病菌（*Fusarium graminearum*）、水稻纹枯病菌（*Rhizoctonia solani*）、水稻稻瘟病菌（*Pyricularia oryzae*）、小菜蛾（*Plutella xylostell*）、棉铃虫（*Helicoverpa armigera*）、蚊子（*Aedeal albopictus*）和油菜（*Brassica campestris*）具生物活性。

2.3 活性物质分析结果

根据活性物质紫外光谱、碎片峰及质普数据分析，其活性产物为巴菲霉素。

3 小结与讨论

根据菌种分类鉴定结果，本菌株为壮观链霉菌，查阅文献可知[1]，该菌株应产生放线壮观菌素（*Actinospectin*）及链丝菌素（*Streptovitacin*），而本菌株发酵产物经分析，其活性产物为巴菲霉素，可见该菌可能是不同于文献的同一个种的不同菌株。

巴菲霉素为十六元大环内酯类抗生素[2]，有A_1、A_2、B_1、B_2、C_1、C_2、D、E等组分，具有抑制革兰氏正反应细菌、革兰氏负反应细菌、真菌、酵母与原虫的活性，并有杀昆虫、杀线虫与免疫抑制作用，通常由灰色链霉菌（*Str. grise*）产生。由于该抗生素具有广谱的抗真菌及杀虫除草活性，我们将继续研究其在农业生防上应用的可能性。

参考文献

[1] 阎逊初. 放线菌的分类与鉴定. 北京：科学出版社，1993

[2] 张致平，姚天爵. 抗生素与微生物产生的生物活性物质. 北京：化学工业出版社，2004

Classification of one Antibiotic Producing Strain and Study on Its Bioactive Compound

Wan Zhongyi[1,2], Zhang Li[3], Jiang Aibing[1,2],
Zhang Zhigang[1,2], Wang Kaimei[1,2], Yang Ziwen[1,2]
(1. Hubei Biopesticide Engineering Research Center, Wuhan 430064, China;
2. The Branch Center of Biopesticide, Hubei Agricultural Science Innovation Center, Wuhan 430064, China;
3. Institute of Environment and Sustainable Development in Agriculture, Chinese Academy of Agricultural Sciences, Beijing 100081, China)

Abstract: A actinomycete strain was isolated from a soil sample during the screening of new agricultural antibiotics, which produce a bioactive compound. By traditional classification methods such as physiological reaction and morphological observation, as well as 16S rRNA sequence analysis and blast comparison, the strain was designated as *Streptomyces spectablis*. A kind of antibiotic was isolated from the fermentation broth, which possess some biological activity against agricultural pests and plant diseases. The bioactive compound was identified as bafliomycin by HPLC-MS, UV absorb spectrum and molecular weight.

Key words: Bafliomycin; *Streptomyces spectablis*; Classification

约氏不动杆菌（*Acinetobacter johnsonii*）CH-1 的分离及其聚磷特性的研究*

连丽丽　朱昌雄**

（中国农业科学院农业环境与可持续发展研究所，北京　100081）

摘　要：采用定性、定量相结合的方法，从城市污水中筛选到一株高效聚磷菌，经生理生化特征以及16S rDNA 序列分析后，鉴定该菌株为不动杆菌属的约氏不动杆菌（*Acinetobacter johnsonii*）。测定了该菌株的生长曲线，研究了该菌株含磷培养液的 pH 值、磷酸盐浓度随时间变化情况，结果表明，随时间变化，繁殖量、培养液的 pH 值逐渐增加，磷酸盐浓度逐渐降低，在 6 ~ 8h 时繁殖量达到最高，培养液的 pH 值达到最高，磷酸盐浓度降至最低。好氧条件下，含磷培养液培养 72h 后，培养液中磷浓度由 $10mg \cdot L^{-1}$ 降低为 $3.476mg \cdot L^{-1}$，去磷率达到 65.24%，菌体含磷量达到菌体干重的 11.25%，CH-1 具有较强的聚磷能力。利用该菌处理模拟废水，其除磷率达到了 68.88%。

关键词：聚磷菌；筛选；聚磷特性

近年来，随着工农业生产的发展、人口的急剧膨胀等，大量含氮、磷丰富的污水未经处理或处理不达标便被排入水体中，引起藻类大量繁殖，导致我国绝大多数地表水体出现富营养化的现象。

磷是水体富营养化的最主要的限制性因素[1]，加上生物修复技术的无污染、效果好的显著优点，生物除磷成为当今研究热点的话题。早在 20 世纪 60 年代，城市污水的除磷研究就得到了国外学者的关注。

随着技术的进步、多次的实践，生物除磷在理论以及技术上有了突飞猛进的发展，近十多年来，国内外学者研究发明了多种生物除磷工艺[2]。但是，由于目前对生物除磷机理的研究尚不完善，纯培养的聚磷菌较少，阻碍了生物除磷研究的向前发展。鉴于此，本文以筛选高效聚磷菌为出发点，从城市污水中筛选出一株具有高效聚磷能力的细菌 CH-1，并研究了该菌株的聚磷特性，以期为推动生物除磷的发展做出贡献。

* 基金项目：水体污染控制与治理国家科技重大专项（2008ZX07425 - 02）。

** 通讯作者：朱昌雄，研究员，博士生导师，E-mail：zhucx120@163.com。

1 材料与方法

1.1 水样

城市污水。

1.2 培养基

（1）YG 培养基：酵母浸膏 1g，葡萄糖 1g，$K_2HPO_4$0.3g，$KH_2PO_4$0.25g，$MgSO_4 \cdot 7H_2O$ 0.2g，蒸馏水 1 000ml。

（2）MOPS 培养基（10×）[3]。

（3）聚磷培养液：无水乙酸钠 0.5g，牛肉膏 0.22g，$(NH_4)_2SO_4$ 0.2g，$MgSO_4 \cdot 7H_2O$ 0.4g，$FeSO_4 \cdot 7H_2O$ 0.002g，蒸馏水 1 000ml，接入不同浓度的磷。

（4）牛肉膏固体培养基。

（5）模拟废水[4]。

1.3 方法

1.3.1 聚磷菌的筛选

（1）菌种的分离、纯化与保存：取 0.5ml 水样于 4.5ml 的无菌水中，混匀，制成 10^{-1}、10^{-2}、10^{-3}、10^{-4}和 10^{-5}不同稀释度的菌悬液，从各稀释度的菌悬液中取 0.1ml 加入 YG 平板中，涂布均匀，每个稀释度三个重复，于 28℃条件下培养 2d。挑出形态不同的菌落，在 YG 平板上划线纯化，挑取单菌落转接到 YG 斜面上，于 28℃条件下培养 2d，4℃冰箱保存。

（2）蓝白斑筛选：将筛选出的菌种接种到 MOPS 限磷、过磷平板中，28℃条件下培养 2d，观察蓝白斑生长情况。

（3）菌体多聚磷酸盐（poly-P）的染色：取 1ml 种子液于 50ml 聚磷培养液中，28℃的摇床（$200r \cdot min^{-1}$）培养 2d。

甲苯胺蓝染色法：

甲液：甲苯胺蓝 0.15g、孔雀绿 0.20g、冰醋酸 1ml、乙醇（95%）2ml 和蒸馏水 100ml。

乙液：碘 2g，碘化钾 3g，蒸馏水 300ml。

常规制片；甲液染 5min；倾去甲液，用乙液冲去甲液，染 1min；水洗，用吸水纸吸干；镜检。多聚磷酸盐呈黑色，菌体呈墨绿或绿色。

1.3.2 好氧试验 制备种子液，取 1ml 种子液于 50ml 含磷培养液中，28℃摇床培养 72h，按照国标的方法测培养液中 $PO_4^{-3}-P$。

1.3.3 菌种鉴定

（1）生理生化鉴定：根据《常见细菌系统鉴定手册》[5]和《伯杰氏细菌鉴定手册》[6]（第八版）。

（2）16S rDNA 测序：DNA 提取方法按照北京全式金公司的 Easypure genomic DNA 提取试剂盒；PCR 原液送北京三博远志公司测序，用 BLAST 程序对测序结果进行比对和同源性分析。

1.3.4　菌体的生长曲线　制备种子液，取 1ml 种子液于 50ml 含磷培养液中，28℃摇床培养 24h，每两小时测定 OD 值（600nm）。

1.3.5　上清液中 PO_4^{-3} – P 随时间变化特点　方法同 1.3.4，上清液中 PO_4^{-3} – P 的测定方法同 1.3.2。

1.3.6　pH 值随时间变化特点　方法同 1.3.4。

1.3.7　菌体的含磷量　将菌种接入 50ml 缺磷培养液中，28℃摇床培养 24h，10 000r · min^{-1}离心，弃上清，无菌水洗涤菌体，离心，将湿菌体悬浮于富磷培养基中，28℃摇床培养 72h。将培养后的菌液离心，收集菌体，无菌水洗涤，离心，重复三次，得湿菌体。

（1）105℃烘干 2h，测菌体干重；

（2）将菌体溶解于无菌水中，过硫酸钾消解，测菌体总磷。总磷的测定方法采用国标的方法[7]。

1.3.8　模拟废水中磷的去除效果　制备种子液，取 1ml 种子液接入 50ml 含磷模拟废水中，28℃摇床培养 72h，按照国标的方法测培养液中 PO_4^{-3} – P。

2　结果与分析

2.1　聚磷菌的筛选

从 YG 平板上共挑出不同形态的菌落 22 个，经过蓝白斑筛选，在限磷以及过磷培养基上均出现蓝斑的菌落有 12 个。将这 12 株菌分别接入聚磷培养液中，好氧培养 48h 后，进行 poly-P 染色，共有 3 株菌的菌体内含有多聚磷酸盐的颗粒，命名为 CH-1，CH-2，CH-3，即为筛选的聚磷菌，见图 1 所示。

2.2　好氧试验

将 3 株菌接入不同浓度的含磷培养液中好氧培养 72h 后，测定菌体的去磷情况，结果如表 1 所示：

表 1　不同浓度条件下 3 株菌的去磷能力

Table 1　Removal ability of phosphorus under different concentration by three strains

编号	2mg · L^{-1}		5mg · L^{-1}		10mg · L^{-1}	
	摄磷率（%）	摄磷量（mg · L^{-1}）	摄磷率（%）	摄磷量（mg · L^{-1}）	摄磷率（%）	摄磷量（mg · L^{-1}）
CH-1	93. 21	1. 8642	83. 69	4. 1854	65. 24	6. 5240
CH-2	70. 20	1. 4070	64. 16	3. 2080	46. 11	4. 6110
CH-3	85. 80	1. 7160	67. 36	3. 3690	44. 18	4. 4180

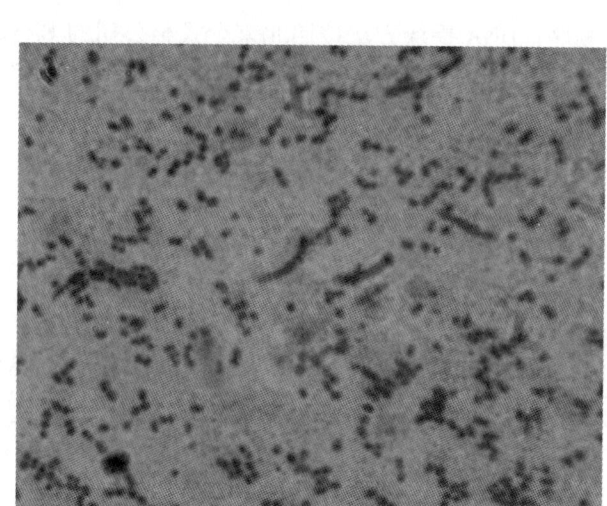

图 1　CH-1 菌体多聚磷酸盐的染色

Figure 1　CH-1 strain staining with poly-P

同一磷浓度条件下，不同菌株的去磷能力不同，同一菌株对不同磷浓度的含磷培养液的去磷能力也不相同。本实验采用 $2mg \cdot L^{-1}$、$5mg \cdot L^{-1}$ 和 $10mg \cdot L^{-1}$ 三个不同的磷浓度确定三株菌在不同磷浓度条件下的去磷能力的比较。72h 后，测各菌株对含磷培养液的去磷情况（表 1），随着培养液中磷浓度的增加，虽然各菌株的摄磷率有所下降，但摄磷量仍在增加，由此可推知，磷浓度的增加刺激了聚磷微生物体内磷酸激酶活性的提高，摄磷量便得到提高，得出 CH-1 的去磷能力最好，确定为该实验的目的菌株。

2.3　菌种鉴定

2.3.1　表 2 为 CH-1 在牛肉膏蛋白胨培养基上的培养特征以及部分生理生化特点

表 2　CH-1 的培养特征以及生理生化鉴定

Table 2　Character of cultivation and biological and chemical identification of CH-1

项目	结果	项目	结果
菌落形态	全缘凸	柠檬酸试验 Citric acid test	+
颜色	乳黄	硫化氢试验 Sulfurated hydrogen test	
菌体形态	杆状	氧化酶试验 Oxidase test	−
运动性	−	接触酶试验	+
革兰氏染色 Gram-staining	G^-	糖发酵	氧化型

续表

项目	结果	项目	结果
淀粉水解	-	硝酸盐还原	-
明胶液化	-	V. P Voges-Proskauer test	-
M. R Methyl red test	-	尿素酶	-

注：+：阳性反应 Positive；-：阴性反应 Negative

2.3.2 16S rDNA 序列测定与比较

以 CH-1 的 DNA 为模板，利用细菌 16S rDNA 的特异引物进行 PCR 扩增，得到长约 1.5kb 的 PCR 扩增产物，将该产物直接进行序列测定如图 2 所示。

ACACATGCAAGTCGAGCGGGGAGAGATAGCTTGCTACATTACCTAGCGGCGGACGGGTGAGTAATGCTTAGGAATCTGC
CTATTAGTGGGGGACAACATTCCGAAAGGAATGCTAATACCGCATACGCCCTACGGGGGAAAGCAGGGGATCTTCGGAC
CTTGCGCTAATAGATGAGCCTAAGTCAGATTAGCTAGTTGGTGGGGTAAAGGCCTACCAAGGCGACGATCTGTAGCGGG
TCTGAGAGGATGATCCGCCACACTGGGACTGAGACACGGCCCAGACTCCTACGGGAGGCAGCAGTGGGGAATATTGGAC
AATGGGCGAAAGCCTGATCCAGCCATGCCGCGTGTGTGAAGAAGGCCTTTTGGTTGTAAAGCACTTTAAGCGAGGAGGA
GGCTACTTGGATTAATACTCTAGGATAGTGGACGTTACTCGCAGAATAAGCACCGGCTAACTCTGTGCCAGCAGCCGCG
GTAATACAGAGGGTGCGAGCGTTAATCGGATTTACTGGGCGTAAAGCGTGCGTAGGCGGCTTTTTAAGTCGGATGTGAA
ATCCCTGAGCTTAACTTAGGAATTGCATTCGATACTGGGAAGCTAGAGTATGGGAGAGGATGGTAGAAATTCCAGGTGT
AGCGGTGAAATGCGTAGAGATCTGGAGGAATACCGATGGCGAAGGCAGCCATCTGGCCTAATACTGACGCTGAGGTACG
AAAGCATGGGGAGCAAACAGGATTAGATACCCTGGTAGTCCATGCCGTAAACGATGTCTACTAGCCGTTGGGGCCTTTG
AGGCTTTAGTGGCGCAGCTAACGCGATAAGTAGACCGCCTGGGGAGTACGGTCGCAAGACTAAAACTCAAATGAATTGA
CGGGGGCCCGCACAAGCGGTGGAGCATGTGGTTTAATTCGATGCAACGCGAAGAACCTTACCTGGTCTTGACATAGTAA
GAACTTTCCAGAGATGGATTGGTGCCTTCGGGAACTTACATACAGGTGCTGCATGGCTGTCGTCAGCTCGTGTCGTGAG
ATGTTGGGTTAAGTCCCGCAACGAGCGCAACCCTTTTCCTTATTTGCCAGCGGGTTAAGCCGGGAACTTTAAGGATACT
GCCAGTGACAAACTGGAGGAAGGCGGGGACGACGTCAAGTCATCATGGCCCTTACGACCAGGGCTACACACGTGCTACA
ATGGTCGGTACAAAGGGTTGCTACCTAGCGATAGGATGCTAATCTCAAAAAGCCGATCGTAGTCCGGATTGGAGTCTGC
AACTCGACTCCATGAAGTCGGAATCGCTAGTAATCGCGGATCAGAATGCCGCGGTGAATACGTTCCCGGGCCTTGTACA
CACCGCCCGTCACACCATGGGAATTTGTTGCACCAGAAGTAGGTAGTCTAACCGCAAGGAGGACGCTTACCACGG

图 2 CH-1 16S rDNA 核苷酸序列

Figure 2 The sequence of 16S rDNA fragments of CH-1

用 BLAST 程序对 CH-1 的 16S rDNA 序列和 GenBank 中已登陆的 16S rDNA 序列进行核苷酸同源性比较，结果发现与已报道的 16S rDNA 序列（登陆号 AF188300.1）的约氏不动杆菌（*Acinetobacter johnsonii*）同源性达到 99%，结合 CH-1 的生理生化鉴定结果，初步鉴定其为约氏不动杆菌（*Acinetobacter johnsonii*）。

2.4 生长曲线

每种微生物在一定的环境条件下均有一个群体生长与繁殖的规律，本实验以时间为横坐标，以 OD 为纵坐标，得到 CH-1 的时间生长曲线。由图 3 可知，CH-1 在 2h 时开始进入对数生长期，在 6～8h 繁殖量达到最大，进入稳定期。

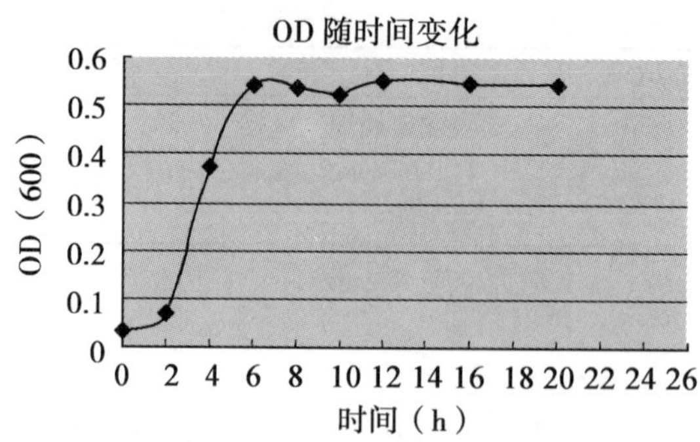

图3　CH-1的时间生长曲线

Figure 3　Curve under different time of CH-1

2.5　培养液中 PO_4^{-3} – P 随时间变化特点

由图4可以看出，随着时间的变化，培养液中磷浓度越来越低，在6～8h磷浓度达到最低。随后培养液中磷浓度有一定程度的增加，推知，微生物在繁殖量达到最大值时，微生物之间对空间以及营养物质的竞争，导致部分微生物死亡自溶，从而使微生物体内的磷又回到环境中去，直接引起环境磷浓度的相对增加。

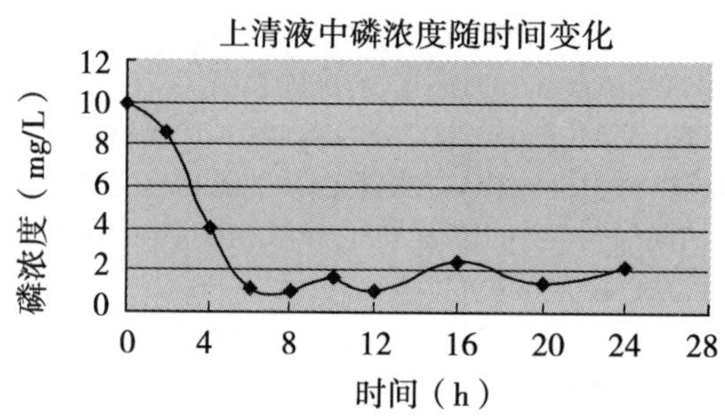

图4　培养液中磷浓度的时间变化曲线

Figure 4　Curve under different time of phosphorus concentration

2.6　pH值随时间变化特点

在好氧条件下，聚磷菌吸磷生理过程如下：$C_2H_4O_2$ + 0.16NH_4^+ + 1.2O_2 + 0.2PO_4^{3-}→0.16$C_5H_7NO_2$ + 1.2CO_2(HPO_3)（聚磷）+ 0.44OH^- + 1.44H_2O。从图5可以得知，随着时间的变化，培养液的pH值逐渐升高，8h左右达到稳定，符合好氧条件下，聚磷菌吸磷过程中有OH^-产生这一现象。

2.7　菌体的含磷量

编号	菌体干重（mg）	菌体总磷含量（mg）	菌体含磷量（%）
CH-1	14.42	1.6217	11.25

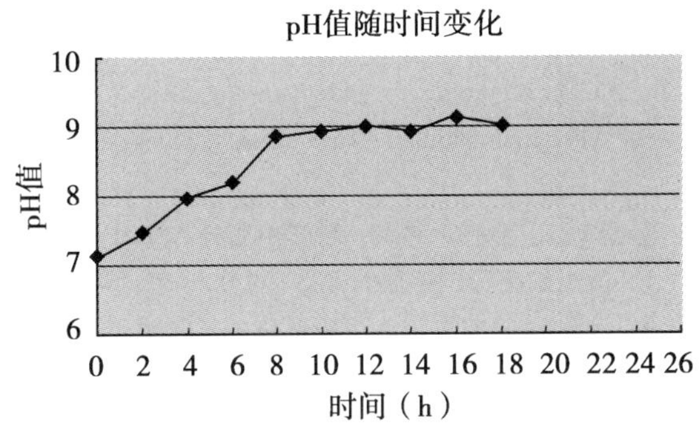

图 5 培养液中 pH 值的时间变化曲线

Figure 5 Curve under different time of pH

一般菌体含磷量只有菌体干重的 1% ~2%，而在聚磷菌的增殖过程中，好氧环境下所摄取的磷可达到细胞重量的 6% ~8%，甚至可达到 10%。本实验筛选到的这株聚磷菌其菌体含磷量达到 11.25%，摄磷能力较强。

2.8 模拟废水磷的去除效果

模拟废水中磷酸盐浓度达到 9.74mg·L^{-1}，向该高浓度磷酸盐模拟废水中接入一定量的 CH-1 的种子液，72h 后，去磷率达到了 68.88%。

3 结论

（1）从城市污水中分离出一株除磷能力较强的聚磷菌 CH-1，鉴定为约氏不动杆菌（*Acinetobacter johnsonii*）。在好氧、磷浓度为 10mg·L^{-1}条件下，其摄磷率达到 65.24%。

（2）本研究采用甲苯胺蓝染色法对菌体的多聚磷酸盐颗粒染色，在显微镜下图像清晰，易于观察。

（3）综合时间生长曲线、磷酸盐浓度、pH 值变化情况可知，随着繁殖量的增加，培养液中磷浓度逐渐下降，pH 值逐渐升高，当繁殖量达到最大时，培养液中磷浓度降至最低，pH 值升至最高，这一变化情况符合聚磷微生物生理变化特点，并进一步证实了本实验筛选的聚磷微生物的可靠性。

（4）本实验筛选的 CH-1 菌株，其摄磷能力较强，含磷培养液培养 72h 后，其菌体含磷量达到菌体干重的 11.25%，远远高于一般菌体含磷量的数倍。菌体干重采用离心后高温烘干称重测得，因此应尽可能多培养一些菌体以增加重量，减少测量误差。

参考文献

[1] 常会庆，杨肖娥，濮培民．微生物除磷研究与工艺技术的发展前景．农业环境科学学报，2005，24（增刊）：375 ~378

[2] 俞栋，谢有奎，方振东等．污水除磷技术的现状与发展．重庆工业高等专科学校学报，2004，19（1）：9 ~12

[3] Neidhardt F. C, Bloch P. L, Smith D. F. Culture medium for enterobacteria. J. Bacterial., 1974, 119: 736 ~ 747

[4] Tomohiro M, Tomohiro Y, Junichi K, *et al.* A method for screening polyphosphate accumulating mutants which remove phosphate efficiently from synthetic wastewater. J. Bioscience and Bioengineering, 2003, 95: 637 ~ 640

[5] 东秀珠，蔡妙英等．常见细菌鉴定手册．北京：科学出版社，2001

[6] 布坎南 R. E，吉本斯 N. E. 伯杰细菌鉴定手册（第 8 版）．北京：科学出版社，1984

[7] 中华人民共和国国家标准．水质总磷的测定．钼酸铵分光光度法．GB/T 118932—1989

Study on Separation and Screening of *Acinetobacter johnsonii* CH-1and Characteristics of Phosphorus Removal

Lian Lili, Zhu Changxiong

(Institute of Environment and Sustainable Development in Agriculture, Chinese Academy of Agricultural Sciences, Beijing 100081, China)

Abstract: A bacterial strain CH-1 with high capability of accumulating poly-P was isolated from municipal sewage and identified as *Acinetobacter johnsonii* by using qualtative and quantitative screening methods. Three important factors, OD, pH value and phosphorus removal ratios of CH-1, were studied to evaluate their change by time. Results show that OD and pH value kept increasing, and phosphorus concentration kept decreasing by time. After 6 ~ 8h, OD and pH value reached the highest, 0. 54 and 8. 88 respectively, and phosphorus concentration was below 1. 08mg · L^{-1}. In aerobic condition, phosphorue concentration in the medium declined from 10mg · L^{-1} to 3. 476mg · L^{-1}, phosphorus removal rate was 65. 24% after 72h. The phosphorus concentration in CH-1 reached 11. 25% of its weight, indicating that CH-1 has a high capability of accumulating phosphate. The bacterial strain treated with synthetic wastewater for 72h, phosphorus removal rate was 68. 88%.

Key words: Phosphate-accumulating organisms (PAOs); Screening; Accumulating phosphate characteristic

第二章

肥料污染控制及生态修复

肥料污染控制及生态修复

1 肥料污染概况

肥料在农业生产中起着重要作用，其在作物增产中的作用已为世人公认，对于肥料的开发和应用也越来越广泛。

1.1 肥料的发展及种类

在传统农业中，供给农作物所需的氮肥来源：一是有机肥堆肥，如人畜等排出的废物；二是采用与豆科作物轮作的方式增肥。而现代农业生产中，最常用的肥料是无机肥料，由化工厂生产，也就是化肥。化肥一般都包含一种或多种植物所需的营养，比一般自然肥料的营养要高，因此，其对提高农业产量和质量起着重要作用。化肥开始于19世纪末，首先是过磷酸钙、氯化钾的施用。氮肥工业发展起步较晚。最初，氮肥来源于天然资源，如鸟类化石，智力硝石（硝酸钠 $NaNO_3$），还有炼焦副产品硫酸铵 [$(NH_4)_2SO_4$]。到了1913年，合成氨法研究成功，氮肥工业迅速发展。以后化学肥料于20世纪50年代被广泛施用。氮是肥料中的第一元素，氮肥绝大部分是合成氨或氨的衍生物，像硝酸铵（NH_4NO_3）、硫酸铵 [$(NH_4)_2SO_4$]，以及尿素 $CO(NH_2)_2$ 等。氮肥已成为世界上生产和施用量最大的化学肥料。

磷为肥料中的第二元素，绝大部分来自磷酸盐，其主要成分是氟磷石灰 $\{[Ca_3(PO_4)_2]_3CaF_2\}$，肥效较大，但由于磷在地球上的储量相当稀少，但磷肥较为昂贵。

此后又经过几十年的发展，钾肥的利用量也增加，但大量元素肥料的平衡施用问题并没有解决，例如钾肥不足和土壤钾素亏缺的问题日益突出。同时微量营养元素（硼、锌、钼、锰等）和中量营养元素（硫、钙、镁）对作物的增产作用日趋明显，对其需求也呈增长之势。

1.2 肥料的使用情况与肥料污染

世界化肥工业发展很快，20世纪60年代的10年中，世界化肥生产翻了一番。据联合国粮农组织统计，1972～1973年，世界每公顷土地平均施用氮肥2.3kg、磷肥1.5kg、钾肥1.2kg。1977～1978年，全世界的化肥总产量，氮肥5 000万t，磷肥3 000万t，钾肥25 000万t[1]。发达国家在本世纪20年代已开始大量使用化肥。经试验证实，在大量使用肥料的情况下，作物可加倍增长。一般人认为，只利用施肥这一项技术，即可使全世界提高2～3倍，甚至更多。日本耕地有限，还有荷兰、丹麦等国家实行集约栽培，当时每公顷无机肥料的施用量约在上百公斤左右。一般国家如意大利，每公顷土地大约使用20kg。IFA生产与贸易委员会执行秘书Michel Prudhommefe认为，从需求来看，未来5年全球肥料消费将开始一个新的需求驱动循环；粮食、饲料和生物能源产品的旺盛需求促使农产品需求增加，化肥需求也大幅增加。2006年全球肥料消费增加600万t，在2007~2011年间将保持年增长2.7%的速度，特别是亚洲和拉丁美洲将会有较大的需求。为了达到平衡施肥，钾肥和磷肥的用量也将增加[2]。

2001年，全国年均施氮肥为158kg・hm^{-2}，在高产地区，施肥量通常超出这一界限，过量施用十分普遍，上海达到319kg・hm^{-2}；而在一些蔬菜集约化产区每年种植五季作物，其年施氮量可达1 000~5 000kg・hm^{-2}[3]。2004年，中国的化肥施用量已经达到4 637万t，氮肥的使用量占全世界的近30%。中国化肥的平均施用量是发达国家化肥安全施用上限的2倍，平均利用率仅为40%左右。从趋势上看，中国的化肥施用量还在逐年增加。2006年全国化肥（折纯）累计产量为5 304.8万t，同比增长14.2%。其中，氮肥产量为3 869.0万t，同比增长13.3%；尿素产量为2 232.6万t，同比增长13.3%，磷肥产量为1 226.4万t，同比增长16.5%[4]。2007年，全国农用氮、磷、钾化学肥料总计累计产量为5 696.1万t，比上年同期增长了10.2%[5]。我国是一个农业大国，大量使用化肥，尤其是氮肥，每年生产和消费的化肥量超过4 500万t。中国有不到世界1/10的耕地，但是近年来氮肥的使用量却占全世界的1/3，居世界之首。

我国对于化肥的需求呈上升趋势，但全国氮肥利用率仅有30%左右。再某种程度上，化肥的大量施用对农作物的产量增加有利，但随之也带来了相应的负面影响。一些研究表明，我国每年农田养分被植物利用的部分很少，氮肥的利用率仅为30%~35%，磷肥为10%~20%，钾肥35%~50%。剩余的养分通过各种途径，如径流、淋溶、反硝化、吸附和侵蚀等进入环境。化肥氮的损失中对环境质量有影响的各种形态的氮素总量约为其施用量的19%。据统计，2002年我国农田化肥氮（2 470万t）通过损失进入环境的数量达到472万t，其中通过径流和淋洗损失进入地表水和地下水的氮素分别有124万t和49万t；有27万t氮以N_2O形态进入大气，272万t氮以NH_3形态进入大气。过量施用的化肥随径流流入到水体中，使水中藻类迅速生长繁殖，消耗大量的溶解氧，导致水体丧失应有功能。水色变绿、变黑，严重时会发出臭味；进入土地中，会改变原有土壤的结构和特性，造成土壤板结，有机质减少；另外，化肥中过量的重金属成分积存在环境中，若被农作物吸收，会损害人体健康，导致肥料污染。而且，化肥的投入是我国粮食生产成本的主要组成部分之一。化肥的过量施用导致成本不必要的增加，农民收入减少；过量施肥也降低了我国农产品在国际市场的竞争力；同时，不合理或过量地施肥对环境也造成了负面影响。

1.3 肥料污染对环境的影响

随着对工业废水和城市生活污水等点源污染的有效控制，面源污染尤其是农业面源污染已经取代点源，我国目前正处在污染构成快速转变时期，面源污染的负荷比重在逐步上升。肥料是引起农业面源污染的主要污染物之一。以下将详述肥料污染对环境的影响。

1.3.1 肥料污染对水体的影响 在许多发达国家，经过100年的发展农业生产才成为水环境污染的主要来源。而中国农业在20~30年内的迅猛发展，已经在沿海、河、湖等发达省市出现了水环境污染问题，而且愈演愈烈。据统计，水体污染物中来自农业面源污染的大约占1/3。而巢湖、滇池及太湖等受农业面源污染程度更加严重。1994年，太湖流域总氮的60%和总磷的30%来自于面源；1995年，进入巢湖的污染负荷中，69.54%的总氮和51.71%的总磷来自于面源污染；在进入滇池外海的总氮和总磷负荷中，农业面源污染分别占53%和42%；北京市密云水库、天津市于桥水库、云南省洱海和上海市淀山湖等水域，面源污染比例均超过点源污染。由此可见，如何控制和治理由肥料、农药等引起的农业面源污染已成为了一个不容忽视的问题。

水体中营养物质的增加是造成富营养化的根本原因，水体富营养化程度的评价指标主要有总氮、总磷、生化需氧量（COD）、叶绿素α以及透明度这5项指标（表1），其中，总氮、总磷的浓度不仅是评价水体富营养化的重要指标，而且，总氮和总磷的浓度直接影响叶绿素α和透明度这两项指标的高低，所以常常把总氮和总磷的浓度作为衡量水体富营养化的最基本的指标。

国家环保总局对湖泊（水库）富营养化评价方法及分级技术进行规定，营养状态指数计算公式为：

（1）$TLI(chl)=10(2.5+1.086\ln chl)$；

（2）$TLI(TP)=10(9.436+1.624\ln TP)$；

（3）$TLI(TN)=10(5.453+1.694\ln TN)$；

（4）$TLI(SD)=10(5.118-1.94\ln SD)$；

（5）$TLI(CODMn)=10(0.109+2.661\ln COD)$。

式中：叶绿素α chl单位为$mg \cdot m^{-3}$，透明度SD单位为m；其他指标单位均为$mg \cdot L^{-1}$。

湖泊（水库）营养状态分级采用0~100的一系列连续数字对湖泊（水库）营养状态进行分级：

$TLI(\sum)<30$ 贫营养(Oligotropher)；

$30\leqslant TLI(\sum)\leqslant 50$ 中营养(Mesotropher)；

$TLI(\sum)>50$ 富营养(Eutropher)；

$50<TLI(\sum)\leqslant 60$ 轻度富营养(light eutropher)；

$60<TLI(\sum)\leqslant 70$ 中度富营养(Middle eutropher)；

$TLI(\sum)>70$ 重度富营养(Hyper eutropher)。

在同一营养状态下，指数值越高，其营养程度越重[6]。

农田生态系统是氮、磷这两种元素输入和输出通量最大的生态系统，农田中不能被作物利用化肥，如氮、磷、有机物等营养物质通过地表径流、水土流失，从土壤转移到河流、湖泊、水库等地表水体，水体中的营养盐积累到一定程度，在其他外界条件的刺激下藻类就会疯长，发生“水华”。农田径流和水土流失是农业污染的最主要途径，流失的水土是污染物的重要载体。以长江三峡为例，国家环境保护总局对长江三峡工程的生态环境进行监测结果。结果如表 1 所示。

表 1 三峡库区化肥施用、利用和流失情况

Table 1 The situations of fertilizers supplied, utilized and lost around Three Gorges Construction

化肥种类	施用总量 (10^4t)	流失总量 (10^4t)	作物利用率 (%)	土壤残留率 (%)	地面径流率 (%)	地下溶磷率 (%)
氮肥	8.85	0.90	35.16	30.31	9.53	0.54
磷肥	2.79	0.17	34.16	13.18	5.27	0.72
钾肥	1.22					
总计	12.87	1.07				

从表 1 可见肥料作物利用率仅为 35% 左右，化肥流失率达 8.3%，氮、磷过量的流失严重污染了长江水体。

以松花湖为例，松花湖湖区泥沙入库量从建厂时设计的 145 万 t/年增长到 20 世纪 90 年代的 700 万 t/年，淤泥入库量增加了近 5 倍，土壤养分流失总氮每年达 31 414.75t，总磷达 1 020.46t，钾为 8 561.31t，有机质为 6 4914t，这些营养物质通过 152 条大小支流输入松花江，对湖水造成了严重污染[6]。

农业生产中大量施用化肥，使氮、磷等营养元素进入水体，是造成水体富营养化的主要因素。如不根据土壤养分和作物需要，大量施用氮肥，过剩氮素将随着农田排水进入河流湖泊。若四面坡度较大，施肥后又进行强烈灌溉或遇暴雨冲刷，造成更多的氮素随地表径流而损失。水田施用氨水、硫酸铵等铵态肥后，过早排水，也使氮素随排水进入水源，水中营养物质含量增加，使藻类大量繁殖。水生植物的大量繁殖及死亡后的分解作用，要消耗大量的氧，会降低水中溶解氧的含量，从而形成厌气条件，造成水质恶化，严重影响鱼类的生存，并会引起鱼类大量死亡和湖泊老化。

化肥施用也会造成地下水污染。土壤中施入不同形态的氮肥，部分随土壤水分淋失，以 NO_3^- - N 为主。因为 NO_3^- 带负电，不被带负电荷的土粒所吸附保持，主要存在于土壤溶液中，可随水移动。在植物旺盛生长的季节，蒸腾作用强烈，旱地作物条件下很少有向下淋洗的自由水，不会发生淋洗损失现象。如我国北方的东北、西北干旱条件地区，因为雨量少，地下水埋藏深，大面积的农田施氮肥也并不很大，因此，在此条件下硝态氮对地下水的污染还不够威胁。但是，在过量或不合理施用氮肥条件下，并有足量水分时，它可被淋洗至 2m 或更深，脱氮根系吸收而污染地下水源。影响土壤中氮淋溶的因素较多，主要有降雨量、土壤性质、肥料的种类和用量及植物的覆盖度等[7,8]。

1.3.2 化肥对土壤的污染 施用化肥以增补土壤中养分的损失，是农业生产中经常进行的物质能量投入。但长期过量而单纯地只施用化肥，会使土壤酸化或碱化。土壤溶液中和土壤微团上有机、无机复合体的氨离子量增加，和土壤中的氨离子起代换作用，被土壤交替吸附，并代换 Ca^{2+}、Mg^{2+} 等，使土壤交替分散、土壤理化性质恶化、土壤微生物受到不良影响，造成土壤有机质减少、肥力衰退，并直接影响农业生产成本和农产品的产量和质量。由于土壤的硝化作用，使土壤富有硝酸盐和亚硝酸盐，种植的各种作物、蔬菜和牧草中硝酸盐含量大大增加，造成作物污染。另外，制造化学肥料的矿物原

料及化工原料中，有的含有多重金属、放射性物质和其他有害成分，它们随施肥进入农田土壤造成污染。

1.3.3 化肥对大气的污染 化肥对大气的污染主要是氮肥分解成氨气与反硝化过程中生成的 N_2O 所造成的。氨气是一种刺激性气体，对眼、喉、上呼吸道刺激性很强。其作用快，可引起角膜炎、结膜炎、喉炎及支气管炎等。高浓度的氨还可毒害作物，并引起人、畜中毒事故。大量施用化肥，会导致大气中氮氧化物含量不断增加。首先，氮肥在施用于农田的过程中，会发生氨的气态损失。其次有相当数量是直接从土壤表面挥发成氨气、氮氧化物气体，进入大气中。特别是氧化二氮在对流层内较为稳定，上升至同温层后，在光学作用下，则会与臭氧发生如下双重反应：

$$N_2O + O_3 \rightarrow NO + O_2$$

$$NO + O_2 \rightarrow NO_2 + O_2$$

而臭氧层能够吸收太阳射来的高强紫外线，从而形成一道有效屏障，保护地球人类和生物免遭紫外线的伤害，氧化二氮致使臭氧这个保护层被破坏。

有资料表明，依据土壤性质呈现出不同的效应，氮肥对 CH_4 的产生也有影响。其中，当土壤有机碳和全氮含量中等时，氮肥促进 CH_4 产生；当土壤有机碳含量较低而质地较粗或土壤 C/N 高、有效态氮含量较少时，由于 SO_4^{2-} 和 NO_3^- 可以被快速还原而从土壤中消失，对产甲烷的影响很弱。因此，氮肥影响 CH_4 的产生。化肥施用方法和时间也对 CH_4 排放量有一定的影响。一些实验表明，尿素表层撒施与深层混施相比，CH_4 排放量提高 1 倍。CH_4 也是温室效应之一。

因此，氮肥的合理施用，不仅有利于提高氮肥的利用率，减少氮素损失，更具有降低温室效应，防止臭氧层破坏，保护人、畜健康的重要作用[9]。

1.3.4 化肥对生物的危害 化肥的使用量与养分配比，不仅对土壤生态系统及其生产力产生影响，而且对生物产量和质量也有很大影响。当施肥量达到一定数量时，因植株生物增长过快，大量养分被植株吸收，或被非产品部分消耗，造成贪青、徒长和迟熟或倒伏，导致作物产量及质量的下降，并使蔬菜味道变坏，不耐贮藏。如酿造啤酒的大麦要求碳水化合物含量高，蛋白质含量低。过多施用氮肥就会降低其酿造品质。西瓜以及其他水果过多施用氮肥，也会使个体过大。而光合形成碳水化合物又会与氮素形成的氨基酸结合形成蛋白质，减少糖分为果实中的运输，造成糖分含量少，品质降低[10]。

其次，施用化肥过多的土壤，会使谷物、蔬菜（如白菜、菠菜、甜菜等）和牧草等作物中的硝酸盐含量过高，并导致其与亚硝酸盐氮相互转化。1943 年，Wilson 发现，蔬菜中硝酸盐会被细菌还原成亚硝酸盐，人食用后，若亚硝酸盐与胺结合，便成为了人体癌变的隐患。亚硝酸盐能使血液中正常携氧的低铁血红蛋白氧化成高铁血红蛋白，因而失去携氧能力而引起组织缺氧。

2 肥料污染控制

农业面源污染，如化肥、农药等，造成水体、土壤、生物、大气等环境的污染。本节主要就肥料污染的控制进行论述，从农田的氮磷控制、污染物地表径流的控制和污染物末端控制三方面，分别阐述了目前肥料污染的控制措施。

2.1 农田的氮磷控制与技术

氮、磷是肥料中两大主要元素。为提高肥料利用率，降低肥料污染程度，对其进行源头控制。

2.1.1 *科学合理施肥* 在不同土壤、气候条件和轮作方式下，因地制宜，进行合理地施肥，对各种作物的施肥量、施肥期、养分比例、肥料类型、施肥方法、施肥次数、基追肥比例等进行科学规范。

依农作物品种不同施不同的肥料，如硝态氮肥及含有硝态氮的复合肥，容易使蔬菜积累硝酸盐，因此，不宜在蔬菜上使用，可选用铵态氮肥和酰铵态氮肥，如硫酸铵、碳酸氢铵、尿素等；而同种类的蔬菜，也应依积累硝酸盐的程度不同，施肥类型也有所不同，如白菜类及绿叶菜类蔬菜容易积累硝酸盐，不能使用硝态氮肥，而茄果类、果菜类和根菜类蔬菜，对硝酸盐积累较少，可适当施用，但在收获前15～30d后应停止施用硝态氮肥。

施肥方法对作物及土壤的质量影响较大。如叶面喷施氮肥，直接与空气接触，铵态氮易转变成硝态氮被叶片吸收，增加硝酸盐的累积。对其他种类肥料从叶面喷施，也容易污染叶片，造成食品不佳。氮肥作基肥或苗期追肥施用，有利于蔬菜早生快发，降低土壤和蔬菜体内硝酸盐的累积。每亩施氮量应控制在30kg内，其中70%～80%应用作基肥深施，20%～30%用作苗肥深施，其深施到10～15cm的土层中，可减少损失，提高氮肥利用率。在深层土壤，土壤空气处于嫌气条件，硝化作用缓慢，可减少蔬菜对硝酸盐的累积。改善原有的施肥方法、减少化肥施用量，科学合理地施用化肥。

大力推广水稻专用肥、掺合肥料、有机无机复合肥等新型肥料，发展绿肥种植；在专用肥的基础上提倡使用有机肥，达到减少化肥使用量、减少环境污染。有机肥不会导致蔬菜硝酸盐的累积，还能提高蔬菜的品质。有机肥最好是经高温堆沤或沼气发酵腐熟后施用，这样可杀死病菌和虫卵，减少农药的施用量，提高蔬菜的产量和品质。施用沼气肥生长的蔬菜，是最佳的无公害蔬菜。

推广肥料的精准化技术，使施肥减量、定性、定量化，达到包括品种、用量、营养元素和施肥技术的精准化。遵循养分需求与供给平衡、肥料配方与施肥技术实用可行的原则，通过融合应用土壤学、植物营养学和现代信息技术，开发精准化的平衡施肥技术、经济适用型滴灌施肥技术，合理地减少土壤的氮磷化肥施用量。

研制和施用新型环保肥料。①微生物肥料。将微生物制剂和有机物（畜禽粪便等）或有机、无机（氮、磷、钾）混合，称为微生物肥料，简称菌肥。如固氮、解磷类菌肥、根瘤菌肥料、固氮菌肥、硅酸盐菌类肥料等。近些年来，微生物肥料被大力开发并广泛应用，其是化学肥料的有效的替代品[11]。微生物肥料可以协助作物吸收营养；增进土壤肥力；增强植物抗病和抗干旱能力；降低和减轻植物病（虫）害；产生多种生理活性物质刺激和调控作物生长；提高化肥利用率，减少化肥使用；促进农作物废弃物和城市垃圾的腐熟及开发利用；对土壤环境有净化和修复作用；提高农作产品品质和食品安全。②控效肥。其具有养分释放与作物吸收相同步的功能，控效肥的研制和推广能有效降低农田非点源污染物的流失。如中国科学院合肥物质科学研究院经过 7 年的攻关，研制出的新型肥料——控失肥，通过对天然纳米材料进行物理和生物改性，研制出化肥纳米分子控失剂，利用其离子的交换性能和高吸附性能“捕住”化肥营养元素，再利用生物表面活性剂和壳聚糖等材料“网住”棒晶，达到固定化肥营养元素、减少流失、提高肥料利用率的目的。试验表明，与普通化肥对照相比，控失肥氮素减少 60%，挥发减少 2 ~3 倍。该产品的推广应用，可以解决农业生产中化肥利用率偏低、浪费严重、污染得不到有效控制等一系列问题，而且可以减少化肥施用量、降低生产成本、省工省力、增产增收，并大大减轻其对河流水体的污染。对其的研究和推广应用有待于进一步发展。

2.1.2 优化农业生态模式 优化农业生态模式，改善种植方式。推广立体农业；在农作物栽培方式上采取农作物轮作、间作、套种方式，加大保护地栽培推广力度；加大生态农业精品基地建设，开发绿色、无公害、有机农业。同时，也配合畜禽养殖模式的优化改善。

2.1.3 节水灌溉，提高水肥的利用率 应用节水灌溉技术，提高农业水、肥的利用效率。目前，我国比较先进、适宜大面积推广的节水灌溉技术有：小畦灌水技术、间歇灌水技术、膜上灌水技术和污水灌技术。小畦灌溉优点是灌水流程短，减少了沿畦长产生的深层渗漏，因此能节约灌水量，提高灌水均匀度和灌水效率；间歇灌溉技术具有灌水速度快、节约水量和灌水均匀度高等优点；膜上灌包括开沟扶埂膜上灌、打埂膜上灌、沟内膜孔灌、膜孔膜缝灌；污水喷灌应先对污水进行沉淀、筛滤，除去固体污物，有的还需加入消毒杀菌剂。实施污水灌要防止大定额灌溉以免造成地表及地下径流，以不造成土壤粘闭和不产生地表径流为原则确定灌溉强度。

2.2 暴雨与农田排灌水等地表径流污染控制

暴雨及农田排灌水引起地表径流，致使大量的暂未被利用的肥料随水土一同流失，降低肥效，进入到江河湖泊等水体当中，污染环境。因此，开展小流域综合治理，控制水土流失，切断农田营养物质进入水体的途径，对保持土壤养分、可持续利用耕地具有深远的意义。

2.2.1 建立控制地表径流的生态工程模式 推广控制农业面源污染的生态工程模式技术：一是充分利用土地和植物的净化能力截留 N、P、泥沙等物质，其工程单元主要包括沉沙池、集水设施和水处理设施等；二是利用湿地或水陆交错带的自然净化生态功能，截留净化农业径流中的 N、P 及有机质，然后将底泥还田，加强 N、P 等物质在陆地生态系统的良性循环，减少农业生产对水体的污染；三是在流域或湖泊的岸边建设缓冲带，通过植物、微生物的吸收和生物降解等方式实现对污染物或有害物质的过滤拦截，以此保护土地。其包括缓冲湿地、缓冲林带、缓冲草地带 3 种类型，缓冲带通过滞缓径流、沉降泥沙、强化过滤和吸附等功能来实现，能明显降低各类污染物浓度。

2.2.2 开发控制地表径流的技术 通过优选植物品种，建立了示范区和氮磷控制模式，开发了适合当地特点的生态工程集成技术，包括植被快速修复技术、生物篱技术、农林复合经营技术、植被快速恢复喷播技术和山地径流综合调控技术，开发多种种植模式。

遵循耐水力冲击、高效低费、少占农田、运行方式灵活、管理方便的原则，开发暴雨径流与农田排灌水污染控制技术，如多功能复合型旋流固液分离技术、复合人工湿地技术和沸石吸附除氮技术等来控制由暴雨等引起的农业土壤径流污染问题。以滇池流域示范区为例，滇池流域暴雨历时短、强度大、高峰过程持续时间短以及农村暴雨径流固体颗粒小的特点，以清华大学为主的课题组的专家在面源污染控制关键技术与设备、工程实施、软件开发、运行管理等方面取得了一系列重要成果。专家已研制开发出了大流量多功能复合型固—液旋流分离技术和设备。该设备采用由多个导流片组成的圆柱形导流板结构，当进水切向进入导流板后，在旋流分离器内形成内、外流体双向运动的流场分布，实现导流、阻隔分离与旋流分离的多重功能，能够在处理大流量条件下对微固体颗粒有效去除。粒径在30μm以上的固体颗粒去除率达65%；粒径在10~30μm的固体颗粒也有明显的去除效果，且单机处理能力大、能耗低，底流量小于20%。该项技术与国外同类技术相比，具有承受水力负荷大、抗冲击能力强、悬浮污染物去除率高以及占地面积小的特点，在去除效果和性价比方面有明显提高。

针对暴雨径流中氨氮难以被生态工程快速去除的问题，在沸石填料筛选及沸石对氨氮的吸附和解析特性研究的基础上，开发表面流人工湿地和沸石潜流湿地组合工艺，实现功能互补，提高整体除氮效果。一级表面流湿地对径流中悬浮物的有效去除，保护沸石潜流湿地单元，防止堵塞。沸石对氨氮具有选择吸附性能，抗氨氮冲击能力强，炉渣利于磷的去除，填料表面生长的生物膜可强化污染物降解过程。采用强化布水系统，可使暴雨径流在湿地中分配均匀，增加有效停留时间，提高去除效果。复合人工湿地技术对总悬浮固体、总氮、总磷的去除率分别达到70%~80%、45%~55%和55%~65%，大大提高总污染负荷的削减；整个工艺具有较强的抗冲击负荷能力，最小水力停留时间可缩短至0.5~1.0d，系统最大水力负荷可达0.5m^3·(m^2·d)$^{-1}$[12]。

2.2.3 退耕还林、还草、还湿 搞好产业结构的调整，退耕还林、还草、还湿，这样也有助于遏制水土流失、土地沙漠化、盐渍化的发展势头，实现我国农业和水环境的可持续发展和利用。

2.3 末端集中控制与技术

近些年来，随着肥料的大量使用，污染也大大增加，肥料污染对环境造成较大的影响，如对土壤、大气和生物形成负面影响，应尽量采取源头控制以及污染途径控制，而其对于水体已造成的污染（如水体富营养化），则需要进行末端治理与修复。

引起富营养化的主要原因是来自农业面源污染、生活污水及工业废水的氮、磷等污染物排放而造成。1994年，太湖流域总氮的60%和总磷的30%来自于面源；1995年，进入巢湖的污染负荷中，69.54%的总氮和51.71%的总磷来自于面源污染；在进入滇池外海的总氮和总磷负荷中，农业面源污染分别占53%和42%；北京市密云水库、天津市于桥水库、云南省洱海、上海市淀山湖等水域，面源污染比例均超过点源污染。农业面源污染日益严重，对其进行尽早的治理与控制不容忽视。

少量经源头分散控制措施作用后仍存在的径流会汇流成一股，集中进入水体，因此，需要在汇流口实施面源污染的末端集中控制和进入河流的污染物末端修复。末端治理可采取物理、化学、生物以及生态修复等方法进行综合治理。

2.4 建立政策体系

2.4.1 *建立鼓励政策及相关法规* 建立国家面源污染控制策略体系，建立系统的农村环境管理计划，引入环境评价机制和循环经济的概念和方法。①制定激励政策，包括农业面源污染控制技术研究的激励政策；②通过媒体积极进行相关知识的宣传、教育，对有关人员进行培训，并建立相应的监督和考核体系，尝试建立许可证制度，建立信息公开和交流制度；③建立生态补偿制度，如财政转移支付、补贴、税收等，并且确定政策细节，如财政转移支付的比率，补贴程度、补贴操作方式，税率征收对象、征收方式等；④建立限制投入要素和产出的相关法律，如确定投入要素、产出标准和执法程序的设计以及面源污染产出的末端控制政策。如建立国家清洁生产的技术规范，拟定新的化肥和农药管理法律法规，鼓励能够减少面源污染的化肥和有机肥的生产和使用。

2.4.2 *建立监测体系* 结合监测和普查农业环境安全的评估体系。主要措施包括：①在重点地区建立监测站，监测土壤、河流、湖泊以及地下含水层中的养分和农药的含量，并评估其对环境和人类健康的影响；②开展全国范围的面源污染现状调查，为制定政策提供全面的可靠信息。

2.4.3 *建立技术推广体系* 推广成熟的施肥及服务技术，提高化肥的效率，减少对环境的影响。改进对农民的技术服务支持，推广公益性农业技术服务；引进对政府和私营农业技术推广人员的资格认证，提高他们的技能；发展农业专业技术组织促进先进农业生产技术的应用；拓展农民的培训方式；增强所有农技推广人员及农民的环保意识。

2.4.4 *设立监管执行部门* 实施流域综合管理计划，统一规划面源污染控制政策和设立执行部门，对小流域面源污染的控制与综合治理进行监管[3]。

2.5 加强污染控制理论及模型研究

水土流失与土壤侵蚀、污水灌溉、农用化学品滥用、畜产公害、生活污水和固体废弃物等造成农业面源污染。农业面源污染的产生、迁移过程和机制非常复杂。主要由降雨径流、土壤侵蚀、地表溶质溶出和土壤溶质渗漏4个过程组成，它们之间的相互作用与联系可以用GIS技术与面源污染模型集成来进行模拟。

20世纪60年代以来，美、日、英等一些发达国家开始农业面源污染研究，主要开展面源污染的分类特征研究、降雨－径流之污染物迁移转化过程的数学模型研究、面源污染扩散与负荷的模型研究等。我国面源污染研究起始于20世纪80年代，相继在北京、珠江流域的广州、辽河流域的沈阳、长江中下游流域的上海、杭州、苏州、南京等城市开展。20世纪90年代以来，建立了一些流域农业面源污染经验统计模型，通过受纳水体水质分析计算汇水区农业面源污染输出量，目前已对三峡库区、西湖流域、千岛湖流域、汉江流域等进行了模型研究。在基础研究方面，清华大学开展了面源污染负荷估算及降雨径流过程、侵蚀过程、污染物迁移转化过程的模型研究。对于模型理论进行研究，进一步用于指导污染控制的实践，尽可能降低肥料污染程度[13]。

3 肥料污染水体的生态修复

随着农业的大力发展，肥料也被大量应用。不合理地或过量施肥，会导致肥料中的氮、磷等大量元素随地表径流进入水体，造成水体的污染，如出现富营养化现象。

3.1 富营养化水体概况

农业化肥、含磷洗涤剂以及大量未经处理的城市生活污水及工业废水等，流入江河湖泊中，造成湖泊、江河中的氮、磷等营养盐不断积累，部分藻类以及其他水生生物大量繁殖，造成水体透明度下降，溶氧降低，藻类产生的藻毒素对水体中的其他生物也产生了毒害作用，水体功能遭到破坏，进而导致水体的富营养化。一般来说，当天然水体中总磷大于 $0.02mg \cdot L^{-1}$，无机氮大于 $0.3mg \cdot L^{-1}$，就可认为处于富营养化状态[14]。

20 世纪初，水体富营养化现象日趋严重，引起了生态学家、国际组织、政府等各界人士的关注与重视，联合国环境规划署（UNZP）的一项水体富营养化调查报告显示，在全球范围内 30% ~40% 的湖泊和水库遭受不同程度影响，各地区受影响的情况悬殊。目前欧洲湖泊面临的最大问题是湖泊富营养化问题，在统计的 96 个湖泊中有 80% 的湖泊不同程度地受到氮、磷的污染，呈现富营养化状态。亚洲湖泊水质南北差异较大，北部湖泊水质较好，而南部湖泊水质较差；亚洲湖泊水质的主要特点是水中氮、磷含量偏高。亚洲南部大部分城市湖泊富营养化问题突出，适宜的自然条件和湖中营养盐容易引起水华。在气候干燥区，水体富营养化情况严重，如西班牙的 800 座水库，至少有 1/3 是处于重富营养化状态，在南美、南非、墨西哥及其他一些地方都有水库严重富营养化的报道，加拿大湖泊众多，发生富营养化的湖泊主要集中在加拿大南部人口稠密地区[15,16]。

我国的湖泊众多，湖泊面积为 70 988km^2，约占全国陆地总面积的 0.8%，总贮水量为 7 077多亿 m^3，大于 1km^2 的天然湖泊有 2 300 余个。其中许多大型湖泊，如巢湖、太湖、滇池等都已处于富营养化状态。一些河流如黄埔江流域、珠江广州河段等在部分河段也出现了富营养化现象。据有关部门统计，我国 75% 的湖泊，90% 以上的城市河流都受不同程度的污染[17]。

我国主要湖泊处于因氮磷污染而导致富营养化的占统计湖泊的 56%[18]。近些年来，我国湖泊、水库和江河富营养化的发展趋势非常迅速，湖泊、河流等水域的蓝藻、绿藻频繁暴发。2003 年《中国环境公告》指出，我国 25 个大湖泊中已富营养化的达 92%，巢湖、滇池等处于重富营养状态，而由于氮磷导致的占一半以上。据 2005 年的调查报告，中国江河湖泊 70% 被污染，75% 的湖泊已出现不同程度的富营养化。2006 年，32% 的增养殖区（辽东湾产卵场、山东海化滩涂等）海水中无机氮或活性磷酸盐含量超三类海水水质标准，水体呈富营养化状态，部分海水增养殖区赤潮频发。与 2005 年相比，呈富营养化状态的增养殖区比率增加了 12%。2007 年 5 月 29 日，无锡太湖蓝藻全面暴发。6 月 11 日，安徽巢湖蓝藻暴发。6 月 24 日，云南滇池蓝藻暴发。7 月 11 日，20 年未曾出现大规模蓝藻污染的武汉东湖也陷入了同样的困局。随后，苏州、长春、南京等地相继传出蓝藻暴发或者可能暴发的消息。一些专家和学者认为将蓝藻多发的 2007 年称为"蓝藻年"。

水体富营养化问题给生态环境造成严重危害。其破坏了生态环境，浮游植物，藻类等在水面大量繁殖，阻断阳光向水底的透射，使下面的水生植物光合作用受阻，氧的释放量减少，水体中的生物因缺氧而死，同时，尸体被微生物分解也需要大量氧气。在水底形成厌氧条件，水中的物质会在厌氧细菌的作用下被还原成 H_2S、NH_3、CH_4 等有害气体，加之藻类分泌致臭、致毒物及它本身死亡、腐败，使水质完全恶化，水体生态结构被破坏，生物链也被破坏等水体功能退化；水体富营养化破坏自然景观，造成水体的透明度下降，浑浊度升高，气味异常，使游人望而却步；其对人类健康也造成影响，在富营养化的水体中，硝酸盐和亚硝酸盐的数量增多，其可能会转化成致癌物质，这对动物和人是一种威胁。藻类在生命活动中，可使水体 pH 值升高，为霍乱弧菌等某些致病菌的繁殖创造了有利条件，使水质卫生标准下降，直接威胁人体健康[19~21]。水体富营养化影响了水体应有的功能，如水源地，景观功能的发挥，同时也阻碍了经济建设和社会的发展。

研究表明，污染物约有一半以上来自农村非点源，包括农业污染、分散的养殖业污染、村镇污染等，它们通过大雨径流进入水体。随着农村城镇化进程的加快和农民生活水平的提高，污染负荷正在迅速加大，而能截留污染的湿地和岸边植被等在迅速退化。我国对湖泊富营养化状况、产生原因进行了一系列研究与防治实践，中央和地方在湖泊富营养化治理方面投入不少资金，但是效果不太明显。富营养化已成为我国重大水环境有待解决的问题之一[22]。

3.2 氮、磷的转化机理

随着流域内工业化、城市化和农业生产水平（变现为化肥的大量使用）的发展，用水量和废污水排放量的相应增加。不同地区的湖泊，其营养盐来源与流域社会经济发展水平密切相关。

3.2.1 水体中的氮循环　氮、磷是引起富营养化水体的主要因素。水体中的氮，主要以氨氮和有机态的氮为主，也有少量的硝酸盐氮和亚硝酸盐氮。水体中微生物的分解作用可将有机形态氮［包括氨基酸、氨基糖和蛋白质（氨基酸的聚合物）等化合物组成的聚合物］迅速转变成氨。在有氧的环境下，微生物将氨氮氧化为硝酸盐氮和亚硝酸盐氮。当水体中硝酸盐氮占主要时，说明水体在需氧方面是稳定的。在大量缺氧的条件下，硝酸盐氮或亚硝酸盐氮在微生物作用下，发生反硝化作用，使硝酸盐氮还原为氮气。这样，通过各种生物作用，反复循环反应，产生了大量的离子，从而产生大量的营养盐。硝酸盐氮可被水生植物直接利用，形成植物蛋白质，其被水生动物食用，又转化成动物蛋白。动植物的死亡和通过细菌的分解又可以再次产生氨，见图 1 所示。

3.2.2 磷的转化　磷在自然水体中的存在形式主要以正磷酸盐（PO_4^{3-}、HPO_4^{2-}、$H_2PO_4^-$）、多聚磷酸盐（$P_2O_7^{4-}$、$P_3O_{10}^{5-}$、$P_2O_9^{3-}$、$HP_3O_9^{2-}$）、有机磷酸物（葡萄糖－6－磷酸、2－磷－甘油酸、磷肌酸等）、胶态成颗粒态存在的磷化物组成。水中可溶磷的含量很少，易与 Ca^{2+}、Fe^{3+}、Al^{3+} 等生成难溶性沉淀物，如 $Ca_5OH(PO_3)_3$、$AlPO_4$、$FePO_4$ 等，沉积于水体底泥。

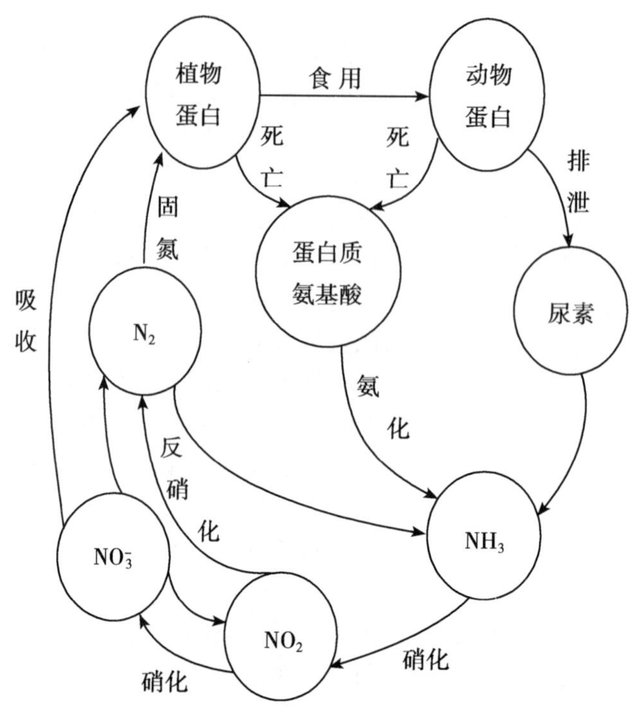

图1　氮循环

水体中不溶性的无机磷酸盐借助于微生物分解有机物，所产生的有机酸和二氧化碳或由于硝化细菌及硫化细菌所形成的硝酸和硫酸的作用转化成可溶性磷酸盐。反应如下：

$$Ca_3(PO_4)_2 + CO_2 + 2H_2O \rightarrow 2Ca(HCO_3)_2$$

$$Ca_3(PO_4)_2 + 2HNO_3 \rightarrow 2CaHPO_4 + Ca(NO_3)_2$$

$$Ca_3(PO_4)_2 + H_2SO_4 \rightarrow 2CaHPO_4 + CaSO_4$$

可溶性磷酸盐能被微生物的植物吸收，组成有机化合物中的含磷有机物，如卵磷脂、核酸以及各种糖的磷酸酯等。有机磷化物在有氧的条件下被微生物（如解磷大芽孢杆菌、霉状芽孢杆菌等）分解产生磷酸，形成磷酸盐。在缺氧的条件下，磷酸盐在梭状芽孢杆菌、大肠杆菌等微生物的作用下被还原。反应式为：

$$H_3PO_4 \rightarrow H_3PO_3 \rightarrow H_3PO_2 \rightarrow PH_3$$

无机磷在微生物作用下被改造成ATP和ADP进入生物体，做为生物体中生物化学反应的直接能源。反应如下：$PO_4^{3-} \rightarrow ATP \rightarrow$ 甘油磷酸酯糖 + ADP

↓　　↓

甘油　PO_4^{3-} + 糖

磷在生物体内的一个重要作用就是合成ATP。ATP是生物体内能源的直接来源。因此过量磷存在，就会使藻类等植物迅速繁殖，造成水体富营养化污染。

3.3 富营养化水体的修复方法与技术

对于富营养化水体的修复可采用物理、化学和生物等方法。

3.3.1 物理修复

3.1.1.1 深层曝气 由于藻类的过度繁殖，水体表层被藻类覆盖，使阳光不能照射到水体表层以下，使得水体底层处于缺氧状态。采用深层曝气技术给水体底层充氧，提高溶解氧的含量，使水与底泥界面之间不出现厌氧层，或者使水体底层产生一层生物膜覆盖底泥污积物。此种方法在小面积水体中可以获得不错的效果，据报道，荷兰、英国等国家曾将其应用于小型湖泊、水库，效果较好。但对于大面积的使用效果，仍待进一步研究。

3.1.1.2 机械清淤 严重污染的水体都已沉积大量的淤泥，这些淤泥包含着历年积存的多种有害有毒污染物。因此，挖掘底泥可减少或消除潜在性内部污染源。例如，滇池及其入湖河道的淤泥污染，昆明市挖盘龙江淤泥 6 000hm^2，疏挖大观河淤泥 4 000hm^2，有效地改善了两条河流的水质。疏浚了滇池草海 2.83km^2，疏挖底泥 424 万 m^3，清除了大量的沉积污染物，其中总磷为 7 900t，总氮为 3 960t，各种重金属 5 000t，使疏浚区平均水深增加 1m，水质明显改善。

此种方法可以有效地降低水体底泥环境的污染，但其工程量巨大，挖出底泥的处置费用也很大。以昆明滇池草海为例，近年来，共挖底泥 400 万 t，耗资 2.5 亿元，折合 62.5 元/t[23]。并且，疏浚的底泥使泥—水界面的稳定性被破坏，在恢复稳定的过程中，底泥会向水体中释放污染物，形成水体二次污染；而且底泥疏浚会造成水体底层的水生环境破坏，疏浚以后，大型底栖动物的密度和生物量下降显著。并且，疏浚以后，大量底泥的处置问题有需待进一步解决。因此对该方法的使用需慎重考虑。

3.3.1.3 机械捕捞 水体中藻类的过度繁殖使水体的富营养化程度加剧，采用人工捕捞藻类的方法，使水体接受自然光的照射，使水生生物能进行光合作用。此种方法在短期内效果明显，但是不能从根本上降低水体中氮磷的含量。

3.3.1.4 引水换水 注入含磷氮浓度低的水，含氮磷浓度低的水注入水体可以稀释原水体中营养物质的浓度，以此减少藻类生长的营养物质供给，蓝藻、绿藻生长受限制，对控制水华现象，提高水体透明度有一定作用。如杭州西湖引钱塘江进入西湖，一天的引水量相当于西湖出水量的 1/33 左右，从一定程度上改善了西湖的水质。这对控制水华现象，提高水体透明度有一定的作用，但营养物绝对量并未减少。裴洪平等采用因子分析法得出：引水工程对改善西湖水质有一定作用，但还需结合其他治理方法并行实施[24]。

此方法可以暂时缓解水体的富营养化程度，治理简便，见效快，适合治理小型水体。但是从长远考虑，对于大型水体，无法实现长期的引水冲洗，短期引水治理效果不明显，并不能从根本上解决水体中氮磷富集的状况，并且换水对于水资源紧张的地区不适用。

3.3.1.5 超声波技术 研究表明，超声空化是液体中的一种极其复杂的物理化学现象，液体中的微小泡核在超声波作用下被激化，表现为泡核的振荡、收缩及崩溃等一系列动力学过程。其对细胞壁、气胞、活性酶也有破坏作用，高强度的超声波能破坏生物细胞壁，使细胞内物质流出，导致细胞裂解。运用超声波影响藻类的生物活性，并且对藻类的分泌物及分解代谢产物也有一定的降解作用。超声波的频率和强度的选择是此方法的关键。超声波法的优点是不会产生二次污染，具有广阔的应用前景[25]。目前已有大量的研究工作利用超声空化效应对水体中的有机污染物进行降解。其对单环芳香族化合物、氯代烃、酚类、酯类、胺、挥发性脂肪酸、农药等多种有机物的降解研究，取得了很好的降解效果。Bhatnagar 等用超声降解卤代脂肪烃，40min 达到 72% ~99.9% 的降解效率[26]。

3.3.2 化学修复

3.3.2.1 混凝沉淀 投加混凝剂使溶解性的磷沉淀，使其不能被藻类所利用。例如有许多种阳离子可以使磷有效地从水溶液中沉淀出来，其中最有价值的是价格比较便宜的铁、铝和钙。它们都能与磷酸盐生成不溶性沉淀物而沉降下来，而且形成的磷酸盐络合物沉淀到地层后不会返回到水体表层。但是在缺氧或者是氧化还原电位降低的情况下，沉淀反应向逆方向进行，沉淀物质会释放出溶解性的磷。需要注意的是：向大面积的水体中投加大量的混凝剂，可能会导致水体的二次污染。使用此方法风险性较大。投加 $Al_2(SO_4)_3$ 消耗碱度，pH 值会下降，因此必须控制合理的铝盐投加量。投加 $NaAlO_2$ 可以增加碱度，所以通常将其与 $Al_2(SO_4)_3$ 一起使用，维持水体合适的 pH 值。很多研究表明，在用铝盐处理并维持 pH 值在 7 以上的湖泊中，没有发现鱼类死亡的现象，也很少发现铝在鱼体内富集。但若长期使用杀藻剂会造成湖泊退化。

3.3.2.2 使用杀藻剂杀死藻类 使用杀藻剂可以将藻类杀死，但因水藻腐烂分解仍旧会释放出磷，故应该将被杀死的藻类及时捞出，或者再投加硫酸铜、氯、二氧化氯等氧化剂，进一步氧化藻类分解代谢的有毒有害物质，使其形成磷酸盐络合物沉淀下来。美国明尼苏达湖曾使用过硫酸铜多年，结果却造成水体溶氧耗尽，增加了内部氮的循环，铜在底泥中的积累，也增强了藻类对铜的抗药性，造成对鱼类及鱼类食物链的不良影响。此种方法效果不错，但是药剂的价格昂贵，而且对水体会产生二次污染。

3.3.3 生物修复 生物修复技术作为 20 世纪 90 年代迅速发展起来的一项污染治理工程技术，其可有效地降低污染物的浓度，工艺简单，成本低，环境影响小，不会形成二次污染或导致污染物转移，其已成为当今治理污染水体的首选治理措施。污染水体生物修复包括水生植物修复、微生物修复、水生动物修复及生态工程修复。近些年来，国内外应用较多的是生态修复技术治理污染水体。在修复过程中，常通过微生物或植物的直接净化作用修复受损污染水体，也有通过水生动物或其他方法进行修复。

3.3.3.1 微生物对水体的修复 微生物作为水体中的分解者，其对水体净化的作用不容忽视。在水体中，微生物经过驯化期后自身大量繁殖，分解污染物质。高效微生物光合细菌、硝化细菌、复合细菌等，在处理富营养化的景观水体中有较好的效果，对氮、磷营养盐有很高的去除率，可以增加水体的溶解氧，改善水质。微生物的引入可以增加水体的溶解氧，同时可以降解各类污染物质，使水体的各级营养结构趋于稳定并保持平衡。如光合细菌（PSB，Photosynthetic Bacteria），其可在厌氧光照及好氧黑暗条件下都能以有机物为基质进行代谢和生长，因此，其对有机物有较大的降解能力。目前应用较多的微生物有：

（1）光合细菌：光合细菌（PSB）是地球上最早出现的具有原始光能合成体系的原核生物。光合细菌生理类型的多样性使它成为细菌中最为复杂的菌群之一。在不同自然条件下，它能表现出不同的生理生化功能，如固氮、固碳、脱氢和硫化物氧化等。光合细菌广泛分布于水生环境中光线能投射到的缺氧区。PSB 具有趋光性，厌氧条件下，细胞能进行光合异样代谢，菌液呈紫红色，细胞光合同化简单的有机物质，不能以硫化物作为唯一光合供体而生长。初步认为属红螺菌科，形态为球形、卵形。

光合细菌包括绿硫细菌科（Chlorobiaceae）、红硫细菌科（Chromatiaceae）和红螺菌科（Rhodospirillaceae）三科。前两者为光能自养菌，后者为光能异养菌。光合细菌在污水净化、改善植物营养和增进土壤肥力等方面具有重要作用，其细胞富含蛋白质和 B 族为维生素，可用于制药、畜禽饲料和鱼虾饵料等。因此，光合细菌的研究已引起了专家的关注。光合细菌的光合色素主要由细菌叶绿素（BCHI）和类红萝卜素组成。光和细菌的光合作用基质与绿色植物和藻类的光合作用机制有所不同。主要表现在：光合细菌的光合作用过程基本上是一种厌氧过程；光合作用过程不以水作供氢体，不发生水的光解，也不释放分子氧。光合细菌能适应环境条件的变化而改变其获得能量的方式。

在水产、禽畜养殖中的应用：①光合细菌营养丰富还有大量类胡萝卜素、辅酶 Q、抗病毒物质和生长促进因子；②在水产养殖水域的物质循环中起重要作用，能将被异养微生物分解活动形成的有机物如有机酸、氨基酸等作为机质加以利用，促进池底有机物循环，使水质得到净化，病原菌难以发展，改善养殖环境。光合细菌能使水产养殖水体中的氨、氮、硫化氢下降 50% 以上，溶解氧提高 14% ~85%；③光合细菌促进放线菌的生长，而放线菌抑制病菌的活动，从而达到防病的目的；④光合细菌在水中繁殖时，释放出一种具有抗病性的酵素 - 胰凝乳蛋白分解酶，该酶能防止疾病的发生；⑤光合细菌能分泌大量的叶酸，可避免鱼类贫血症的发生。

（2）氮循环菌[27]：水体中氮的存在形态有：分子氮、氨、亚硝酸盐、硝酸盐及有机氮化合物（包括从蛋白质到氨基酸、尿素、甲胺类等物质）等。氮气是一种惰性气体。它在水中的溶解度极小，并与温度和压力有关。在氮素循环过程中，微生物起着关键作用。水体中的氮循环包括生物固氮、氨化、硝化、反硝化及同化作用，其中生物固氮、氨化、硝化以及反硝化是微生物特有的过程。研究水生生态系统中氮循环细菌的分布，对于深入研究水环境中氮循环过程具有重要意义。

①氨化作用与氨化菌。微生物分解有机氮化物产生氨的过程为氨化作用。大多数土壤细菌（包括放线菌）和真菌都能分解有机氮生成氨，其中既有好氧菌也有厌氧菌，其成为氨化微生物。如芽孢杆菌、梭状芽孢杆菌、变形杆菌、假单胞菌、链球菌和葡萄球菌等属的许多种细菌或霉菌。

氨是细菌分解有机氮化物的主要产物。水体中的氨主要以铵离子（NH_4^+）和不离解的氢氧化氨（NH_4OH）两种形态存在。它们中的比例与水体的 pH 值密切相关。在水溶液中它们处于平衡状态：$NH_4OH = NH_4^+ + OH^-$。在酸性和中性的水环境中，NH_3 以 NH_4^+ 的形式存在。在碱性环境中氨化作用所产生的部分 NH_3 将释放到大气中去，从而成为生物无法利用的部分氮。在大气生物圈中的 NH_3 和其他形式的氮很容易受到化学和光化学转化，经沉淀，这些含氮化合物又重新回到岩石和水圈中。氨化作用产生的 NH_4^+，很容易被许多植物和微生物利用，转化成其他形式的含氮化合物。

②硝化作用与硝化菌。氨基酸脱下的氨，在有氧的条件下，经亚硝酸细菌和硝酸细菌的作用转化为硝酸，这称为硝化作用。由氨转化为硝酸分两部进行：

$$2NH_3 + 3O_2 \rightarrow 2HNO_2 + 2H_2O + 619kJ \tag{1}$$

$$2HNO_2 + O_2 \rightarrow 2HNO_3 + 201kJ \tag{2}$$

(1)式由亚硝酸单胞菌属（*Nitrosomonas*）、亚硝酸球菌属（*Nitrosococcus*）及亚硝酸螺菌属（*Nitrosolobus*）和亚硝酸弧菌（*Nitrosovibrio*）等起作用。(2)式由硝化杆菌属（*Nitrobacter*）、硝化球菌（*Nitrococcus*）起作用。亚硝酸细菌和硝酸菌都是好氧菌，适宜在中性和偏碱性的环境中生长，不需要有机营养。

异养硝化现象在19世纪末和20世纪初被发现以后，许多专家对其进行大量研究。异养硝化菌可在缺少有机碳的条件下，氧化氨获得生长所需的能源，并不受碳源限制，其生长需要溶解氧低，能耐受酸性环境，活性高，一些异养氨氧化细菌还具有好氧脱氮能力。如芽孢菌属、铜绿假单胞菌、荧光假单胞菌、产碱杆菌、节杆菌、类产碱杆菌等。对于异养硝化菌的应用也较多。

③反硝化作用与反硝化菌。反硝化作用是反硝化微生物利用一系列酶将硝酸盐氮或亚硝酸盐氮还原成 N_2O 或 N_2 的过程。主要包括4个还原步骤，即：$NO_3 \rightarrow NO_2 \rightarrow NO \rightarrow N_2O \rightarrow N_2$，分别由硝酸还原酶、亚硝酸还原酶、一氧化氮还原酶和一氧化二氮还原酶催化完成。大多数反硝化细菌是异养的兼性厌氧菌，它们能利用各种各样的有机质作为反硝化过程中的电子供体（碳源），包括：碳水化合物、有机酸类、醇类等化合物。

自然界最普遍的反硝化细菌有假单胞菌属（*Pseudomonaceae*）、产碱杆菌属（*Alcaligenes*），还有科奈瑟菌科（Neisseriaceae）、硝化细菌科（Nitrobacteraceae）、红螺菌科（Rhodospirillaceae）、芽孢杆菌科（Bacillaceae）、纤维粘菌科（Cytophagaceae）、螺菌科（Spirillaceaee）、根瘤菌科（Rhizobiaceae）、盐杆菌科（Halobacteriaceae）等。一些研究发现反硝化过程也广泛存在于真菌的半知菌纲、子囊菌纲和担子菌纲，如镰刀菌（*Fusarium*）、玉蜀黍赤霉（*Gibberella*）、木霉（*Trichoderma*）、光泽柱孢菌（*Cylindrocarpon*）、毛壳菌（*Chaetomium*）、青霉属（*Penicillium*）、曲菌（*Aspergillus*）和汉逊酵母属（*Hansenula*）[28~30]及酵母菌。研究表明，很多放线菌[31]包括链霉菌属（*Streptomyces*）和弗兰克氏菌属（*Frankia*）等也具有反硝化能力。

氮循环菌在污水治理中起重要作用。污水中的含氮有机物经过异养菌的氨化作用转变为氨氮，再经过硝化菌的硝化作用转变为亚硝酸盐氮和硝酸盐氮，之后经过反硝化微生物的作用将亚硝酸盐氮或硝酸盐氮还原为 NO、N_2O，最终转变为 N_2，排入到大气，从而降低污染水中含氮污染物的浓度。

（3）聚磷菌：磷是生物圈中重要的因素之一，它不仅是生物细胞中重要组成部分，而且遗传物质的组成和能量的贮存中都需要磷，生物的核酸、卵磷脂、ATP和植酸中都含有磷。这些有机磷在某类微生物的作用下，可通过矿化作用转化为无机磷。无机磷可以不溶性和可溶性磷酸盐两种形式存在：不溶性磷酸盐在某些产酸微生物的作用下转化成可溶性磷酸盐，后者同某些盐基化合物结合，转化成不溶性的钙盐、镁盐、铁盐等。上述种种途径就构成了磷在自然界中的循环。

近些年来，水体磷污染日益加剧，其是造成水体富营养化的限制因素。其通常以磷酸盐（$H_2PO_4^-$、HPO_4^{2-} 和 HPO_4^{3-}）、聚磷酸盐和有机磷的形式存在于污水中。细菌从外部环境摄取一定数量的磷以适应生理需要。生物除磷就是利用聚磷菌一类的细菌，过量地、超出其生理需要地从外部摄取磷，并将其以聚合形态贮藏在菌体内，形成高磷污泥，排除系统，达到从污水中除磷的效果。

①聚磷菌的磷过量摄取。在好氧条件下，聚磷菌为有氧呼吸，不断地从外部摄取有机物，加以氧化分解，并产生能量，能量为 ADP 所获得，并结合 H_3PO_4 合成 ATP。H_3PO_4 的大部分是通过主动输送的方式从外部环境摄入的，一部分用于合成 ATP，另一部分则用于合成磷酸盐。这一现象就是“磷的过量摄取”。

②聚磷菌的放磷。在厌氧条件下，聚磷菌体内的 ATP 进行水解，放出 H_3PO_4 和能量，形成 ADP。这样，在好氧条件下，聚磷菌过量的摄取磷，在厌氧条件下，又释放磷。

人工选育培育出高浓度的有效微生物菌群在景观水体修复中被越来越多的应用，其大量繁殖，使原生后生动物等浮游生物增多，抑制藻类的生长，藻类的减少便可提高水体的透明度，使水质得到改善，水体得到净化。并且其也能使水中溶解氧提高，而溶解氧提高有利于水生生物的生长，促使生态系统恢复到正常的状态。微生物菌剂的酶起到了很好的生化催化作用，提高了微生物降解有机物的反应速度，对 COD_{Cr} 和 BOD_5 有很好的去除效果。但微生物制剂技术若要保持良好的水体改善效果，需根据水体变化情况，不断投加，可作为水体生态系统过程中的辅助措施。其可适合封闭缓流水体，但通常减小时间较长。

基因工程菌也有较好地研究及应用。沈士德将其应用于徐州黄河的富营养化水体，从试验可以看出，在消氮细菌和沉降细菌作用下，水中的 COD、氨氮浓度有明显的降低，随着水中藻类的减少和下沉，水体浊度下降从而改善了水体的景观。其应用于处理生活污水和小型湖泊、水库的富营养化，提供了可借鉴的方法[32]。

（4）微生物复合菌剂：微生物复合制剂应用于水体改善，选育高效菌株处理污染水体，其过程以酶促反应为基础，通过生物体内产生的具有催化作用的特殊蛋白质作为催化剂，净化污水、分解淤泥、消除恶臭、降解氮磷、抑制蓝藻生长，达到水体中富营养化的作用。以 EM 和 Clear-Flo 制剂的应用最为广泛。从自然界中筛选出的各种有益微生物（EM，Effective Microbe），用特定的方法混合培养形成微生物的复合体系，其由光合细菌、放线菌、酵母菌及乳酸菌等 5 科 10 属 80 多种有益微生物培养而成。目前已广泛应用于农业、畜牧业和水产养殖业中，近些年来，EM 逐步开始应用于环保领域，在许多国家和地区都有应用，如日本、韩国、朝鲜、泰国、巴西、中国等。王平等考察了有效微生物群（EM）处理南水塘藻型富营养化源水效果。结果表明：在容器中按 V（EM）：V（源水）为 1：10 000 的比例投加 EM 菌液并辅以低速间歇曝气处理 8～9d，藻类生物量得到明显控制，水样叶绿素 α、TN、TP 及 COD_{Cr} 去除率分别 90.49%、45.25%、55.48% 和 82.37%，出水水质接近国家地理Ⅳ类水质标准[11]。Clear-Flo 是美国 Alken-Murry 公司开发的系列微生物制剂，除了用于修复污染河流外，也用于修复富营养化的湖泊。1997 年，美国马里兰州 Gaithersburrg 城的一个富营养化湖泊补充了 Clear-Flo1200 菌剂，其阻止了丝状蓝绿藻的孳生。

3.3.3.2　水生植物是对水体的修复　水生植物是水体中动物及微生物的最重要能量来源，对水生生态系统的平衡起重要作用。对于受损和退化的水生生态系统，高等水生植物是浮游植物在营养物质和光能利用上的竞争者，可以很好抑制浮游藻类的疯长。

大型水生植物即水生维管束植物，有 33 科，124 属，1 000 余种，它们都具有发达的机械组织，植物个体比较高大，其对湖泊清水有重要作用。通常具有 4 种生活型：挺水、漂浮、浮叶和沉水。水生大型植物是水生态系统的重要部分，也是主要的初级生产者之一，介于水 - 泥、水 - 气及水 - 陆界面，对生态系统物质和能量的循环和传递起调控作用。大型水生植物可通过光合作用将光能转化为化学能，并向周围的环境释放氧气，在水生生态系统中处于初级生产者的地位，能够发挥多种生态功能，如：短期储存 N、P、K 等水体中的植物营养物质，净化水中的污染物，抑制低等藻类的生长和促进水中其他水生生物的代谢。与藻类相比，大型水生植物的特点是更易于人工操作。

水生植物可使风速在近土壤或水体表面降低，有利于水体中悬浮物的沉积，降低了沉积物再悬浮的风险，增加了水体与植物间的接触时间，同时还可以增加底质的稳定和降低水体的浊度；水生植物能直接吸收利用污水中的营养物质，供其生长发育。污水中的有机物被微生物分解与转化，而无机氮作为植物生长过程中不可缺少的物质被植物直接摄取，合成蛋白质与有机氮，再通过植物的收割而从废水和湿地系统中出去。无机磷也是植物必需的营养元素，废水中的无机磷在植物吸收及同化作用下可转化成植物的 ATP、DNA 和 RNA 等有机成分，然后通过植物的收割而移去。

植物将氮和磷贮存到各种组织中，水体中的氮和磷可以通过捞取水生植物残体或者收割植物地上部分的方式部分地带走。例如：凤眼莲、芦苇、香蒲、狭叶香蒲、加拿大海罗地、多穗尾藻、丽藻、破铜钱等大型水生植物，对氮磷的去除都有不错的效果。但一些植物在富营养化水体中生长非常迅速，在较短时间内即铺满整个水面，减少了水体的采光面积，阻隔了水体与空气之间的交换，若不及时收集，其会导致溶解氧的降低，进一步加剧水体富营养化，产生负面效应。并且，收集后的植物如何处置、利用也有待进一步探讨。此种方法中所使用的水生植物，虽然可以吸附相当量的氮和磷，但是它们也会排泄相当量的营养物质，因此及时的捞取显得异常重要。经研究，每公顷凤眼莲每年可吸收氮为 1 989kg，磷为 322kg，钾为 3 188kg；香蒲每年每公顷可吸收氮 2 630kg。如水葫芦，它是国际上常用的一种治理污染的水生植物，它不仅对氮磷有良好的去除能力，能迅速大量地富集废水中的 Cd、Pb、Hg、Ni、Ag、Co 和 Sr 等多种微量重金属，但其繁殖力很强，若不控制其长势，也会造成溶氧降低，影响水体中其他生物的生长[33]。李文朝等在富营养化湖泊中开展了常绿型人工水生植物组建试验，在实验区中选用耐寒植物伊乐藻、菹草和喜温植物菱角及凤眼莲。这种常绿型人工水生植物形成了生长期和净化功能的季节性交替互补，使实验区内常年保持较好的水质，对外来污染冲击有很强的缓冲能力[34]。

西湖在 20 世纪 80 年代以来所采取的截污、疏浚和引水等工程治理措施，并没有从根本上改善西湖水质，单纯采用这些工程治理，难以实现治理富营养化的目标。而西湖小南湖区自引水后，湖区内种植了高等水生植物，水质得到了明显的改善。因此，针对浅水湖泊富营养化治理，必须将工程治理措施和生态治理措施相结合，在控制外援污染的同时，重建和恢复以高等水生植物为主的水生生物群落，并维护群落的稳定，对富营养化浅水湖泊的治理取得了显著和持久的效果。

水生植物对富营养化水体的修复有重要作用，但是其应用于湖泊水体中，影响水体的透明度，使水下光照不足，沉水植物等无法获得足够的光能生长。此外，一些研究表明藻类的生长抑制水生高等植物生长，特别是富营养化水体中的蓝藻水华对水生高等植物往往有致命伤害作用。因此，如何构建适应环境变化的高等植物，以及如何使其趋于稳定，是有待解决的问题。

3.3.3.3 水生动物对水体的修复 水体中的螺、蚌等滤食性动物，将水中悬浮的藻类及有机碎屑滤食、转化，增加水体的透明度。螺等主要刮食固着藻类，捕食微型动物、水生植物，同时还能分泌一些促絮凝物质，使湖水中悬浮物质絮凝，作为其食物，减少脱落生物膜，促使水变清。张喜勤等用水蚤净化富营养化湖水中试试验可以看出，富营养化水体中的 TN、TP、COD_{Cr}、BOD_5、SS、色度和叶绿素等均有明显的净化效能，其中 TN、TP 最为显著，去除率分别为 83.7% 和 96.6%。水体中蓝藻大量繁殖需有相对丰富的磷，而绿藻大量增值则需要相对丰富的氮磷，水蚤可以细菌、单细胞藻类及有机腐屑为食，因此，其可削减水体中的氮、磷。一部分水蚤可以通过人工打捞，另一部分又作为鱼类等水生动物的饵料被消耗掉，因此，水中的氮、磷等有机污染物通过食物链的关系，进而达到去除藻类的目的。

利用养鱼去除氮、磷，也是一种化“害”为利的有效措施，各种不同的鱼类有着不同的食性，利用鱼类食性的不同，放养以浮游藻类为食的鱼种，就能够达到去除湖泊氮、磷的目的。水体中的绿藻可以是滤食性鱼类的食物，因此通过合理混养和种群数量的比例控制，可以有效地防治藻类的大量繁殖，保持较好的水色。可达到既促进生产，又净化水质的双重目的。向南京玄武湖中投放了 3 000kg 以蓝藻为主要食物的白鲢。经过治理，包括蓝藻在内大量浮游植物被絮凝，沉降到湖底，湖中悬浮物质减少了，湖水透明度升高到 29 ~ 71cm；而且湖水中所含的微囊藻细胞也比治理前（45 亿个 · L^{-1}）减少了 98%，一些区域监测不出有微囊藻的存在[35]。

食物链重组水体中的藻类除受营养物质的控制外，作为食物链中的一环，也受浮游动物和鱼类的控制，其水生生物链如下：食鱼鱼类→食浮游生物鱼类→浮游动物/草食鱼类→藻类→底栖生物。有关实验表明，在湖、库、沟渠等水体中投放蚤类和藻食性鱼类能有效控制“水华”的发生，而蚤类又可作为鱼类等水生动物的饵料被消耗。因此，可通过食物链的重组：人工捕捞→鱼类→水蚤类→浮游植物（藻类）来达到控制藻类和削减氮、磷的目的。另外，在富营养化水体中投放某些藻食性鱼类如鲢鱼，以控制浮游植物的生长，再适当搭配某些以浮游动物为食的鱼类，如鳙鱼等，可有效控制水体的富营养化。除此之外，还可在水体中放养田螺、河蚌，用以削减底泥中的有机质和营养盐。

3.3.4 生态修复模式

3.3.4.1 氧化塘修复 氧化塘又称稳定塘或生物塘，是一种类似池塘（天然的或人工修整的）的处理设备。其和天然水体的自净过程很相近，污水在塘内经过长时间缓慢流动和停留，通过微生物（细菌、真菌、藻类和原生动物）的代谢活动，使有机物降解，污水得到净化。水中溶解氧主要由塘内生长藻类通过光合作用和塘表面的复氧作用提供。

氧化塘可分为好氧氧化塘、兼性氧化塘、曝气氧化塘和厌氧塘。

近年来，国内外逐渐发展水生生物塘，通过在塘内种植具有除污功能的水生植物或养殖鱼类，既可强化氧化塘的净化功能，又可使氧化塘得到利用，获得一定的经济效益。

（1）养鱼氧化塘：氧化塘具有鱼类生长的良好条件，排入氧化塘的污水含有大量可作为鱼饵的有机物，在光合作用下，水中溶解氧充足，塘内繁殖的各种微生物和动物性浮游生物又是鱼类的良好食料。因此，在塘内通过藻类→浮游动物→鱼类这一食物链，污水被净化，鱼类得以生长。养鱼是氧化塘利用的最适宜方法。养鱼氧化塘采用多级串联的形式，一般为四级：前两级培养藻类，使污水中 BOD_5 大幅度降低；第三级利用前两级排入的藻类培养浮游动物；第四级则为养鱼塘。各级塘的深度根据起作用而定。

（2）水生植物氧化塘：近年来发现多种水生植物具有净化污水的作用，在塘内种植水生植物可提高氧化塘净化效率，这就是水生植物氧化塘。常种植物的水生植物有水葫芦、水浮莲、水葱、芦苇、荷和莲等。

3.3.4.2 人工湿地修复 人工湿地是20世纪70年代发展起来的处理技术，它的原理主要是利用湿地基质、水生植物和微生物之间的相互作用，通过一系列的物理、化学和生物的共同作用来实现对污染水体的净化。人工系统是在一定长宽比及地面有坡度的洼地中，由土壤和填料（如卵石等）混合组成填料床，污染水可以在床体的填料缝隙中流动，或在床体表面流动。在床体的表面种植具有处理性能好、成活率高的水生植物（如芦苇等），形成一个独特的动植物生态环境，对污染水体进行处理。人工湿地对氮、磷等营养物质去除能力强、基建和运型费用低、技术含量低、维护管理方便、耐冲击符合强、适于处理间歇排放的污水。有机物可通过植物根系的生物膜吸附、吸收及生物代谢降解过程而被分解去除；氮的去除靠微生物的氨化、硝化、反硝化作用，将废水中的无机氮作为植物生长过程中不可缺少的营养元素，可以直接被湿地中的植物吸收，用于植物蛋白质等有机氮的合成，同样通过对植物的收割而将它们从污染水体和湿地中去除。人工湿地对磷的去除是通过植物的吸收、微生物的积累和填料床的物理化学作用等共同协调作用完成。由于这种处理系统的出水质量好，适于处理饮用水源，或结合景观设计，种植观赏植物改善风景区出水质量好。但其不足之处是，占地面积大，不精确的设计运行参数、生物和水力复杂性及对重要工艺动力学理解的缺乏、易受病虫影响等[34]。

国内外学者对人工湿地系统的分类多种多样，工程设计根据水体流态的差异，人工湿地污水处理系统可以分为表面流湿地，水平潜流地和垂直流失地三种主要类型，各类型在运行、控制等方面的诸多特征存在着一定的差异。其中，表面流湿地不需要沙砾等物质填料，造价较低，但水力负荷较低，该类型在美国、加拿大、新西兰、瑞典等国有较多分布；水平潜流湿地较好，对 BOD、COD 和重金属等去除效果好，受季节影响小，目前在欧洲、日本应用较多；垂直流失地综合了前两者的特点，但其建造要求较高，至今尚未广泛使用[36,37]。

3.3.4.3 生物膜修复 生物膜技术是使微生物附着于某些载体的表面上呈膜状，通过与污水接触，生物膜上的微生物摄取污水中的有机物作为营养吸收加以同化，使污水得到净化。其具有较高的处理效率，它的有机负荷较高，设备耐冲击力强，接触停留时间短，减少占地面积，节省投资，污泥的发生量大大减少。但其处理规模不大，处理设施较大的容量仅为每天几千立方米。生物膜法对于受有机物及氨氮轻度污染水体有明显的效果，日本、韩国等都有对江河等水体修复的工程实例。

3.3.4.4 生物栅修复 生物栅是将生物膜技术与水生植物加以结合来扩大生物，同时其他生物附着表面积的一种新颖污染进化技术。生物栅修复技术对污染水体的处理综合了生物、化学、物理三种作用，其填料表面和植物根系中生长大量的微生物形成生物膜。在这个系统中，微生物生存的基础环境由原来的气、液两项转变为气、液、固三相，这种转变为微生物创造了更丰富的存在形式，形成了复合式的生态系统。微生物构成了一个细菌、真菌、藻类、原生动物和后生动物等多个营养级组成的复杂生态系统；在系统内，构成了一个悬浮好氧型、附着兼氧型、附着厌氧型的多种不同活动能力、呼吸系统、营养类型的微生物系统。污染水体流经时，悬浮物被填料和根系阻挡截留，有机质通过生物膜的吸附及同化、异化作用而去除。系统中还同时配置水生植物、浮游藻类，放养底栖动物和滤食性动物等。

填料应具有一定的机械强度，较大的比表面积，生物、化学及热力稳定性好，一定的孔隙度及表面粗糙度，对生物膜无明显抑制性，价格低廉。填料有无机类填料、有机类填料。无机类填料在生物膜技术发展的各个阶段均起重要作用。大多数无机类填料机械强度相对较好，但比重较大。有机类填料，以高分子聚合物为材料，根据过程的需要，加工成各种形状，并可具有不同的表面性质，以便最好地满足反应器物理、生物特征的需要。

关于微生物、水生植物和水生动物，上文已有提及。

曹国民等采用生物栅的净化池对 COD_{Cr}、总氮、氨氮和总磷有去除作用，去除率均有明显提高。通过有无设置水生植物的净化池对比试验，结果表明设置水生植物的净化池比未设置的在总氮去除率上提高了 17.2% ~53.4%，总磷的去除率提高了 8.8% ~26.3%[38]。

李开明等利用生物氧化塘、底泥生物氧化、水体生物修复和河道生态修复等技术，对广州市古廖涌黑臭水体进行治理。他们利用废弃的鱼塘对污水进行预处理，再通过上述措施和技术进行生物治理，取得了良好治理的效果。在进水流量 5 000 ~8 000$m^3 \cdot d^{-1}$的高负荷工业废水和生活污水下，其 COD_{Cr}去除率达 50% 以上，氨氮去除率为 70%，H_2S 去除率达 80% 以上，水色由暗黄逐步转为黄、黄绿，河道生物多样性增加[39]。

3.4 生物修复技术

生物修复是国内外近年开发、并成功地用于治理受污染土壤、地表水体、地下水及近海洋面的一种新技术。我国国家环保局在“1995～2010 年科技发展思路框架”中明确指出，要重点研究微生物工程处理技术，大力发展污染场地的补救、修复等环境生物技术研究，以解决我国面临的许多环境难题。生物修复是湖泊富营养化控制必不可少的措施。湖泊是生命的水体，只有恢复湖泊良性生态系统，湖泊富营养化才能得到真正控制。

生物修复技术的重点研究方向是：

①通过各种工程手段增强自然界中已有，但速度缓慢的生物降解过程；

②通过应用各类生物反应器，增加污染物与微生物的接触机会，创造最佳生物代谢反应条件，促进污染物快速转化。

3.4.1　生物修复方法　随着近几年的研究及实践，已经开发了许多新的或改进的生物修复技术。目前已经及正在应用的生物修复技术种类很多，可以将它们大致分为原为修复（*in situ*）和异位生物修复（*ex situ*）生物修复两类。

3.4.1.1　原位生物修复　原位生物修复技术即原位处理法，指污染水体或土壤不经搬动或输送，在其原位和易残留部位之间进行原位处理。污染降解的主体是微生物，一般采用土著微生物，有时也加入经过驯化和培养的微生物以及商品化的适宜微生物菌剂。菌剂如液体或固体粉末，可适当稀释后用各种播撒器均匀撒入受污染水体或土壤中。对流动水体，为了防止菌体随水流失，可先使之吸附在各类填料及载体上，如分子筛、生物带等。

原位生物修复的主要技术手段是添加：①营养物质；②溶解氧（提高微生物活性）；③微生物或（和）酶（强化污染物分解速率）；④表面活性剂（促进污染物质与微生物的充分接触）；⑤补充碳源及能源（保证微生物共代谢的进行）。根据被处理对象（如土壤、地下水、污泥等）的性质，污染物种类、环境条件等的区别，营养物质的添加也有区别。

采用人工复氧强化技术，如在水体内布设气管、风机曝气或纯氧系统，在有条件的地方，设置人工瀑布、喷水器等增氧。原位修复的优点是费用较低，但较难严格控制。尽可能地降低污染物的浓度；就地处理，操作简便，人类直接暴露在污染物下的机会减少。由于有机污染和氮、磷超标，城市湖泊富营养化问题日趋严重，特别是北方干旱地区更为突出。由于城市湖泊内大量藻类孳生、水色浓绿并且有时散发臭味，因而失去观赏价值。投菌法控制湖泊富营养化是一种原位生物修复的方法。

3.4.1.2　异位生物修复　异位修复是将污染物污染的介质进行运转，然后对其进行处理，处理完毕后再将其输送回原处。在异位生物修复中较多地应用了各类生物反应器。除前已述及的异位生物修复中污染物质搬动费用较高外，反应器的加工制造、控制系统的设置等也会增加异位生物修复的费用。但对一些难以处理，尤其是一些有毒化合物、挥发性污染物或浓度较高的污染物的处理，异位生物处理是不可替代的选择。异位生物修复会使修复过程得到控制，治理效率高，但费用较高，工程也很复杂。

生物反应器如生物滤池、生物转盘、生物流化床等，近年来，生物膜反应器以其独特的优势更受广大研究者和工程师们的关注，有出现大量新型的单一或复合式生物膜反应器（Hybrid bio-reactors），如微孔膜生物反应器（Membrane Biofilm Reactor）、气提式生物膜反应器（Air-lifts）、移动床生物膜反应器（Moving Biofilm Reactor）、序批式生物膜反应器（Sequencing Batch Biofilm Reactor）、升流式厌氧污泥床－厌氧生物滤池（UASB-AF）及附着生长稳定塘（Attach-growth Ponds）等。生物膜反应器发展迅速，由单一到复合，有好氧亦有厌氧，逐步形成了一套较完整的污水生物处理工艺。

3.4.1.3　原位——异位联合生物修复　在严重污染的水体中，在原位生物修复时，可以考虑结合实施异位修复的措施。当实施原位生物恢复时，若估计在原位进行恢复存在有较大难度，或者目标场所中污染物的浓度过高，甚至可能对引入生物产生一定的毒害作用，这时可以考虑采用工程辅助手段，将实施恢复场所中的部分污染物引出，然后将其转移到生物反应器或其他净化设施中进行净化。

3.4.2　应用生物修复技术的前提条件[40]　用于解决实际污染处理问题，生物修复技术必须具备下列各项条件：

第一，必须存在具有代谢活性的微生物；

第二，这些微生物必须能以相当速率降解微生物，并使其浓度降低至环境要求的范围内；

第三，降解过程不产生有毒副产物；

第四，污染场地中的污染物对微生物无害或其浓度对微生物的生长不构成抑制，或可以对污染物进行稀释；

第五，目标化合物必须能被生物利用；

第六，污染场地或生物处理反应器的环境必须利于微生物生长或微生物活性保持，如提供适当的无机营养、充足的溶解氧或其他电子受体、适宜的温度及湿度，如果污染物被共代谢则还需提供碳源及能源；

第七，处理费用较低，至少要低于其他处理技术。

3.4.3　微生物的应用技术　优势菌应用于污染水体修复，主要分为生物修复、生物强化技术、固定化微生物技术等。

3.4.3.1　生物修复　生物修复是指生物，特别是微生物，催化降解污染物，从而修复被污染环境或清除环境中污染物的一个受控或自发进行的过程。大多数的环境中存在着许多土著微生物进行的自然净化过程，但该进程的速度很慢，是由于溶氧、营养盐等的降低而引起的有效微生物常常生长较慢。因此，为了快速去除污染物，常常采用许多强化措施，例如提供电子受体、添加氮、磷营养盐等为降解污染物提供了较好的生长条件。

3.4.3.2　生物强化技术　在生物处理体系总投加具有特定功能的微生物来改善原有处理体系，这些特定微生物是经过富集、分离、筛选、培养、驯化达到一定数量后投加；也可以加入原来体系中不存在的外源微生物。

3.4.3.3　固定化技术　固定化微生物技术是利用化学的或物理的手段将游离的细胞或酶位于限定的空间区域，并使之保持生物活性、可反复利用的方法。目前，固定化微生物的方法多种多样，可分为物理固定法和化学固定法两大类。物理固定法主要有吸附法和包埋法、包络法；化学固定法包括共价结合法和交联法等。

（1）吸附法：吸附法也称载体结合法。此法是微生物细胞通过自然附着力（物理吸附、离子结合、共价结合）等方式，固定在载体表面和内部形成生物膜，故载体（填料）的选择是关键。载体有葡聚糖、活性炭、胶原、琼脂糖、多孔玻璃珠、高岭土、硅胶、氧化铝、羧甲基纤维素等。该法制备简单，对生物活性影响较小，但在单位重量的成品固定化小球中的细胞数量较少。

（2）包埋法：包埋法是指将微生物或酶包埋在凝胶微小格子（格子型）中，或将酶包裹在半透性的聚合物膜内（微胶囊型）的固定方法。格子型的包埋材料：聚丙烯酰胺（PACAM）凝胶、聚乙烯醇（PVA）、琼脂、硅胶等。微胶囊型的包埋材料有尼龙、乙基纤维素和硝酸纤维素。包埋法又可分为高分子合成包埋、离子网络包埋及沉淀包埋。该法操作简单，可以将细胞锁定在特定的高分子网络结构中，这种结构紧密到足以防止细胞渗漏，而允许底物渗透和产物扩散。这种方法对细胞活性影响较小，固定化颗粒的机械强度较好，是目前研究最为广泛的固定化方法。

（3）交联法：交联法是利用两个功能以上的试剂，直接与微生物细胞表面的反应基团进行反应，形成共价键以固定细胞。交联剂有戊二醛、双重氮联苯胺和六甲撑二异氰酸酯。但此法化学反应激烈，对细胞活性影响很大，而且交联剂的价格也较高，这些都限制了其在污水处理中的应用。

（4）逆胶束酶反应系统：表面活性剂的两性分子在有机溶剂中自发形成聚集体，其亲水性一段连接成逆胶束的机型核，水分子插入核中，其疏水性的一段进入主体有机溶剂中，酶分子溶于逆胶束中，组成逆胶束酶系统。

以上四中方法可以单独使用，也可以将两种方法结合使用，能防止酶泄露。

应用固定微生物技术可有效地去除污水中的氮、磷。白晓慧采用吸附法，以纤维球为载体固定光合细菌，并与 SBR 法结合，对污水进行处理，出水 COD 小于 50 $mg \cdot L^{-1}$，去除率 90% 以上，NH_3^- – N、TP 去除效果，脱色效果均较好。赵兴利等利用 PVA – 硼酸法包埋粉末活性炭和驯化硝化菌，以流化床为生物反应器，采用 SBR 运行方式，固定化硝化菌 NH_4^+ – N 去除率维持在 80% 以上。曹国民等人用海藻酸钠包埋硝化菌和反硝化菌，在好氧条件下同时进行硝化和反硝化的脱氮研究，系统至少可稳定操作 22d，其脱氮率约为 0.11kg · $(m^3 \cdot d)^{-1}$。席淑琪采用厌氧、好氧环境交替出现的培养条件，富集培养以假单胞菌为主的除磷菌，使用 PVA-硼酸法固定以假单胞菌为优势微生物的活性污泥，制成的固定化污泥经过活化，可以保持细胞活性并略有提高，具有明显的除磷能力和较好的抗酸、碱冲击能力。该法起始浓度为 87.5$mg \cdot L^{-1}$时，6h 可去除 49.5% 的磷；在酸性条件下，菌体会释放磷，而氨氮的存在有利于提高固定化污泥的除磷效果，24h 除磷率为 88.2%；在好氧条件下，固定化污泥也具有明显的脱氮能力[41～43]。

肥料已成为农业生产的主要投入之一，但过量或不合理施用肥料给生态环境带来了一系列污染问题，需要各方面的共同努力，综合治理，保护农业生态环境。应建立经济效益与环境效应相协调统一的推荐施肥体系，积极研究有效和简便易行的减少肥料损失、提高其利用率的新技术。建立政策框架和配套制度，同时相应的机构向农民宣传面源污染的原因和防治方法，以及鼓励和推动农民采用有效的技术和管理经验。并需对末端治理进行深入和有效的研究及应用。从政策、法规和技术三方面同时入手，着力解决肥料污染问题。

参考文献

[1] 屈宝春．农业中的化肥使用与环境影响．环境论坛，2003，41～44

[2] 中国化肥网，2010 年世界氮、磷、钾肥都将过剩［EB/OL］http：//www. fert. cn/news/2008/2/15/20082159491299292. shtml

[3] 朱兆良．中国农业面源污染问题迫在眉睫．首届中国生态健康论坛，2007：15～21

[4] 2007～2010 年中国化肥行业展望与市场预测报告［EB/OL］http：//detail. www. com. cn/infodetail/1/2007-07-05/1155016-1-642631. html

[5] 中华调研网，2008～2010 中国肥料行业市场调查与投资前景分析报告，［EB/OL］http：//www. cmrr. com. cn/report/reports/200806/19/35268. html

[6] 湖泊（水库）富营养化评价方法及分级技术规定，［EB/OL］http：//www. mep. gov. cn/cont/gongwen/200408/t20040811_ 72279. htm

[7] 王宁．松花湖水体营养物质动态变化及成因分析．环境科学研究，1999，12（5）：27～30

[8] 章力建，任天志等．农业立体污染与水体富营养化解析．中国农业科技导报，2006，8（1）：54～58

[9] 郭志凯．氮素肥料的环境问题．农业环境保护，1987，6（4）：25～27

[10] 高洪军，朱平等．浅析氮肥对浅析氮肥对生态环境负效应及对策．吉林农业科学，2004，29（6）：37～41

[11] 吴建峰，林先贵．我国微生物肥料研究现状及发展趋势，土壤，2002，(2)：68～72

[12] 陈吉宁，李广贺等．滇池流域面源污染控制技术研究，中国水利，2004，9：47～50

[13] 张伟天，王宝贞等．农业面源污染控制新思路，China Water & Wastewater，2004，（20）：33～35

[14] 唐森本，王欢畅，葛碧洲等．环境有机污染化学．北京：冶金工业出版社，1995

[15] UNEP. 水体富营养化．苏玲译，世界环境，1994，42（1）：23～26

[16] 蒋火华，吴贞丽，梁够华．世界典型湖泊水质探研．世界环境，2000，(4)：35～37

[17] 廖日红，孟庆义，侯立柱．河湖水库富营养化防治技术原理和应用．北京水力，2003，6：15～17

[18] 蒋火华，吴贞丽，梁够华．世界典型湖泊水质探研．世界环境，2000（4)：35～37

[19] 全国主要湖泊、水库富营养化调查研究，湖泊富营养化调查规范（第二版），北京：中国环境科学出版社，1990

[20] 金相灿，刘鸿亮，屠清瑛等．中国湖泊富营养化．北京：中国环境科学出版社，1990

[21] 丁雪峰．EM 菌 Effective Microorganisms 联合高等植物对富营养化水体，杭州，2006

[22] 秦伯强，吴庆农．太湖地区的水资源与水环境—问题、原因与管理．自然资源学报，2002，27（2)：221～228

[23] 郭慧光，马丕京．滇池黄精综合治理框架及其投资估算．云南环境科学，2000，19（增刊）：106～113

[24] 裴洪平，郑晓军．饮水后杭州西湖主要水质参数的因子分析．生物数学学报，2005，20（1）：

86 ~ 90

[25] 胡中意，欧阳娴．富营养化水体中的氮磷及其去除研究．中国市政工程，2006，6（3），39 ~ 41

[26] 陈伟，范瑾初．超声降解水体中有机污染物的效果及影响因素．环境科学，1999，(5)：19

[27] 周群英等，环境工程微生物学．北京：高等教育出版社，2008

[28] Bleakley B. H, Tiedje J. M. Nitrous oxide production by organisms other than nitrifiers or denitriers. Appl. Environ. Microbiol, 1982, 44: 1342 ~ 1348

[29] BllagJ M, Tung G. Nitrous oxide release by soil fungi. Soil Biochem, 1972, 4: 271 ~ 276

[30] Shoun H, Kim D H, Uchiyama H, *et al.* Denitrification by fungi. FEMS Microbiol. Lett, 1992, 94: 277 ~ 281

[31] Shoun H, Kano M, *et al.* Denitrification by Actinomycetes and Purification of Dissimiliatory Nitrite Reductase and Azurin from Streptomys thioluteuces. J. Bacteriol, 1998, 180: 4413 ~ 4415

[32] 沈士德．富营养化水体景观的微生物修复研究．江苏环境科技，2004，17（4）：14 ~ 16

[33] 彭清涛．植物在环境污染治理中的应用．环境保护，1998，(2)：24 ~ 27

[34] 李文朝．富营养化水体中常绿水生植物被组建及净化效果研究．中国环境科学，1997，17（1）：53 ~ 58

[35] 南京日报．南京玄武湖放养鱼苗，重建水体生态链［EB/OL］．http://www.lwth.gov.cn/news/shownews，2006-02-15

[36] Hammer, D. A.. General principles constructed wetland for waste water treatment. Lewis Publisher, 1989

[37] Shen Y. New technologis for biological wastewater treatment-therory and application. Beijing: China Enviromental Science Press, 1999

[38] 李华芝，富营养化水体生物栅修复技术中微生态种群结构研究，华东师范大学，2006

[39] 李开明，刘军等．古廖涌黑臭水体生物修复剂维护试验．应用与环境生物学报，2005，11（6），742 ~ 746

[40] 王建龙，文湘华．现代环境生物技术．北京：清华大学出版社，2007

[41] 赵兴利，兰淑澄．固定化硝化菌去除废水中氨氮工艺的研究．环境科学，1999，20（1）：39 ~ 42

[42] 曹国民，赵庆祥，龚剑丽等．固定化微生物在好氧条件下同时硝化和反硝化．环境工程，2000，18（5）：17 ~ 19

[43] 席淑琪．固定化污泥除磷的初步研究污染防治技术．污染防治技术，1999，12（4）：233 ~ 234

枯草芽孢杆菌微生物肥料的应用效果研究

刘兆辉[1] 江丽华[1] 郑福丽[1] 林海涛[1]
卢绪松[2] 贾翠香[3] 王 梅[1]

(1. 山东农业科学院土壤肥料研究所，济南 250100；
2. 山东菏泽郓城农业局土肥站，郓城 274700；
3. 山东淄博淄川农技推广中心，淄川 255400)

摘 要：本文通过在大田小麦和大棚番茄、黄瓜上施用含枯草芽孢杆菌的复合微生物肥料确定了该微生物肥料对大棚蔬菜和小麦的增产作用。应用效果表明，该微生物肥料能普遍提高农产品产量，提高大棚蔬菜的产量，增产率在4.09% ~29.30%；提高小麦的产量，增产率在3.06% ~15.15%；并且本文实验了通过不同的施用手段可以降低的化肥用量。在小麦的施用上，使用微生物肥料能够降低化肥使用量的1/3 ~1/2，微生物肥料作为拌种使用时，化学肥料可以减1/3，该微生物肥料的使用量以500g · hm^{-2}为佳；喷施时，化肥可以减1/3或减半，该微生物肥料的使用量以1 000g · hm^{-2}，以喷施2次为佳。

关键词：复合微生物肥料；枯草芽孢杆菌；温室蔬菜；小麦；增产

施用微生物肥料作为一项新的农业措施，在改善作物品质、提供绿色食品、保护农业生态环境以及发展优质高效农业中的作用已引起国内外学者的普遍重视[1]。在当前农业可持续发展形势下，开辟微生物肥料部分替代化肥日益受到重视[2,3]。我国的根瘤菌肥料的应用已较广泛[2]，虽然其他微生物肥料的生产和应用的争议较大、发展也不平衡，但近几年的研究及应用仍持续增加[3]，特别是植物根际促生菌（PGPR），通过在植物根部定植形成优势菌落，发挥其生物屏障作用和改善植物营养条件的功能[4]。实际生产中，微生物肥料的应用是替代部分化肥，所以绝大多数实验是在正常施肥或减肥条件下追施微生物肥获得[5~7]。本文通过含枯草芽孢菌的复合微生物肥料在蔬菜和小麦上的应用效果实验，表明微生物肥料在提高农产品产量和改良品质方面的作用。

1 试验材料与方法

1.1 试验材料

复合微生物肥料：台湾百泰生物科技有限公司提供，净重0.5千克/袋。产品中含芽孢杆菌≥5.0×10^8CFU/g，N（2.55%）、P_2O_5（5.6%）、K_2O（1.87%）。

供施作物：番茄（耐莫尼塔），株行距为0.65m×0.4m，2 500～2 600株/666.7m^2；黄瓜（津优1号），株行距为0.7m×0.35m，2 700～2 800株/666.7m^2；小麦品种为鲁麦一号（郓城）；播种量为150kg·hm^{-2}；于10月13日播种，2007年6月1日收获；小麦品种为济南21号（淄川）；播种量为150kg·hm^{-2}；于9月28日播种，2007年6月6日收获。

1.2 试验方法

大棚蔬菜试验设4个处理，3次重复，小区面积26m^2，随机排列。处理1为当地农民常规施肥处理，不使用微生物肥料，作为空白对照；处理2至处理4为微生物肥料的三种（灌根、叶面、冲施）使用方法具体处理方法如下：

处理1：常规施肥处理；

处理2：常规施肥处理+微生物肥料500倍灌根；

处理3：常规施肥处理+微生物肥料500倍叶面喷施；

处理4：常规施肥处理+微生物肥料150g/666.7m^2 随水冲施。

小麦试验设4个处理，3次重复，小区面积20m^2，随机排列。处理1为当地农民常规施肥处理，不使用微生物肥料，作为对照；处理2至处理4为微生物肥料的2种使用方法。具体处理方法如下：

处理1：N－P_2O_5－K_2O用量为300－100－90kg·hm^{-2}（农民习惯）；

处理2：农民习惯+微生物肥料（叶面喷施C_{600}）；

处理3：2/3农民习惯+微生物肥料（拌种C_{600}）；

处理4：1/2农民习惯+微生物肥料（叶面喷施C_{600}）。

1.3 供试条件

供试验土壤基本情况见表1所示。

表1 试验地土壤基本情况

作物	土壤类型	有机质（%）	pH值	全氮（%）	碱解氮 N（mg·kg^{-1}）	速效磷P_2O_5（mg·kg^{-1}）	速效钾K_2O（mg·kg^{-1}）
番茄	褐土	0.95	6.03	0.84	100.40	107.70	189.20
黄瓜	褐土	1.44	6.86	0.82	127.80	97.40	119.90
小麦（郓城）	潮土	1.03	6.81	—	11.14（NO_3^-－N）	16.80	48.18
小麦（淄川）	褐土	2.36	6.58	—	6.62（NO_3^-－N）	5.29	65.63

1.4 田间管理

番茄常规施肥依照当地农民的施用方法，即基肥使用干鸡粪1 100kg/666.7m^2、磷酸二铵55kg/666.7m^2，冲施45%的复合肥300kg/666.7m^2；定植当天，每株灌根100ml；灌根处理从定植20d后开始，直接灌注于植株根部，每7d 1次，每株100ml，连续4次；叶面喷施处理从定植20d后开始，直接喷于叶面或果实，每10d 1次，喷液量为50kg/666.7m^2，连续5次；冲施处理从定植20d后开始，随灌溉进行，每10d 1次，连续4次。黄瓜常规施肥依照当地农民的施用方法即：基肥使用猪粪7m^3/666.7m^2、25kg/666.7m^2尿素，冲施45%的复合肥380kg/666.7m^2；微生物肥料施用处理同番茄。

小麦常规施肥依照当地农民的施用方法。

拌种：42g/亩微生物肥料与360g细土混合均匀后，与10kg麦种混匀后播种。

叶面喷施：将42g微生物肥料溶于25kg清水中，第一次施用于扬花期（郓城4月30日、淄川5月1日），第二次郓城于5月10日、淄川于5月12日喷施，喷液量25kg/666.7m^2。

化肥使用方法：磷、钾肥和1/3的氮肥作为基肥施用，其余氮肥在拔节期施用（2/3）。

各小区除了试验肥料不同外，其他农艺措施、施肥情况及田间管理均一致。

1.5 分析测定方法

（1）产量调查：蔬菜试验，每小区分次收获记产。

（2）品质分析[8]：番茄、黄瓜果实的NO_3^-、V_C、酸度、可溶性糖含量分析。

（3）土壤养分分析[9]：于试验前测定土壤养分的含量。

（4）土壤pH值、有机质、速效氮、磷和钾采用实验室常规测定方法测定：硝酸盐采用酚二磺酸比色法测定；V_C采用2，6-二氯靛酚比色法测定；酸度采用中和滴定法测定；可溶性糖采用菲林比色法测定。数据采用DPS 2.10分析。

2 结果与分析

2.1 微生物肥料对蔬菜产量的影响

在试验期间，共采摘了番茄40次，采摘黄瓜32次，结果统计见表2。使用微生物肥料处理后，寿光番茄产量比对照高，增产幅度较明显，在25.7%～29.3%，以叶面喷施最高，为29.3%，灌根处理增产率为28.2%，冲施为25.7%。黄瓜使用微生物肥料后，产量比对照高，增产幅度在4.09%～5.73%，其中以叶面喷施最高，为5.73%，冲施处理增产率为5.05%，灌根处理为4.09%。

表2 微生物肥料对蔬菜产量的影响 （单位：kg·hm^{-2}）

处理	番茄		黄瓜	
	平均产量	增产（%）	平均产量	增产（%）
习惯	274.5^b	—	144.4^a	—
灌根	351.9^a	28.2	150.3^a	4.09
喷施	354.9^a	29.3	152.6^a	5.73
冲施	345^a	25.7	151.7^a	5.05

2.2 微生物肥料对小麦产量的影响

郓城各处理小麦籽粒产量均比对照高（表3），增产率在3.06% ~10.80%，但差异达不到显著水平，其中以化肥减半、叶面喷施微生物肥料的处理产量最高。淄川小麦各处理小麦籽粒产量均比对照高（表3），增产率在6.31% ~15.15%，差异达5%显著水平，其中以化肥减1/3、微生物肥料拌种处理的产量最高。两地试验相比，淄川各处理产量高于郓城，微生物肥料的效果也优于郓城，原因与土壤有关。褐土的综合肥力水平优于潮土，说明该微生物肥料使用在有机质含量高（肥力高）的土壤环境中更有利于效果的发挥。

表3　微生物肥料对小麦产量的影响　　（单位：t/hm^2）

处理	郓城		淄川	
	平均产量	增产（%）	平均产量	增产（%）
农习	4.69[a]	—	5.31[b]	—
农习 + 叶喷	4.83[a]	3.06	5.91[a]	11.38
2/3 农习 + 拌种	4.85[a]	3.48	6.11[a]	15.15
1/2 农习 + 叶喷	5.20[a]	10.80	5.64[ab]	6.31

2.3 微生物肥料对蔬菜品质的影响

已有的报道表明：微生物肥料对作物品质的改善作用是可以肯定的；有的微生物肥料虽然没有增产作用，但仍然有改善品质的作用[10]。本实验中，微生物肥料对大棚蔬菜品质未有明显的改善作用。从表4和表5的试验数据说明：微生物肥料对大棚番茄、黄瓜品质的影响没有规律性，但从田间植物实际生长观察看出，微生物肥料对蔬菜有一定的促进生长发育和一定的抗病、防病作用。

表4　微生物肥料对番茄品质的影响

处理	V_C(mg/100g)	硝酸盐(NO_3^- – N mg · kg^{-1})	可溶性总糖(%)	酸度(%)	糖/酸
习惯	16.1	83.8	1.30	0.40	3.25
灌根	20.2	94.1	1.35	0.43	3.18
喷施	18.8	94.5	1.38	0.37	3.77
冲施	21.1	103.2	1.18	0.34	3.43

表5　微生物肥料对黄瓜品质的影响

处理	V_C（mg/100g）	硝酸盐（NO_3^- – N mg · kg^{-1}）	可溶性总糖（%）
习惯	11.5	69.53	1.73
灌根	14.1	62.69	1.64
喷施	13.4	58.82	1.69
冲施	14.3	73.75	1.43

2.4 不同处理的对小麦经济收益的比较

将所有农资（化肥、微生物肥料、种子）和因为使用微生物肥料而增加的劳动力按使用量和市场价格进行计算，作为投入成本；不同处理的净收入见表6（郓城）。结果表明：减少化肥用量处理的净收入比对照高，增加比例为14.56%、24.61%。不同微生物肥料使用方法之间相比，化肥减半后叶面喷施2次效果最好。表7（淄川）结果表明：所有处理的净收入比对照高，增加比例在9.34%~29.32%，化肥减1/3、微生物肥料拌种的处理增加比例最大，达到29.32%。不同微生物肥料使用方法之间相比，拌种效果更好；叶面喷施时，化肥减半效果比全量化肥效果好。

表6　投入产出统计表　　（单位：元/hm^2）

处理	农资投入	劳务投入	总投入	籽粒收入	秸秆收入	总收入	净收入
农习	2 284.28	0	2 284.28	7 035.00	690.67	7 725.67	5 441.39
农习+叶喷	2 347.28	300	2 647.28	7 249.95	759.67	8 009.62	5 362.34
2/3农习+拌种	1 694.35	45	1 739.35	7 279.95	693.34	7 973.29	6 233.94
1/2农习+叶喷	1 415.14	300	1 715.14	7 795.05	798.66	8 593.71	6 878.57

注：尿素1 800元/t；磷酸二铵2 500元/t；氯化钾2 000元/t；微生物肥料50 000元/t；种子2.8元/kg；籽粒1.5元/kg；秸秆0.10元/kg；拌种劳务费：15元/hm^2；叶面喷施1次劳务费：150元/hm^2。

表7　投入产出统计表　　（单位：元/hm^2）

处理	农资投入	劳务投入	总投入	籽粒收入	秸秆收入	总收入	净收入e
农习	2 284.28	0	2 284.28	7 960.50	624.11	8 584.61	6 300.33
农习+叶喷	2 347.28	300	2 647.28	8 871.75	664.36	9 536.11	6 888.83
2/3农习+拌种	1 694.35	45	1 739.35	9 171.90	714.85	9 886.75	8 147.40
1/2农习+叶喷	1 415.14	300	1 715.14	8 467.35	590.32	9 057.67	7 342.53

注：尿素1 800元/t；磷酸二铵2 500元/t；氯化钾2 000元/t；微生物肥料50 000元/t；种子2.8元/kg；籽粒1.5元/kg；秸秆0.10元/kg；拌种劳务费：15元/hm^2；叶面喷施1次劳务费：150元/hm^2。

3 结论

3.1 采取灌根和喷施法

微生物肥料通过灌根、喷施或冲施等方法，都能提高大棚蔬菜的产量，增产率在4.09%~29.30%；微生物肥料对大棚蔬菜品质未有明显的改善作用，但从田间植物实际生长观察看出，微生物肥料对蔬菜有一定的促进生长发育和一定的抗病、防病作用。在整个蔬菜种植期间，按照农民的施用习惯，该微生物肥料可通过灌根、叶面喷施、冲施或相互调节使用。

3.2 采取拌种和喷施法

微生物肥料通过拌种、喷施等方法，都能提高小麦的产量，增产率在3.06%～15.15%；使用微生物肥料能够降低化肥使用量的1/3～1/2，微生物肥料作为拌种使用时，化学肥料可以减1/3，该微生物肥料的使用量以500g/hm^{2}为佳；喷施时，化肥可以减1/3或减半，该微生物肥料的使用量以1 000g/hm^2，喷施2次为佳。

3.3 根据本文的试验结果和已有文献对微生物肥料应用效果的报道分析

可以肯定在不增加化肥用量甚至减量的情况下微生物肥料的增产和改善品质的积极作用，特别是随着石油价格的上涨，微生物肥料在农业生产中的作用将愈来愈重要。

保水剂对氮肥氨挥发和氮、磷、钾养分淋溶损失影响*

杜建军[1,2**]　苟春林[1,3]　崔英德[2]

（1. 仲恺农业技术学院环境科学与工程系，广州　510225；
2. 仲恺农业技术学院绿色化工研究所，广州　510225；
3. 农业部枸杞产品质量监督检验测试中心，银川　750002）

摘　要：采用“静态吸收法”和“土柱淋溶法”室内模拟试验，研究了保水剂施入土壤后对尿素氨挥发以及对尿素、磷酸一铵、氯化钾养分淋溶损失的影响。结果表明，土壤中施入保水剂后，尿素氨挥发量显著降低，并随着保水剂用量的增加效果更加明显。氨挥发量的降低与土壤含水量、土壤脲酶活性和土壤 pH 值有关。土壤含水量较高时土壤脲酶活性和土壤 pH 值较低，此时的尿素氨挥发量也较少。土壤含水量为田间持水量的 75% 和 100% 时，施用 0. 05% ~0. 80% 的保水剂，尿素累积氨挥发量分别较不施保水剂处理减少 8. 97% ~47. 65% 和 16. 78% ~72. 40%；土壤中施入保水剂同样能减少氮、磷、钾养分的淋溶损失。对于氮、钾养分来说，随着保水剂用量的增加，养分淋失量显著减少，但对于磷素养分来说，养分淋失量并不随着保水剂用量的增加而减少。施用 0. 05% ~0. 20% 的保水剂时，氮、磷、钾养分累积淋失量分别较不施保水剂处理减少 13. 60% ~39. 62%、28. 31% ~16. 96% 和 6. 76% ~24. 55%。

关键词：保水剂；氨挥发；养分淋溶损失

大量研究表明，现有农业生产水平下，我国农田化肥的当季利用率氮肥仅 30% ~35%，磷肥为 10% ~20%，钾肥为 35% ~50%。以氮肥为例，每年损失的氮量相当于 1 900多万 t 的尿素，折合人民币 380 多亿元[1]。因此，化肥损失是一个相当严重的问题，它不仅仅是经济的直接损失，更严重的是化肥损失加剧了温室气体排放和水体富营养化。因此，提高肥料的利用率、减轻或免除肥料污染，发展持续、高效农业是各国共同关注的问题[2,3]。

高吸水性树脂（Super Absorbent Polymer，SAP）是近 30 年来发展起来的具有超强吸水能力的高分子材料，它能吸收自身重量几百倍甚至上千倍的水分。由于分子结构交

* 基金项目：国家自然科学基金（20376087）、广东省科技计划项目（2003C20510）、广东省教育厅自然科学研究项目（Z03053）。

** 作者简介：杜建军（1966 ~），男，陕西商州人，副教授，博士，主要从事环境友好型肥料、保水剂、废弃物资源化利用。E-mail：dujj@ tom. com。

联，分子网络所吸水分不能用一般物理方法挤出，故具有很强的保水性。作为一类新型功能性材料，广泛应于农业、医疗、卫生、土建和食品行业[4]。农用高吸水性树脂常称为保水剂（Water Retaining Agent，WRA），它以其高度溶胀能力，对土壤结构的改良和对水肥的保持作用，近年来应用越来越广泛[5~12]。保水剂在农业上的应用目前还主要集中在对土壤水分[5]、结构[6]和植物抗旱性[7,8]等方面，而对土壤、肥料养分损失及其环境效应[10~13]方面的影响还少见报道。本文采用室内模拟试验，研究了施用保水剂条件下肥料氨挥发和氮、磷、钾淋溶损失情况，初步探讨了保水剂减少养分损失的机理，为保水剂应用的环境效应评价和进一步改善保水剂性能提供科学依据。

1 材料与方法

1.1 试验材料

1.1.1 保水剂 广东省珠海得米化工有限公司生产的聚丙烯酰胺-丙烯酸盐共聚物保水剂，吸水倍率为230g·g^{-1}，粒径0.23~0.40mm。

1.1.2 肥料 尿素（含氮46.0%）、磷酸一铵（含氮11.0%，含磷47.0%）、氯化钾（含钾60.0%）。

1.1.3 土壤 采自仲恺农业技术学院钟村农场旱地赤红壤，pH值为6.68，有机质17.64g·kg^{-1}，全氮、磷、钾分别为3.39g·kg^{-1}、0.14g·kg^{-1}和4.41g·kg^{-1}，有效氮、磷、钾分别为76.60mg·kg^{-1}、52.36mg·kg^{-1}和83.91mg·kg^{-1}。

1.2 试验方法

1.2.1 保水剂对尿素氨挥发的影响试验 氨挥发量的测定采用“静态吸收法”[14]。称取过2mm筛的风干土壤500g，分别加入0%、0.05%、0.10%、0.20%、0.40%和0.80%的保水剂，混匀，置于广口瓶中，加去离子水，分别使土壤含水量为田间持水量的75%和100%，以土壤含水量为田间持水量75%和100%、不施肥、不施用保水剂处理作为对照，氮肥用量为600mg·kg^{-1}，以尿素为氮源。共14个处理，每处理4次重复。广口瓶里面放内盛2%的硼酸指示剂溶液10ml的称量瓶，用来吸收挥发的氨。连续密闭室温培养，分别于试验的第2天、第3天、第4天、第5天、第6天、第7天、第10天、第13天、第16天、第19天、第25天、第31天取出称量瓶用0.1mol·L^{-1}硫酸滴定氨吸收量，然后更换新的硼酸吸收液。

对不施用保水剂、土壤含水量为田间持水量75%和100%的处理和施用0.20%保水剂、土壤含水量为田间持水量75%和100%的处理等4个处理多设置20个重复，分别于培养的第7天、第13天、第19天、第25天、第31天从每处理的4个重复广口瓶中分别取出5.00g土壤，测定其pH值、土壤脲酶活性。

1.2.2 保水剂对肥料养分淋溶损失的影响试验 参考杜建军等[15]的“间歇土柱淋溶法”。试验分别在施肥和不施肥条件下施用0%、0.05%、0.10%和0.20%保水剂，共8个处理，每个处理重复3次。在用200目滤布封底口，并在滤布上垫有少量沙子(25g)的PVC管（直径5cm，高30cm）中模拟耕层，按1.3g/cm^{3}容重先装入250g过

2mm 筛风干土样，再在其上按同样紧实度分别装入与250g 土样混合的保水剂、肥料的混合物。氮、磷、钾肥施用水平均为600mg·kg^{-1}，分别以尿素、磷酸一铵、氯化钾提供养分。土柱上面再以少量沙子（25g）覆盖以防加水时扰乱土层。第 1 次先加 200ml 水使土壤水分饱和，再以 200ml 水 1 次加入淋溶土柱，收集淋溶液。以刺有小孔的塑料薄膜封闭塑料管上口，室温下培养 4d 后，加 200ml 水进行第 2 次淋溶。以后各次按同样操作进行，即培养 3d，淋溶 1 次，共淋溶 6 次。淋溶液收集在250ml 容量瓶中，定容后分别测定其氮、磷、钾含量。

1.2.3 分析方法 土壤常规分析参照《土壤农业化学分析方法》[16]：淋溶液中全氮采用过硫酸钾氧化—紫外分光光度法测定、全磷采用过硫酸钾氧化—钼蓝比色法、全钾采用火焰光度法测定。土壤脲酶活性测定方法采用苯酚—次氯酸钠比色法[17]。

2 结果与分析

2.1 保水剂对尿素氨挥发的影响

2.1.1 保水剂对尿素氨挥发量的影响 旱地土壤中的氮素损失主要来自氮的氨挥发和淋溶损失等作用。尿素施入土壤后，由于很快溶解并在脲酶作用下水解，土体内氨浓度很高，很容易在短时间内造成氨挥发损失。而向土壤中加入保水剂则与单施尿素不同，由于保水剂可以有效的吸持溶解在土壤溶液中的尿素分子和水解产物 NH_4^+，前一过程有可能使尿素的水解延缓，后一过程则有可能直接减少氨挥发的损失。图 1 的结果证明了这一推论。由图 1 可见，不论土壤含水量是田间持水量的 75% 还是 100%，向土壤中加入保水剂后均能减少尿素氨挥发累积量，并且随着保水剂用量的增加，氨挥发累积量显著减少。在土壤含水量为田间持水量的 75%，保水剂用量为 0%、0.05%、0.10%、0.20%、0.40% 和 0.80% 时，培养 31d 后，各处理的氨累积挥发量分别为 9.36mg、8.52mg、7.38mg、6.67mg、5.60mg 和 4.90mg，差异达 5% 显著水平；加入保水剂的 5 个处理分别比不加保水剂处理氨挥发总量减少 8.97%、21.15%、28.74%、40.17% 和 47.65%。在土壤含水量为田间持水量的 100%，保水剂用量为 0%、0.05%、0.10%、0.20%、0.40% 和 0.80% 时，培养 31d 后，各处理的氨累积挥发量分别为 8.95mg、7.44mg、6.41mg、5.85mg、4.49mg 和 2.47mg，差异亦达 5% 显著水平；加入保水剂的 5 个处理分别比不加保水剂处理氨挥发总量减少 16.87%、28.38%、34.64%、49.83% 和 72.40%。两种土壤含水量比较，保水剂用量为 0%、0.05%、0.10%、0.20%、0.40% 和 0.80% 时，土壤含水量为田间持水量的 100% 处理分别较土壤含水量为田间持水量的 75% 处理氨挥发总量分别减少 4.38%、12.67%、13.14%、12.29%、19.82% 和 49.59%。由此可见，保水剂用量越大，土壤含水量越高，保水剂减少氨挥发的效果就越显著。

2.1.2 保水剂对土壤脲酶活性和 pH 值变化的影响 脲酶是土壤中的主要酶类之一，对尿素在土壤中的转化和肥效的发挥起着关键的作用。脲酶活性强弱直接影响土壤氨挥发损失。图 2 是不同处理土壤脲酶活性随时间变化的趋势。由图 2 可见，两种土壤含水量下，不论是否加入保水剂，脲酶活性都经过先逐渐增大、至峰值后又逐渐减小的变化

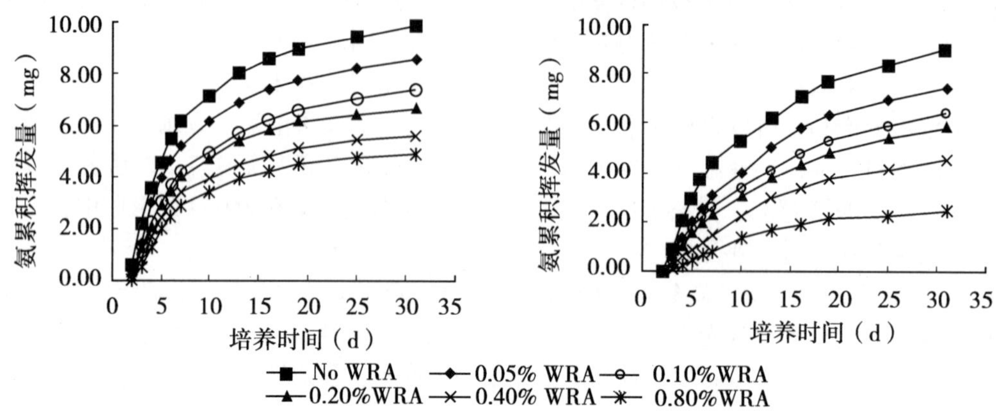

图 1 不同保水剂用量和土壤含水量时的尿素氨累积挥发曲线

Figure 1 Curves of cumulative amount of ammonia volatilization under different WRA and soil water levels

趋势。但土壤含水量为田间持水量 100% 时的脲酶活性达到峰值的时间明显滞后于土壤含水量为田间持水量 75% 处理，在第 3 次测定时才达到峰值（第 19 天）。两种土壤含水量下，只有在脲酶活性达到峰值时加入保水剂处理的脲酶活性才略大于不加保水剂处理，其他培养时间加入保水剂处理的脲酶活性基本都低于不加保水剂处理脲酶活性。图 2 的结果还表明，土壤含水量对脲酶活性影响很大，土壤含水量为田间持水量 100% 时的脲酶活性显著低于土壤含水量为田间持水量 75% 的处理，但加入保水剂对这种差异影响不大。

尿素态氮水解产生的氨引起土壤 pH 值的升高，而土壤 pH 值又是氨挥发速率的主要决定因素之一。随 pH 值的升高，铵态氮的比例升高，氨挥发的潜力增大。从图 3 可以看出，两种土壤含水量下，所有处理土壤 pH 值都在第 7 天时出现峰值，然后随着培养时间的延续逐渐降低，最后达到一个比较稳定的数值。但加入保水剂处理的土壤 pH 值始终低于不加保水剂处理。从土壤 pH 值和氨挥发量的关系来看，前期由于 pH 值逐渐增大，氨挥发量也随着增大，中、后期 pH 值逐渐减小，氨挥发量也逐渐减小，二者有明显的正相关关系。两种土壤含水量比较还可以看出，田间持水量 100% 时的土壤 pH 值明显低于田间持水量 75% 时的土壤 pH 值。

2.2 保水剂对肥料养分淋溶损失的影响

2.2.1 保水剂对氮素淋溶损失的影响 氮素淋溶损失是氮素损失的另一主要途径，也很容易引起地下和地表水的污染。图 4 是肥料氮在土壤中的氮素累积淋出量的曲线。可见，不同处理氮素的淋失量随培养时间和淋溶次数的增加，氮素累积淋失量呈明显增加趋势。加入保水剂处理的氮素淋失量均明显低于不加保水剂处理，并随保水剂用量的增加，淋失量显著降低。在淋溶结束时，保水剂用量为 0%、0.05%、0.10% 和 0.20% 的处理，6 次淋溶液中氮的累积淋失量分别为 150.03mg、129.63mg、110.22mg 和 106.36mg，分别占总施氮总量的 50.01%、43.21%、36.74% 和 35.42%；保水剂用量

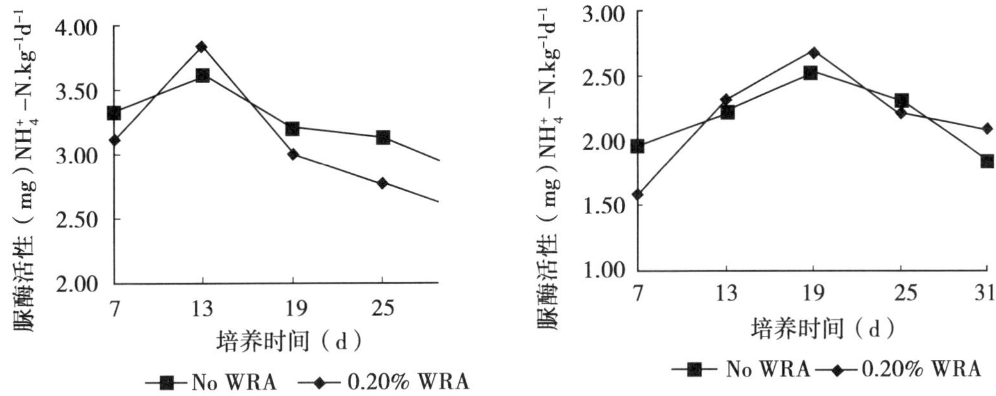

图 2 不同保水剂用量和土壤含水量时的脲酶活性变化

Figure 2 Changes of soil urease activity under different WRA and soil water levels

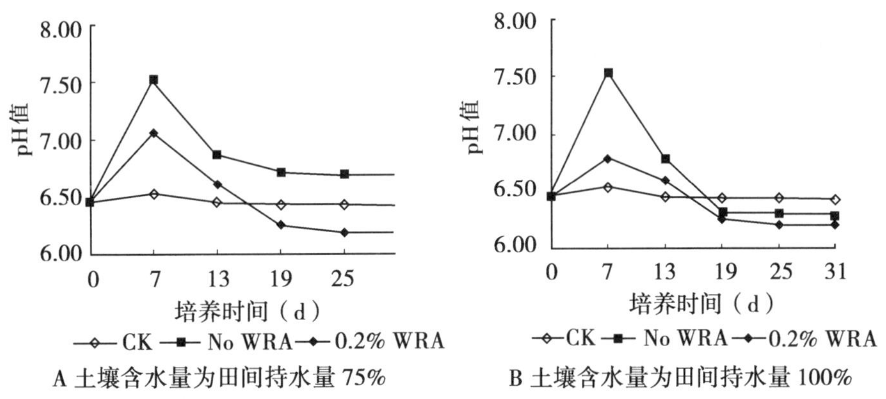

图 3 不同保水剂用量和土壤含水量时的土壤 pH 值变化

Figure 3 Changes of soil pH under different WRA and soil water levels

为 0.05%、0.10% 和 0.20% 的处理淋溶液中的氮累积淋失量分别比未加保水剂处理减少了 13.60%、30.71% 和 39.62%。

2.2.2 保水剂对磷素淋溶损失的影响 磷元素在土壤中容易产生固定作用，通常情况下磷在土壤中不容易迁移，淋溶损失量较氮素少，但磷却是引起水体富营养化最重要的营养元素。图 5 是肥料磷在土壤中的磷素累积淋出量曲线。可见，不同处理磷素淋溶损失量随培养时间和淋溶次数的增多，累积淋失量呈明显增加趋势。加入保水剂处理的磷素淋失量均明显低于不加保水剂处理。除过第 1 次淋溶液中磷的含量是随保水剂量增加而降低之外，后 5 次的淋溶液中的磷含量均随着保水剂用量的增加而增加。在淋溶结束时，保水剂用量为 0%、0.05%、0.10% 和 0.20% 时，6 次淋溶液中磷的累积淋失量分别为 60.80mg、43.59mg、48.71mg 和 52.54mg，分别占总施磷量的 20.27%、14.53%、16.24% 和 17.51%。保水剂用量为 0.05%、0.10% 和 0.20% 的处理淋溶液中磷的累积淋失量分别较未加保水剂处理减少了 28.31%、27.74% 和 16.96%。为什么淋溶液中的

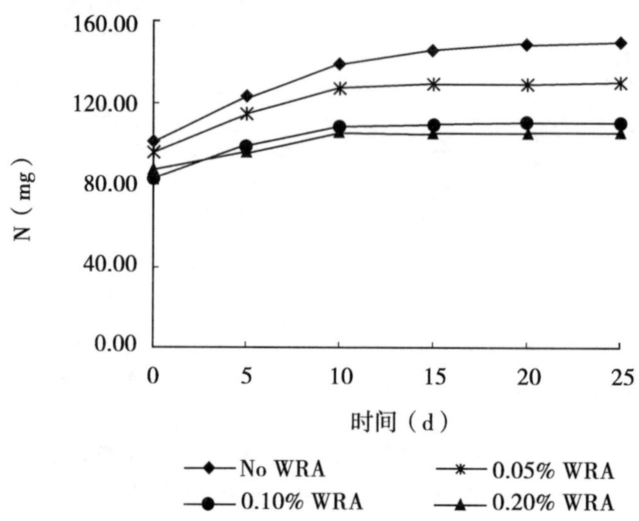

图 4　肥料氮在土壤中的氮素累积淋出量曲线

Figure 4　Curves of cumulative N amount of leaching from fertilizer in soil

磷含量随着保水剂用量的增加而增加呢？根据我们试验，保水剂能减少水溶性磷肥在土壤中的固定作用，并活化土壤中难溶性磷（其机理有待进一步研究）。因此，随着保水剂用量的增加，在同样磷肥用量下，土壤中水溶性磷增加，淋溶液中的磷量也随之增加。

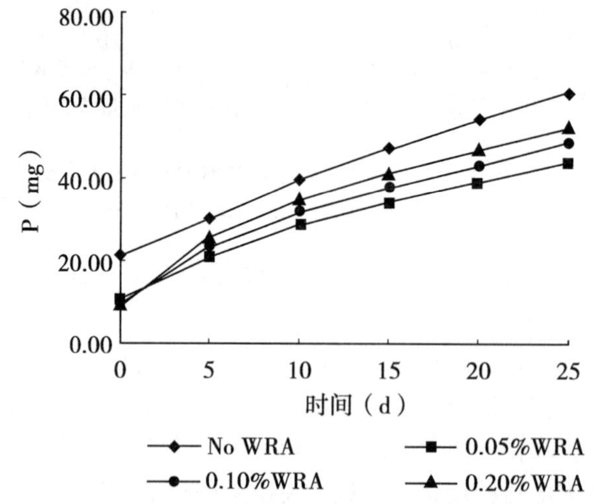

图 5　肥料磷在土壤中的磷素累积淋出量曲线

Figure 5　Curves of cumulative P amount of leaching from fertilizer in soil

2.2.3　保水剂对钾素养分损失的影响　钾元素在土壤中很容易淋失，在阳离子交换量小的土壤上，一次大量施用钾肥，在降雨量或灌溉强度大时常会引起钾的淋溶损失。图 6 结果表明，土壤中加入保水剂后，钾素累积淋溶损失量的变化规律与氮、磷淋失规律类似。

在淋溶结束时，保水剂用量为0%、0.05%、0.10%和0.20%时，6次淋溶液中钾的累积淋失量分别为209.51mg、195.35mg、185.61mg和163.94mg，分别占总施钾总量的69.84%、65.12%、61.87%和54.65%。保水剂用量为0.05%、0.10%和0.20%的处理淋溶液中钾的累积淋失量分别较未加保水剂处理减少了6.76%、12.23%和24.55%。

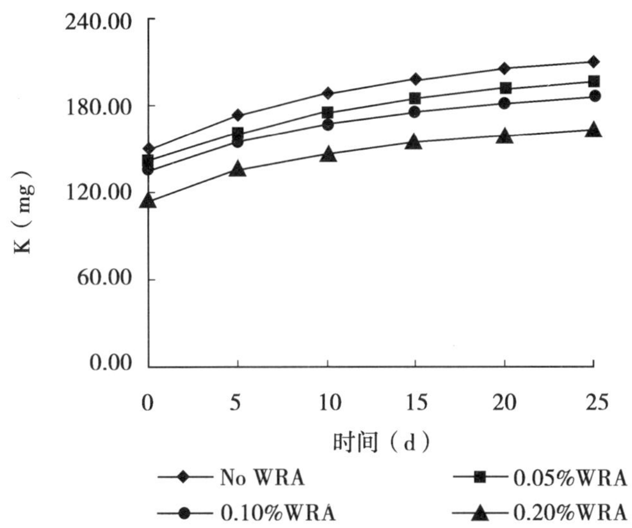

图6　肥料钾在土壤中的钾素累积淋出量曲线

Figure 6　Curves of cumulative K amount of leaching from fertilizer in soil

3　讨论

以上研究结果表明，保水剂施入土壤后，除具有较强的保水效果外，还能显著降低肥料养分氨挥发和淋溶损失。可见，施用保水剂是从源头削减肥料污染的有效途径之一。这与保水剂的结构和性质有密切关系：保水剂是一类遇水膨胀的聚合物，其特征是具有一个大聚合物的“骨架”并带有如 - COOH、 - OH、 - NH_2 等极性基团，亲水性很强，可以达到自身质量的数百倍甚至更高。聚合物的骨架又是一个适度交联的网状结构，可让一些小分子或离子如 $CO(NH_2)_2$、NH_4^+ 和 NO_3^- 扩散进入。进入到保水剂分子内部的养分离子或分子，可以暂时被溶胀的保水剂分子包裹起来，也可通过静电引力、范德华力、离子交换、离子吸附、螯合等机制而暂时固定下来延缓了养分的释放[18,19]。有研究表明[20,21]，由于保水剂的活性基团同样可以和土壤颗粒表面的活性基团或离子发生相互作用，通过创建和稳定水稳性团粒结构，增加对养分的吸附作用而抑制其流失。

由于保水剂种类繁多，不同的保水剂的保水、保肥功能差异悬殊，今后应更加重视不同保水剂类型与肥料、土壤的相互影响程度及其机理研究，从而进一步揭示其对养分保持和缓释的作用机制，为更好的利用保水剂从源头削减肥料污染提供理论依据。

参考文献

[1] 李庆逵，朱兆良，于天仁主编．中国农业持续发展中的肥料问题．南昌：江西科学技术出版社，1998

[2] 林葆主编．化肥与无公害农业．北京：中国农业出版社，2003

[3] 崔玉亭主编．化肥与生态环境保护．北京：化学工业出版社，2000

[4] 邹新喜．超强吸水剂（第2版）．北京：化学工业出版社，2002

[5] Silberbush M，Adar E，De Malach Y. Use of an hydrophilic polymer to improve water storage and availability to crops grown in sand dunes. I Com irrigated by trickling. Agricultural Water Management，1993，23：303～313

[6] Terry R E and Nelson S D. Effects of polyacrylamide and irrigation method on soil physical properties. Soil Sci，1996，141：317～320

[7] Wood house J，Johnson MS. Effect of super absorbent polymers on survival and growth of crop seedlings. Agricultural Water Management，1991，20：63～70

[8] 张富仓，康绍忠．BP保水剂及其对土壤与作物的效应．农业工程学报，1999，15（2）：74～78

[9] 杜太生，康绍忠，魏华．保水剂在节水农业中的应用研究现状与展望．农业现代化研究，2000，21（5）：317～321

[10] Mikkelsen L. R. Using hydrophilic polymers to control nutrient release. Fert. Res，1994，38：53～59

[11] 杜建军，廖宗文，冯新等．高吸水性树脂在赤红壤及砖红壤上的保水保肥效果研究．水土保持学报，2003，17（2）：137～140

[12] 杜建军，王新爱，廖宗文等．不同肥料对高吸水性树脂吸水倍率的影响及养分吸持研究．水土保持学报，2005，19（4）：27～31

[13] 刘晨，穆环珍，张占业等．高聚物在农业非点源污染控制中的作用．农业环境科学学报，2006，25（增刊）：356～359

[14] 凌莉，李世清，李生秀．石灰性土壤氨挥发损失的研究．土壤侵蚀与水土保持学报，1999，5（6）：119～122

[15] 杜建军，廖宗文，毛小云等．控、缓释肥在不同介质中的氮素释放特性及其肥效评价．植物营养与肥料学报，2003，9（2）：165～169

[16] 鲁如坤．土壤农业化学分析方法．北京：中国农业科学技术出版社，2000

[17] 关松荫．土壤酶及其研究方法．北京：农业出版社，1986

[18] Kazanskii K. S and Dubrovskii S A. Chemistry and physics of water-storing agricultural polyacrylamides. J Sci. Food Agric，1992，36：789～793

[19] Hassan Z. A，Yong S D. An evaluation of urea-rubber matrices as slow-release fertilizer. Fertilizer Research，1990，22：63～70

[20] 崔英德，郭建维，阎文峰等．SA-IP-SPS型保水剂及其对土壤物理性能的影响．农业工程学报，2003，19（1）：28～31

[21] 员学峰，吴普特，汪有科等．添加PAM条件下土壤养分淋溶试验研究．水土保持通报，2003，23（2）：26～28

Effects of Water Retaining Agent on Ammonia Volatilization and Nutrient Leaching Loss from N, P and K Fertilizers

Du Jianjun[1,2], Gou Chunlin[1,3], Cui Yingde[2]

(1. Department of Environmental Science and Engineering, Zhongkai University of Agricultural and Technology, Guangzhou, Guangdong 510225, China;
2. Institute of Green Chemical Engineering, Zhongkai University of Agricultural and Technology, Guangzhou, Guangdong 510225, China;
3. The Supervision and Testing Center for Lycium Quality, Ministry of Agriculture, Yinchuan Ningxia 750002, China)

Abstract: Static absorption and soil column leaching methods were used to study the effect of water retaining agent (WRA) in soils on ammonia volatilization from urea and nutrients leaching loss from urea, monoamonium phosphate and potassium chloride. The results showed that WRA strongly restrain ammonia volatilization. The amount of ammonia volatilization obviously decreased with the increase of WRA application level. The decrease of the amount of ammonia volatilization was closely related to soil water content, soil urease activity and pH value. When soil water content was higher, soil urease activity and pH value were lower, and thus the amount of ammonia volatilization was fewer. When soil water content were 75% and 100% of field water capacity with 0.05% ~0.80% WRA applied, total accumulated amount of ammonia volatilization decreased by 8.97% ~47.65% and 16.78% ~72.40% compared with that of the controls, respectively. Applying WRA into soils also could reduce leaching loss of N, P and K nutrients. For N and K nutrients, the leaching loss amount significantly decreased with the increase of WRA application level; but for P nutrient, it did not. When the applications level ranged from 0.05% ~0.2%, total accumulated amount of leaching loss of N, P and K decreased by 13.60% ~39.62%, 28.31% ~16.96% and 6.76% ~24.55% compared with that of the controls, respectively.

Key words: Water retaining agent; Ammonia volatilization; Nutrient leaching loss

氮素水平和氧气状况对氨氧化细菌和氨氧化古菌群落结构的影响

王亚男[1*] 陆雅海[2] 董一威[1]

(1. 中国农业科学院农业环境与可持续发展研究所分析测试中心，北京 100081；
2. 中国农业大学资源与环境学院，北京 100094)

摘 要：氨氧化细菌和氨氧化古菌是土壤中的重要微生物，它们参与氨氧化过程，对环境温室气体的排放起到重要作用。环境因素对氨氧化细菌和氨氧化古菌群落结构的影响也有所不同。通过本试验设计，发现氮素和氧气可以促进土壤中一些种类的氨氧化细菌出现，而氨氧化古菌的群落结构的变化对环境的影响则不太明显。由此说明，在所进行研究的土壤中，氨氧化细菌发挥的作用大于氨氧化古菌。

关键词：氨氧化细菌；氨氧化古菌；*aomA*；DGGE

土壤中微生物种类极其丰富，氨氧化细菌和氨氧化古菌是土壤微生物中重要的两大类。它们参与土壤中的氮素循环，在土壤生态系统中物质循环和能量流动过程中起着重要的作用（Chen *et al.*，2008；Francis *et al.*，2007）。有些研究（Chen *et al.*，2008）还表明，氨氧化古菌在氨氧化过程中发挥的作用要超过氨氧化细菌。环境因素如氮气、氧气和 pH 值等因素都会影响氨氧化细菌的群落（胡君利等，2005；Avrahami *et al.*，2003；Nicolaisen *et al.*，2004；Briones *et al.*，2002；Okano *et al.*，2004）。目前在生态学和环境科学的研究领域，关于氨氧化细菌和氨氧化古菌在土壤中多样性和群落结构变化及其在生态系统中的作用的研究越来越受到重视（Noll *et al.*，2005；Nicolaisen and Ramsing，2002）。

本研究采用独特地实验设计和取样方法，成功地获得了不同氮素水平和不同氧气分布状态的水稻土壤。通过提取土壤中的 DNA，选用细菌和古菌氨氧化功能基因 *amoA* 的特异性引物进行扩增，然后对 PCR 产物做变性梯度凝胶电泳（DGGE），根据图谱对土壤中的氨氧化细菌和古菌群落结构进行初步的探讨和研究。揭示这两类微生物在不同氮水平、不同土壤剖面和不同水稻生长时期的群落结构变化状况。该方法克服了传统培养方法的局限性，对难以培养的氨氧化微生物做出细致分析。同时通过 DGGE 条带分析

* 作者简介：王亚男，女，1983～，硕士，主要从事环境微生物分子生态和环境监测。Tel：010-82105982，E-mail：wangyn@ cjac. org. cn。

还能看出，试验所研究土壤中氨氧化微生物的种类比较丰富。氨氧化细菌和古菌的群落结构对环境因素的影响也有不同的适应机理。

1　材料与方法

1.1　试验设计

1.1.1　实验装置　本试验在温室环境条件下，利用根袋法种植水稻（Lu *et al.*，2000），如图 1 所示。盆栽用土取自中国农业大学的上庄实验站的水稻田，该土壤为长期种植水稻的土壤，是北方的水稻土。水稻种子由中国农业大学农学院提供（*Oryza sativa* L. 越富）。试验用土测定方法参考 Page 等人（1982）测定土壤理化性如下：质地为黏土，pH 值为 6.96，全氮含量为 1.928g · kg^{-1}，碱解氮为 90.88mg · kg^{-1}，总有机质为 13.10g · kg^{-1}，速效钾为 97.06mg · kg^{-1}，有效磷为 46.54mg · kg^{-1}。

试验中，对水稻氮素处理设置 3 个水平（50mg · kg^{-1}、100mg · kg^{-1}、150mg · kg^{-1}），4 次重复。P 肥的施用量为 13mg · kg^{-1}，K 肥施用量为 25mg · kg^{-1}，设定一个空白。每一种氮素水平都在三个不同时间施用，分别是：第 1 天（基肥）、第 45 天（追肥）、第 85 天（追肥），每个时期的施用量为总施用量的 1/3。开始施用基肥时，将肥料与土壤混合均匀后施入，而追肥时，则仅向根袋内用注射器施入配好的营养液。

1.1.2　土壤样品采集　稻田的生态环境比较特殊，在表层的稻田土壤一般是被灌溉水覆盖着，水中含有溶解的氧气，可以经扩散进入表层土壤，因此可以认为在稻田表层的 1 ~ 3mm 的土壤中是有氧区。随着土壤向下延伸，土壤和水层间的气体交换越来越弱甚至消失，土壤失去了氧的来源，变成了无氧的区域。此外，水稻具有发达的通气组织，在根际以及周围，根表面可以分泌氧，这样根际又变成了一个有氧区。总的来说，水稻土壤这种复杂的生态环境可以简单的概括为：表层的有氧区、大部分远离表层及根际的厌氧区和根际周围的好氧区。本试验设计所选取的采样土壤位点，就是由土壤层中氧气分布区域所确定的。

在水稻种植第 46 天、第 89 天和第 115 天，分 3 次采取土壤样品。对不同的土壤样品命名和标号如表 1 所示。试验过程进行分子生物分析时，将 4 个重复土样均匀混合。

1.2　试剂

土壤 DNA 提取试剂盒（FastDNA SPIN Kit for Soil）购自美国 Q-BIOgene 公司，PCR 扩增采用的酶是 Taq DNA polymerase（天根公司），PCR 引物由 Takara 公司合成，西班牙产的琼脂糖、丙烯酰胺、甲叉双丙烯酰胺（37.5 : 1）、Tris 等为上海生工公司产品。去离子甲酰胺、尿素、过硫酸胺、TEMED（四甲基乙二胺）等试剂是美国 Amresco 公司产品，变性聚丙烯酰胺凝胶电泳染色剂是购自 Sigma 公司的 SYBR Green 1nucleic acid gel stain（10 000 ×）。其余常规药品（如：无水乙醇、氢氧化钠等）均为进口或国产分析纯级。

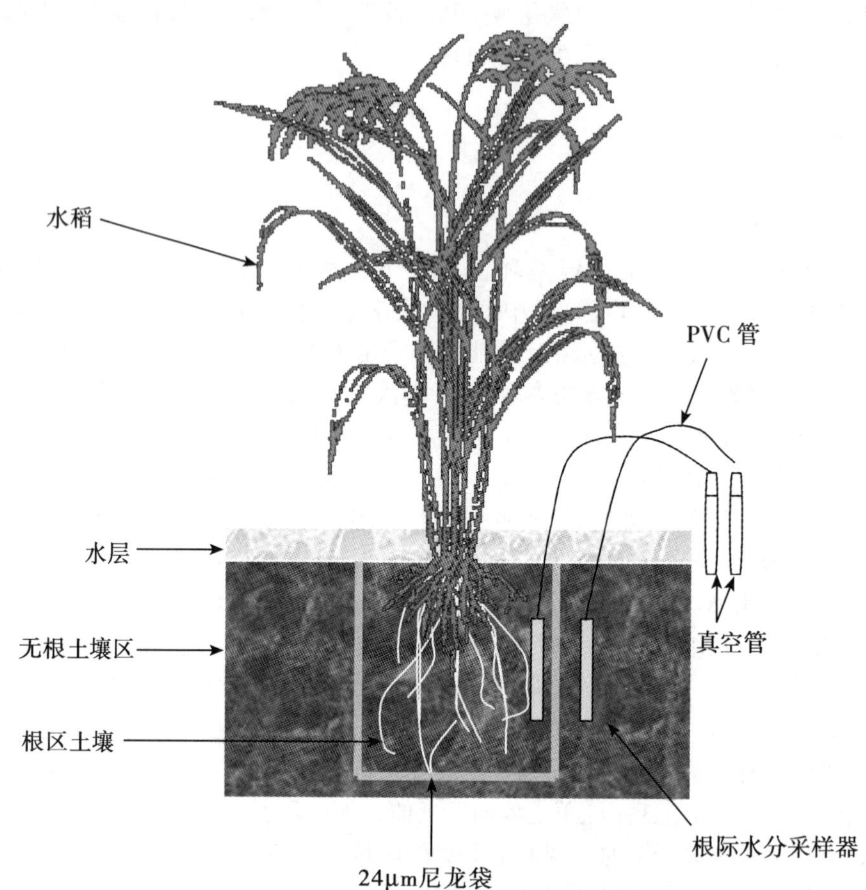

图 1　试验装置示意图

Figure 1　The sketch map of the experimental setting

表 1　采取土壤样品标号

Table 1　Experimental design of the sampled soil

采样时间 (d)	氮素处理 (mg·kg^{-1})	不同土壤层次			
		吸附根上土 S	根际土 R	根袋外表层 U	根袋外深层 D
46	50	S1-1	R1-1	U1-1	D1-1
	100	S2-1	R2-1	U2-1	D2-1
	150	S3-1	R3-1	U3-1	D3-1
89	50	S1-2	R1-2	U1-2	D1-2
	100	S2-2	R2-2	U2-2	D2-2
	150	S3-2	R3-2	U3-2	D3-2
115	50	S1-3	R1-3	U1-3	D1-3
	100	S2-3	R2-3	U2-3	D2-3
	150	S3-3	R3-3	U3-3	D3-3

1.3　土壤微生物基因组DNA的提取

DNA的提取过程中，使用了BIO 101® Systems公司生产的FastPrep®核酸快速提取仪，与相应的FastPrep试剂盒（如Fast DNA SPIN Kit for Soil试剂盒）联用，能快速提取和纯化土壤样品的原始DNA。

1.4　PCR扩增

1.4.1　氨氧化细菌扩增　在对氨氧化细菌进行DGGE电泳前，需要具有含有GC夹子的PCR扩增产物。Nicolaisen（2004）等人认为直接扩增带GC夹子的氨氧化细菌比较困难，所以提出利用改进的PCR扩增程序来获得带GC夹子的扩增产物，改进的扩增程序被称为是半巢式PCR。首先用amoA-1F（5'-GGGGTTTCTACTGGTGGT-3'）amoA-2R-GG（5'-CCCCTCGGGAAAGCCTTCTTC-3'）（Avrahami *et al.*，2003）这对*amoA*功能基因引物进行第一次扩增得不带GC夹子的PCR产物；然后将第1次PCR扩增的产物稀释25倍，取1μl作为第2次扩增时的模板。在第2次扩增时，amoA-2R-GG后引物不变，只在前引物的5'端加一个GC夹子，前引物变amoA-1F-clamp（5'-CGCCCGCCG-GCGGGCGGGGCGGGGGCGGGGTTTCTACTGGTGGT-3'）。经过2次PCR扩增之后，就可得到带GC夹子的产物，扩增产物片断长约500bp。

PCR反应体系：50μl体系，5μl 10×缓冲液（含15mmol·L^{-1} $MgCl_2$），1μl dNTP（10mmol），3μl引物（10μM），模板1μl，Taq DNA聚合酶5U，无菌ddH_2O补足50μl。

PCR反应程序：94℃预变性5min，94℃变性45s，57℃（扩增带GC夹子引物时使用61℃）退火30s，72℃延伸1min，37个循环，72℃延伸10min，4℃保温。

1.4.2　氨氧化古菌扩增　氨氧化古菌在进行DGGE分析前采用直接扩增的方法得到产物。引物为Arch-amoAF-GC（5'-CCG CCG CGC GGC GGG CGG GGC GGG GGC ACG GGG STA ATG GTC TGG CTT AGA CG-3'）和Arch-amoA-2R（5'-GCG GCC ATC CAT CTG TAT GT-3'）（Park *et al.*，2006），扩增出长度为635bp的产物。

PCR反应体系：50μl体系，1×PCR缓冲液，1.5mmol $MgCl_2$，200μM dNTP，20pmol引物，Taq DNA聚合酶5U，模板1μl，无菌ddH_2O补足50μl。

PCR反应程序：95℃预变性5min，94℃变性45s，57℃退火1min，72℃延伸1min，30个循环，72℃延伸15min，4℃保温。

1.5　DGGE分析

配制浓度为6%，变性为45%和65%聚丙烯酰胺凝胶。取两个50ml离心管，分别加入16ml变性为45%、65%的聚丙烯酰胺凝胶，再加入催化剂10%过硫酸铵80μl和TEMED20μl，充分混匀，按照说明书清洗、固定好玻璃板后进行灌胶。灌胶过程中要保持匀速，以免有气泡产生，影响后续的电泳。经过3~5h后，待胶完全凝固，取PCR产物20~30μl与DGGE 2×loading dye 8μl混匀后加入点样孔中，于1×TAE缓冲液中在60℃、100V电压下电泳15h。电泳结束后，用SYBR Green I暗处染色30min，凝胶用凝胶影像分析仪 Alpha Imager 2200 观察样品的电泳条带并拍照。

2 结果与讨论

2.1 土壤样品中氨氧化细菌的 DGGE 分析

2.1.1 氮素对氨氧化细菌群落结构的影响 氮素对氨氧化细菌群落结构的影响在根袋内根吸附土和根际土中表现尤为突出。当处于低浓度氮素处理时，从 DGGE 图 2 上可以看出，无论是根吸附土还是根际土都一直没有条带 L1、L2、L3 所代表的氨氧化细菌的存在，氨氧化细菌的多样性较低。但是随着氮素处理浓度的增加，在中、高氮处理的根吸附土壤中都出现了这三条带，说明在该区域中氨氧化细菌受氮素的影响比较明显。而在根际区域的土壤中，氨氧化细菌的变化规律有所不同。在该区域第 46 天采样的土壤中，中、高氮素促进了条带 L1、L2、L3 的出现。但是同样的区域在第 89 天（图 3）和第 115 天（图 4）采取的土壤时，仅在高氮素条件下促进了条带 L1、L2、L3 的出现。虽然根袋内根吸附土和根际土中氨氧化细菌的群落结构变化规律有所不同，但是都可以看出，氮素对氨氧化细菌的多样性是有影响的。在第 46 天采集的根袋外表层土和根际土中，条带 L8 也明显地受到氮素浓度的影响，在低氮素处理时没有表现。除了条带 L1、L2、L3、L8 的规律性变化外，中、高氮素处理还会在个别土壤区域中产生和加强一些新的条带，如条带 L6、L9、L10、L12。氨氧化细菌的群落结构之所以在根袋内根吸附土和根际土中表现尤为突出，可能与施肥方式有关。因为试验过程中，只有基肥是全部混匀到土壤中，后来两次施肥都是直接向根袋土壤中施入肥料，肥料直接作用在根际周围。根袋内土壤直接受到氮素强烈的影响，氨氧化细菌在丰富的底物存在时，发生着迅速地生长和变化，可能会激发一些在低氮素时处于不活跃的非优势种群大量繁殖，从而所占比例在总群落中有所增加。

2.1.2 不同土壤区域中氨氧化细菌群落结构的变化 根据土壤氧气分别状况不同，将土壤划分了四个区域。虽然不同土壤区域中氨氧化细菌的优势种群多样性变化不大，但是从 DGGE 图 2、图 3 和图 4 上也可以看出，根袋外深层土壤中所含有的氨氧化细菌的种类要远少于其他三个土壤区域。这与 Nicolaison（2004）所做结论基本相吻合。决定不同土壤区域中氨氧化细菌群落结构差异的主要因素是土壤中氧气的分布状态。在本试验中，我们还发现，氮素处理对于根袋外深层土壤中的氨氧化细菌群落结构几乎没有影响，这可能也是跟施肥方式和氮素吸收利用状况有关。当氮素到达根袋外深层土时，浓度降到很低，可能我们设置的不同，施氮量在该区域已经不能表现出明显的差异，也就不会产生太大的影响。与根袋外深层土不同的是根袋外表层土一直保持较高的种类多样性。可能存在两方面的原因：第一，表层土壤中氧气充足，适宜氨氧化细菌的生长；第二，表层土壤中获得由根袋内扩散出的氮肥，氮素含量充分。

2.1.3 不同时期采样土壤中氨氧化细菌群落结构的变化 比较三个时期的 DGGE 可以发现，氨氧化细菌的优势种群变化不大，仅在 89d 和 115d 多出现了几条比较弱的带，如条带 L9 在 46d、89d 仅在部分土样中存在而到了 115d 则在所有采集的土壤样品中都存在，也就是说细菌的种类多样性相对有所增加。由此看出植物的生长对氨氧化细菌的

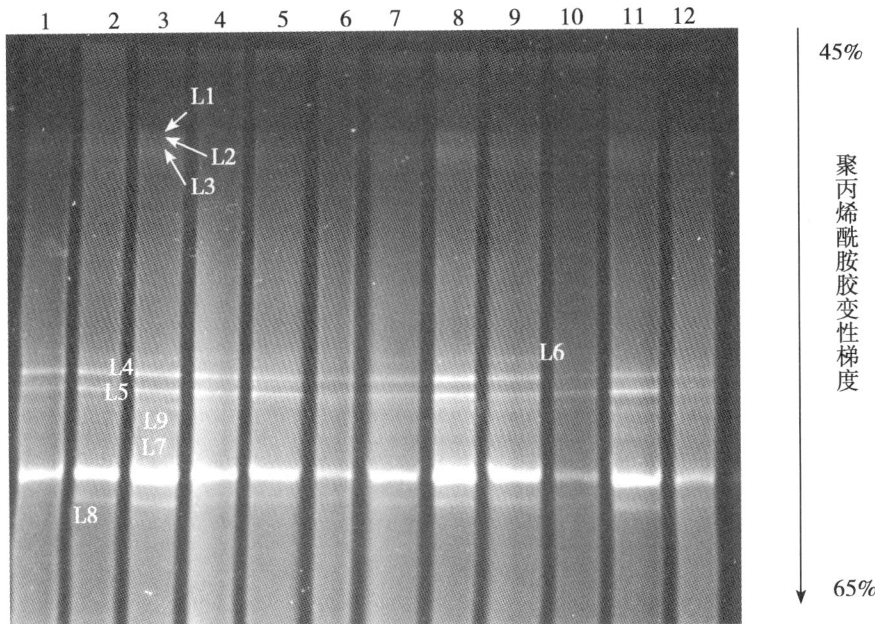

图 2　第 46 天采样土壤中氨氧化细菌 *amoA* 扩增的 DGGE 图谱

1 ~ 3：U1、U2、U3；4 ~ 6：D1、D2、D3；7 ~ 9：S1、S2、S3；10 ~ 12：R1、R2、R3

Figure 2　DGGE gel of *amoA* fragments of ammonia oxidizing bacteria on the 46th day

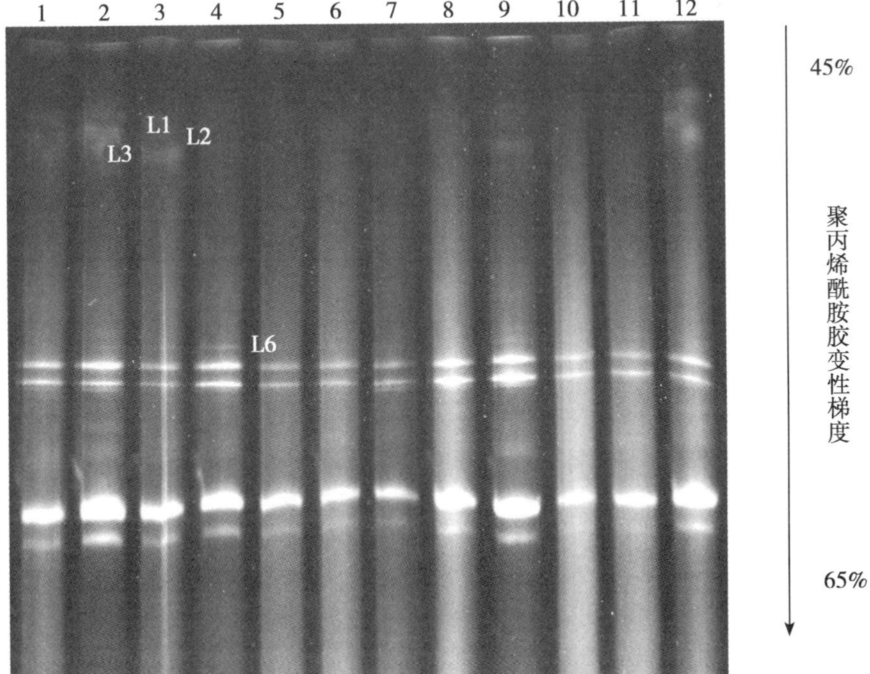

图 3　第 89 天采样土壤中氨氧化细菌 *amoA* 扩增的 DGGE 图谱

1 ~ 3：U1、U2、U3；4 ~ 6：D1、D2、D3；7 ~ 9：S1、S2、S3；10 ~ 12：R1、R2、R3

Figure 3　DGGE gel of *amoA* fragments of ammonia oxidizing bacteria on the 89th day

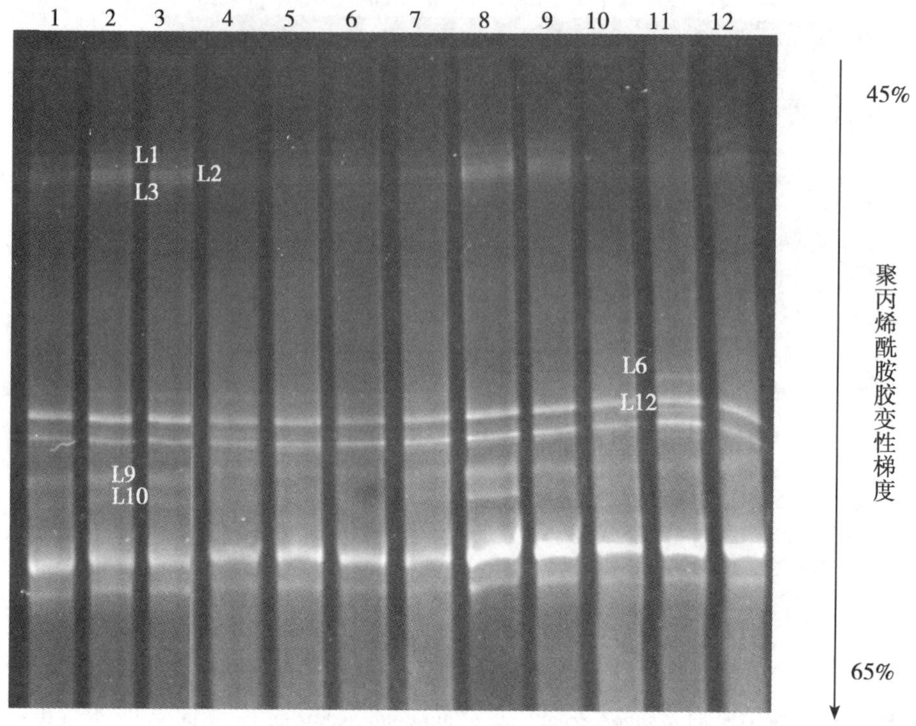

图 4　第 115 天采样土壤中氨氧化细菌 *amoA* 扩增的 DGGE 图谱

1～3：U1、U2、U3；4～6：D1、D2、D3；7～9：S1、S2、S3；10～12：R1、R2、R3

Figure 4　DGGE gel of *amoA* fragments of ammonia oxidizing bacteria on the 46th day

优势种群影响并不是很大，但是在植物生长旺盛时期也可有效的促进氨氧化细菌的种类多样性。

2.2　土壤样品中氨氧化古菌的 DGGE 分析

分析比较两个时期的古菌 DGGE 图谱（图 5、图 6），可以发现无论是不同施氮量还是不同土壤区域氨氧化古菌的群落结构都没有比较明显的变化。氨氧化古菌群落没有变化可能有两个原因：第一，环境因素变化对氨氧化古菌的影响不足够的显著，群落维持的原有的特性，群落稳定性强；第二，氨氧化古菌群落结构对环境因素影响变化比较慢，采样时间不够长，没有使得氨氧化古菌的群落结构发生变化就停止了采样。氨氧化古菌发挥作用可能需要长时间才能显示出来。从图中也能比较明显的看出，氨氧化古菌的种类较少，基本每个处理都有四条比较明显的条带，也就代表可能含有 4 个种类的氨氧化古菌。

3　结论

通过对比氨氧化细菌和氨氧化古菌 DGGE 图谱可以发现：

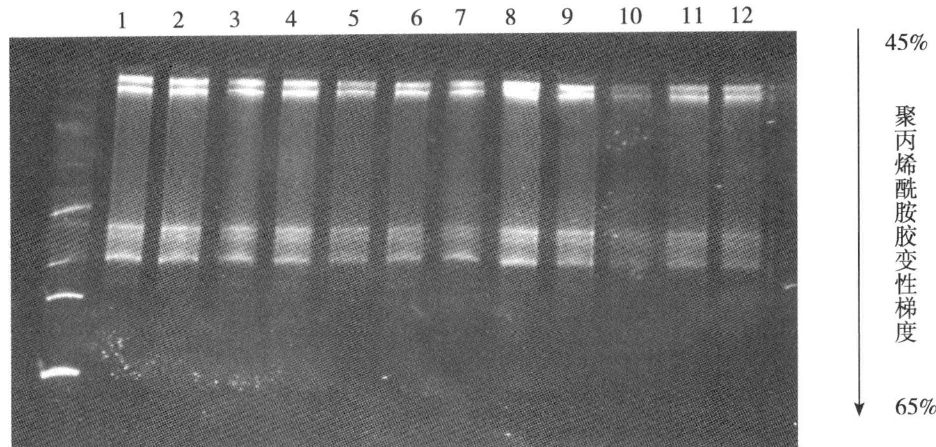

图5 第46天采样土壤中氨氧化古菌 *amoA* 扩增的 DGGE 图谱

1～3：U1、U2、U3；4～6：D1、D2、D3；7～9：S1、S2、S3；10～12：R1、R2、R3

Figure 5 DGGE gel of *amoA* fragments of ammonia oxidizing archaea on the 46th day

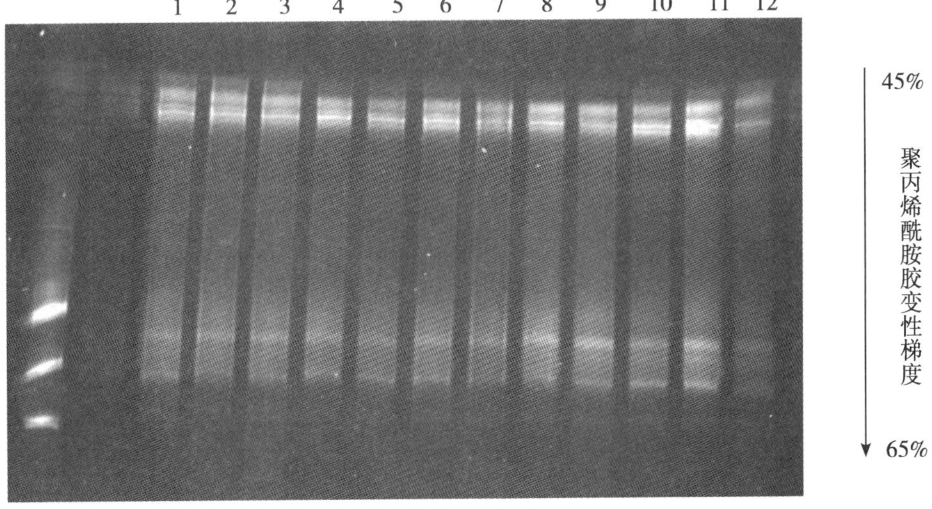

图6 第89天采样土壤中氨氧化古菌 *amoA* 扩增的 DGGE 图谱

1～3：U1、U2、U3；4～6：D1、D2、D3；7～9：S1、S2、S3；10～12：R1、R2、R3

Figure 5 DGGE gel of *amoA* fragments of ammonia oxidizing archaea on the 89th day

(1) 氨氧化细菌的群落多样性受氮素影响比较明显。高氮素显著地促进的群落多样性。但是总的来说，新出现的氨氧化细菌在总的群落中所占的比例还是比较少，不能发展成为优势种群。

(2) 土壤氧气分布状况也决定了氨氧化细菌的群落结构，不同区域的氨氧化细菌群落结构也存在显著差异。

(3) 不同采样时期，氨氧化细菌的群落结构变化并不大，仅个别样品出现或加强一些较弱的条带。这种变化可能是由氮肥与氧气的长期影响有关。

（4）在我们的试验设计所研究的土壤中，氨氧化古菌群落变化不大，因此认为该处理下氨氧化细菌对环境因素的变化能做出比较快的适应。氨氧化细菌和氨氧化古菌对环境的适应机理是不相同的。

（5）通过本试验的研究结果，不能有利的证明氨氧化古菌对环境的影响大于氨氧化细菌。

参考文献

[1] 胡君利，林先贵，褚海燕，尹睿，张华勇，曹志洪，胡正义．古水稻土与现代水稻土硝化活性的比较．土壤学报，2005，42（6）：1044～1046

[2] A. L.，Page，R. H.，Miller，D. R. Keeney. Methods of soil analysis，part 2-chemical and microbiological properties（2nd edn）. ASA，SSSA，Madison，Wisconsin，USA，1982

[3] A. M. Briones，S. Okebe，Y. Umemiya，N. B. Ramsing，W. Reichardt，H. Okuyama. Influence of different cultivars on populations of ammonia-oxidizing bacteria in the root environment of rice. Appl. Environ. Microbiol.，2002，68：3067～3075

[4] C. A. Francis，J. M. Beman，M. M. M. Kuypers. New processes and players in the nitrogen cycle：the microbial ecology of anaerobic and archaeal ammonia oxidation. ISME J.，2007，1：19～27

[5] M. H. Nicolaisen，N. R. Petersen，N. P. Revsbech，W. Reichardt，N. B. Ramsing. Nitrification-denitrification dynamics and community structure of ammonia oxidizing bacteria in high yield irrigated Philippine rice filed. FEMS Microbiol. Ecol.，2004，49：359～369

[6] M. H.，Nicolaisen，N. B. Ramsing. Denaturing gradient gel electrophoresis（DGGE）approaches to study the diversity of ammonia-oxidizing bacteria. J. Microbiol. Methods.，2002，50：189～203

[7] M. Noll，D. Matthies，P. Frenzel，M. Derakshani，W. Liesack. Succession of bacterial community structure and diversity in a paddy soil oxygen gradient. Environ. Microbiol，2005，7：382～395

[8] S. Avrahami，R. Conrad. Patterns of community change among ammonia oxidizers in meadow soil upon long-term incubation at different temperatures. Appl. Environ. Microbiol.，2003，69：6152～6164

[9] S. Avrahami，R. Conrad，W. Liesack. Effects of temperature and fertilizer on activity and community structure of soil ammonia oxidizers. Environ. Microbiol.，2003，5：691～705

[10] H. D. Park，G. F. Wells，H. Bae，C. S. Criddle，C. A. Francis. Occurrence of ammonia oxidizing archaea in wastewater treatment plant bioreactors. Appl. Environ. Microbiol.，2006，72：5643～5647

[11] S. Avrahami，R. Conrad，G. Braker. Effects of soil ammonium concentration on N_2O release and on the community structure of ammonia oxidizers and denitrifiers. Appl. d Environ. Microbiol.，2002，68：5685～5692

[12] X. P. Chen，Y. G. Zhu，Y. Xia，J. P. Shen，J. Z. He. Ammonia oxidizing archaea：important players in paddy rhizosphere soil Environ. Microbiol.，2008，10：1978～1987

[13] Y. H. Lu，R. Wassmann，H. U. Neue，C. Y. Huang. Dynamics of dissolved organic carbon and methane emissions in a flooded rice soil. Soil Sci. Soc. Am. J.，2000，64：2011～2017

[14] Y. Okano，K. R. Histova，C. M. Leutenegger，L. E. Jackson，R. F. Denison，B. Gebreyesus，D. Lebauer and K. M. Scow. Application of real-time PCR to study effects of ammonium on population size of ammonia-oxidizing bacteria in soil. Appl. Environ. Microbiol.，2004，70：1008～1016

Community Structure of Ammoniaoxidizing Bacteria and *Archaea* as Affected by Nitrogen Levels and Oxygen Concentration

Wang Yanan[1], Lu Yahai[2], Dong Yiwei[1]

(1. Institute of Environment and Sustainable Development in Agriculture, The Chinese Academy of Agricultural Sciences, Beijing 100081, China;
2. College of Resources and Environmental Sciences, China Agricultural University, Beijing 100094, China)

Abstract: Both ammonia oxidizing bacteria and ammonia oxidizing *Archaea* are important microbe in soil, which take part in ammonia oxidation process. They play an import effects on producing greenhouse gas. Environment factors have different influences on the community structure of mmonia oxidizing bacteria and ammonia oxidizing archaea. In this experiment, it is found that nitrogen and oxygen can inspire some classes of ammonia oxidizing bacteria appear, but had no effects on the community structure of mmonia oxidizing archaea. In the studied soil, ammonia oxidizing bacteria play more functions in the ammonia oxidation process than mmonia oxidizing archaea.

Key words: Ammonia oxidizing bacteria; Ammonia oxidizing *Archaea*; *aomA*; DGGE

第三章

化学农药污染及治理

化学农药污染及治理

1　化学农药对环境的污染现状

从 20 世纪 40 年代初，化学农药开始在农业生产中大规模推广应用。现今，农药已成为现代农业发展的必要物质保障，其应用范围也从开始的植物病虫害防治，扩展到了除草、植物生长调节等诸多领域。根据多年的数据分析，适时使用化学农药防治病虫害，可使粮食增产 10%，棉花增产 20%，果树增产 40%，每年因农药的使用挽回的损失为农业总产值的 15% ~30%。目前，全世界使用的农药主要品种已有 300 多种，每年使用的农药量已超过 300 万 t，农药对世界的农业生产发挥了巨大的作用。

中国幅员辽阔、地理环境复杂、气候条件多样、农作物种类繁多，从而使得我国病、虫、草害的种类繁多、危害严重，其中比较明确的虫害有 700 多种、病害 500 多种、草害 80 多种、鼠害 20 多种，每年发生病、虫、草害的受灾面积约 30 多亿亩。为了确保农业增产增收，我国每年施用大量农药。目前，我国拥有 500 多家农药原药生产厂，1 000多家农药加工和分装厂，农药生产企业 1 600家左右，生产原药品种约 250 个，加工制剂 500 多种。自 1990 年起我国就成为世界上第二大农药生产国和第一大农药应用国，现原药年产量已达 40 万 t，农药施用量达 50 万 ~60 万 t，年均化学防治面积高达 45 亿亩次[1]。

目前，化学农药作为保障农业丰收的重要手段，据近几年的不完全统计，中国每年由于使用农药可以挽回约 15% 的农作物损失，其中粮食 350 104t、棉花 90 104t、蔬菜 2 800 104t、水果 300 104t，总价值约合 300 多亿元，成为农业稳产、丰产不可或缺的农业生产方式。而且，随着农村劳动力在数量和劳作习惯上的变化，农业生产对农药产品的依赖程度日渐提高。特别是化学农药的连续大量使用，病、虫、草害对农药产生了普遍的抗药性，要想持续保持农作物的稳产、高产，就只有加大农药的使用量和毒性强度。同时，农药的大量使用使得害虫的天敌资源遭到了毁灭性的破坏，人为地打破了自然界的生态平衡，致使农药几乎成了防治病、虫、草害唯一的手段。

然而，化学农药作为人类主动投放到环境之中的一类有毒化学物质，如果进入环境中的农药在数量和速度上超过环境的自净能力，即超过环境的容量，最终会导致环境的污染。农药污染指由农药本身及其代谢产物给生物和整个环境所造成的污染。农药的喷洒和施用、废弃农药的土壤堆埋、农药废水处理中产生的污泥、以及农药在生产、运输和贮存过程中泄漏等是农药污染环境的主要途径。以农药施用为例，农药喷施之后，仅有 1% ~2% 的农药作用于防治对象本身，10% ~20% 附着在作物本体上，其他 80% ~

90%的农药主要散落在农作物的周边环境中，如洒落到农田或漂浮于大气等。随后，喷洒于环境中的农药通过生物富集、土壤渗漏、地表径流、农田灌溉、植物蒸腾、地表蒸发、降雨汇集、动物呼吸等多种作用进一步造成对植物、动物、人类、水环境、大气、土壤的污染，致使造成严重的社会、经济损失。

据美国环境保护局公布的数据，农药污染造成的经济损失每年高达百亿美元。夏威夷耕地土壤中禁用了15年的七氯和七氯环氧化物仍然严重超标。这些有毒物质存在于环境，积累于动植物中，对人类的生活、生产活动产生越来越多的直接或间接危害。我国由于农药制造和使用技术相对落后、高毒（剧毒）农药品种居多、使用人员素质低、使用极为不规范等，使得农药的有效利用率相对发达国家更低，造成的环境污染更为严重。目前，我国农药污染土壤达3 600万 hm^2，在多数地区的湖泊、河流和地下水源中也普遍检测到了化学农药的存在，农药污染已经涉及土壤环境、水环境、大气、农产品、动物和人等。

1.1 化学农药对土壤的污染现状

土壤受到农药污染的途径有多种，其一是为消灭土壤中的病菌和害虫直接洒入土壤中的农药所引起的；其二是在防治农作物病虫害喷洒农药时，间接地降落到土壤中；其三是空气中漂浮着的尘土中混杂的农药，随着雨水降落到地面进入土壤所引起的。

影响农药对环境污染的一个重要因素是农药在环境中的稳定性。农药在环境中的降解性能直接影响其在各种环境介质中的最终残留水平。衡量农药降解难易程度的指标是农药的降解半衰期（DT1/2），对于土壤中的农药，其残留性可根据DT1/2大小划分三个等级：<3个月的为易降解农药，3～12个月为中等残留性农药，>12个月为长残留农药。那些性质稳定，不易分解消失又具有一定慢性毒性的农药品种，大量使用后就会引起生态环境的污染，其残毒问题往往较为严重。例如有机氯农药DDT等，它们的降解半衰期超过10年。有机氯农药停用后，有机磷、有机氮等一批取代农药发展很快。一般认为这些农药在环境中降解快、残留期短。有机磷农药的DT1/2一般在几周到几个月，氨基甲酸酯农药DT1/2一般也只有几个月。但后来研究发现，这些所谓非持久性农药在某些环境条件下也会有较长残存期并在动物体内产生累积。下面对不同类型的农药对土壤的污染现状进行介绍。

1.1.1 *有机氯农药对土壤的污染情况* 有机氯农药包括脂肪族、芳香族和脂肪族氯代碳氢农药，总的可以归纳为两类：一类为氯代苯及其衍生物，如六六六（HCHs）、滴滴涕（DDTs）等；另一类为氯化钾撑萘（茚）制剂，如狄氏剂、艾氏剂、七氯等。各种有机氯的化学结构及毒性大小虽各不相同，但理化性质相似，都为残留期长、不易溶于水、易溶于脂肪和有机溶剂。

有机氯农药自20世纪50年代开始合成和使用，至1983年禁用为止的30余年间，我国共累计生产和施用六六六约490多万t，滴滴涕约40多万t，由于该类污染物具有持久性、生物积累性和高毒性（致癌、致突变、干扰内分泌）等特点，对我国的环境造成了全面的污染。目前，我国农田的六六六、DDT检出率仍为100%，在河流沉积物中也都检测到了该类农药的残留。不同地区、不同土壤残留量存在差异，污染严重地区集中在华北和华东地区，2000 年太湖流域农田土壤中 15 种多氯联苯同系物检出率为 100%，六六六、DDT 超标率为 28% 和 24%；上海市郊区农田中的 DDT 含量严重超标，南京市菜地土壤中六六六和 DDT 的检出率为 100%，残留范围分别为 2.7 ~ 130.6$\mu g \cdot kg^{-1}$和 6.3 ~ 1 050.7$\mu g \cdot kg^{-1}$。

其他的有机氯农药也造成了严重的环境污染而引起世人的关注，在瑞典通过的《关于持久性有机污染物的斯德哥尔摩公约》需要首批控制的农药名单中有 9 种属于有机氯农药。我国目前仍在使用的有机氯农药如三氯杀螨醇、五氯酚和五氯酚钠等，有机氯农药在土壤中的环境行为主要有吸附、渗滤、扩散、挥发、降解等。其中，渗滤、扩散和挥发过程都会造成土壤污染面积的进一步扩大，使治理变得更加困难。

1.1.2 *有机磷对土壤的污染情况* 有机氯农药禁用以后，有机磷农药成为广泛开发和应用的农药种类。世界上的有机磷农药品种达上百种，我国使用的有机磷农药约 30 余种，使用量为 20 万 t，其中 80% 以上是剧毒农药，如甲胺磷、甲基对硫磷、对硫磷、久效磷和敌敌畏等。调研发现，除“有机”生产基地外，其他生产基地在种植过程中施用农药种类超过 20 种，包括甲胺磷、氧化乐果和敌敌畏等。我国有机磷农药占据主导地位的局面难以在短期内改变，仍将长期使用，从而造成农田有机磷农药的普遍污染。

1.1.3 *其他低毒农药对土壤的污染情况* 有机氮类农药最早是在 20 世纪 50 年代出现的，由于其活性高和广谱，对高等动物毒性低、原料易得及合成简单，近几十年来得到很快发展。它的年产量和使用量仅次于有机磷而居第二位。这类农药对土壤的污染主要表现为随农作物病虫害发生频繁程度而加重。这些种类的农药毒性较低，但因使用范围扩大、使用次数增多，施药工具落后和滥用农药等造成的土壤中农药短期内超标。这对土壤造成的污染亦不容忽视。

1.2 化学农药对大气的污染现状

由于农药有效利用率较低，喷施农药时，附着在作物上的粉剂不超过 10%，液剂也不超过 30%，约 5% ~30% 的农药微粒和蒸汽被空气中的微小灰尘吸附而漂浮在空气中，造成了大气环境的严重污染。仝青等于 1996 年对呼和浩特市空气颗粒物中 HCHs 和 p，p'-DDE 含量进行测定，其中 ΣHCHs 冬季和夏季的平均值分别为 0.502 和 1.070$ng \cdot m^{-3}$；p，p'-DDE 在冬季和夏季分别为 0.085$ng \cdot m^{-3}$和 0.108$ng \cdot m^{-3}$。冬季空气中 BCHs 和 p，p'-DDE 多富集在细颗粒上（$<1.0\mu m$），夏季则分散在粗细颗粒上（$>7.0\mu m$）。空气中存在的化学农药可进入人体或其他动植物呼吸系统内，对动植物造成了极大伤害，从而导致各种疾病[3]。

1.3 化学农药对水环境的污染现状

据有关报道，农药利用率一般为 10%，约 90% 的农药残留在环境中，大量未被利用的农药经过降雨、农田渗滤和水田排水等进入水体，对地下、地表水体造成污染，水生生态系统遭到破坏。联合国教科文组织于 1998 年 11 月公布近 20 年来世界饮用水源减少 50%，主要指河流、湖泊和地下水质量遭到严重威胁，农药污染占了相当大的一部分。

1.3.1 农药对地表水环境的污染状况 化学农药对世界水体环境的污染广泛而严重，通过国外部分河流中有机农药的残留浓度调查发现，河流中普遍存在六六六、DDT 等有机农药，其中六六六的浓度最高的达到 54ng · L^{-1}，低的也有 0.007ng · L^{-1}。湖泊中有机农药的污染也很严重，据 1999 年的监测资料，美加五大湖中主要污染物就是有机农药。由于有机农药的高残留性，近年来，五大湖鱼类体中仍能检测出 1970 年以来已禁止使用的有机农药，如 DDT、狄氏剂等。

我国的水污染情况也非常严重，珠江口水域是珠江进入南海的入海口，也是南海北部陆地污染物的主要收纳体。对珠江三角洲、珠江口、珠江澳门口以及九龙江口进行调查研究发现，在采样的表层水和沉积物中检测到大量的有机氯农药。珠江口表层水体中 DDT 和六六六的平均浓度达 0.080μg · L^{-1} 和 0.087μg · L^{-1}，而底层水体分别达到 0.506μg · L^{-1} 和 0.117μg · L^{-1} 明显高于表层水，沉积物中这两种有机物含量分别为 33.4ng · g^{-1} 和 11.15ng · g^{-1}。据 2000 年的资料，辽河中下游水样和沉积物样品中，共检出多氯有机物 17 种，包括 13 种有机氯农药和 4 种多氯联苯，其中总六六六、总 DDT 和多氯联苯为主要检出物。洞庭湖底泥中五氯酚最高含量显著高出全国用药区底泥中五氯酚含量的中位数 4.62ng · g^{-1} 的上千倍。另外，湘江流域也是六六六和 DDT 等有机氯农药污染较为严重的地区，导致福建省沿海农村成为我国消化系统癌症的高发区。

1.3.2 农药对地下水环境的污染状况 Bonde 等人早在 1962 年在美国的科罗拉多州就已经发现井水中有机农药残留，之后农药在地下水中残留也不断有报道，但均未引起重视。直到 1982 年，Zaki 等人报道在美国加洲发现了二溴氯丙烷和涕灭威农药的残留，并确认因涕灭威的地下水污染导致人体中毒事故以后，地下水的农药污染才日益受到普遍重视。目前，欧美国家广泛的进行了农药对地下水的污染现状调查，对 1 349 口饮用水井进行取样，检测出 127 种农药。结果表明，约 10% 的社区饮用水井和约 4% 的家庭用水井都含有至少 1 种可检出的农药残留物。我国农药地下水污染的研究工作是从 1988 年才开始的，全国农药地下水污染的品种、性质和范围的检测和调查工作尚未进行，相应的污染控制和防治对策还没有建立。初步研究表明，我国地下水受各种因素的污染比较严重。在全国有地下水资源的 47 个城市中，已受到不同程度污染的有 43 个，占 91.4%[4]。

1.4 化学农药对生物的污染现状

1.4.1 化学农药对微生物的影响 由上所述，化学农药已经造成了严重的土壤、水和空气污染，这势必对生存在这些环境中的微生物造成一定的影响。农药对施药环境中微生物的影响有直接的或间接的、抑制的或促进的、暂时的或持久的等类型。一般来说，低量施用杀虫剂或除草剂对微生物多样性的影响不大；但是如果大量施用，则会抑制甚至消灭某些敏感微生物，从而对微生物群落的组成起到选择作用，继而影响着微生物功能多样性和遗传多样性。

目前常用的杀虫剂可以影响微生物的种群多样性，低浓度时影响往往不明显，有些甚至可以作为微生物的碳、氮、磷源以促进微生物的生长繁殖；高浓度时，则会对细菌、真菌产生毒害作用。例如低浓度甲基对硫磷对土壤微生物数量影响不大甚至能增加土壤微生物的数量，添加 100mg · L^{-1} 甲基对硫磷能明显增加土壤细菌的数量，高浓度的甲基对硫磷则抑制或杀灭某些种类土壤细菌，而大大促进某些种类细菌的增殖，从而改变土壤细菌多样性。同样，低浓度的二氯喹啉酸可以促进真菌数量的增加，高浓度则具有抑制作用。而杀菌剂或土壤熏蒸剂对微生物的影响更为明显些，低剂量情况下就能明显降低微生物的数量，减少微生物的种群多样性。

化学农药不仅影响微生物的种群多样性，对微生物功能多样性也有明显的影响。严重的农药污染导致土壤微生物群落功能多样性的下降，减少了能利用有关碳底物的微生物数量，降低微生物对单一碳底物的利用能力。例如，某些杀虫剂、杀菌剂严重影响硝化细菌的功能，从而影响土壤氮循环。高浓度的多菌灵、呋喃丹或丁草胺可以抑制硫酸盐还原活性，降低水稻田中反硝化作用。另外，杀虫剂、除草剂可以抑制根瘤菌的固氮功能，从而减少根瘤的数量，降低根瘤干重[5]。

化学农药对微生物遗传多样性同样具有一定影响。微生物的遗传多样性可利用 DGGE 技术进行分析，首先利用免培养法直接提取土壤微生物总 DNA，然后利用特定引物进行 PCR 扩增，随后进行扩增产物的变性梯度凝胶电泳（DGGE），通过分析 DGGE 的条带型和基因序列可以分析微生物基因序列的变化，可以有效的反映微生物遗传多样性的变化。16S rDNA 分析显示，在长期施用甲基对硫磷污染的土壤中，微生物群落结构发生明显变化。在杀菌剂泰乐菌素污染的土壤中，DGGE 分析发现微生物遗传多样性与对照稍有差异。结果表明，土壤中化学农药的存在能改变微生物的遗传多样性。利用 RACE 方法分析受污土壤的 DNA 变化也得到了同样的结论[5,6]。

1.4.2　*化学农药对动物的影响*　农药在自然界的扩散和积累，必然对生活在其中的各种动物造成影响。其影响主要包括以下几个方面。

随着化学农药使用时间的增长、使用量的增加，药物的选择和害虫的自然选择，害虫对药剂的抵抗能力增加，产生了新的抗药品种，增加了防治病虫害的难度。另外，化学农药在杀死目标生物的同时，也杀死了害虫的天敌，使自然界中害虫与天敌之间失去了平衡。由于农药使用不当，也杀死了不少传粉昆虫。另外，农药对土壤中的低等动物如蚯蚓等也具有明显的影响。蔡道基等人研究发现，蚯蚓对甲基对硫磷与克百威的毒性反应快，用土壤法处理半小时后皮肤发红充血，遇光或受机械触动刺激，急剧卷曲、扭动，失去逃避能力。受害严重的蚯蚓 1 周死亡，死亡前颜色变淡，环节松弛、脱节，甚至溃烂；当蚯蚓长期接触土壤中低剂量农药时，尽管蚯蚓不会快速死亡，但为了避开、隔离生存环境中的农药及代谢产物和排泄蚯蚓体内的农药，改变了其体内一系列生理生化过程，有害化学残留物质对蚯蚓的生殖、生理、代谢、染色体以及基因等造成深层次影响[7]。

由于农药的大量使用，分散在大气中的农药或土壤中的农药，它们最终通过雨水的汇集流到江河等水系中，造成水环境的污染。农药进入水质后，首先受害的是水生生物，鱼类食用了污染的食物会使其的繁殖力衰退、甚至死亡，这不仅降低了海洋生产力，而且使水生生物数量锐减，有的物种已濒临灭绝，导致食物链的断裂，从而扰乱了水生生物的生活方式。部分农药在水生生物生物链中富集，导致食物链污染。

化学农药的污染已经遍布并影响到世界的各个角落，污染的植物、动物造成了以此为食的飞禽、野兽的生存威胁，飞禽吃了有毒的种子、野兽吃了中毒的飞禽和鱼、蛤、贝类，导致飞禽和野兽物种和数量急剧下降。例如，有机磷农药呋喃丹和涕灭威对鸟类的危害非常严重。长期喂饲呋喃丹的鹌鹑慢性毒性试验表明，呋喃丹处理组鹌鹑体重比对照组平均下降 10. 50%。处理第 4 个月母鹑产蛋率下降 17%，蛋体较小，并出现白壳蛋。在玉米地里使用低剂量的呋喃丹也可毒死食用了一条受污染蚯蚓的鸣禽。鹰、隼、秃鹫及其他猛禽捕食了因呋喃丹中毒死亡的小鸟或其他动物都会产生二次中毒死亡。到 1990 年 9 月为止，美国就报道了这样的事件 30 余起（不包括故意使用造成的毒害）。大多数中毒事件表明，这些猛禽都是因取食染毒水禽尸体所致。1995 年对东北地区呋喃丹使用情况及其对鸟类潜在危害性的初步调查分析结果表明，该地区共有国家一、二级重点保护鸟类 86 种或亚种，其中有 85% 的鸟类将有可能受到呋喃丹的危害影响。在多年使用呋喃丹的浙江省义乌甘蔗种植区内，一个由低丘陵地、村庄和农田组成的约 $5km^2$ 的生态环境中，仅发现一只麻雀。在山东省鲁西南地区和江苏省苏北地区的广大农村，也存在同样情况。

农药对人体健康危害极大，农药对人体内的胆碱酯酶有抑制作用，能阻断神经递质的传递，引起肌肉麻痹而中毒。轻者往往出现头痛、头昏、无力、恶心、精神萎靡等一般性表现，当农药污染较重、进入体内的农药量较多时可出现明显的不适，如乏力、呕吐、腹泻、肌颤、心慌等症状，更有甚者可出现全身抽搐、昏迷、心力衰竭乃至危及生命。据统计，我国每年因农药残留急性毒性就造成 80 多人死亡和 800 多人中毒事件。

另外，大量散失在环境中的农药通过农作物吸收、动物积累，残留在粮食、蔬菜和肉、蛋、奶中，继而又通过食物链进入人体，从而对人体造成潜伏的、长期的、不可逆影响。有机氯化物在人体中积存，可使人的神经系统和肝脏功能遭到损害，可引起皮肤癌，可使胎儿畸形或引起死胎。除此之外，农药污染还可通过食物链在脂肪中积累，导致免疫系统、荷尔蒙、生殖系统疾病和诱发癌症。总之，化学农药毒性高，除了对人体造成直接威胁外，许多高效剧毒的农药通过在环境中的残留，逐渐在人体中积累，就会造成慢性中毒。这类危害往往要经过较长时间的积累才显示出症状，况且它又是通过食物链的富集作用，最后才进入人体的，不易及时发现，因而往往被人们所忽视，这种间接污染所带来的危害尤为可怕。

1. 4. 3　化学农药对农产品的污染现状

1. 4. 3. 1　化学农药对植物的影响　农药喷施到植物体上或施入土中会对植物造成直接的危害，主要是农药所产生的化学作用和物理作用造成的。化学作用如不溶于水的药剂（铜制剂、砷制剂、石硫合剂等）在植物叶面上变为可溶于水的物质，渗透于植物组织内而造成药害；又如碱性药剂（松脂合剂、石灰过量式波尔多液等）侵蚀植物叶面表皮细胞而造成药害。物理作用如药液（波尔多液、石油乳剂等）堵塞植物的气孔或油类物质（石油乳剂及其他乳化不良的乳剂）渗透入植物叶面，都会造成药害。

植物受农药药害的症状为：①叶发生叶斑、穿孔、焦灼枯萎、黄化、失绿、褪绿、卷叶、厚叶、落叶和畸形等；②果实发生果斑、果瘢、褐果、落果和畸形等；③花发生瓣枯焦、落花等；④植株发生矮化、畸形等；⑤根发生粗短肥大、缺少根毛和表面变厚发脆等；⑥种子发芽率低。

1.4.3.2 *农产品农药残留的形成* 化学农药在直接影响植物生长发育的同时造成严重的农产品残留。农药残留是指农药使用后残存于生物体、农副产品和环境中的农药原体、有毒代谢物、降解物和杂质的总称。农药对农产品的污染途径可分为两类：直接污染与间接污染。直接污染是指作物的食用部位（蔬菜）是农药的直接受体，施药时农药沉降于作物的受药部位，除风吹雨淋流失外，附着和渗入内部的农药致使农产品有农药残留。间接污染是指作物的食用部位并非是农药的直接受体，而是由作物根系从土壤中吸收或渗入茎、叶的农药随体液在作物体内传导而在农产品内富集形成。农药的残留污染与农药的种类（性质、品种和加工剂型）、施药方式方法、作物种类以及同一作物不同的受药部位都有关系。例如，黄瓜、番茄类蔬菜水果其农药残留污染主要来自于直接污染；而小麦、玉米等作物由于其收获部位包着颖壳其农药残留主要来自于间接污染，或受内吸性农药的污染；马铃薯、红薯等以地下器官为收获部位的作物，其农药残留主要来自于间接污染。

我国农产品中的农药残留十分普遍且比较严重，在粮食、油料、蔬菜、水果、茶叶和中草药等作物品种中都能普遍检出。据统计，我国每年受农药污染的粮食达 8 280亿 kg，经济损失达 230 亿 ~260 亿元。特别是随着中国蔬菜水果的种植面积和种植方式的改变，温室、大棚等保护地面积增长很快，导致连作、重茬种植面积提高，病虫孳生严重，蔬菜水果上喷洒的化学农药剂量和次数越来越多，致使蔬菜、水果中的农药残留水平和范围已达到了相当严重的程度。

对中国蔬菜瓜果市场的抽查发现，在 11 种 81 件蔬菜样品中，农药残留超过国家标准的有 41 件，其中最为严重的是韭菜和小白菜，超标率分别为 80% 和 60%。2000 年国家质检总局数据显示，全国 47.5% 的蔬菜农药残留超标，因农药残留超标被退回的出口农产品金额达 74 亿美元。广州、深圳和珠海等地对农贸市场蔬菜中农药残留进行了大量的抽样检测，被检测的农产品中农药残留超标率在 12.3% ~19.0%。2002 年农业部门对主要城市郊区的蔬菜质量进行检查中发现，有些种类的农药残留严重，如上海蔬菜中敌敌畏超出标准 8.6 倍，菊酯类农药超出标准 4.53 倍。不同种类的农产品中农药残留量存在较大的差异，番茄、茄子、甜椒、包菜、白菜及多数根菜类、茎菜类、薯芋类蔬菜对农药吸收多，而叶菜类、豆类的豆荚对农药吸收率低。植物的不同部位对农药的残留和吸收情况也存在差异，研究表明，茄子吸收某些有机氯农药的强弱顺序是根 > 叶 > 茎 > 果实。

从以上资料中我们可以看出，国内食用农产品中的农药残留污染已经达到了相当严重的程度，这不但直接威胁我国食品和环境安全，而且严重影响我国农产品的国际声誉，造成我国农产品出口的困难[2]。

2 化学农药污染的控制技术

鉴于化学农药大量使用造成的环境污染，2007 年 7 月初启动的“国家实施计划”总体目标包括，到 2009 年基本消除氯丹、灭蚁灵和 DDT 的生产、使用和进出口；努力消除9种杀虫剂POPs的生产、使用和进出口。在2015年前推动产业结构调整、淘汰落后化学农药生产工艺和产品，以最有效的方式，预防、削减和淘汰持久性有机污染物污染。然而，由于农药残留的持久性、农药施用的普遍性和农药污染的严重性，农药污染的控制和农药污染环境的修复成为目前必须解决的重大问题，引起了众多科研工作者的高度关注。

国内外对化学农药污染的防治研究大致可归结为化学农药的减量化技术和农药污染的修复技术，前者是化学农药污染控制的关键。农药污染的减量化技术首先要进行农药污染源头的控制，采取各种措施尽可能减少农药的使用量。因此如何采取科学有效的措施，减少化学农药使用量，使农药污染减少到最低程度，维护生态环境的平衡，是摆在我们面前的一个重大课题。

目前，化学农药的减量化技术主要包括：①从源头减少病虫草害的发生，主要包括研究重要病害的发生规律，杜绝危险性病原物的传入，研究危险性病原物的快速扑灭技术，通过栽培措施的改进，压低有害微生物种群的数量等；②寻找化学农药的替代技术，如各类低毒和无毒土壤处理技术，施用生物农药以减少化学农药的施用量等两个大的方面。下文就农药污染的减量化技术进行论述。

2.1 合理使用现有化学农药

化学农药的大量使用造成了严重的环境污染，人们积极的寻找各种措施减少化学农药的用量，从而降低化学农药的污染。但是直到目前为止，没有一种措施能够完全替代化学农药来确保农业的高产稳产。所以如何合理的、科学的使用现有农药是化学农药减量化技术最关键的技术之一。

目前，我国已经正式公布了《农药安全使用标准》和《农药合理使用准则》，共有140种农药在19种作物上的301项标准。施药人员对制定“农药合理使用准则”的品种，按照“准则”规定的技术指标施药，既能达到防治效果，又能保证农产品农药残留量不超过MRL值的规定。

化学农药的合理使用，首先要确保植物病虫害的预报工作，做到适时及时防治；对常用的化学农药，特别是高残留、毒性大的农药应严格控制其使用范围、使用量和使用次数；坚持农药的合理混用和交替使用，规避农药有害残留等，以增强药效，防止病虫草产生抗药性并保护好害虫的天敌；减少农药使用量，最大限度地降低防控成本；严格遵守农药安全间隔期；农药安全间隔期即最后1次施药至放牧、收获（采收）、使用、消耗作物前的时期，自喷药后到残留量降到最大允许残留量所需间隔时间。特别在果园和蔬菜上用药，最后1次喷药与收获之间必须大于安全间隔期，不同的农药的安全间隔期不同，要根据安全期喷施农药和采摘蔬菜，以防人、畜中毒。

2.2 开发高效低毒农药

为了取代剧毒、高残留的现有农药，以减少农药对环境的污染，化学化工工作者的任务是着力开发在环境及生物体内易降解、对自然生态系统破坏作用小或不产生破坏作用的一类新农药。据了解，目前《公约》中首批控制的12种POPs中，我国仍生产和使用氯丹、灭蚁灵和滴滴涕，另外受控的9种杀虫剂也必须在期限内找到替代产品和替代技术，目前初步选定的替代品包括毒死蜱、氟虫腈、溴氰菊酯等，还不足以满足我国农业生产对高效、低毒化学农药的需求。因此，大力开发低毒、低残留、低成本的农药是目前农药发展的趋势，也是科研工作者努力的方向，例如拟除虫菊酯类农药、氨基甲酸酯类农药属于较为理想的新农药。

2.3 切实加强农业防治

农业防治既是病、虫、草害综合防治的基础，又是减少农药使用量的有效措施。农业防治是指通过农业技术综合措施调整、改善作物的生长环境，以增强作物对病、虫、草害的抵抗力，创造不利于病原物、害虫和杂草生长发育或传播的条件，最终达到控制、避免或减轻病、虫、草危害的目的。

2.3.1 *选育种植抗耐性品种* 选育和种植抗耐性品种是减少农作物病虫害、降低化学农药用量的有效手段。多年来，世界各地的科学家针对每种作物病虫害和品种的生物学特性、本地自然生态条件选用、培育多种抗耐性品种，我国在抗耐性育种方面也取得了重大进展，如中国农业科学院植物保护研究所选出的“中植372”棉花优种，对棉铃虫抗性较高。陕西关中推广“西农6028”抗小麦吸浆虫品种、油菜品种秦油2号、秦油3号可以抗几种蚜虫，这些品种对延缓有害生物的发育速度，降低其成活率和繁殖率有着积极的作用。

随着基因工程和分子生物学技术的发展，植物抗病虫害基因工程育种在国内外受到普遍关注，已成为植物基因工程研究和应用的热点。通常情况下采用常规育种方法选育抗病虫害作物品种是一个相当漫长和十分困难的工作，基因工程技术的发展为培育抗病虫害作物品种提供了新的手段。利用基因工程手段培育抗病虫害作物品种，除了可利用存在于植物中的抗病虫害基因之外，还可以利用某些动物、微生物中的抗性基因，将其重组到植物染色体上，并使之在植物体内遗传及表达，从而产生抗病虫害的性状。抗虫棉的开发是利用基因工程选育抗虫品种的成功例证，研究人员从苏云金芽孢杆菌中找到对棉铃虫有杀灭作用的*Cry*基因，之后将该基因克隆到棉花基因组中，使棉花具有抗棉铃虫的能力，从而减少了化学杀虫剂的使用。之后利用基因工程原理选育出具有特定杀虫、防病、抗除草剂的转基因大豆、烟草、马铃薯等。这些抗耐性品种的选育为降低农业病害、减少化学农药的施用具有重要的作用。

2.3.2 *提高耕作及种植技术* 中国具有悠久的农耕历史，期间发展建立的间、混、套作，轮作倒茬等耕作制度具有明显的减少病虫草害的效应。其中，作物的轮作可以防治害虫种群的建立；改变播种时间可避开易于发生为害的高峰期；套种不同作物可避免因大面积种植同一作物为害虫提供易于生殖的条件；通过耕翻土地、轮作倒茬、去除残根茎叶和杂草，可以减少病虫的寄主及虫卵、切断病虫害生活史；加强水肥管理，适当控制氮肥施用量，可防治虫害。

另外，选育抗病虫害的作物品种，应用嫁接技术等提高作物抗病虫能力；果园冬季整枝修剪，把枯枝、病枝和虫枝集中烧毁可杀灭越冬病菌和虫卵（蛹），减少病虫迁移途径，压低越冬菌量，从而有效减少来年的病虫害数量。此外，实行水旱轮作，可减轻农药对土壤的污染。

总之，农艺措施是减少病虫害、降低化学农药用量的重要方式。是防治农业病虫草害的经济、有效而又不污染环境的方法，这些方法的合理使用能达到减少化学农药施用量的目的。

2.3.3 *更新施药器械和施药方法* 在2006年举行的首届中国农资发展论坛上，中国农业科学院植物保护研究所、中国农技推广服务中心的专家们指出，施药器械和施药方法的落后是产生中国农药使用量大、对环境污染严重的重要原因。据介绍，农药施用量达50万~60万t，年均化学防治面积高达45亿亩次，这些农药主要依靠施药机械喷洒。2003年农业部门的统计数据表明，全国施药机械社会保有量达到7 870多万台，手动喷雾器是主体，承担的防治面积占80%以上。而这些手动喷雾器产品质量不高、机型落后，市场抽检合格率仅为20%左右。目前，农村使用最多的背负式手动喷雾器和背负式机动喷雾机，都属于20世纪50~60年代定型的产品，不但结构和技术性能很落后，施药时“跑冒滴漏”严重，而且这种器械均属于大水量液力式粗雾喷洒机具，每公顷农田施药液量为375~1 500L不等，而果树、灌木和其他高大作物更远高于2 500L。在工业化国家中，此类喷洒器械早在20世纪50年代就基本淘汰，取而代之的是细雾喷洒装置，先后发展出低容量、很低容量、超低容量喷雾法等先进的喷洒技术，20世纪70年代又发展到静电喷雾法。施药液量从每公顷600L降低到100L、50L，超低容量法更低于5L，静电喷雾法甚至每公顷的用药量低于1.5L。

总之，目前我国的施药方式和施药器具落后不但造成农药使用浪费，而且是引发污染环境的主凶。因此，开发、引进新的喷药设备，对减少农药浪费以及造成的农药污染具有重要意义。

2.4 适当采用物理防治

物理防治是通过物理手段消灭害虫的方法，是消灭病虫、减少化学农药用量的有效方式。例如温烫浸种和变温处理蔬菜种子及幼苗，利用太阳能高温消毒和冬季低温杀死病菌虫卵。在温室的通风口及门窗处设置防虫网，防止昆虫进入温室产卵繁殖。根据害虫的生态习性，使用诱饵、光线和温度等物理方法进行诱杀，或采用性引诱素、追踪信息素等诱集害虫进行歼灭，或抑制昆虫性器官成熟和对天敌无害的选择性的激素类杀虫剂等抑制和消灭害虫。例如，释放经γ射线照射绝育化的害虫到农田中，使其与田间自然存在的害虫交配而不能受精，达到抑制害虫繁殖的目的。人工捕杀害虫、人工除草和机械除草等也是常用的物理防治手段。

研究开发作用机理完全不同于化学农药的物理农药，也是减少化学农药用量的一种方式。最近，美国推出了一种新型的物理杀虫剂，它是通过药剂的物理性质对害虫进行杀灭，而对人、畜没有毒性。该杀虫剂为纯天然物质，是以硅藻土类为原料而制成的极细粉末产品。此微细粒子进入虫体后，主要通过两个途径损害虫体：一方面是虫体表面被破坏，体液易蒸发，此物理杀虫剂微粒能吸收3倍于自身质量的水分，只要失去10%的体液，昆虫就会死亡；另一方面是物理杀虫剂微粒进入虫体后，会导致昆虫呼吸、消化、生理、神经和运动系统功能紊乱。

2.5　大力开发生物农药

鉴于化学农药的危害性和不易降解性，如何降低化学农药的使用、减少化学农药对环境的污染成为世界各国的研究热点，农作物保护的发展趋势逐渐从化学农药防治向生物农药防治转化。生物农药是利用生物体本身或由生物体产生的生理活性物质，作为杀虫剂、杀菌剂、除草剂，对特定的病、虫、草害产生作用的安全性高的一类新农药。

2.5.1　利用天敌进行生物防治　利用害虫的天敌防控害虫是一条经济有效的途径。自1980年以来，我国从国外引进害虫的天敌225种次，1986年从美国引进蝗虫微孢子虫治蝗技术、防治农田飞蝗和土蝗、草原蝗虫及棉蝗等，该项技术不污染环境，对人、畜安全，耗资低，效果持久。另外，利用丽蚜小蜂防治温室白粉虱和烟粉虱等、利用盲走螨控制苹果叶螨等、利用赤眼蜂防治玉米螟、松毛虫、菜粉蛾、小菜蛾、斜纹夜蛾、甘蓝夜蛾、菜心野螟和棉铃虫等鳞翅目害虫都取得了良好的效果。放牧也是防治病虫害的生物方法之一，如果果园养鸡、稻鸭共育等方式可以达到杀灭害虫的目的。我国天敌资源极其丰富，应因地制宜地保护和开发利用，以降低农药用量。

2.5.2　利用微生物进行生物防治　微生物是一种丰富的自然资源，许多具有拮抗作用的功能菌株具有开发成微生物农药潜力。微生物农药是用微生物生产的用于植物病虫草害防治的活菌制剂或微生物代谢产物制剂。目前，已经开发出了多种微生物制剂，这些微生物制剂由于具有低污染、低残留、对人、畜无害、不易引起抗性等优点而被广泛应用。

我国从20世纪50年代就已开始研究苏云金芽孢杆菌杀虫剂，60年代就已经有工厂化生产的Bt菌剂，目前Bt杀虫剂已经有30多个变种，对150多种昆虫具有不同程度的致病和毒杀作用。白僵菌和绿僵菌是我国应用最广泛的真菌杀虫剂，白僵菌和绿僵菌等真菌类农药可防治390多种昆虫。另外，病毒也可以作为生物制剂进行虫害的防治，如棉铃虫核多角病毒正大面积推广，用于防治甜菜夜蛾、番茄棉铃虫和辣椒上的烟青虫等。

生防制剂除了用于杀虫之外，还被广泛应用于防治病害。例如，木霉是一种重要的防病微生物，自1938年Weidling首次发现木霉具有拮抗某些病原菌的功能，直到目前已经发现木霉对18个属的30多种真菌具有拮抗作用，已经有50多种木霉菌的不同剂型作为生物农药进行了登记，部分取代了化学农药的使用。如美国开发的哈茨木霉制剂Topshield、Tootshield和以色列开发的Trichodex等木霉制剂可以用于防治灰霉病、苗枯病、霜霉病和白粉病等叶部病害及储存期的果实腐烂病等。国内对木霉生防菌剂的研究也很多，但广泛应用的产品还较少。

微生物除草剂的研究与开发也随着草对化学农药的抗性越来越强得到重视，我国微生物除草的研究较早，20世纪60年代就开发出“鲁保1号”微生物除草剂，该除草剂以菟丝子的病原菌盘长孢状刺盘孢为有效成分，可以防除大豆田中的菟丝子。60年代中、后期，该除草剂在江苏、山东、安徽、陕西、宁夏等20个省区推广面积达60万hm^2，防效稳定在85%以上。另一生防菌剂“生防剂F798”能够有效控制西瓜田的瓜列当（一种杂草名称）。近年来，微生物除草的研究更为广泛也取得了显著的效果。

1981年，DeVine在美国被登记注册为第一个生物除草剂，它是棕榈疫霉（*Phytophthora palmivora*）的制剂，用于柑橘园进行土壤处理防治莫伦藤（*Morrenia odorata* Lindl.）。该菌是1972年从佛罗里达州的Orange郡感病死亡的植株上首次分离得到的。将它用于田间试验中，处理后10周对莫伦藤防效达96%。在1978年和1980年使用过一次DeVine的橘园，到1986年仍保持95%～100%的防效。之后，Collego获得登记，它是阿肯色州大学和Upjohn公司开发的一种合萌盘长孢状刺盘孢合萌专化型（*Colletot richum gloeosporioules* f. sp. *aeschynomen*）（简写为Cga），用于防除水稻及大豆田中的弗吉尼亚合萌，喷施该制剂后弗吉尼亚合萌幼苗100%被杀死，商品制剂大田常规使用防效在90%以上。我国的研究人员余柳青等针对水稻田中的稗草等重要杂草分离出具有多种除草潜力的病原菌。由于微生物除草剂具有资源丰富、环境污染小等化学除草剂所不具备的优点，故有很大的开发利用的潜力，成为科研人员研究的热点。

目前，世界各国的研究机构相继研究与开发出了一系列的具有除草活性的生物有机体，主要可分为真菌和细菌两类。具有除草潜能的真菌主要有9个属：盘孢菌属（*Colletot richum*）、镰孢菌属（*Fusarium*）、链格孢菌属（*Alternaria*）和尾孢菌属（*Cercospora*）、疫霉属、柄锈菌属（*Puccinia*）、叶黑粉菌属（*Entyloma*）、壳单孢菌属（*Ascochyta*）、核盘菌属（*Scleroti nia*），到目前为止总共有41个属的真菌已经或正在被考虑作为生物除草剂的候选。细菌类主要是根际细菌，有7个属：假单孢菌属（*Pseudomonas*）、肠杆菌属（*Enterobacter*）、黄杆菌属（*Flavobacterium*）、柠檬酸细菌属（*Citrobacer*）、无色杆菌属（*Achromobacter*）、产碱杆菌属（*Alcalligenes*）和黄单孢杆菌属（*Xanthomonas*）等。

微生物代谢产物也是生物农药开发的中坚力量，如灭瘟素、春雷霉素、多抗霉素、井冈霉素、农抗120、中生菌素和链霉素等大面积用于防治白粉病、枯萎病、黑斑病、疫病软腐病、霜霉病和角斑病等。

2.5.3 利用植物进行生物防治 生物农药除了微生物农药还包括植物农药，例如植物源杀虫剂有除虫菊素、鱼藤酮、烟碱和植物乳剂等；杀菌剂可用大蒜素等，这些药剂也具有良好的田间防治效果。

2.6 病虫草害的综合防治技术

实践证明，单纯依靠某一种方法不但不能解决植物保护问题，而且还会污染环境和污染农产品。因此，在防治作物的病虫草害时，需要研究新的杀虫防病途径，采取综合防治的方法，联合或者交替使用化学防治（化学农药）、生物防治（生物农药）、物理防治（如灯光诱杀、放射不孕和物理杀虫剂等）、农业防治（如培育抗病虫害作物品种、加强植物检疫、提高栽培管理技术和改进耕作措施）等。

3 化学农药污染环境的修复技术研究

鉴于农药污染的广泛性，污染环境的修复日益成为一个世界范围的课题。化学农药污染环境的修复技术主要分为两类：物理化学类型的和生物学类型。物理化学修复技术是利用物理或者化学的方法部分除去污染环境中的农药，降低农药对生态环境的危害。包括超声波、电离辐射、隔离、泵抽取和地上处理、土壤清洗、萃取、固化和稳定化等。这类技术一般情况下严重影响土壤的结构和地下水所处的生态环境，而且成本非常高，易形成二次污染。

生物学修复技术是近年来迅速发展的一种农药污染修复技术，生物修复（Bioremediation）是一项利用动物、植物、微生物的生物降解作用，建立起的生态防护修复体系，是通过生物体将污染物分解成小分子化合物的过程，从而减少污染现场有害物质的浓度，或使其无害化的环境生物技术。该方法由于不会或很少破坏生态环境，不易引起二次污染而逐渐受到重视。

3.1 化学农药的降解途径

3.1.1 化学农药的氧化还原反应　农药的化学降解普遍存在于自然界中，氧化还原反应在整个土壤形成发育过程中存在，它对物质在土壤中的迁移、转化有着深刻影响。氧气是广泛存在的一种天然氧化剂，一些酚类和苯胺类农药能被空气中的氧气缓慢氧化，还能被一些金属氧化物（铁、锰氧化物）等固体氧化剂氧化。如烷烃与氧原子作用，发生脱氢反应，形成一个烷基自由基和一个氢氧自由基（$RH + O\cdot \rightarrow R\cdot + HO\cdot$）；醛类被氧原子氧化，生成酰基自由基和氢氧自由基（$RCHO + O\cdot \rightarrow RCO\cdot + HO\cdot$）；而氢氧自由基进一步与烷烃、醛类反应，脱氢，分别形成一个烷基自由基、一分子水和酰基自由基、一分子水［$RH + HO\cdot \rightarrow R\cdot + H_2O$、$RCHO + HO\cdot \rightarrow RC(O)\cdot + H_2O$］土壤中的有机物质在光照下生成的烷基自由基、酰基自由基、氢氧自由基等自由基和过氧化氢、烷基过氧化物等都可做氧化剂，氧化一些化学农药。

3.1.2 化学农药的水解作用　水解作用也是农药自然降解的方式之一。农药中的磷酸酯类、氨基甲酸酯类、苯氧羧酸类、酰胺类、醚类、酚类等都可发生水解反应。水解反应受酸碱性的影响，根据土壤酸碱性的不同可以把水解分为酸性催化水解、碱性催化水解和中性水解，水解的速率与 pH 值相关，如马拉硫磷在 pH 值为 7 的土壤中的半衰期为 6～8h，而在 pH 值为 9 的土壤中的半衰期则为 20min。

有些农药自身可以发生水解反应，有些农药的水解是由生物酶引发的，土壤的吸附作用对部分农药的水解反应有催化作用，使农药在土壤中水解速度很快，该类反应称为吸附催化反应。阿特拉津、马拉硫磷等有机磷杀虫剂都可通过水解反应、吸附催化反应而降解，有机磷杀虫剂能够与土壤中的铜离子形成配合物或螯合物而加速水解。

3.1.3 化学农药的光解作用　光学降解主要是指土壤表面未被土壤结合固定的农药，在阳光的照射下，吸收光能而发生自由基分解反应。农药在土壤中的光降解有直接光降解和间接光降解两种形式，无论是直接光降解，还是间接光降解其实质都是在太阳光下有效地吸收光能，使农药化学键发生断裂而分解。直接光解机理是指农药分子吸收光子的能量跃迁至激发单重态后发生反应转化为产物，激发单重态也可以通过系间窜跃产生激发三重态，激发三重态也可以发生均裂、异裂、光致电离，产生的微粒和周围介质直接发生反应。这类反应是天然水系统中发生的最简单的光化学过程。有机磷类农药中甲基对硫磷、对硫磷、马拉硫磷以及 N_2 硝基阿拉特津、甲氧氯等均能发生直接光解。间接光解机理是指当环境中存在的某些物质吸收光能呈激发状态后再诱发一系列农药参与的反应。在天然水系统中间接光解过程是普遍存在的，而且是特别重要的，因为这一过程可以使原来不能发生光解的农药发生化学变化。间接光解包括光敏化降解和光诱导降解。前者为激发供体（光敏剂）把激发能量传递给受体分子（农药），农药即可进行光化学转化；后者是农药同光化学过程生成的中间体进行反应而降解的过程。

农药不同，其光解性质存在着差异。一些农药，特别是化学结构不很稳定、能够吸收波长大于290nm光线的农药，在大于290nm太阳光的照射下，能发生一系列光化学降解反应，包括氧化反应、脂解反应、异构化反应和脱卤反应、光还原、光水解、光异构化、分子重排、光核取代等。如2,4-D、4-CPA、Propanil、灭草隆、氯代甲苯、苯乙酸、尿素、二硝基苯胺、DDT等农药的最大吸收波长在290nm左右或接近290nm，它们只要吸收近紫外光线就能发生一定程度的光解。许多农药的最大吸收波长在紫外线部分，它们不容易在土壤环境中发生光化学降解[8]。

3.2 化学农药污染环境的修复技术

由上可述施入环境的部分化学农药可以在自然条件下通过光解作用、水解作用、氧化作用、酶催化反应很快进行降解，然而大部分农药由于其化学性质稳定、半衰期长而很难仅利用自然条件进行迅速分解，这些农药会在环境中逐渐积累而造成严重的危害。因此如何充分利用化学农药自然降解机理，附加人工手段加快难降解农药的降解速度、降低化学农药在环境中的积累具有重要的意义。

3.2.1 化学农药污染环境的物理修复技术

3.2.1.1 利用农耕方法加快化学农药的降解 改变耕作制度会引起土壤环境的变化，可消除某些污染物的毒害。据研究，实行水旱轮作是减轻和消除农药污染的有效措施。如DDT、六六六农药在棉田中的降解速度很慢，残留量大，而棉田改水后，可大大加速DDT和六六六的降解。对污染土壤进行耕犁处理，在处理过程中结合施肥、灌溉等农业措施，尽可能地为微生物提供一个良好的生存环境，使其有充分的营养、适宜的水分和pH值，从而使微生物的代谢活性增强，保证污染物的降解在土壤的各个层次上都能发生。该方法结合农业措施，经济易行，在土壤通透性较差、土壤污染较轻、污染物较易降解时可以选用。

对于轻度污染的土壤环境，还可采取深翻土或换无污染的客土方法。对于污染严重的土壤环境，可采取铲除表土或换客土的方法。这些方法的优点是改良较彻底，适用于小面积改良。但对于大面积污染土壤环境的改良，非常费事，难以推行。

3.2.1.2 利用通气法加快化学农药的降解 在污染的土壤上至少打两口井，安装鼓风机和抽真空机将空气加压后注射到污染地下水或土壤中，然后抽出，气流可加速地下水和土壤中有机物的挥发和降解。在通入空气时，加入适量的氨气，能为土壤中的降解菌提供氮素营养，促进微生物降解活力的提高。它是在传统气提技术的基础上加以改进后形成的新技术，抽提和通气并用，为微生物的降解作用补充溶解氧，并通过增加及延长停留时间促进生物降解，提高修复效率。通气法的主要制约因素是土壤结构，不合适的土壤结构会使氧气和营养元素在到达污染区域之前就被消耗，具有多孔结构的土壤污染可以采用生物通气法来处理。

Michael 等利用这一方法对污染地下水进行了修复。此外，弗吉尼亚综合技术学院的研究人员利用“微泡法”，将氧气和营养物送往生物有机体，有效地将厌氧环境转变为好氧环境。虽然该技术能极大地减少修复时间和成本，但受场所的限制，受到岩相学和土层学的影响，一般在处理砂土层土壤污染的效果较好，在处理黏土层的污染物时效果不理想。

3.2.2 化学农药污染环境的化学修复技术

3.2.2.1 化学农药污染环境的光化学修复 农药的光催化降解研究开始于 20 世纪 60 年代，农药在光的作用下，逐步氧化成低分子中间产物最终生成 CO_2 和 H_2O 及其他离子如 NO_3、PO_4、卤素等。有研究发现日光照射能迅速降低辛硫磷在谷物上的残留量，6h 降解率可达 98%。随着光照时间的延长，农药的残留量逐渐减少，农药的初始浓度越高，其光催化降解速度越快。

光化学降解被普遍认为是海洋农药污染的一种有效降解方法。由光化学反应所导致的海水中农药等非生源物质的降解，对于海洋污染物的净化起着举足轻重的作用。照射到海洋表面的阳光，由于光散射而损失掉 10% ~20%，其余的则被水、颗粒物以及溶解态的无机组分和有机组分吸收，从而引发水体内的光化学反应。农药在海水中发生的光化学降解，其反应机理主要在于农药分子吸收光能变成激发态从而引发各种反应。此外，光化学过程还可以间接地促进微生物对农药的消化吸收过程。因此，对海洋中农药的光化学降解过程进行研究是十分必要的。当前，随着农药环境化学领域的深入研究，农药光化学转化在国内外已成为十分活跃的研究领域。很多研究者们对农药在海洋中的分布、降解速率、半衰期、生成产物以及降解机理等都进行了深入研究，并在如何减少其污染程度、保护生态环境等实际应用方面等展开了进一步的探索[9]。

3.2.2.2 化学农药的表面活性剂修复 农药污染的化学修复主要向土体中注入表面活性剂、环糊精或有机溶剂，提高污染物的流动性而迁出土体（洗脱或清洗作用），或形成有机黏土提高污染物的滞留性和稳定性，降低其迁移进入其他介质的能力（固定作用）。

Roy 等从 Sapindus mukurossi 果皮中提取生物表面活性剂，其分子式为 $(C_{26}H_{31}O_{10})_n$。将其应用到土壤中六六六的清洗：用 0.5% 和 1.0% 生物表面活性剂溶液去除土壤中六六六的效率分别是清水的 20 倍和 100 倍。Kommalapati 等发现该生物表面活性剂在浓度大于临界胶束浓度 CMC 时，HCH 的溶解度与表面活性剂浓度成正比；该生物表面活性剂解吸土壤中 HCH 的性能与十二烷基硫酸钠 SDS 相当。SUN 等则研究发现了非离子型表面活性剂 TritonX-100 的解析作用，能有效去除土壤吸附的 DDT、六氯联苯和三氯苯等。除表面活性剂外，有机溶剂也可用于清除土壤中的有机污染物。Sahle-Demessie 等用甲醇、2-丙醇等溶剂萃取清洗土壤中高浓度的 p，p’-DDT 等农药，当溶剂和土壤的体积比为 1：6 时，去除效率可达 99%，其效率与萃取次数，溶剂土壤比，以及土壤湿度有关。

3.2.2.3 化学农药降解的有机黏土法 这是近年发展起来的一种新的原位处理污染地下水的方法，是一种化学和生物相结合的方法。利用人工合成的有机黏土可有效地去除污染物。带正电荷的有机修饰物、阳离子表面活性剂通过化学键键合到带负电荷的黏土表面上，合成有机黏土，有机黏土可以扩大土壤和含水层的吸附容量，黏土上的表面活性剂可以将有毒有机物吸附到黏土上富集，有利于微生物对污染物的原位降解。

3.2.2.4 *化学农药污染环境的其他化学修复技术* 超临界萃取法采用超临界流体萃取土壤中的有机农药污染物，使污染物被浓缩富集而除去，但设备投资大，运行成本高。

微波萃取法可对土壤的有机农药污染进行选择性萃取，从而使有机农药从土壤中分离出去。由于微波在瞬间加热，可以缩短萃取时间，提高萃取效率。近来研究较多的高级氧化技术有光催化反应法和声化学氧化法。实验表明，氯代酚、氯苯、$CHCl_3$ 等含氯有机物在超声波的作用下可最终降解为 HCl、H_2O、CO 等小分子无机物。

3.2.3 *化学农药的生物降解技术* 在化学农药污染土壤的治理中，当前研究、应用最为活跃，并取得较好效果的是生物修复技术。该技术是利用某种特定的生物（动物、植物和微生物单独或联合使用）的生命代谢活动，较快地富集、转移、降解、转化土壤、地下水和海洋中的有毒、有害污染物并将其降解为二氧化碳、水或其他无害物质的系统。其特征是通过人工化的方法，针对目标污染物选择理想的主体生物，强化生物繁殖和生存适应能力，提供生物净化污染物的最适条件，从而大大加速生物在污染现场的净化功能，达到经济、快速和有效地修复受损环境和恢复清洁的目的。农药污染快速降解的关键在于分离出高效的化学农药降解生物，其途径是从污染的土壤、水体污泥等环境中筛选、驯化、富集和分离。与物理化学方法相比，生物修复被公认为是一种节约费用，可在现场处理污染土壤或水体，能够最大限度地降低污染物浓度，环境负面影响小、安全、无二次污染的方法。正因为这些原因，目前在修复受农药污染的环境方面，生物修复方法得到越来越多的研究和应用。

农药的生物降解研究开始于20世纪50年代，Cornell大学任教的MartinAlexander与他的学生就针对《寂静的春天》出版后人们对环境中农药污染和残毒问题的关注而展开了农药在土壤中可降解性的研究，20世纪60年代中后期化学农药带来的环境污染日益严重，农药的生物降解研究越来越受到重视。

根据降解过程所采用的生物种类，可以将农药污染的生物修复具体分为动物修复、植物修复、微生物修复和植物——微生物联合修复。其中，微生物降解修复又可分为原位处理、就地处理和生物反应器法。

3.2.3.1 *化学农药污染环境的动物修复技术* 自然界中的某些低级生物能吸收和富集环境中的残留农药，并通过自身代谢作用把部分农药分解成低毒或无毒产物。土壤中有一些大型土生动物如蚯蚓、某些鼠类和一些小型动物种群如线虫纲、弹尾类、蜱螨目等，能够将通过渗透、食物链等方式进入生物体内，农药通过一系列的酶促反应和代谢过程，使农药的分子结构发生变化、农药的毒性降低或消除。

当前，在化学农药生物恢复中运用研究较多的动物是蚯蚓，蚯蚓是一种能提高土壤环境自净能力的环境动物。谢文明等研究显示，蚯蚓对所添加的有机氯农药的生物富集因子为1.4~3.8，对六六六和DDT的富集作用明显。Singer等的研究表明在培养蚯蚓的污染土壤中，PCBs的降解率为55%，而在未培养蚯蚓的污染土壤中，PCBs的降解率仅为39%。另外，蚯蚓还可以通过改善土壤结构和土壤中的微生物而改变土壤中农药的降解性能。Luepromchai 等研究发现，蚯蚓能提高多氯联苯（PCBs）降解菌的传播，促进土壤中联苯降解菌种群数量的增加。关于利用蚯蚓对有机氯农药污染土壤进行修复的研究目前在国内外还处于摸索阶段，但是，蚯蚓在处理城市垃圾和工业废弃物以及农药、重金属等有害物质巨大潜力已被公认，因此利用蚯蚓进行化学农药的降解研究具有重要的研究意义和广阔的应用前景。另有研究表明，根结线虫也能高效率地参与有机污染物的吸收和代谢，如寄生性线虫 *Meloidogyne javanica* 和 *M. incognita* 吸收呋喃丹 48h 后，90% 以上已代谢为高极性的无毒产物，仅有 2% 仍为母体化合物；对苯胺磷的代谢速度稍慢，48h 后能够降解 30%。因此有针对性的利用高效降解动物对环境中的化学农药降解具有重要的意义。

3.2.3.2　化学农药污染环境的植物修复技术

（1）植物降解作用的研究进展：化学农药的植物降解是指生长在含有污染物的环境之中的植物，忍受和超量累积某种污染物质，并通过叶、枝条和根的生长以及对水和矿物质的吸收或利用植物、微生物与环境之间的相互作用来清除环境中污染物的方法。具有特殊功能的植物能直接从土壤或通过叶片吸收农药并进行分解，通过木质化作用使其成为植物的组成部分，再通过代谢或矿化作用使其最终转化为二氧化碳和水[10]。

植物修复技术的理论研究始于 20 世纪 50 年代，20 世纪 60 ~ 70 年代研究者主要关注作物内有机污染物（主要是有机农药）的来源，研究发现植物根系可以吸收土壤中的有机农药，并将其所吸收的一部分农药转移、累积到地上部分。80 年代，科研人员在研究有机化合物对作物危害的同时也对其在作物不同组织中的分配进行了研究。20 世纪 90 年代以后，PCBs、多环芳烃（PAHs）、三硝基甲苯（TNT）及部分杀虫剂等难降解有机化合物的污染受到了密切关注，相关的植物修复技术研究日益深入。

研究发现，许多植物对有机农药具有一定的吸收能力。目前用于化学农药降解的植物种类包括植向日葵、烟草、玉米、大豆、芥菜、早熟禾和黑麦草数十种植物等。这些植物对特定农药的吸收、转化能力较强，能够快速降低污染环境中的化学农药。利用植物修复农药污染的研究在国内外均有报道，Gao 等报道了 DDT 在朵草、浮萍与伊乐藻等水生植物中的吸收与植物转移。Garrison 等研究发现水生作物伊乐藻与陆生作物葛藤也能降解 DDT。

然而不同植物对有毒物质的降解能力不同。安凤春等的研究发现种植早熟禾、草地早熟禾、多年生黑麦草等 10 种草 3 个月后，DDT 的浓度可以从 0.215mg·kg^{-1} 降低 19.6% ~ 73.0%，这说明不同品种的草对土壤中污染物的降解性能是存在差异的。其中，具有发达的根系、较高的根/枝比的植物对有机农药的吸收性能较强，且对多数植物来说，根系累积污染物的能力大于茎叶和籽实，农药在植物体内的分布顺序为根 > 茎 > 叶 > 果实。同时，选择具有发达根系的植物还能满足对亚表层土壤污染的修复[11]。

植物对农药的吸收受化合物的化学特性、环境条件及植物种类等影响。例如植物对位于浅层土壤的中度憎水有机物如 BTEX、氯代溶剂、短链脂肪族化合物等有很高的去除效率。憎水有机物和植物根表面结合的十分紧密，致使它们在植物体内不能转移。

（2）化学农药污染植物修复的机制：不同的化学农药被植物吸收后主要通过以下 4 种方式进行转化。①可通过木质化作用储藏于新的植物结构中；②在植物生长代谢活动中发生不同程度的转化或降解，变成对植物无害的中间产物储存在植物体内；③完全降解并最终矿化成水和二氧化碳；④通过植物的挥发作用直接排到空气中。Li 等研究发现，黑麦草能吸收杀虫剂氟乐灵，并在植株体内将其代谢掉。高等植物杨树、曼陀罗、茄科植物、狐尾藻等可从土壤和水溶液中迅速吸收 2，4，6 - 三硝基甲苯（TNT），并在体内迅速代谢为高极性的 2 - 氨基 -4，6 - 二硝基甲苯及脱氨基化合物，以至于在某些植物体内很难检测到 TNT 的母体化合物。然而，杀虫剂林丹在黑麦草植株体内很少被代谢，而是累积于植株体内。玉米、小麦、大麦、水稻、绿豆、烟草等农作物对莠去津、禾草敌等有机农药具有良好的吸收效果。杂交杨树从土壤中吸收的 TNT 中，75% 被固定在根系，转移到叶部的量也可高达 10%。当杂交杨吸收蒸汽压很高的二噁英后，80% 通过叶片挥发至大气。

酶降解作用是植物对有机农药降解的重要方式。植物产生并释放出具有降解作用或促进环境中生物化学反应的酶等根系分泌物，这些酶类可使有机农药降解速度加快，美国佐治亚州 Athens 的 EPA 实验室从淡水的沉积物中鉴定出来自植物的 5 种酶（脱卤酶、硝酸还原酶、过氧化物酶、漆酶和腈水解酶）对有机农药的分解起着重要的酶促作用。其中硝酸还原酶和漆酶能分解炸药废物 TNT，将破碎的环状结构结合到植物材料或有机物残片中，使之成为无毒的成分；脱卤酶能将含氯有机溶剂三氯乙烯还原为氯离子、水和二氧化碳。另外，降解酶是对各种杀虫剂、除草剂等外源有机物的降解起重要作用的植物酶，常见的降解酶有水解酶类和氧化还原酶类，这些酶通过氧化、还原、脱氢等方式将农药分解成结构简单的小分子化合物。

植物根际、微生物复合系统是降解有机污染物的重要机制。由于根系的存在，植物向根际释放碳水化合物、氨基酸和有机酸，给根际微生物提供生态位和营养条件，促进了微生物的繁殖和适当酶系的产生，增加了微生物的活动和生物量，使植物根系、根系微生物和土壤组成的根际微生态系统成为土壤中最活跃的区域。许多研究表明，根系分泌物会影响土壤中微生物的数量及群落组成，群落特征也随着根系分泌物的类型而不同。土壤中由于植物根系的存在，微生物的活性和数量比无根系土壤中微生物活性和数量增加 5 ~ 10 倍，有的高达 100 倍，Kozdroj 等的研究表明，植物根系分泌物明显影响根际微生物群落结构，根系分泌物中的有机成分是引起根际新的细菌群落发展的潜在机制。这些微生物在数量和活力上的增长，很可能是促进根际非生物化合物代谢降解的因素。

有机农药污染物存在于植物、根际微生物和土壤所形成的共存体系中，有利于化学农药的降解。安凤春等研究了十种植物对 DDT 污染土壤的修复作用，结果表明植物本身对 DDT 只有少量的吸收，只占原施药量的 0.113% ~ 1.108%，而主要因素是土壤中的微生物降解。朱雪梅等的研究表明 DDT 在根际土壤中的降解略快于非根际土壤，说明根际环境及根际微生物是植物降解有机污染物的主导场所和因素。另有研究表明，在种植同种植物的灭菌和非灭菌土壤中，非灭菌土壤的化学农药降解率明显增高。对污染土壤植物修复的深入研究导致了植物根际修复新技术的产生和发展，目前已成为污染物修复的研究热点之一。加强对有机物在土壤 - 植物系统中污染物的迁移、转化和降解等方面的研究，以及从分子水平探讨相关机理是未来发展的方向。

(3) 化学农药植物降解作用的应用与展望：化学农药的植物修复是一种经济有效、绿色环保、以太阳能为驱动实用技术，是一个非常适合我国国情的实用技术。植物修复尤其是有机污染环境的植物修复是一个崭新的研究领域，得到了学者的广泛关注，研究表明数十种植物具有降解化学农药的功能，在实际中也得到了部分应用。

然而，应该指出植物修复理论技术尚未成熟以前，大规模的推广应用必须十分谨慎。①植物生长期限长，用来吸附土壤中的污染物的植物通常要经过几个生长季节，并且有研究证明污染物完全从土壤中分解出来需要很长的时间；②超量积累植物经常只能积累某种或某些污染物，目前为止，还没有发现积累降解所有关注的污染物的植物，这样使其面对600多万种化学农药束手无策；③植物根系的局限性，植物根系一般在10m以下，因此当污染物在土层10m以下，植物的根系就无法伸展到该污染地带，无法对其进行降解修复；④食物链的消极影响。因为待修复环境中的污染物通常是多元化的，而用于修复的植物必须具备吸收与富集多种污染物的超强能力，因此，已用作修复污染环境的植物及残体实际上也可能成为强污染源，必须集中处理，否则有可能成为更强的污染源造成二次污染而影响生态环境质量或通过食物链转移到人体中。例如，当野生动物吃了这些富积特定农药的植物后，污染物就会在有机体中积累，然后通过食物链传到人体或其他动物体内，引起其他动物的中毒、甚至死亡。

另外，植物修复的效率受多种因素的影响，包括与植物生长相关的气候、土壤等自然条件，污染物浓度，修复植物的特性等，如何高效利用植物修复技术进行污染环境的修复还存在许多问题有待进一步研究。①植物对不同类型和性质有机污染物的修复机理及修复效果的差异如何；②怎样筛选、培育和合理搭配高效率的用于环境修复的植物品种以满足不同环境修复的需要；③如何对植物吸收的有机污染物及代谢产物进行跟踪与危险性评价；④怎样协调有机污染环境的植物修复与重金属污染的植物修复以及其他环境修复技术间的关系；⑤如何寻找、筛选自然界中累积、超累积植物；⑥如何利用现代生物技术手段培育具有多种吸收和降解机制的植物；⑦如何耕种混合植物进行复合污染植物修复；⑧如利用基因工程技术来增强植物本身对农药的降解能力，提高植物修复的效率；⑨要加强根系分泌物如何调节与控制根际微生物对污染物的降解转化机理研究，重视植物修复中各种配套技术与方法的系统集成研究，深化应用基础理论的研究，并注重多学科的综合技术应用研究；⑩随着植物修复污染土壤研究的深入，如何改善土壤中影响植物吸收污染物的因素，如何利用分子生物学技术从超积累植物上分离载体和耐性基因，将其转移到生物量大的植物体内，成为人们将此技术从实验阶段转化为实际应用的关键。

3.2.3.3　*化学农药污染环境的微生物修复技术*　农药污染会破坏土壤功能，威胁微生物多样性，影响生态系统的稳定，然而农药污染对微生物的影响是有选择性的。对于那些缺乏耐性的微生物来说，污染会对其生长繁殖产生抑制作用，造成数量减少甚至消失。而对于某些能利用污染物作碳源和能源的微生物来说，污染可能会刺激这些微生物的生长繁殖，并通过生物作用将这些有毒物质转化成二氧化碳和水或转化为无害物质。

微生物修复技术是基于这一原理发展起来的利用微生物将存在于土壤、地下水和海洋中的有毒、有害污染物降解为二氧化碳和水或转化为无害物质的技术。微生物是生态系统的重要组成部分，对土壤功能、生态系统的稳定和自然界元素循环等有重要的意义。微生物代谢方式丰富多样，底物范围广，从复杂的有机大分子如纤维素、木质素甚至包括人造的高聚化合物尼龙到简单无机小分子如 H_2 和 CO_2。作为生态系统的重要成员，微生物必将在污染物的去除中发挥重要的作用，成为生物修复中的主力军[12]。

（1）化学农药污染环境微生物修复的研究进展：关于农药的微生物降解，国内外已经进行了较多的研究。研究发现部分细菌、真菌和放线菌能够降解农药。目前对有机磷农药污染的细菌降解研究较深入，包括降解菌株的获得、降解酶的分离纯化、降解酶基因的克隆以及降解菌的田间应用等。能够降解有机磷农药的细菌种属很多，主要包括假单胞菌属、芽孢杆菌属、黄杆菌属和产碱菌属等。降解有机磷农药的真菌研究报道也有一些，目前发现的有瓶形酵母菌、曲霉、木霉、链格孢、镰刀菌属、头孢菌属、毛霉属、粘帚酶属、链孢霉属、根霉菌属等。例如瓶形酵母菌、曲霉能够降解甲胺磷和乐果，木霉和链格孢能够降解甲基对硫磷具降解作用。石利利等从长期使用毒死蜱的土壤中分离了一株可降解毒死蜱的真菌曲霉和一株可降解毒死蜱和甲胺磷的真菌木霉。李淑彬等分离到一株能以甲胺磷为唯一碳源、氮源和能源生长的曲霉 M-2。许多科研工作者已对细菌、霉菌、酵母的甲胺磷分解特性和酶解体系等作了初步的研究。

国内外也进行了大量有机氯农药的微生物降解研究，Ding Keqiang 等将分离出的有机氯农药（HCH、DDT）降解菌株并制成复合菌剂，应用于盆栽试验和田间小区试验，所得的降解效应类似于纯培养试验，对有机氯的降解率达到了 50% ~60%。方玲分离得到能降解六六六的芽孢杆菌属、无色杆菌属和假单胞菌属菌株，以及降解 DDT 的产碱杆菌属和无色杆菌属菌株，利用混合菌株进行盆栽试验和田间试验，发现有较好的降解效应[13]。对有机氯杀菌剂和除草剂的降解研究各有一例报道，分别为吉氏拟杆菌对五氯硝基苯的降解和恶臭假单胞菌 S25 对 2,4-D 的降解。

（2）化学污染微生物修复的机制：不同微生物对农药的降解机制不同，有些微生物能以某种农药为唯一碳源或氮源，部分微生物以农药或其分子中某部分作为能源和碳源来降解存在于自然环境中的化学农药。有些农药能被微生物立即利用，有的则不能立即利用，需先经产生特殊酶解后再使农药降解。有些微生物通过共代谢作用使农药降解。许多研究表明，由于某些化学农药的结构复杂，单一的微生物不能使其降解，需靠两种或两种以上的微生物共同代谢降解。许宝泉等从污泥中分离到一株可降解有机磷农药乐果的不动菌属（*Acinetobacter*）菌株，该菌以共代谢方式降解乐果，还能降解敌敌畏和对硫磷等农药。去毒代谢作用也是微生物降解农药的修复机制之一，这类微生物不能从农药中获取营养或能源，而是发展了为保护自身生存的解毒作用。

农药的降解方式主要有酶促与非酶促两种，而微生物的降解作用主要是通过其分泌酶来完成的。酶促降解作用表现为：①一般有效性酶的代谢，就是由一般广谱酶（如水解酶和氧化酶）的代谢和微生物种类中出现的特异酶的代谢，当农药污染物浓度较高时，微生物通过酶对农药分子的特殊毒性基团进行代谢，使其失去毒性，并在代谢过程中将农药分子当作自身需要的碳源物质，从中获得生长所需的能量；②类似诱导酶的代谢或共代谢。共代谢是指微生物在可用作碳源和能源的基质生长时，伴随着非生长基质的不完全氧化的一种现象，是利用与农药结构相似的基质的酶代谢。目前，对农药的酶降解机制以及能够产生降解酶类的微生物的研究已很多，Focht 等筛选得到的降解 DDT 的氢丛毛杆菌是利用二苯甲烷为碳源，当农药浓度较低时，农药分子在广谱酶的作用下进行水解代谢或共代谢。另有研究表明，通过改善微生物的营养状况，可以诱导新的酶产生和泌出，增强酶的活性，促使农药的迅速降解。常见的降解酶类主要有水解酶类（包括磷酸酶、对硫磷水解酶、酯酶、硫基酰胺酶和裂解酶等）以及氧化还原酶类（过氧化物酶、多酚氧化酶）。例如，Lewis 等由黄杆菌分离到一种酯酶或磷酸酯酶，可降解对硫磷，显著降低原药毒性；同时还可水解另外 10 余种有机磷农药，如久效磷、对氧磷和马拉硫磷等。Kaufman 和 Kearney 从假单胞菌中分离到能切断氯苯胺灵酰胺键或酯键的降解酶。Wallnofer 和 Bader 则发现球形芽孢杆菌无细胞抽提物具有酰胺酶活性，可降解苯胺类除草剂。刘建平等和钞亚鹏等分别从甲基营养菌中分离到甲胺脱氢酶和甲胺磷降解酶，对催化农药甲胺磷降解非常有效。这些研究的进行为有机农药的微生物降解和酶降解的进一步引种奠定了基础。

非酶促降解作用是微生物降解化学农药的另一种方式，微生物活动使 pH 值变化而引起农药降解，或产生某些辅助因子或化学物质参与农药的转化，如脱卤作用、脱烃作用、胺及酯的水解、还原作用、环裂解等。微生物还能参与光化学反应，有些有机农药在环境中可由光化学而转化，微生物的产物能够促使光化学的反应，如微生物的产物能作为从光吸收能量的光敏体，又把能量转移给农药分子。另外，微生物的活动可以引起 pH 值的变化，酶活性受 pH 值的影响，而 pH 值又随着营养源改变，特别是水溶液的改变而变化，pH 值的变化改变了化学农药的降解速率[13]。

（3）化学农药微生物修复的应用与展望：化学农药污染污染环境的微生物修复是一种高效、经济和生态可承受的清洁技术，可广泛用于点源和面源污染的治理与修复，值得大力推广。随着现代分子生物技术和基因工程技术的发展，降解化学农药微生物的研究得到了更大的发展，并已经成为当今环境生物技术的研究热点。

然而，微生物修复技术还存在一定的缺点：①特定的微生物只能降解特定类型的化合物，而全球已登记的化学物质有 600 多万种，其中 2 万多种为有毒化学品；②大多数的有机污染物在环境中的浓度极低，如目前长江、辽河水体中的多氯有机物（仍以六六六和 DDT 为主）总量仅为 $20ng \cdot L^{-1}$ 左右，如此低浓度的化合物很难维持降解细菌所需的群落，更何况微生物对多氯苯类（PCBs）和多环芳烃类（PAHs）等化合物的消化能力很差，其活性受环境条件的影啊也特别大；③微生物修复往往需要添加营养物和诱导物，存在二次污染的危险；④富集有高浓度化学农药的微生物仍然存在于环境之中，如何正确处理这些微生物也是值得商榷的问题。

目前，国内外对化学农药降解微生物的研究已相当广泛，并已经成为当今环境生物技术的研究热点。结合当前的研究现状和目前微生物修复技术存在的缺点，以下几个方面将成为微生物修复进一步研究的热点：①通过多途径、多方法分离和筛选具有高效降解有特性的菌株，构建高效降解菌的种子库；②深入研究已获得的降解农药微生物的特性，了解降解基因的起源和分布，并进行生态的综合分析；③利用基因工程技术定向选育遗传工程菌株以及构建高效农药工程菌（GMO），拓宽降解谱，提高降解能力；④加快农药降解酶的酶学研究，采用固定化酶方法或者生物酶反应器用于化学农药的降解；

⑤制定并规范相应法律，为农药微生物降解制剂产品健康有序的市场化开发提供保障。这些问题的解决将会推动农药微生物降解的研究进入更高层次，同时也为解决环境中的农药污染和农产品农药残留问题奠定坚实的基础。

4 化学农药污染环境的修复技术应用

4.1 化学农药的植物修复技术

植物利用其对化学农药的吸收、降解、酶解或是与微生物的联合矿化作用等多种机制完成化学农药污染环境的修复。利用植物进行化学农药污染环境的修复一般包括以下3个步骤：

第一，高效植物的筛选，从污染环境中筛选能够降解某种化学农药的植物品种。

第二，降解植物的驯化和室内应用实验，确定降解植物的田间应用条件。

第三，降解植物的田间应用及降解植物的后处理。

目前，有关化学农药植物修复的研究已有很多，以杀虫剂DDT的植物降解研究研究为例进行说明。杀虫剂DDT及其代谢中间产物是一类典型的持久性污染物，在自然条件下很难分解。然而一些植物本身对DDT及其降解物的吸收和降解作用加速了DDT的分解，Gao等的研究表明，无菌条件下水生植物伊乐藻、浮萍、鹦鹉毛在6d内可富集水中的全部DDT，并能将1%～13%的DDT降解为DDD和DDE。Gurrison等经过对放射线杀菌的水系统中的水生植物伊乐藻和陆地植物野葛研究发现，它们将p，p’-DDT和其对映物o，p’-DDT降解为DDD的半衰期为1～3d。Lunney等通过对小胡瓜、大牛毛草、紫花苜蓿、黑麦草和南瓜5种植物在温室内对DDT及其代谢产物DDE运输传导和修复能力的研究发现，两种葫芦科植物南瓜和小胡瓜具有较强的运输和富集能力，且嫩芽的富集能力高于根系。另有研究表明，小麦和大豆的植物细胞也具有同化DDT的能力。

一些研究发现，植物对DDT的降解作用主要是由于植物和微生物的联合作用，安凤春等用植草方法研究了受DDT及其主要降解产物污染土壤的植物修复，比较了早熟禾、草地早熟禾、多年生黑麦草等10种草在不同污染物质量浓度下对不同土壤的修复能力。研究发现，在植物修复过程中，通过植草吸收土壤中有机污染物修复受污染土壤的方法效果不佳，植草3个月后，草对DDT及其主要降解产物的吸收与富集仅占原施药量的0.13%～3.00%，而7.10%～71.90%的DDT及其主要降解产物已从土壤中消失。植草的作用可能是通过草的根部向土壤中释放酶或某些分泌物，从而激发土壤中微生物的活性，加速农药的生物降解作用。因此，选择能加强根际区生物降解作用的草品种，是利用植草修复农药污染土壤的研究热点。

目前对高效降解植物的处理化学农药污染后残体的处理研究还很少，如何对其进行合理处理以避免产生二次污染具有重要的意义。

4.2 化学农药的微生物修复技术

化学农药的微生物修复一般分为以下5个步骤：

第一，农药降解菌株的筛选，为获取降解农药的微生物菌株，可以从现已收藏的菌种中筛选，亦可以从污染环境中（长期被某种农药污染的土壤、水体或底泥中取样）直接筛选或经富集培养获得。降解菌的富集培养方法主要有：液体培养法、土壤环流法、连续流动法。再经固体培养分离纯化得到所需菌株。

第二，降解菌株降解特性的研究，利用室内摇瓶培养或平板透明圈法测定在不同条件下降解农药的能力，并对其进行降解机制的研究。

第三，对降解菌株进行实验室驯化，或对其进行分子生物学修饰以提高其降解能力。

第四，对降解菌株的室外修复能力进行测定，确定发挥最高降解效率所需田间的营养元素。

第五，制成菌剂投放到污染环境中，进行环境修复。

华菊玲等从农药厂附近长期受农药污染的土壤中采取土样，在甲基对硫磷无机盐培养基中连续转接富集 4 次，将最后一次富集培养液取样进行梯度稀释后涂布于甲基对硫磷无机盐琼脂平板，从平板中分离到了能高效降解甲基对硫磷的菌株 P-29，该菌株摇瓶培养 30h 能够降解 84% 以上的甲基对硫磷，分析发现该菌能产生降解农药的酶类[14]。洪源范等进行了甲氰菊酯降解菌 Sphingomonassp. JQL4-5 对污染土壤修复的实验，实验结果表明土著微生物、土壤温度、pH 值、添加降解菌的浓度以及甲氰菊酯的浓度对菌株降解能力的影响，为该降解菌株的田间应用奠定了基础[15]。目前，有关农药高效降解菌株的室内研究较多，南京农业大学生命科学学院已筛选出的农药残留降解菌株 30 多株高效安全的农药残留降解菌株，分为有机磷类、氨基甲酸酯类、菊酯类、有机氮类、有机氯类，入库菌株农药残留降解率达到 85% 以上。Sciliano 等投加假单胞菌菌株 R75 和 CB35，大大提高了土壤中 2-氯苯酸的降解速度。

然而多数情况下，直接将实验室分离的高效降解菌株发酵培养后直接施入被农药污染土壤并不能取得良好的降解效果，需要向遭受污染的土壤接入外源的污染物降解菌的同时提供这些微生物生长所需的营养，包括常量营养元素和微量营养元素。微生物修复技术体系中最主要的营养元素，微生物生长所需的 C、N、P 质量比约为 120 : 10 : 1。因此，要根据降解菌株对营养条件的需求制成相应的制剂，以提高降解菌株在田间对农药的降解效果。

南京农业大学利用有机磷降解菌株 DLL-1 制成的农药降解菌剂，在山东省滨州市惠民县拱棚韭菜试验，对辛硫磷、甲基对硫磷施用 3d 后的降解率分别为 99.52%、98.83%。2003 年在山东省博兴县、滨城旧镇拱棚韭菜降解有机磷农药残留示范中，也取得了良好的效果，送检产品达到绿色食品卫生标准[16]。

4.3　微生物—植物联合修复技术

微生物—植物系统实质上是由植物根系与周围微生物环境共同组成的微区。根际是植物根系直接影响的土壤范围，在植物的生长过程中，死亡的根系和根的脱落物是微生物的营养来源，同时根系旺盛的代谢作用可以释放一些物质进入到土壤中，促进根区微生物的生长和繁殖。由于根系的穿插，使根际的通气条件、水分状况和温度均比根际外的土壤更有利于微生物的生长，有利于提高好氧细菌分泌物和酶的活性。同时，微生物的活动也促进了根系分泌物的释放，植物根际的联合作用加速了有机农药的降解，根际区的土壤微生态环境也使化学农药的矿化作用增强[17]。

Sandmann 等研究证明，许多植物根际区的农药降解率与根际区微生物数量呈正相关，且多种微生物联合的群落比单一种群对化合物的降解具有更广的适应范围。Hsu 等研究了二嗪磷与对硫磷在菜豆根系中的降解，30d 后，在根际区与非根际区土壤中，二嗪磷降解率分别为 12.9% 和 5.0%；对硫磷分别为 17.9% 和 7.8%，而在灭菌土中仅为 1.8%。

菌根是土壤真菌菌丝与植物根系形成的共生体，菌根化植物对农药有很强的耐受能力，并能把一些有机成分转化为菌根真菌和植株的养分源，降低农药对土壤的污染程度。林先贵等研究了施用绿麦隆、二甲四氯和氟乐灵的土壤接种菌根对三叶草生长的影响，发现接种 VA 菌根真菌后，植株的菌根侵染率、生长量和氮、磷的吸收都显著高于不接种的对照植物。Menendcz Auan A 等指出，菌根真菌摩西球囊霉侵染的大豆，其生长不受杀虫剂乐果影响，施用 $0.5mg \cdot L^{-1}$ 的乐果反而增加了摩西球囊霉的孢子萌发。因此，根际生态系统的正常生态功能能有效降解各种污染物质，避免污染农作物或农产品，同时也可减少土壤中污染物质的向外转移，使农药的污染范围得到控制，是未来化学农药污染环境的修复重要技术支撑。

5 小结

随着人们对环境问题的关注，化学农药的减量化和替代化技术、以及污染环境的修复技术研究日益成为科学研究的热点。已经制定出化学农药使用规程，开发出多种效果良好的生物农药、物理农药，规范了农耕操作，这些措施的实行对降低化学农药的使用量有良好的效果，但仍然需要进一步的开发应用。

虽然经过一系列措施，化学农药的使用量有所降低，然而化学农药在农业生产中的应用在一定时期之内是不可替代的，势必仍然对环境带来相应的影响。针对此，研究者经过大量研究建立起化学农药污染环境的修复技术，其中植物修复系统、微生物修复系统以及植物—微生物复合修复系统的应用效果较为良好，筛选出多种对化学农药有降解作用的微生物、植物。由于目前的污染逐渐呈现出多种农药复合污染和立体污染的趋势，利用一种技术进行修复无法满足复合污染治理的需要，因此应用多种修复技术的联合修复将是未来发展的重点方向。

参考文献

[1] 朱昌雄，蒋细良，田云龙等．我国农药污染现状分析．农业生物资源与环境调控，2006，5：9 ~ 15

[2] 单正军，陈祖义．农产品农药污染途径．农药科学与管理，2008，29：40 ~ 49

[3] 仝青，冯沈迎，阮玉英等．空气中有机氯农药在不同粒径颗粒物上的分布．环境科学学报，2000，19（4）：306 ~ 312

[4] 谭亚军，李少南，孙利. 农药对水生态环境的影响. 农药，2003，42（12）：12～13
[5] 石兆勇，王发园. 农药污染对微生物多样性的影响. 安徽农业科学，2007，35（19）：5840～5841，5915
[6] 姚健，杨永华，沈晓蓉等. 农用化学品污染对土壤微生物群落 DNA 序列多样性影响研究. 生态学报，2000，20（6）：1021～1027
[7] 蔡道基，张壬午，李治祥等. 农药对蚯蚓的毒性与危害性评估. 农村生态环境，1986，2（2）：14～18
[8] 孙绣华. 土壤中农药的降解机制探究. 安徽农业科学，2007，35（31）：10036～10037
[9] 杨桂朋，孙晓春. 海水中农药的光化学降解研究. 中国海洋大学学报，2007，37（4）：550～556
[10] 沙净，王建中. 农药污染土壤的植物修复技术研究进展. 安徽农业科学，2008，36（6）：2509～2511，2523
[11] 安凤春，莫汉宏，郑明辉等. DDT 及其主要降解产物污染土壤的植物修复. 环境化学，2003，22（1）：19～25
[12] 郑金来，李君文，晁福寰. 常见农药降解微生物研究进展及展望. 环境科学研究，2001，14（2）：62～64
[13] 方玲. 降解有机氯农药的微生物菌株分离筛选及应用效果. 应用生态学报，2000，11（2）：249～252
[14] 华菊玲，邱星辉，黄瑞荣等. 甲基对硫磷降解菌 P-29 的筛选及降解特性研究. 江西农业学报，2007，19（2）：66～67
[15] 洪源范，洪青，沈雨佳等. 甲氰菊酯降解菌 Sphingomonassp. JQL4-5 对污染土壤的生物修复. 环境科学，2007，28（5）：1121～1125
[16] 林玉锁. 土壤中农药生物修复技术研究. 农业环境科学学报，2007，26（2）：533～537
[17] 陈建刚，刘汉湖. 土壤中农药污染的植物—微生物联合修复. 江苏环境科技，2001，14（4）：14～15

山东设施蔬菜病虫害现状及其综合防治策略*

李世贵** 张晓霞 范丙全 姜瑞波

（中国农业科学院农业资源与农业区划研究所，
中国农业微生物菌种保藏管理中心，北京 100081）

摘　要：本文通过实地考察，对山东设施蔬菜主要病虫害现状进行调查，针对其特点和防治中存在的问题提出综合防治措施，并就农业微生物在设施蔬菜病虫害生物防治中的应用进行阐述。

关键词：设施蔬菜；病虫害；综合防治；微生物；生物防治

20世纪80年代以来，我国的蔬菜种植业发展迅速，以成为仅次于粮食作物的第二大农作物。其中保护地蔬菜面积大到480万hm^2，占蔬菜面积的30%，占全国面积的3.7%，年产值为1 500亿元。设施蔬菜的发展，为解决城乡蔬菜周年供应和增加菜农收入起到重要作用。

由于设施蔬菜栽培的特殊环境，给蔬菜病虫害的发生发展提供了合适的条件，致使蔬菜病虫害发生种类、数量及为害程度都呈现出逐年增加的趋势，严重影响蔬菜的产量和质量，给菜农在经济上造成很大损失，已经成为限制我国蔬菜种植业发展和增强国际市场竞争力的“瓶颈”。防治好蔬菜病虫害，已是发展蔬菜生产的必需，也是菜农的迫切要求。

山东省是我国的蔬菜生产大省，种植面积较大，出口创汇能力在全国处于领先地位。寿光和苍山作为山东蔬菜产地，是分别供应北京、天津、上海、南京和广州等市南北两大菜篮子和出口蔬菜生产基地，设施蔬菜的种植起步较早，蔬菜病虫害发生较普遍，其为害比较严重。通过实地考察并结合与当地菜农和蔬菜生产主管部门座谈，对山东省寿光和苍山两市县设施蔬菜主要病虫害现状有了初步的了解，并针对其特点和防治中存在的问题提出了一些综合防治措施。

---

* 资助项目：“863”项目——新型多功能生物有机肥的研究与开发。项目编号：2002AA245031。中央级公益性科研院所基本科研业务费专项资金（2007年度）。

** 作者简介：李世贵（1978～），男，汉族，湖南省湘阴人，理学硕士，助理研究员，主要从事微生物菌种资源的收集、保藏、研究与利用工作。

E-mail：shiguili2002@yahoo.com.cn. Tel：（010）82108651-617。

1 设施蔬菜病虫害现状

由于设施蔬菜具有高温、高湿、封闭和连茬种植的特点，为蔬菜病虫的周年繁殖和为害提供了适宜的气候条件及越冬场所，有利于蔬菜病虫害的发生流行，从而使蔬菜病虫害种类增多，为害程度显著加重，不少病虫为害日趋猖獗，甚至出现了一些难以判定的病害。

1.1 设施蔬菜处于高温、高湿的环境，有利于某些病虫害的发生与蔓延

常见病害有黄瓜霜霉病、细菌性角斑病，番茄早疫、晚疫病、叶霉病、青枯病，菜豆细菌性疫病等，这些病害过去在露地蔬菜上很少发生或发生较轻，但随着设施蔬菜的发展而逐年加重，成为主要病害。另外，某些蔬菜虫害的发生也随着设施蔬菜的发展而日益猖獗。如根结线虫、蚜虫、白粉虱、潜叶蝇、蓟马、茶黄螨、红蜘蛛等，这些虫害在北方一般不能露地越冬，但在大棚高温条件下，继续繁衍为害并形成虫源，现已发展成设施蔬菜的主要虫害。此外，蔬菜大棚处于封闭状态，大量追施化肥、化肥施用不平衡等，致使设施蔬菜生理障碍严重，影响蔬菜正常生长[1]。

1.2 设施蔬菜多是连年重茬种植，某些病害的菌源大量积累

尤其是一些土传病害日趋严重，如黄瓜枯萎病、茄子黄萎病；多种蔬菜的根结线虫病；黄瓜、辣椒的疫病；黄瓜、西葫芦的蔓枯病；番茄、辣椒的青枯病；菜豆炭疽病；多种蔬菜的菌核病、根腐病等发生为害逐年加重，这些都与设施蔬菜不易轮作，连年重茬有关。

1.3 防治不当

目前，广大菜农普遍缺乏科学的病虫害防治技术，由于病虫种类和农药品种繁多，一般对病虫害的识别、农药的选择以及某些药剂的使用知识缺乏。因此，存在着重治轻防，重药轻养，不重不治，重了乱治的现象。甚至认为所谓防治就是多打药，以化学农药为主，多药混用，随意加大药量，造成药害。也有的使用生长激素过量或乱用除草剂，造成激素中毒或药害，使植株或果实畸形，影响生长发育，甚至绝产。由于防治不当，费工、费药，加重了为害，并使某些病虫害产生了抗药性，防治次数越来越多，用药量越来越大，病虫害越来越严重，这是目前病虫防治上的一大难题。

山东省寿光和苍山两市县主要设施蔬菜普遍发生且为害较为严重的病害种类见表1所示。

表1　主要设施蔬菜病害

蔬菜名称	病害名称
黄瓜	霜霉病、角斑病、蔓枯病、疫病、白粉病、褐斑病、菌核病、黑星病、根结线虫病、花叶病毒病
番茄	病毒病、早疫、晚疫病、灰霉病、叶霉病、脐腐病、青枯病、溃疡病
辣椒	疫病、根腐病、青枯病、炭疽病、病毒病、褐斑病
茄子	黄萎病、炭疽病、灰霉病、绵疫病、青枯病、菌核病
西葫芦	蔓枯病、白粉病、灰霉病、绵腐病、花叶病毒病
豆类	炭疽病、根腐病、锈病、灰霉病、菌核病、细菌性疫病

山东省寿光和苍山两市县设施蔬菜主要虫害有白粉虱、蚜虫、潜叶蝇、螨虫、红蜘蛛、蓟马和菜青虫等。

2　综合防治措施

设施蔬菜病虫害防治措施主要包括：农业防治、物理防治、化学防治、生物防治等。病虫害防治应坚持“预防为主、综合防治”的方针，结合设施蔬菜病虫防治工作的特点，从蔬菜、病虫和大棚环境的整体观点出发，着重处理两方面的关系：①防和治的关系，强调防重于治，即在病虫未发生或显著为害前，采取适当措施，使之不发生或不大发生；②各项防治措施的关系，要互相协调，取长补短，有机结合。在综合防治中要以农业防治为基础，因时因地制宜，合理运用物理防治、化学防治、生物防治等措施，达到经济、安全、有效的控制病虫为害的目的。

2.1　农业防治

利用农业栽培技术，创造适宜蔬菜生长发育和有益生物生存繁殖，而不利于病虫害发生的环境条件，消灭、避免或减轻病虫为害，保证蔬菜丰收。主要包括：①选用、选育抗病、抗虫品种；②根据不同病害发病条件，合理选择播种期；③加强管理。注意调节温度、湿度、光照等；合理密植，及时整枝打杈；精耕细作，起垄栽培等；④合理施肥，增施有机肥、推广生物有机肥、平衡施用化肥、改进施肥方法，增强作物抗病能力；⑤清除病残体。发病时及时摘除病花、病果、病叶，并带出棚外处理好，减少病源。防止病土、病菌和病水传播病虫害；⑥合理安排茬口，适当换茬轮作、间作和套作。

2.2　物理防治

利用各种物理因素（光、热、温、湿和机械）防治病虫害，它具有不污染环境，无副作用，并有某些独特的功效，因此在蔬菜生产中已普遍和广泛应用。主要包括：精选种子、温水浸种、热力消毒、高温灌水闷棚、诱虫和避虫以及性诱剂的使用等。

2.3 化学防治

又叫药剂防治，主要指化学农药防治，是保证蔬菜高产、稳产的重要措施，是病虫综合防治的有机组成部分。化学防治应注意掌握不同时期和施用方法：①尽量在换茬时或前茬收后，后茬播种前进行全棚特别是苗床消毒处理，杀死残存病菌；②播种前，进行种子消毒、药剂拌种；③发病时，应根据不同病虫害的特点和药剂剂型分别采用喷雾、喷施、熏蒸、灌根、撒施或穴施等施药方法；④交替轮换用药，避免产生抗药性；⑤对多次采收的瓜菜，要特别注意安全间隔期，应先采收后用药。

2.4 生物防治

利用天敌、植物某种有效成分和微生物及其代谢产物来防治病虫害。近年来，设施蔬菜病虫害生物防治发展很快，许多生物农药：如浏阳霉素、农抗武夷霉素等，已在生产上广泛应用；植物源杀虫剂：如苦参素、藜芦醇等已有产品投入市场；有的地区采用丽蚜小蜂防治白粉虱的面积正在逐步扩大。生物防治对人、畜安全、不污染环境，不杀伤天敌，是设施蔬菜病虫害综合防治的重要组成部分。

总之，在设施蔬菜病虫害防治中必须以农业防治为基础，优先使用物理防治特别是生物防治措施。合理施肥，科学使用高效、低毒、低残留化学农药，改善蔬菜品质，减少环境污染，把病虫害控制在经济阈值以下，农药残留量控制在国家甚至国际允许标准以下，从而达到环保和可持续发展的根本目标。

3 农业微生物在设施蔬菜病虫害生物防治中的应用

当代农业的可持续发展，要求生产者在利用资源、提高产量的同时，注意保护和改善人们赖以生存的环境，这就对蔬菜病虫害防治中的传统观念和不良做法提出了严峻的挑战，要求在设施蔬菜病虫害防治中实行以生物防治为主的综合治理的策略。鉴于长期使用化学药剂防治各种蔬菜病虫害所导致的对生态环境的破坏和病虫害抗药性增强等方面的副作用，迫使人们急切地寻找化学药剂的替代品[2]。生物防治的特点正好弥补了化学防治的不足，因而成为普受重视的研究方向[3]。而农业微生物则在蔬菜病虫害生物防治中起着主导作用。

同时，我国作为蔬菜生产、消费和出口大国，生产出优质无公害蔬菜已是势在必行。要生产无公害蔬菜，必须进一步增强各种生物，特别是农业微生物在蔬菜病虫害综合防治中的作用。

农业微生物在蔬菜病虫害综合防治和无公害蔬菜生产中具有巨大的应用价值和潜力，主要体现在微生物农药和微生物肥料两方面。如农用链霉素防治黄瓜细菌性角斑病，农抗 120 防治多种蔬菜白粉病等病害[4]，苏云金杆菌（Bt 乳剂）、颗粒体病毒防治菜青虫、小菜蛾，阿魏菌素治蚜虫等已在生产上广泛应用。此外，用酵素菌和生物肥料来调节土壤有益菌群、改良土壤结构、改善作物品质、增强作物抗病能力、防治土传病害等已在大面积推广与应用。不过，目前微生物农药品种较少，效果不如化学农药快；

特别是生物肥料肥效不稳定，受气候条件的影响较大等，这些都是生产和应用中突出的问题[5]。如何尽量避免这些不足，是微生物学工作者，尤其是农业微生物资源与开发利用研究人员今后努力的方向。

近年来，随着生物技术的迅速发展，为蔬菜病虫害的生物防治提供了一种新的途径，已成为农业与生命科学领域重要的发展前沿之一[6]。可以预计，随着抗病虫基因资源的不断挖掘利用和蔬菜与病虫害相互作用分子机理研究的不断深入，蔬菜抗病虫基因工程的研究将会取得突破性进展并走向应用，同时生防农业微生物的遗传改良将更有成效，遗传工程生防制剂将成为蔬菜病虫害生物防治的重要手段。总之，新的生物技术与传统技术方法的结合将推动农业微生物防治蔬菜病虫害进入一个新的发展阶段。

参考文献

[1] 王中春．保护地无公害蔬菜主要病虫害防治技术．全国名优特蔬菜栽培技术培训班教材，2002

[2] 陈在佴，吴继星，张志刚等．中国生物防治，2002，18（1）：33～35

[3] 徐庆丰．中国生物防治．太原：山西科学技术出版社，1998

[4] 郭莉华，林华峰．微生物防治研究进展．白蚁科技，2000，17（3）：27～32

[5] 李增智．菌物在害虫、植病和杂草治理中的现状和未来．中国生物防治，1999，15（1）：35～40

[6] 黄大昉．植物保护，1999，25（1）：34～36

The Actuality of Establishment Vegetable Diseases and Insect Pests and Synthesis Preventing and Controlling Strategy in Shandong

Li Shigui, Zhang Xiaoxia, Fan Bingquan, Jiang Ruibo

(Institute of Agricultural Resources and Regional Planning, Chinese Academy of Agricultural Sciences, Beijing 100081, China)

Abstract: This article through on-the-spot investigation, carried on the investigation to the present situation of main diseases and insect pests of establishment vegetable in Shandong, and proposed the synthesis control measures in according to its characteristic and the existent problem in the process of control. And it was expatiated that the application of agricultural microorganism in control of diseases and insect pests of establishment vegetable.

Key words: Establishment vegetable; Diseases and insect pests; Synthesis control; Microorganism; Biocontrol

耐除草剂木霉菌初步筛选及鉴定

顾金刚* 李世贵 王雯雯 李腾锟 曹晓明 王 然 姜瑞波

（中国农业科学院农业资源与农业区划研究所，北京 100081）

摘 要：本研究从河北省任丘市、保定市和北京市等地污染环境中采集土样，采用富集培养和稀释分离等方法分离得到38株木霉菌株，将分离的木霉菌株与中国农业微生物菌种保藏管理中心库存45株木霉菌进行降解金乙阿和丁莠、草甘膦三种除草剂的木霉菌株筛选，得到了5株具有降解除草剂功能的木霉菌株，综合分析菌落、分生孢子梗、分生孢子等形态特征，以及ITS序列聚类分析，将24鉴定为哈茨木霉（*Trichoderma harzianum*），编号为ACCC 31707；25和49鉴定为短密木霉（*T. brevicompactum*）、分别编号为ACCC 31689和ACCC 31636；28和35鉴定为长枝木霉（*T. longibrachiatum*），分别编号为ACCC 31615和ACCC 31677。

关键词：生物降解；除草剂；木霉

据统计，从1960～1995年全球除草剂的销售额增加了74倍。我国是农药消费大国，1970年前我国化学除草面积不过几十万 km^2，到1984年化学除草剂已扩大至700余万 hm^2，并以每年150万 km^2 的幅度递增，截至1992年已达2 000km^2。1995年我国用了约426万kg的农药，其中65%～70%为除草剂，除草剂的大量使用给土壤环境带来污染的同时，且给下茬作物的生长带来药害。木霉属真菌具有强大的降解功能，在土壤中普遍存在，已经有报道木霉属（*Trichaderma* spp.）可降解的农药种类包括，DDT、γ-BHC、狄氏剂、艾氏剂、异艾氏剂、七氯、敌敌畏、对硫磷、马拉硫磷、五氯硝基苯、五氯酚、西玛津、阿特拉津、三氯醋酸、毒莠定和草乃敌等[1]。筛选具有降解除草剂功能的木霉菌株及木霉制剂的应用，对于农田土壤的环境治理具有现实意义。

1 材料与方法

1.1 耐除草剂木霉菌株的分离与筛选

从河北省任丘市、保定市和北京市等地采集的环境污染土样32份，按照贾振华等方法分离[2]木霉菌种，纯化保存。分离的木霉菌在PDA平板上活化，用直径0.5cm打孔器打菌丝块，接种到以草甘膦、金乙阿和丁莠等除草剂作为唯一碳、氮源的筛选培养

* 通讯作者：顾金刚，E-mail：jggu@caas.ac.cn。

基上，草甘膦、金乙阿、丁莠分别设置200mg·kg^{-1}、500mg·kg^{-1}和1 000mg·kg^{-1}三个浓度，28℃培养，4d、6d观测菌落直径，每个处理重复3次，数据处理采用SPSS软件分析，筛选耐除草剂木霉菌株。

1.2 耐除草剂木霉菌株的鉴定

制备PDA、SNA培养基，将木霉菌株的菌丝块按照中央接种法点接在培养皿中，28℃培养，逐日观察菌落形态，拍照记录其典型性的特征，并注明培养基名称、培养时间。木霉孢子及分生孢子梗的显微观察采取挑取法、插片法、微量培养法等进行制片，显微观察分生孢子梗和分生孢子特征并拍摄照片。ITS rDNA序列测定与分析，采用绵阳高新区天泽基因工程公司制造的DNAOUT提取试剂盒法进行DNA提取，按照White等条件进行ITS扩增[3]，送英俊生物技术有限公司测序。将测序菌株的ITS信息进行BLAST分析，对BLAST鉴定符合率不高的菌株信息、ISTH网站（www. isth. info）以及NCBI（National Center for Biotechonology Information，www. ncbi. nlm. nih. gov）选用ITS序列，用ClustalX1. 81和MEGA3. 1软件进行聚类分析，结合形态分析结果与序列聚类分析结果，将木霉菌株鉴定到种。

2 结果与分析

2.1 耐除草剂木霉菌株初步筛选

将分离、纯化好的木霉菌进行抗除草剂菌种的筛选，共得到5株降解能力较强的木霉菌株，结果见表1所示。从表1中可以看出24号、25号、28号、35号、49号木霉菌株在含有三种除草剂的无机盐培养基上，通过4d和6d测量菌丝生长的直径，绝大部分能够长满整个培养皿，如28号菌株在三种浓度和三种除草剂的培养基上的菌丝均为满皿生长，说明这5株木霉菌的耐受除草剂的能力较强，尤其是28号菌株的耐受能力最强，而其他菌株的菌丝直径生长得很短或者几乎不生长。

表1 木霉菌株在除草剂培养基上的生长状况

菌种编号	200×10^{-6}丁莠（均值±sd，cm）		500×10^{-6}金乙阿（均值±sd，cm）		1 000×10^{-6}草甘膦（均值±sd，cm）	
	4d	6d	4d	6d	4d	6d
22	1.1±0.1	1.4±0.3	1.0±0.1	1.7±0.5	1.2±0.2	1.7±0.5
23	3.1±0.1	4.9±0.2	7.4±1.3	9.0±0.0	4.6±0.4	9.0±0.0
24	4.2±0.3	8.3±1.3	9.0±0.0	9.0±0.0	3.7±0.5	9.0±0.0
25	7.1±0.5	9.0±0.0	9.0±0.0	9.0±0.0	9.0±0.0	9.0±0.0
27	0.0±0.0	0.0±0.0	1.7±0.1	2.0±0.1	9.0±0.0	2.0±0.1
28	9.0±0.0	9.0±0.0	9.0±0.0	9.0±0.0	9.0±0.0	9.0±0.0
35	2.6±0.5	4.5±0.5	9.0±0.0	9.0±0.0	6.4±0.2	9.0±0.0

续表

菌种编号	200×10⁻⁶丁莠（均值±sd，cm）		500×10⁻⁶金乙阿（均值±sd，cm）		1 000×10⁻⁶草甘膦（均值±sd，cm）	
	4d	6d	4d	6d	4d	6d
43	0.0±0.0	0.0±0.0	1.1±0.1	1.6±0.3	2.9±0.2	1.6±0.3
45	0.0±0.0	0.0±0.0	1.8±0.2	2.2±0.3	9.0±0.0	2.2±0.3
47	0.0±0.0	0.0±0.0	2.3±0.2	3.1±0.3	9.0±0.0	3.1±0.3
48	1.6±0.2	2.3±0.1	1.7±0.1	2.7±0.2	9.0±0.0	2.7±0.2
49	4.7±0.3	8.4±1.0	9.0±0.0	9.0±0.0	6.6±0.1	9.0±0.0
52	2.5±0.2	2.5±0.2	1.8±0.1	2.0±0.1	4.8±0.4	2.0±0.1
53	1.5±0.1	1.5±0.1	1.7±0.4	2.0±0.3	9.0±0.0	2.0±0.3
55	1.4±0.5	1.7±0.3	1.9±0.1	2.0±0.1	9.0±0.0	2.0±0.1
58	1.5±0.1	2.4±0.1	1.5±0.1	2.5±0.3	9.0±0.0	2.5±0.3
59	0.0±0.0	0.0±0.0	2.1±0.2	2.3±0.2	9.0±0.0	2.3±0.2
60	0.0±0.0	0.0±0.0	0.9±0.1	1.3±0.2	1.2±0.1	1.3±0.2
62	1.1±0.1	1.4±0.2	1.2±0.1	1.5±0.1	1.1±0.3	1.5±0.1
65	1.8±0.1	2.4±0.7	1.7±0.1	2.7±0.2	9.0±0.0	2.7±0.2
66	0.0±0.0	0.0±0.0	1.7±0.1	2.5±0.2	9.0±0.0	2.5±0.2
68	1.9±0.1	2.0±0.1	1.9±0.2	2.9±0.1	9.0±0.0	2.9±0.1
69	0.0±0.0	0.0±0.0	1.7±0.2	1.9±0.2	9.0±0.0	1.9±0.2
70	0.0±0.0	0.0±0.0	2.0±0.1	2.2±0.1	5.2±0.2	2.2±0.1
30417	2.2±0.2	3.0±0.1	2.4±0.5	2.8±0.1	9.0±0.0	2.8±0.1
30418	1.9±0.1	2.4±0.1	1.9±0.1	2.8±0.2	7.1±0.3	2.8±0.2
30420	2.1±0.3	2.3±0.2	2.1±0.1	2.4±0.1	5.5±1.7	2.4±0.0
30421	3.0±0.5	3.3±0.6	2.6±0.1	3.3±0.6	9.0±0.0	3.3±0.6
30422	2.5±0.2	2.7±0.2	2.1±0.1	2.4±0.1	9.0±0.0	2.4±0.1
30423	2.3±0.1	2.6±0.2	3.0±0.1	3.5±0.1	9.0±0.0	3.5±0.1
30424	1.7±0.4	1.9±0.3	2.2±0.2	2.4±0.2	9.0±0.0	2.4±0.2
30425	1.7±0.4	1.8±0.3	2.3±0.2	2.8±0.1	4.4±0.5	2.8±0.1
30426	2.1±0.1	2.5±0.3	1.8±0.1	2.2±0.2	9.0±0.0	2.2±0.2
30427	0.0±0.0	0.0±0.0	2.7±0.6	3.3±0.4	9.0±0.0	3.3±0.4
30428	1.3±0.1	1.5±0.1	2.0±0.1	2.3±0.1	9.0±0.0	2.3±0.1
30429	0.9±0.1	1.2±0.3	1.2±0.1	1.8±0.2	3.8±0.3	1.8±0.2
30430	1.1±0.1	1.6±0.1	1.6±0.5	2.3±0.1	7.8±1.2	2.3±0.1
30431	2.0±0.1	2.6±0.1	2.4±0.1	2.9±0.1	9.0±0.0	2.9±0.1
30432	2.6±0.1	3.1±0.1	1.8±0.1	2.2±0.1	9.0±0.0	2.2±0.1
30433	3.3±0.3	3.6±0.1	1.9±0.1	2.3±0.2	9.0±0.0	2.3±0.2
30434	2.4±0.1	2.8±0.2	2.7±0.6	3.9±0.1	9.0±0.0	3.9±0.1
30435	1.9±0.1	2.5±0.1	2.3±0.1	2.9±0.1	6.7±0.1	2.9±0.1
30436	1.1±0.9	1.4±1.2	2.6±0.1	3.1±0.1	5.5±0.4	3.1±0.1
30437	1.4±0.6	2.0±1.4	2.6±0.1	3.2±0.1	9.0±0.0	3.2±0.1
31419	1.9±0.2	2.3±4.9	2.2±0.1	2.6±0.2	9.0±0.0	2.6±0.2

2.2 耐除草剂木霉菌株的鉴定

2.2.1 木霉菌株25和49菌株鉴定 在28℃黑暗培养72h后，PDA培养基上菌落直径为70~75mm，菌落白色浓厚蓬松，呈明显同心圆状，5d后出现大量深绿色或黄绿色分生孢子，菌丛较高，从菌落中央到边缘的颜色变化为白色→青绿色→淡绿色→白色，反面为黄褐色，菌落干燥，无渗出液，产黄色色素，有霉味。在SNA培养基上菌丝细微透明，絮状，9d后青绿色孢子出现，散布于整个平皿，菌落边缘较多，有酒味。分生孢子梗主轴较粗，直径7.5~8.5μm；分生孢子梗分枝节间距较短，一至二级分枝；分生孢子梗侧枝短粗，长8~14μm；瓶梗粗短，长5.5~6.0μm，基部膨大，宽为3.5~4.5μm，颈部缢缩，宽1.5~2.0μm；4~5个瓶梗簇生于分生孢子梗顶端。分生孢子卵圆形，光滑，分生孢子直径2.2~3.2μm。木霉菌株25和49与*T. compactum*（YMF 1.01693）的分生孢子梗形态特征相似[4]，区别在于*T. compactum*的分生孢子梗、分生孢子梗分枝节间距以及瓶梗等相对于*T. brevicompactum*较为细长。ITS序列（T. J. white, *et al.*, 1990）经在NCBI上Blast分析，与CBS 112447（EU330942.1）等*T. brevicompactum*菌株的符合率达99%以上。25号菌株编号为ACCC 31689，49号菌株编号为ACCC 31636，鉴定为短密木霉（*T. brevicompactum*），该菌种是中国新记录种[5]。

2.2.2 木霉菌株28和35鉴定 在PDA上黑暗培养，28℃培养4d菌落直径85mm，在28℃培养的情况下，30h内出现分生孢子。在PDA上28℃黑暗培养72h，分生孢子布满平板表面，并形成同心圆，分生孢子大量，黑绿色，有时杂色，有白色斑点。在SNA上青绿色孢子分布在平皿边缘，呈环状。PDA上形成簇疱，产生黄色的扩散性色素。菌丝白色絮状，菌落浓密，绿色孢子上产生淡黄绿色渗出液。分生孢子梗由粗大的主轴自伸出点一直到顶部，分生孢子梗的主轴宽度为2.0~4.2μm。次级分枝塔状分布，经常对生。瓶梗直接着生在次级分枝上，柱形，轮生或蹲生瓶梗，中部膨大，平直或弯曲至不规则，瓶梗长度为5.5~9.5μm，最宽点的宽度为2.2~3.2μm，基部宽度为1.5~2.2μm。分生孢子上绿色，长形到长卵圆形，大小为3.5~4.7μm×2.3~3.0μm，光滑（图1）。将28号菌株编号为ACCC 31615，35号菌株编号为ACCC 31677。ITS序列聚类分析，ACCC 31615和ACCC 31677与*T. longibrachiatum*菌株CBS 489.78、ATCC 18648、ATCC 52326等亲缘关系密切（图2），鉴定为长枝木霉（*T. longibrachiatum*）。

2.2.3 木霉菌株24鉴定 菌落直径在PDA上72h培养，在28℃培养51~57mm，在SNA上28℃培养43.5~50.0mm。在PDA上28℃黑暗培养96h，分生孢子布满平板，分生孢子在中心点浓密，同心环波浪形向边缘扩展，不形成簇疱，在多数的菌落中，分生孢子起初黄色，后变为黄绿色，经常有黄色色素扩散到培养基。不形成簇疱或少量形成簇疱。分生孢子梗在终极分枝上成对分枝出现，最长的分枝靠近分枝系统的底部，并且离主轴最近。靠近顶部的分枝以及次级分枝自主轴以90°伸出，在分枝系统顶部的分枝小于90°的趋势，瓶梗支撑细胞宽度与其周围的瓶梗基部相等或略宽。瓶梗长度为6.5~6.7μm，最宽点为1.6~3.5μm，基部宽度为1.6~2.5μm。瓶梗2~4个轮生自伸出的地方呈90°分开，或单生，轮生的瓶梗长颈形，中间部位肿大，顶部急剧收缩形成长颈形状，基部稍微收缩。终极瓶梗轮生或单生，常为柱状或至少中间部位显著膨大，比其余的瓶梗要长。不形成间生瓶梗。分生孢子亚球形到卵圆形，大小为 2.7 ~ 3.5μm × 2.5 ~ 3.0μm，光滑，绿色。24 号菌株编号为 ACCC 31707。ACCC 31707 与 *T. harzianum* 菌株 CBS 226.95、NR555、DAOM 229907、DAOM 231617 等木霉菌株的亲缘关系较近。综上所述，将 ACCC 31707 鉴定为哈茨木霉（*T. harzianum*）。

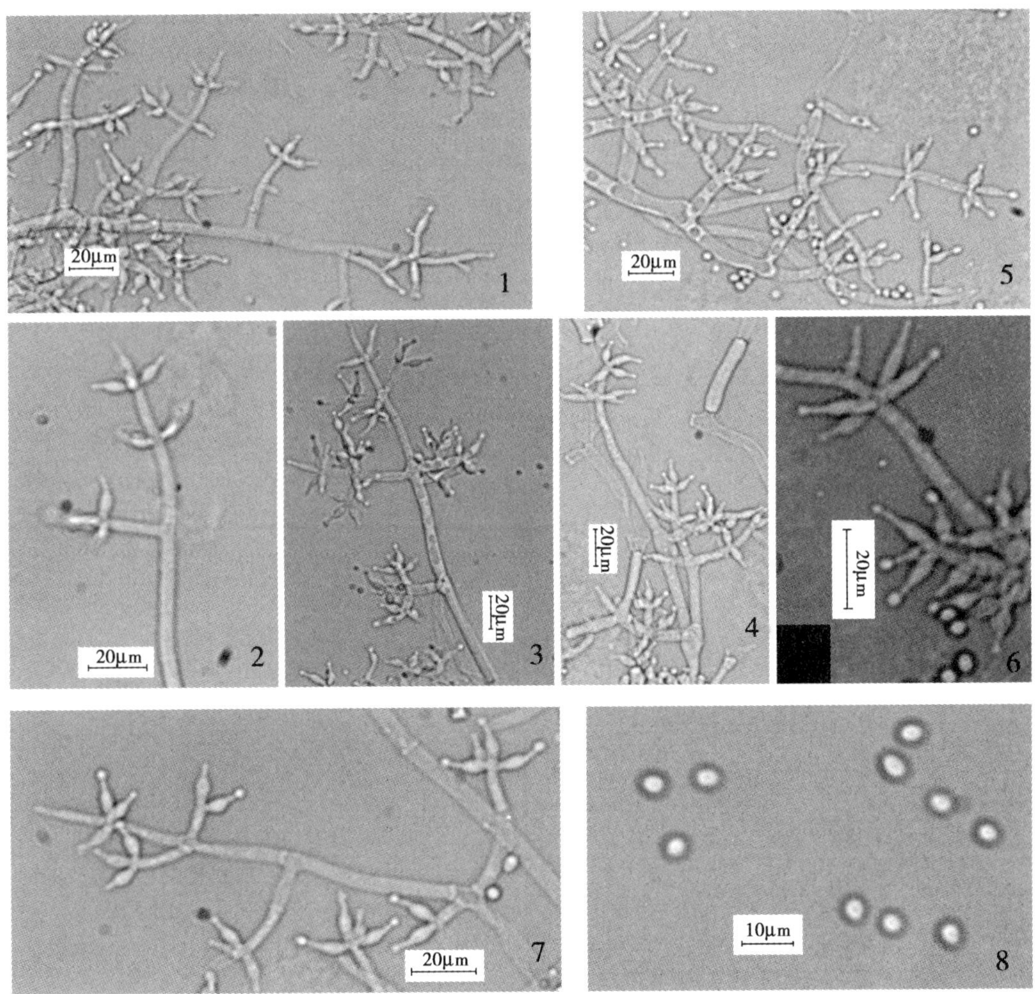

图 1　长枝木霉 *Trichoderima longibrachiatum*（ACCC 31615）

1 ~ 7 ACCC 31615 分生孢子梗，标尺 20μm；8 ACCC 31615 分生孢子，标尺 10μm。

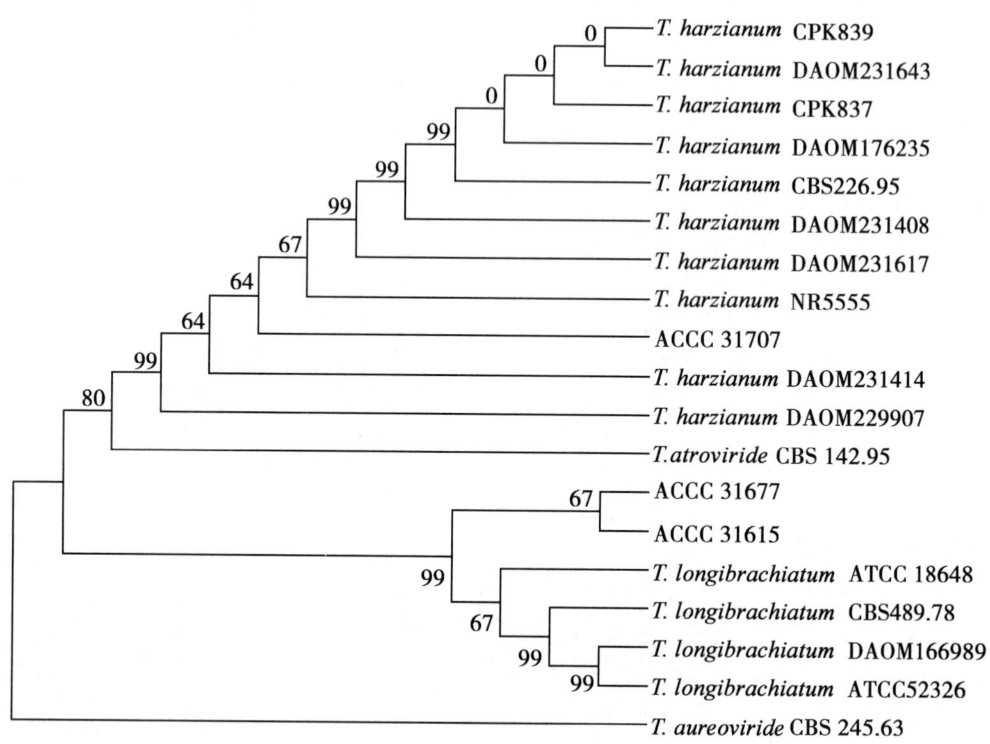

图2 木霉菌株的聚类分析图

参考文献

[1] 尤民生，刘新. 农药污染的生物降解与生物修复. 生态学杂志，2004，23（1）：73～77

[2] 贾振华，石万龙，田连生. 从土壤中分离木霉的培养基的研究. 河北省科学院报，2000，17（4）：232～234

[3] White T. J. , T. Bruns, S. Lee, J. Taylor. Amplification and direct sequencing of fungal ribosomal RNA genes for phylogenetics. In M. A. Innis, D. H. Gelfand, J. J. Sninsky, and T. J. White [eds.], PCR protocols: a guide to methods and applications, 1990, 315～322. Academic Press, New York, USA

[4] Ze－Fen Y, Min Q, Ying Z, Ke－Qin Z. Two new species of Trichoderma from Yunnan, China. Autonie van Leeuwenhoek, 2007, 92: 101～108

[5] 顾金刚，王雯雯，隋聪颖，李世贵，张瑞颖，姜瑞波. 中国木霉属三新种. 菌物学报，2008（投稿编号：jw080117）

Preliminary Screen and Identification for Biodegradation Herbicide of *Trichoderma* Strains

Gu Jingan, Li Shigui, Wang Wenwen,
Li Tengkun, Cao Xiaoming, Wang Ran, Jiang Ruibo
(Institute of Agricultural Resources and Planning,
Chinese Academy of Agricultural Sciences, Beijing 100081, China)

Abstract: Herbicide, such as the Butachlor Atrazine and N-phosphonomethyl-glycine, were take as the singal N or C component in medium for *Trichoderma* strains cultivation. Five strains were screened out from 83 *Trichoderma* strains. Base on the colony appearance on PDA and SNA, the characters with conidiophores and phialophors, and ITS sequence cluster analysis, strain 24 was identified as *T. harzianum*, strain 25 and 49 were identified as *T. brevicompactum*、strain 28 and 35 were identified as *T. longibrachiatum*.

Key words: Bigdegradation; Herbicide; Trichoderma

第四章

畜禽养殖废弃物的污染及其处理利用

畜禽养殖废弃物的污染及其处理利用

1　畜禽养殖废弃物的污染

近十多年，尤其是自20世纪90年代以来，我国的畜禽养殖业得到了迅速发展。目前，肉类和禽蛋产量均居世界第一位。据国家统计局统计，2003年，我国肉、蛋、奶总产量分别达到6 932.9万t、2 606.7万t和1 848.6万t，其中，猪肉产量为4 518.6万t，禽肉产量为1 312.1万t。进入新世纪以来，肉、蛋、奶总产量年递增率分别为4.2%、5.1%和26.6%。肉、蛋、奶的人均占有量大幅提高。畜禽养殖业的持续增长，极大地丰富了我国城乡居民的畜产品及其副产品供应。全国畜牧业产值达到9 538.8亿元，占农业总产值的比例为32.1%。在一些畜牧大省，其几乎占到了农业的半壁江山，畜牧业已经成为我国经济中最活跃的增长点和主要的支柱产业。

随着农业产业结构调整力度的不断加大，畜禽养殖业的集约化、规模化养殖比例也大为增加，畜禽业生产逐步从农业生产体系中分化出来，独立化和专业化已成为发展趋势。规模化养殖虽然大大提高了生产效率和饲料转化率，但也造成了粪尿的集中、过度排放及冲洗水量的大量增加。畜禽养殖产生的废弃物已经成为许多城市和农村的新兴污染源，对我国的城乡环境、饮用灌溉水源、农业生态产生了直接威胁和危害。

1.1　恶臭气体污染

动物饲料中的蛋白质、糖类、脂类物质代谢中间产物和代谢最终产物经微生物分解会产生氨气、硫化氢、吲哚、硫醇、硫醚、甲醛、乙醛、丙烯醛、甲胺、乙胺、苯酚、硫酚、挥发性脂肪酸等具有恶臭气味的物质。这些恶臭物质会刺激人的神经系统，对呼吸中枢产生毒害，使人感到头痛、恶心。同时也有害于畜禽生长，使畜禽生产性能下降。在这些恶臭气体中，硫化氢和氨气对人、畜影响最为严重。当硫化氢浓度达200～300mg·L^{-1}时，会引起畜禽轻度中毒；当氨气浓度达50mg·L^{-1}时，仔猪的增重率下降12%，在100～150mg·L^{-1}时则会使仔猪的增重率下降30%（朱颂华，2002）。

1.2　有害病原生物污染

畜禽体内的微生物主要通过消化道排出体外，粪便是微生物的载体。患病或隐性患病的畜禽粪便中含有病虫、病菌，这些病原生物在粪便中可以很长时间维持其感染性，如在室温条件下，畜禽粪便中的多条性巴氏杆菌传染性可维持34d，马立克氏病毒可维持100d。畜禽粪便中禽流感病毒在4℃可维持35d。这些病原生物如不适当处理，就会成为危险的传染源，造成疫病传播，不仅影响畜禽健康生长，有的病原生物也会威胁人体健康。叶小梅等（2007）以粪大肠菌群和沙门菌为指标，采集江苏省内10家不同养殖类型畜禽养殖场的排放物及其周边水、土样共37个进行观察和计数，同时分析排放污水中大肠杆菌的耐药性以及畜禽排泄物对土壤和水体耐药细菌数的影响。结果表明：调查的10家养殖场中有9家粪便未经有害化处理直接排放到水体或施于农田，且排放物的粪大肠菌群数全部严重超标，沙门菌检出率达19%。施新鲜粪肥的土壤中粪大肠菌群数在$10^5 \cdot g^{-1}$以上，水体中分离出的大肠杆菌表现出多重耐药性，抗生素抗性细菌总数也远高于未施新鲜粪肥的土壤和水体。

1.3 药物、添加剂污染

在畜禽养殖中使用饲料添加剂，可以提高畜禽生产性能，增加养殖业经济效益，但是抗生素类添加剂的长期的使用在生态环境上会产生一定的负面效应，如病原菌的耐药性不断提高会使药剂量加大，药物进入畜禽体内，一部分随畜禽粪便排出留在环境中，还有部分抗生素会残留在畜禽产品中，通过食物链进入人体，长期累积在人体内会产生毒副作用，危害人体健康。如一度广泛用于肉类畜禽养殖中的瘦肉精（盐酸克伦特罗），在畜禽产品中残留后，通过食物链进入人体，使人表现心动过速、心悸和神经过敏等不良症状。还有一些激素类如甲状腺激素饲料添加剂在动物体残留后，通过食物进入人体，可在人体产生致癌作用。

1.4 金属元素污染

在饲料中添加一些可以调节动物代谢的元素，如铜、锌、铁和砷等微量元素在一定程度上可以增强畜禽抗病能力，提高畜禽的生长性能，但这些元素被畜禽直接吸收利用的很少，更多的是通过粪便排出体外。这些含在畜禽粪便中的金属元素如不合理处理，会造成严重的后果，据测算，按美国FDA规定允许使用砷制剂计算，规模为10 000头猪的养殖场5~8年就可以排出1 000kg以上的砷。当土壤砷酸钠量为$40mg \cdot kg^{-1}$时水稻减产50%；达到$160mg \cdot kg^{-1}$时水稻不能正常生长。当土壤中有效态铜和锌分别达到$100 \sim 200mg \cdot kg^{-1}$和$100mg \cdot kg^{-1}$时，会造成土壤铜、锌污染。一旦土壤受到污染，作物在污染的土壤中生长时，有害元素被作物大量吸收后会残留在收获的农产品中，通过食物链进入动物或人体，对人体健康造成威胁。

1.5 氮、磷污染

畜禽粪便中含有大量的无机态氮、磷和含氮有机物，含磷有机物。含氮有机物会在微生物的作用下分解为胺、NH_3、NO_3^-、NO_2^-和NH_4^+。在有氧状态下，在硝化细菌作用下硝化NH_3为NO_2^-和NO_3^-。NO_2^-和NO_3^-为强化学致癌物质—亚硝基化合物的前体物质。NO_3^-在微生物作用下会变成NO_2^-。畜禽粪便中的硝酸盐会通过下渗或雨水冲刷流入河流湖泊，造成地下水源和地表水源污染。我国一些地方，饮用水中NO_3^-含量已超过饮用水NO_3^-小于$50mg \cdot L^{-1}$的国际标准，NO_3^-含量甚至高达$300mg \cdot L^{-1}$，医学研究表明，饮用水中 NO_3^- 含量超过 90mg · L^{-1}时，将会危及人体健康。

畜禽粪便中的含磷有机物通过微生物的作用会转化为磷酸盐，排入河流湖泊的磷酸盐和硝酸盐会造成水体的富营养化，使藻类和其他水生植物大量繁殖，这些水生植物消化水体中的溶解氧（DO），导致水生动物缺氧死亡，死亡的水生动物腐烂后，会进一步加剧水体恶化。

2　畜禽养殖废弃物的处理技术

2.1　畜禽粪便处理的意义

现在人们越来越重视畜牧业的发展，也越来越关注粪便、污水及臭气的处理问题，它关系到畜牧业的发展是否危害到人类的健康，畜牧业是否能够持续发展。以往我们只关心畜牧业能否给我们带来畜产品，带来多大经济效益。随着人们生活水平的提高，人类更加关心自己的健康问题。因此，处理好粪便问题，对畜牧业的长足发展意义巨大。

传统的小养殖户由于粪便等问题没有得到很好的解决，在满足人们对畜产品需求做出巨大贡献的同时，对环境也造成极大的破坏。为此，人们需要花费几十倍、几百倍的代价去治理恢复环境，有些甚至成为人类永久的遗憾。如果粪便、污水及废弃物问题得不到妥善解决，就会破坏环境，严重阻碍畜牧业的发展（富相奎，2005）。

因此，从环保和畜牧业可持续发展以及资源再利用的角度考虑，畜禽粪污处理有两大任务：一是通过处理达到除臭和无害化、减量化排放；二是通过简单有效的方法对畜禽粪污进行处理，使之成为有机肥等再生资源加以循环利用。

2.2　畜禽废弃物的处理技术

2.2.1　*固液分离技术*　固液分离是采用机械法将猪粪中的固体与液体部分分开，然后分别对分离物质加以利用的方法。目前，出于环境与经济的双重考虑，国外尤其是欧洲国家倾向于采用固液分离技术对养殖场废弃物进行处理，然后将液体部分注入农田土壤中作为肥料，固体部分堆肥后施于农田。该项技术由于不必建造体积较大的处理池子和其他处理设施，只是将粪浆进行短期储存后便可施用农田，简化了处理过程，相对于其他处置方法而言较为经济便捷。因而，一些养殖场较热衷于采用这种处置方法（田宁宁，2000）。

固液分离建造三格式粪池，实行猪粪便污水固液分离采取猪粪固液分离，粪便堆集用作有机肥，粪尿污水进三格式化粪池。猪粪经一段时间堆放后自然蒸发减去部分水分，然后供周边农户施用或供有机肥料厂制造生物有机肥（沈玉英，2004）。

2.2.2　*厌氧处理技术*　厌氧处理技术即利用微生物的厌氧代谢反应，其是一种普遍存在于自然界的微生物过程（闵航等，1993；秦麟源，1989；郑元景等，1988）。M. P. Bryant（1979）根据对产甲烷菌和产氢产乙酸菌的研究结果，提出的厌氧消化三阶段理论，是当前较为公认的理论模式（Bryant，1979）。该理论认为产甲烷菌不能利用除乙酸、H_2、CO_2 和甲醇以外的有机酸和醇类。长链脂肪酸和醇类必须经过产氢产乙酸菌转化为乙酸、H_2 和 CO_2 等后，才能被产甲烷菌利用。三阶段消化的第一阶段是水解发酵阶段。在该阶段，复杂的有机物在厌氧细菌胞外酶的作用下，首先被分解成简单的有机物，如纤维素经水解转化成较简单的糖类；蛋白质转化成较简单的氨基酸；脂类转化成脂肪酸和甘油等。继而这些简单的有机物在产酸菌的作用下经过厌氧发酵和氧化转化成乙酸、丙酸、丁酸等脂肪酸和醇类等。参与这个阶段的水解发酵菌主要是厌氧菌和兼性厌氧菌。第二阶段为产氢产乙酸阶段，在该阶段，产氢产乙酸菌把除乙酸、甲酸、甲醇以外的第一阶段产生的中间产物，如丙酸、丁酸等脂肪酸以及醇类等转化为乙酸和氢，并有 CO_2 产生。第三阶段为产甲烷阶段。是通过两组生理上不同的产甲烷菌的作用，一组把氢和二氧化碳转化成甲烷，另一组是对乙酸脱羧产生甲烷（孙炳彦等，2000；杨健等，2000；王聪亮等，2001；朱文亭等，2001；韩巍，2006）。厌氧消化技术从最初的化粪池、粪坑沤肥发展到现在，经历了一个漫长的过程。目前国内外开发的厌氧反应器和工艺的类型很多，完全混合式厌氧消化器、厌氧接触反应器、厌氧滤池（AF）、上流式厌氧污泥床（UASB）、厌氧流化床、内循环厌氧反应器（IC）等用来处理猪场废水，都取得了较好的处理效果。

如日本某猪场废水处理工程采用的是普通厌氧消化池，深圳农牧公司养猪场废水处理工程采用的是新型高效厌氧反应器（UBF）；上海南汇汤项供港猪场污水处理工程采用折流式厌氧消化池（ABR）；如杭州灯塔养殖总场沼气—污水处理工程、北京顺义良山祖代种猪场粪便污水资源化、无害化工程，北京顺义小店良种猪场沼气—污水处理工程等采用的是上流厌氧污泥床（UASB）。这些厌氧工艺可以在高温条件下处理基质浓度很高的污水，其处理效果会大大提高，能季节性或间接性运行；产生的消化气体中含有甲烷，为高能量燃料，可作能源加以回收利用。

高增月等（2006）采用升流式厌氧发酵罐处理猪场粪污，冬天用沼气加热发酵罐以保持恒温。经过厌氧发酵后，沼渣中的蛔虫卵死亡率达到99%，大肠杆菌为零，达到了《畜禽养殖业污染物排放标准》规定的畜禽养殖业废渣无害化标准，而且沼渣也成为了优质安全的肥料。赵军（2003）用常温 UASB 反应器处理猪场废水，得出 UASB 反应器运行稳定，COD 负荷达 $8kg\cdot(m^3\cdot d)^{-1}$，COD 去除率达85%。由于采用常温发酵，所以冬夏两季沼气产量差别很大，夏天为 $1\ 200m^3\cdot d^{-1}$，冬天为 $400m^3\cdot d^{-1}$。张杰等（2001）用IC 反应器处理经过过滤后的猪场废水，首次在 IC 反应器内培养出了颗粒污泥。温度在 30～35℃时，IC 反应器对猪粪废水具有稳定高效的处理效果，COD 负荷为 $15\sim20.6kg\cdot(m^3\cdot d)^{-1}$，在 HRT 为 16h，COD 去除率高于 88%。IC 反应器污泥床区对 COD 去除占总去除率的 90% 以上，对污水中的氮和磷也有一定的去除作用。同时，IC 反应器还能够承受高浓度的悬浮物，其悬浮物承受浓度比 UASB 反应器高一倍多。高锋等（2004）在实验室内用厌氧序批发酵方法处理规模化养猪场的冲栏废水，提出了一套厌氧水解—SBR 工艺。在厌氧水解反应器内，完成了对有机物的水解，达到初步降解有机物的目的，在去除大部分有机物的同时保持了较好的可生化性，为后续 SBR 工艺去除废水中的氨氮奠定良好的基础。杨虹等（2000）在实验室内用厌氧折流板反应器对固液分离后的养猪场冲栏水进行了发酵研究，ABR 反应器的有机负荷达到 $8g\cdot(L\cdot d)^{-1}$，COD 去除率在 70%～75%，在该处理过程中对氨氮的去除没有明显效果，但处理后的冲栏废水碱度有一定的上升，这对后续处理工艺脱除氨氮有一定的帮助。

厌氧消化能大量地去除其中的可溶性有机物（COD 去除率可达 80% ~90%）；能杀死几乎全部的寄生虫（卵）和有害菌群；能削减气态污染物；能生产能源——沼气，这是固液分离、沉淀等工艺不可取代的。但是猪场废水经厌氧发酵后仍然含有相当数量的有机物，而且废水中的氮、磷去除效果不稳定，并且还有增加的现象。邓良伟等（2001）采用120L的内循环厌氧反应器（IC）处理猪场废水，在水力停留时间 0.8 ~ 2d，负荷 3 ~7kg COD·$(m^3 \cdot d)^{-1}$条件下，经过近半年的运行，试验期间沼气产率达到 1.5 ~3$m^3 \cdot (m^3 \cdot d)^{-1}$，COD 平均去除率为 80.3%，$BOD_5$ 去除 95.8%，SS 去除 78.5%。但是出水中 NH_4^+ -N 浓度比进水高 2.82%。出水要达标排放还需一系列的好氧处理。

2.2.3 好氧处理技术 好氧生物处理方法是指利用微生物在有氧存在的条件下对猪粪水进行处理的一种工艺。好氧处理技术能快速地将有机物分解，降低污水的 COD。好氧处理系统常采用的工艺有活性污泥法，如上海南汇汤巷供港猪场污水处理工程；接触氧化法，如日本某猪场废水处理工程、深圳农牧公司养猪场废水处理工程；氧化沟法，如台湾的猪场大多采用这种工艺进行好氧处理；间歇式活性污泥法（SBR），如杭州灯塔养殖总场沼气—污水处理工程、北京顺义良山祖代种猪场粪便污水资源化工程、北京顺义小店良种猪场沼气—污水处理工程（李淑兰，2003）。

从目前的研究和工程实践看，由于土地的紧缺和养殖规模的扩大，以及粪便污水过度施用带来的一系列环境问题，土地利用受到了很大限制。好氧处理由于其效率高，占地面积小，能就地处理受到了极大重视，研究十分活跃。采用的方法基本上是序批式活性污泥法（SBR），而且绝大多数是利用 SBR 直接处理猪场原污水，尽管处理效果较好，但是需要对原水进行稀释，污水在反应器中的停留时间很长，一般 9 ~17d，需要很大的反应器和很高的能耗，国外基本上是采用这种方法来处理养殖场废水（李淑兰，2003）。

目前好氧处理应用较为成功的工艺类型主要有（雷英春，2003）：

（1）水解与 SBR 结合的工艺：水解过程对 COD_{Cr}有较高的去除率，SBR 对 TP 去除率为 74.1%，高浓度氨氮去除率达 97% 以上（邓良伟，2001）。

（2）混凝—脱氨—好氧生化工艺：出水 COD_{Cr}及 NH_4^+ -N 能够达到上海市提出的畜牧业排放标准（COD_{Cr} <400mg·L^{-1}，NH_4^+ -N <100mg·L^{-1}）。

（3）膜生物反应器工艺：用膜取代了传统的二沉池，具有出水稳定、活性污泥浓度高、抗冲击负荷能力强、剩余污泥少、装置结构紧凑、占地少等特点，处理猪场废水可达国家一级排放标准。

（4）以氨结晶为预处理的间歇曝气序批式反应器（SBR）工艺：这是一个化学预处理与 SBR 联用的一个好氧工艺，在该研究得到的氨结晶的最佳操作条件下，即：反应温度为 25℃，应时间为 1h，pH =7.5，NH_4^+ -N：PO_4^{3-} -P：Mg =1.0：0.9：0.9（摩尔比），这时 NH_4^+ -N 去除率达到 90% 以上，C/N 值也从 1.98 增到 8，但没有 TP 的去除。将上述结晶操作的出入引入间歇曝气的好氧池中，以 1：1 的曝气/不曝气时间比进行曝气，得到去除率为：TN 为 91%，NH_4^+ －N 为 99%，仍然没有 TP 的去除，若加入 3%的 $CaCl_2$ 溶液可去除 PO_4^{3-} －P 为 60%。而当比值为：NH_4^+ －N：PO_4^{3-} －P：Mg 为 1.0：0.6：0.9（摩尔比）时，发现 N、P 均有去除，其去除率分别为：79.32%～87.45%和 40.3%～88.5%（Takaaki Maekawa，1995）。

（5）用特征氧化还原电位控制猪场废水处理系统（C. S. Ra，1999）：该研究是一个工艺控制的新方法，用氧化还原电位控制一个两段式 SBR 系统，试验结果表明：因为氧化还原电位实时控制反应体系可以随生物污泥活性和进水特征而自动调节 HRT，所以体系可以不受进水波动而得到稳定的出水水质，保证营养性物质得到比较完全的去除。

（6）卡波菲尔反应器（孙仲平，2001）：卡波菲尔反应器将传统的曝气系统改为常压曝气，使氧转移率、充氧能力和氧利用率提高而降低处理费用和提高处理效率，由于"连泥带水"一统处理，不需要初沉池，减少了投资费用。畜禽废水经好氧降解后，粪便无臭、无害且易于分离，可作农灌和肥料。

国内往往采用 SBR 工艺作为厌氧阶段的后处理，用于处理猪场废水厌氧消化液，但是需要加碱。徐洁泉等人采用 SBR 对猪场粪便污水处理的生产试验中发现：厌氧消化液直接用 SBR 法处理，污染物的去除效果很差，COD 去除率仅为 78.8%，氨氮去除率 53.6%，出水 COD 和氨氮均很高，分别为 608mg·L^{-1} 和 365mg·L^{-1}（雷春英，2003）。总之，厌氧处理技术和好氧处理技术各有利弊，厌氧较好氧技术有节耗省能等优点，但由于厌氧生物装置启动的时间比好氧装置时间长得多，且出水 COD 和氨氮也比较高，达不到排放标准，所以实际应用中往往将二者结合起来。以好氧处理作为厌氧处理的后处理。因为在厌氧阶段，废水中的有机物大部分被分解，大大减少后续好氧阶段的规模和运行费用，整个厌氧—好氧系统的运行成本也大大降低。近年来我国有越来越多的规模化养猪场采用高效厌氧反应器（UASB）作为厌氧处理单元，COD 去除率可达 70%～80%，并采用活性污泥法或生物接触氧化法作为好氧处理单元，COD 去除率可达 50%～60%，最后采用氧化塘作为最终出水修饰单元，经这种组合工艺处理后基本能达到国家三级排放标准（李淑兰，2000）。瑞士污水处理专家林得劳普，也研究实施了一整套装置，即粪便污水经分离后，液体进入厌氧消化装置，经消化后的液体排入好氧池处理，最终排放的污水 BOD_5 减少到 36mg·L^{-1}，大大降低了污水中有机物的含量。另外，在日本、德国和加拿大以及中国台湾省等地都有各自的组合方式（操卫平，2004）。

2.2.4　*厌氧—好氧联合处理技术*　一般来说，仅凭厌氧工艺尚不能达到对废弃物的排放和利用要求，必须进行深度处理或后续处置。这就常常需要将好氧工艺与厌氧工艺结合在一起使用，在我国较为常见的猪场废弃物综合利用处理工艺流程见图 1 所示。

以下介绍几种工厂化厌氧—好氧联合处理工艺：

（1）固液分离-甲烷发酵-淹没式生物滤池工艺：废水通过滤网过滤，滤液在经过固体分离，液体部分与渣滓和豆饼混合，然后在 34℃条件下中温消化 23d，消化排出液稀释 4 倍，然后再通过淹没式生物滤池处理。所产生的气体被用来加热猪饲料，进入消化器前的 BOD 浓度为 26 000mg·L^{-1}，并且消化排出液中 BOD 浓度为 1 680mg·L^{-1}，其

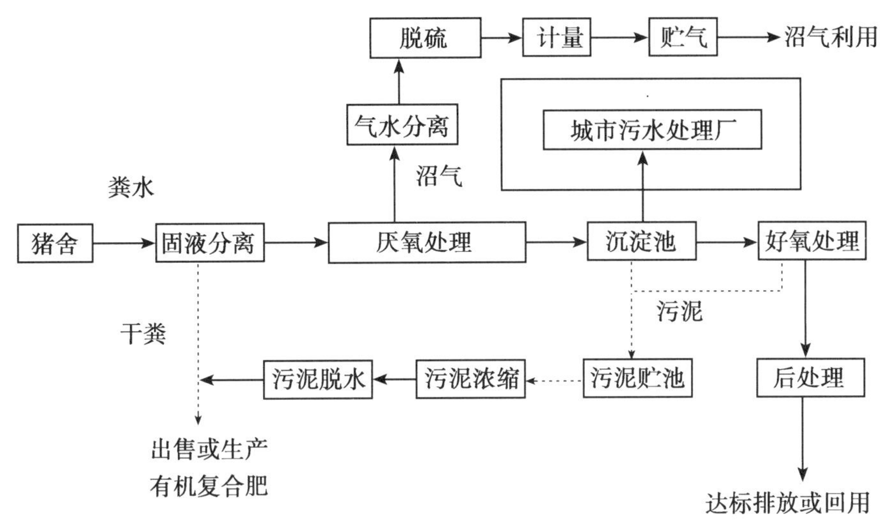

图 1　工厂化处理养殖粪污模式图

BOD_5、COD_{Cr}、NH_4^+-N 的去除率分别为 94.7%，90.0% 和 95.9%，每天产气量为 196m^3，污水处理费用通过甲烷气的产生大大降低（张希衡，1996）。

（2）A1-O1-A2-O2 处理工艺：该工艺通过厌氧—好氧—缺氧—自然好氧处理，既能去除有机物，同时还具有脱氮除磷等功能，处理出水水质 COD_{Cr} 小于 10mg·L^{-1}，NH_4^+-N 小于 10mg·L^{-1}，并能达到国家一级排放标准；处理能耗和处理成本低，仅只需一段人工曝气处理，且接触氧化时间不超过 8h，后段采用人工快滤池自然好氧处理（任洪强，2000）。

（3）厌氧—加原水—间歇曝气（Anarwia）工艺：邓良伟等（2004）提出了低成本的厌氧—加原水—间歇曝气（Anarwia）工艺，即大部分猪场废水先进行厌氧消化，厌氧出水再与小部分未经厌氧消化的猪场废水混合，再采用间歇曝气的序批式反应器（SBR）处理混合水，该工艺在工程实践中取得了成效，出水达到了国家《畜禽养殖业污染物排放标准》（GB1859622001），从技术上看，Anarwia 完全能够取代 SBR 工艺。邓良伟等（邓良伟，2001）采用序批式反应器（SBR）工艺直接处理猪场废水厌氧消化液，处理系统的效率较低，COD 去除率只有 10% 左右，处理系统的工作不稳定效能逐渐恶化。在猪场废水厌氧消化液中添加部分未经厌氧消化的猪场废水（原水），处理系统的处理效率明显提高，COD 去除率高于 80%，出水 COD 降到 250～350mg·L^{-1}，NH_4^+-N，小于 10mg·L^{-1}。处理系统的稳定性也得到了增强。添加原水后，猪场废水厌氧消化液的 BOD_5/COD 比值从 0.19 上升到 0.54，BOD_5/TN 比值从 0.28 上升到 2.04，增加了微生物生长和反硝化所需的碳源，强化了反硝化作用，不仅提高了总氮去除效率，而且通过回补碱度，维持了处理系统的 pH 值稳定性。

（4）厌氧塘—兼性塘—好氧塘工艺（崔理华，2000）：澳大利亚昆士兰州的一个种猪场利用 3 个大的单元塘贮存 1 000 头种猪废水并作为循环使用。第 1 个塘是厌氧条件，第 2 个塘是兼氧条件，第 3 个塘是好氧条件。每天从贮存塘提取 250t 水用于冲洗猪粪。冲洗排出水通过狭窄的、平行的地下水槽进入厌氧塘，废水在每一个塘中停留200d，出水通过贮水池收集，作为循环用水。

（5）水压式沼气池—上流式厌氧过滤床—混凝—沙滤—水生植物塘工艺：深圳市龙岗区某猪场3万头猪粪废水采用此种处理工艺进行净化处理，处理出水只能达到国家三级排放标准，且处理成本高达3元/吨水，这也是国内目前为数不多的比较完整的猪场废水处理系统。因为在国内，大部分养猪场的废水只经水压式沼气池净化后，直接排入氧化塘养鱼或种植水葫芦再次净化，当然出水水质很难达标。同时，水压式沼气池的净化效率是很不稳定的，因气温的季节变化而变化，气温低时，产气很少，以致猪粪废水厌氧消化处理排出液浓度较高，增加了后续好氧处理的负荷，增加了处理基建投资和运行费用及能源消耗。

（6）沉淀池—升流式厌氧污泥床—曝气池—气浮池—三级氧化塘工艺：广东省东莞市某规模化猪场4万头猪日排放废水达600m^3以上，原污水COD浓度高达6 000～8 000$mg \cdot L^{-1}$。中国科学院广州能源所采用固液分离-UASB-生物曝气池-气浮池-三级氧化塘工艺处理该规模化猪场废水，厌氧处理和曝气池出水COD分别为1 300$mg \cdot L^{-1}$和730$mg \cdot L^{-1}$，总出水COD达150～200$mg \cdot L^{-1}$，NH_4^+-N达31$mg \cdot L^{-1}$，处理出水水质达到国家二级排放标准，但由于该规模化猪场地处当地居民生活饮用水源上游，应执行国家一级排放标准，为此该规模化猪场尚需进行其废水处理工程的改造。

（7）初沉池—UASB—生物接触氧化池—二沉池—缺氧池—人工土快滤池工艺：华南农业大学崔理华等人最近研究开发出一种规模化猪场废水组合处理工艺，该工艺以现代废水处理先进工艺（A/A/O工艺）为基础，结合规模化猪场废水的特点，在尽量节省能耗和占地面积的前提下，研究开发出规模化猪场废水厌氧—好氧—缺氧—自然好氧（A1-O1-A2-O2）处理组合工艺。该工艺既具有去除有机物质，同时还具有脱氮除磷等功能，处理出水水质COD小于110$mg \cdot L^{-1}$，NH_4^+-N小于10$mg \cdot L^{-1}$，并能达到国家一级排放标准；处理能耗和处理成本低，仅只需一段人工曝气处理，且接触氧化时间不超过8h，后段采用人工土快滤池自然好氧处理。该工艺也可用于已有厌氧处理单元而无完善的好氧处理单元（有氧化塘而无曝气池）的规模化猪场废水处理工程的改造上。

（8）厌氧—好氧SBR（N. Bemet，2000）：ASBR对于克服厌氧污泥流失是一种创新性解决办法。因为投资省、操作灵活、能够生成颗粒污泥而具有较高的去除效率和工艺稳定性，并能在常温下处理低浓度废水等优点而越来越引起人们的重视。该工艺由处理猪场废水时发现，氮的去除率受回流比影响，回流比越小，在出水NO_X^--N含量越高；好氧SBR中进水阶段发生的部分反硝化和曝气导致的氨吹脱都会提高氮的去除率。试验所得到的总的去除率为：TOC：81%～91%，TKN：85%～91%。杨朝晖（2005）对比分析了运用厌氧/好氧SBR工艺处理2种COD/N不同的废水的脱氮效果，结果表明，2种废水的脱氮主要是通过短程硝化反硝化实现的，反应器中的氨氮浓度和pH值是控制亚硝酸型硝化的重要因素，经过部分厌氧硝化的废水由于保持了较高的COD/N，脱氮效果明显好于完全厌氧硝化废水，氨氮去除率达到98%以上，但出水反硝化不完全，投加乙酸钠后出水NO_X^--N由100～120$mg \cdot L^{-1}$减少到10～20$mg \cdot L^{-1}$，乙酸钠投加量以275$mg \cdot L^{-1}$为宜（2005）。

（9）改良曝气厌氧—好氧废水处理工艺（P. Y. Yang，1999）：该工艺是夏威夷大学开发的一个包括：固液分离（HRT = 32d）、厌氧单元（HRT = 3d）、好氧单元（HRT =4d）、石滤出水修饰单元的工艺。当好氧单元以曝气 20h，沉淀 4h 方式操作时，总去除率为：TCOD 达 89% ~95.4%，TKN 达 82.3% ~88.5%，TP 达 81.2%。出水无臭，符合当地废水排放标准，可用于牧场灌溉。在此基础上，采用四种曝气模式，即 96h 内曝气时间与非曝气时间比分别为：60∶36，5∶1，4∶2，3∶3（其中后三种模式为 6h 内的时间比，持续 96h），研究好氧单元曝气方式对处理效果的影响。结果表明，曝气方式对处理效果影响很大，3∶3 为最佳比例，这时 TCOD，TBOD5，T-N，T-P 及 TSS 去除率分别为：87.4%、98.7%、92.7%、71% 和 97.5%，并对 300 头、1 000 头、2 000头、3 000头和5 000头猪的猪场作了经济评估，结论是可行性很好。

（10）混合固定生物系统同步去除 C、N 工艺（P. Y. Yang，2003）：该工艺是将厌氧污泥与好氧污泥混合固定在同一个反应器中，用以同时去除 C、N 的一个中间处理系统，需要氨结晶预处理和石灰石后处理。处理猪场废水结果为：HRT =30h，曝气方式为曝气非曝气时间为 1∶1，加入镁盐使氨结晶时，N 去除效果最好，为（95.1 ± 1.0）%，TCOD 为（83.5 ±2.2）%，SCOD 为（84.1 ±1.1）%，石灰后处理又去除 TCOD 为（59.6 ±2.7）% 和 TP 为（98.0 ±0.5）%。所以，该工艺可用于场地有限的猪场稀释废水的处理。

显然，从国外的工艺发展也能得出这样的结论：厌氧—好氧处理工艺比其他单一处理系统有相对高的处理效率和稳定的处理结果，与国内发展不同的是，国外在工艺控制手段、物理—化学辅助方法及微生物生态学、形态学应用等方面的成果更突出。

3　畜禽养殖废弃物的资源利用

畜禽养殖产生的大量粪尿不经处理就排放到环境中，不仅污染了地表水和地下水，而且也会导致病原菌的扩散，对畜禽及人类的健康构成威胁。但是，畜禽粪便本身是一种资源，它含有农作物生长所需的氮、磷、钾等多种营养成分，还含有 75% 的挥发性有机物，其中蛋白质含量为 23.5% ~15.8%，维生素 B_{12} 为 17.6μg · g^{-1}（干重），表 1 和表 2 为几种养殖废弃物的养分含量。所以如何将其变废为宝，对畜禽粪便无害化和资源化，最大限度地满足环境的可接受性和经济上的可行性，成为人们追求的目标。

表 1　几种典型养殖废弃物的养分数据（李宝林，1997）

种类	干物质含量（%）	可利用氮（kg · t^{-1}）	总磷（kg · t^{-1}）	总钾（kg · t^{-1}）
肉鸡粪	60	10.0	25.0	18.0
蛋鸡粪	30	5.0	13.0	9.0
牛粪	6	0.9	1.2	3.5
猪粪	6	1.8	3.0	3.0

表2　猪粪尿的化学成分（张景略，1990；刘更令，1991；山西农业大学等，1982）

肥分	猪粪（%）	猪尿（%）	化学组成	含量（%）	有机组成	占碳比（%）
—	—	—	有机质	24.16	脂肪	11.42
水分	81.5	97	全氮	2.65	总腐殖质	25.98
有机质	15.0	2.5	全磷	0.68	富理酸	15.78
氮（N）	0.60	0.5	全钾	1.99	胡敏酸	10.32
磷（P_2O_5）	0.40	0.07	蛋白质	2.22	半纤维	5.32
钾（K_2O）	0.44	0.55	碱态氮	458.7（ml/100mg）	碳氮比	7.14∶1
			氨态氮	426.6（ml/100mg）		

3.1　肥料化技术

随着我国有机食品和绿色食品的发展，有机肥料的需求量不断增加，用畜禽粪便制作有机肥具有一定的市场前景。主要有以下几种方法：

3.1.1　*土地还原法*　目前畜禽粪便处理的方法有很多种，但直接还田还是一种传统而又经济简便的方式。牛粪尿是一项重要的肥源，除含有氮、磷、钾外还含有微量元素，但牛是反刍动物，饲料经过反复咀嚼，使牛粪质地细密，加之牛饮水多，粪中含水分较多，是一种分解慢、发热量小的冷性肥料。平均每头牛每日排泄粪尿共25kg，其中粪尿的比例为3∶2。据报道，在666.7m^2土地上施新鲜牛粪20t，采用条施或全面撒施，栽培饲料作物和蔬菜，增产效果很好，对土地无不良影响。但是直接还田还是会对农作物产生一定的毒害（刘更令，1991）。因此需要在施用前进行必要的堆积处理，堆积沤制程度要依生产需要而定，作为基肥以改良为目的而当茬又不栽种作物时，施新鲜牛粪尿最好；如果是在播种前进行施用，则必须施用腐熟较好的粪肥（郭云霞，2006）。

3.1.2　*腐熟堆肥法*　堆肥化技术是一种为世界各国普遍采用的畜禽粪便处理方法，运用良好的堆制技术，可以在较短的时间内使粪便减量、脱水、无害化，取得较好的处理效果。把收集到的粪便掺入高效发酵微生物如EM（有效微生物群），调节粪便中的碳氮比，控制适当的水分、温度、酸碱度进行发酵。这种方法处理粪便的优点在于最终产物臭气少，且较干燥，容易包装、撒施，而且有利于作物的生长发育。堆肥存在的问题是处理过程中有NH_3的损失，不能完全控制臭气，而且堆肥需要的场地大，处理所需要的时间长。有人提出采用发酵仓加上微生物制剂的方法，可以减少NH_3的损失并能缩短堆肥时间。如快速好氧堆肥技术采用机械通风、翻堆和提高发酵温度，同时放入加速发酵的微生物菌种。堆肥的通风量在0.3m^3/min时，堆肥的含水量在55%～65%范围，C/N鸡粪在15～30，牛粪堆料在25～50（杨毓峰，2006），环境温度在10℃以上，均可进行好氧堆肥。

在冬季可以利用电能来提高发酵温度。经过好氧堆肥粪尿，生产的肥料是腐熟的高效有机肥。其中干物质量可以降低10%～20%，还可以利用温室或大棚提高低温季节的温度，减少能量的消耗，但处理后含50%～60%水分的腐熟粪肥仍需要机械烘干。经试验筛选，能较好的反应畜禽废弃物堆肥腐熟的指标有：氨氮（NH_4^+-N）含量，水溶碳（WSC）是堆肥过程中各种微生物优先利用的碳源，因此其含量可以反映堆肥的腐熟程度，而在堆肥过程中，碳作为微生物活动的能源物质，大部分以 CO_2 的形式被释放，氮用来合成细胞的原生质而被保留下来，这样固相碳氮比（C/N）随着时间的推移而下降，腐植酸物质（HS）含量也会增加；由于 $NO_3^+ - N$ 含量在堆前含量太少，而且还不受饲料原料种类的限制，因此其含量仅作为参考。

3.2 饲料化技术

对经济发达国家而言，粪便作肥料还田成为主要出路，对发展中国家来说，粪便作饲料仍是主要出路。粪便资源的饲料化，是畜禽粪便综合利用的重要途径。但由于畜禽粪便是有害物的潜在来源，含有病原微生物、化学农药残留等，因此要将畜禽粪便经过无害化处理后方能作为饲料使用。各国学者对饲料化的安全性进行了广泛的研究后认为，带有潜在病原菌的畜禽粪便经过适当处理后，再用作饲料是安全的。

目前饲料短缺，尤其是蛋白质饲料供求矛盾加剧，面对畜牧业的高速发展，新的蛋白质饲料的开发已迫在眉睫。试验证明，风干鸡粪中蛋白质含量为 24% ~30%、猪粪为 3.5% ~4.10%、羊粪为 4.10% ~4.70% 和牛粪为 1.7% ~2.3%。鸡粪由于其蛋白质含量高，氨基酸种类齐全，而成为最有开发潜力的非常规饲料资源。牛粪作为猪的饲料，用 30% 牛粪为基料与 70% 的猪配合饲料混合，加入培养好的酵母菌（按 1：500 倍与混合料均匀混合），按含水量为 50% ~65% 的标准加水，以手捏指缝有水，但不滴下为宜，再次混匀，然后用塑料薄膜封严气温在 20℃以下经 7 ~10d，20 ~30℃经 3 ~5d，30℃以上经 1d 即可发酵成功经发酵之后的牛粪料呈现黄褐色，具有酵母的特殊气味，无异味，粉末状。牛粪亦可喂鸡，将新鲜牛粪晾到半干，混以少量的鸡毛、杂草、垃圾，堆成三尺高，四尺宽、一丈长的育虫堆，淋以适当温水，外面抹一层稀泥密封，再盖上稻草防龟裂，约经 15 ~20d 后，就可以开堆让鸡啄虫。虫子吃完后，还可在原堆上添加原料再育虫，直至牛粪完全腐烂，不能再育虫时，可转作蚯蚓的饲料或作为肥料使用。日本的“鸡粪青贮发酵”是把干鸡粪、青草、豆饼、米糠、颖壳（五谷杂粮的外壳）和食盐以 60：10：12：15：2：1 的比例混合装入缸内密封，进行乳酸青贮发酵，3 ~5 周后便可使用。这种饲料的适口性和吸收率均有提高，适宜饲喂成鸡、育肥猪和繁殖母猪。

3.3 能源化技术

在能源短缺的今天，利用农村废弃物资源化处理，发展沼气工程，已成为解决农村用能、培肥地力、防治农业污染、清洁生产的双赢之举。

利用沼气工程处置利用畜禽粪污，沼气产生的副产品沼渣、沼液可以通过科学手段进行综合利用，其中发酵原料和产物可以生产优质肥料或优质饲料，沼气发酵液可用作农作物生长所需的营养添加剂，其利用的技术路线图，见图 2 所示。

沼气可以替代汽油、柴油发电，沼气在养殖业中可以作为光照、加温的能源。例如北京市大兴县留民营村生态农业系统中，沼气池将养殖业留下的粪便转化为全村的生活用能源，沼气渣、沼水液每年为种植业提供优质有机肥，土壤的团粒结构得到恢复，土

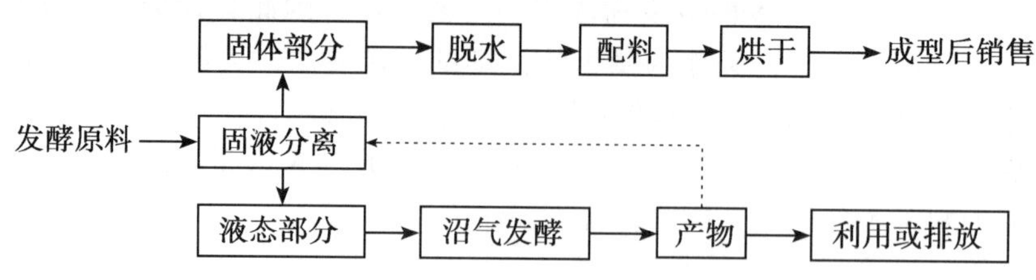

图2　沼气工程综合利用途径

壤有机质含量已恢复到1.6%，有些田块达2%。由于人、畜粪便、家庭污水直接进入沼气池，从而大大减少了污染（孔繁德，1994）。以沼气能源建设为核心的生态经济模式：适于薪材缺乏，交通不便的村落。以沼气能源建设为中心，物质循环利用为主要技术路线，充分利用庭院立体空间，地下建沼气池，地面种果树、蔬菜，地上立体养殖鸡、猪、牛等。其具体模式如图3所示。陕西省渭北旱原区的合阳县（国家级生态示范县），目前兴起以农户为单位以该模式为基本模式的生态农业，它以沼气为纽带，形成物质能量的合理流动和深度加工利用，用鸡粪喂猪，猪粪投入沼气池发酵，产生的沼气作为农户生活用能，沼液、沼渣作为农田的有机肥料，由于农户的生活垃圾、污水等直接进入沼气池，变废为宝，大大改善了农村环境卫生状况（马乃喜，2002）。

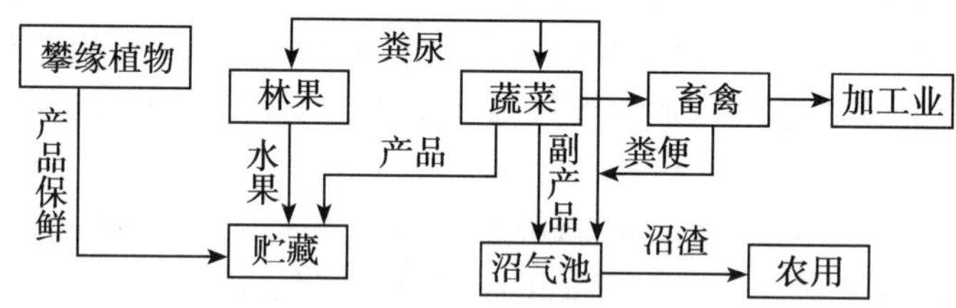

图3　以沼气能源建设为核心的生态经济模式结构

采用沼气发酵技术，推广多种“猪—沼—作物（菜、桑、果）”生态农业模式

通过厌氧发酵处理猪粪，建立“猪—沼—作物（菜、桑、果）”生态模式试点，使养殖场的生态环境建设得到根本性好转，河道水质及周边环境明显改善，据嘉兴市海宁监测分析，其COD降解率为91%，BOD降解率为97%，虫卵活力和疫病菌得到抑制，其中大肠杆菌杀灭率43%。沼液速效养分含量增加，其中NH_4^+-N达到$510mg \cdot L^{-1}$。沼气平均产气率达$0.3m^3 \cdot m^{-3}$。据试验，作物施用沼肥可节约化肥量30%以上，瓠瓜、茄子和番茄分别增产5.8%、33%和2.2%。

沼气还可以储粮和进行水果保鲜，在粮库底部设沼气扩散器，维持一定的沼气通入量并经常换气，可起到很好的防虫蛀作用。此外采用箱式、柜式、薄膜罩式等方法，可将沼气用于苹果、柑橘和其他水果的保鲜（田宁宁，2000）。

另外，作为产沼的副产品，沼液和沼渣也有许多用处。沼液可作为基肥和追肥。研究表明长期使用厌氧发酵液作为基肥，对改善土壤的理化特性起着积极的作用，达到提高农产品质量和产量的目的，降低农业生产的投入。用沼液浇灌果树，所结的果大、色鲜，味道鲜美，甜味好。用其肥田，则水稻生长强健，挺拔翠绿，分蘖多，苗高且根系粗壮发达、白根多，有效穗、穗粒数、结实率都有所提高（姚燕，2003）。

用沼液浸种。经沼液浸过的水稻种子，出苗时间有推迟趋势，浸种时间越长，出苗时间越晚；空壳数、瘪粒数、空秕率低；幼苗叶色浓绿，生长速度较快，水稻分蘖多；有效穗、成穗率、株高、实粒数及千粒重等性状方面都比未用厌氧发酵液处理过的高（王跃贵，2001）。

沼液、沼渣用作饲料添加剂。用沼液和沼渣喂鱼，不仅可以改善养鱼池的条件，促进浮游生物的繁殖和生长，使养鱼池中溶解氧增加 10% ~20%，而且还可以减少鱼病发生，有效的控制烂鳃、赤皮、肠炎、白嘴等鱼病发生。据报道，可使鲜鱼增产 19% ~38%（吴巨昌，1995）。

4 猪场废水处理利用的应用实例

随着我国养猪业的不断发展，猪场废水带来的环境问题也越来越严重。由于猪场废水本身是一种资源，如何对其进行有效处理并资源化利用，已变得越来越迫切。以广东省惠州市为例，该市生猪饲养量约为 330 万头，小规模猪场的饲养量约占全市生猪总饲养量的 25%。由于惠州丰富的淡水资源，有上万户中小型猪场（存栏 200 ~ 2 000 头）采用简单的“猪—鱼”交叉养殖利用猪场废水。虽然猪场废水能得到利用，但在这种生产模式下废水未经有效处理就直接排入鱼塘，不仅引起鱼塘水质的严重恶化，而且养猪场附近的河流也受到不同程度的污染。广东省惠州市惠城区潼桥镇新华村四队养猪场（存栏约 1 200 头）养殖户采用生物腐植酸产品 QS 发酵猪场废水，发酵后的废水排入鱼塘（“猪—微—鱼”塘）肥水养鱼，并采用植物氧化沟进一步改良鱼塘水质。两年来鱼塘安全运行，水色健康。这种“猪—微—鱼—植”的生态养殖模式不仅减少了猪场废水对环境的污染，而且废弃物得到综合利用，取得了较好的经济效益。

本节一部分监测发酵期中水质各参数值的变化，考察 QS 发酵猪场废水的效果；另一部分发酵粪液进入鱼塘后，监测鱼塘和植物氧化沟的水质，并以“猪—鱼”塘水质为对照，分析“猪—微—鱼—植”处理模式的应用效果。

4.1 材料和方法

4.1.1 试验材料

4.1.1.1 试验水样 猪场废水取自广东省惠州市惠城区潼桥镇新华村四队养猪场（存栏约 1 200 头），该猪场采用人工和水冲清粪工艺。猪场原水水质情况见表 3 所示。

表 3 猪场废水原水水质

项目	感官特征	pH 值	COD_{Cr} ($mg \cdot L^{-1}$)	总氮 ($mg \cdot L^{-1}$)	氨氮 ($mg \cdot L^{-1}$)	总磷 ($mg \cdot L^{-1}$)	可培养总菌数 ($cfu \cdot ml^{-1}$)	粪大肠菌群数 ($MPN \cdot L^{-1}$)
结果	褐黄浑浊恶臭	7.0 ~ 8.5	1 600 ~ 4 000	500 ~ 900	400 ~ 650	70 ~ 130	$10^7 \sim 10^8$	$10^6 \sim 10^7$

4.1.1.2 发酵菌剂 QS 由微生物发酵蔗渣获得的生物腐植酸产品，含有可培养微生物总数为 $10^8 cfu \cdot g^{-1}$，黄腐酸含量为 20% ~23%。

4.1.2 试验方法

4.1.2.1 采用的“猪—微—鱼—植”净化模式

（1）猪场排出的废水进入沉淀池（容积约为 4.5m³），经初步沉淀后进入发酵池。

（2）发酵池深约 2.5m，面积约 150m²，可容纳废水 300t。猪场每天排放两次废水，日排放约 70 ~80t。根据发酵池中的废水量，按照接种量 0.2% 加入活化后的 QS 液，发酵时间为 8d。

（3）试验鱼塘约 6hm²，平均水深约 2.0m，配有四台充氧机，混合搭配饲养罗非鱼（1 100 ~1 200尾/667m²）、鲫鱼（400 ~450 尾/667m²）、草鱼（约 8 万尾）、鲤鱼（约 25 000尾）、鳙鱼（约 4 000尾）、鲢鱼（约 12 000尾）等各种不同食性的鱼种。每天向鱼塘中排放约 30 ~40t 发酵 8d 的消解液，有机颗粒用作鱼的饵料，粪液用以肥塘。

（4）鱼塘周边挖有一条宽 5 ~6m，长 3 000m 的封闭水沟。水沟边种植着刺树和各种果树，水沟里生长有水草、水葫芦等能有效净化养殖废水的植物。所以水沟即植物氧化沟，其能发挥生态塘的净化功能，排入沟中的鱼塘养殖废水经净化 15d 以上后可以回灌鱼塘作为养鱼用水。

4.1.2.2 试验方法

（1）野外猪场废水发酵试验：经初步沉淀的新鲜废水进入发酵池，取样观察水色，测定其中的 pH 值、溶解氧、COD_{Cr}、氨氮、总磷、可溶性磷酸盐、粪大肠菌群数以及可培养微生物总数。猪场每天排入 60 ~70t 的新鲜废水，当发酵池中的废水约 100t 时，即第 2 次取样后开始向池中加入预先活化好的 QS 液 200kg（接种量 0.2%）。发酵池中每天流入新鲜废水，每天按 0.2% 加入 QS 活化液发酵，直至池中废水为 250t 左右（第 4 天），然后使其继续发酵 4d。

试验 8d 里每天在固定液面处搅动后用取样瓶取液面下 20 ~30cm 的水样，观察水色，测定其中的 pH 值、溶解氧、COD_{Cr}、氨氮、总磷、可溶性磷酸盐、粪大肠菌群数以及可培养微生物总数，并记录天气情况。

（2）“猪—微—鱼”塘水质监测：发酵 8d 的消解液一次性排入鱼塘，用 8h 排完。前期每 3d 在鱼塘固定点水面下 10 ~20cm 处取样，观察水色，测定其 pH 值、色度、溶解氧、COD_{Cr}、氨氮、总磷、亚硝酸盐氮、粪大肠菌群数以及可培养微生物总数，并记录天气情况。前期采样 7 次，连续进行 19d 的跟踪测定。后期（6 月和 8 月）每个月采集 3 次水样（间隔 5d）测定上述参数浓度，并记录天气情况①。

（3）“猪—鱼”塘水质监测：选定位于惠州市马安镇柏田管理区的“猪—鱼”塘为“猪—微—鱼”塘的对照鱼塘，该鱼塘约 2hm²，平均塘深 2.2m，鱼塘配套猪场存栏约 400 头，猪场每天排放 15 ~20t 的废水直接进入鱼塘。与监测“猪—微—鱼”塘水质同期取样测定“猪—鱼”塘的 COD_{Cr}、氨氮、总磷浓度和粪大肠菌群数，共完成 7 次测定。

① 前期第 3 次采样后发酵池开始每天向鱼塘中排入 30 ~40t 发酵过的废水。

（4）植物氧化沟水质监测：植物氧化沟水的来源是鱼塘水和降雨，其净化功能是鱼塘水质的保障之一。所以，本试验从5～9月对氧化沟水随机进行4次检测，测定其pH值、色度、溶解氧、COD_{Cr}、氨氮、总磷、亚硝酸盐氮等参数浓度，并同各鱼塘水做对比。

4.1.3 分析参数及测定方（表4）

表4 测定参数及方法

参数	测定方法
溶解氧	氧电极法
pH值	玻璃电极法，pH试纸法
氨氮	纳氏试剂分光光度法（GB7479—87）
亚硝酸盐氮	分光光度法（GB7493—87）
总磷	钼酸铵分光光度法（GB11893—89）
可溶性磷酸盐	钼酸铵分光光度法（GB11893—89）
COD_{Cr}	重铬酸钾法（11914—89）
可培养微生物总数	稀释平板法（周德庆，1986）
粪大肠菌群	多管发酵法（粪便无害化卫生标准附录AGB7959—87）
色度	铂钴比色法（11903—89）

4.2 结果与讨论

4.2.1 猪场废水发酵试验结果

4.2.1.1 猪场废水发酵过程中的表观特征变化 新鲜猪场废水大体为褐黄色，混浊并伴有强烈的恶臭。发酵池中的废水从第2天开始颜色逐渐变深；第3～4天逐渐呈黑色，并有不断上浮的粪渣和泡沫在液面上聚集；到第5天粪液基本为黑色，液面上的浮渣和泡沫形成膜。图4为猪场废水在发酵池中处理第5天时的表观特征。

图4 发酵第5天的猪场废水

发酵过程中取样瓶中废水的表观特征变化见表5所示。

表5　猪场废水发酵表观特征的变化（取样瓶中）

参数	新鲜废水（第1天）	第2天	第3天	第4天	第5天	第6天	第7天	第8天
DO	2.6	1.2	1.4	0.8	0.45	0.11	0	0.2
pH值	7.2～8.5	7.2～8.5	7.2～8.5	7.2～8.5	7.2～8.5	7.2～8.5	7.2～8.5	7.2～8.5
温度（℃）	28～30	28～30	28～30	28～30	28～30	28～30	28～30	28～30
表观特征	褐黄色 混浊 静置后有黄色沉淀	褐色 混浊 静置后有黄色沉淀	黑色 混浊 静置后有黑色沉淀	黑色 混浊 静置后有黑色沉淀	黑色 静置后有黑色沉淀上层液体较澄清	静置后分层状态稳定，上层为墨绿色，较澄清；下层有较厚的黑色沉淀	同第6天情况	同第6天情况

注：1. DO值为发酵池液面下20～30cm处测定值，其他值均是取样瓶上层水样的测定结果。2. 分层状态稳定指将其上下颠倒混匀后静置5min左右又恢复分层。3. 试验进行的8d里，没有降水。

4.2.1.2　猪场废水发酵过程中COD_{Cr}和氨氮浓度的变化　猪场废水发酵过程中COD_{Cr}和氨氮浓度的变化趋势很明显，如图5所示。COD_{Cr}在前6d里持续下降，从1 845mg·L^{-1}逐渐降至500mg·L^{-1}左右，第6天后COD_{Cr}维持在500mg·L^{-1}左右，总体去除率为70%～75%。氨氮浓度变化与COD_{Cr}明显不同，其总体呈上升趋势，只是前4d的浓度变化较小，维持在530～550mg·L^{-1}，第4天后氨氮浓度迅速增加，从540mg·L^{-1}上升到636mg·L^{-1}，增加约18%。

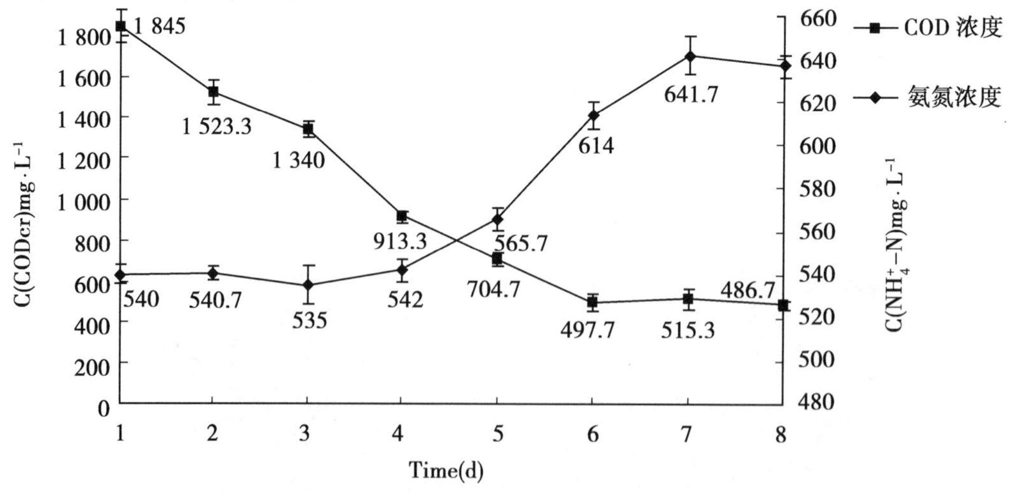

图5　发酵过程中废水的COD_{Cr}和氨氮浓度随时间的变化

猪场废水混浊度高，可生化性（C/N）好，废水排入发酵池后，体系中的微生物群不断分解有机质，使得发酵6d里COD_{Cr}浓度一直呈下降趋势。第6天后随着消解液的可生化性降低，COD_{Cr}浓度的变化也逐渐减小。并且微生物腐解有机质后，难降解部分渐渐沉入下层，而矿化产生的各种小分子化合物及较小的有机颗粒和杂质则悬浮在上层水样中，使得发酵6d后的废水在取样瓶中呈现明显的分层现象，见图5所示。由于取样测定采用上层水样，而猪场废水中粗颗粒固体和胶体部分约占COD_{Cr}数值中的50%～80%（韩巍，2006），所以这也使得发酵6d后COD_{Cr}基本维持在较小的范围。

氨氮浓度的变化同桶装废水的发酵，前4d里较平稳，考虑到一方面是新鲜废水的不断流入使得体系的氨氮浓度变化不大，另一方面厌氧微生物分解有机胺产生的部分氨氮被微生物同化利用以及腐解过程中氨气的挥发或其他形态氮的转化使得氨氮增加不明显。后期微生物大量增加，有机胺分解不断加剧，氨氮浓度得以显著增加。

发酵池液面上的膜考虑是因为腐解时池中尤其是池底会产生大量的CH_4、H_2S、NH_3和CO_2等气体，气体不断释放到空气中，一些气体在上浮时形成气泡，将小分子粪渣顶起，粪渣和气泡在液面上不断聚集而形成。池面的膜会进一步加剧发酵液的厌氧环境，促进厌氧腐解。

由以上结果可知，猪场废水经厌氧消化后，可生化性的有机物量减少，降低了废水进入水体后继续被腐解的风险，而且更易被微生物和植物吸收的小分子氨氮增加了，增强了发酵液作为肥料的功能。

4.2.1.3　*猪场废水发酵过程中总磷和可溶性磷酸盐浓度的变化*　废水发酵过程中总磷和可溶性磷酸盐的浓度变化见图6所示。总磷浓度在前5d里持续下降，从83.3mg·L^{-1}降至57.7mg·L^{-1}，减少率约为30.7%，第5天后基本维持在55～60mg·L^{-1}。可溶性磷酸盐浓度总体表现上升趋势，第1天里增幅较大，增加约26.3%，第2天到第8天增加平稳，发酵前后总体增加率约为35.5%。第5天后可溶性磷酸盐和总磷的浓度一直维持较小的差值。

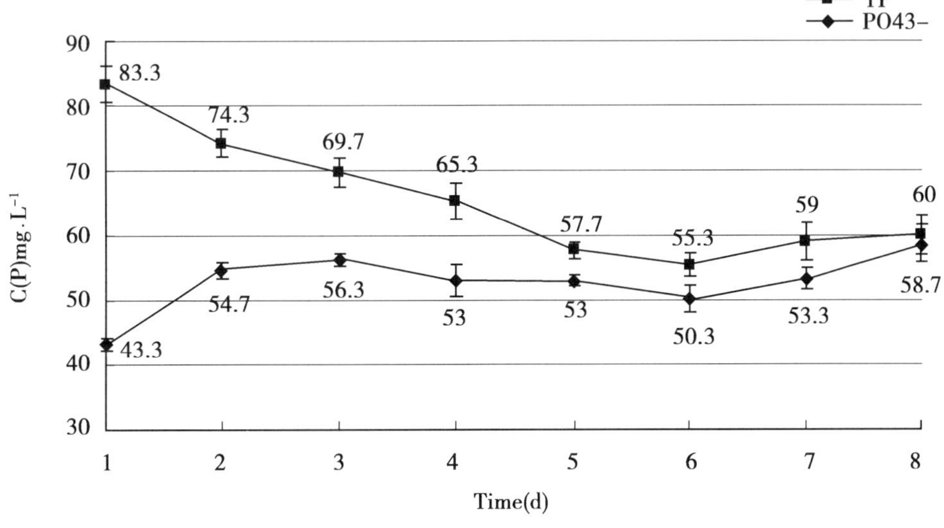

图6　发酵过程中废水的总磷和可溶性磷酸盐浓度随时间的变化

分析厌氧发酵中总磷的下降不是生物除磷的原因，因为生物除磷需要在厌氧和好氧交替条件下，通过某些微生物的吸磷和释磷反应完成。所以考虑是因为前4～5d里微生物高效腐解有机质，使得混浊粪液逐渐分层，上层溶液中含有的可溶性磷酸盐增加，但含有更多磷元素的不溶性有机颗粒沉降，使得上层溶液中的总磷含量降低。

可溶性磷酸盐的增加仍然是微生物作用的结果，其一方面分解有机磷，生成包括可溶性磷酸盐在内的各种小分子磷化物；另一方面溶解不溶性磷酸盐将其转化为可溶性磷酸盐。废水腐解稳定后，上层溶液中的总磷逐渐以可溶性磷酸盐占主体，所以第5天后测得的可溶性磷酸盐浓度和总磷浓度很接近。

微生物把大分子的磷分解成小分子磷后，除供自身需要外，还有大量剩余在液相内，因此厌氧发酵增加了粪液中速效磷的含量。

4.2.1.4　*猪场废水发酵过程中粪大肠菌群数及可培养微生物总数的变化*　经稀释平板法培养发现猪场废水中的微生物以细菌为主，其次是霉菌，放线菌和酵母很少出现。随着废水厌氧程度的增加，可培养细菌的种类也逐渐减少，但其总数变化不大，只是第1天从6.01×10^{6}cfu·ml^{-1}降至8.25×10^{5}cfu·ml^{-1}，此后一直维持在10^{5}～10^{6}cfu·ml^{-1}。新鲜废水中的粪大肠菌群数为10^{7}MPN·L^{-1}，发酵1d后升至10^{8}MPN·L^{-1}，随后一直降至1.67×10^{5}MPN·L^{-1}，经过8d发酵粪大肠菌群数减少了2～3个数量级，见图7所示。

虽然粪大肠菌群有一定程度的减少，但是其初始值很高（约为10^{7}MPN·L^{-1}），这使得废水消解后的粪大肠菌群虽然有所降低，但仍未达到排放标准。

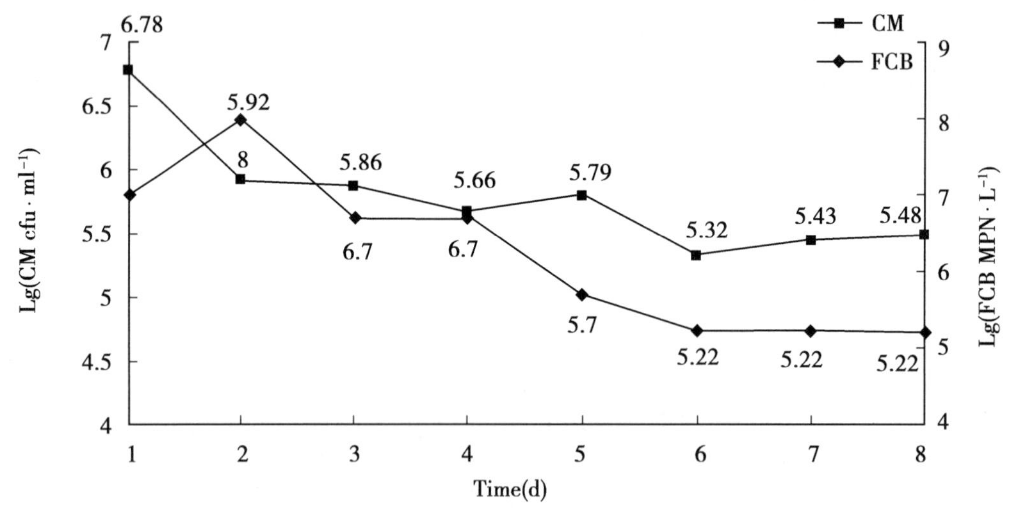

图7　发酵废水的可培养微生物总数和粪大肠菌群数随时间的变化

4.2.1.5　*“猪—微—鱼”塘和“猪—鱼”塘水质的监测对比*　由上述试验结果可知，猪场废水发酵8d后，各参数浓度基本稳定。“水清则无鱼”，鱼塘水的肥度是鱼生长的重要条件，生产上每天向鱼塘中排入30～40t消解液。在消解液出水口处，可以看到聚集着很多的罗非鱼挣食。当鱼塘水过肥或是水中溶解氧较低时，通常向鱼塘中排入粪水区域播撒QS和活力菌或开启充氧机作为辅助措施。

发酵后的废水一次性排入“猪—微—鱼”塘后，开始计时监测（4 月 29 日至 8 月 30 日），4 个月里完成 13 次测定。实验中观察塘水的颜色为深绿色至油绿色，透明度维持在 18 ~ 25cm。鱼塘水质各参数的监测结果见表 6、图 8、图 9、图 10 和图 11 所示。

表 6　“猪—微—鱼”塘水质的部分监测结果

日期	4/29	5/2	5/5	5/8	5/11	5/14	5/17	6/15	6/20	6/25	8/20	8/25	8/30
天气	晴	晴	雨	晴	雨	晴	雨	晴	晴	晴	晴	晴	云
色度	80	97	110	73	89	67	64	77	85	71	68	69	76
DO	6.20	5.50	5.20	6.10	5.50	6.20	4.60	5.80	5.80	6.40	6.30	6.60	5.20
pH 值	7.50	7.26	7.20	7.40	7.70	8.10	7.20	7.70	8.10	7.60	7.20	7.40	7.60
CM $10^4 cfu \cdot ml^{-1}$	1.95	2.47	1.08	2.50	6.15	5.17	5.66	5.02	4.21	4.95	5.87	5.49	6.03
FCB $10^4 MPN \cdot L^{-1}$	2.50	1.67	2.50	1.00	1.67	1.67	1.00	1.00	1.00	1.00	1.00	1.00	1.00

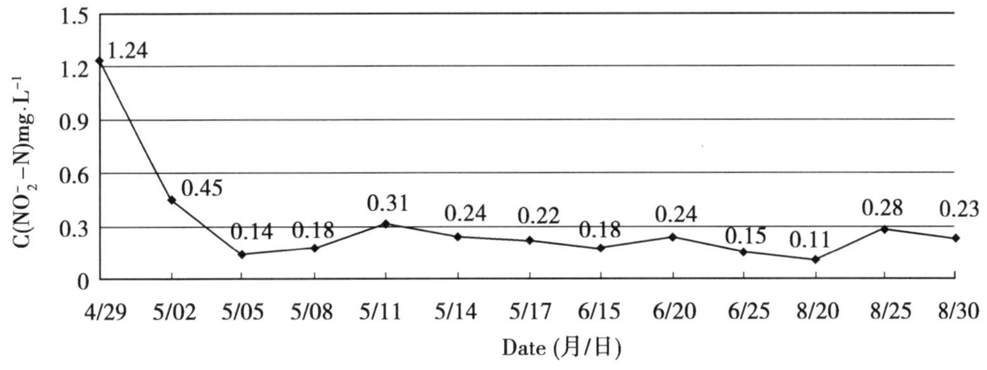

图 8　“猪—微—鱼”塘水中亚硝酸盐氮浓度的变化

亚硝酸盐氮是养殖水体中的含氮有机物降解及氨氮转化的主要中间产物，其含量是鱼塘水质安全的重要评价指标。一般情况下，鱼塘水中的亚硝酸盐氮浓度要控制在 $0.1mg \cdot L^{-1}$以下，但据有关文献，亚硝酸盐的毒性依鱼虾的种类和个体的不同而不同，如鲢鱼、罗非鱼的耐受浓度达 $2mg \cdot L^{-1}$左右（姚传付，2006）。根据养殖户经验，鱼塘水中的亚硝酸盐氮浓度一般控制在 $0.3mg \cdot L^{-1}$以下。

由图 9 可以看出，除了 4 月 29 日、5 月 2 日由于消解液（约 250t）一次性排入鱼塘中导致的亚硝酸盐氮浓度异常升高（$1.24mg \cdot L^{-1}$、$0.45mg \cdot L^{-1}$）外，其他时间在该取样点处的亚硝酸盐氮浓度基本在安全范围内。并且由于该取样点位于距猪场废水排入口约 50m 的拐角，容易受到水流和风向的影响，使得此处测定值偏高，推测鱼塘其他水域的亚硝酸盐氮含量要更低。

发酵 8d 的废水一次性排入鱼塘导致塘水过肥，但由于天气晴好，及时开启充氧机和播撒 QS，经过 7d 的塘水稀释和鱼塘生物系统的代谢，5 月 5 日后亚硝酸盐氮浓度基本恢复正常，从4月29日到5月5日鱼塘无死鱼发生。

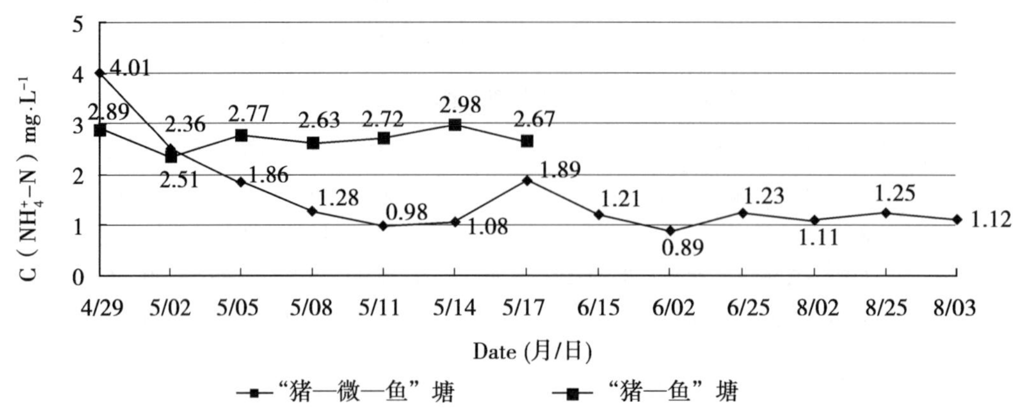

图9 “猪—微—鱼”塘和“猪—鱼”塘水中氨氮浓度的变化

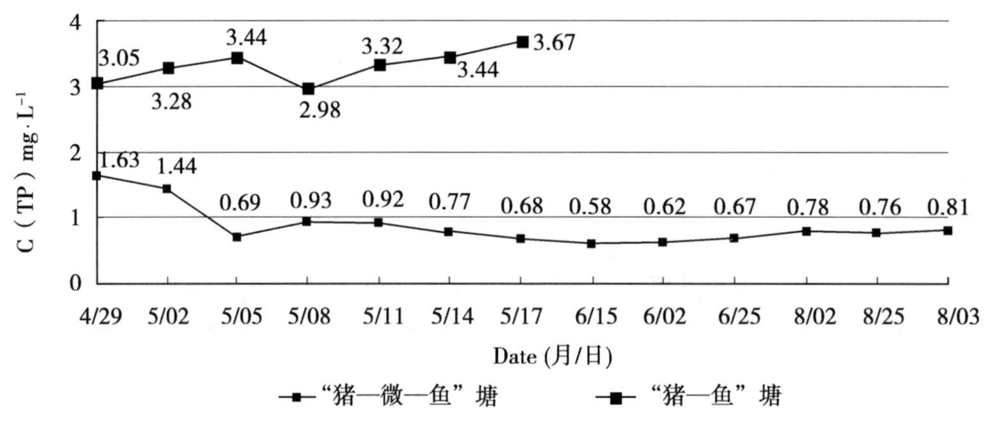

图10 “猪—微—鱼”塘和“猪—鱼”塘水中总磷浓度的变化

氨氮、总磷、COD_{Cr}含量是水体富营养化评价的重要参数。本部分在考察发酵粪液对“猪—微—鱼”塘水质影响的同时，还选择了“猪—鱼”塘做对比，同期监测二者的氨氮、总磷和COD_{Cr}浓度的变化情况。“猪—微—鱼”塘6hm^2，一次性排入约250t的发酵废水，7d后继续每天排入30~40t发酵粪液；“猪—鱼”塘2hm^2，每天排入15~20t新鲜废水，两鱼塘单位面积负荷的猪场废水量基本相当。

氨氮、总磷、COD_{Cr}各参数浓度的变化分别见图9、图10和图11。由于发酵废水一次性排入“猪—微—鱼”塘，使得水中的氨氮、总磷、COD_{Cr}在当天就分别急速上升至4.01mg·L^{-1}、1.63mg·L^{-1}和125mg·L^{-1}。但同亚硝酸盐氮浓度变化相似，经过7d的塘水稀释和鱼塘中的生态体系的降解转化，各参数浓度陆续回落，氨氮（1.86mg·L^{-1}）、COD_{Cr}（98.8mg·L^{-1}）仍然略高外，总磷（0.69mg·L^{-1}）已恢复到正常水平，5月8日以后“猪—微—鱼”塘的氨氮、总磷、COD_{Cr}值基本稳定在安全范围内，依次为0.9~1.3mg·L^{-1}、0.6~0.9mg·L^{-1}和70~90mg·L^{-1}。

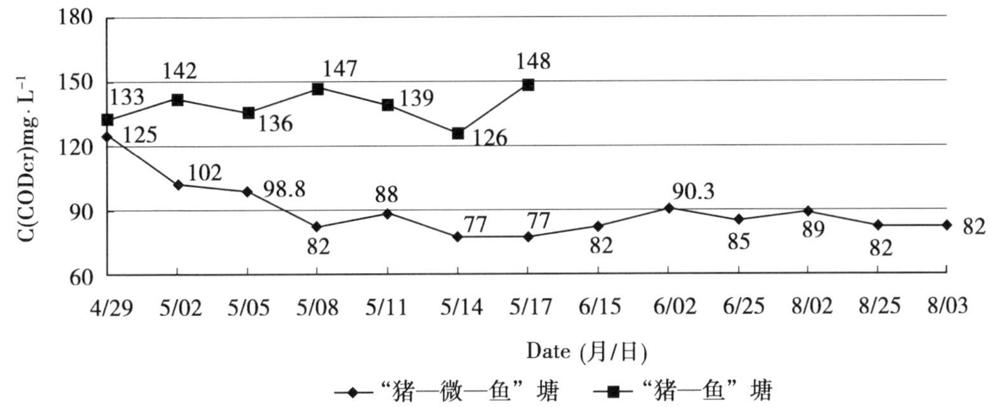

图11 "猪—微—鱼"塘和"猪—鱼"塘水中COD_{Cr}浓度的变化

"猪—鱼"塘水质较平稳，氨氮、总磷、COD_{Cr}浓度始终维持在2.5～3.0mg·L^{-1}、3.0～3.7mg·L^{-1}、130～150mg·L^{-1}，各项参数浓度明显高于"猪—微—鱼"塘水。

4.2.1.6 植物氧化沟水质监测结果 植物氧化沟的水主要来自降雨和鱼塘水，水沟中生长的植物、藻类及存在的微生态体系使其发挥着生态塘的功能。从表7可以看出其氨氮在0.9～1.3mg·L^{-1}，亚硝酸盐氮含量小于0.2mg·L^{-1}，总磷小于0.2mg·L^{-1}，总菌数在10^3～10^4cfu·ml^{-1}，粪大肠菌群数为6 667～16 667MPN·L^{-1}。

表7 植物氧化沟水质的监测结果

日期	天气	色度	DO (mg·L^{-1})	COD_{Cr} (mg·L^{-1})	氨氮 (mg·L^{-1})	NO_2^-－N (mg·L^{-1})	TP (mg·L^{-1})	总菌数 (10^4cfu·ml^{-1})	粪大肠菌群数 MPN·L^{-1}
5/2	晴	85	7.5	12	0.9	0.08	0.17	2.95	16 667
5/15	多云	44	4.0	43	1.32	0.09	0.14	1.05	10 000
8/18	雨后	52	4.8	11	1.23	0.02	0.19	0.89	6 667
9/8	晴	62	5.6	38	1.22	0.19	0.15	4.95	10 000

植物氧化沟虽然氨氮、粪大肠菌群数和"猪—微—鱼"塘水相近，但其亚硝酸盐氮、磷及COD_{Cr}浓度明显低于后者。这说明植物氧化沟可以有效地处理鱼塘养殖废水，净化后的水回灌入鱼塘养鱼，可进一步改良鱼塘水质。

4.2.1.7 "猪—微—鱼"塘、"猪—鱼"塘、植物氧化沟水与地表水标准比较 将"猪—微—鱼"塘水、植物氧化沟水、"猪—鱼"塘水与地表水环境质量标准作比较，结果见表8所示。

表8　“猪—微—鱼”塘水、“猪—鱼”塘水、植物氧化沟水与地表水环境质量标准比较

（单位：mg · L^{-1}）

项目		Ⅱ类	Ⅲ类	Ⅳ类	Ⅴ类	“猪—微—鱼”塘水	“猪—鱼”塘水	植物氧化沟水
pH 值		6～9	6～9	6～9	6～9	7.6	6.69	6.9
DO	≤	6	5	3	2	5.2	1.8	5.6
COD	≤	15	20	30	40	82	148	38
氨氮（NH_4^+－N）	≤	0.5	1.0	1.5	2.0	1.12	2.67	1.22
TP（以P计）	≤	0.1	0.2	0.3	0.4	0.81	3.67	0.15
粪大肠菌群 MPN · L^{-1}		2 000	10 000	20 000	40 000	10 000	100 000	10 000

从表4－6结果比较，总结如下：

（1）“猪—微—鱼”塘水的 COD_{Cr} 和 TP 浓度超过地表水标准的Ⅴ类水标准，但 NH_4^+－N 浓度达到Ⅳ类水标准，粪大肠菌群数达到Ⅲ类水标准。

（2）植物氧化沟水的 COD_{Cr} 浓度达到Ⅴ类水标准，NH_4^+－N 浓度达到Ⅳ类水标准，TP 浓度和粪大肠菌群数达到Ⅲ类水标准。

（3）“猪—鱼”塘水的 COD_{Cr}、NH_4^+－N 和 TP 浓度以及粪大肠菌群数均大幅度超过Ⅴ类水标准，为超劣Ⅴ类水。

（4）水质总体优劣顺序为植物氧化沟水、“猪—微—鱼”塘水、“猪—鱼”塘水。

4.3　实例小结

本试验采用含有丰富微生物的生物腐植酸产品发酵猪场废水，再用发酵后的废水灌入鱼塘中肥塘并用作鱼饲料，监测“猪—微—鱼—植”生态养殖模式各阶段的水质，分析该“猪—微—鱼—植”资源化处理模式的效果。

应用生物腐植酸 QS 处理发酵池猪场废水，8d 发酵期内各参数量的变化如下：COD_{Cr} 去除率 70%～75%；NH_4^+－N 增加率约 18%；TP 去除率约 28%；PO_4^{3-} 增加率 35.5%；可培养微生物总数基本维持在 10^5cfu · ml^{-1}；粪大肠菌群由 10^7MPN · L^{-1} 降至 1.67×10^5MPN · L^{-1}，减少2个数量级。

“猪—微—鱼”塘水的颜色为深绿色至油绿色，透明度 18～25cm；pH 值为 7.2～8.1；DO 为 4.6～6.6mg · L^{-1}；可培养微生物总数为 10^4cfu · ml^{-1} 左右，粪大肠菌群为 10 000～25 000MPN · L^{-1}；NO_2^-－N 浓度为 0.1～0.3mg · L^{-1}；NH_4^+－N 浓度大致在为 0.9～1.3mg · L^{-1}；TP 浓度大致为 0.6～0.9mg · L^{-1}；COD_{Cr} 浓度为 70～90mg · L^{-1}。

“猪—鱼”塘水的 NH_4^+－N 浓度 2.5～3.0mg · L^{-1}；TP 浓度 3.0～3.7mg · L^{-1}；COD_{Cr} 浓度 130～150mg · L^{-1}；粪大肠菌群数基本维持在 10^5MPN · L^{-1}。

植物氧化沟水质最好，COD_{Cr} 浓度 10～40mg · L^{-1}；NH_4^+－N 浓度 0.9～1.3mg · L^{-1}；NO_2^-－N 浓度大致为 0.02～0.2mg · L^{-1}；TP 浓度 0.14～0.2mg · L^{-1}；可培养微生物总数为 10^3～10^4cfu · ml^{-1}，粪大肠菌群为 10^3～10^4MPN · L^{-1}。

猪场废水经 QS 发酵处理后，有机质能得到有效降解，粪大肠菌群得到一定程度的减少，速效氮、磷增加，不仅提高了利用的安全性，而且增强了粪液肥水和饲料性的功能。经发酵废水肥塘的"猪—微—鱼"塘的水质参数值基本能维持在安全范围内，鱼塘具有较强的消纳发酵粪液的能力。植物氧化沟水质较好，说明其能发挥生态塘的功能来改良鱼塘水质。"猪—鱼"塘水各参数值均高于"猪—微—鱼"塘水及鱼塘水质安全浓度，认为其生产上存在安全隐患。"猪—微—鱼—植"模式是一种资源化利用猪场废水的有效模式。

5　总结

由于畜禽粪便的有机物浓度高，氨氮浓度高，恶臭严重，因此治理难度较大。根据我国国情及畜禽养殖业的实际，畜禽粪便处理的适用技术应具备以下要求（徐天勇，2004）。

5.1　资源化，有效益

畜禽粪便自古以来都被作为优质有机肥而通过自然生态系统得到转化、利用。如今，由于大规模、集约化养殖业产生的粪便量大，往往难以还田，必须借助设备，才能把畜禽粪便转化成可用的资源。例如，通过干湿分开、固液分离得到干粪，可应用高效菌种发酵转变成饲料（鸡粪）或肥料（猪粪）；高浓度粪水可采用厌氧处理技术产生沼气、回收利用能源。

5.2　因地制宜

畜禽粪便的有机物浓度高、氨氮浓度高、恶臭严重，若要直接处理达标，不仅投资大，而且运行成本相当高，实际上难以实施。因此，要结合当地地理环境情况，对经处理不能达标的污水，可在后续处理中因地制宜配以氧化塘，采用水生植物生态工程技术，以达到排放标准所要求的指标。

5.3　以生物处理为核心

对于处理难度高的畜禽粪便治理，必须依据实际条件，合理选择多项生物技术，组合成一个有机的系统。如经固形物分离后的粪水，可应用厌氧发酵技术产沼气，回收生物能，沼液、沼渣则可作肥料；也可通过多级反应槽进行兼氧处理（不加人工曝气），使粪污水中的各种污染物得以大幅度降解、转化、去除。

本章应用实例中采用的"猪—微—鱼—植"生态养殖技术即时根据当地的生产背景，因地制宜，既有效地处理了猪场废弃物又降低了鱼塘的生产成本，在生产和实践中取得了较好的经济效益。

参考文献

[1] 操卫平. 猪场废水厌氧消化液后处理生物脱氮新技术研究. 四川大学，成都，2004
[2] 陈新. 推广沼液浸种提高粮食产量. 中国沼气，1999，(17)：17 ~ 19

[3] 崔理华，朱夕珍，陈智营，庹艳．国内外规模化猪场废水处理组合工艺进展．农业环境保护，2000，19（3）：188～191

[4] 邓良伟，郑平，陈子爱．Anarwia 工艺处理猪场废水的技术经济性研究．浙江大学学报（农业与生命科学版），2004，30（6）：628～634

[5] 邓良伟，水解-SBR 工艺处理规模化猪场粪污的研究．中国给水排水，2001，17（3）：8～11

[6] 邓良伟，陈铬铭．工艺处理猪场废水试验研究．中国沼气，2001，19（2）：12～15

[7] 富相奎，刘娣．畜禽粪便处理与发展方略．黑龙江农业科学，2005，（1）：1～3

[8] 寇明科，赵焕斌．畜禽规模养殖场粪便污染现状调查与环境污染监测评价．中国沼气，2005，（10）：28～30

[9] 钮红姝，葛德宏．以沼气工程为纽带的生态农业浅析．中国沼气，2003，21（1）：43～46

[10] 高锋，杨朝晖，曾光明．厌氧水解-SBR 工艺处理高浓度有机废水运行工序的优化．环境科学，2004，25（5）：84～88

[11] 高增月，杨仁全，程存仁等．规模化养猪场粪污综合处理的试验研究．农业工程学报，2006，22（2）：198～200

[12] 郭云霞，黄仁录．畜禽粪便的无害化资源化处理技术．动物疾病防治，2006（12）：49～52

[13] 谷洁，高华，李鸣雷，秦清军．养殖业废弃物对环境的污染及肥料化资源利用．西北农业学报，2004，13（1）：132～135

[14] 韩巍．规模化养猪场废水处理的试验研究［硕士学位论文］．广州：华南农业大学，2006

[15] 孔繁德，高爱明，杨彬然．环境保护系统岗位培训教材生态保护．北京：中国环境科学出版社，1994

[16] 雷英春，张克强，季民，李炎保，姚传忠．国内外规模化猪场废水处理工艺技术新进展．城市环境与城市生态，2003，16（6）：218～220

[17] 李宝林，王凯军．大型集约化猪场猪粪尿问题研究综述及建议．农村能源，1997（4）：27～29

[18] 李淑兰．猪场废水厌氧消化及后处理技术研究［硕士学位论文］．中南林学院，2003

[19] 李意坚．健全无公害农产品生产保障体系．土壤，2003，35（1）：34～35

[20] 马乃喜，惠泱河生态环境保护理论与实践．西安：陕西人民出版社，2002

[21] 闵航等编著，废水微生物学．杭州：浙江大学出版社，1993

[22] 秦麟源编著，废水生物处理．上海：同济大学出版社，1989

[23] 任洪强．生产性 UASB 反应器快速启动过程研究．中国沼气，2000，18（3）：17～20

[24] 沈玉英．畜禽粪便污染及加快资源化利用探讨．土壤，2004，36（2）：164～167

[25] 孙炳彦．关于小城镇环保工作的若干思考．环境保护，2000，4，31～34

[26] 孙仲平，尹卫红，李正明．活性污泥法新技术-卡波菲尔反应器．工业用水与废水，2001，32（2）：40～41

[27] 田宁宁，李宝林，王凯军，杨丽萍．畜禽养殖业废弃物的环境问题及其治理方法．环境保护，2000，（12）：10～13

[28] 王继军等．沼液对农药的增效作用．农业环境保护，1998，17（4）：190～191

[29] 王新兰，刘文革，李精超．畜禽业实现清洁生产的途径．辽宁城乡环境科技，2002，22（1）：47～51

[30] 王跃贵．水稻、玉米应用沼液的效应效果．耕作与栽培，2001，（2）：49～50

[31] 王聪亮等．水解—好氧系统处理生活污水的特性研究．环境科学与技术，2001，2：28～31

[32] 吴巨昌．沼液的饲用药用价值．科学养鱼，1995（3）：12～15

[33] 肖永庆．现代化养猪场的粪尿处理及综合利用．中国畜牧杂志，1992，28（4）

[34] 徐天勇．畜禽养殖场污染处理技术研究．安徽农业科学，2004，32（1）：135～136

[35] 杨虹，李道棠，朱章玉等．集约化养猪场冲栏水的达标处理．上海交通大学学报，2000，34 (4)：558 ~ 560

[36] 杨健等．厌氧水解—高负荷生物滤池处理城镇污水的中试研究．城市环境与城市生态，2000，13 (6)：26 ~ 28

[37] 杨朝晖，高锋，曾光明，陈军，谢更新，张薇．短程硝化反硝化去除高氨氮猪场废水中的氮．中国环境科学，2005，(25)：43 ~ 46

[38] 杨毓峰，薛澄泽，唐新保．畜禽废弃物堆肥的腐熟指标．西北农林科技大学学报，1999，27 (4)：62 ~ 66

[39] 姚传付．养鱼慎防亚硝酸盐．北京水产，2006，(2)：44

[40] 姚燕，利用畜禽粪便为原料生产优质厌氧发酵液工艺条件的研究 [硕士学位论文]．郑州：河南农业大学，2003

[41] 叶小梅，常志州．畜禽养殖场排放物病原微生物危险性调查．生态与农村环境学报，2007，23 (2)：66 ~ 70

[42] 张希衡．废水厌氧生物处理工程．北京：中国环境科学出版社，1996

[43] 张增强，孟昭福．农业废弃物和城市污泥的无害化与资源化．农业环境与发展，2001，(1)：19 ~ 21

[44] 赵军．规模化养猪场粪污处理实例．可再生能源，2003 (4)：39 ~ 40

[45] 赵杰，谷子林，崔青曼．生物腐植酸对中国对虾生长发育及部分免疫机能的影响．饲料研究，2001，12：23 ~ 24

[46] 郑元景等．污水厌氧生物处理．北京：中国建筑工业出版社，1988

[47] 朱颂华，农业发展新阶段与农业可持续发展．上海：上海财经大学出版社，2002

[48] 朱文亭等．污水的水解（酸化）—好氧生物处理工艺．城市环境与城市生态，2000，13 (5)：43 ~ 48

[49] C. S. Ra, KV. Lo, D. S. Mavinic, Control of aswine manure treatment process using aspecific feature of oxidation reduction potential, Bioresource Technology, 1999, (70): 117 ~ 127

[50] M P Bryant, *et al.* microbial methane production – Theoretical aspects Animal Science, 1979, 48 (1): 193 ~ 201

[51] N. Bemet, Delgenes, J. C. Akunna, *et al.* Combined anaerobic-aerobic SBR for the treatment of piggery wastewater. Water. Research, 2000, 34 (2): 611 ~ 619

[52] P. Y. Yang, H. J. Chen, S. J. Kim. Integrating entrapped mixed microbial cell (EMMC) process for biological removal of carbon and nitrogen from dilute swine wastewater. BioresourceTechnology, 2003, 86: 245 ~ 252

[53] P. Y. Yang, ZhiyuWang. Integrating an intermittent aerator in aswine wastewater treatment system for land-limited conditions. BioresourceTechnology, 1999, (69): 191 ~ 198

[54] Takaaki Maekawa, ChungMin-Liao, XingDong-Feng. Nirogen and phosphorus removal for swine wastewater using intermittent aeration batch reactor followed by ammonium crystallization process. WaterResearch, 1995, 29 (12): 2643 ~ 2650

东江流域农业产业结构与水体污染*

郭 萍 李良生 田云龙 朱昌雄

（中国农业科学院农业环境与可持续发展研究所，北京 100081）

摘 要：东江的水质影响到整个广东和香港的饮用水安全，东江流域的农业生产与东江水质具有密切的关系。东江的农业产业主要分布在中上游，本文通过对东江上中游农业主产区的农业产业结构的调查和研究，结合我国目前水体污染的现状分析，阐明了农业源污染在水体富营养化中的贡献以及一些建议。本研究结果为东江水质的保护和净化，以及农业污染源头的防治提供了一定的理论依据。

关键词：东江；种植；养殖；污染

1 东江流域概况与水环境现状

东江是流域内外约 1 500 万人口的生产和生活水源地，担负着流域以及深圳、香港和广州东部广大地区数千万人口生活与生产供水任务，是广东省的“政治水、经济水、生命水”[1]。

东江为珠江流域三大水系之一，发源于江西省寻邬县，上游称寻邬水，自东北向西南流至龙川县合河坝汇安远水后，称东江。然后经龙川、河源、紫金、惠州、博罗等县（市）至东莞市石龙镇分南北两水道注入狮子洋，经虎门出海。东江干流全长 562km，其中广东省境内 435km，占全长的 77.4%，流域面积为 35 340km^2，其中广东省境内 31 840km^2，占 90.1%。东江流量较大，仅次于西江和北江而居广东省第三位，东江是广东省各河流中水资源综合开发利用最充分的一条河流。

东江流域中上游已建成的大型水库有 3 座，分别为位于支流新丰江的新丰江水库、位于贝岭水和寻邬水汇合口下游的枫树坝水库和位于支流西枝江的白盆珠水库，三大水库总的水利库容为 82.3 万 m^3，占石龙地区流域面积的 42.8%。东江上中游是水源区，是东莞、惠州、深圳和香港的主要水源地，满足了上述地区 70% 的淡水需求。东江是

---

* 基金项目：水体污染控制与治理国家科技重大专项课题（2008ZX07425 - 02）、国家科技支撑项目（2006BAD17B02）、中央级公益性科研院所基本科研业务费（养殖污染水体控制与生物修复技术的研究）。

作者简介：郭萍，女，1967 ~，博士，研究方向为环境评价与修复，Tel：010 - 82109561，E-mail：guoping@cjac.org.cn。李良生：惠州市水产科学技术研究所。

通讯作者：朱昌雄，男，1963 ~，研究员，博士生导师，E-mail：zhucx120@163.com。

广东省水资源承载负荷最重的一个流域，目前东江沿岸已建成的5万t以上的取水口共达20多个，主要取水户有：东深供水、深圳东部水源、东莞水厂、惠州水厂和广州东部水厂。近几年来，随着污染和咸潮的影响，水质不断下降，造成很多水厂的取水口不得不逐渐上移。

广东虽然水资源总量相对全国比较丰富，但目前已经面临着无水可用的危急状态。丰沛的水量曾经是广东省社会经济得以高速发展的基本要素之一。但目前，随着广东人口的大量增加，工农业的迅速发展，广东水资源已经不堪重负。尤其是在东江流域，扣除已污染的水源，目前的人均水资源量已经不足300m^3。再加上这些地区经济发达、人口集中，正常年份的水资源承载力已经远远达不到人口和经济发展的要求。水质危机大于水量危机。水质性缺水，已由过去的隐性转化为显性。据广州海洋地质调查局对珠江口的调查数据显示，在珠江口的水体污染物大部分都已达到重污染程度，尤其是东莞和深圳及深港之间的水域最为严重。因此，对东江水质污染现状的调查研究是控制水污染和保障水体质量的基础。

2　东江农业源污染现状

最主要同时又最易构成水体环境隐患的面源污染形式当属农业面源。这可以从美国1990年的调查评估报告看出：美国面源污染几乎占总污染量2/3，其中农业面源占面源总量的68%～83%，影响到50%～70%受污染或威胁的地表水体。由于农业活动的广泛性和普遍性，农业面源已成为目前水质恶化的一大威胁。东江流域是养殖业密集区，一般为家庭作坊式的中小型养殖场。养殖场通常分布在村镇周边农田中，附近多存在与东江相通的水体，除少数大型猪场外，绝大部分中小型猪场的废水未经任何处理就直接排放，或者经过简单处理后排放水体仍然造成严重的污染。通过比较1996年和1999年的水质监测结果可以看出，东江供水系统的水质在逐年下降。东深流域污染排放主要来自三个方面污水，如工业废水、生活污水和集约化养殖业污水，分别占年排放总量的25%、78%和0.1%。其中，集约化养殖业污水排放量虽然不大，但污染物占总污染物负荷的12%～14%。尽管流域水质大部分指标达到国家地面水环境质量标准（GB3838—88）Ⅱ类水质标准，但与农业源相关的有机污染指标和营养盐（BOD_5、NH_4^+-N、TP、TN等）指标全部超过Ⅱ类水质标准，成为典型的有机污染水体[2]。东江流域内的西枝江、淡水河等部分支流和三角洲区域水质差于干流水质，对东江典型支流（沿岸分布有养殖场）水质调查显示，水体pH值平均为7.10，COD平均为89.9 $mg \cdot L^{-1}$、TP平均为2.4$mg \cdot L^{-1}$、NH_4^+-N平均为9.6$mg \cdot L^{-1}$。由于面源污染原因，干流丰水期水质反而较枯水期差。

猪场废水为一种含有多种污染物的高浓度废水，平均COD达5 416～9 865$mg \cdot L^{-1}$，BOD_5 3 860～4 454$mg \cdot L^{-1}$，TN 735～1 390$mg \cdot L^{-1}$，NH_4^+-N 626～1 085$mg \cdot L^{-1}$，TP 22.1～283$mg \cdot L^{-1}$，SS 2 890～5 460$mg \cdot L^{-1}$。而且，一项对广东省集约化养殖场的调查研究显示，鸡粪（风干）Cu含量在5.0～1 776.6$mg \cdot kg^{-1}$，平均为107.5$mg \cdot kg^{-1}$；Zn含量在76.7～1 111.0$mg \cdot kg^{-1}$，平均为366.6$mg \cdot kg^{-1}$；As含量

为 1.2 ~ 74.7mg · kg^{-1}，平均为 21.6mg · kg^{-1}。猪粪（风干）Cu 含量在 97.9 ~ 1 704.7mg · kg^{-1}，平均高达 765.1mg · kg^{-1}；Zn 含量在 423.4 ~ 2 775.0mg · kg^{-1} 范围内，平均高达 1 128.0mg · kg^{-1}；As 含量为 1.2 ~ 315.1mg · kg^{-1}，平均达 89.3mg · kg^{-1}[3]。按照国内外有机肥重金属限量标准，鸡、猪粪均存在不同程度的 Cu、Zn 和 As 超标现象，这与国内养殖业普遍滥用含 Cu、Zn 和 As 的添加剂有关。另外，禽畜粪中还含有较高的盐分、大肠杆菌和蛔虫卵等病原物。养殖场冲洗废水进入水体，含有的多种污染物必将对地下水和地表水质产生负面影响。因此，养殖废水对环境、尤其是水环境的影响必须加以重视。目前，养殖业的环境问题不但成为其行业自身发展的瓶颈，也已成为环境污染、尤其是水体污染防治的一个重要环节。在东江流域集约化农区，广大农村人口以井水为饮用水，饮用水的安全问题已成为一个威胁人民健康的重要环节。

3 东江流域的农业结构与水体污染源

3.1 东江中上游农业结构变化

东江流域由于地理和气候特点，发展了大量的种植业和养殖业，种植业的农药、化肥、农用地膜和养殖业的畜禽排泄物是主要的污染源。初步统计结果显示，位于东江上游的河源市 2006 年粮食作物总面积 19.5 万 hm^2，花生近 0.25 万 hm^2，蔬菜 4.5 万 hm^2，化肥使用量 20.3 万 t，农药使用量 0.25 万 t，地膜 0.13 万 t。养殖业在水源区也是优势产业，河源市 2006 年全市生猪饲养量 203.58 万头，生猪出栏 115.6 万头，对比 2003 年分别增长 9.88% 和 23.58%；牛存栏 22.26 万头，对比 2003 年增长 19.70%；家禽饲养量 3 650万只，家禽出栏 2 538.79万只，对比 2003 分别增长 1.90% 和 3.59%。所有种类的畜禽养殖量均有不同程度的增加，其中猪和牛的增加幅度最大。从养殖的规模看，有大约一半以上的仍为分散饲养，规模化养殖的有 6 个养猪龙头企业，年出栏 1 万头以上的养猪场 12 个；在肉鸡生产商，龙头企业带动的农户约 1 300多户，户平均饲养 10 000只。

位于中游的惠州市年农药使用量 0.5 万 t，其他茶果 6.13 万 hm^2，化肥 29 万 t，农膜 0.3 万 t，果园和耕地每公顷平均使用农药 252kg、化肥 604.5kg，难于降解的薄膜每公顷平均使用量达到 22kg，其中相当一部分流入水体，是水污染的重要原因之一。万头瘦肉型养猪场 32 个，养猪专业户 3 023个，规模养猪 225 万头，占养猪总量 300 万头的 75%。家禽养殖 3 782.1万只，主要集中在惠阳市和博罗县。各大型规模养猪场主要集中在惠城、博罗和惠阳三个县区。惠州市共有鱼塘面积 1.18 万 hm^2，畜禽粪便有一部分排入鱼塘，但有不少养猪场的猪粪等排泄物未经任何处理直接入河，使水体中的蓝藻和其他浮游植物大量生长，孳生大量的病原菌，严重的破坏了水体环境。

3.2 东江中上游农业源污染

由于我国种植业的肥药利用率很低，所以农用化学品的高投入带来了更为严重的环境污染。据估算，当氮素流失率为 15% 时，进入水环境的 TN 量每年为 3.53 万 t，当氮素流失率为20%时，进入水环境的TN量每年为4.72万t；当磷素流失率为5%时，进入水环境的TP量每年为685t，当流失率为7%时，进入水环境的TP量每年为959t；农药除30%～40%被作物吸收外，大部分进入水体、土壤、空气及农产品中，如按流失率50%计算，每公顷就有4kg农药流入周边环境。

养殖业是东江流域另一大农业污染源。表1和表2分别列出了河源市和惠州市的畜禽污染产生量。从表1和表2可以看出，羊和家禽的废弃物排泄量相对较小，所以对东江污染的贡献率比较小，而猪和牛是养殖业主要的污染源。

表1 河源市畜禽污染物产生量 （单位：万t）

项目	生猪	牛	家禽	总量
粪便产生量	385.22	271.47	45.94	702.63
TN	3.00	1.88	0.74	5.62
TP	6.45	1.19	0.24	7.88
COD	14.96	6.51	1.79	23.26
NH_3^- -N	0.08	0.04	0.01	0.13

虽然牛的产污系数远高于猪，但因为河源市和惠州市畜禽饲养主要以生猪为主，所以猪粪尿所产生排泄物的污染仍然位于养殖业的首位。

表2 惠州市畜禽污染物产生量 （单位：万t）

项目	生猪	牛	家禽	总量
粪便产生量	999.70	233.46	137.82	1 370.98
TN	7.79	1.62	2.22	11.63
TP	16.72	1.02	0.72	18.46
COD	38.79	5.60	5.37	49.76
NH_3^- -N	0.21	0.03	0.02	0.26

4 东江农业源污染发展趋势

近二十多年来，华南地区随着工商业的发展，农业耕地面积不断下降，但农用化学品投入却逐年增加。如广东省1990年农作物播种面积为567.2万hm^2，2004年下降为480.8万hm^2，而每亩肥料投入从1990年的11.26kg N、2.36kg P_2O_5和3.24kg K_2O提高为2004年的13.32kg N、2.61kg P_2O_5和5.52kg K_2O。同时，随着饲料工业的发展，规模化养殖成为生产主流。据FAO统计，2004年我国生猪存栏量占世界生猪存栏量的50.9%，鸡占世界鸡存栏量的25.8%。出于降低养殖、运输和销售成本及便于加工的需要，规模化猪场大多建在人口稠密、交通方便和水源充沛的地方，约30%的规模化猪场距离居民区或水源地不超过100m，已经对自然环境和居民健康带来巨大危害[4]。目前，我国畜禽养殖的主要分布地珠江三角洲、长江三角洲和京津地区已成为畜禽污染的严重地区。根据发达国家的经验，我国在未来5~10年内，畜禽产品在居民膳食结构中的比重还会增加，畜禽养殖及其污染物的排放量将进一步增加，在农业污染中的比例也会呈现上升趋势。

由于东江流域经济发展存在着明显的区域差异，这种经济差异还会在相当长的一段时期内存在。上游河源市的几个县原有的经济基础差，而东莞市、深圳市、广州东部及惠州市具有很强的经济实力，发展的速度下游明显地高于中游，中游又明显高于上游，因此污染严重的养殖业在经济发达地区受到了严加限制，由于没有经济可行的污染处理技术和设施，再加上养殖户环保意识薄弱，不愿意增加废弃物处理成本，所以大部分养殖场被关闭或搬迁至欠发达地区，所以就出现了东江流域的养殖场不断的从下中游地区向中上游地区搬迁，但养殖场污染的根本问题却未得到有效解决，而这种搬迁的结果就是对东江的污染面积更大，危害程度更高。由于东江流域养殖场通常为作坊式的中小型猪场分散于村镇农田中，使东江流域的各个支流受到了严重的污染，东江流域支流最终又流向东江，对惠州、深圳、香港的饮用水也造成了直接的影响。

我国农业源污染研究显示，在一般营养水平情况下，1个万头猪场全年氮、磷的排出量为107t和31t，为总食入量的65.2%和77.5%。未被吸收的氮、磷随粪便排出体外后随雨水冲入江河、土壤和地下水，氮、磷进入水体后致使水体富营养化[5,6]。进入滇池流域的固体废弃物有75%为人、畜粪污；太湖流域畜禽粪尿输入水体的COD、总氮和总磷分别占总污染负荷的7.13%、16.67%和10.1%；畜禽粪尿造成的环境污染已占黄浦江上游污染总负荷的36%。尽管目前缺乏养殖业对东江流域污染总负荷贡献率的研究，但由于该区域地处亚热带，降雨丰沛，水网丰富，极其有利于种植业和养殖业污染物的快速远距离运输，对东江甚至珠江饮用水造成严重威胁。

5　东江流域农业污染源的防治对策

东江污染近年来也引起了有关部门的重视，虽然对重污染企业进行了整治，减少了工业源的污染排放，但是东江水的污染依然很严重，尤其是富营养化污染。

5.1　从思想意识上要重视农业源污染

东江的水体污染防治工作虽然取得了一定的成绩，但对于我国这样一个农业大国，农业和农村污染近年来增长迅猛。因此，在今后的东江污染治理过程中，要在战略上作如下转变：不仅要重视工业污染，同时要重视农业污染；不仅要治理污染，更要预防污染。

5.2　国家要对农业源污染治理给与一定的政策支持

加强对农业源污染的研究，制定相应的对策；地方农业技术服务部门可以为农户提供测土配方施肥服务，对于肥料和农药使用合理达标的农户给与一定的补贴奖励；对于养殖户可以提供废弃物环保处理技术服务，并给予自建环保处理设施的养殖户一定的财政补贴。

5.3 研究和开发易于推广应用的农业源污染治理技术

目前，东江工业源污染通过建立污水处理设施和污染排放量的控制已经取得了成效，采取措施逐渐限制了工业污染源的排放，正在建设污水处理厂处理城市生活污水，而对农业面源污染目前还没有好的办法。所以急需研究和开发适用于我国分散农户的可操作的农业源污染防治的技术体系。

参考文献

[1] 李清．赴深惠调研东江水质保护工作．环境，2007（2）：94

[2] 马小玲，东江流域水资源制度研究初探．2003 年中国环境资源法学研讨会论文集，415～418

[3] 姚丽贤，李国良，党志．集约化养殖禽畜粪中主要化学物质调查．应用生态学报，2006，17（10）：1989～1992

[4] 苏杨．我国集约化畜禽养殖场污染问题研究．中国生态农业学报，2006，14（2）：15～18

[5] Daniel T. C.，Sharpley A. N.，Lemunyon J. L. Agricutural phosphorus and eutrophication：A symposium overview. J Environ Qual，1998（27）：251～257

[6] 晏维金，尹澄清，孙濮等．磷氮在水田湿地中的迁移转化及径流流失过程．应用生态学报，1999（10）：312～316

Agricultural Industrial Structure and River Pollution in Dongjiang Area

Guo Ping，Li Liangsheng，Tian Yunlong，Zhu Changxiong

(Institute of Agricultural Environment and Sustainable Development, Chinese Academy of Agricultural Sciences，Beijing 100081，China)

Abstract：The quality of Dongjiang river affected the security of drink water. The agricultural industrial structure has closely related to the quality of Dongjiang river，especial the main agricultural product area-up and middle area of Dongjiang river. Based on the state of water body in our country，the results of investigation and analysis on agricultural industrial structure in up and middle area of Dongjiang river show that unresonable agricultural production become the polluted resource to eutrophic water body. The investigation provide a theoretic basis for controlling the pollution from agricultural production to Dongjiang.

Key words：Dongjiang；Planting；Breed aquatics；Pollution

养殖污染水体生物控制技术的研究*

郭　萍　田云龙　刘　雪　叶　婧　李　峰　朱昌雄

（中国农业科学院农业环境与可持续发展研究所，北京　100081）

摘　要：本文介绍了我国水资源环境的现状，水体污染的来源及控制技术，重点论述了来自农田和畜禽养殖粪便的富营养化污染和控制技术。我国水体中总磷、总氮的43%和53%来自于农田和畜禽粪便，在经济发达的地区尤以畜禽粪便的贡献突出，是水体富营养化的主要污染源。因此污染源头的治理是控制水体富营养化的根本出路和手段。本文较系统的论述了国外成熟的源头控制与循环利用技术以及我国的源头控制与循环利用技术的现状和发展趋势。

关键词：养殖；水体；污染；控制技术

水是生命之源，水资源是人类生存和国家经济建设的生命线。随着全球经济的迅速发展和人口的急剧增长，水资源短缺已成为世界倍受关注的焦点问题之一。而对水域的破坏性开采、不合理利用及大量污染物肆意排放等，导致淡水资源短缺和水环境污染问题日益严重。

1　我国目前的水体现状

水体的污染主要来源于工业、农业排放的污染物和生活中排放的废弃物。据统计，在我国水资源环境中，来自农田和畜禽养殖粪便中的总磷、总氮比重分别达到43%和53%[1]，有的地区更为严重，如浙江省畜禽养殖场排放污染物已占全水体富营养化物质来源的60%以上，超过了来自工业和城市生活的点源污染，不仅正成为我国水环境污染的主要因素，并且成为我国水安全问题的重要隐患。近水域养殖场是造成农村水体和水源地污染的重要污染源。我国传统的畜禽养殖业以小规模，分散饲养，农牧区养殖为主，对环境污染不大。近年来随着市场经济的发展和人民生活水平的提高，对蛋、奶、肉等畜产品的需求量逐渐增多，尤其是城市居民的增幅较大，为了便于畜产品的

* 基金项目：水体污染控制与治理国家科技重大专项课题（2008ZX07425 - 02）、国家科技支撑项目（2006BAD 17B02）、中央级公益性科研院所基本科研业务费（养殖污染水体控制与生物修复技术的研究）。

作者简介：郭萍，女，1967～，博士，研究方向为环境评价与修复，Tel：010－82109561，E-mail：guoping@cjac.org.cn。

通讯作者：朱昌雄，男，1963～，研究员，博士生导师，E-mail：zhucx120@163.com。

“产、供、销”一条龙的配套，畜禽养殖业的发展，由农区、牧区逐渐向城镇郊区转移，经营方式由粗放经营向集约经营方式转变，出于降低养殖、运输和销售成本及便于加工的需要，集约化畜禽养殖场大多建在人口稠密、交通方便和水源充沛的地方，80%以上大中型集约化畜禽养殖场分布在对畜禽产品需求较大的东部沿海地区及大城市郊区，而西部地区大中型集约化畜禽养殖场仅占总量的1%左右，其中约30%的集约化畜禽养殖场距离居民区或水源地不超过100m。其中相当数量的新建集约化畜禽养殖场系通过公司加农户形式集中发展起来的，或由养殖专业户扩大规模发展而成，因此许多养殖场配套设施不完善[2,3,4]。饲养规模的快速扩大和粪尿处理技术的相对滞后发展，造成产生的粪尿等排泄物大量积压和随意排放，不能及时处理利用而造成环境污染。

我国养殖场畜禽粪便每年产生约30亿t，其中绝大部分未经任何处理就直接排放于环境，大多数养殖场缺乏相应的环保措施和废物处理系统，粪便未经处理直接大批量的露天堆放，造成对家畜和环境的污染。采用水冲式清粪工艺的万头猪场，污水中的粪便多数未经沉淀、分离处理，常常经排污沟沿途渗漏后排入农田或直接、间接地排入沟渠河道，造成地表水的严重污染。对养殖场附近地区的水、土、气造成了严重污染，其污染通过径流和渗透，影响到流域的水体；畜禽粪便进入水体流失率高达25%～30%，COD排放接近工业废水COD排放总量，N、P流失量大于化肥流失量，过量的氮磷使水体富营养化，引起藻类疯长和水华，破坏水体的生态环境，严重的使水体变黑发臭，导致鱼类及水生物死亡，并影响沿岸的生态环境。畜禽粪便同时又是一种有价值的资源，它包含农作物所必需的氮、磷、钾等多种营养成分，经过处理后可作为饲料和肥料，具有很大的经济价值。

长期以来畜禽养殖业所造成的水环境污染问题没有引起足够的重视。上海市郊的集约化大中型畜禽场的畜禽粪尿年流失率至少为50%，畜禽粪便普遍流失致使92%的大中型畜禽场周围环境恶化，尤其对畜禽场密集地区地表及地下水质造成污染危害，形成常年黑臭的数以百计“小苏州河”。调查表明黄浦江流域禽畜粪便的化学需氧量、生化需氧量、总P、总N年污染负荷量分别为6.86万t、2.22万t、3.41万t和0.31万t，约占黄浦江污染物总负荷的36%。其他城市禽畜粪便污染同样严重，1996年广州市禽畜粪便废水中化学需氧量占全市废水中化学需氧量总量的67%；北京市20世纪90年代初禽畜养殖业排放的生化需氧量已相当于工业和生活污水生化需氧量总量的2倍[5]。

长期严重的水污染问题不仅影响到水资源利用和水环境生态系统完整性，进一步加剧水资源供需矛盾，使有限的淡水资源更加匮乏，而且对公共健康造成了极大威胁。已经成为制约经济、社会可持续发展的重大瓶颈。

2　养殖污染水体控制技术的研究

养殖污染水体的控制从技术层面上包括养殖废弃物的源头控制和污染水体的末端治理。源头控制主要使养殖废弃物通过达标排放减少对水体的污染，末端治理就是对污染水体通过净化技术与措施使其生态体系得到恢复。源头控制相对于末端治理的效果和成本都较低，因此源头治理成为有效的控制水体的污染的手段和方法。

2.1 国外成熟的源头控制与循环利用技术

养殖废弃物对水体的污染主要来源于畜禽粪便和污水，其中尤以集约化方式的畜禽养殖对水体的污染最为严重。发达国家和地区在这方面已经形成了各具特色的生产和控制工艺。

1950年始日本开始推广集约化养殖，在各大城市郊区新建了大量集约化畜禽养殖场，致使大量含粪尿污水排入天然水体造成严重的环境污染，1960年后日本用“畜产公害”概念描述这一污染的严重性。这种情况在德国和法国等发达国家亦普遍出现。1970年后日本和德国等国相继制定了若干专门法规对养殖场污染进行强制治理。德国对集约化畜禽养殖场的管理要求甚至严于工厂，不仅在建设前设有较高的环境政策门槛，还通过限定每个畜禽养殖场年产生的粪肥中N、P、S总量来控制其生产规模，甚至规定畜禽养殖场必须在冬季减少存栏量以适应环境容量的季节变化。即便如此严格的环境管理，集约化畜禽养殖场污染物处理仍为发达国家难题。近年来随着环境安全意识和标准的提升以及水资源和能源的紧张，养殖粪便污水资源化利用替代技术引起欧洲、美国和日本等发达国家的高度重视。德国联邦农业研究中心（FAL）开发了年生产能力为1.5万t动物粪尿的多级处理工艺，即好气性嗜热技术结合氮再生和利用化学添加剂降低可溶性磷含量技术处理动物粪尿工艺[5]。澳大利亚昆士兰州的一个种猪场利用3个大的单元塘（厌氧塘—兼性塘—好氧塘工艺）贮存1 000头种猪废水并作为循环使用。这样不仅使废水得到了净化处理，而且减少了污水的排放量。日本和我国台湾地区对畜禽场污水采用膜生物处理工艺进行深度处理，同样使处理水达到回用标准，这一工艺在该地区进行了大面积推广应用。另外台湾省1 000多个养猪场的粪便废物采用三段系统组成的处理系统净化处理。这三段系统包括固液分离、一个厌氧阶段和一个好氧阶段，处理后出水达到排放标准，固体副产物用于制作堆肥，生物发酵产生的沼气作为能源进行利用[6]。美国农业部资助建立了国家畜禽废弃物处理中心，每年投资近亿美元对废弃物收集、处理、利用技术进行研究。为了使高浓度猪粪、废水的厌氧处理一体化，在热带和土地缺乏的美国夏威夷州，一种用于处理冲洗猪粪的原生污水和厌氧消化排出液的生物固定膜和水生植物（CBFFAP）组合处理工艺被系统地进行观察和研究。结果发现CBFFAP工艺能去除90%以上的总COD、95%的总有机氮和99%的总悬浮固体物。几乎不需任何能量输入就能维持系统的运转，节约了很多能量。卡塔卢尼亚是西班牙东北部养猪业高度密集的地区；据统计，由于养殖业产生的动物粪尿造成该地区每年至少有1 710t氮和730t磷过剩，2001年该地区利用VALPUREN工艺，负责处理来自该厂5.6km^{2}范围内的80个养猪场的粪便，年处理能力为11万t动物粪尿，VALPUREN工艺[7]的特点是采用厌氧生物降解粪尿生产沼气技术和蒸发、干燥技术相结合。蒸发和干燥所需的热量来自用沼气和天然气混合气发电的电厂，年发电量为13 000kWh。共投资1 680万欧元，计划用8年时间收回全部投资[8,9]。加拿大的一个2 400头猪场对稀猪粪采用完全废物管理系统。该系统由机械分离、高速率好氧反应器、曝气塘和利用处理后出水作为农田灌溉水源等组成，目的是为了使被处理废物的体积和环境影响最小化。瑞典农业工程研究所建立了一个厌氧处理工厂处理由沉降池上清液、猪场废水甲烷发酵后稀液和来自乳酪制作场的废水三者共同组成的混合液。其过程是完全混合厌氧处理紧接着是浓缩池，最后用氧化沟作为好氧处理过程。荷兰的最新农业环境法规定，在养殖业密集地区，必须把过剩的动物粪尿运送到200km^{2}以外的地区。因此，为了减少动物粪尿的运输和储存费用，迫切需要能够在当地直接处理动物粪尿的新技术。荷兰从1998年开始由3家研究机构和6家公司联合，开发了一种小型的处理猪粪尿的工艺，能够在猪圈内对粪便直接处理，处理后的粪便制造成高浓度营养成分的有机高效肥料，便于运输、储藏和田间施用。该系统被命名为HERCULES工艺，作为样板系统对外开放。该工艺的核心是直接在猪圈内对粪便和尿液分别进行处理[5,10]。它的固体粪便与5%的麦秸进行混合，在一个80L的堆沤处理器（生物反应器）中进行生物处理后，输出高效有机肥。而液体部分用硝酸溶液酸化后，在具有蒸发和气体洗涤功能的反应器中进一步处理，气体中的氨被酸液吸收，溶液被蒸发浓缩成液体氮肥。整个系统所需的热能由动物自身发出的热供给。由该工艺生产出的产品营养成分高，产品含水量低，减少了储存和运输费用。由于在荷兰和养殖业密集地区地表水磷富营养污染严重，降低粪便中可溶性磷的浓度是处理工艺要解决的问题之一。该工艺在堆沤处理过程中通过添加化学添加剂极大的降低可溶性磷的浓度，有效地控制了地表水的富营养化污染。

2.2　我国的源头控制与循环利用技术

我国在养殖水体源头控制方面虽然也开展了大量的研究工作，并且取得了一定的成效，但根据我国的污染源头分布量大，规模大小和地域环境各不相同的特点，仍然缺乏可以推广应用的有效控制工艺和方法。

目前，我国60%以上的集约化畜禽养殖场粪尿是以与冲洗水混合方式外排的，其中少数建有废水处理设施的养殖场一般采用简单的沉淀加好氧生物处理工艺，只能初步处理污水；而对分离出的固态粪便则多采用无防渗、防淋失设施的露天晾粪场处理，粪便的理化特征改变较小。这种治理方式不仅难以控制粪便产生的气态污染物（氨气、硫化氢等）所带来的恶臭污染，对污水也只能起到初步甚至象征性的净化作用，出水不可能达标[11]。畜禽养殖场含粪尿混合排水是含有大量N、P和病原微生物的高浓度有机污水，即使经过规范的污水3级处理也很难保证无害化，且3级处理的最小经济运行规模很大，即使对我国规模最大的Ⅰ级养殖场而言也是经济不可行的。更何况对我国普遍小而分散的集约化畜禽养殖场更是难以得到应用[12,13]。香港理工大学利用好氧序批操作反应器（ASBR）处理接纳猪场废水的曝气塘出水。SBR进水中BOD和SS浓度分别为2 881mg·L^{-1}和1 418mg·L^{-1}，出水平均BOD和SS浓度分别为18.7mg·L^{-1}和12.3mg·L^{-1}。该工艺具有较高的基建投资和运行费用外，对于土地缺乏和地价昂贵的地区，SBR工艺是比曝气塘更具有吸引力的一种选择。

虽然我国在一段时间内推广沼气综合利用模式，但家庭作坊式的沼气发酵工艺其出水仍然含有较高的N、P和COD，很难达到无害化排放标准。而含粪尿混合污水沼气综合利用工艺存在一次性投资大（基建费用较高，对沼液和沼渣利用还需再投资）、沼气的商业化利用亦因技术和成本等方面原因而无利可图甚至入不敷出等问题，如常年存栏3 000头猪的大型养殖场建设沼气综合利用工程约需投资100万元，年运行经费高达

5 万元左右。副产品难以盈利也导致许多已建的沼气工程运行困难，甚至许多大型现代化沼气设施也处于闲置状态（如北京苇沟养猪场的沼气厂）[14]，该技术很难满足我国集约化养殖废弃物治理的需求。

由于我国幅员辽阔，各地气候条件、地理环境、土地负荷不相同，以及养殖场的规模、饲养模式、当地的经济状况以及环保要求不同，对粪污处理技术的需求也不同。如在广东家庭养殖中很少采用沼气方式，因此需要进一步开展畜禽粪便污水处理新技术的研究，为畜禽养殖污染治理提供多元技术选择，尤其是进行畜禽粪便资源化新技术的探讨，既符合国内战略发展的需要，也符合国际发展的趋势。

2.3　水源地污染物生态净化与修复技术

美国 1972 年联邦水污染控制法（FWPC）首次明确提出控制面源污染，倡导以土地利用方式合理化为基础的“最优管理措施”（BMPs）；1977 年的清洁水法（CWA）进一步强调面源污染控制的重要性；1987 年的水质法案（WQA）则明确要求各州对面源污染进行系统的识别和管理，并给予资金支持。从 20 世纪 70 年代起对饮用水源地面源污染进行系统研究；发达国家中以美国为例，在技术层面上，主要是完善污水管网体系，建人工沉积塘，采用湿地处理以及水体生态修复工程等；在经济层面上，以量化面源污染为基础，结合微观经济学方法开展费用效益分析，并进行政策手段的设计和有效性评价；在政策层面上，美国国会结合研究进展，积极立法。我国在这方面的研究起步较晚，始于 20 世纪 80 年代初，总体看来研究仍偏向于理论研究，管理实践研究较少，出现理论研究与管理实践的严重脱节。

生态工程技术成为国际上控制水源地面源污染的重要技术途径，可分为源头污染控制技术和径流污染控制技术。前者主要有生态农业和生态施肥技术、水土保持技术等，后者主要有人工水塘、植被缓冲带、湿地系统等。其中，人工水塘和人工湿地被认为是控制面源污染非常有效的方法，也是欧美等发达国家采用的主要生态方法。我国在农业面源污染控制方面也做了一些研究工作，如人工湿地、缓冲带、多水塘系统、生态农业、生态施肥技术和水土保持技术等，但这些研究工作仍处于“点”上的研究，不具有整体性和系统性，多数研究都停留在试验使用阶段，且成本投入高，处理过程相对比较复杂，很难得到规模推广应用。因此研究适合我国国情的操作简便、效率高、成本低的养殖污染物生态处理技术不仅必要，而且市场前景广阔，成为未来的发展趋势。

3　生物控制技术的前景

目前有关治理方法的研究主要侧重于各种畜禽粪尿处理方面，主要有物理处理法、物理化学处理法、化学处理法和生物处理法，物理处理法包括固液分离、沉淀和过滤等，化学处理法包括中和、絮凝沉淀和氧化还原等，如用甲醛、乙烯、NaOH 和 H_2SO_4 等处理某些畜禽粪便后作为再生饲料，物理化学处理法包括吸附、离子交换、反渗透、电渗析和萃取等，生物处理法包括好氧、厌氧、自然处理和综合处理等。由于物理处理法处理效率和去除率低，而化学处理法存在二次污染问题，故实际中应用较少，而目前研究最多、应用最广且最具发展前景是以生物技术为主的多级处理技术。即主要通过微生物生命过程把废水中有机物转化为新的微生物细胞以及简单形式的无机物，从而达到去除有机物、N 和 P 等目的[15]。

能够形成处理效率高出水达标的畜禽粪便污水多采用混合处理法，即根据畜禽场废水多少和具体情况，设计出由好氧法、厌氧法和自然处理系统 3 种或以它们为主体并结合其他处理方法进行优化组合，共同处理畜禽场废水，处理成本低且效果佳。国内外成功的应用实列已经证明了生物处理技术是畜禽粪尿处理的必不可少的核心技术，该技术的开发和应用对于养殖污染水体的控制具有不可替代的作用和意义。

参考文献

[1] 郭萍．我国农业污染的现状及应对建议．国际技术经济研究，2006，9（4）：17～22

[2] 贾玉霞．规模化畜禽养殖环境影响及主要防治问题．环境保护科学，2002（6）：42～47

[3] 苏杨．我国集约化畜禽养殖场污染问题研究．中国生态农业学报，2006，14（2）：15～18

[4] 杨朝飞．加强禽畜粪便污染迫在眉睫．环境保护，2001（2）：32～35

[5] Burton C. H，Turner C. Manure management. UK：Silsoe Research Institute，2003：355～398

[6] 崔理华，朱夕珍，陈智营，庹艳．国内外规模化猪场废水处理组合工艺进展．农业环境保护，2000，19（3）：188～191

[7] 西班牙专利号：P9900761

[8] Burton C. H，Turner C. Manure management. UK：Silsoe Research Institute，2003：355～398

[9] Rodriquez J. TRACJ USA：Animal litter treatment plant producing biogas with an associated 16. 3MW co-generation Plant in Juneda（Lleida）. Info power Plant Report，2001，34：1935

[10] Ogink N. W. M，Willers H. C，Satter I. H. G，Kroodsma W. Integrated manure and emission control in pig manu reproduction. The Dutch Japanese workshop on Precision Dairy Farming. Wageningen，1998

[11] 朱能武等．规模化畜禽养殖环境工程技术研究进展．农业工程学报，2001（增刊）：17～20

[12] 贾玉霞．规模化畜禽养殖环境影响及主要防治问题．环境保护科学，2002（6）：42～44

[13] 徐谦．北京市规模化畜禽养殖场污染调查与防治对策研究．农村生态环境，2002（2）：24～28

[14] 李保明等．我国规模化养殖场废弃物处理与畜产公害的防治——问题与对策．农业工程学报，1995（增刊）：22

[15] 彭里．畜禽养殖环境污染及治理研究进展．中国生态农业学报，2006，14（2）：19～22

Commend on Control Technology for Water Polluted by Waste of Livestock

Guo Ping, Tian Yunlong, Liu Xue,
Ye Jing, Li Feng, Zhu Changxiong
(Agricultural Environment and Sustainable Development Institute,
Chinese Academy of Agriculture Sciences, Beijing 100081, China)

Abstract: The present status of water environment, the reason of water pollution in China and control technology is introduced. It focus on water eutrophicted pollution of water making by agricultural production and livestock raising. 43% total nitrogen and 53% total phosphorus in water come from field and livestock; it's more serious in developed area in China. So the administration of pollution resource is the basis method to control the eutrophicated pollution water. The related available technology and developmental trend both in China and abroad are summarized.

Key words: Livestock raising; Water; Pollution; Control technology

粪污资源化技术研究*

徐晓锋[1,2]　杨林章[1**]　许　海[1]　周小平[1]

（1. 中国科学院南京土壤研究所，南京　210008；
2. 河南科技大学农学院，洛阳　471003）

摘　要：试验设计了由储存池、水培池两段结构组成的污水净化系统，该系统可有效净化粪污，处理后水培液中N、P浓度低，水培期间废水排放少，可用于水培黑麦草、水芹、莴苣、青菜、生菜、小葱等植物并获得高产。该粪污净化系统技术简单，投资及运行费用低，管理方便，可以满足冬季污水处理的需要，以及实现粪污的资源化回收利用，尤其适宜小城镇和农村的粪污处理。该系统目前尚存在需改进之处，主要包括储存池存储阶段的净化潜力未得到开发及水培技术有待进一步提高等。

关键词：粪污；水培；净化潜力；资源回收；养分循环

粪污是指化粪池中沉积部分，主要依靠环卫系统清运得到清除。由于粪污呈流质，有机质含量高，处理困难，传统处理方法主要作为农田肥料得到净化。该净化途径存在运输费用高，而农业对于粪肥的需求量也存在日趋下降的趋势[1,2]，寻求新的粪污净化途径具有现实意义[3,4]。本研究设计了储存池、水培池两段结构的污水净化系统，对粪污采用储存、发酵，而后过滤，其中大型漂浮物质如塑料袋、化纤制品等杂质得到分离，可通过其他途径处理，沉淀部分通过清池处理，而液态部分则用于水培经济作物。本文研究了所分离污水的水培效果，并对适宜植物及其净化能力进行了系统研究。

1　试验材料与方法

试验选用适宜在太湖地区冬季栽培的青菜（*Brassica chinensis* L.）、黑麦草（*Lolium multiflorum*）、水芹（*Oenanthe stolonifera* Wall.）、酸模（*Polygonum lapathifolium*）、小葱（*Allium ascalonicum* L.）、生菜（*Lactuca sativa* L.）、莴苣（*Lactuca sativa* L. var. *angustana* Irish.），各植物均采用营养盘育苗，在3叶龄时移栽在厚度为2cm的泡沫板上，泡沫板宽度40cm，悬浮在水培液上。试验污水为环卫系统清运的化粪池粪污。粪污运到试验场后先在储存池中存放，待其自然发酵和沉淀后，过滤，取滤出液供

* “十五”国家科技攻关项目（2002AA601012）资助。

** 通讯作者：杨林章，中国科学院南京土壤研究所。

水培用。该污水化学需氧量（COD_{Cr}）约 1 000mg・L^{-1}，总 N 在 150～500mg・L^{-1}间，总 P 在 40～120mg・L^{-1}间。水培时，取污水加富营养化池塘养鱼废水稀析，作为植物水培的营养液。

水培系统由储存池、水培池组成。储存池用于储存运来的粪污，水培池用于植物栽培。本试验水培池呈正方形，宽度 40cm，深 25cm，内衬聚乙烯塑料膜。水培采用浅层静态水培方法，水培液深控制在 20cm 下。水培时水池中注入养鱼废水 32L，而后按试验设计每次加入污水 2L，水培期间不进行搅动、充氧等操作，水培液不进行循环，以利于悬浮物进一步沉淀分离。污水于 2004 年 2 月 10 日前每 13d 加 1 次，此后每 10d 加 1 次。植物移栽分两次完成，2003 年 12 月 3 日栽培第 1 批植物，包括青菜、莴苣、黑麦草、水芹；2003 年 12 月 18 日移栽第 2 批植物，包括生菜、小葱。在两批移栽处理的同时，分别设未栽种植物的处理作为对照，分别设为对照 1 和对照 2。栽培期间气候干燥，植物蒸腾作用强烈，未排放水培液废水，而是添加了部分鱼池富营养化池水。

为监测污水净化情况，每次加入污水前对水培液进行取样，在试验结束时测量植物产量、污水消耗量、水中 N、P 浓度等。TN、TP、NH_4^+ 采用流动分析仪分析，COD_{Cr}以重镉酸钾消化法测定。植物收获后先测定鲜重，杀青后在 80℃下烘至衡重，测定干重。粉碎后测定 N、P 浓度，计算 N、P 吸收量。

2　结果与分析

2.1　水培植物产量

限制污水水培利用的主要因子是污水中的溶解氧浓度，由于污水中往往有很高的有机质浓度，导致污水中溶解氧浓度很低。崔理华[5]采用人工土过滤的方法来降低污水中有机质浓度；而 Boyden 等[10]则采用曝气的途径增加溶解氧浓度。本试验则采用浅水层和稀析的途径。试验结果表明，该方法可较好地解决水培液中溶解氧浓度问题，提高植物的成活率。该栽培技术下青菜、酸模、水芹、黑麦草、莴苣、生菜、小葱等均可在污水水培条件下正常生长，其中酸模、水芹、黑麦草、生菜、小葱等植物根系发达，根系可完全布满水培池；青菜、莴苣则根系较短。黑麦草和水芹的产量最高，分别达 19.4kg・m^{-2}和 18kg・m^{-2}，其他几种植物的产量也均在 5kg・m^{-2}以上（图 1）。考虑到栽培季节处于冬季，气温较低，所栽培的作物产量还是比较高的。

目前对于用污水生产的农产品最大担心在于产品是否富集了污水中的有毒物质，以及产品中硝酸盐含量是否超标。据 Boyden 等[10]、崔理华等[5]的研究，即使采用普通市政污水来栽培蔬菜，蔬菜中有毒物质的浓度仍然很低，完全可达到市场的要求；而硝酸盐浓度比常规水培产品的浓度要低的多。表明蔬菜对污水中有毒物质的富集效应较小。对污水来源进行选择、结合其他措施后，用污水水培的农产品完全可以达标。

2.2　水培植物对水培液中 N、P 的吸收率及对污水 N、P 的累积去除率

植物水培处理表现出极强的 N、P 净化能力（表 1）。水培处理下水培液中 N 的累积去除率达 94.2%～98.8%，比对照高 20% 左右。水培液中 P 的累积去除率达

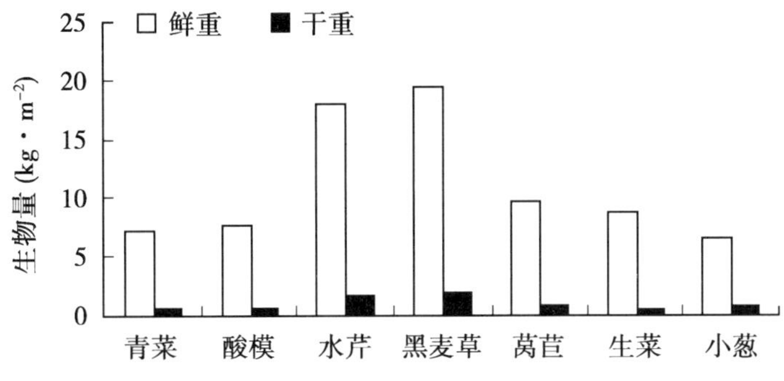

图 1　水培植物产量

Figure 1　The yield of biomass of the hydroponic plants

89.2% ~99.6%，比对照高 43% 左右。各植物处理在 N、P 去除率上差异较小，N 的去除率以酸模、莴苣、生菜、小葱略高，P 的去除率以酸模、生菜略高。各处理水培液中 N、P 的利用率在不同植物中具有较大差异。黑麦草对 N、P 的吸收率均很高，分别达到去除率的 94.6%、93.4%；水芹对污水水培液中 N、P 的利用率也较高。青菜对 N 的利用率高于 P，而酸模、生菜、小葱等植物则对 P 的利用率远高于 N。在酸模、生菜、小葱各处理中，污水中硝化反硝化效率远比其他处理高。可见，在植物处理下，水培液中 N 的硝化反硝化能力与植物对 N 的吸收能力负相关。该结果还表明，冬季污水水培在 N、P 净化途径上与已报道的一些试验结果存在较大差异[11]，在污水水培处理中，应重视植物对 N、P 吸收能力的直接作用。

表 1　水培净化系统中 N、P 去除率的变化

Table 1　The removal rate of nitrogen and phosphorus of the hydroponic systemes

植物 Plant	P			N		
	输入($g \cdot m^{-2}$) Input	去除率(%) Removal rate	吸收率(%) Uptake rate	输入($g \cdot m^{-2}$) Input	去除率(%) Removal rate	吸收率(%) Uptake rate
青　菜	6.94	89.2	56.9	34.0	97.1	77.9
酸　模	6.94	99.6	57.7	34.0	98.8	34.4
水　芹	10.90	95.2	80.9	48.3	94.2	76.5
黑麦草	10.90	94.5	93.4	48.3	96.1	94.6
莴　苣	6.94	96.1	54.8	34.0	98.1	77.0
对照 1	8.36	51.6	—	38.8	76.1	—
生　菜	5.75	99.5	73.9	26.7	98.5	43.0
小　葱	5.75	95.0	80.0	26.7	98.5	43.1
对照 2	4.96	53.0	—	24.1	76.4	—

2.3 水培处理各阶段对水培液中化学需氧量的去除效果

在污水水培处理中，水培液中 COD_{Cr} 的去除与植物处理的关系不大（图2）。在植物处理下，水培液中 COD_{Cr} 的净化没有比对照快，相反，在某些阶段，植物处理下水培液中 COD_{Cr} 的浓度甚至高于对照处理。表明水培处理下植物对水培液中 COD_{Cr} 的净化未起促进作用，由于植物本身根系的分泌作用，在栽培的一些阶段甚至还增加水中 COD_{Cr} 的含量。这与已报道的一些短期试验结果和其他原位处理设施的结果存在较大差异[6,7]。该试验结果表明，污水水培系统不适于处理高 COD_{Cr} 低 N、P 含量的污水，而适宜处理高 N、P 含量的污水。

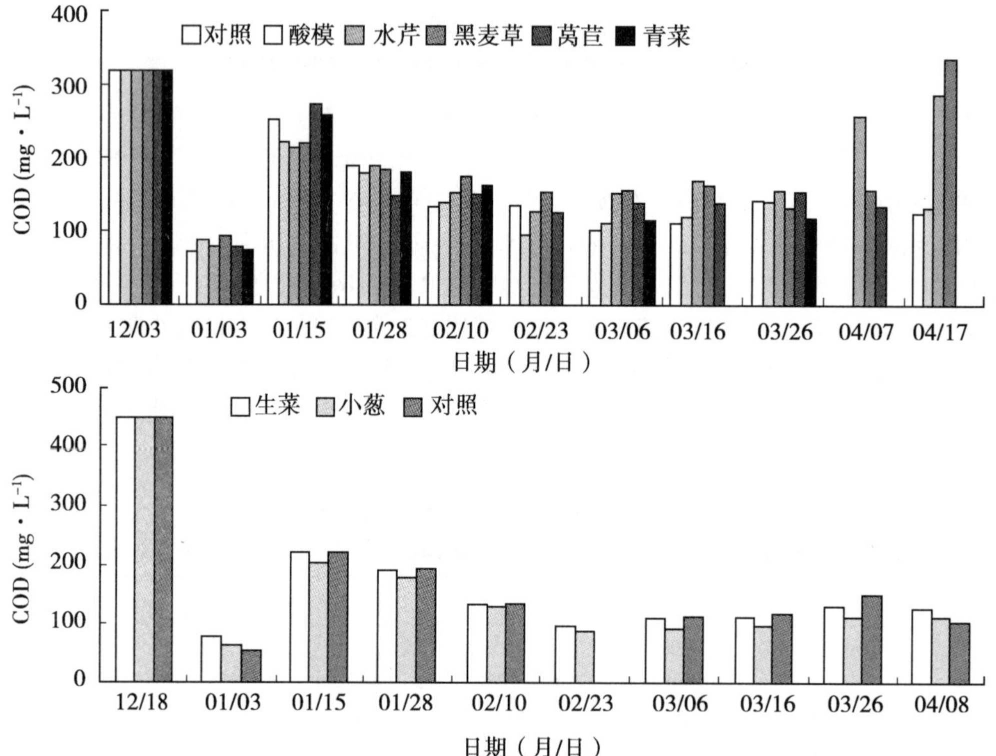

图2　水培净化系统中各次加入污水前水中 COD_{Cr} 浓度的变化

Figure 2　Change of COD_{Cr} concentrations in the water before pollution water added into the hydroponic systems

2.4 水培处理各阶段对水培液中 N、P 的去除效果

不同植物处理在水培液中 N、P 浓度变化间存在一定差异，但各处理均存在一个浓度上升—下降的过程。栽培初期水培液中 N、P 浓度呈积累的趋势，到一定时期水培液中 N、P 浓度开始下降，最终各处理均降到很低水平。水培液中 N、P 的积累可能与温度和植物吸收能力有关，但从黑麦草、水芹和其他处理的比较可以发现，植物吸收能力具有更主要作用（图3）。

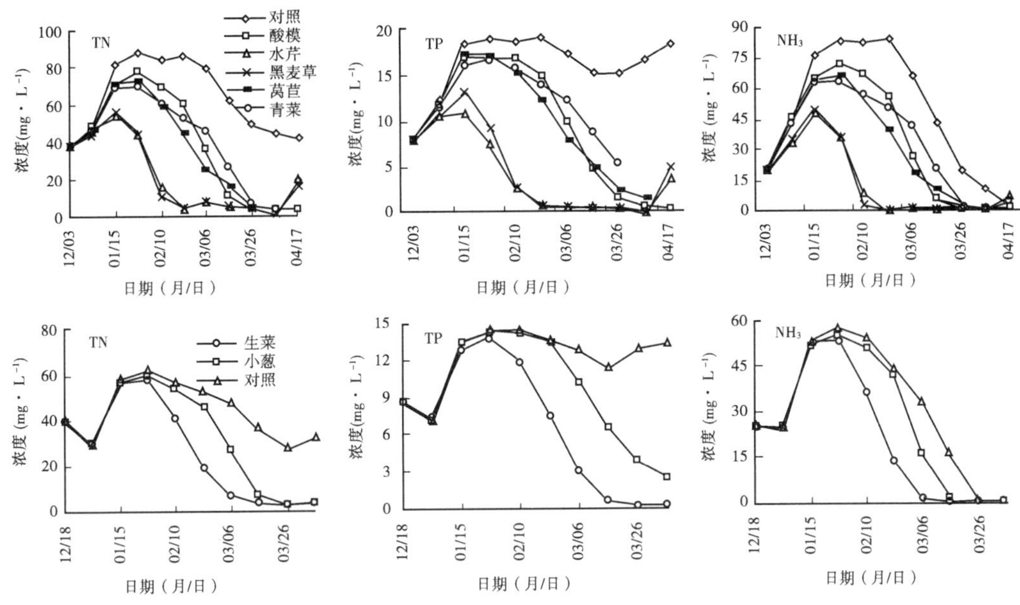

图3 水培液中总N、总P、铵态氮的浓度变化

Figure 3 Concentration changes of total N, total P and NH_4^+ in water

水培时只有在水培液中N、P浓度降低后，水培液的排放才对环境的影响降低到最小范围。本试验中各处理的蒸腾作用均较强，在水培期间未排放水培液。如黑麦草、水芹、莴苣等植物，在水培期间还需向水培池补充水。水芹、黑麦草处理水培液中总N在2月23日后下降到7.7mg·L^{-1}，总P下降到0.67mg·L^{-1}以下，总N总P浓度最低分别达到1.7mg·L^{-1}、0.07mg·L^{-1}；酸模处理3月26日后水培液中总N下降到3.6mg·L^{-1}，总P下降到1.5mg·L^{-1}以下；莴苣处理在3月26日后水培液中总N下降到3.6mg·L^{-1}，总P下降到1.1mg·L^{-1}以下；青菜、生菜、小葱收获时水培液中总N浓度分别为6.84mg·L^{-1}、3.0mg·L^{-1}、2.4mg·L^{-1}，总P浓度分别为5.27mg·L^{-1}、0.27mg·L^{-1}、2.48mg·L^{-1}。该水质可满足《城镇污水处理厂污染物排放标准(GB18918—2002)》要求。水培液中铵态氮在水培后期各处理均快速下降，表明铵态氮的净化受气温影响很大。

2.5 水培系统对污水的处理能力

水培系统所处理的污水量，水芹、黑麦草处理为325L·mg^{-2}，酸模、莴苣、青菜处理为272L·mg^{-2}，对照1为288L·mg^{-2}，生菜、小葱处理为259L·mg^{-2}，对照2为241L·mg^{-2}。单从污水处理能力看，植物水培系统的水力负荷较低，该系统与已报道的其他一些污水处理设施的处理能力具有较大差距[8]。不过该系统主要是为处理粪污设计的，由于粪污的产量相对其他污水要小，且不是连续排放的，而污染物浓度要高的多。在本研究的水力负荷计算上，因未计入储粪池的净化，使系统的处理能力偏低。在试验设计时，也的确没有重视储存阶段对粪污的净化作用，但从试验结果看，储存阶段在粪污净化中具有很大作用，特别在降低有机质含量方面具有很高效率，该结果与已报道的研究结果相一致，今后研究中应加以重视。

3 小结

采用储存池存放、过滤和水培处理，可达到净化化粪池粪污的目的。该净化系统具有结构简单、处理效果好，处理后水中 N、P 浓度低、排放少的特点，可以用于冬季粪污的处理，并生产牧草、蔬菜产品。但该系统也存在有待改进之处，主要是粪污在储存池储存阶段的净化能力未得到开发，同时还需要发展适宜特定植物品种的污水水培管理技术，以进一步提高水培池阶段的净化能力。该系统适于小型城镇化粪池粪污的处理，也可用于接纳大型城市清运的粪污，尤其适宜处理冬季清运的粪污。农业上对粪肥需求具有很强的季节性，采用该处理系统可部分缓解粪污清运与农业需求间的矛盾。水芹、黑麦草、酸模、莴苣、青菜、小葱和生菜等植物在该水培系统中生长良好，产量较高，是比较理想的冬季栽培材料[9]。今后还应进一步拓展其他具有更高栽培价值的品种如番茄、黄瓜和甜椒等。该系统能否付诸实际运行很大程度上还有赖于进一步降低农产品受污染的机会。虽然利用污水水培生产的产品污染物含量达标，其品质可能更好于常规栽培产品，但还需作更多研究，为该生产方式提供更详尽的科学数据。

参考文献

[1] 陈朱蕾，唐嬴中，刘京媛．我国城市粪便清运处理系统的数量特征和预测．武汉城市建设学院学报，1997，14（2）：16～19

[2] 陈朱蕾，唐嬴中，冯其林．城市粪便处理技术发展战略研究．武汉城市建设学院学报，1998，15（1）：35～40

[3] 夏雪芬，董发开．多样生物污水净化系统研究及其应用．中国生态农业学报，2001，9（3）：80～82

[4] 吴迪梅，张从，孟凡乔．河北省污水灌溉农业环境污染经济损失评估．中国生态农业学报，2004，12（2）：176～179

[5] 崔理华，朱夕珍，马梅．化粪池出水人工快滤与水培蔬菜复合处理系统的研究．农业环境保护，2000，19（1）：43～45

[6] 宋祥甫，邹国燕，吴伟明．浮床水稻对富营养化水体中氮磷的去除效果及规律研究．环境科学学报，1998，18（5）：489～494

[7] 戴全裕，蒋兴昌，张珩．水蕹菜对啤酒及饮食废水净化与资源化研究．环境科学学报，1996，16（2）：249～251

[8] 李先宁，吕锡武，宋海亮等．水耕植物过滤法净水系统底泥硝化反硝化潜力．环境科学，2005，26（2）：93～97

[9] 黄蕾，翟建平，王传瑜．4 种水生植物在冬季脱氮除磷效果的试验研究．农业环境科学学报，2005，24（2）：366～370

[10] Boyden B. H.，Rababah A. A. Recycling nutrients from municipal wastewater. Desalination，1996，106（1/3）：241～246

Nutrient Recycling Efficiency of a two-Chamber Septage Treatment System

Xu Xiaofeng[1,2], Yang Linzhang[1], Xu Hai[1], Zhou Xiaoping[1]

(1. Institute of Soil Science, Chinese Academy of Sciences, Nanjing 210008, China;
2. College of Agronomy, Henan University of Science and Technology,
Luoyang 471003, China)

Abstract: A 2 – chamber septage treatment system, composed of deposited pool and hydroponic pool, was designed. The treatment system is found to effectively purify septage. The treated septage containing lower N and P can be used of hydroponics of *Lolium multiflorum*, *Oenanthe stolonifera Wall.*, *Lactuca sativa* L. var. *angustana* Irish., *Polygonum iapathifolium*, *Brassica chinensis* L., *Lactuca sativa* L. and *Allium ascalonicum* L. with less wastewater decomposing and high yield. The system is suitable for septage treatment even in winter. Thus this form of septage purification is an ecologically safe disposal technique and it is suitable for application in small towns. While purification potential of deposited pool is developed, this purification technique is found to be a lot more effective.

Key words: Septage; Hydroponics; Purification potential; Resources reclamation; Nutrient recycling

第五章

水产养殖污染成因及其废水的处理方法

水产养殖污染成因及其废水的处理方法

渔业作为一种传统产业，在近代得到了快速的发展，并在社会、经济和人们生活中显现出其重要的地位。特别是水产养殖业，近30年里在全球动物性食品生产增长最快，而中国对水产养殖产品的生产贡献率最大。近几年，中国水产养殖产量约占世界水产养殖产量的2/3，可以说，中国对世界其他国家，特别是发展中国家，就发展水产养殖业，保障粮食安全，树立了良好典范。

国际事物策略研究所和世界渔业中心联合撰写了一篇题为“2020年渔业展望”的研究报告。报告预测了未来20年全球对鱼类和其他海产食品的供求情况，首次涉及世界渔业全面变化的条件及国际市场变化的紧迫问题，报告指出，在未来20年，发展中国家的养殖业将全面增长，这些国家对鱼类和海洋食品的消费量占世界消费量的77%，其产量将占世界总产量的79%。研究报告的第一作者 *Chris* Delgado 先生说：“这种趋势是明显的，不论富国和穷国，决策者同样必须考虑未来20年渔业发展策略。”该报告还指出：“未来20年，发展中国家的鱼类消费量将增长57%，从1997年的6 270万t增长到2020年的9 860万t；发达国家的鱼类消费量仅增长4%，从1997年的2 810万t增长到2020年的2 920万t。到2020年，世界水产养殖消费量的40%以上将来至养殖。水产养殖总量将成倍增长，即从1997年的2 850万t上升到2020年的5 360万t。自然鱼类资源的枯竭促进了全世界水产养殖业的发展。所以，如何保护水产养殖环境以及降低水产养殖对环境的污染越来越受到关注。水产养殖废水会对环境产生污染，特别是集约化养殖产生的污水[1]，加之工业废水和生活污水的任意排放，使池塘的自净与调节能力的降低，水域环境更加恶化。如在以投饵为主的养殖模式下，残饵、粪便、N、P等富营养因子排入水体，使养殖水体中化学需氧量（COD），生物耗氧量（BOD）严重超标，有的已超过国家三类水质标准。据估计每生产1t虾可向水体中增加0. 2t的N元素和0. 05t的P元素，其结果导致鱼虾病害频频发生，已成为影响我国水产养殖生物存活率和产量的瓶颈[2]。因此改善水产养殖水域环境已成为养殖业生产可持续发展的关键技术和研究热点。

1　水产养殖的污染现状

1.1　养殖者技术和管理水平远远落后于形势的发展

我国目前养殖生态环境总体水平不太乐观，主要受到氮、磷、石油和部分重金属及有机物的污染，使得大部分水体污染严重。第一，养殖的分散性较大，规模小，范围广等形式越来越不适应生产发展，也给管理上带来一定的麻烦。第二，放养密度增加，放养方式单一化，放养品种混养不当，进行日常管理和环境管理技术水平落后且不到位，使得水体污染日益严重。第三，由于生产者对质量的意识淡薄，导致对养殖环境与产品质量重视不够，忽略了预防及控制疾病的工作；只注重管理，不惜采用多种药物，且加大用药量治疗鱼病，鱼体药残普遍存在，水体药残比较严重，造成水产品的药物和有害物残留超标，水产品食用安全系数下降，出口给欧盟、日本等国家和地区的产品由于质量问题而受到限制。

1.2 重视产量，忽视水体污染及其带来的危害

为了获得较高产量，水产养殖逐步由粗放式养殖转变到集约化养殖。不断增加放养密度，提高投饵量，忽视了高密度与高投饵所带来大量残饵、排泄物沉积于水底，造成水体污染的危害。例如，Penczak[3]研究淡水网箱养殖虹鳟对饲料的食用情况，发现投喂的干饲料有30%未被食用；*Alabaster* 研究池塘养殖虹鳟时，投喂的湿饲料有5%～10%未被食用。其中产生残饵、残骸与鱼虾排泄物一起沉到水底，通过耗氧并分解为氨氮和硫化氢，并行成其危害的主要形式：硝酸态氮、亚硝酸态氮、硫化氢、氨化物等有毒物质，易于恶化水质，降低水产动物对不良环境及疾病的抵抗能力，诱发病害。同时高密度养殖使水域自净能力变差，致使大量病毒、细菌等致病微生物在水中孳生。污染的水体通过水流动，而导致邻近区污染和水体富营养化，致使病原微生物四处蔓延[4]。

1.3 长期以来污水的乱排乱放

大量的工农业废水和生活污水，不经过任何处理或不按标准处理，无节制地直接排入养殖水体，使一些近岸水域生活污水量和有机废弃物含量日益增加。污水中所含的各种有毒物质、化学物质、重金属等，一旦进入水体，将改变水体理化性质。当这些污染物的数量积累到一定程度后会破坏水生生态系统，影响养殖对象的生长。在生产上为了避免生活污水直接排放于养殖水体，可以采取一系列措施，经过严密处理净化之后使其无毒排放[5]。国内外水产养殖废水的处理方法主要有物理化学处理和生物技术处理。其中物理化学处理技术可以通过机械过滤、沉淀、分离去除部分毒害物质；混凝法沉淀污水中可溶性或胶体物质；电化学法去除水中溶解的亚硝酸盐和氨氮；中和法处理酸碱物质等。另外，生物技术上的主要处理方法有活性污泥法、生物过滤法、光合细菌对水产养殖水体净化等。废水中所含污染物种类较多，单纯只用一种处理方法不能对污染物彻底去除，因此在使用过程中往往需要几种方法组成一处理系统才能完成污水有效处理[6]。

2 养殖水体污染类型及来源

2.1 养殖水体自身污染

目前的水产养殖已由一般品种的养殖过渡到名特优水产品的养殖。为了追求经济利益，往往采用高密度的养殖方式，这样将引发养殖水体的生态破坏，导致养殖动物疾病

的频发。不同的水产养殖系统排放废物的种类和数量的差异主要与养殖系统的形式和养殖动物的种类有关。就集约化养殖水体而言，氨氮污染已成为制约水产养殖环境的主要胁迫因子[7]；有机物和总氮污染是制约对虾养殖业发展的关键因素[8]。概括来讲，水产养殖自身污染的类型主要有以下几种：

2.1.1　营养调控不当对水体的污染　由于投喂饲料的单一性，饲料中营养元素成分不齐全，饵料系数偏高，摄食量下降导致残饵过多，都影响鱼类生长，造成传染性疾病和营养性疾病。随着养殖水平不断提高，密度增加，投饵量增大，水体负载超过饱和程度；养殖生产中饵料过剩，产生大量氮、磷等营养元素，水体富营养化，有害藻类暴发性生长，水体溶氧日较差大，易缺氧。此外，营养物质的不平衡，养殖种类氨、氮排泄物过多，磷的有效吸收较低等都是营养不当带来的污染[9]。海水养殖区大部分位于风平浪静的泻湖或港湾，水体交换条件差，易产生积累性污染。钱宏林等[10]对广东沿海1980～1992年发生的66起赤潮事件进行研究分析，指出海洋污染和海水养殖业自身污染是赤潮发生频繁的根本原因；徐宁等[11]也指出，陆源污染物排入及海水养殖业自身污染是近岸海域营养物质输入的主要来源。淡水养殖方面，湖泊养鱼时粗放型人工投饵利用率仅为30%，饵料系数2.0～2.5，如草鱼增重1kg，使用2.5kg配合饲料，搭喂2 115kg水草。产生的污染物直接进入水体，沉入湖底，加速了小区域的富营养化[12]。

2.1.2　药物的滥用　养殖规模和面积不断扩大，病害流行日趋严重。目前水产疾病防治技术的滞后及养殖户用药知识匮乏，导致大部分养殖户不能对症下药，不能仔细分析病因，滥用价格低廉残留严重的各种抗生素、化工原料等[13]。这样不但对治疗鱼病无效，反而带来严重的污染及毒害作用，使细菌、病毒等产生耐药性而大量繁殖，疫病蔓延，影响水产品品质。有些药物虽然对治愈病害起到一定作用，但造成水体严重污染，且很大程度上破坏水体环境及水产养殖品种体内微生态平衡，使养殖对象失去一些正常生理屏障及生物拮抗作用，病原菌易于繁殖，鱼产品质量不能达到健康养殖标准。Gowen[14]发现，在5个养鱼网箱的下面，底泥的四环素残留量为2.0～6.3μg·mg^{-1}，并可持续达7个月，这些抗生素的存在肯定会减弱养殖水体降解有机碳的能力。

2.1.3　底泥富集污染　研究表明，水产养殖区底泥中碳、氮和磷等的含量明显高于周围水体底泥中的含量，而且底泥中经常有残饵富集，例如对虾的残饵、粪便沉积在池底形成有机污染，深度可达30～40cm，并随池龄而增加[15]。林永泰等[16]研究了黑龙滩水库网箱养鱼对水环境的影响，指出一年沉积库底的残饵、粪便等达1 625t，构成了内负荷二次污染源，并且网箱养鱼已经促进了网箱区水体富营养化。老化池塘中，残饵、粪便、死亡动植物尸体以及药物等有毒化学物质在底泥中富集更为严重。这样，底泥中的微生物参与反硝化和反硫化反应，产生NH_3和H_2S等物质，恶化水产动物的生存环境；另外，在适当条件下会释放氮、磷等到周围水体中去，促进藻类生长，引起水体的富营养化[17]。

2.2　外源性污染

2.2.1　工农业废水和生活污水排放污染　工农业生产污水和居民生活废水、废物常常未经处理就直接排入江河、湖泊、海洋等成为污染渔业水域生态环境的主要原因之一。

生活污水中铁、锰、氢氧化物悬浮物所引起的浑浊，虽不产生直接危害，却降低水体透明度，减少太阳辐射，限制了鱼类正常活动和摄食；生活污水中有机物大量富集出现水体富营养化而导致缺氧浮头。工业废水对渔业污染具有毁灭性危害，据专家介绍，造纸厂的硫化物可致死鱼类；农药厂的产品和原料无疑毒害作用比较大；热电厂的冷水是热污染主要来源，引起水温聚升，使种群改变或死亡；电镀等行业中产生含氰化物废水，合成洗涤剂的废水等都具有严重的危害性[18]。

2.2.2 *有毒物质的污染* 水体中各种有毒物质如饲料污染中的硫化氢、氨氮等有害物质；工业污染中的氰化物、铬、铜、洗涤剂等有毒物质进入水体后都在不同程度影响水生生物。浓度过高，会迅速直接杀死水生生物，浓度低，先富集于生物体内，通过转化而产生危害。加之农药的大量使用使水体有毒物质污染进一步加剧[19]。

2.2.3 *病原微生物污染* 由于养殖过程中的不合理养殖管理模式，如长期不清淤，大量投喂鲜饵，放养密度过大，养殖容量超载，导致底质中有机物含量过高，病原微生物大量繁殖引起污染。如在寄生虫性病害中，以有机质细菌为主食的孢子类、鞭毛类等原生动物大量繁殖；在病毒性病害中，南美白对虾、日本对虾等养殖中流行以白斑综合症为主的对虾病毒；在细菌性病中，弧菌、假单胞菌等给水产养殖动物带来直接或间接危害[20]。病原微生物直接致病，与治病过程中带来的药物污染一起破坏水体，危害鱼类。

3 养殖水域污染造成的经济损失

在我国水产养殖业发展过程中，水产养殖病害时有发生。据不完全统计，全国中等以上养殖病害发生面积占总养殖面积的20%以上，年直接损失产量达140万t，经济损失达100多亿元，其中，对虾养殖因病害年产量从最高22万t下降到最低4万t，此外，甲鱼、鳗鱼、扇贝及河蟹等多种养殖品种近年来也频繁发生病害。水产养殖中多品种大面积病害的发生与养殖环境的恶化有明显的关系。养殖环境污染有来自工业废水和生活污水等的外源性污染，也有来自养殖自身的内源性污染。在污染环境过程中，由于病毒、细菌大量繁殖，生活在污染环境中的生物长期处于应激状态，造成生物自身抵抗能力下降，极易发病，可以说环境污染是病害发生的最重要外部原因。由此可见，养殖环境污染已成为制约我国水产养殖业可持续发展的一个重要障碍，并且造成了十分惨重的经济损失。

3.1 养殖水域外源性污染造成的经济损失

工业废水和生活污水的排放、农业面源污染及油船泄漏等是造成养殖水域外源性污染的主要原因。近年来，养殖水域外源性污染事故频发，据《中国渔业生态环境状况公报》报道，仅2005年，我国发生渔业污染事故1 028次，污染面积达9万hm^2，造成直接经济损失达6.4亿元，其中，海洋渔业污染事故91次，污染面积约4.7万hm^2，造成直接经济损失约4.03亿元，经济损失在1 000万元以上的特大渔业污染损害事故5次；内陆渔业水域渔业污染事故937次，污染面积约4.3万hm^2，造成直接经济损失约2.37亿元，超过100万元以上的重大渔业污染损害事故26次。此外，养殖水域外源性污染造成的可测算天然渔业资源经济损失达45.9亿元，其中，海洋天然渔业资源经济损失为37.8亿元，内陆水域天然渔业资源经济损失为8.1亿元。所以，以2005年为例，将可测算天然渔业资源经济损失与直接经济损失相加，由水体污染共造成52.3亿元的经济损失。

3.2　养殖水域内源性污染造成的经济损失

饵料残留是造成养殖水域内源性污染的主要原因，残留饵料不仅污染水质，而且造成资源浪费，导致巨额经济损失。以2005年为例，我国水产养殖产量为33 932 500t，其中鱼类养殖产量为16 812 200t，而通常情况下要达到这么一个鱼类产量，需要投入饵料30 261 960t（按1：1.8计算），如果养殖过程中造成的残饵按15%计算，我国水产养殖过程中浪费饵料近4 539 294t，按每吨饵料2 000元计算，浪费金额高达近91亿元。

通过上述分析，我们可以看到，在养殖水域，无论是外源性污染，还是内源性污染，都造成巨额的经济损失，将两项损失合计，高达143.3亿元。相比较而言，养殖水域因饵料浪费造成的经济损失更为巨大，而且，养殖水域外源性污染具有突发性等特点，无法加以有效控制，而内源性污染相对更易控制。所以，探究养殖水域自源性污染的成因，寻求消除养殖水域自源性污染的有效途径成为我们必需考虑的问题。

4　水产养殖废水中的污染物种类

4.1　重金属

重金属作为一类的主要的污染物，对鱼类的毒害作用，日益受到人们的关注。其来源有两方面：一方面是工业中的废水、废渣，以及城市的废弃物；另一方面则是来源于畜禽、鱼类养殖本身，由于生产实际中片面追求表观生产性能，大剂量使用各种微量元素，有的微量元素使用量超过自身营养需要的10倍以上。造成大量的微量元素通过排泄物进入土壤，进入水环境，并积存于养殖池塘沉积物中。当条件变化时，一部分重金属由于扩散、解吸、溶解、氧化还原和络合作用，会从沉积物中向水中释放，造成二次污染，不过释放速率异常缓慢，底质中重金属在沉积物中的积累可超过水中含量几个数量级[21]。重金属在沉积物中的大量积累具有潜在性的污染与危害[22,23]。水体中重金属离子Zn^{2+}、Cu^{2+}、Mn^{2+}、Mg^{2+}、Hg^{2+}和Pb^{2+}等达到一定浓度就会对鱼类造成一定的毒害作用。对鱼类免疫、呼吸强度、呼吸运动、生理生化以及基因毒性等方面产生危害。由于Zn^{2+}、Cu^{2+}、Mn^{2+}和Mg^{2+}等是鱼类必需的微量元素和常量元素，研究表明，在低浓度状态下，这些元素可促进鱼类的抗菌能力，高浓度则起毒害作用[24]。有关Zn^{2+}、Cu^{2+}的研究最多。Anderson等测得Cu^{2+}可使虹鳟脾脏抗体分泌细胞的活性受到抑制。Cd^{2+}是许多水体污染物的重要成分，是一种致癌因子和免疫毒害物。对于鱼类Cd^{2+}达到2×10^{-6}即可抑制巨噬细胞的活性。而水体中极微量的Hg^{2+}便可产生毒性作用。贾秀英[25]研究了Zn^{2+}、Cu^{2+}、Hg^{2+}和Pb^{2+}4种重金属对泥鳅幼鱼呼吸强度的影响，在染毒10min时，4种重金属影响下的泥鳅幼鱼的呼吸强度明显高于对照组，说明泥鳅幼鱼对重金属污染的影响十分敏感，致使呼吸强度在短时间内增加，这可能是由于幼鱼在短时间内急性中毒反映强烈，大量消耗瓶中氧气，因而短时间内染毒幼鱼呼吸强度增强，并表现在随着浓度的增高，呼吸强度逐渐增大的趋势。韦肖杭、张敏等[26]对浙江省浙西北地区淡水养殖池塘沉积物重金属调查研究表明，养殖池塘沉积物中 7 种重金属元素分布不均衡，差异也较大，除 Hg 和 Cr 元素外，其余重金属元素已大大超过土壤本底值。其中 Pb 超本底值的养殖池塘占 91.3%，Cd 占 87.0%，Cu 占 78.3%，Zn 占 73.9%，As 占 47.8%。虽然其实测含量都未超出国家规定的标准值范围，但沉积物中重金属元素对养殖水环境、养殖品种存在的潜在污染与危害值得关注。污染指数评价显示，养殖池塘沉积物中主要污染物质为 Cu 和 Cr，而 Hg、Pb 污染程度相对较轻。王金辉等[27]从 1998～2002 年对浙东象山港重点增养殖区水域中重金属铜、铅、锌、镉、总汞、砷、总铬的含量进行了调查，结果显示，近 5 年来水体中铜、汞和砷的含量波动大，其他重金属含量稳中有升，并指出象山港水体中的重金属来源于自然和人为活动两部分，前者来自土壤和矿物中的重金属，后者主要是周边各汇水区有电镀、化工等乡镇企业的污水流入。

4.2 有机物

水产养殖废水的污染主要是有机物污染。水体有机污染不仅可造成水体缺 O_2，直接危害养殖生物，同时也是养殖品种暴发性疾病频繁发生的主要诱因。因此，养殖水体的有机物污染已成为水产养殖的一个关键制约因素[28]。引起养殖水体中的有机污染的有机污染物主要由残饵、浮游生物的代谢产物及养殖动物的排泄物分解产生[29]。据报道，玉筋鱼养殖中，其代谢产物为投饵量的 20%～35%，残饵为投饵量的 10%～40%；鲑鳟鱼和斑点叉尾的总固体排泄物分别占投饵量的 40%～52% 和 18%～69%，美国网箱养虹鳟，饵料中仅有 24.7% 的 N 和 30% 的 P 被鲑体吸收利用，而 75% 的 N 和 70% 的 P 则被直接排入水体中[30]。根据被消化的食物，生产 1kg 的鱼类生物量估计可产生 162g 有机物的粪便废物，其中包含 50g 蛋白质、31g 脂质和 81g 碳水化合物[31]。尤其是随着养殖方式向集约化、工厂化发展，养殖密度和投饵量大大增加，残饵量和养殖机体排泄物也相应增加，养殖污染更趋严重。通常，养殖水体中的有机污染物量由 COD 值反映出来。水体中的高 COD 值是引起鱼类疾病暴发的主要原因之一，马建新等认为当水体中的 COD 长时间超过 $13mg \cdot L^{-1}$时，对虾容易感染病毒。为了减少水产养殖水体中的有机物污染，降低饵料系数，提高饲料的摄食量是一条途径。尽管水产饲料在过去的几年内发展很快，但是饲料质量仍然需要提高。目前的饲料系数大多数均高于 1.5[32]，这不仅浪费了在我国仍然十分紧缺的饲料原料，造成水产与人、与畜禽争粮食的问题，而且造成渔业污染。在实际操作中，饲料的耐水性、诱食剂的使用以及科学的投喂和饲养方法是降低饵料系数，减少残饵污染的具体措施[33]。

4.3 $NH_3^- - N$

天然水中的 $NH_3^- - N$ 主要来自于含氮有机物在微生物作用下的分解即氨化作用。

NH_4^+在天然水中发生水解反应：$NH_4^+ + H_2O = NH_3 + H_3O^+$，由于分子态$NH_3$不带电荷，有较强的脂溶性，对水生生物有较强的毒性，而以离子（NH_4^+）形式存在的氨态氮对水生生物几乎没有毒性。水体中的氨态氮含量过高会破坏水生动物的鳃组织，并渗进血液，降低血液载氧能力，使呼吸机能下降[34]。NH_3^- – N在水中以NH_3分子和NH_4^+离子两种形式存在。NH_3和NH_4^+的含量取决于水中的pH值、温度、盐度等。在池水pH值小于7时，水中的氨态氮几乎都以离子形式存在；pH值大于11时，则几乎都以分子形式存在。在水产养殖过程中，要严防水体氨态氮过量，造成鱼、虾、蟹等养殖对象死亡。

据有关资料统计，鱼类能长期忍受的分子氨最大限度为$0.025mg \cdot L^{-1}$，对虾育苗允许上限为$0.023mg \cdot L^{-1}$（相当于21～23℃，17.5‰，pH值=8.1的海水中NH_4^+ – N $0.5mg \cdot L^{-1}$），甲鱼的耐受力则远大于这个数值，其最大限度约为1.4～4.3$mg \cdot L^{-1}$[35]。

4.4 NO_2^- – N及其他

在温度变幅较大的春、秋季节，由于浮游生物和细菌活力的减弱，使正常的氮循环受到破坏，人工施肥、动物粪便、死亡藻类及残饵因水体老化缺氧分解成为亚硝酸盐，养殖水体中的亚硝酸盐浓度升高。同时，水体中浮游生物活动力减弱可导致被藻类同化的氨减少，因而加剧了硝化细菌的负荷。如果亚硝酸盐含量超过了细菌所能迅速转化为硝酸盐的值，即可发生亚硝酸盐积累。

亚硝酸盐的毒性是通过氧的运输、主要化合物的氧化以及损害器官来表现的。当养殖水体中的亚硝酸盐含量过高时，亚硝酸盐会通过鱼鳃进入血液，会将血液中运输氧气的血红蛋白氧化成不能载氧的三价铁血红蛋白，导致血液载氧能力下降[36]。三价铁血红蛋白的积累会使血的颜色变成“褐色”，成为“褐血病”。由于褐血不能携带足够的氧气而造成鱼类组织缺血，甚至窒息而死。患“褐血病”的鱼类对细菌感染、贫血及其他与应激有关的疾病更加敏感。据有关测定报道，鱼类中高铁血红蛋白的含量随着NO_2^- – N浓度的升高呈指数形式的增加[37]。一般养殖水体中亚硝酸盐的含量应该控制在$0.1mg \cdot L^{-1}$以下，因此应避免它在养殖水体中的积累。相对来说，鱼类对NO_2^- – N的耐受力较大，但是当NO_2^- – N的质量分数大于其他营养元素时，富营养化以及与此相关的藻类水华将造成严重的环境问题[29]。关于磷是否对养殖生物直接产生毒性，至今还没有明确的报道，但高质量分数的磷会导致水体的富营养化。

5 水产养殖污染对水环境的影响

5.1 水产养殖废物排放及其对水环境的影响

水产养殖过程中由于大量外源性饵料的投饲，残饵进入水体，导致有机负荷增加，水华发生，生物多样性降低，病原体增加等。为防治病害，大量使用化学药品，造成对水环境的污染。

5.2 水产养殖对生态环境的影响

在虾的养殖中，由于环境的破坏、野生苗种资源的毁灭、外来种的引入导致基因库的改变，会对可能的物种组成和生物多样性产生影响。苏格兰、北爱尔兰、加拿大和美国在野生种群中检出养殖逃逸的鲑鱼。1994 年加拿大芬迪湾逃逸的大西洋鲑估计为 2 万 ~4 万尾，这一数量大于同年该海湾野生鲑鱼自然回归的数量。逃逸的鱼类可能在疾病的传播、野生群体遗传组成的改变等方面产生副作用。鱼类养殖会影响其底栖群落的变化，通过研究富营养化对底栖群落的影响，发现随着底栖氧饱和度的改变，底栖生物类群不断地发生演替。由于排泄废物、残饵以及动、植物残体等有机质在池底的不断积累，底泥细菌和浮游细菌生物量都有所上升，且底泥细菌明显比同期浮游细菌量高。

5.3 土地用途的改变对水环境产生的影响

报道最多的是红树林改造成的养虾池，也有稻田和其他农业用地被改造成虾池[38]。菲律宾有 50% 的红树林已被改造成养咸水鱼和虾池。红树林地区是营养物的汇聚处，陆地上排来的营养物在此处积聚、消解、过滤，丧失了红树林就会丧失由它维持的捕捞产量，并使污染物积累、土壤酸化。珠江三角洲基塘系统的耕地锐减，水产养殖面积增加，种植面积减少，造成基塘比例失调，水土流失严重，将一些施用于基面的肥料和农药带入水体中，使水体中 N、P 等营养元素过多，塘水过肥。

6 水产养殖废水处理技术

水产养殖业产生的大量有机富营养化废水的排放对水环境造成的影响已引起广泛重视，养殖环境的恶化，已经成为制约我国养殖业健康持续发展的关键因素。人们已认识到治理污染废水对环境的重要性，污染废水的处理方法主要有物理处理法、化学处理法、物理化学处理法、生物处理法。一般认为生物处理是最经济有效的手段，并且符合生态学及可持续发展的观点。

6.1 物理处理技术

常规物理处理技术主要包括过滤、中和、吸附、沉淀和曝气等处理方法，是废水处理工艺的重要组成部分。对于工厂化养殖废水的外排和循环利用处理，机械过滤和泡沫分离技术处理效果较好。

6.1.1 过滤技术 由于养殖废水中的剩余残饵和养殖生物排泄物等大部分以悬浮态大颗粒形式存在，因此采用物理过滤技术去除是最为快捷、经济的方法。常用的过滤设备有机械过滤器、压力过滤器、沙滤器等[39]。在实际处理工程中，机械过滤器（微滤机）是应用较多、过滤效果较好的方式。沸石过滤器兼有过滤与吸附功能，不仅可以去除悬浮物，同时还可以通过吸附作用有效去除重金属、氨氮等溶解态污染物[40]。

6.1.2 泡沫分离技术 自 20 世纪 70 年代，泡沫分离技术已在工业废水处理中得到广泛应用[41]。其原理是向被处理水体中通入空气，使水中的表面活性物质被微小气泡吸着，并随气泡一起上浮到水面形成泡沫，然后分离水面泡沫，从而达到去除废水中溶解态和悬浮态污染物的目的。由于泡沫分离技术不仅可以将蛋白质等有机物在未被矿化成氨化物和其他有毒物质前就已被去除，避免了有毒物质在水体中积累，而且可向养殖水体提供所必需的溶解氧，对维护养殖水体生态环境有良好作用[42]。

6.2　化学处理技术

工厂化养殖废水存在养殖生物排泄物等悬浮物，以及氨氮、可生物降解有机物等物质，而且也存在难生物降解有机物。因此，利用臭氧、过氧化氢、二氧化氯、漂白液等化学氧化剂的氧化作用，氧化分解难生物降解溶解态有机物是养殖废水深度处理的主要手段。卤素消毒剂主要品种有漂精粉、三氯异氰脲酸、二氯异氰脲酸钠、氯化磷酸三钠、氯胺T、四氯甘脲、溴氯异氰脲酸、二氧化氯、溴氯海因和二溴海因等消毒剂[43]。卤素消毒剂具有杀菌率高、杀菌谱广、价格低廉的特点，在水产养殖中被广泛使用。但是，漂白粉、漂粉精等无机氯消毒剂溶于水后产生的次氯酸和次氯酸离子易与植物残屑的分解物如腐枯酸、黄腐酸、藻类氨基酸、色氨酸、脯氨酸、尿嘧啶、有机降解物羧酸类、羧基类以及蛋白质等作用产生三卤甲烷（TCM）及卤代有机物（TCO）诱癌物，尤以有机物质较多之肥水池塘更易形成总有机卤代物（TCOF）。三卤甲烷及卤代有机物的存在，不仅对鱼虾、贝等水生物产生毒害，且还进入有机体内增加它的亲脂性招致蓄积中毒[44]。二氯异氰尿酸钠、三氯异氰尿酸杀菌快速，腐蚀性和刺激性比较轻微，水溶液清澈透明，不发生沉淀；毒性较低，其使用浓度对人危害小；受有机物的影响较小。但是由于其分解产物为异氰尿酸和次氯酸，后者与有机物降解物羧酸类也能生成三卤甲烷（TCM）或卤代有机物（TCO）诱癌物，此类有机氯消毒剂水溶液还呈现刺激作用，可引起炎症以致坏死，也可使水产品产生异味变质[45]。

臭氧氧化技术已在西欧、美国和日本被广泛应用于海水养殖系统的循环水处理[46]。此外，臭氧不仅能快速降低海水COD，而且还可大大降低水体中氨氮和亚硝酸盐浓度[41]。但所消耗的臭氧量很大。因此采用 O_3/UV 工艺，既能提高处理效率又可减少臭氧的用量。用 O_3/UV 技术净化湖水可达到水质净化及水体增氧的目的[47]。臭氧是不稳定气体，溶于水后生成氧化能力很强的单原子氧羟基（O. OH），它的灭菌能力极强，能破坏分解细胞壁，很快的扩散、渗透进细胞，氧化破坏细胞内的生物酶系统，致死病原体。由于致死的病原体细胞膜破裂，所以细菌无法再生繁殖。同时单原子氧羟基（O. OH）对有机物、无机物的氧化作用也十分强烈[48]。臭氧是呈游离状态的强氧化剂，可快速有效地杀死养殖水体中的病毒、细菌及原生动物，当前臭氧消毒法已用于淡水鱼育苗用水和淡水循环养殖系统，而用于海水消毒处理大多数处在小型试验阶段。但是，水中残余臭氧对水生生物的毒副作用。姜国良等[49]在臭氧对牙鲆和对虾的急性毒性试验中表明，当残余臭氧浓度为 $0.2 \sim 0.4mg \cdot L^{-1}$ 时经过12h，牙鲆存活65%；24h时为47%；48h时为23%；当浓度增加至 $0.5 \sim 0.8mg \cdot L^{-1}$ 时，任何时段无一存活。*Reid. B*（1994）研究表明，$1 \sim 5mg \cdot L^{-1}$ 的臭氧浓度是虾的致死浓度。*Hubbs* 研究发现鱼类在残留臭氧浓度较高时的毒性反应，主要是运动和呼吸异常，随之失去平衡，鱼时而乱游时而静止，静止时鱼的侧面或肚皮朝上，最终导致鱼类死亡。当用臭氧对海水处理时，臭氧与溴离子生成溴酸离子或亚溴酸离子，这种离子在相当长的时间内对人类和鱼类有毒[50]。另外，大量难闻的未溶解到水中的臭氧挥发到空气中，有害于附近的工作人员的身心健康。

6.3 生物修复

6.3.1 生物修复概念 生物修复（Bioremediation）是在环境工程领域新兴的环境改善技术，首次记录的实际使用生物修复技术是在1972年用于美国宾夕法尼亚州的一次清除管线泄漏的汽油。直到1989年3月24日Exxon石油公司的Valdez号超级油轮在美国阿拉斯加威廉王子湾搁浅造成海岸原油严重污染后，进行了有效的生物修复，这一次被认为是生物修复技术的首次大规模应用。沈德中教授认为，阿拉斯加海滩溢油的生物修复是生物修复发展的里程碑[51]。随着环境污染的加剧，人们对生物修复的研究更为深入，使得生物修复技术日益完善和发展。生物修复起源于有机污染物的治理，近年来也向无机污染物（重金属、放射性元素和硝酸盐等）的治理扩展。

由于不同专业或研究方向的科研工作者研究的侧重点不同，他们所描述的生物修复的概念也不尽一致。在综合已有的研究成果[51~53]基础上认为，生物修复是指受污染环境中污染物于原位或异位后，在自然环境条件或可控环境条件下通过各种土著生物、外来生物或强化生物（突变体和基因工程转化体等）作用转化为无毒物质或对该污染环境无害化的一种生物净化过程。生物修复的概念主要从三方面来解释：一方面，生物修复的概念根据直接参与污染物生物降解和转化的生物类型有广义和狭义之分。广义生物修复中直接参与污染物生物降解和转化的生物类型包括微生物、植物和动物；狭义生物修复中直接参与污染物生物降解和转化的生物类型是微生物，因为无论是有机污染物还是无机污染物的降解和转化，微生物都起了重要作用，并且在自然界物质循环过程中微生物的作用非常重要。目前人们所谓的生物修复主要指狭义生物修复。此外，在污染土壤治理中，植物生物修复和动物生物修复的研究进展也很迅速。第二方面，生物修复的概念根据人为干预与否有生物自净功能生物修复和强化生物净化功能生物修复之分。生物自净功能生物修复主要指生物在污染环境中的生物自净作用，这一生物修复过程的速度与生物本身的自净能力和受污染环境的环境要素有关；强化生物净化功能生物修复系指人为因素强化受污染环境的理化性质和生物降解性能，加快受污染环境的改善，甚至恢复的速度。目前人们所谓的生物修复主要指强化生物净化功能生物修复。最后，生物修复的概念根据实施的场所不同有原位生物修复和异位生物修复之分，必要时原位生物修复和异位生物修复联合起作用。

6.3.2 水产养殖废水生物修复技术

6.3.2.1 生物膜法 生物滤器被广泛应用于去除水产养殖废水中的NH_3^-－N和有机物。氨被氧化成NO_3^-有两个阶段：一是氨氧化细菌（AOB）把氨氧化为NO_2^-，二是亚硝酸盐硝化细菌（NOB）把NO_2^-氧化为NO_3^-。而充满填料的生物滤器通常为AOB和NOB的生长提供固体基质和适宜的生长环境，同时，在生物膜表面形成的微生物通过分解代谢活动将废水中的有机物最终分解为CO_2和H_2O。为了优化硝化速率和减少生物滤器的堵塞，填料载体应该具有高表面比、低成本、质轻耐用、不易堵塞等性能。当前使用得较多的生物填料有软性填料、半软性填料和弹性组合填料等，通常情况下塑料载体因价格低廉、处理效果较好而得到较为广泛的应用。装有合适填料的生物滤器能够提高养殖废水的出水水质。Yang 等[54]利用不同填料和流程安排来评价生物滤池的效率，试验结果表明，填料的性质比生物滤池的流程安排更能影响生物滤池的效率，且装有十字交叉和多孔填料的生物滤池对水产养殖废水的处理效果良好。目前使用较多的生物滤器有淹没式生物滤池、滴滤池、生物转盘、生物转筒和生物硫化床等。这些装置因其微生物的多样化，而被广泛应用于密集型封闭式零污水排放的循环水养殖系统中。在以色列，使用由鱼池→格栅→集水池→滴滤池→液氧接触器→鱼池回用和格栅截留固体/鱼池底部沉积物→沉淀/硝化池→柱式流化床→回流沉淀/硝化池→回流格栅组成的零污水排放罗非鱼循环水养殖系统，中试结果表明：在硝化滴滤池内，氨氮的平均去除率为 0.16g N·$(m^3 \cdot d)^{-1}$。在缺氧段，即硝化池和流化床段，反硝化作用得到充分发挥，且随着饲料的投喂，溶于水体中的 90% 的磷在缺氧段被回收，长期运行零排放循环水养殖系统对鱼的生长没有不良影响[55]。水产养殖废水生物膜处理装置多种多样，其结构各不相同，工艺流程也不一样，所以要根据本地区的实际情况，建立合理的生态型养殖下的良种繁育、配料、水质净化等配套技术，实施可持续发展战略。

6.3.2.2 人工湿地 人工湿地是指通过选择一定的地理位置和地形，并模拟天然湿地的结构和功能，根据人们的需要人为设计并建造起来的一种污水净化综合系统。水体、透水性基质（如土壤、沙、石）、水生植物和微生物种群是构成人工湿地系统的基本要素，其除污原理主要是利用湿地中的基质、水生植物和微生物之间通过物理、化学和生物的三种协同作用净化污水。人工湿地系统通过沉积和过滤去除沉降性有机物；主要通过微生物降解去除可溶性有机物；通过基质的吸附、过滤、沉淀以及氮的挥发、植物的吸收和微生物的硝化、反硝化作用去除氮；通过湿地中基质、水生植物和微生物的共同作用去除磷。*Reddy* 发现，根际区是植物去污除磷的主要部位，它们为微生物的生存和营养物质的降解提供了好氧、缺氧、厌氧的状态，相当于许多串联或并联的 A/A/O 处理单元，可以通过硝化、反硝化作用及微生物对磷的过量积累作用从废水中去除磷。水生植物是湿地系统最明显的生物特征和主要组成部分，在去除铵、亚硝酸盐、硝酸盐、磷酸盐、悬浮物（SS）和 BOD 等方面间接或直接地起着重要作用。其作用主要体现在：①吸收利用、吸附和富集作用；②氧的传输作用；③为微生物提供栖息地；④维持系统的稳定；⑤有机物的积累作用。因此，选择栽种耐污能力强、去污效果好、适合当地环境、根系发达，有一定经济价值的水生植物显得尤为重要。早在 20 世纪 50 年代，湿地系统在世界各地已被用来成功处理农业、市政及工业废水。该系统具有可分散或集中处理废水、运行稳定、适用范围广、能耗低、生产力高等优点，因而在水产养殖废水的处理中也有良好的应用前景。人工湿地污水处理系统的结构可分为人工表面流（SFW）、潜流（SSFW）和垂直流（VFW）三种。在实际应用中可将系统的各种结构组合或与其他水处理技术结合起来。在中国台湾省，Lin 等[56]使用由 SFW 和 SSFW 组合的具有商业化规模的循环系统处理对虾养殖废水，该湿地系统对处理密集型水产养殖废水表现出良好的技术性和经济可行性。其中 SFW - SSFW 单元对 SS、BOD、NH_3^- - N、NO_3^- - N 的去除率分别为55% ~66%、37% ~54%、64% ~66%、83.9%，废水经处理后适合养虾且达到国家排放标准。在加拿大，Comeau 等[57]使用由格栅和两个表面流湿地床组成的三阶段系统处理鳜鱼养殖废水（湿地床体积 100m^3，深 0.6m，以粗沙和碎石灰石做衬里），其中第一个湿地床种植芦苇，主要通过植物吸收除磷；第二个湿地床被设计成以吸附和沥滤作用为主要除磷途径。中试结果表明，该系统对有机物和磷的去除率分别高达 95% 和 80% 以上，对减少养鱼废水中有机物和磷的排放表现出很大的潜能。人工湿地系统易受自然及人为活动的干扰，易堵塞，生态平衡易受到破坏，因而在设计时要因地制宜，需要与其他水处理技术相结合，并加以适当管理，这样才能长期维持高效运行。

6.3.2.3 投加高效有益微生物制剂

（1）有益微生物科学概念的发展[58]：有益微生物的科学概念，最早由 Parker（1974）提出，即“对肠道微生物群平衡有益的微生物及其产物”。Fuller（1987）则认为有益微生物是“培养物或活的微生物性质的饲料补充物，通过提高肠道微生物群平衡来对宿主产生有益作用”。Melchiorsen 等（1999）有更广泛的定义，认为其是“任何活的微生物补充物，通过提高微生物平衡来对宿主有益，不一定要加入饲料”。Salminen 等（1999）认为，有益微生物是“任何微生物（不一定必须是活的）的制备物或微生物细胞的成分，其对宿主健康产生有益作用”。由于水生动物的健康不仅同其消化道的微生态平衡密切相关，而且同其所生活的水环境的微生态平衡关系密切。因而，Moriarty（1999）认为在水产上对有益微生物的定义上应该包括“养殖水体自然存在的活的微生物”。有益微生物的应用可以认为是生物控制的范畴，即通过引入拮抗生物来减少或消除有害生物。广义上讲，有益微生物是为对宿主健康产生有益作用的微生物的全部或部分。

当然，水产中的有益微生物必须在一定的温度和盐度等环境范围发挥作用，可通过饲料给予、浸泡或注射甚至向养殖水体投放来发挥作用。将有益微生物首次应用在水产上的是 Kozasa（1986），由于对环境友好，增进养殖动物健康和提高经济效益，此后其研究与应用迅猛增加。

（2）有益微生物对水质净化的作用机理：水产养殖生态环境中的有益微生物，在池塘连续的养殖情况下，能清除因池塘长时间养殖水域底部尤其是老池塘底积累的大量残余饵料、排泄物、动植物残体以及有害气体（氨、硫化氢等），使之先分解为小分子（多肽、高级脂肪酸等），后为更小分子有机物（氨基酸、低级脂肪酸、单糖、环烃等），最终分解为二氧化碳、硝酸盐、硫酸盐等，有效地降低了水中 COD 和 BOD，使水体中的 NH_3^- - N、NO_2^- - N、硫化物和氨的浓度降低，有效地改善了水质，并且能为以单细胞藻类为主的浮游植物的繁殖提供营养物质，促进以藻类为主的浮游植物的繁殖，这些藻类为主的浮游植物的光合作用，又为池内底栖动物、水产养殖动物的呼吸，有机物的分解提供氧气，从而形成一个良性的生态循环（图 1），有利于水产养殖动物的迅速生长；同时，由于有益微生物的大量繁殖，在池内占据了病原微生物的生态位，从而抑制病原微生物的生长，减少养殖动物疾病的发生[59,60]。

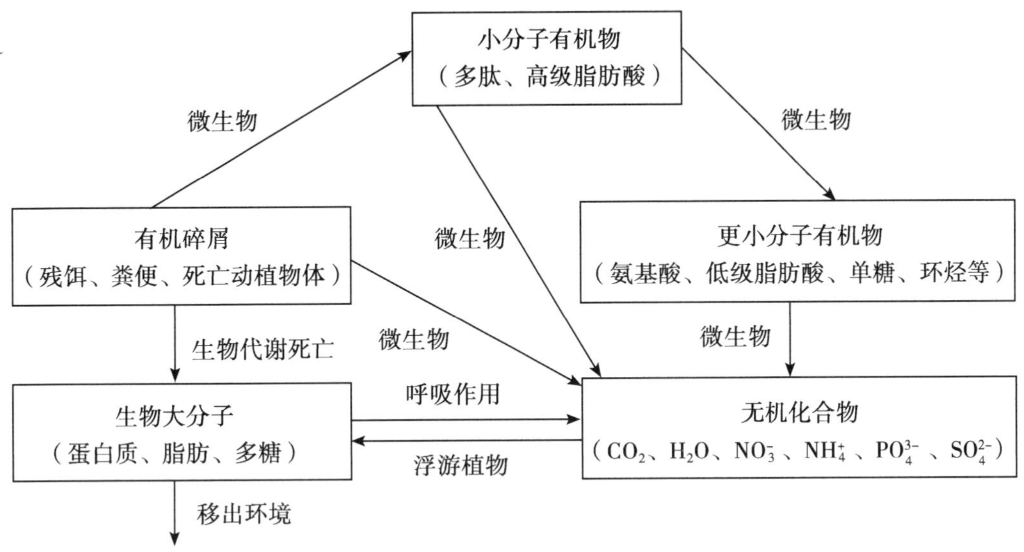

图1 微生物对水体的净化作用机理

Figure 1 Purification mechanism of microorganism on aquatic water

（3）水产养殖中主要的有益微生物

①光合细菌。光合细菌（*Photosynthetic bacteria*，简称 PSB）是一类于厌氧条件下进行光合作用并且不产生氧的特殊生理类群的细菌总称[61]。光合细菌分四个科，*Rhodospirillaceae*（红色非硫磺细菌）、*Chromatiaceae*（红色硫磺细菌）、*Chlorobaceae*（绿色硫磺细菌）和 *Chlorolexaceae*（滑行丝状绿色硫磺细菌）。至今已知有 22 个属，61 个种[62]。

光合细菌主要利用小分子有机物而非二氧化碳合成自身生长繁殖所需要的各种养分。光和细菌因具有光和色素，呈现淡粉红色，它能在厌氧和光照的条件下，利用化合物中的氢并进行不产生氧的光合作用，将有机质或硫化氢等物质加以吸收利用，而使好氧的异养性微生物因缺乏营养而转为弱势，同时使水质得以净化；但光合细菌不能氧化大分子有机物，对有机物污染严重的底泥作用则不明显[63]。例如，施安辉等[64]选择有机物污染较为严重的东平湖畔的河流底土，经富集培养、纯化，最后经菌种鉴定获得了沼泽红假单胞菌、胶质红假单胞菌、球形红假单胞菌和绿色红假单胞菌 4 株有效降低鱼池水中 COD、NH_3^- − N 和 NO_2^- − N 的光合细菌菌株。

$$2H_2S + CO_2 \xrightarrow{光} CH_2O\text{（菌体）} + H_2O + 2S$$

$$2H_2A\text{（有机物）} + CO_2 \xrightarrow{光} CH_2O\text{（菌体）} + H_2O + 2A$$

PSB 营养丰富，蛋白质含量高达 65%，B 族维生素种类齐全，尤其是 B_{12}、叶酸、生物素等维生素的含量相当高；作为生物体内具重要生理活性物质的辅酶 Q，在 PSB 中的含量远远超过其他生物，因而其营养价值高，作为饵料添加剂，在防治鱼病，促进鱼类生长和提高鱼类孵化率等方面均表现出良好性能，可以说，光合细菌是研究最早，应用最广泛的微生态制剂菌群[65,66]。

②硝化细菌。硝化细菌属于自营养性细菌，包括两种不同的代谢群体，亚硝化菌属（*Nitrosomonas*）及硝化杆菌属（*Nitrobacter*）[67]。它们都是好气性细菌，能在有氧的水中生长，并在水质净化过程中起着重要作用。

硝化细菌是不需要有机物就能生存及繁衍的细菌。首先，亚硝化菌属细菌把水中的氨离子（NH_4^+）氧化成为亚硝酸离子（NO_2^-）并从中获得生存所需要的能量，再从二氧化碳或碳酸氢根离子（CO_2 或 HCO_3^-）中制造自身所需的有机物。而硝化杆菌属细菌能把水中的离子 NO_2^- 氧化成为硝酸离子（NO_3^-）并也能从中获得生存所需要的能量。亚硝化菌属细菌和硝化杆菌属细菌通过接力的方式，把水中的有毒氨（NH_3）最终氧化成无毒的硝酸离子（NO_3^-）。

$$2NH_3 + 3O_2 \xrightarrow{Nitrosomonas} 2NO_2^- + 2H^+ + 2H_2O + \text{能量}$$

$$2NO_2^- + O_2 \xrightarrow{Nitrosomonas} 2NO_3^- + \text{能量}$$

硝化细菌是自养性微生物，需要在体内制造有机物供其生长，这就决定了硝化细菌的繁殖速度要比异养生物慢得多，一般异养性微生物可几十分钟内增殖一倍数量，而硝化细菌则要 1 ~2d 才能增殖一倍的数量；另外，硝化细菌不喜欢有机物，水体中过多的有机物反而会抑制硝化细菌的生长[62]。

③芽孢杆菌。芽孢杆菌属（*Bacillus*）广泛存在于土壤、水体、植物表面以及其他自然环境中，属化能有机营养型。目前可利用的芽孢杆菌有：枯草芽孢杆菌（*Bacillus subtilis*）、凝结芽孢杆菌（*B. licoglans*）、缓慢芽孢杆菌（*B. lentus*）、地衣芽孢杆菌（*B. lichenifirmis*）、短小芽孢杆菌（*B. pumilus*）、蜡样芽孢杆菌（*B. cereus*）、环状芽孢杆菌（*B. circulans*）、巨大芽孢杆菌（*B. megaterium*）、坚强芽孢杆菌（*B. firmus*）、东洋芽孢杆菌（*B. toyoi*）、纳豆芽孢杆菌（*B. natto*）、芽孢乳杆菌（*Lactobacillus sporogens*）、丁酸梭（*Clostridium butyricum*）等[68]。

枯草芽孢杆菌菌群进入养殖水体后，能分泌丰富的胞外酶系，及时降解水体有机物如排泄物、残饵、浮游生物残体及有机碎屑等，使之矿化成单细胞藻类生长所需要的营养盐类，避免有机废物在池中的积累。同时，有效地减少池塘内有机物分解耗氧，间接增加水体 DO，保证有机物氧化、氨化、硝化和反硝化的正常循环，保持良好的水质，从而起到净化水质的目的。此外，枯草芽孢杆菌在代谢的过程中可以产生一种抑制或杀死它种微生物的枯草杆菌素，此种抗生素为一种多肽类物质，可以将养殖池沉积物中发光弧菌的比例降低，抑制水体中致病菌的繁殖。

④酵母菌。酵母菌（*Saccharomyces*）为真核生物，是一种单细胞蛋白（SCP），含有较高的营养成分。酵母中维生素的含量比鱼粉多 30 倍以上，尤其富含 B 族维生素。氨基酸比例高，且比例适当，广泛用作饲料添加剂，但近年来，其在水产养殖水质调节中，有较好的效果。这是因为酵母菌在有氧条件下，能将溶于水中的糖类（单糖和双糖）、有机酸作为自身所需的碳源，供合成新的原生质及酵母菌生命活动能量之用，对糖类的分解，可完全氧化为二氧化碳和水。在缺氧条件下，酵母菌利用糖类（单糖和双糖）作为碳源，进行发酵和繁殖酵母菌体。所以，酵母菌能有效分解溶于池水中的糖类，迅速降低水中有机污染物。吴伟等[69]研究结果表明，假丝酵母能够在复杂的养

殖水环境中有效地去除 NO_2^-，并且，当温度 25～30℃，pH 值 5.6～7.0，接种量 2‰，亚硝酸盐最高浓度 <2mg · L^{-1}时，微生物对水体中有机物的降解过程有促进作用。

⑤蛭弧菌。蛭弧菌（*Bdellovibrio*）是 Stolp 和 Petold 于 1962 年从土壤中分离噬菌体时首次发现的[70]。它是一类攻击、侵染、裂解其他微生物的寄生菌，有类似噬菌体的作用。蛭弧菌属于蛭弧菌属，包括噬菌蛭弧菌、斯托普蛭弧菌、斯塔尔蛭弧菌等。水体中溶氧量充足时，蛭弧菌能够有效地裂解致病菌，氧化降解氨氮，具有改善养殖水体的作用。目前，国内应用比较普遍的是嗜水气单胞菌，其泼洒养殖水体后，可迅速裂解养殖水体主要的条件致病菌——嗜水气单胞菌，减少水体致病微生物的数量，能防止或减少鱼类病害的发展和蔓延，同时对 NH_3^- －N 等有一定的去除作用。可改善水产动物体内外环境，促进生长，增强免疫力。

⑥放线菌。放线菌是广泛分布于自然界的、有分枝倾向的或能形成分支菌丝和产生孢子的特殊类型。能够产生种类繁多的抗生素、维生素和酶。同时在难分解的物质，如纤维素、木质素和甲壳素等的降解中起重要作用，创造出其他有益微生物增殖的生态环境。放线菌作为清除者可分解蛋白质、纤维素及其他有机物，某些菌还具有脱除异味（臭味）之功能。它的生长能改善水的味道并对水源有消毒作用。譬如，放线菌中的诺卡氏菌（*Nocardia*）能够降解养殖水体中的 NH_3^- －N，有研究表明，当其在 30℃，pH 值为 7.2 及 NH_3 －N 初始浓度在 0～30mg · L^{-1}范围内时，NH_3^- －N 的最大降解速率可达 3.5mg · L^{-1} · h[71]。

⑦复合微生物制剂。复合微生物制剂是由具有不同特性的多种微生物菌株经培育后复合而成的一种微生态制剂，由于制剂中的不同微生物具有共生性和协同性，其综合效果要优于单一菌株的作用效果。目前，复合微生物制剂的研发成为发展的方向。李卓佳等[72]将从自然界分离、筛选、培养得到的活性有益微生物研制成一种复合微生物制剂——“利生素”，其以芽孢杆菌属菌类为主导菌，并含有多个共生菌株，兼有好厌和厌氧双重代谢机制；成品状态为干粉剂，细胞处于休眠期，一进入养殖水体即萌发复活，并以倍数迅速繁殖。通过多方面的实验表明，“利生素”应用于养殖水体后能够很好的降解进入养殖池塘中的各种有机废物，消除有毒因子，稳定 pH 值，平衡菌相与藻相，营造良好水生环境，可以达到预防疾病，健康养殖的效果。同时，可以减少养殖用水的排换量，提高养殖用水的有效利用率，减轻对养殖环境的污染。

6.4　固定化微生物

6.4.1　*固定化微生物技术*　固定化微生物技术起始于 1959 年，由 *Hattori* 等人首次实现了大肠杆菌的固定化，此后发展迅速。该技术最初主要用于工业发酵，20 世纪 70 年代以后，由于水污染严重，迫切需要一种高效、快速，能连续处理的废水处理技术，从而微生物固定化技术才在污水处理中得到广泛应用，效果较好，至今已经形成了较为完备的理论和方法。

固定化微生物技术是指利用化学的或物理的手段将游离的微生物定位于限定的空间区域，并使之成为不悬浮于水仍保持生物活性、可反复利用的方法[73]。这里的微生物主要是人为选定的特效降解菌的优势菌种，应满足以下 3 个基本条件：①投加的菌体活性高；②菌体可快速降解目标污染物；③在系统中不仅能竞争生存，而且可维持相当数量[74]。固定化载体为微生物创造了更不易解体的生存环境，所以，一个理想的固定化载体的选择也很重要。适合于废水处理的固定化载体应具有以下性能：①对微生物无毒，生物滞留量高；②传质的性能好；③性质稳定，不易被生物降解；④机械强度高，使用寿命长；⑤固定化操作简单；⑥对其他生物的吸附小；⑦价格低廉[75]。

目前常用的载体可分为无机载体、有机高分子载体和复合载体 3 大类型。无机载体如多孔玻璃、硅藻土、活性炭、石英砂等。有机载体还可分为两类：一类是高分子凝胶载体，如琼脂、角叉莱胶和海藻酸钙等；另一类有机合成高分子凝胶载体，如聚丙烯酰胺凝胶、聚乙烯醇凝胶、光硬化树脂、聚丙烯酸凝胶等。复合载体是由无机载体和有机载体材料结合而成，使两类材料的性能互补，从而显示复合载体材料的优越性[76]。

6.4.2 固定化微生物的制备方法　目前，固定化微生物的制备方法多种多样，国内外没有统一的分类标准，根据对各种方法的分析，可将其分为物理固定法和化学固定法两大类。物理固定法主要有包埋法、吸附法（载体结合法）和包络法，化学固定法包括共价结合法和交联法（架桥法）等。

6.4.2.1 包埋法　包埋法是将微生物菌体包埋在半透性的聚合物凝胶或膜内，小分子的底物和产物可以自由出入，而微生物却不会漏出。包埋法可分为高分子合成包埋、离子网络包埋及沉淀包埋，是目前研究最广泛的固定化方法。常用的包埋法固定微生物的载体材料有天然高分子多糖类的海藻酸钙凝胶和卡拉胶、聚乙烯醇（PVA）、聚丙烯酰胺（ACAM）等。其中，天然高分子凝胶对微生物无毒，传质阻力小，但结合强度小；有机合成高分子凝胶强度高，影响微生物的生物活性，同时传质阻力大。Nagadomi 等[77]使用由 PVA—硼酸和海藻酸材料固定化的光合细菌处理水产废水，试验结果表明，固定化 PVA 球的水质净化能力比海藻酸盐固定化球强。

6.4.2.2 吸附法　吸附法是利用微生物所具有的可吸附到固体物质表面或其他细胞表面的能力，将微生物吸附在附加剂的表面的方法，这是一种非常廉价和有效、比较常用的微生物固定化方法。吸附法可分为物理吸附和离子吸附。物理吸附是使用具有高吸附能力的物质，如硅胶、活性炭、多孔玻璃、碎石、卵石、铅炭、硅藻土、多孔砖等吸附剂，将微生物吸附在表面使其固定化。离子吸附是利用微生物在解离状态下离子键作用而固定于带有相反电荷的离子交换剂上，常见的离子交换剂有 DEAE—纤维素、CM—纤维素等。

6.4.2.3 包络法　20 世纪 90 年代初期，为克服吸附法和包埋法固定微生物的缺点，又提出用包络法固定微生物的新技术。包络法以人工合成生物相容性好的聚丙烯酸酯共聚物基体型多孔颗粒为载体。郑邦乾等[78]的研究表明，微生物即可在该多孔载体外表面生成机械强度高的生物膜，又可在载体内孔中聚集大量的微生物，增大了微生物的聚集密度，而且提高了生物粒子承受水力负荷的能力。

6.4.2.4 共价结合法　共价结合法是细胞表面上官能团和固相支持物表面的反应基团形成化学共价键连接，从而固定微生物。该方法固定化微生物稳定性好，不易脱落，但限制了微生物的活性，同时反应激烈，操作与控制复杂苛刻。

6.4.2.5 交联法　交联法是通过微生物与具有两个或两个以上官能基团的试剂反应，

使微生物菌体相互连接成网状结构而达到固定化微生物的目的。聚集—交联固定法是使用凝聚剂将菌体细胞形成细胞聚集体，再利用双功能或多功能交联剂与细胞表面的活性基团发生反应，使细胞彼此交联形成稳定的立体网状结构。这样，高效菌体不易流失，生物浓度高，而使处理效果提高。最为常见的交联剂是戊二醛。

6.4.3 *固定化微生物技术在养殖水体中的应用* 目前对处理水产养殖废水的固定化菌株研究得较多的是光合细菌和硝化细菌。将光合细菌同载体结合并固定化，不仅可以增强沉降性，使水质净化效率提高、稳定性增强，微生物质量分数提高；同时还具有抗环境因子影响能力强，可长期保持包埋菌占优势而防止其他有害菌生长等优点。吴伟等[79]用聚乙烯醇（PVA）的方法对沼泽红假单胞菌、诺卡氏菌和假丝酵母 3 种菌株进行固定化，所得的凝胶颗粒机械强度好，经久耐用。运用这 3 种菌株的固定化细胞对养殖水体中 NH_3^- – N 和 NO_2^- – N 进行转化，发现 3 菌株经固定化后，其对养殖水体中 NH_3 – N和 NO_2^- – N 的转化效率明显优于其游离细胞。若将 3 菌株按 2 ∶ 1 ∶ 2 组合成复合菌株并固定化，其对养殖水体中的 NH_3^- – N 和 NO_2^- – N 转化效果将更佳。郑耀通等[80]净化模拟养殖水质的试验结果表明，经 PVA、SiO_2、$CaCO_3$、海藻酸钠组成的凝胶液固定化后的光合细菌可显著提高氨氮和 COD 的去除率，并能增加溶解氧。加入固定化光合细菌 15d 后，氨氮含量下降 98.9%，溶解氧增加 63.4%，COD 去除率为 70.6%。由此可以看出，固定化光合细菌在去除氨氮、有机物质和增加溶解氧等方面有明显的优越性。硝化细菌主要用于生物脱氮。黄正等[81]选用 PVA 作为硝化细菌包埋体，添加适量粉末活性炭包埋固定化硝化污泥，制备固定化小球，经 6 周驯化后处理养殖废水，COD 的去除率为 74.9%，氨氮的去除率达 82.5%。Kim 等[82,83]为评估固定化硝化细菌处理海水循环养殖系统废水的脱氮特性，以 PVA—硼酸法制备凝胶固定硝化细菌，试验结果表明，运行 30 ~ 40d 后，氨氮的去除率达 98%，亚硝酸盐的累计质量分数从 $6mg \cdot L^{-1}$降到 $0.1mg \cdot L^{-1}$以下；当海水盐度不同时，硝化细菌的活性恢复时间相同；在条件适宜、RHT 为 0.3h 时，氨氮的最高去除率可达 $82g/m^3 \cdot d$。可见固定化硝化细菌技术对处理海水循环养殖废水表现出很好的脱氮效果。

藻类固定化技术起始于 20 世纪 80 年代，与游离藻类相比，固定化藻类具有细胞密度高、反应速度快、运行稳定可靠、藻细胞流失少等优点。严国安用海藻酸钙凝胶包埋固定斜生栅藻净化废水，试验结果表明，固定化斜生栅藻对氨氮和正磷酸盐的净化效果明显高于未固定斜生栅藻。Wilkinson 对活性藻类的固定化研究结果表明，固定化藻类对重金属的去除效率要比悬浮藻高，速率更快。藻类固定化技术在废水处理中具有广阔的应用前景，但是，该技术目前主要处于实验研究阶段，在实际应用中还存在许多问题，如对固定化微生物的净化机制及其保存、批量生产等的研究尚未完善。微生物固定化技术能够有效净化养殖水体，降低环境污染并有利于建立高效率的循环养殖系统，降低生产成本，从而促进养殖业的发展。相信经过不断的研究和改进，固定化微生物技术一定能在养殖废水生物处理的实际应用中发挥巨大的潜力。

6.4.4 *存在的问题及展望* 固定化微生物技术同样也存在着许多亟待解决的问题：①廉价高效的固定微生物载体的开发。理想的载体能在生产中大量应用并产生经济效益，要求它必须价廉高效，但现在常见的各种载体均无法在两方面同时得到突破。各种吸附剂制备简单，操作容易，反应条件温和，制备价格低廉，但微生物与载体的结合力较弱、稳定性差，影响处理效果。而常用的高分子包埋载体制备工艺复杂，制备成本高，影响这类载体的大量使用。因此，提高吸附剂的吸附能力，简化包埋载体的制备工艺，使用和研究新型廉价的适合制备载体的高分子材料，有机高分子材料与无机多孔材料的结合等将是今后的研究热点；②提高载体的重复使用率，延长使用寿命。载体的重复使用，可延长使用寿命，降低使用成本。各种载体的可再生能力、再生工艺的研究，是目前微生物固定化处理中鲜见报道的方面，有待于众多研究力量的投入；③适合特定处理的微生物种群的选择。目前，微生物处理技术越来越广泛的应用于废水的处理中，微生物具有的可分离、筛选、驯化的特点，使其经过一定的试验，可快速生产出适合特定废水和环境变化的菌群，显著增加参与反应的微生物的量，提高菌群的成活率、利用率和处理效果；④开发新型高效的固定化微生物反应器。在传统反应器应用新型固定化微生物技术，无法充分发挥效用。因此，原有生物反应器的改进，适合固定化微生物的高效生化反应器的研究，也是一个急需解决的问题。

由于养殖废水成分复杂再加上环境因素的影响，目前，固定化微生物技术在养殖水体中的应用主要还处在室内模拟阶段，把固定化微生物技术应用于生产中还需做进一步的研究。但固定化微生物技术能够高效地使养殖水体净化，而建立高度净化的废水处理系统，有利于减少或避免养殖废水的排出，降低环境污染，并有利于建立高效率的循环式高密度养殖系统，降低生产成本，从而促进养殖业的发展。因此，固定化微生物技术在养殖废水处理中的应用前景十分广阔，相信通过不断的研究和改进，固定化微生物技术一定能在养殖废水生物处理的实际应用中发挥其巨大的潜力。这也是废水生物处理由生物自然净化→人工培养微生物絮体（活性污泥）→人工强化高效高浓度微生物絮体（微胶囊）的必然发展阶段。

7 水产养殖污染的防治对策及其展望

7.1 合理确定养殖容量调整优化养殖结构

养殖容量受地域、环境、生态、经济和社会等因素的制约，由于环境条件的不同和管理水平的高低等而发生变化，还受到养殖生物间互补效应的影响。因此，要根据养殖容量确定网围、网箱面积和网箱密度。单一品种养殖容易造成污染，也不能充分利用环境容量，一般采用多品种混养、间养和轮养等立体养殖和生态养殖，使饵料得到进一步利用和转化，从而减少对环境的污染。如对虾与滤食性贝类或鱼类混养，鱼、鳖混养，鱼、珠混养，还有稻田养鱼、基塘系统等。海水养殖中的对虾与滤食性贝类或鱼类混养显示出可减少排放水悬浮颗粒、溶解性营养盐和 BOD 等作用。

7.2 实行水产养殖清洁生产

按照清洁生产的原理，要把生产过程的每一个环节可能产生的污染削减到最小程度。因此，我们要从养殖业的各个方面入手，使其污染物产生量达到最小。应用生物技术培育高产、优质、抗逆新品种，提供优良苗种。日本将重组 DNA 技术用于蛤、牡蛎、扇贝、鲍鱼的培养，通过引入激素育成新品种，可使产量成倍增长，鱼体重增加1.6倍；加拿大多伦多大学与中国海洋研究所合作构建成含抗冻蛋白基因的转基因鱼，不仅提高抗冻能力，而且生长速度加快[54]。重视基础饵料的培育，发展适合不同动物不同幼体阶段的开口饵料及育幼饵料。放养健康苗种，提倡合理放养密度，科学投喂优质饵料，加强养殖管理，提高养殖者的技术素质。

7.3　加强水产养殖排放水处理技术研究

普通的养殖排放水处理方法有生物滤池、生物转盘、生物转筒和过滤装置，目前正在研究应用的渔业养殖水质净化新技术有臭氧水处理新技术、高分子重金属吸附剂等。*Boley* 等[84]把可生物降解体作为固体基质包被生物膜后，用于水产养殖系统循环水的脱氮处理，取得了满意效果。Dimitri 等[85]用聚合水凝胶去除水产养殖废水流出物中的活性氮和磷，使磷酸盐的去除率达到98%，亚硝酸盐为85%，硝酸盐为53%。我国对集约化养殖排放水处理的研究取得了一定进展，如贝类养殖处理污水工程技术、植物净化工程技术、生物净化工程技术、鱼菜共生工程技术和系统工程技术等。

7.4　强化法制，提高管理水平

加大治污力度和执法力度，将治污成本纳入水产养殖业生产成本当中，引进先进设备和工艺，增强治污能力；水产养殖污染物较为分散，应实行有偿排放，统一管理。发达国家对养殖水向沿岸的排放大多颁布了限制法令，制定了排放标准。如丹麦政府对养鱼排污定出的排放标准为：BOD_5 为 $1.00mg \cdot L^{-1}$、SS 为 $3mg \cdot L^{-1}$、磷为 $0.05 mg \cdot L^{-1}$、氨为 $0.40 mg \cdot L^{-1}$、总氨为 $0.60mg \cdot L^{-1}$[86]。

无论从养殖产量还是从养殖规模来说，中国都是世界第一水产养殖大国，但是中国的水产养殖技术水平相对较低，养殖废水的排放也没有相关的法律法规约束，因此给局部环境造成了非常大的压力，水产养殖的可持续发展受到了严重挑战，养殖环境的修复已经刻不容缓。养殖环境生物修复技术在20世纪80年代末至90年代初起步，相对于物理化学修复技术而言，其低费用、高安全性、简单易行等引起了许多科学工作者的关注，近年来在基础性研究方面取得了较大的进步，实践应用也取得了一定的成果。把现代生物技术应用到修复生物的改良中，加快生物修复技术规模化、工程化培育等应用技术以及相关领域的研究，生物修复技术必定能在修复养殖环境中起到重要作用。随着世界性水资源短缺和环境污染的日趋严重，今后各国将采用封闭式循环水养殖方式。其中，养殖废水的综合利用与无害化排放技术具有极大的研究开发价值和广泛的应用前景。21世纪的水产养殖将由单一型向生态型发展。近年来，美国、丹麦、日本和中国等国家发展鱼菜共生、鱼藻共生系统；利用养殖废水培育蔬菜、花卉、水果和藻类，既能最大限度地提高水产品和蔬菜等的产量，又能净化水质，把污染降至最低程度，从而形成小环境生态系统良性循环。

我国正在积极推进和完善以养殖证为核心的水产养殖管理制度，加强对水产养殖环境、苗种、饲料、渔药和水产品质量等全面管理。福建省加强了对浅海、滩涂的水产养殖立法和管理，明确了养殖用海实行养殖使用证制度；广东省近年来在全省推行水产种苗生产许可证制度，对现有的苗种场进行全面的登记备案；天津市加强对水产动物检疫的立法和管理工作，对进出本市的水产种苗实行 24h 检疫，降低了水产养殖病害发生率，保护了养殖生产者的利益。总之，水产养殖对水环境会造成一定负面影响，特别是对缓流和静水体将产生严重的污染。因此，我们必须采取适当的方法和得力的措施来减轻或消除所引起的污染，以保障水产养殖的可持续发展。

参考文献

[1] De'nes Ga'l, Ferenc Peka'r, E'va Kerepeczki, *et al*. Experiments on the operation of a combined aquaculture-algae system. Aquacult Int, 2007, (15): 173～180

[2] 刘波，刘文斌．微生物对水产养殖环境的生物修复作用．淡水渔业，2003，33 (1): 50～53

[3] 温志良，张爱军，温琰茂．集约化淡水养殖对水环境的影响．水利渔业，2000 (4): 19～21

[4] 毕士川，黄冬梅．我国近海渔业资源可持续发展问题分析与建议．中国水产，2005 (4): 74～75

[5] 方圣琼，胡雪峰，巫和昕．水产养殖废水处理技术及应用．环境污染治理技术与设备，2004 (9): 51～53

[6] 李贵雄．生活污水和工业废水对水产品品质的影响与对策．中国水产，2004 (9): 74～75

[7] Antoni O. T., Carlos M., Manuel P. M., *et al*. Environmental impacts of intensive aquaculture in marine water. Water Research, 2000, 34 (1): 334～342

[8] 李秋芬，辛福言，邹玉霞等．虾池环境生物修复作用菌生长影响因子的研究．水产学报，2001，25 (5): 438～442

[9] 张光生，王明星，叶亚新等．太湖富营养化现状及其生态防治对策．中国农业学报，2004 (3): 235～237

[10] 钱宏林，梁松，齐雨藻．广东沿海赤潮的特点及成因研究．生态科学，2000，19 (3): 8～16

[11] 徐宁，吕颂辉，段舜山等．营养物质输入对赤潮发生的影响．海洋环境科学，2004，23 (2): 20～24

[12] 金相灿主编．湖泊富营养化控制和管理技术．北京：化学工业出版社，2001

[13] 王广军．水产养殖对生态环境的影响．水产科技，2004 (4): 1～4

[14] Gowen R. J. Aquaculture and Environment. In: De Pauw N., Joyce J. eds. Aquaculture and Environment. Ghent (Belgium): European Aquaculture Society Special Publication, 1992

[15] 邹玉霞，辛福言，李秋芬等．对虾养殖池环境修复作用菌固定化的研究．海洋科学，2004，28 (8): 5～8, 75

[16] 林永泰，张庆，杨汉运等．黑龙滩水库网箱养鱼对水环境的影响．水利渔业，1995，15 (6): 6～10

[17] 刘军，刘斌，谢骏．生物修复技术在水产养殖中的应用．水利渔业，2005，25 (1): 63～65

[18] 王文彬，饶头，段桂军．渔业水体污染的成因与治理．中国水产，2005 (9): 74～75

[19] 李静欣，陈志洵．浅谈水体污染物对水生生物的影响．黑龙江水产，2001 (2): 29～31

[20] 严敏，陈红英．病原微生物和水处理．浙江大学学报，2004，3: 338～342

[21] 郭永灿，周青山，谢锦云等．底泥中重金属对水生生物的影响．水生生物学报，1991，15 (3): 234～241

[22] Benmard A M. Partial extraction of metals from aquatic sediments. Environmental Science & Technology, 1977, 11 (3): 277～282

[23] Vinoent S A. Determination of metal enriment factors. Environmental Science & Technology, 1991, 25

(10)：1760～1766
[24] 戴德渊，张学文，钟丽红等．水产养殖的危害源分析．饲料研究，2004，9：41～43
[25] 贾秀英．四种重金属对泥鳅幼鱼呼吸强度的影响．浙江大学学报（农业与生命科学版），2001，27（5）：556～558
[26] 韦肖杭，张敏，姚伟忠．养殖池塘沉积物的重金属分布及污染特征．宁波大学学报（理工版），2004，17（4）：380～383
[27] 王金辉，秦玉涛，孙亚伟等．象山港重点增养殖区重金属残留量分布及污染源分析．海洋渔业，2005，27（3）：225～231
[28] 吴伟，余晓丽，李咏梅．不同种属的微生物对养殖水体中有机物质的生物降解．湛江海洋大学学报，2001，21（3）：67～70
[29] 万红，宋碧玉，杨毅等．水产养殖废水的生物处理技术及其应用．水产科技情报，2006，33（3）：99～103
[30] 李树国．内陆水产养殖的水域污染及其防治对策．水产科学，2005，24（3）：34～35
[31] 刘柱岩，熊彦辉．水产养殖对水域环境的影响及其治理措施．安徽农业科学，2007，35（23）：7258～7259
[32] 解绶启，雷 武，朱晓鸣等．通过改进饲料配方和投喂策略降低水产养殖的次生污染．新饲料，2006，9：23～24
[33] 李振，陈玉林．水产养殖中水体污染的营养控制措施．广东饲料，2004，13（2）：41～43
[34] 宋长太．控制养殖水体氨氮含量．江苏农业科技报，2001－02－04
[35] 章晨静．浅谈氨氮对养殖水体的影响．河北渔业，2002，3：49
[36] Frances J.，Nowak B. F.，Allan G L. The effects of nitrite on the shortterm growth of silver perch. Aquaculture，1998，163：63～72
[37] 王明祥．浅议养殖水体中亚硝酸盐及其改良．北京水产，2003，2：14
[38] Neiland A E，Soley N，Varley J B，*et al.* Shrimp aquaculture：Economic perspectives for policy development. Marine Policy，2001（25）：265～279
[39] 徐亚同，史家梁，张明．污染控制微生物工程．北京：化学工业出版社，2001
[40] 周华，孙建歧．水产养殖业的水处理技术综述．渔业现代化，2000，4：27～29
[41] 黄铭荣等．水污染控制工程．北京：高等教育出版社，1995
[42] 罗国芝，谭洪新，施政峰等．泡沫分离技术在水产养殖中的应用．水产科技情报，1999，26（5）：202～206
[43] 宫清松，郁世芳．卤素消毒剂在水产养殖中的运用．中国水产，2003，8：85
[44] 宋怀龙．含氯消毒剂及其在水产养殖中应用的利弊．中国水产，1997，5：30～31
[45] 姜礼燔．氯消毒渔用水的效应及其评价．淡水渔业，1993，24（4）：23～25
[46] 朱学宝，谭洪新，罗国芝．封闭循环工厂化水产养殖水质净化系统的技术构成．内陆水产，2000，1：24～25
[47] 施银桃，曾庆福，陆晓华．湖水净化研究进展．自然杂志，2001，23（1）：17
[48] 欧全云，陈永胜．臭氧水处理技术与水产养殖．饲料广角，2004，4：42～43
[49] 姜国良，刘云．用臭氧处理海水对鱼虾的急性毒性效应研究．海洋科学，2001，25（3）：11～13
[50] 张美如，万夕和．水产养殖用水的杀菌处理．科学养鱼，2003，2：37
[51] 沈德中．污染环境的生物修复．北京：化学工业出版社，2002
[52] 周启星，宋玉芳．污染土壤修复原理与方法．北京：科学出版社，2004

[53] 周启星，魏树和，张倩茹等．生态修复．北京：中国环境科学出版社，2006

[54] Yang Lei, Chou Lin-sen and Shieh Wen K. . Biofilter treatment of aquaculture water for treatment of aquaculture water for reuse applications. WaterResearch, 2001, 35 (13): 3097 ~ 3108

[55] Nadav Shnel, Yoram Barak, Tamir Ezer, *et al.* Design and performance of a zero—discharge tilapia recirculating system. Aquacultural Engineering, 2002 (26): 191 ~ 203

[56] Lin YingFeng, Jing ShuhRen, Lee DerYuan, *et al.* Performance of a constructed wetland treating intensive shrimp aquaculture wastewater under hish hydraulic loading rate . Environmental Pollution, 2005, 134: 411 ~ 421

[57] Comeau Y, Brisson J, Reville J. P, *et al.* Phosphorus removal from trout farm efluents by constructed wetlands. Water Science and Technology, 2001, 44 (11 ~ 12): 55 ~ 60

[58] 彭开松，佘锐萍．水产有益微生物的研究与应用．世界农业，2004，11：51 ~ 53

[59] 肖国华．微生物在水产养殖环境生物修复中的作用机制．河北渔业，2006，10：1 ~ 3

[60] 贺艳辉，张红燕，袁永明等．净水微生物对水产养殖环境的修复作用．金陵科技学院学报，2005，21 (3)：96 ~ 100

[61] 罗炜，郝常明．光合细菌的应用及其研究进展．中国食品学报，2002，2 (1)：53 ~ 56

[62] 丁彦文，艾红．微生物在水产养殖中的应用．湛江海洋大学学报，2000，20 (1)：68 ~ 73

[63] 赵学伟，王东石．微生态水质调节剂在水产养殖业上的研究与应用．中国水产，2003，3：70 ~ 71，78

[64] 施安辉，李桂杰，徐海燕等．光合细菌菌种的分离、富集培养、纯化和菌种鉴定及净化水质的研究．内陆水产，2002，10：40 ~ 42

[65] 史家梁．光合细菌 (PSB) 与日本的水产养殖．水产科技情报，1995，22 (5)：212 ~ 216

[66] 周茂洪，何洋．光合细菌及其在养殖业中应用研究进展．温州大学学报，2001，14 (1)：53 ~ 56

[67] 祁真，杨京平．几种微生物制剂和微藻在水产养殖中的应用．水生生物学报，2004，28 (1)：85 ~ 89

[68] 刘波，刘文斌．芽孢杆菌对水产养殖环境的净化作用．渔业现代化，2004，2：7 ~ 8

[69] 吴伟，余晓丽，李咏梅．假丝酵母对养殖水体中亚硝酸盐的降解特性．中国环境科学，2001，21 (1)：8 ~ 11

[70] Stolp H. Antonie van leeuwenhock. Microbiol Serol, 1963, 29: 217 ~ 248

[71] 吴伟，陈家常，瞿建宏．诺卡氏菌对养殖水体中氨氮的降解特性研究．浙江海洋学院学报，2000，19 (1)：21 ~ 24

[72] 李卓佳，张庆．复合微生物在水产池塘养殖中的应用．饲料研究，1999，1：5 ~ 8

[73] 王洪祚，刘世勇．酶和细胞的固定化．化学通报，1997，2：22 ~ 27

[74] 刘洋，陈双基，刘建国．生物强化技术在废水处理中的应用．环境污染治理技术与设备，2002，3 (50)：36 ~ 39

[75] 任海波等．养殖废水固定化微生物脱氮技术研究进展．海洋科学，2004，28 (4)：66 ~ 69

[76] 胡庆昊，朱亮，朱智清等．固定化细胞技术应用于废水处理的研究进展．环境污染与防治，2003，25 (1)：35 ~ 38

[77] Nagadomi H. , Hiromitsu T. , Takeno K, *et al.* Treatment of quarium water by denitrifying photosynthetic bacteria using immobilized polyvinyl alcohol beads. Journal of Bioscience and Bioengineering, 1999, 87 (2): 189 ~ 193

[78] 郑邦乾，张洁辉等．固定微生物用聚合物多孔载体的研究．高分子材料科学与工程，1995，3

(11)：112~117

[79] 吴伟，余晓丽．固定化微生物对养殖水体中 NH_3 - N 和 NO_2^- - N 转化作用．应用与环境生物学报，2001，7（2）：158~162

[80] 郑耀通，胡开辉．固定化光合细菌净化养鱼水质试验．中国水产科学，1999，6（4）：56~58

[81] 黄正，范玮，李谷等．固定化硝化细菌去除养殖废水中氨氮的研究．华中科技大学学报，2002，31（1）：18

[82] Kim Sung-Koo，Kong Insoo，Lee Byung-Hun，*et al.* Removal of ammonium-N from a recirculation aquacultural system using an immobilized nitrifier. Aquacultural Engineering，2002，21：139~150

[83] Jae-Koan Seo，Hyong Jung，Mi-Ryung Kim. Nitrification performance of nitrifiers immobilized in PVA（polyvinyl alcohol）for a marine recirculating aquarium system. Aquacultural Engineering，2001（24）：181~194

[84] Boley A，Müller W R，Haider G. Biodegradable polymers as solid substrateand biofilm carrier for denitrification in recirculated aquaculture systems. Aquacultural Engineering，2000（22）：75~85

[85] Kioussis D R.，Wheaton F W.，Kofinas P. Reactive nitrogen and phosphorus removal from aquaculture wastewater effluents using polymer hydrogels. Aquacultural Engineering，2000（23）：315~332

[86] 薛正锐．海水集约化养殖排污水集中处理工程技术研究．海水养殖技术．北京：海洋出版社，2001

脱氮微生物的筛选、菌群构建及脱氮效果的初步研究*

肖晶晶　朱昌雄

（中国农业科学院农业环境与可持续发展研究所，北京　100081）

摘　要：从活性污泥、猪粪发酵液、鱼塘水及土壤等环境中采集样品，富集、分离脱氮微生物，采用选择性培养基进行筛选得到以下高效菌株，氨化细菌5株、亚硝化细菌4株、硝化细菌3株及反硝化细菌4株，以上四类微生物对于氮的转移、转化或脱氮均有一定作用。因此，从以上各作用菌株中各选择一株，组成四株菌的混和菌群，每株菌有不同作用。借助于微生物在氮循环中的作用，其可将污水中过多的含氮化合物转化为氮气，排放到大气中，从而降低水体中氮的浓度。实验结果表明，在模拟富营养化水样中，A亚-C-3、M氨-4、G硝-3、R反-5组成的AMGR组合脱氮能力最强，4d内氮的去除率可达100%。

关键词：生物脱氮；脱氮菌群；拮抗作用；菌群构建

在我国，近20～30年间化肥被大量施用，尤其是氮肥，每年生产和消费的化肥量超过4 500万t，预计未来几年仍呈上升趋势。我国有不到世界1/10的耕地，而氮肥的使用量却占世界的近30%，并且其平均利用率低，约在20%～50%。据统计，我国水体氮、磷污染物中来自农业面源污染的比例大约占到60%，每年有超过1 500万t的废氮流失到了农田之外，使湖泊、池塘、河流和浅海水域生态系统营养化，导致水藻生长过盛、水体缺氧、水生生物死亡，并间接影响人类健康。

近些年来，我国氮素等污染所致的水体富营养化日趋严重，其正危害农业、渔业和旅游业等诸多行业，并对饮水和食品安全造成巨大威胁。氮主要以有机氮、NH_4^+-N、NO_2^--N及NO_3^--N等形式对水体造成污染，对氮素污染的治理方法有很多，如吹脱除氮、沸石离子交换等，而生物脱氮法是较为经济和环保的方法[1～3]。生物处理方法通常采用微生物活菌制剂，将益生菌定殖于污染水体中，其生长繁殖的同时，可使水中富余的有机物降解，并能迅速而有效地降低水中氨氮和总氮的浓度，达到改善污染水体的水质状况、维持水体生态平衡的目的。污染水体中，氮的存在形式较多，单一菌株在降低污染水体氮浓度方面均有一定作用，但也有局限性，其在实际应用中易受到环境因素的影响，不能较好地发挥作用。因此，考虑构建混合脱氮菌群可提高脱氮效率，能够使

* 基金项目：水体污染控制与治理国家科技重大专项课题（2008ZX07103－02）。

通讯作者：朱昌雄，男，1963～，研究员，博士生导师，E-mail：zhucx120@163.com。

污染水体中氨氮和有机氮浓度均降低，并能使亚硝酸盐氮和硝酸盐氮维持在较低的浓度范围。目前，关于脱氮混菌的研究还不是很多。脱氮微生物的共培养具有高效、不易造成二次污染等特点，其越来越受到人们的重视，但有两方面需要更深入探讨：一方面，各种处理方法中根据微生物功能和特性筛选优势种群，从而达到更有针对性、更高效地对水体净化；另一方面研究优势微生物的功能和特性，充分利用微生物之间的协同关系[4]。本研究的目的是针对污水中的氮污染，筛选了氨化菌、亚硝化菌、硝化菌和反硝化菌等氮循环菌，将具有协同作用的菌株构建脱氮菌群，并对其脱氮效果进行研究，以期实现脱氮菌群在环境修复中的实际应用。

1　材料与方法

1.1　材料

1.1.1　菌种来源　从活性污泥、猪粪发酵液、鱼塘水及土壤等环境采集的样品中富集、分离。

1.1.2　培养基[5]

（1）亚硝化菌培养基：$(NH_4)_2SO_4$　2.0g，NaH_2PO_4　0.25g，K_2HPO_4　0.75g，$MnSO_4 \cdot 4H_2O$　0.01g，$MgSO_4 \cdot 7H_2O$　0.03g，$CaCO_3$　5.0g，蒸馏水　1L，pH 值为7.2。

（2）硝化菌培养基：$NaNO_2$　1g，$MgSO_4 \cdot 7H_2O$　0.03g，$MnSO_4 \cdot 4H_2O$　0.01g，K_2HPO_4　0.75g，Na_2CO_3　1g，NaH_2PO_4　0.25g，蒸馏水　1 000ml，pH 值自然。

（3）反硝化菌培养基：葡萄糖　1g，酒石酸钾钠　10g，$CaCl_2$　0.5g。KNO_3 2.0g，K_2HPO_4　0.5g，蒸馏水　1 000ml，pH 值为7.4～7.6。

（4）氨化菌培养基：蛋白胨　5g，K_2HPO_4 0.5g，$MgSO_4 \cdot 7H_2O$　0.5g，蒸馏水 1 000ml，pH 值为7.0。

（5）PDA 培养基：马铃薯　200g，葡萄糖　20g，蒸馏水 1 000ml，pH 值自然。

（6）模拟富营养化水体[6]：葡萄糖　169mg·L^{-1}，蛋白胨　88.88mg·L^{-1}，KCl 63mg·L^{-1}，无水 $CaCl_2$ 23mg·L^{-1}，KH_2PO_4 23mg·L^{-1}，$MgSO_4$ 23mg·L^{-1}，$NaHCO_3$ 65mg·L^{-1}，$(NH_4)_2SO_4$ 37.71mg·L^{-1}，微量元素（$FeSO_4$，$MnSO_4$，$CuSO_4$，$CoCl_2$）0.2 mg·L^{-1}，pH 值为7.5～8.0。

1.1.3　试剂　市售分析纯试剂。

1.2　方法[7～11]

1.2.1　脱氮微生物的富集和分离

（1）氮循环菌的富集、分离与纯化：将富集样品加入 100ml 氨化、亚硝化、硝化和反硝化液体培养基中，28℃，180r·min 摇床培养 4d，连续转接富集培养 3 次。在相应选择性固体培养基上分离、纯化，得到纯菌株，保存并编号。

（2）初筛、复筛：将以上菌株接入液体培养基中，用格利斯试剂和二苯胺试剂定性检测，观察培养液的颜色变化，验证亚硝酸盐氮和硝酸盐氮是否存在。反硝化菌需选择产气快和产气量大的菌株。将初筛的菌株接种于100ml 培养液中，28℃，180rpm/min恒温振荡培养4d（反硝化微生物需静置培养），复筛采用化学方法定量测定培养液中氮的浓度。总氮、氨氮、亚硝酸盐氮、硝酸盐氮浓度的测定分别采用碱性过硫酸钾紫外分光光度法、纳氏试剂法、N-（1-萘基）乙二胺光度法、锌片还原法。

1.2.2 拮抗作用试验 用牛津杯法检测两株菌间是否有拮抗作用。将菌株接入装有PDA 液体培养基的摇瓶中，28℃，180r/min 恒温振荡培养 24h，取一株菌的菌悬液0.1ml，平铺在PDA 固体平板上，用镊子将灭过菌的牛津杯置于培养基上，在牛津杯内加入另一种菌的菌悬液。培养 24h 后，若在牛津杯周围产生透明圈，表明两株菌间有拮抗作用。

1.2.3 脱氮菌群的构建 构建混合菌群原则：①选择具有不同功能的脱氮菌株构建含四株菌的混合菌群，包括氨化菌、亚硝化菌、硝化菌及反硝化菌；②选取没有明显拮抗作用的菌株；③选择具有较好的氨氮和总氮脱除效果的菌群；④选择生成并维持较低浓度亚硝酸盐氮和硝酸盐氮的菌群。将混菌接入模拟富营养化水体中，同复筛的条件，筛选得到较好脱氮效果的菌群。

1.2.4 脱氮菌群的降解性能研究 混合脱氮菌群处理含氮污水过程中，测定氮素随时间变化情况。

2 结果与分析

2.1 菌种富集和分离结果

经富集培养从样品中初筛得到氨化菌 112 株细菌，亚硝化菌 71 株细菌，硝化菌 44 株细菌，反硝化菌 13 株细菌。为进一步筛出高效脱氮微生物，采用化学方法分析，复筛得到以下高效的菌株，氨化细菌 5 株，亚硝化细菌 4 株，硝化细菌 3 株，反硝化菌 4 株。表 1 中列出了这些菌株名称及其对氮的去除效果。

表1 菌株简称、名称及去除氮的效果

亚硝化菌	氨氮去除率（%）	硝化菌	亚硝酸盐氮去除率（%）	氨化菌	有机氮去除率（%）	反硝化菌	硝酸盐氮去除率（%）
A 亚-C-3	91.60	E 硝-HA-B-1	93.33	I 氨-86	48.74	O 反-活-B-4	100
B 亚-4	84.61	G 硝-3	91.11	J 氨-5	47.70	P 反-活-B-6	100
C 亚-C-2	77.42	H 硝-1	88.89	K 氨-80	40.14	Q 反-4	100
D 亚-7	67.74			L 氨-90	37.19	R 反-5	100
				M 氨-4	36.88		

2.2 拮抗作用试验

拮抗试验结果表明，以上菌株中 C 亚-C-2、D 亚-7、L 氨-90、J 氨-5 和其他多数菌株有拮抗作用，其周围会产生明显的透明圈（图 1 和图 2）。因此，这些菌株不适宜构建菌群。

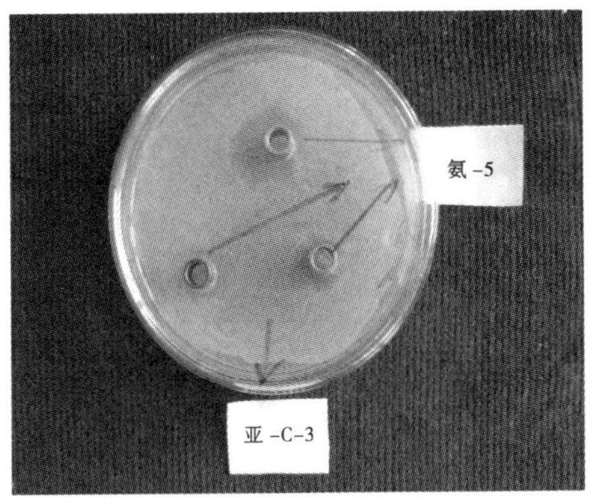

图 1　氨-5 与亚-C-3 之间的拮抗

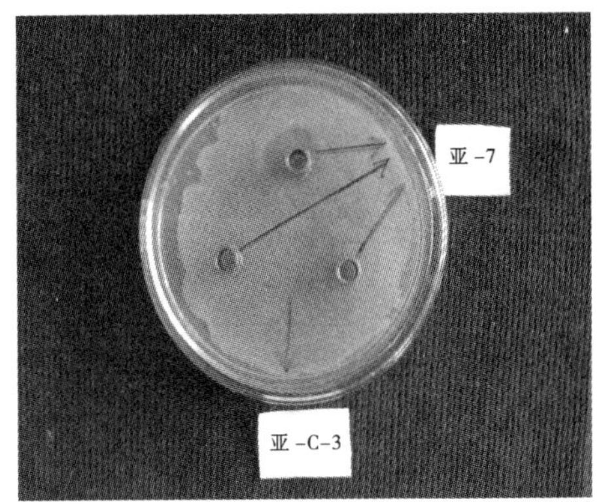

图 2　亚-7 和亚-C-3 之间的拮抗

2.3　脱氮菌群的构建

参照混合菌群的构建原则，其由四株菌组成，每一菌株不同作用，共计 72 个组合。表 2 为部分试验结果（表内数值为三个重复的平均值）。

表 2　混合菌群的脱氮效果试验部分结果

编号	组合名称	氨氮		总氮		硝酸盐氮浓度（mg · L^{-1}）	亚硝酸盐氮浓度（mg · L^{-1}）
		浓度（mg · L^{-1}）	去除率（%）	浓度（mg · L^{-1}）	去除率（%）		
3	AIHO	3. 57	53. 15	3. 81	83. 88	0. 08	0. 04
8	AMGO	3. 41	55. 25	1. 75	92. 60	0. 25	0. 04
12	AIHP	2. 97	61. 02	4. 82	79. 61	0	0. 05
13	AKEP	2. 56	66. 40	5. 10	78. 43	0. 06	0. 04
14	AKGP	3. 39	55. 51	2. 27	90. 40	0	0. 06
20	AIGQ	1. 55	79. 66	4. 51	80. 92	0	0
22	AKEQ	2. 03	73. 36	5. 57	76. 44	0	0. 04
27	AMHQ	1. 7	77. 69	5. 53	76. 61	0. 64	0. 02
34	AMER	1. 87	75. 46	5. 61	76. 27	2. 21	0. 01
35	AMGR	1. 54	79. 79	4. 17	82. 36	0	0. 03
36	AMHR	1. 87	75. 46	4. 51	80. 92	0. 04	0. 06
	CK	7. 62		23. 64		0	0. 03

以上组合的氨氮去除率在 50% 以上，总氮去除率均在 75% 以上。其中 AIHO、AMGO、AKEP、AMHQ 和 AMER 组合生成硝酸盐氮的浓度高于 0. 06mg · L^{-1}；AKGP、AMHR 组合生成亚硝酸盐氮的浓度高于或等于 0. 06mg · L^{-1}。而 AIHP、AIGQ 和 AMGR 三个组合处理含氮污水后，对氨氮和总氮有较好的脱除作用，并可生成较低浓度的亚硝

酸盐氮和硝酸盐氮。

2.4 脱氮菌群对模拟富营养化水体降解情况

AIHP、AIGQ 和 AMGR 三个组合处理模拟富营养化水样过程中，氮素随时间变化的情况试验结果见表 3 所示。

表 3　AIHP、AIGQ 和 AMGR 三个组合脱氮过程中氮素随时间变化的情况

编号	名称	时间（h）	氨氮		总氮		亚硝酸盐氮	硝酸盐氮
			浓度（mg·L^{-1}）	去除率（%）	浓度（mg·L^{-1}）	去除率（%）	浓度（mg·L^{-1}）	浓度（mg·L^{-1}）
12	AIHP	24	1.13	85.98	6.04	64.34	0.04	0
		48	1.77	78.04	4.55	73.12	0.03	0
		72	1.85	77.05	2.10	87.60	0.01	0
		96	2.12	73.70	0.06	99.65	0	0
20	AIGQ	24	2.62	67.49	5.73	66.15	0	0
		48	1.33	83.50	5.33	68.49	0.02	0
		72	0.98	87.84	3.14	81.45	0.03	0
		96	1.06	86.85	0	100	0	0
35	AMGR	24	1.03	87.22	6.34	62.57	0	0
		48	1.21	84.99	5.87	65.32	0.03	0
		72	1.44	82.13	1.49	91.19	0.02	0
		96	1.40	82.63	0	100	0	0
	CK		8.06		16.93		0.02	0

对以上数据进行相关性分析，见表 4 所示。

表 4　混合菌群的氮素随时间变化及氮素之间的相关系数表

项目	AIHP	AIGQ	AMGR
总氮—时间$_{Ⅰ}$	-0.889	-0.883	-0.909
氨氮—时间	-0.701	-0.822	-0.730
亚硝态氮—时间	-0.7	-0.118	-0.236
硝酸盐氮—时间	0	0	0
总氮—氨氮$_{Ⅱ}$	0.9941	0.975	0.927
总氮—亚硝态氮	0.309	0.270	0.302
亚硝态氮—氨氮	-0.003	0.127	0.317

（α=0.05 时，Ⅰ，Ⅱ均为显著性相关）

由上表可知，这三个组合在处理含氮污水过程中，总氮与时间、氨氮与时间均呈负相关，总氮与氨氮呈正相关。而亚硝酸盐氮、硝酸盐氮与时间相关性较小，因此，以上三个组合均符合混和脱氮菌群构建原则。其中，AMGR 组合脱总氮和降氨氮的效率较高。

3　结论

本研究共筛出了 240 株菌，这些菌株对于氮的转移、转化或脱氮均有一定作用。为脱氮微生物的研究提供了菌种资源。下一步将对筛出的高效菌株进行菌种鉴定。本试验筛出的菌群 AMGR 组合对总氮有较好的脱除作用，并能有效地降低污水中的氨氮浓度。但其是否能够较好地适应室外环境还需进一步的试验研究。复合菌群的代谢过程仍不清楚，也有待于深入研究。

近些年来，我国水体污染日趋严重，水体富营养化现象也频繁出现。吹脱除氮和沸石离子交换法虽然具有工艺流程简单、处理效果稳定、投资少等优点，但其运行成本高。人工湿地等生态工程对于土地紧张地区难以推广。应用生物法脱氮工艺简单，且较为环保，因此，需大力发展生物修复技术。利用微生物技术修复污染水体的关键所在，是如何筛选得到较好处理效果的菌种，并提高其适应环境的能力。但目前多数研究仍较多地停留在实验室阶段，对于其实际效果的应用研究还较少。并且，对于环境修复微生物的研究不能仅局限于传统微生物，还需大力筛选新型微生物，并研究其修复技术方法。

参考文献

[1] 李小平. 美国湖泊富营养化的研究和治理. 自然杂志，2002，24（2）：63～68

[2] 邹平，江霜英，高延耀. 城市景观水的处理方法. 中国给水排水，2003，19（2）：24～25

[3] 宋国梁、邓良伟. 主场废水中氮的去除研究现状. 家畜生态学报，2007，28（1）：92～96

[4] 周康群，黄灿东，李志军等. 降解水源氨氮的高效菌株及组合筛选. 环境污染与防治，2001，23（5）：222～224

[5] 杜连祥，路福平等. 微生物学实验技术. 北京：中国轻工业出版社，2006

[6] 李海云. 脱氮微生物制剂的研制，太原：山西大学出版社，2004

[7] 李君文，郑金来，晁福寰等. 一些硝化细菌的分离与鉴定. 应用与环境生物学报，2004（16）：786～789

[8] 于爱茸，李尤，俞吉安. 一株耐氧反硝化细菌的筛选及脱氮特性研究. 微生物学杂志，2005，25（3）：77～81

[9] 翟茜，汪苹，李秀婷. 活性污泥中好氧反硝化菌的富集筛选及鉴别，环境科学与技术. 30（1），11～13

[10] Frette L，Gejlsbjerg B，Westermann P. Aerobic denitrifiers isolated from an alternating activated sludge system. FEMS Microbiology Ecology，1997，24：363～370

[11] Anshuman A. *et al.*，Simultaneous nitrification and denitrification by diverse Diaphorobacter. Appl Microbiol Biotechnol，2007，77：403～409

Researches on the Screening of Nitrogen-Degrading Microbes, Community Construction and Nitrogen-Degrading Ability

Xiao Jingjing, Zhu Changxiong
(Institute of Agricultural Environment and Sustainable Development
Chinese Academy of Agricultural Sciences, Beijing 100081, China)

Abstracts: Some nitrogen-degrading microbes are isolated from activated sludge, piggery wastewater fermentation, fishpond and soil. 5 ammonifiers, 4 nitrosobacteria, 3 nitrifying bacteria and 4 denitrifying bacteria are screened by selective medium which are high effective. These four kinds of microbes have some ability to transfer, transform and eliminate nitrogen. Therefore, compound microorganisms composed of four microbes, and everyone have a action. Microbes play important roles in nitrogen cycle, and it make nitrogen transform into nitrogen gas. N_2 is let out, and it reduces contents of nitrogen in sewage. The results show that bacterial community-AMGR, A nitrosobacterium-C-3, M ammonifier-4, G nitrifying bacterium-3, R denitrifying bacterium-5, have a high effective nitrogen-degrading ability in simulation eutrophic water. The TN removal rate could reach 100%.

Key words: Biological nitrogen removal; Nitrogen-degrading microbes; Antagonism; Community construction

植物修复技术在水产养殖中的应用前景探讨

姚振锋　李良生

（惠州市水产科学技术研究所，惠州　516007）

摘　要：文章论述了水生植物修复富营养化水体的机理，并按不同生活类型综述了不同水生植物在富营养化水体修复中的应用，并展望了其研究应用前景。同时指出在养殖水体污染物的治理上，植物修复技术与其他治理方法相比，有明显优势。

关键词：植物修复；富营养化；降解；应用前景

1　水产养殖业污染现状及处理难点

近年来，人民生活水平逐渐提高，对水产品的需求量迅速增长。而随着水产养殖业的迅速发展，养殖水体富营养化也日趋严重，养殖生态环境遭到严重破坏，暴发性病害频繁发生。给整个水产养殖业造成巨大的经济损失，养殖环境的恶化已经成为制约我国水产养殖业健康持续发展的关键因素。水产品一般采用集约化、高密度养殖，在有限的空间放养大量水生动物，在一定程度上影响了养殖系统的生态环境质量。单一品种的水产品，加上高蛋白饵料的大量投放，动物的排泄物和残饵，超过水体的自净能力，使有机物不能完全分解而沉积于水中，导致池水水质富营养化，池内生态系统结构受损，功能不全，鱼虾的摄食生长因而受到严重影响，有的甚至中毒、患病或死亡。而周期性地使用消毒药剂，则使得水生态系统健康状况更加恶化，也易引起水产品品质的退化。因此，研究快速消除养殖环境中有机污染的方法，尽快恢复和优化养殖环境，对我国养殖业健康发展以及资源的可持续利用具有重要的理论和现实意义。

水产养殖污染防治技术难点在于：工厂化养殖所采用的理化方法降解养殖废弃物不仅设备造价昂贵，而且运行成本较高，不适合我国国情，难以大范围推广；目前广为养殖户所采用微生物调控方法，虽然取得了一定的效果，但是由于微生物易受环境因子（如温度、pH 值等）影响，使其处理效果大打折扣，技术仍不成熟。植物修复技术是利用绿色植物来转移、容纳或转化污染物使其对环境无害，它是一种耗能低、效果好的新技术，具有生态环保特性。水生植物在水体生态系统中占有重要的生态位，它不仅能起到净化水体的作用，还能改善水体生态环境，促进退化水体生态系统的恢复。不同生活型、不同种类植物在水体生态系统中占据不同的生态位，在水体污染处理中具有不同作用。目前植物修复已在水域湖泊环境修复工程中广泛应用，但运用水产养殖中，并不多见。本文主要探讨植物修复技术在水产养殖中的应用前景。

2 植物修复技术的原理

养殖污染的根本问题是水体营养过剩，容易造成富营养化，在生存竞争的演绎过程中引起水体生物群落中种群的多样性减少，草型水体向藻型水体转化。在水体生态环境中，高等水生植物与浮游藻类同属于初级生产者，二者竞争营养、光照和生长空间等生态资源，高等水生植物能释放化学物质，抑制浮游藻类生长，同时吸收水体中氮、磷等营养物质，从而达到净化水体的效果[1]。高等植物修复富营养化水体的机理就是利用这种“竞争”关系，使藻型水体向草型水体转化，丰富水生物多样性，平衡养殖水体生态系统。

2.1 物理作用

水生植物的存在减小了水中的风浪扰动，降低了水流速度，并减小了水面风速，这为悬浮固体的沉淀去除创造了更好的条件，并减小了固体重新悬浮的可能性，改善了透明度。研究[2]表明，挺水植物对进水高浓度悬浮泥沙的有效过滤作用减缓了悬浮泥沙对沉水植物的胁迫压力。沉水植物能进一步去除悬浮泥沙，抑制再悬浮作用，对水生生态系统的稳定有十分重要作用。

2.2 吸收、富集作用

养殖废水中含有水生动物的排泄物、饵料残渣和残留渔药。通过植物的吸收、挥发、根滤、降解、稳定等作用，可以净化养殖水体中的污染物，达到净化水体环境的目的。导致养殖水体污染的主要是N、P元素，而水生植物的生长和繁殖则需要N、P等营养物质。有根的植物通过根部摄取营养物质，某些浸没在水中的茎叶也从周围的水中摄取营养物质。水生植物产量高，大量的营养物被固定在其生物体内，当收割后，营养物就能从系统中被去除。去除水体中的N、P元素及其他有机污染物，国际上常用凤眼莲、水浮莲、香蒲等植物。蒋艾青[3]应用凤眼莲对城郊污水鱼塘中的NH_4^+-N、NO_3^--N、COD、TN去除率分别为70%、88.1%、56%和73.1%。在最适生长条件下，每天凤眼莲能吸收氮3.4kg·hm^{-2}，磷0.43kg·hm^{-2}。邵林广[4]应用水浮莲对富营养化湖泊进行净化试验，BOD_5的去除率在70%以上，总氮去除60%以上，总磷去除率70%以上。此外，凤眼莲有较高的耐污能力，能富集水中的金属离子和有机物质。由于其线粒体中含有多酚氧化酶，可以通过多酚氧化酶对外源苯酚的羟化及氧化作用而解除酚对植物株的毒害[5]，所以对重金属和含酚有机物有很强的吸收富集能力。在M. E. Soltan[6]的研究中，凤眼莲每克干物质能吸收锰（1 485 ± 110）μg、锌（295 ± 10）μg、铅（185 ± 13）μg和铜（142 ± 19）μg。当水中含酚0.36mg·L^{-1}时，用凤眼莲经过30～40h，酚可降至0.005mg·L^{-1}。在温度为17～37℃范围内，随着温度的升高凤眼莲除酚速度也增加。

2.3　对藻类的生化他感作用

生化他感作用一方面表现在水生植物个体大，吸收、储存营养物质和利用光能的能力强，能与藻类形成竞争，从而抑制浮游藻类的生长。另一方面，水生植物向水中分泌化学物质，如萜类化合物、类固醇等来抑制藻类的生长。试验表明，水花生、菱、金鱼藻和浮萍均能不同程度地减少水体中藻细胞数量，促进藻细胞内叶绿素 α 的破坏与脂质过氧化物含量升高，抑制超氧化物歧化酶（SOD）的活性，从而抑制了藻类的生长[7]。凤眼莲根系的分泌物能使栅藻叶绿体、线粒体肿胀、解体，胞内可溶性蛋白及光全速率急剧下降[8]，从而破坏其生长。

2.4　其他生态功能

水生植物群落的存在，为水体生物多样性、优势种群的变化提供了条件。水生植物为微生物和微型动物提供了附着基质和栖息场所，一些微型动物，由于大量捕食浮游藻类，可以有效控制藻类的群体数量。水生维管束植物新陈代谢能大大加速截留在根系周围的有机胶体或悬浮物的分解[9]，通过植株枝条和根系的气体传输和释放作用，增加水体中的溶解氧。

3　不同水生植物在水体生态中的作用

水生植物按生态类型，可分为沉水植物、飘浮植物、浮叶植物、挺水植物。不同水生植物在养殖污水处理中具有不同的效果。其生活习性各异，对环境因子要求不同，水生植物吸附、吸收、消减、富集水体中营养物质能力和其对藻类化感作用能力各异。了解水生植物的这些差异，对于养殖水体污染治理中植物的选择具有重要参考价值。

3.1　沉水植物

沉水植物在污水处理中具有重要作用，其对藻类化感抑制作用的研究已有较多的报道。围隔实验发现了蓖齿眼子菜对栅藻和微囊藻有一定的化感作用。金鱼藻抑制浮游植物生长，改变浮游植物结构，导致浮游藻类减少[10]。轮叶黑藻可释放出抑制鱼腥藻生长的物质，但对微囊藻没有作用。狐尾藻可释放出抑制微囊藻生长的化感物质[11]。沉水植物能有效地降低水体中营养物质含量。为适应水中生长，沉水植物的茎、叶和表皮都与根一样具有吸收作用，因此具有较强的净化能力。童昌华等研究发现金鱼藻、狐尾藻、微齿眼子菜、马来眼子菜、凤眼莲和苦草对水中总氮、总磷和硝态氮有较好的去除效果，而以狐尾藻和微齿眼子菜两种效果最好[12]。沉水植物能够从底质沉积物中补充不足的营养，在水生植物群落中占据营养竞争优势。这种营养资源使得沉水植物在水体中营养浓度很低的情况下仍能生长，这使得沉水植物对浮游植物具有竞争优势。沉水植物是水体生物多样性赖以维持的基础。作为生物环境，沉水植物通过有效增加空间生态位，抑制生物性和非生物性悬浮物；改善水下光照，通过光合作用增加水体溶解氧；为形成复杂的食物链提供了食物、场所和其他必需条件，也间接支持了肉食和碎食食物链[13]。由于沉水植物在水体生态中具有这些重要作用，在水体污染处理中得到应用较多。轮叶黑藻在小型水体中能迅速成为优势物种，对提高水体透明性具有高效性。然而光照对沉水植物生长有很大影响，沉水植物在污染水体中难以恢复，这也是制约沉水植物在养殖污染水体治理中应用的瓶颈。此外水体营养条件、底质环境等诸多因素也影响了沉水植物的恢复。

3.2 漂浮植物

关于漂浮植物化感作用的研究已有较多研究报道，孙文浩等研究发现水花生、水浮莲、满江红、紫萍、浮萍、西洋菜和凤眼莲对雷氏衣藻都有抑制效应，凤眼莲的抑制作用最强[14]。凤眼莲对多种藻类有不同程度的克制作用。太湖水域中的水花生和浮萍对同一水体中的栅藻生长有抑制作用，可不同程度抑制藻类的生长[15]。漂浮植物浮生水面，在光照竞争中占绝对优势，生长力很高，能够高效吸收水体中的营养物质。漂浮植物容易打捞，但繁殖能力很强。水浮莲能够在很短的时间里占领整个水域，将其他植物种类排挤掉成为优势种，使整个水生生态系统的物种多样性大大降低，同时阻隔水体与外界的阳光、空气交换，降低水体中溶解氧，不利于生态系统的健康发展。如果应用其进行养殖水体的污染治理，必须严格控制其过度繁殖[16]。

3.3 浮叶植物

浮叶植物根生长在水下泥土之中，叶片漂浮于水面，在与浮游生物在光照、营养竞争中具有优势。睡莲、菱形态优美，群落优势明显，经济价值高，一般用于公园园林景观的水污染治理。浮叶植物如满江红、芡、萍蓬、莼菜、眼子菜及水菜花等应用于水体污染治理鲜有研究报道。有关浮叶植物化感作用的研究也较少。

3.4 挺水植物

水陆交界处的不同物种间存在相当的化感作用，但该方面的研究却非常有限。张维昊等[17]研究发现菖蒲对铜绿微囊藻具有化感抑制作用。从宽叶香蒲中分离得到对小球藻和鱼腥藻有抑制作用的物质。在养殖水体污染处理中，挺水植物可以直接引植于沿岸地带，也可以在人工生物浮床应用。在直接引植于沿岸地带时，挺水植物在光照竞争中处于优势地位，能够从底质沉积物及水体中补充营养，在水生植物群落中占据营养竞争优势，生物量大。黄时达[18]比较了灯心草、芦苇和菖蒲三种植物的污染物净化能力。结果发现灯心草去除能力最强，芦苇、菖蒲对污染物的去除效果也较好。日本科学家在东京水元公园内小河中利用人工芦苇湿地研究了其对河水除磷、除氮的效果。流入河水中的30%总磷和20%的总氮得到去除。

4 问题及展望

目前，植物修复技术仍属一个新的研究开发领域，多数研究成果仅限于实验阶段，研究的关键仍是筛选出能超累积污染物的植物以及能改善植物吸收特性的方法。植物修复能否有效地净化水质受到多种因素的影响，包括所用的植物类型、池塘底质条件、相关的气候条件、水的理化性质等，且植物在不同年龄、不同季节的修复能力不同，植物修复有时还不能得到完全令人满意的结果。但是，通过深入、细致地研究植物、微生物和污染物之间的相互作用关系，利用这一技术实现养殖水污染治理的目标最终将成为可能。

植物修复今后的研究方向及值得考虑和解决的问题主要有：水生植物化感抑藻作用的影响因素及其作用机理还需要深入研究；水生植物在生产应用中受各种环境因子影响大，处理周期长，还需要不断寻找和选育适应能力强，净化高效的物种。同时不断开发已应用于水体污染处理的水生植物的新用途；不同水体中如何选择植物种类和搭配植物群落，才能取得最好的净化效果。这些问题将成为养殖水体污染治理的重要研究方向，特别是水体生态系统中水生植物化感作用的研究将成为当前养殖水体污染处理的研究重点。

近几年，养殖水环境污染治理的技术有了快速的发展。从技术原理上看来，主要有植物修复、微生物修复、化学修复和物理修复以及由这些方法相结合的联合修复等技术。利用物理、化学修复技术处理污染物易造成二次污染，且成本高，对于大面积低浓度的污染物更是难以处理。微生物生命周期短，繁殖速度快，降解有机物的速度也比其他生物快。但微生物易受环境因素，特别是温度的制约影响。而植物修复技术，由于其操作简单，不破坏场地结构，不引起二次污染，而且与传统修复技术相比，成本要低得多，技术要求也相对较低，容易被社会接受，是一项非常适合我国水产养殖现状的实用技术，正越来越受到人们的重视。植物修复技术是一门很新的技术，随着研究的深入，在水产养殖污染治理中，它将具有十分广阔的发展和应用前景。

参考文献

[1] Ervin G N, Wetzel R G. An ecological perspective of allelochemicalinterference in land-water interface communities. Plant and Soil, 2003, 256: 13 ~ 28

[2] 曹昀，王国祥．沉水植物对悬浮泥沙的去除．长江流域资源与环境，2007，16（3）：340 ~ 344

[3] 蒋艾青．凤眼莲对城郊污水鱼塘的净化试验．淡水渔业，2003，33（5）：43 ~ 44

[4] 邵林广．水浮莲净化富营养化湖泊试验研究．环境与开发，2001，16（2）：28 ~ 29

[5] 汪敏，郑师章．凤眼莲体内多酚氧化酶的生理生化特性．复旦学报（自然科学版），1994，33（2）

[6] M. E. Soltan, M N Rashed. Laboratory study on the survival of water hy2acinth under several conditions of heavy metal concentrations. Advancesin Environmental Research, 2003（7）: 321 ~ 334

[7] 唐萍，吴国荣，陆长梅．太湖水域几种高等水生植物的克藻效应．农村生态环境，2001，17（3）：42 ~ 44，47

[8] 叶居新，何池全，陈少风．石菖蒲的克藻效应．植物生态学报，1999，23（4）：379 ~ 384

[9] 贺锋，吴振斌，邱东茹．东湖围隔中菹草与藻类生化他感作用的初步研究．水生生物学报，2002，26（4）：421 ~ 424

[10] Jasser I. The influence of macrophytes on a phytoplanktoncommunity in experimental conditions. Hydro-

biologia, 1995, 306: 21 ~ 32

[11] Nakai S, Inoue Y, Hosomi M. Myriophyllum spicatum releasedallelopathic polyphenols inhibiting growth of blue-green algae Microcystis aeruginosa. Water Res. , 2000, 34 (11): 3026 ~ 3032

[12] Van Donk E, Gulati R D, Iedema A, *et al.* Macrophyte-relatedshifts in the nitrogen and phosphorus contents of thedifferent trophic levels in a biomanipulated shallow lake. Hydrobiologia, 1993, 251: 19 ~ 26

[13] 宋碧玉，王建，曹明．利用人工围隔研究沉水植被恢复的生态效应．生态学杂志，1999，18（5）：21 ~ 24

[14] 俞子文，孙文浩，郭克勤．几种水生植物的克藻效应．水生生物学报，1992，16（1）：1 ~ 7

[15] 唐萍，吴国荣，陆长梅．太湖水域几种高等水生植物的克藻效应．农村生态环境，2001，17（3）：42 ~ 44，47

[16] 严国安，任南，李益健．环境因素对凤眼莲生长及净化作用的影响．环境科学与技术，1994，1：2 ~ 5

[17] 张维昊，周连凤，吴小刚．菖蒲对铜绿微囊藻的化感作用富营养化水体生态修复中水生植物的应用研究．环境科学与技术，2007（30），7

[18] 黄时达．人工湿地植物处理污水的试验研究．四川环境，1995，14（3）：5 ~ 7

Application of Phytoremediation Technolgy in Aquaculture

Yao Zhenfeng, Li Liangsheng

(Huizhou Research Institute of Aquatic Science and Technology, Huizhou 516007, China)

Abstract: There storation mechanism of eutrophic water with aquatic plants and application of different aquatic plants in ecological restoration were discussed and summarized. And its practical application was prospected. At the same time, it shows that phytoremediation technology has obvious advantage compared with other ways in the treatment of aquacultural water pollutants.

Key words: Phytoremediation technology; Eutrophication; Biodegradation; Prospect

第六章

重金属污染及其修复

重金属污染及其修复

1 重金属污染研究现状

1.1 重金属污染的概念

重金属污染指由重金属或其化合物造成的环境污染。主要由采矿、废气排放、污水灌溉和使用重金属制品等人为因素所致。其危害程度取决于重金属在环境、食品和生物体中存在的浓度和化学形态。

重金属污染已经成为一个全球性的环境问题，对生物多样性和人类健康构成了严重威胁。从20世纪30年代以来，工农业迅速发展，大量的污染物进入环境，引起环境质量严重恶化，尤其是重金属污染，极为严重。由于重金属污染的范围广，持续时间长，又不易在生物物质循环和能量交换中分解，在环境中易蓄积，能被土壤作物吸收，且性质稳定，很难降解，又能抑制作物生长发育，促进早衰，降低产量，并通过根系进入植物体，再通过食物链的传递和富集，最终危害人体健康。

一般来说，重金属指比重大于4或5的金属，约有45种，例如Cu、Pb、Zn、Fe、Co、Ni、V、Nb、Ta、Ti、Mn、Cd、Hg、W、Mo、Au和Ag等。尽管Mn、Cu、Zn等重金属是生命活动所需要的微量元素，但是大部分重金属如Hg、Pb、Cd等并非生命活动所必须，而且所有重金属超过一定浓度都对人体有毒。在环境污染方面所说的重金属主要是指Hg（水银）、Cd、Pb、Cr以及类金属砷等生物毒性显著的重元素。重金属不能被生物降解，相反却能在食物链的生物放大作用下，成千百倍地富集，最后进入人体。重金属在人体内能和蛋白质及酶等发生强烈的相互作用，使它们失去活性，也可能在人体的某些器官中累积，造成慢性中毒。

重金属污染包括土壤和水体重金属污染，以及蔬菜和饲料等其他重金属污染，本文重点讨论土壤和水体重金属污染。土壤重金属污染是指由于人类活动使重金属在土壤中的累积量，明显高于土壤环境背景值或土壤环境质量标准，致使土壤环境质量下降和生态环境恶化的现象。水体重金属污染指重金属通过矿山开采、金属冶炼、金属加工及化工生产废水、化石燃料的燃烧、施用农药化肥和生活垃圾等人为污染源，以及地质侵蚀、风化等天然源形式进入水体，造成水体污染的现象。

1.2 重金属污染的生态毒理效应

重金属一般以天然浓度广泛存在于自然界中，但由于人类对重金属的开采、冶炼、加工及商业制造活动日益增多，造成不少重金属如Pb、Hg、Cd和Co等进入大气、水和土壤中，引起严重的环境污染。以各种化学状态或化学形态存在的重金属，在进入环境或生态系统后就会存留、积累和迁移，造成危害。如随废水排出的重金属，即使浓度小，也可在藻类和底泥中积累，被鱼和贝的体表吸附，产生食物链浓缩，从而造成公害。日本的“富山事件（骨痛病）”和“水俣事件”就是由于重金属镉（Cd）和甲基汞污染导致的；汽车尾气排放的铅经大气扩散等过程进入环境中，造成目前地表铅的浓度已有显著提高，致使近代人体内铅的吸收量比原始人增加了约100倍，损害了人体健康。下面从土壤和水体重金属污染两方面来具体探讨生态毒理效应。

1.2.1　土壤重金属污染的生态毒理效应[2]　重金属进入土壤生态系统后，通过与土壤多介质组分的交互作用，对土壤生态系统构成污染胁迫[3,4]，土壤环境中过量的金属离子对土壤动物、土壤微生物和植物通过以下各种过程或机制，最终导致极为复杂的生态毒理效应。

①与生物必需元素的离子发生取代反应；②与磷酸基团以及ADP或ATP活性基团反应的亲和力作用；③与巯基基团发生生物化学反应；④改变生物膜的通透性。因此，在进行有关重金属污染土壤的生态毒理效应研究时，有必要注意几个关键的科学问题：第一，不同类型的土壤以及土壤各种性质影响着重金属在土壤环境中的生态行为以及向土壤动物、土壤微生物和植物体系转移的过程与速率；第二，生物体对土壤中重金属的吸收、积累同时受其他环境因子如水分、氧化—还原电位或盐度的影响；第三，生物体本身具有屏蔽重金属，抵制、阻止或减少重金属离子吸收以及减弱重金属毒性的能力；第四，不同重金属甚至同一重金属在不同土壤条件下具有的生态毒性差异很大；第五，这些重金属在土壤环境中还可能与其他化学物质甚至土壤组分之间发生各种交互作用[5]。另外，需注意有毒重金属在土壤环境中随时间的剂量分布、化学形态变化与生物有效性；有毒重金属在土壤生态系统中的暴露途径，作用过程，急、慢性毒性及其分子机制，以及在生物体内的残留时间与半致死剂量与其他重金属或和有机化合物的相互作用受影响生物的发育阶段，作用的靶标如生殖功能、生理代谢过程、遗传物质、种群的增加和减少等[6,7]。

土壤重金属污染的遗传毒性很少能够被直接观测到，而且重金属对土壤生物以及植物的大部分细胞和分子毒性至今还未知，虽然土壤环境中存在的重金属对生物体生长发育的不良效应已众所周知有关资料表明，大部分金属盐在特定的浓度下与巯基基团具有亲和性并且能够导致纺锤丝紊乱，因此具有细胞有丝分裂毒性土壤环境中重金属盐的毒性效应直接与暴露剂量和时间有关，低浓度暴露下，生物体能够恢复正常以对细胞分裂的毒性效应的大小，重金属可以分为三类[8]：①效应极显著的重金属为Cd、Cu、Hg、Cr、Co、Ni和Be等；②效应显著的重金属为Zn、Al、Mn、Fe、Se、Sr、Sb、Ca和Ti等；效应相对较弱的重金属为Mg、V、As、Mo、Ba和Pb等。此外，Ⅳ和Ⅶ族的金属盐导致细胞染色体异常率显著比Ⅲ族金属盐高。

1.2.2　一些长期暴露于重金属污染土壤上生长的植物，能够对重金属毒性产生一定程度的耐性　植物对土壤环境中重金属的耐性，表现在植物对重金属胁迫的排斥性和耐性两个方面，其一，土壤重金属被植物吸收后又被排出体外是植物对重金属毒性最普遍的适应性机理，这个过程依赖各种降低重金属吸收的途径通过沉积在细胞壁组分中与分泌物螯合等而对于进人植物细胞内的重金属胁迫，植物的耐性表现在对重金属的解毒能力上，解毒机制包括产生特异性有机化合物隔离金属离子利用细胞学分室功能把金属离子排到一些细胞分室中进行储藏形成金属离子流有机配合体分泌物的形成；其二，植物防御重金属毒性的机制包括控制根系吸收金属离子以及阻止金属离子的长距离运输在细胞内，蛋白质如铁蛋白、金属琉蛋白、植物螯合剂和相关的缩氨酸等以及一些低分子量的有机分子如有机酸和氨基酸及其衍生物等参与过量重金属的蓄积与解毒过程，当以上这些防御系统都出现饱和状态时，氧化胁迫防御机制开始激活自然条件下具有重金属超积累特性的耐性植物是研究土壤—植物系统重金属抗性的基础而重金属对土壤微生物的毒理效应主要表现在能够抑制微生物活性，如降低酶的活性，重金属能够与碱性磷酸酶的活性位点结合而使其失活，能够指示土壤重金属污染的微生物效应的主要指标，如微生物菌落的生长、群落结构变化以及生物量的变化等，在土壤重金属的污染胁迫下一般都没显著的效应[7]。

1.2.2.1　重金属污染对作物生长的影响　土壤环境中的重金属污染物通过对植物细胞膜系统、植物光合和呼吸作用、植物酶活性的破坏和抑制，对农作物的生长发育及产量和品质有很大的影响。土壤重金属污染对农作物的主要代谢过程，如呼吸、光合、叶绿素含量、蒸腾作用等均有一定影响。土壤重金属 Hg、Cd、Pb、As 均为作物生长的非必须元素，对农作物的危害较为严重。土壤重金属复合污染对植物的影响也十分明显。研究表明，土壤中的 Cd、As 对苜蓿的种子发芽、生长均具有毒害作用，二者复合污染的毒性更明显。

1.2.2.2　重金属污染对土壤微生物的影响　土壤重金属污染物对土壤微生物有明显的抑制作用，能够降低微生物的数量和活性，改变微生物群落特性，影响土壤呼吸速率，对土壤的持续生产力产生负面影响[8,9]，导致土壤结构变化和功能降低，进而影响到农作物的生长和发育，造成农业减产减收。

1.2.2.3　重金属污染对土壤生化过程的影响　土壤酶在物质转化、能量代谢和污染物降解等过程中扮演了重要角色，其活性大小可较灵敏地反映土壤中生化反应的方向和强度。环境污染条件下土壤酶活性变化很大，因此土壤酶活性变化在一定程度上可以反映土壤环境质量状况。土壤重金属污染物对土壤酶活性有不同程度的抑制作用[10~12]。土壤重金属污染物能抑制土壤有机残落物的降解，如土壤中的铬可以抑制土壤纤维素的分解，当 Cr^{6+} 浓度为 $5mg \cdot kg^{-1}$ 时，可抑制纤维素分解率的 36%，当浓度大于 $40mg \cdot kg^{-1}$ 时，纤维素分解在短时间内全部受到抑制。对土壤呼吸强度有一定的抑制作用，其中砷对土壤呼吸抑制作用最强。能抑制土壤的氨化和硝化作用。

1.2.2.4　重金属污染对土居动物蚯蚓的影响[13,14]　蚯蚓是土壤中的主要动物类群，在农田生态系统中具有重要作用。蚯蚓能促进有机物质的分解矿化，参与 C、N 循环这一复杂过程，具有促进土肥相融、混合土壤、改善土壤结构、促进 N 和 P 循环、改善植物营养、增强土壤通透性、提高土壤蓄水及保肥能力的作用。当土壤受重金属污染后，将会对蚯蚓的生长和繁殖产生不利影响直至导致死亡。王振中等研究发现，随着土壤重金属（Cd、As、Zn 和 Pb）污染程度的增加，蚯蚓的种类减少，蚯蚓体内重金属元素富集量增加，其中镉表现为强烈富集。宋玉芳等研究表明，土居蚯蚓的致死率和生长抑制率随土壤重金属浓度的升高而增加。

作为全球生物多样性的重要组成部分，昆虫因重金属污染而受到的潜在影响同样引起了人们的普遍关注。过量重金属可对昆虫的生长发育产生影响。环境中的重金属可通过昆虫的呼吸、表皮和摄食等途径进入昆虫体内，进入昆虫体内的过量重金属不仅能引起昆虫细胞超微结构的变化和遗传物质的改变，还可诱导昆虫细胞凋亡并影响细胞的活力和增殖。但昆虫能将过量的重金属以金属颗粒形式储存在具消化、存储或分泌功能的器官中，也能将其转运至溶酶体中解毒。同时，金属结合蛋白和抗氧化酶在昆虫对重金属的解毒过程中具有重要作用。

1.3 水体重金属污染的生态毒理效应[15]

重金属污染是危害最大的水污染问题之一。重金属具有毒性大、在环境中不易被代谢、易被生物富集并有生物放大效应等特点，不但污染水环境，也严重威胁人类和水生生物的生存。目前，人们对水体重金属污染问题已有相对深入的研究，同时采取了多种方法对重金属废水和污染的水体进行处理和修复。

重金属进入水生生态系统后，分布于水生生态系统的各个组分中，对生态系统各组分产生影响（即生态效应）。当生物体内重金属积累到一定数量后，就会出现受害症状，生理受阻、发育停滞，甚至死亡，整个水生生态系统结构、功能受损，崩溃[16]。

1.3.1 对水生植物的影响 在水生生态系统及水生食物链中，作为其他浮游动物的食物及氧气来源，藻类占据着重要位置。孔繁翔等研究了不同浓度的 Zn 等重金属对羊角月牙藻的生长进度、蛋白质含量、ATP 水平等的影响，试验表明，金属离子在其所试范围内对其生长速率均有抑制作用，藻细胞中 ATP 水平随金属离子浓度增加而下降[17]。杨红玉和王焕校报道 Cd 能破坏某些绿藻的叶绿素，引起光合作用下降，还对斜生栅藻和蛋白核小球藻呼吸作用产生影响，抑制苹果酸脱氢酶活性[18]。阎海等报道了铜、锌、锰抑制蛋白核小球藻、月形藻生长的毒性效应，表明不同金属离子与藻细胞的不同亲合性是导致金属离子抑制蛋白核小球藻生长毒性差异的主要原因[19,20]。对于沉水植物（红线草、金鱼藻、黑藻、句草），陈愚等研究表明，一定浓度的 Cd 能诱导硝酸还原酶活性，抑制超氧化物歧化酶活性，从而破坏其抗氧化防御系统[21]。Ghate 报道，*Plagiochasma appendiculatum* 对 Hg 敏感，叶状体损伤和叶绿素含量受到影响[22]。陈国祥等报道了 Hg、Cd 对莼菜越冬芽光合膜光化学活性及多肽组分的影响。重金属对水生植物的毒害作用主要表现在改变运动器的细微结构，抑制光合作用、呼吸作用和酶的活性，使核酸组成发生变化，细胞体积缩小和生长受到抑制等[23]。

1.3.2 对水生动物的影响 重金属进入水体后，将对水生动物的生长发育、生理代谢过程产生一系列的影响。Madoni 报道了 Ni 对淡水纤毛虫的急性毒性[24]。Al-Yousuf 等研究了 Zn、Cu 和 Mn 这些金属的积累对鱼性别、身长的影响[25]。海水重金属离子（Cu^{2+}、Zn^{2+} 和 Cr^{6+}）含量超过一定浓度便会引起文昌鱼中毒，使其身体渐成弯曲状而死亡[26]。梁君荣等通过试验分析了不同离子浓度的 Zn、Pb、Cu 和 Cd 对中国鲎胚胎发育及胚胎致畸率影响[27]。De la Torre 和 Ferrari 报道了重金属（Cd 等）对鱼大脑乙酰胆碱酯酶活性的影响[28]。此外，重金属还将影响到水生动物的遗传表达。Kowk 等研究了重金属（Cu 和 Zu）毒性对鲤鱼和罗非鱼金属硫蛋白基因表达的影响，罗非鱼暴露于重金属离子中，鳃和肝脏中金属硫蛋白 mRNA 的表达受到显著影响[29]。周新文和孙锦荷研究报道了 Cu、Zn、Pb 和 Cd 混合重金属对鲫鱼 DNA 合成的抑制[30]。

1.3.3 对人体健康的危害 重金属对人体的危害，一方面通过直接饮用造成重金属中毒而损害人体健康；另一方面，间接污染农产品和水产品，通过食物链对人体健康构成威胁，并造成土壤的二次污染。重金属能抑制人体化学反应酶的活动，使细胞质中毒，从而伤害神经组织，还可导致直接的组织中毒，损害人体解毒功能的关键器官——肝、肾等组织。例如，Hg、Pb 和 Cd 等重金属以及砷，已被列为剧毒物进行重点防治。据目前研究结果，一般认为 Cr、Co、Ni、Cd 和 Se 等还有致癌作用。重金属（例如 Pb、As 和 Mn 等）通过水体直接或间接进入食物链后，能严重地耗尽体内贮存的 Fe、维生素 C 和其他必需的营养物质，导致免疫系统防御能力的下降，子宫内的胚胎生长停滞和其他一些残疾[31]。Jensen 等在报道环境污染对咸海 Kazakhstan 地区的儿童健康的影响中也提到重金属污染对儿童健康的危害[32]。

总之，重金属元素通过阻碍生物大分子的重要生理功能，取代生物大分子中的必需元素，影响并改变了生物大分子所具有的活性部位的构象，这三条途径致使生物体的生长发育和生理代谢受到影响。因此，人们可以利用水生生物的敏感性来监控水体的重金属污染。如 Rashed 通过鱼体内各器官重金属含量的测定来监控纳赛尔湖水环境的重金属[33]，Oertel 使用植物和动物作为多瑙河水生生态系统重金属水平的生物监测器[34]。此外，研究重金属污染物对生态系统各组分的毒性效应，还可为制定水质排放标准和进行水质评价方面提供科学依据。

1.4 重金属污染的现状

1.4.1 土壤重金属污染的现状 我国土壤污染总体形势相当严峻，受污染的耕地约有 1.5 亿亩，约占全国耕地的 1/10 以上，每年造成的直接经济损失超过 200 亿元。目前我国受 Cd、As、Cr 和 Pb 等重金属污染的耕地面积近 2 000万 hm^2，约占总耕地面积的 1/5，每年因重金属污染而减产粮食超过 1 000万 t，被重金属污染的粮食每年多达 1 200万 t，合计经济损失至少 200 亿元。据国家环保总局牵头调查显示，珠三角、长三角和环渤海这些经济先发展起来的地区，都面临着严重的土壤污染问题。其中，珠三角 40% 农田金属污染超标。重金属污染的严重程度，引起了大量专家对该问题的关注。

1.4.2 土壤环境元素背景值[1] 土壤环境元素背景值是指一定区域内自然状态下，未受或少受人类活动（特别是人为污染）影响的土壤环境中化学元素的自然含量。它是在自然成土因素综合作用下成土过程的产物。土壤环境背景值是研究土壤环境污染和土壤环境中的元素迁移转化规律，进行区域土壤环境质量评价和管理，确定土壤环境容量、环境基准，制定土壤环境质量标准的主要指标和基础资料。20 世纪 60 ~ 80 年代美国完成了全国土壤环境元素背景值的调查研究，是国际上进行该研究规模最大和系统性最强的专题研究；英国、日本、加拿大、前苏联、原西德、罗马尼亚和挪威等 30 多个国家，也相继开展了土壤环境背景值的研究，为农业生产的发展和农业环境保护发挥了巨大作用。

我国1973年就开始了土壤环境元素背景值的调研工作。首先由中国科学院在北京、南京、广州等地区，会同环境保护部门开展了土壤环境背景值的研究。1978年在农业部和中国科学院的支持下，开展了我国13个省、市、自治区的主要农业土壤中12种金属元素背景值的研究；土壤环境元素背景值研究被列入国家“六五”和“七五”重点科技攻关项目，先后完成了我国东北、长江流域、珠江流域几个典型农业区及我国除台湾省以外的土壤环境元素背景值研究，提出了包括土壤重金属在内的61种元素背景值。1990年出版了《中国土壤元素背景值》和《中华人民共和国土壤环境背景值图集》；“八五”期间，以李佳熙为首的课题组联合了卫生部、农业部和中国科学院等15个单位开展地球化学在农业、生命科学上的应用研究，并于1999年出版了1∶1 200万中国生态环境地球化学图集。上述全国性区域地球化学资料为农业生产的发展和环境保护提供了重要的基础数据。

1.4.3 *土壤重金属元素的临界含量（土壤环境质量基准）* 土壤元素的临界含量是指土壤元素既不影响农产品产量和生物学质量，又不导致地表水和地下水污染的最大含量。为了保护土壤这种几乎无再生能力的人类生存资源，约有十几个国家或地区对土壤中的有害物质（主要是重金属）作了最高允许浓度的规定[42]。

土壤元素的临界含量（土壤元素环境质量基准）是制订土壤环境质量标准的基础。制订土壤环境质量基准，大体上有两种技术路线：地球化学方法[43]和生态环境效应法[44]。

1.4.4 *水体重金属污染现状* 我国水体重金属污染问题十分突出，江河湖库底质的污染率高达80.1%[35]。2003年黄河、淮河、松花江、辽河等十大流域的流域片重金属超标断面的污染程度均为超Ⅴ类[36]。2004年太湖底泥中总铜、总铅、总镉含量均处于轻度污染水平[37]。黄浦江干流表层沉积物中Cd超背景值2倍、Pb超1倍、Hg含量明显增加；苏州河中Pb全部超标、Cd为75%超标、Hg为62.5%超标[37]。城市河流有35.11%的河段出现总汞超过地表水Ⅲ类水体标准，18.46%的河段面总镉超过Ⅲ类水体标准，25%的河段有总铅的超标样本出现[38]。葫芦岛市乌金塘水库钼污染问题严重，钼浓度最高超标准值13.7倍。由长江、珠江、黄河等河流携带入海的重金属污染物总量约为3.4万t，对海洋水体的污染危害巨大。全国近岸海域海水采样品中铅的超标率达62.9%，最大值超一类海水标准49.0倍；铜的超标率为25.9%，汞和镉的含量也有超标现象[39]。大连湾60%测站沉积物的镉含量超标，锦州湾部分测站排污口邻近海域沉积物锌、镉、铅的含量超过第三类海洋沉积物质量标准[40]。国外同样存在水体重金属污染问题，如波兰由采矿和冶炼废物导致约50%的地表水达不到水质三级标准[41]。可见，水体重金属污染已成为全球性的环境污染问题。

2 重金属污染的评价

2.1 土壤重金属污染评价

2.1.1 *微生物学评价* 微生物在土壤功能及重要土壤过程中直接或间接地起重要作用，包括对动植物残体的分解、养分的贮藏转化、水分入渗、气体交换、土壤结构的形成与稳定、有机物的合成及异源生物的降解等。因此，微生物学参数可作为监测土壤污染的早期的、敏感的指标。

有许多微生物生理学性质可作为指标来评价土壤重金属污染。Brookes 认为要具备以下条件：①对于大多数的土壤类型和在不同的土壤条件下都可准确测定；②由于要分析的土壤样品数量较大，测定方法应经济、简单；③背景值或对照值也易于测定；④指标要足够灵敏，同时也要稳定；⑤这些指标在现有科学基础上真实可靠。这些指标大致可分为两类：一是微生物的生物量；二是微生物的活性。

2.1.1.1　生物量　微生物的生物量能代表参与调控土壤中能量和养分循环以及有机质转化的对应微生物的数量，与土壤有机质含量密切相关。而且土壤微生物量碳或氮转化迅速能在检测到土壤总碳或总氮变化之前表现出较大差异，是比较敏感的指标。

Brookes 等采用氯仿熏蒸法测定了施用含重金属的污泥达 20 年的农业土壤中微生物的总量，认为重金属对土壤微生物总量有抑制作用，与土壤 ATP 法测定结果一致[45]。其后 Brookes 等采用直接显微计数法测定的结果与此相似。Chander 与 Brookes 采用氯仿熏蒸法测定了不同金属浓度对微生物生物量的影响，研究认为在 EC（欧盟）标准附近的重金属浓度对微生物生物量没有大的影响，EC 标准 2.5 倍的 Cu、Zn 使生物量下降 40%，EC 标准 2 倍的 Cd、2 ~3 倍的 Ni 对微生物的生物量没有影响[46]。Fliebbach 等研究了长期施用含重金属（Cu、Zn、Cd 和 Ni）的污泥土壤中微生物数量与重金属浓度的关系，认为低浓度的重金属能刺激微生物的生长与微生物的活性[47]。

采用微生物的总量作为指标有两个问题，一是微生物生物量与重金属浓度的反应曲线通常都呈“S”形，很难确定标准；另一个问题在于怎样评价生物量的变化，生物量的下降并不意味着种群有灭绝的危险，理论上会有两种或几种更具耐性的物种来填补，从而丰富了微生态系统[48]。此外，由于其他的变化如有机质含量、pH 值、粉沙含量、温度、水分、氧气及养分供应等。哪怕很小的变化都会导致微生物的数量和活性极大的波动[49]。所以采用总的生物量来评价土壤的重金属污染有相当的难度。近年来的研究发现了 2 个较为敏感的指标。

（1）重金属敏感细菌与耐性细菌之比：Arnebrant 等研究发现重金属污染水平与真菌总量相关性不好，但在加入 200mg · kg^{-1} Cu 的麦芽琼脂培养基上能够生长的真菌（耐性真菌），其数量与重金属的浓度有相关性，未污染的对照处理，耐性真菌占 3.1%，而加重金属处理的耐性真菌占 24%[50]。Jordan 和 Lechevalier 也发现在 Zn 污染的土壤中，耐性真菌占总量的 24% 而对照为 4.5%。原核生物（细菌、放线菌）比真核生物（真菌）对重金属更敏感，细菌比放线菌更敏感，而格兰氏阳性菌对重金属的敏感性又强于格兰氏阴性菌[51,52]。Duxbury 和 Bicknell 研究了自然土与重金属污染土壤中的细菌种群，发现每种土壤中的细菌种群都包括两类，其中一种比另一种能忍耐更大浓度范围的重金属。研究还发现污染重的土壤（Cd、Cu、Ni 和 Pb 分别为 12mg · kg^{-1}、82mg · kg^{-1}、199mg · kg^{-1} 和 207mg · kg^{-1}）比污染轻的土壤（Cd、Cu、Ni、Pb 分别为 2mg · kg^{-1}、11mg · kg^{-1}、48mg · kg^{-1} 和 13mg · kg^{-1}）中耐性细菌的数量多 15 倍[53]。以重金属敏感细菌与耐性细菌之比作为指标来评价土壤重金属污染早在 1983 年就已提出[54]，但测定时需从土壤中分离培养、再用稀释平板计数，由于在现在的科学水平下，土壤微生物中能被分离培养的还不到1%[55,56]。更何况微生物从土壤中分离出来后可能会发生一些变化，这就使得其应用受到限制。后来 Doleman、Baath 等分别对测定方法进行改进。Doleman 在研究不同浓度 Cd 对微生物的影响时发现，随 Cd 浓度的增加，细菌的总量并没有明显的变化，但敏感菌与耐性菌的数量之比却发生了明显的变化[52]。Baath 采用［3H］-胸腺嘧啶来标记合成到细菌 DNA 的量来测定细菌的数量，这种方法被更多的研究者所接受[56,57]。Kubat 也采用敏感菌与耐性菌的数量之比来评价捷克耕作土的质量，认为这一指标对重金属比较敏感[58]。

（2）微生物的生物量碳与土壤有机碳之比（Cmic/Corg）：Cmic/Corg 是反映土壤生态系统中碳平衡的指标。当外界环境发生改变时（如耕作、气候及各种污染物进入土壤），Cmic/Corg 的变化可以早于其他指标被检测出来。Insam 等通过长期田间试验研究了气候对土壤微生物生物量的影响。采用基质诱导呼吸法测生物量，发现气候变化与生物量的相关性不好，而与 Cmic/Corg 有较好的相关性[59]。通常情况下，微生物的生物量碳占土壤有机碳的1% ~4%[60]。Chander 和 Brookes 在同一试验场对同一对象的研究认为，未加含重金属污染处理的土壤或加入不含重金属的污泥处理的土壤，Cmic/Corg 为1.5% ~2.0%，约是含重金属污泥处理的两倍（0.7% ~1.0%），而高浓度的 Cu、Zn 处理的（Cmic/Corg）只有0.4% ~0.7%[46,61]。Fliebbach 等在德国的长期试验站作了同样的研究，认为含重金属污泥处理的 Cmic/Corg 比对照下降了32%[47]。可能是由于重金属降低了微生物对有机质的矿化率。

2.1.1.2　微生物活性　采用微生物活性指标，如呼吸作用，脱氢酶、脲酶、磷酸酶活性，纤维素分解作用，碳、氮矿化作用及固氮作用来评价重金属污染已有多年历史。但许多研究结果是相互矛盾的[50,53]。近年的研究表明，在生物活性受重金属影响发生明显变化之前，整个微生物区系已经发生了质的变化[49]。无论如何，微生物的活性对土壤 C、N、P、S 的循环起着决定作用，近年的研究结果中，有3个指标相对较为敏感。

（1）微生物的代谢商（qCO_2）：微生物代谢商即单位生物量的微生物在单位时间里的呼吸作用。环境胁迫下，微生物维持生存可能需要更多的能量。Killham 等采用^{14}C标记的葡萄糖为基质研究认为 $q^{14}CO_2$ 的变化是土壤呼吸作用或脱氢酶活性变化值的两倍[63]。Brookes 和 McGrath 研究认为重金属污染土壤的 qCO_2 是未污染土壤的两倍[64]。Chander 和 Brookes 采用^{14}C 标记的葡萄糖和玉米为基质，研究土壤微生物对不同浓度重金属的反应。发现未加入标记基质时，高浓度处理的 qCO_2 为51［CO_2 - C mg/g 生物量 C. 天，下同］，低浓度处理的 qCO_2 为35；加入^{14}C 标记的葡萄糖基质后，高浓度处理的 qCO_2 为764，低浓度处理的 $qCO_2$463；加入^{14}C 标记的玉米基质后，高浓度处理的 qCO_2 为520，低浓度处理的 qCO_2 为250[46]；进一步的研究表明，含高浓度重金属的土壤中微生物利用有机碳更多地作为能量代谢，以 CO_2 的形式释放，而低浓度重金属的土壤中微生物能更有效地利用有机碳转化为生物量碳，Cmic/Corg 的分析也得出同样的结论[61]。Giovanni 等研究认为土壤中重金属含量与土壤呼吸作用呈正相关，当采用代谢商时相关性更好。Fliebbach 等的研究也有类似的结果，认为代谢商（qCO_2）是评价重金属微生物效应的敏感指标[47]。

（2）异氧生物固氮作用：固氮菌有自养、异养与光合固氮三类。多数土壤中异养固氮作用由于固氮速率慢而难以作为土壤污染的指标。Rother 等发现甚至在重金属浓度高出 EC 标准很多倍时，重金属浓度与乙炔还原量都没有相关性[65]。但后来 Brookes、Lorenz 等的研究认为在 EC 标准附近的重金属浓度可降低异养固氮率 90%[45,66]。出现这种差异的原因在于后者在分析前 50h 向土壤中加入了 2 000mg · kg^{-1} 的葡萄糖。这种技术的应用提高了重金属对异养固氮的敏感性，但要把这种方法作为标准方法，则需要进一步的研究。

Brookes 等在实验室严格控制条件下研究了不同重金属浓度对生物固氮的影响。采用两种方法，一是乙炔还原法，二是用 ^{15}N 标记。两种方法有较好的相关性，结果认为固氮作用与重金属浓度有显著负相关。低浓度的重金属（EDTA 浸提，Zn 30mg · kg^{-1}，Cu 15mg · kg^{-1}，Ni 2mg · kg^{-1}，Cd 2mg · kg^{-1}）可降低蓝绿藻固氮 50%，且含低浓度重金属的土壤中微生物的固氮是含高浓度重金属土壤的 10 倍[67,68]。Skujins 等发现实验室条件下 Cu、Cr 污染对生物固氮极灵敏，其灵敏度是土壤呼吸作用、脲酶活性或硝酸盐合成率的 10 倍。Lorenz 等测定了污染土壤与未污染土壤中蓝细菌的固氮作用。他们把污染土壤与未污染土壤按不同比例混合，制成有浓度梯度的污染土样，结果表明重金属对蓝细菌固氮有抑制，但不及 Brookes 等的结果显著[66]。

（3）脱氢酶活性与土壤有机碳之比：Brookes 等研究认为重金属污染引起脱氢酶活性下降而对磷酸酶没有影响。磷酸酶是胞外酶而脱氢酶是胞内酶，只存在于活的细胞内。所以以脱氢酶活性作为重金属污染的指标比磷酸酶活性更灵敏[45]。

常用可溶性四唑盐类如三苯基四唑氯化物（TTC）、2-对碘苯-3-对硝基苯-5-苯基-四唑氯化物（INT）作为 H 的受体，还原产物提取后用分光光度计测定。采用三苯基四唑氯化物（TTC）为基质有两个问题。一是 Cu 对脱氢酶活性的测定有影响，因为 Cu 对反应最终产物三苯基甲（TPF）的红色形成有影响。当 Cu 被加入到土壤中或以离子形态存在于土壤溶液中时，这种非生理上的反应可能被误认为是 Cu 导致脱氢酶活性下降；二是 TTC 的还原作用容易受 O_2 所抑制，样品中 O_2 常常导致结果的重现性差。Von Mersi 等研究发现采用 INT 为受体，1∶1 的 N，N-二乙基甲酰胺和乙醇为浸提剂，生成物的颜色稳定，且不受 O_2 影响，无论厌氧或好氧条件下，INT 的还原量都大于 TTC[67]。研究认为这是一种快速、准确、重现性好的测定脱氢酶活性的方法。Aoyama 等采用这一方法研究认为单位土壤有机碳的脱氢酶活性与 Cu 浓度的对数呈显著负相关，并与 0. 1mol · L^{-1} $CaCl_2$ 浸提的 Cu 相关系数最高[68,69]。

（4）存在的问题：采用微生物学性质作为土壤污染的评价指标，原则上值得推荐。土壤微生物的量及其行为在许多方面的都是土壤污染理想的监测者。1998 年 8 月在法国召开的第 16 届国际土壤学会上，提出以生物学指标评价土壤质量占 70%，物理、化学等指标只占 30%[70]。但采用生物学指标仍然存在一些问题。

首先，数据的变异问题。文献中关于金属对微生物过程及种群的毒性有着很大的变异。Baath 采用“没有影响的最高金属浓度”（HNOEC）和“产生影响的最低金属浓度”（LOEC），总结了实验室及田间条件下的研究结果，发现 HNOEC、LOEC 值的变异达 100 ~ 1 000 倍。这种变异难以用剂量的增加或误差来解释。同一研究中不同土壤上同一生物指标的变异也达 10 ~ 100 倍[50]。其次，研究方法。许多研究者对同样因子的研究结果相差很大，甚至是相互矛盾的，一个很重要的原因就是研究方法。近年来许多学者对传统方法做出改进，尽量避免分离培养，如测定微生物群落的磷酸酯脂肪酸法、利用 SIR 的差异测微生物群落的分解代谢，采用 [^{3}H] -胸腺嘧啶来标记合成到细菌 DNA 的量来测定细菌的数量，以及一些分子生物学的方法[71 ~ 73]。但所有这些都还只是一种尝试，要作为标准方法还需大量的研究。最后，这些微生物学性质在受重金属影响的同时，也受其他因素的影响。如蓝细菌的固氮作用受 pH 值影响的程度可能大于重金属。Dahlin 等对许多被认为对重金属敏感和微生物学性质进行研究后认为，这些性质与重金属浓度相关的同时也与土壤有机碳、pH 值相关，而且由于土壤各个化学因子之间的相互作用影响太大，难以判断是什么因子引起微生物性质改变的[74]。

随着对微生物研究方法以及金属形态研究方法的改进[75,76]，可能的办法是将微生物学性的变化与金属形态特别是生物有效态以及植物的吸收联系起来研究，采用两个或多个相对独立的指标来综合评价重金属污染土壤。

2.2 植物指示法[80]

植物指示法是指利用指示植物研究土壤重金属污染程度的方法[77]。

2.2.1 植物的受害症状 主要是通过肉眼观察植物体受污染影响后发生的形态变化。生长在污染土壤中的敏感植物，受污染物的影响，会引起根、茎、叶在色泽、形状等方面的症状。如 Mn 过剩引起植株中毒，会使叶边缘和叶尖出现许多焦枯褐色的小斑并逐渐扩大[78]。Cu、Pb、Zn 复合污染使水稻的植株高度减小、分蘖数减少、产量降低。

2.2.2 植物体内重金属含量 Neubauer（1923）等提出，用黑麦幼苗法测定土壤中营养元素的有效性，来指示重金属污染程度；用可食用植物胡萝卜的含量和生理生化反应，指示土壤中 Cu、Cd 的浓度[79]。用胡萝卜吸收 Cu 的量，表征土壤受重金属铜的污染程度，以及各种豆科植物的变色病监测除草剂的大气沉降量[81,82]等，已被应用于重金属污染评价。

2.3 水体重金属污染的生物监测[83]

在水体重金属污染生物监测的研究中，根据不同的目的和要求，可以采用不同的监测方法，如对重金属污染的生物动力学分析[84,85]、对某一生态系统中特定物种体内重金属含量的分析[86 ~ 91]、对受污染指示生物的酶活性[92,93]和组织病理学[94]分析、对藻类光合色素含量的分析[95]等。除选择适当的监测方法外，指示生物的选择也很重要，应优先选取分布广泛、易养殖、有丰富背景资料的生物。该生物应是一种重要的水生生态群的代表，在食物链中占有一定的地位，能从周围环境中积累重金属，而且其体内的重金属浓度与环境重金属浓度之间存在简单的相关关系。资料表明，用于监测水体重金属污染的指示生物有水生藻类、浮游动物群落和底栖动物（如贝类、螺）等。

利用生物监测水体重金属污染，能综合反映环境质量状况，判断水体中污染物的潜在影响和实际毒性。然而，在缺乏理化分析数据的情况下，生物反应无法提供足够的信息。因此，只有将理化分析手段与生物监测方法相结合，才能获得更好的监测效果。

3　重金属污染的修复技术

3.1　土壤重金属污染的修复技术

3.1.1　*工程方法*　主要包括客土、换土和深耕翻土等措施。通过客土、换土和深耕翻土与污土混合，可以降低土壤中重金属的含量，减少重金属对土壤-植物系统产生的毒害。吴燕玉等对沈阳张士污灌区调查表明，张士污灌区土壤剖面中土壤镉 77% ~ 86.6% 的累积在 0 ~ 30cm 的土壤表层，去除表土 5 ~ 10cm，可使镉含量降低 25% ~ 30%；去除表土 15 ~ 30cm，稻米中的镉下降 50% 左右[96]。客土、换土法是比较经典的土壤重金属污染治理措施，具有彻底、稳定消除土壤重金属污染的优点，这方面日本取得了成功的经验。但工程措施实施工程量大、投资费用高，容易破坏土壤结构，引起土壤肥力下降，而且对于污染面积大的区域，客土来源也难以解决，并且还要对换出的污土进行处理，否则很容易引起二次污染，所以应用范围受到一定限制。工程措施中客土和换土措施是用于重污染区的常见方法，而深耕翻土措施主要用于轻度污染土壤的治理[97]。

3.1.2　*物理化学措施*

3.1.2.1　*电动修复*　电动修复是通过电流的作用，在电场的作用下，土壤中的重金属离子 Pb、Cd、Cr、As 等以电渗透和电迁移的方式向电极运输，然后进行集中收集处理。研究发现，土壤 pH 值、缓冲性能、土壤组分及污染金属种类会影响修复的效果。该方法特别适合于低渗透的黏土和淤泥土，可以控制污染物的流动方向。Ribeiro 和 Villumsen 等研究了应用电动力学方法去除土壤中砷的方法，表明电流能打破金属—土壤键，当电压稳定时，去除效果与通电时间成正比[98]；在沙土上的实验结果表明，土壤中 Pb^{2+}、Cr^{3+} 等重金属离子的去除率也可达 90% 以上。电动修复是一种原位修复技术，不搅动土层，并可以缩短修复时间，是一种经济可行的修复技术[99 ~ 101]。

3.1.2.2　*电热修复*　电热修复是利用高频电压产生电磁波，产生热能，对土壤进行加热，使污染物从土壤颗粒内解析出来，加快一些易挥发性重金属从土壤中分离，从而达到修复的目的。该技术可以修复被 Hg 和 Se 等重金属污染的土壤。另外，可以把重金属污染区土壤置于高温高压下，形成玻璃态物质，从而达到从根本上消除土壤重金属污染的目的。

3.1.2.3　*土壤淋洗*（soil washing/flushing/extraction）[101]　土壤淋洗是用淋洗液（清水或含有能提高重金属可溶性试剂的溶液）来淋洗污染土壤，把土壤固相中的重金属转移到土壤液相。将挖掘出的地表土经过初期筛选去除表面残渣，分散大块土后，与某种提取剂充分混合，经过第二步筛选分离后，用水淋洗除去残留的提取剂，处理后“干净”的土壤可归还原位被再利用，富含重金属的废水进一步处理可回收重金属和提取剂。土壤淋洗技术的关键是寻找一种提取剂，既能提取各种形态的重金属，又不破坏土壤结构，但事实上是很难找到的。用来提取土壤重金属的提取剂很多，包括有机或无机酸、碱、盐和螯合剂，主要有：硝酸、盐酸、磷酸、硫酸、氢氧化钠、草酸、柠檬酸、

EDTA 和 DTPA 等[102]。

EDTA 可提高金属离子的移动性，能在很宽的 pH 值范围内与大部分金属（特别是过渡金属）形成稳定的复合物，不仅能解吸被土壤吸附的金属，也能溶解不溶性的金属化合物，现已证明 EDTA 是最有效的螯合提取剂，但是 pH 值、电解质、土壤提取液的比、土壤中金属结合形态、土壤性质都影响 EDTA 清除土壤重金属的效果。尽管 EDTA 是一种很强的金属螯合剂，能有效地清除污染土壤中重金属，但 EDTA 价格昂贵，对 EDTA 的回收还存在许多未解决的技术问题[102]。淋洗法对烃、硝酸盐及重金属的重度污染效果较好，适于轻质土壤。日本、美国用此法进行污染土壤的治理取得了良好的效果。但投资较大，易造成地下水污染及土壤养分流失，土壤变性[103]。

3.1.3 化学修复 化学修复是向土壤中投入改良剂，通过对重金属的吸附、氧化还原、拮抗或沉淀作用，以降低重金属的水溶性、扩散性和生物有效性，从而降低它们进入植物体、微生物体和水体的能力，减轻它们对生态环境的危害[103]。

该技术关键在于选择经济有效的改良剂，常用的改良剂有石灰、沸石、碳酸钙、磷酸盐、硅酸盐和促进还原作用的有机物质。施用石灰或碳酸钙主要是提高土壤 pH 值，促使土壤中 Cd、Cu、Hg 和 Zn 等元素形成氢氧化物或碳酸盐结合态盐类沉淀；沸石是碱金属或碱土金属的水化铝硅酸盐晶体，含有大量的三维晶体结构和很强的离子交换能力，从而能通过离子交换吸附和专性吸附降低土壤中重金属的有效性；磷酸盐和硅酸盐可使土壤中重金属形成难溶性的沉淀物；还原性有机物质分解生成有机酸，如胡敏酸、富里酸、氨基酸，或者糖类及含氮、硫杂环化合物等，能通过其活性基团与重金属元素 Zn、Mn、Cu 和 Fe 等络合或螯合，从而影响重金属的有效性。常见的用于修复重金属污染土壤的有机物质主要有未腐熟稻草、牧草、紫云英、泥炭、富淀粉物质、家畜粪肥以及腐植酸等。重金属污染严重的农田，配合石灰施入猪厩肥能明显降低重金属（Cu、Pb、Zn 和 Cd）对水稻生长发育的危害程度，显著提高产量，增产幅度在 2.317% ~ 4.119%[104]。施用有机肥等可增强土壤胶体对重金属和农药的吸附能力，促进土壤中的镉形成 CdS 沉淀，促进 Cr^{6+} 转化为 Cr^{3+}，降低其毒性。腐植酸能与重金属离子形成络合物或螯合物以降低其活性。

3.1.4 农业措施 农业措施是因地制宜地调整一些耕作管理制度以及在污染土壤上种植不进入食物链的植物等，从而改变土壤中重金属活性，降低其生物有效性，减少重金属从土壤向作物的转移，达到减轻其危害的目的。农业措施主要包括控制土壤水分、改变耕作制度、调整作物种类、合理施用有机肥等。

农业措施修复重金属污染土壤不仅可与常规农事操作结合起来进行，而且费用较低、无副作用、实施较方便，但其修复效果较差、周期长、效果不显著，应与生物措施、改良剂措施配合使用。农业措施适合于中、轻度重金属污染土壤的修复。

3.1.5 生物修复（Bioremediation） 生物修复是指利用微生物或植物的生命代谢活动，将土壤环境中的危害性污染物降解成二氧化碳和水或其他无公害物质的工程技术。这种技术主要通过两种途径来达到对土壤中重金属的净化作用：①通过生物作用改变重金属在土壤中的化学形态，使重金属固定或解毒，降低其在土壤环境中的移动性和生物可利用性；②通过生物吸收、代谢达到对重金属的削减、净化与固定作用[105]。生物修复技术主要包括植物修复技术和微生物修复技术，其修复效果好、投资省、费用低、易于管理与操作、不产生二次污染，因而日益受到人们的重视，成为重金属污染土壤修复研究的热点。

3.1.5.1　植物修复技术　植物修复（Phytoremediation）是利用能忍耐或超积累某种或某些重金属的特性来修复重金属污染土壤的技术总称。植物修复的过程既包括对污染物的吸收和清除，也包括对污染物的原位固定或分解转化，即植物萃取技术、植物固定技术、根系过滤技术、植物挥发技术、根际降解技术[106]。它是解决环境中重金属污染问题的一个很有前景的方法，并已在全球得到了迅速的发展和应用。

（1）植物固定（Phytostabilization）：植物固定是利用耐重金属植物或超积累植物降低土壤中重金属的移动性，从而减少重金属被淋滤到地下水或通过空气扩散进一步污染环境的可能性。植物在植物固定中主要有两种功能：①保护污染土壤不受侵蚀，减少土壤渗漏来防止金属污染物的淋失；②通过金属在根部积累和沉淀或根表吸收来加强土壤中污染物的固定[107]。如 Cunningham 等研究发现，一些植物可降低土壤中 Pb 的生物有效性，缓解 Pb 对环境中生物的毒害作用。此外，植物还可以通过改变根际环境（如 pH 值和 Eh 值）来改变污染物的化学形态，从而达到降低或消除金属污染物化学和生物毒性作用。植物固定并没有清除土壤中的重金属，只是暂时将其固定，使其对环境中生物不产生毒害作用，并没有彻底解决环境中的重金属污染问题。因此，它适合于土壤质地黏重、有机质含量高的污染土壤的修复。

（2）植物萃取（Phytoextraction）：植物萃取又叫植物提取技术，是植物修复的主要途径。它是利用重金属超积累植物（Hyperaccumulation）从土壤中吸取一种或几种重金属，并将其转移、贮存到植物地上部分，通过收割地上部分物质并集中处理，使土壤中重金属含量降低到可接受水平的一种方法。Brooks 等 1977 年首先提出 hyper-accumulator（超积累植物）的概念，Chaney1983 年提出了利用超富集植物清除土壤重金属污染的思想，超富集植物对各种重金属的生物提取作用已有较全面的综述[108]，超积累植物是指对重金属元素的吸收量超过一般植物 100 倍以上的植物，超积累植物积累的 Cr、Co、Ni、Cu 和 Pb 的含量一般在 0.1% 以上，积累的 Mn、Zn 含量一般在 1% 以上[109]。如：芸薹属植物（印度芥菜等）、油菜、杨树和苎麻等。目前，主要用于去除污染土壤中的重金属，如铅、镉等。Baker 等在英国首次利用 *Thlaspi caerulesences* 修复了长期施用污泥导致重金属污染的土地[111]，证实了这一技术的可行性。植物萃取技术的关键是要求所用植物具有生物量大、生长快和抗病虫害能力强的特点，并具备对多种重金属较强的富集能力[106,110]。

（3）植物挥发（Phytovolatilization）：植物挥发是利用植物的吸收、积累和挥发而减少土壤中一些挥发性污染物（如 Hg、Se 和 As），即植物将污染物吸收到体内后将其转化为气态物质，释放到大气中，达到修复重金属污染土壤目的的过程[112]。Rugh 等研究表明，将来源于细菌中的汞抗性基因转入到植物，可以使其具有在通常生物中毒的汞浓度条件下生长的能力，而且还能将土壤中吸取的汞还原成挥发性的单质汞。水稻、花椰菜、卷心菜、胡萝卜和一些水生植物，具有较强的吸收和挥发土壤和水中硒的能力，将毒性较强的无机硒转变为基本无毒的二甲基硒。海藻能吸收并挥发砷，其机理之一是把

$(CH_3)_2AsO_3$ 挥发出体外[106,110]。植物挥发技术不需收获和处理含污染物的植物体，不失为一种有潜力的植物修复技术，但这种方法将污染物转移到大气中，对人类和生物具有一定的风险[102]。

总之，植物修复技术的关键是寻找合适的超积累植物或耐金属植物。今后，关于植物修复技术的研究重点应放在以下几个方面：①寻找、筛选、引种、培育超积累植物；②加强植物修复技术的实践性环节；③分子生物学和基因工程技术的应用；④加强对超积累植物的机理以及其回收的处理研究等。

3.1.5.2 微生物修复 微生物修复是利用土壤中的某些微生物对重金属具有吸收、沉淀、氧化和还原等作用，从而降低土壤中重金属毒性的技术[103]。有些微生物具有嗜重金属性，利用微生物对重金属污染土壤进行净化，可能会是一种行之有效的方法，目前这方面已进行了积极研究。细菌产生的特殊酶能还原重金属，且对 Cd、Co、Ni、Mn、Zn、Pb 和 Cu 等有亲合力。如 citrobacter 产生的酶能使 Pb、Cd 形成难溶性磷酸盐[104]。细菌、放线菌比真菌对重金属更敏感，革兰氏阳性菌可吸收 Cd、Cu、Ni 和 Pb 等。微生物对重金属的氧化还原等作用能降低重金属的毒性，一些微生物 *Geospirillum rsenophilus* 和 *Chrysigenes arsenatis* 等，在厌气条件下以 As^{5+} 作为电子受体，可把其还原成 As^{3+}，从而促进砷的淋溶；在好气或厌气条件下，异养微生物可催化 Cr^{6+} 还原成 Cr^{3+}，从而降低其毒性[105]。微生物对重金属的甲基化、脱甲基化能降低土壤 Hg 和 Se 有效性。

3.2 水体重金属污染的修复技术

一旦水体被污染，将会对整个生态系统产生巨大的影响，并且对污染水体的净化将耗费大量的人力、物力。因此，首先要采取源头控制的对策，预防水体的污染。一方面加强法制建设，依法管理水资源，另一方面查明污染源，对排污总量加以限制，遏制水污染不断恶化的趋势，对采矿点、冶金部门等，更要严格监督、管理和控制，同时改革生产工艺，不用和少用毒性大的重金属，采用合理的工艺流程，科学管理和操作，减少重金属用量和随废水流失量，加强以流域为单元的水资源管理和水源地保护。同时，对于已经污染的水体，则须采用合适的方法进行修复。

3.2.1 工程方法

3.2.1.1 底泥疏浚 底泥疏浚是一种能够有效降低重金属污染负荷的水污染治理方法，主要控制水体内源污染。

国内外目前广泛应用的环保疏浚利用机械疏浚方法来清除江河湖库污染底泥，在挖泥、输送过程中和疏浚工程完成后对环境及周围水体的影响都较小。我国太湖五里湖区生态疏浚工程治理重金属污染效果良好，减少了底泥和水体中的重金属含量。环保疏浚技术是复杂的系统工程，对操作精度要求较高，目前环保疏浚业普遍致力于改造和设计环保疏浚设备，以提高疏浚工程的针对性和高效性。

3.2.1.2 引水截污 减少进入水体的污染物总量是水体修复的前提条件，通过截流河道、截污管道等截污工程将污水引入污水处理厂进行处理，然后循环利用或排入水体，可以有效阻止重金属废水向水体排放。在截污的基础上，通过适当引水、补水缩短河流、湖泊等水体的换水周期，促进水体交换，加快重金属迁移速度，可降低水体中的重金属浓度。引水截污在我国有很多工程实例，水体修复效果良好。

3.2.2 物理化学方法

3.2.2.1 沉淀和絮凝 沉淀作用通过提高水体 pH 值使重金属以氢氧化物或碳酸盐的形式从水中分离出来，也有加入硫化物沉淀剂使重金属离子生成硫化物沉淀而被除去。絮凝作用也应用于常规的污水处理中，普遍采用铁盐和铝盐作絮凝剂，通过与具有净化功能的天然矿物联合，改性后可形成性能更优的絮凝材料。木质素磺酸盐也是一类性能优良的绿色絮凝剂，引入羧酸基、磺酸基等基团后，其絮凝沉降效果更好[116]。

3.2.2.2 吸附法 吸附法是利用多孔性固态物质吸附水中污染物来处理废水的一种常用方法[117]。

(1) 活性炭吸附是一种较早地被应用于生产的净水技术。目前，颗粒活性炭、粉状活性炭、活性炭纤维、炭分子筛、含碳的纳米材料等相继问世，着重研究活性炭表面改性技术和水处理设备的改进。

(2) 矿物吸附剂表面研究已深入到分子水平，对具有一定吸附、过滤和离子交换功能的天然矿物进行合理改性是提高环境矿物材料性能的新途径[118]。研究表明膨润土的改性方法主要有两种[119]：一是活化法，二是添加无机或有机化合物改进剂改性。改性后得到的钙基膨润土对 Cu^{2+} 的吸附率提高到 94%[120]。通过铁氧化物改变石英砂的表面性质，所得到的吸附剂对 Cu、Pb、Cd 的去除率达 99%[121]；另发现精炼油页岩产生的固体副产品能够有效去除水溶液中的 Pb^{2+}、Cu^{2+} 和 Zn^{2+} 等[122]；目前，作为一种天然易得且高效廉价的吸附剂，矿物材料在环境治污领域的开发得到了很高的重视。

(3) 壳聚糖、木质素等天然吸附剂也有广泛应用。利用悬浮交联和复合制备得到壳聚糖树脂吸附剂和壳聚糖活性炭复合吸附剂，对 Pb^{2+} 的去除率可达 90% 以上[123]；牛皮纸木质素对 Cu^{2+} 的吸附率为 27.1%[124]。

3.2.2.3 离子交换法 以泥炭、木质素、纤维素等为原材料制成各种离子交换树脂和螯合树脂可去除水体中的重金属离子，其中螯合树脂不仅保有一般离子交换树脂所具有的优点，又具备有机试剂所特有的高选择性的特色。离子交换纤维是一种新型纤维状吸附与分离材料，具有比表面积大、传质距离短、吸附和解吸速度快等优点[125]。采用引入了磺酸基基团的强酸性阳离子交换纤维吸附 Cd^{2+} 和 Pb^{2+}，最大吸附容量分别为 $206.6mg \cdot L^{-1}$ 和 $105.5mg \cdot L^{-1}$。

另外，用于重金属废水处理的方法还有电解法、反渗透法、膜分离法等，但上述方法都不同程度地存在着成本高、能耗大、操作困难、易产生二次污染等缺点。

3.2.3 生物方法 生物方法是 20 世纪 80 年代随着生物技术的发展而产生的一种重金属废水处理技术。水体生态修复技术利用参与生物修复过程的生物类群，包括微生物、植物、动物以及它们构成的生态系统对污染物进行转移、转化及降解作用，从而使水体得到净化的技术。具有处理效果好、耗能少、工程造价和运行成本低等优点，还可以与绿化环境及景观改善结合起来，实现生态修复的最大效益。

国外，Groudeva 等[126]对用生物修复水体的重金属污染作了最新的综述。国内，吴涓等概述了重金属生物吸附的研究进展，进行处理的生物材料，可以是藻类，还可以是发酵工业中的废弃菌丝体、细菌、放线菌、酵母菌和霉菌等[127]。Prakasham 等报道了

根霉对 Cr^{6+} 的吸附[128]。泥炭、冬青属的栎屑等经试验证明都可做生物吸附剂。水生植物风眼莲、香蒲、芦苇、水芹菜等也可以吸收积累水体中的重金属元素，净化水质。湿地植物也是一类很重要的材料。印度芥菜苗可以通过根瘤过滤、积聚重金属。此外，海藻去除水溶液中的 Cd 也已有报道[129]。水体有害重金属的生物修复技术有着广泛、低廉的原材料及很好的前景。

3.2.3.1 *动物修复技术* 水体底栖动物中的贝类、甲壳类、环节动物等对重金属具有一定富集作用。如三角帆蚌、河蚌对重金属（Pb^{2+}、Cu^{2+}、Cr^{2+} 等）具有明显自然净化能力。但此法处理周期长，费用高，因此目前水生动物主要用作环境重金属污染的指示生物，用于污染治理的不多。

3.2.3.2 *植物修复技术* 植物修复是利用绿色植物来转移、容纳或转化污染物使其对环境无害，主要通过植物吸收、植物挥发、植物吸附和根际过滤等方式来积聚或清除水体中的重金属。植物修复技术自诞生以来，在全世界得到了迅速应用和发展。目前发现的重金属超积累植物有700多种，凤眼莲、水芹菜、香蒲、芦苇和香根草等都对重金属具有良好的吸收积累效应。利用水生植物净化重金属污水，目前应用较多的是人工湿地技术和生物塘工程。凡口铅锌矿用“宽叶香蒲人工湿地稳定塘”系统治理尾矿废水，铅、镉、铜的浓度都有显著下降，净化效果明显。

3.2.3.3 *微生物修复技术* 目前用于重金属离子吸附的微生物主要有细菌和真菌等，利用水体中的微生物或者向污染水体中补充经驯化的高效微生物，在优化的条件下经过生物还原反应将重金属离子还原或吸附成团沉淀。有研究表明，短杆菌株 HZM-1 对 Zn^{2+} 的最大吸附容量为 $0.64mmol \cdot g^{-1}$（干细胞），大量被吸附的 Zn^{2+} 能利用盐酸或 EDTA 处理解吸，解吸后的菌株用氢氧化钠溶液进行处理可恢复吸附能力。目前对微生物吸附重金属采用固定化工艺制备成生物吸附剂使其具有其他商用吸附剂的特性，同时克服了吸附重金属离子后的菌体与溶液分离成本高、效率低的缺陷。芽孢杆菌可被固定化制成无生命的颗粒状产品，用于废水中金属离子的回收。生物吸附技术在吸附性能、吸附效率、运行成本和对环境影响等方面都优于其他方法，且在理论上和技术上都有了一定的发展，已在水处理方面有一些工业应用。今后运用基因工程、细胞工程等先进的生物技术，生物吸附技术在处理水体重金属污染方面具有广阔的应用前景。

生物吸附剂是利用一些微生物如细菌、真菌、藻类对重金属的吸附作用，并以这些微生物为主要原料通过明胶、纤维素、二氧化硅、海藻酸盐、聚丙烯酰胺、二异氰酸苯酯、胶原、金属氢氧化物沉淀等材料固定化颗粒制得。通过固定化工艺改进后的菌体具有类似其他商品吸附剂的颗粒度、强度、孔径、亲水性和对腐蚀性化学品的抵抗力，同时减少了活细胞对所处环境的依赖，这些特征使它成为处理重金属废水的理想体系，且在废水处理过程容易运输或分离，适应大规模处理工艺的需要，采用固—液接触式反应器如固定床反应器、流化床反应器等都能得到良好的处理效果。生物吸附应用于重金属废水的净化在工艺上是可行的，在技术上更表现极大的优越性和竞争力，无论是从吸附性能、pH 值适应范围还是运行费用等方面都优于其他方法。其特点如下：

（1）操作适应性广：能在各种 pH 值、温度及其他溶液条件和加工过程下操作。

（2）金属选择性高：能从溶液中吸附各种重金属离子而不受碱土金属的干扰。

（3）金属离子浓度的影响：在低浓度下（$<10mg\cdot kg^{-1}$）和在较高浓度下（$>100 mg\cdot kg^{-1}$）都具有良好的重金属吸附能力。

（4）具有较好的再生能力：再生步骤简单，再生的生物吸附剂吸附能力与新鲜的生物吸附剂相比不应有明显的下降。

（5）膜分离技术正由基础研究向实用化阶段发展：随着高分子材料及制膜工业的发展，膜分离技术在含酚废水处理方面也有较好的应用前景。

3.3　微生物修复的机理

微生物修复的机理主要包括细胞代谢（专一性的代谢途径可使金属生物沉淀或通过生物转化使其低毒或易于回收）、表面生物大分子吸收转运、生物吸附（利用活细胞、无生命的生物量、金属结合蛋白和多肽或生物多聚体作为生物吸附剂）、空泡吞饮、沉淀和氧化还原反应等。土壤微生物是土壤中的活性胶体，它们比表面大、带电荷、代谢活动旺盛。受到重金属污染的土壤，往往富集多种耐重金属的真菌和细菌，微生物可通过多种作用方式影响土壤重金属的毒性。微生物对土壤中重金属活性的影响主要体现在以下4个方面：①生物吸附和富集作用；②溶解和沉淀作用；③氧化还原作用；④菌根真菌与土壤重金属的生物有效性关系。下面仅就微生物对重金属的转化机制和其在水体重金属污染修复中的应用作一概述。

3.3.1　*微生物对重金属的转化机制*　微生物对重金属离子具有一定的适应性，并在重金属化合物环境中生长、代谢。其代谢产物或细胞自身的一些还原物将氧化态的毒性金属离子还原为无毒性或低毒性的沉淀，通过微生物氧化还原以及甲基化、去甲基化等作用实现重金属离子价态之间的转变及无机态和有机态之间的转化，实现有毒有害的金属元素转化为无毒或低毒赋存形态的重金属离子或沉淀物，从而达到水体或生态环境的污染治理目的。微生物对重金属的转化作用与代谢和质粒所携带的抗性因子有关，微生物对重金属的吸附主要有两种形式：主动吸附和被动吸附。研究结果表明，微生物处理重金属废水过程中被动吸附是微生物对金属吸附的主要形式，包括细胞表面覆盖的胞外多糖（EPS）、细胞壁上的磷酸根、羧基、胺基等基因以及胞内的一些化学基因与金属间的结合，其机理包括络、螯合、离子交换、无机微沉淀等而与生物活性无关。应该指出的是：微生物对重金属离子的吸附是可逆的，符合 Freundlioh 模型和 Laugmuir 模型。静电吸引共价结合在吸附过程中都起着重要作用，离子半径和金属的最大吸附之间存在线性关系，有毒重金属离子与细胞物质具有很强的结合能力。可以代替细胞物质结合的 Ca^{2+}、Mg^{2+} 和 H^+，同时在微生物表面含有重金属离子发生反应的各种活性基团，这些活性基团来自磷酸盐、胺、蛋白质和各种碳水化合物，其分子内含有 N、P、S、和 O 等电负性较大的原子和基团，与金属离子发生螯合或络合作用，如细胞壁上纤维素的羰基在海藻 Sargassum Natams 菌体吸附金的时候起作用。

此外，重金属离子能在细胞壁上或细胞内形成无机微沉淀。他们以磷酸盐、硫酸盐、碳酸盐或氢氧化合物等形式通过晶核作用在细胞壁上或是细胞内部沉淀下来，据报道 Saccharomyces Cerevisiae 细胞能使铀以针状纤维层的外形沉积在细胞表面。

3.3.2　*重金属的微生物转化在水体重金属污染治理中的应用*　自然界许多微生物都具

有对重金属进行富集和转化的能力，利用其对周围环境的适应性和具有适应金属化合物而生长并代谢这些物质的活性，因此，可以在特定的环境下，分离筛选出具有一定抗性因子的菌株利用基因工程育种技术集中目的基因，使调控某一特性的基因发生突变，促使微生物的性状朝人们所希望的方向转变。这样人工构建的基因工程菌经过驯化培养使它更适应目标水体的流速、温度、金属离子的浓度、pH 值等而生长繁殖保持较高的代谢活性。培育的菌体在目标水体周而复始重复着生长—繁殖—死亡的过程的同时，也实现着对目标水体的不断净化。目前已有大批的基因工程菌走出实验室，进入处理领域，吴乾青从电镀污泥、电镀废水及下水道铁管分离出与 5 株高效净化重金属的复合功能菌，建成了微生物进化回收电镀废水和污泥中铬等重金属的示范工程，对 Cr^{6+}、Cr^{3+}、Ni^{2+}、Zn^{2+}、Cu^{2+} 和 Cd^{2+} 等金属离子的一次性净化率达 99.9% 以上[132]。

另一方面，由于微生物细胞小与溶液分离难度大，使其在工程上缺乏实用性。在 20 世纪 80 年代为了提高酶的活性，适应工业化的要求，酶和细胞的固定化技术进入了污水处理领域。具有特异功能的酶和细胞被固定在反应器内的载体上，筛选出的高效菌种固定化后不易流失，抗毒和耐受力明显增强，固液分离更加简易，为研制小型快速高效连续的生物处理设备创造了条件。英国 ICI 采用固定化细胞技术处理含氰废水，是生物技术在环境保护领域达到适用化的先例。美国宾西法尼亚大学培养从活性污泥中分离出的优势菌丝孢酵母（*Frichosporon Cutaneum*）和假单胞菌（*Pseudomona* sp.）提取高酶活性的氧化酶，再以化学手段结合到玻璃珠，用于处理冶金工业废水，取得了良好的效果[131]。

国内外水体重金属污染具有普遍性和严重性。重金属污染物进入水生生态系统后，影响水生植物细胞膜透性、物质代谢、光合作用、呼吸作用，水生动物器官机能、胚胎发育，造成神经伤害以及人体病变、危害儿童健康等。针对以上情况，应高度重视水体的重金属污染，并采取水体重金属污染源头控制和工程治理（包括物理、化学、生物处理方法）相结合的防治对策。在这些防治方法中，由于生物处理法具有成本低、简便，不会带来新的污染等优点，因而具有广阔的前景。不过，对于修复的生物，其生物量的增加、生长周期的缩短和积累的机理等方面还有待进一步研究。

4 重金属污染研究展望

重金属多为非降解型有毒物质，不具备自然净化能力，一旦进入环境就很难从环境中去除。目前，重金属污染的治理方法以物理化学方法为主，生物修复技术作为一种更经济、更高效、更环保的治理技术也受到广泛关注。随着生物技术的发展，生物修复技术的可行性和有效性将逐渐加强，在治理和防治重金属污染方面将发挥更大作用，前景十分广阔。同时，面对复杂的污染情况，需要因地制宜地采用工程技术、物理化学方法、生物修复技术等相结合的方法来综合治理。

参考文献

[1] 郑国璋. 农业土壤重金属污染研究的理论与实践. 北京：中国环境科学出版社，2007

[2] 周启星，王美娥．土壤生态毒理学研究进展与展望．生态毒理学报，2006，1（1）：1～11
[3] Newman M C，McIntosh AW. Metal ecotoxicology：Concepts and applications. Boca Raton，FL，USA：Lewis Publishers &CRC Press，1991
[4] 周启星．复合污染生态学．北京：中国环境科学出版社，1995
[5] Vig K，Megharaj M，Sethunathan N，*et al.* Bioavailability and toxicity of cadmium to microorganisms and their activities in soil：a review. Advances in Environmental Research，2003. 8：121～135
[6] Greenslade P，Vaughan G T. A comparison of Collembola species for toxicity testing of Australian soils Pedobiologia，2003，47（2）：171～179
[7] 周启星，孔繁祥，朱琳．生态毒理学．北京：科学出版社，2004
[8] 陈丙义，赵安芳．重金属污染土壤对农业生产的影响及其可持续利用的措施．平顶山工学院学报，2000，12（2）：31～33
[9] 王秀丽，徐建民，姚槐应等．重金属铜、锌、镉、铅复合污染对土壤环境微生物群落的影响．环境科学学报，2000，23（1）：22～27
[10] 何文祥，朱铭莪，张一平．土壤酶与重金属关系的研究现状．土壤与环境，2000，9（2）：139～142
[11] 史长青，重金属污染对水稻土酶活性的影响．土壤通报，2002，26（1）：34～35
[12] Kumar V，Singh M. Inhibition of soil urease activity and nitrification with some metallic cations. Australian Journal of Soil，1986，24（4）：527～532
[13] 王振中，张友梅，胡觉莲等．重金属污染对蚯蚓（Opisthopora）影响的研究．环境科学学报. 1994，14（2）：236～243
[14] 宋玉芳，周启星，许华夏等．土壤重金属污染对蚯蚓的急性毒性效应研究．应用生态学报，13（2）：187～190
[15] Patra M，Bhowmik N，Bandopadhyay B，*et al.* Comparison of mercury，lead and arsenic with respect to genotoxic effects on plant systems and the development of genetic tolerance. Environ Exper Botany，2004，52：199～223
[16] 刁维萍，倪吾钟，倪天华等．水体重金属污染的生态效应与防治对策．广东微量元素科学，2003，10（3）：1～5
[17] 孙铁珩，周启星，李培军．污染生态学．北京：科学出版社，2001
[18] 孔繁翔，陈颖，章敏．镍、锌、铝对羊角月牙藻生长及酶活性影响研究．环境科学学报，1997，17（2）：193～198
[19] 杨红玉，王焕校．某些绿藻对镉的富集作用及其毒性反应．环境科学学报，1990，10（1）：64～71
[20] 阎海，潘纲，霍润兰．铜、锌和锰抑制月形藻生长的毒性效应．环境科学学报，2001，21（3）：328～332
[21] 阎海，王杏君，林毅雄等．铜、锌和锰抑制蛋白核小球藻生长的毒性效应．环境科学，2001，22（1）：23～26
[22] 陈愚，任长久，蔡晓明．镉对沉水植物硝酸还原酶和超氧化物歧化酶活性的影响. 环境科学学报，1998，18（3）：313～317
[23] Ghate S，Chaphekar S B. *Plagiochasma appendiculatum* as a biotest for water quality assessment. Environmental Pollution，2000，108（2）：173～181
[24] 陈国祥，施国新，何兵等．Hg、Cd 对莼菜越冬芽光合膜光化学活性及多肽组分的影响．环境科学学报，1999，19（5）：521～525
[25] Madoni P. The acute toxicity of nickel to freshwater ciliates. Environmental Pollution，2000，109（1）：

53～59

[26] Al-Yousuf M H，El-Shahawi M S，Al-Ghais S M，Trace metals in liver，skin and muscle of *Lethrinus lentjan* fish species in relation to body length and sex. The Science of the Total Environment，2000，256（2～3）：87～94

[27] 吴贤汉，江新霁，张宝录等．几种重金属对青岛文昌鱼毒性及生长的影响．海洋与湖沼，1999，30（6）：604～608

[28] 梁君荣，王军，苏永全等．四种重金属对中国鲎（*Tachypleus tridentatus*）胚胎发育的影响．生态学报，2001，21（6）：1009～1012

[29] De la Torre F R，Ferrari L，Salibian A. Freshwater pollution biomarker：response of brain acetylcholinesterase activity in two fish species. Comparative Biochemistry and Physiology-Part C，2002，131（3）：271～280

[30] Kowk Lim Lam，Po Wai Ko，Judy Ka-Yee Wong，King Ming Chan. Metal toxicity and metallothionein gene expression studies in common Carp and Tilapia. Marine Environmental Research，1998，46（1～5）：563～566

[31] 周新文，孙锦荷．用3H-TdR研究混合重金属对鲫鱼DNA合成的影响．核农学报，2001，15（2）：115～120

[32] Kavun V Y，Shulkin V M，Khristoforova N K. Global outook on nutrition and the environment：meeting the challenges of the next millennium. The Science of the Total Environment，2000，249（1～3）：331～346

[33] Jensen S，Mazhitova Z，Zetterstrom R. Environmental pollution and child health in the Aral Sea rgion in Kazakhstan. The Science of the Total Environment，1997，206（2～3）：187～193

[34] Rashed M N. Monitoring of environmental heavy metals in fish from Nasser Lake. Environment International，2001，27（1）：27～33

[35] Oertel N. Plants and animals as biomonitors of heavy metal level in the aquatic ecosystem of the River Danube. Toxicology Letters，1995，78（1）：9

[36] 周怀东，彭文启等．水环境与水环境修复．北京：化学工业出版社，2005

[37] 胡必彬．我国十大流域片水污染现状及主要特征．重庆环境科学，2003，25（6）：15～17

[38] 顾征帆，吴蔚．太湖底泥中重金属污染现状调查与评价．甘肃科技，2005，21（12）：21～22

[39] 成新．太湖流域重金属污染亟待重视．水资源保护，2002（4）：39～41

[40] 赵璇，吴天宝，叶裕才．我国饮用水源的重金属污染及治理技术深化问题．给水排水，1998，24（10）：22～25

[41] 中国近岸海域环境质量公报（2001年）．国家环境保护总局

[42] 2003年辽宁省海洋环境质量公报．辽宁省海洋与渔业厅，2004（4）

[43] 夏家淇．土壤环境质量标准详解．北京：中国环境科学出版社，1996

[44] Blaser P，Zimmermann S，Luster J，Shotyk W. Critical examination of trace element enrichments and depletions in soils：As，Cr，Cu，Ni，Pb，and Zn Swiss forest soils. The Science of the Total Environment，2000，249（1～3）：257～280

[45] 中国环境监测总站．中国土壤元素背景值．北京：中国环境科学出版社，1990

[46] Brookes P. C.，McGrath S. P. Effect of metal toxicity on the size of the soil microbial biomass；Journal of soil science，1984，35：341～346

[47] Chander K，Brookes P. C. Soil Biol. Biochem. Effects of heavy metals from past applications of sewage sludge on microbial biomass and organic matter accumulation in a sandy loam and silty clay loam，UK

soil ; Soil Biol Biochem, 1991, 23: 917 ~ 925

[48] Fliebbach A. , Martens R. , Reber H. H. Soil microbial biomass and microbial activity in soils treated with heavy metal contaminated sewage sludge. Soil Biol. Biochem, 1994, 26: 1201 ~ 1205

[49] Tyler G. , Balsberg P. Msson A. M. , Giles J. , *et al.* Heavy—metal ecology of terrestrial plants, microorganisms and invertebrates: a review. Water, Air and Soil Pollution, 1989, 47: 189 ~ 215

[50] Doleman P. , Janson E. Michels M. *et al.* Biol. Fertil. Soils, 1994, 17: 177 ~ 184

[51] Baath E. Effects of heavy metals in soils on microbial processes and populations (a review) . Water, Air, Soil Pollut, 1989, 47: 335 ~ 379

[52] Babich, H. , and Stotzky, G. Developing standards for environmental toxicants: The need to consider abiotic environmental factors and microbe mediated ecological processes. Environ. Health Perspect, 1983. 49: 247 ~ 260

[53] Doleman P. Resistence of soil microbial communities to heavy metals. In: Jensen V. Kjoller A. Sorensen L. H. (eds) Microbial communities in soil. Elsevien. London New York, 1985, 369 ~ 383

[54] Duxbury T, Bicknell B. Metal—tolerant bacterial populations from natural and metal—polluted soils. Soil Biol Biochem, 1983, 15: 243 ~ 250

[55] Fagri A. Torsvik V. L. Goksoyr J. Soil Boil. Biochem. , 1977, 9: 105 ~ 112

[56] Gray T. R. G. , Methods for studying the microbial ecology of soil. In: Methods in microbiology. (Grigorovia R. and Norris J. R. Eds), Academic Press, Lon Don. , 1990, (22): 309 ~ 342

[57] Baath E. Soil Boil. Biochem. , 1992, 24: 1167 ~ 1172

[58] Diaz-Ravina M. Baath E. Frostegard ASA. Appl. and Environ. Microbiol, 1994, 2238 ~ 2247

[59] Kubat J. Mikanova O. Novakova J. *et al.* Assessment of soil quality by biological methods: Experience from arable soils in Gech Repulic. Proceedings of the 16th World Congress of Soil Science. Montpellier, France, 1998

[60] Insam H. Parkinson D. Domsch K. H. Soil Biol. Biochem. , 1989, 21: 211 ~ 221

[61] Jenkinson D. S. Ladd J. N. Microbial biomass in soils: measurement and turnover, In: Paul E. A. , Ladd J. N. (eds) Soil Biochemistry, Marcel Dekker, New York, 1981, (5): 415 ~ 471

[62] Chander K, Brookes P. C. Effects of heavy metals from past applications of sewage sludge on microbial biomass and organic matter accumulation in a sandy loam and silty clay loam, UK soil; Soil Biol. Biochem. , 1991, 23: 909 ~ 915

[63] Brookes P. C. , The use of microbial parameters in monitoring soil pollution by heavy metals; Boil. Fertil. Soils. , 1995, 19: 269 ~ 279

[64] Killham K. , Environ. Pollu. (serA) 1985, 38: 204 ~ 283

[65] Brookes, P. C. , McGrath, S. P. and Heijnen, C. E. Metal residues in soils previously treated with sewage-sludge and their effects on growth and nitrogen fixation by blue-green algae. Soil Biology and Biochemistry, 1986, 18: 345 ~ 353

[66] Rother J. A. Milbank J. W. Thornton J. Journal of Soil Sci. , 1982, 33: 101 ~ 113

[67] Lorenz, S. E. , McGrath, S. P. and Giller, K. E. Assessment of free-living nitrogen fixation activity as a biological indicator of heavy metal toxicity in soil. Soil Biology and Biochemistry, 1992, 24: 601 ~ 606

[68] Von Mersi W, Schinner F. An improved and accurate method for determining the dehydrogenase activity of soils with iodonitrotetrazolium chloride. Biol Fert Soils. , 1991, 11: 216 ~ 220

[69] Aoyama M. Nagumo T. Soil Sci. Plant Nutr. , 1996, 42: 821 ~ 831

[70] Aoyama M. Nagumo T. Soil Sci. Plant Nutr. , 1997, 43: 601 ~ 608

[71] 赵其国．土壤与环境问题国际研究概况及其发展趋向．土壤，1998，30（6）：281～290

[72] Degens and Harris，B. P. Degens and J. A. Harris，Development of a physiological approach to measuring the catabolic diversity of soil microbial communities，Soil Biology & Biochemistry，1997，29：1309～1320

[73] Torsvik，V.，Goksoyr，J. and Dane，F. L. High diversity in DNA of soil bacteria. Applied and Environmental Microbiology，1990，56：782～787

[74] Ritz K，Griffichs B. S. Soil Boil. Biochem. 1994，26：963～971

[75] Dahin S，Witer E.，Martensson A. *et al.* Soil Biol. Biochem.，1997，29：1405～1415

[76] Holm P. E. Christensen T. H. Tjill J. C. and McGrath S. P. J. Environ. Qual.，1995，24：183～190

[77] Luo Y. M，Peter Christie. Choice of extraction technique for soil reducible trace metals determines the subsequent oxidisable metal fraction in sequential extraction schemes. Intern. J. Environ. Anal. Chem.，1998，72（1）：59～75

[78] 刘玉荣，党志，尚爱安．污染土壤中重金属生物有效性的植物指示法研究．环境污染与防治，2003，25（4）：215～218

[79] Han D H，Lee J H. Effects of liming on uptake of lead and cadmium by Raphanus sativa Arch. Environ. Contain. Toxicol.，1996，3：488～493

[80] Zaman M S，Zereen F. Growt h responses of radish plants to soil cadmium and lead contamination. Bull Environ. Contam. Toxicol，1998，61：44～50

[81] 于瑞莲，胡恭任．采矿区土壤重金属污染生态修复研究进展．中国矿业，2008，17（2）：40～43

[82] Lee Y Z，Suzuki S，Kawada T. Content of cadmium in carrot s compared with rice in Japan. Bull Environ. Contain. Toxicol，1998，63：711～719

[83] Felsot A S，Bhatti M A，Mink GL，Biomonitoring with Sentinel plants to assess exposure of non target crops to atmospheric deposition of herbicide residues. Environ. Toxicol. Chem.，1996，15：452～459

[84] 曾丽璇，陈桂珠，余日清等．水体重金属污染生物监测的研究进展．环境监测管理与技术，2003，15（3）：12～15

[85] INZA B，RIBEYRE F，BOUDOU A. Dynamics of cadmium and mercury compounds（inorganic mercury or methylmercury）：uptake and depuration in *Corbicula fluminea.* Effects of temperature and pH. Aquatic Toxicology，1998，43：273～285

[86] 马藏允，刘海．几种大型底栖生物对 Cd、Zn、Cu 的积累实验研究．中国环境科学，1997，17（2）：151～155

[87] 吕海燕，曾江宁．浙江沿岸贝类生物体中 Hg、Cd、Pb、As 含量的分析．东海海洋，2001，19（3）：25～31

[88] Rainbow P. S.，Wolowic Z. M.，Flalkowski W.，*et al.* Biomonitoring of trace metals in the gulf of Gdansk，using Mussels（*Mytilus Trossulus*）and Barnacles（*Balanus Improvisus*）. Water Research，2000，34（6）：1823～1829

[89] Soucek D. J.，Schmidt T. S.，Cherry D. S. In situ studies with Asian clams（*Corbicula fluminea*）detect acid mine draingage and nutrient inputs in low2order treams. Canadian Journal of Fisheries and Aquatic Sciences，2001，58（3）：602～608

[90] Fraysse B.，Baudin J. P.，Laplace J. G.，*et al.* Effects of Cd and Zn waterborne exposure on the uptake and depuration of 57Co，110Ag and Cs by the Asian clam（*Corbicula fluminea*）and the zebra mussel（*Dreissena polymorpha*）whole organism study. Environmental Pollution，2002，118：297～306

[91] Roditi H. A.，Fisher N. S.，Wilhelmys A. S. Field testing a metal bioaccumulation model for Zebra

Mussels. Environmental Science and Technolgy, 2000, 34 (13): 2817 ~ 2825

[92] Wangd, Couillard Y., Campbell P. G., *et al.* Changes in subcellular metal partitioning in the gills of freshwater bivalves (Pyganodon grandis) living along an environmental cadmium gradient. Canadian Journal of Fisheries and Aquatic Sciences, 1999, 56 (5): 774 ~ 784

[93] 黄雪琴，龙玉博．镉对江蚬 *Corbicula fluminalis*（Müller）碱性磷酸酶的影响．福建师范大学学报，1995，11（2）：74 ~ 78

[94] 赖德荣．镉污染对翡翠贻贝碱性磷酸酶的影响．海洋学报，1983，5（2）：230 ~ 235

[95] Swee T., Clark J., Stephen L. Enzymatic and histopathologic biomarkers as indicators of contaminant exposure and effect in Asian clam (*Potamocorbula amurensis*). Biomarkers, 1999, 4 (6): 256 ~ 264

[96] 浩云涛，李建宏．椭圆小球藻（*Chlorella ellipsoidea*）对 4 种重金属的耐受性及富集．湖泊科学，2001，13（2）：158 ~ 162

[97] 吴燕玉．张士灌区镉污染防治技术的研究．中国环境科学，1985，5（3）：1 ~ 7

[98] 崔德杰，张玉龙．土壤重金属污染现状与修复技术研究进展．土壤通报，2004，35（3）：366 ~ 370

[99] 孟紫强．环境毒理学基础．北京：高等教育出版社，2003

[100] Probstein R. F, Hick R E. Removal of contaminants from soils by electric fields. Science, 1993, 260: 498 ~ 503

[101] KawachiT, Kubo H. Model experimental study on the migration behavior of heavy metals in electrokinetic remediation process for contaminated soil. Soil Sci. Plant Nutr., 1999, 45 (2): 259 ~ 268

[102] 陈承利，廖敏．重金属污染土壤修复技术研究进展．广东微量元素科学，2004，11（10）：1 ~ 8

[103] 郑喜珅，鲁安怀，高翔等．土壤重金属污染现状与防治方法．土壤与环境，2002，11（1）：79 ~ 84

[104] 龙新宪，杨肖娥．重金属污染土壤修复技术研究的现状与展望．应用生态学报，2002，13（6）：757 ~ 762

[105] 李永涛，吴启星．土壤重金属污染治理措施综述．热带亚热带土壤科学，1997，6（2）：134 ~ 139

[106] 孙吉林，蒋玉根．农艺措施治理重金属严重污染农田土壤效果初探．农业环境与发展，2002，1：32 ~ 33

[107] 温志良，毛友发，陈桂珠．重金属污染生物恢复技术研究．环境科学动态，1999，3：15 ~ 17

[108] 韦朝阳，陈同斌．重金属污染植物修复技术的研究与应用现状．地球科学进展，2002，12：833 ~ 839

[109] 龙新宪，杨肖娥．重金属污染土壤修复技术研究的现状与展望．应用生态学报，2002，13（6）：757 ~ 762

[110] McGrath S. P. In: Plants that Hyperaccumulate Heavy Metals, Brooks R. R. (ed.), CAB International, 1998, 261 ~ 287

[111] Baker A. J. M and Brooks R R. Biorecovery, 1989, 1: 81

[112] 祖艳群，李元．土壤重金属污染的植物修复技术．云南环境科学，2003，3：58 ~ 61

[113] Baker A. J. M, McGrath S. P., Sidoli C. M. D., *et al.* The possibility of insitu heavy metal decontamination of polluted soilsusing crops of metal accumulating plats. Resources, Conservation and Recycling, 1994, 11: 41 ~ 49

[114] Sillanp M. Virkutyt J.. 用电动纠正法去除土壤中重金属研究．中国水土保持，2000，7：20

[115] 王宏树，窦争霞，剑树范．日本土壤的重金属污染及其对策．农业环境保护，1987，6（6）：33～36

[116] 夏星辉，陈静生．土壤重金属污染治理方法研究进展．环境科学，1997，(3)：72～75

[117] 佟洪金，涂仕华，赵秀兰．土壤重金属污染的治理措施．西南农业学报，2003，16：33～37

[118] 刘佳佳，康勇．绿色试剂—天然高分子絮凝剂的研究与利用进展．化学工业与工程，2005，22(6)：476～481

[119] 李江，甄宝勤．吸附法处理重金属废水的研究进展．应用化工，2005，34（10）：591～594

[120] 鲁安怀．环境矿物材料在土壤、水体、大气污染治理中利用．岩石矿物学杂志，1999，18(4)：292～300

[121] 李梦耀，车红荣．膨润土的改性研究及在污水治理中的应用．长安大学学报（建筑与环境科学版)，2004，21（2)：42～45

[122] 朱一民，王忠安，苏秀娟等．钙基膨润土对水相中铜离子的吸附．东北大学学报（自然科学版)，2006，27（1)：99～102

[123] 韩润平，宋建梅．活性氧化铁、石英砂吸附剂去除水体中的重金属．江苏环境科学，2000，13(3)：11～12

[124] S. H. Gharaibeh，W. Y. Abu-El-Sha'r. Removal of selected heavy metals from aqueous solutions using a solid byproduct from the Jordenian oil shale refining. Environmental Geology，2000，39（2)：113～116

[125] 易琼，叶菊招．壳聚糖吸附剂的制备及其性能．离子交换与吸附，1996，1（1)：19～23

[126] M. Sciban，M. Klasnja. Wood sawdust and wood originate materials as adsorbents for heavy metal ions. Holz RohWerkst，2004，62：69～73

[127] 郭嘉，陈延林，罗晔等．新型离子交换纤维的应用研究及展望．高科技纤维与应用，2005，30(6)：35～38

[128] Groudeva V. I，Groudev S. N，Doycheva A. S. Bioremediation of waters contaminated with crude oil and toxic heavy metals. International Journal of Mineral Processing，2001，62（1～4)：293～299

[129] 吴涓，李清彪，邓旭等．重金属生物吸附的研究进展．离子交换与吸附，1998，14（2)：180～187

[130] Prakasham R. S，Merrie J. S，Sheela R，Saswathi N，Ramakrishna S V. Biosorption of chromium Ⅵ by free and immobilized *Rhizopus arrhizus*. Environmental Pollution，1999，104（3)：421～427

[131] Salt D. E，Pickering I. J，Prince R. C，Gleba D，Dushenkov S，Smith R. D，Raskin I. Metal accumulation by aquacultured seedling of Indian Mustard. Environmental Science and Technology，1997，31（6)：1636～1644

[132] 阎晓明，何金柱．重金属污染土壤的微生物修复机理及研究进展．安徽农业科学，2002，30(6)：877～879，883

[133] 戴猷元，徐丽莲，杨义燕．基于可逆络合反应的萃取技术．化工进展，1991，(1)：30～34

[134] 戴猷元，杨义燕，杨天雪．络合萃取法处理含酚废水技术．化工进展，1991，(6)：40～46

不同含磷量褐土对锌镉吸附与解吸的影响*

刘 芳[1] 崔海燕[1] 刘世亮[1**] 介晓磊[1,2] 化党领[1]

（1. 河南农业大学，郑州 450002；2. 郑州牧业工程高等专科学校，郑州 450008）

摘 要：为了阐述磷与锌镉在土壤系统中的交互作用机制，本试验在供试褐土中加入不同浓度的磷培养90d后，研究了不同含量磷土壤对锌、镉以及锌镉共存时进行吸附、解吸影响。结果表明：培养不同含磷量的土壤对不同浓度的锌和镉吸附解吸时，在Zn10和Zn80处理下，锌吸附量都随磷含量的增大先减小后增大；在相同磷水平下，随着外加镉浓度的增大，锌的吸附量明显降低；而在Cd3处理下，镉的吸附量随磷水平的增大而减小，Cd30处理下，镉的吸附量随磷水平的增大而增大，但相同磷水平下，随锌浓度的增大，镉的吸附量都明显降低。

关键词：褐土；磷；锌；镉；吸附；解吸

随着工业的迅速发展，农田土壤遭受重金属污染日益严重，Cd是主要的污染重金属元素之一。由于土壤中Cd的溶解度及生物有效性较高，易被植物吸收积累，并通过食物链危及人和动物的健康[1]。因而，引起许多科研工作者的重视。研究表明，我国受重金属污染的面积达85万hm^2，其中被Cd污染的耕地达1.3万hm[2]。Zn是兼具营养与毒性的元素，在世界大部分耕地中，其有效性极低[3]。据报道，全世界作物因缺Zn而造成减产的面积最为广泛[3,4]。但是由于工业污染等原因，即使Zn是植物必需元素，但如果浓度过高也会对植物产生毒害，危及人类和牲畜的健康[5]。

在土壤系统中，重金属的吸附解吸普遍存在。有研究指出，pH值与重金属的吸附解吸影响很大，随着pH值的增加，吸附量增大[6]。P与重金属的交互作用普遍存在。P与Zn、Cd的吸附解吸研究较多，罗厚庭等[7]研究表明，红壤、黄棕壤吸附磷酸根后可使Cu、Zn、Cd的次级吸附量增加，解吸率下降，并有线性关系。刘忠珍[8]研究认为，石灰性土壤中在正常P水平范围内，土壤吸附磷酸根后对锌的次级吸附量降低，解吸量升高。刘芳等[9]对石灰性土壤中P对Cd的次级吸附和解吸的影响进行了研究，结果表明，Cd的吸附量随P浓度的增加而升高。刘平等[10]研究表明，磷酸盐能稳定和

* 基金项目：河南省自然科学基金项目（0511031400，2008A208014）。

作者简介：刘芳（1973～），女，河南通许人，讲师，硕士，主要从事土壤化学与植物营养研究。

** 通讯作者：刘世亮（1970～），男，河南信阳人，副教授，博士，主要从事土壤化学与植物营养研究。E-mail：shlliu70@163. com。

固定镉，降低其有效性及被植物吸收。关于 Zn 和 Cd 的吸附解吸也有不少研究，由于锌离子与镉离子具有相同的电子结构，所以当 Zn 与 Cd 共存时，锌离子占据部分高能吸附位点，从而使土壤中镉的吸附位减少，降低土壤镉的吸附量，使得土壤对 Cd 的吸附力减弱，解吸量增大[11]。朱波等[12]研究了 Zn 和 Cd 在紫色土中的竞争吸附，结果表明，Zn 和 Cd 共存时，降低其吸附，提高其有效性。但关于 P 对 Zn 和 Cd 共存时的次级吸附的研究还鲜见报道。本试验在供试褐土中加入不同浓度的 P 培养 90d 后，接近自然状态下对 Zn、Cd 以及 Zn 和 Cd 共存时进行吸附、解吸，探讨 P 对 Zn 和 Cd 共存时的吸附解吸规律。

1　试验材料与方法

1.1　试验材料

供试土壤采自郑州市邙山区古荥镇石灰性褐土（10～40cm），基本理化性状见表 1 所示。

表 1　供试土壤基本理化性质

Table 1　The basic properties of the tested soil

pH 值 (1∶1)	有机质 ($g \cdot kg^{-1}$)	速效磷 ($mg \cdot kg^{-1}$)	$CaCO_3$ 含量($g \cdot kg^{-1}$)	DTPA-Cd ($mg \cdot kg^{-1}$)	DTPA-Zn ($mg \cdot kg^{-1}$)
7.95	4.25	5.50	40.1	0.08	0.25

1.2　试验方法

采用三因素设计，P 设 6 个浓度水平，分别为 $0mg \cdot kg^{-1}$、$60mg \cdot kg^{-1}$、$120mg \cdot kg^{-1}$、$240mg \cdot kg^{-1}$、$360mg \cdot kg^{-1}$、$720mg \cdot kg^{-1}$。将风干土样过 20 目尼龙筛，分装于塑料杯里，每杯装土 50g，不同浓度水平的磷以 KH_2PO_4（分析纯）溶液形式加入土壤，用透明胶布封闭杯口，中央留一小孔并插一吸管供通气和加水用。用称重法控制土壤水分含量，保持土壤含水量约为田间持水量的 70%，放入培养箱中于 25℃下培养 90d。培养结束后取样，风干过 0.8mm 尼龙筛。称样品 1.0000g 若干份置于 50ml 离心管中，称取离心管和土样总重，分别加入含锌质量浓度为 $0mg \cdot L^{-1}$、$10mg \cdot L^{-1}$、$80mg \cdot L^{-1}$（分别用 Zn0、Zn10、Zn80 表示）和镉质量浓度为 $0mg \cdot L^{-1}$、$3mg \cdot L^{-1}$、$30mg \cdot L^{-1}$（分别用 Cd0、Cd3、Cd30 表示）的 $0.01mol \cdot L^{-1}$ KNO_3 溶液（pH6.5）25ml，摇匀，在空气浴恒温摇床中振荡 4h（25±1℃，150rpm）后进行离心（6 000rpm，10min），吸取上清液，原子吸收测 Zn、Cd 浓度，用差减法计算土样对 Zn、Cd 的吸附量。再用 $0.1mol \cdot L^{-1}$ KNO_3 溶液解吸，计算解吸量。

1.3　测定方法

土壤速效磷采用 $NaHCO_3$ 浸提—钼兰比色法（Olsen 法）[13]测定，Zn 和 Cd 用原子吸收分光光度法[13]测定。

2　结果与分析

2.1　不同含磷量土壤对锌吸附和解吸的影响

2.1.1　不同含磷量土壤对不同浓度锌吸附的影响　土壤中分别加入浓度为 $0mg \cdot kg^{-1}$、$60mg \cdot kg^{-1}$、$120mg \cdot kg^{-1}$、$240mg \cdot kg^{-1}$、$360mg \cdot kg^{-1}$、$720mg \cdot kg^{-1}$ 的磷培养 90d 后，经测定土壤速效磷含量分别为 $5.5mg \cdot kg^{-1}$、$20.9mg \cdot kg^{-1}$、$30.0mg \cdot kg^{-1}$、$54.5mg \cdot kg^{-1}$、$89.5mg \cdot kg^{-1}$、$290.6mg \cdot kg^{-1}$。

由图 1 可知，随着土壤速效磷含量的增加，在两个锌浓度处理下，土壤对锌的吸附量都是先降低后升高的趋势，在磷浓度为 $360mg \cdot kg^{-1}$（土壤速效磷含量为 $89.45mg \cdot kg^{-1}$）时，土壤对锌的吸附量最低。随着磷含量继续增大，则对锌的吸附量增加，这说明磷锌作用机制可能发生了改变，逐渐有沉淀生成，锌有效性降低。同时可以看出，在磷浓度水平相同的情况下，土壤对锌的吸附量随镉浓度的增加而降低，原因可能是镉离子与锌离子竞争土壤吸附点位，随着镉离子浓度的增加，镉离子占据了更多的吸附位，锌离子被解吸出来，因此吸附量降低。与吸附 $10mg \cdot L^{-1}$锌相比，土样吸附 $80mg \cdot L^{-1}$锌时的吸附量明显大于前者，这说明土壤对锌的吸附量与外源锌关系密切。土壤磷含量在 0 ~ $120mg \cdot kg^{-1}$范围内，锌的吸附量下降幅度较大，尤其是 Cd0 和 Cd3 处理下降低最明显。而在 Cd30 处理下，锌吸附量随着磷水平的变化均不明显，但在相同磷水平情况下，Cd30 处理明显降低了锌的吸附量，促进了锌的有效性。

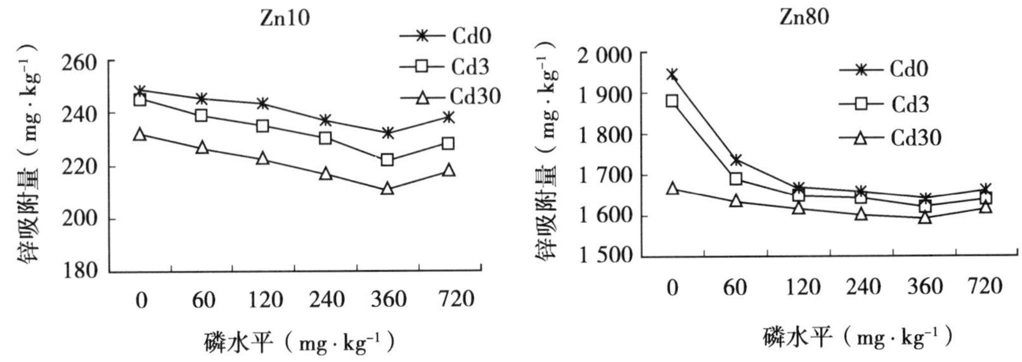

图 1　不同含磷量褐土对不同浓度锌吸附量的影响

Figure 1　Effect on Zn adsorption of different P contents in soil

（注：Zn10 表示吸附 $10mg \cdot L^{-1}$锌，Zn80 表示吸附 $80mg \cdot L^{-1}$锌）

2.1.2　不同含磷量土壤对不同浓度锌解吸量的影响　由图 2 可以看出，吸附 $10mg \cdot L^{-1}$锌后，随着土壤中磷含量的增加，用 $0.1mol \cdot L^{-1}$ KNO_3 解吸，解吸量先升高后降低逐渐趋于平稳。能被 KNO_3 解吸的锌是吸附态锌中活性较高的部分[14]，在土壤磷含量为 $54.48mg \cdot kg^{-1}$（$240mg \cdot kg^{-1}$）时，土壤对锌的解吸量最大，这说明在本试验条件下，土壤速效磷含量小于 $54.48mg \cdot kg^{-1}$范围内，随着速效磷含量的增加，提高了土壤吸附态锌的活性。同时在相同磷水平情况下，KNO_3 对锌的解吸量随镉浓度的增加而升高，其原因是锌离子和镉离子竞争土壤吸附点位，随着镉浓度的增加，镉离子占据的点位也相应增加，锌离子更多地被解吸出来。这进一步说明镉促进了锌的有效性。

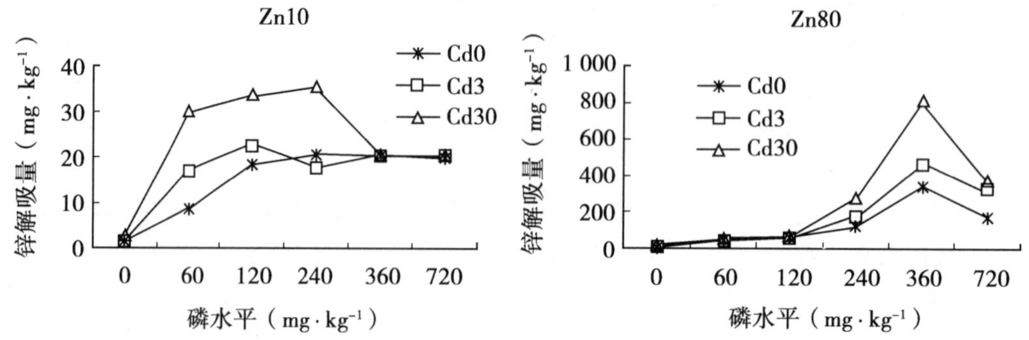

图 2　不同含磷量褐土对不同浓度锌解吸量的影响

Figure 2　Effect on Zn desorption of different P contents in soil

（注：Zn10 表示解吸 $10mg \cdot L^{-1}$锌，Zn80 表示解吸 $80mg \cdot L^{-1}$锌）

由图 2 可知，吸附 $80mg \cdot L^{-1}$锌后，用 $0.1mol \cdot L^{-1}$ KNO_3 解吸，锌解吸量随着磷吸附量的增大先升高后降低。磷水平在 0 ~ $120mg \cdot kg^{-1}$范围内，锌的解吸量很低，且处理间对锌解吸量的影响不明显，而当磷含量大于 $30.0mg \cdot kg^{-1}$时（磷水平 $120mg \cdot kg^{-1}$）时，锌解吸量急剧升高，随镉浓度的增大锌解吸量也明显增大，当磷含量为 $89.5mg \cdot kg^{-1}$（磷水平 $360mg \cdot kg^{-1}$）时解吸量达到最大值，然后逐渐降低。这是因为在低磷条件下，土壤表面电荷不饱和，锌离子、镉离子两者同时吸附在土壤胶体表面；随着磷浓度的增加，磷酸根离子与锌离子竞争土壤表面的吸附点位，磷酸根离子占据了更多的吸附点位，锌离子被解吸出来。但当磷浓度继续增大时，土壤吸附磷酸根离子达到饱和，解吸出来的锌离子可能与多余的磷酸根离子形成磷酸盐沉淀，致使锌解吸量降低。而在同一磷水平下，磷酸根离子占据土壤吸附点位使土壤表面带负电荷，因此土壤溶液中带正电荷的锌离子和镉离子竞争吸附点位，随着镉浓度的增加，镉离子占据的点位也相应增加，锌离子被解吸出来，解吸量增大。

2.2　不同含磷量土壤对镉的吸附和解吸的影响

2.2.1　不同含磷量土壤对不同浓度镉的吸附的影响　由图 3 可知，外加 $3mg \cdot L^{-1}$镉时，在 Zn0 和 Zn10 处理下，随着磷吸附量的增加，土壤对镉吸附量影响不大，可能因为在低镉和低锌浓度范围内，土壤对镉离子和锌离子的吸附未达到饱和所致。但在 Zn80 处理下，随着磷吸附量的增加，土壤对锌的吸附量增加，而对镉的吸附量降低。但在同一磷浓度水平情况下，土样对镉的吸附量随锌浓度的增加而降低，尤其在 Zn80 处理下，镉吸附量降低幅度较大。

由图 3 可见，土壤吸附 $30mg \cdot L^{-1}$镉时与吸附 $3mg \cdot L^{-1}$镉变化趋势不同。随着速效磷水平的增加，土壤对镉的吸附量逐渐增加，但当磷处理达到最大时（磷含量

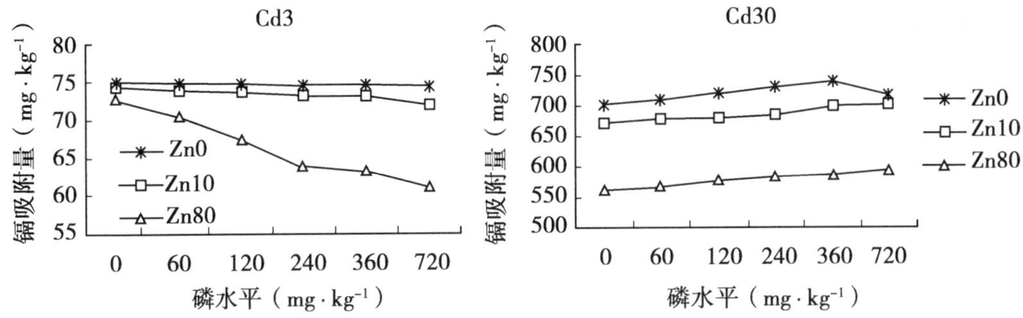

图3　不同含磷量褐土对不同浓度镉的次级吸附量的影响

Figure 3　Effect on Cd adsorption of different P contents in soil

（注：Cd3 表示吸附 $3mg \cdot L^{-1}$镉，Cd30 表示吸附 $30mg \cdot L^{-1}$镉）

$720mg \cdot kg^{-1}$），镉吸量稍微减小（Zn80 处理除外）。原因是随着土壤中磷酸根离子的增加，土壤胶体表面的负电荷增加，增强了土壤对金属阳离子的吸附力，所以土壤对镉离子的吸附量也增加；在同一磷水平情况下，随着锌浓度的增加，土壤对镉的吸附量明显降低。原因是锌离子与镉离子竞争吸附点位，随着锌浓度的增加，锌离子占据了更多的点位，镉离子被解吸出来，吸附量降低。

2.2.2　不同含磷量褐土对不同浓度镉解吸的影响　吸附 $3mg \cdot L^{-1}$镉和 $30mg \cdot L^{-1}$镉后，用 $0.1mol \cdot L^{-1}$ KNO_3 解吸，由图 4 看出，三个处理中，镉的解吸量随速效磷含量磷的增加而增大；而在相同磷水平情况下，镉解吸量随锌浓度的增加而增加，这说明增加锌促进了镉的有效性，原因是锌离子和镉离子竞争土壤吸附点位，当锌离子增多时，所占的吸附点位也相应增加，镉离子被解吸出来。

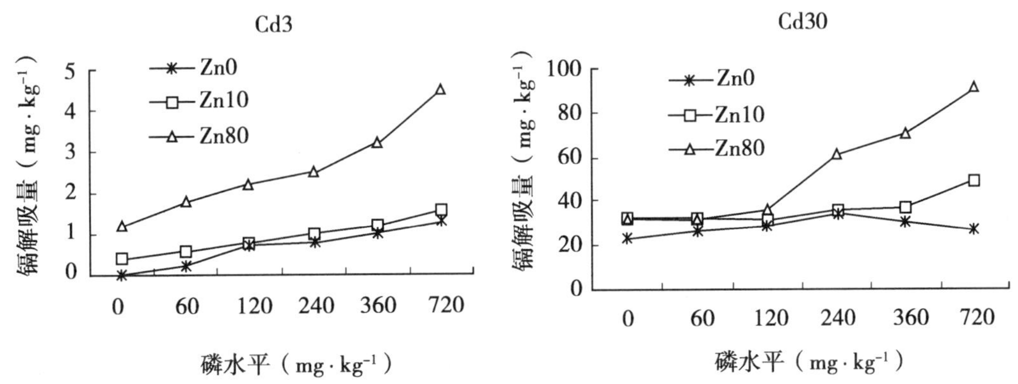

图4　不同含磷量褐土对不同浓度镉解吸量的影响

Figure 4　Effect on Cd desorption of different P contents in soil

（注：Cd3 表示解吸 $3mg \cdot L^{-1}$镉，Cd30 表示解吸 $30mg \cdot L^{-1}$镉）

3 结论

3.1 褐土对锌的吸附量

随着磷水平的增加先降低后升高，磷水平在360mg·kg^{-1}时吸附量达到最小。锌镉共存时，镉浓度的增大降低了锌的吸附量；用0.1mol·L^{-1} KNO_3解吸时，锌解吸量随磷水平的增加先升高后降低。这说明褐土中常量施P范围内，随着P水平的提高，增加了土壤中锌的有效性；但当P含量过高时，则降低了土壤中Zn的有效性。这与刘忠珍[8]的研究结果一致。在相同P水平下，Cd促进了Zn的解吸，从而提高Zn的有效性。

3.2 褐土吸附外加3mg·L^{-1}镉时

在Zn0和Zn10处理下，随着P吸附量的增加，对Cd吸附量影响不大；但在Zn80处理下，随着P吸附量的增加，土样对Zn的吸附量增加，而对Cd的吸附量降低。但在同一磷浓度水平情况下，土壤对Cd的吸附量随Zn浓度的增加而降低。土样吸附30mg·L^{-1}Cd时在同一磷水平情况下，随着Zn浓度的增加，土壤对Cd的吸附量明显降低。解吸时，Cd解吸量随着P水平的增加而升高。相同P水平下，Zn促进了Cd的解吸。

参考文献

[1] 陈声明. 绿色食品与保护. 环境污染与防治，1995，17（2）：29

[2] 秦天才，吴玉树，黄巧云，胡红青. 镉铅单一和复合污染对小白菜抗坏血酸含量的影响. 生态学杂志，1997，16（3）：31～34

[3] Khan H. R，M cDonald G. K，Rrngel Z. Chickpeagenotypes differ in their sensitivity to Zn deficiency. Plant and Soil，1998，11～18

[4] Cakmak I，Dirci R，Torun B. Role of rye chromosomes in im provement of zinc efficiency in wheat and triticate. Plant and Soil，1997，196：249～2533

[5] 王娜，陈国祥，邵志广，刘双，吴国荣，陆长梅. 磷缓解水鳖镉毒害的生理研究. 西北植物学报，2001，21（6）：1176～1181

[6] 成杰民，潘根兴，郑金伟，杨建军，仓龙. 模拟酸雨对太湖地区水稻土铜吸附-解吸的影响. 土壤通报，2001，38（3）：333～340

[7] 罗厚庭，董元彦，李学垣. 可变电荷土壤吸附磷酸根后对Cu、Zn、Cd次级吸附的影响. 华中农业大学学报，1992，11（4）：358～363

[8] 刘忠珍. 石灰性土壤中磷与重金属（锌、镉）交互作用研究. 郑州：河南农业大学，2004，38～40

[9] 刘芳，刘世亮，化党领，田椿立，介晓磊. 褐土中磷镉吸附与解吸的研究. 土壤，2008，40（1）：88～92

[10] 刘平，徐明岗. 伴随阴离子对土壤中铅和镉吸附—解吸的影响. 农业环境科学学报，2007，26（1）：252～256

[11] 丘少敏，薛家骅. 红壤中镉的竞争吸持动力学. 环境化学，1990，9（2）：1～5

[12] 朱波，汪涛，王艳强，高美荣，青长乐. 锌、镉在紫色土中的竞争吸附. 中国环境科学，2006，

26（Suppl）：73～77
[13] 鲍士旦．土壤农化分析．北京：中国农业出版社，1999
[14] 介晓磊，刘凡，徐凤琳，周代华，李学垣．磷酸化针铁矿表面次级吸附态锌的化学分组．华中农业大学学报，1997，16（5）：340～344

Effect of Zn and Cd Adsorption and Desorption on Different P Contents Cinnamon Soil

Liu Fang[1], Cui Haiyan[1], Liu Shiliang[1]
Jie Xiaolei[1,2], Hua Dangling[1]
(1. Henan Agricultural University, Zhengzhou 450002, China;
2. Zhengzhou College of Animal Husbandry Engineering, Zhengzhou 450008, China)

Abstract: To elucidate the mechanism of P and Zn Cd in soil system, The paper studied the tested cinnamon soil which added P and incubated 90 d adsorbed and desorbed Zn and Cd. The result indicated that the Zn adsorption amount in cinnamon soil which added different concentration P and after incubated was decreased first and then increased with P content increased in Zn10 and Zn80 treatments. Under the same P concentration treatment, Zn adsorption amount was decreased significantly with added Cd concentration increased; Cd adsorption amount was decreased with P content increased in Cd3 treatment, but increased in Cd30 treatment, and the Cd adsorption aomount was decreased notability with Zn content increased.

Key words: Cinnamon soil; Phosphate; Zinc; Cadmium; Adsorption; Desorption

集约化养殖废弃物重金属污染及其防治对策*

黄治平[1**] 张克强[1] 徐 斌[2] 王 风[1]
杨 鹏[1] 李军幸[1] 李晓光[1] 于 丹[1]

（1. 农业部环境保护科研监测所，天津 300191；
2. 中国农业科学院农业资源与农业区划研究所，北京 100081）

摘 要：本文介绍了中国集约化养殖废弃物的处置和污染概况，着重对猪场废弃物重金属污染风险作了详细介绍，并提出了减小集约化养殖废弃物的重金属污染风险的对策。

关键词：猪场废弃物；重金属；污染

目前，发展中国家畜禽生产可用“畜禽革命”一词描述。全球来说，畜禽生产与消费都呈增长趋势，但以发展中国家增长率最高。从1982～1994年，发展中国家肉产品增长率为5.4%，而发达国家增长率仅为1.1%。在发展中国家中，亚洲是发展最快的畜禽产区，同一时期，中国肉产品增长率为8.4%，东南亚国家为5.7%[1]。尽管畜禽养殖增长幅度可能下降，但最近分析预测，增长趋势还将持续20年。1997～2020年间，每年肉产品消费平均增长率中国为3%，东南亚为3.3%，发展中国家整体为2.8%[2]。肉产品消费增长，必然促使集约化养殖发展。

1 中国畜禽养殖业污染概况

集约化养殖业的快速发展，畜禽粪便污染问题日益引起中国政府和国人的关注。20世纪80年代中期，中国台湾省就颁布了包括治理养殖业排污在内的《水污染防治事业放流水标准》，并限期养殖场解决排污问题，中国香港于1988年发布了《畜牧业粪便控制规划》。20世纪90年代末期，上海市专门成立了“上海市畜禽粪便治理指挥部”，北京市则通过公开招标方式寻求解决“畜禽粪便无害化处理及综合利用新技术”的措施。2000年6月，中国国家环保局决定发布《畜禽养殖业污染物排放标准》和《畜禽

* 基金项目：“十一五”国家科技支撑课题（2006BAD17B02）和中央级公益性科研院所基本科研业务费专项资金（农业部环境保护科研监测所）资助。

** 作者简介：黄治平（1972～），男，博士，研究方向为农业资源生态，Tel：022－23003849；E-mail：bjhuangzp@126.com。

养殖场污染防治管理办法》，2002 年以国家法律《畜禽养殖业污染防治技术规范》的形式颁布施行[3]。2006 年《政府工作报告》提出必须重视畜禽粪便污染[4]。

集约化猪场是集约化养殖场的排污主体，近年来，中国集约化养猪业发展迅速，2000 年，仅北京地区集约化养猪场达 2 300 多个。全国范围内，年出栏 3 000 头以上的猪场逐年增长，见图 1 所示[5]。

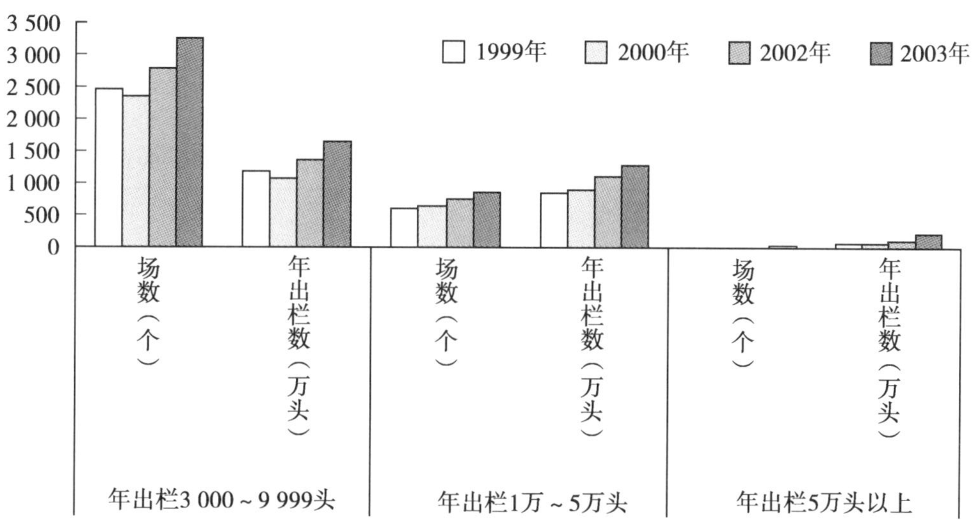

图 1　近年来中国大型养猪场场数及年出栏数

Figure 1　Number of large-scale swine farms and swine products of China in recent years

通常饲养方法，每万头猪产生废水约 $200m^3 \cdot d^{-1}$，每头猪约产生粪便 $2 \sim 3kg \cdot d^{-1}$，1 年出栏 6 000 头商品猪的养殖场产生粪便约 1 500 ~ 2 200 $t \cdot a^{-1}$[6]。根据国家环保总局的畜禽粪便排放系数计算，北京市目前集约化猪场（现有 30% 集约化猪场采用干清粪、70% 采用水冲粪）平均每年产生粪便 66.5×10^4t，污水、COD、NH_3^- – N、TN 和 TP 分别为 518.58×10^4 t、97 622.64 t、26 316.1t、35 916.5t 和 5 952t，集约化猪场污水产生量占全市各类集约化养殖场污水产生总量的 70%[7]。环境影响比较大的大中型畜禽养殖场分布在人口比较集中、水系比较发达的东部沿海地区，近 80% 集中分布在东部沿海地区和诸多大城市周围，中部地区数量不到总数的 20%，而整个西部地区仅占总数的 1% 左右。而且，绝大多数集约化畜禽场没有相应的配套耕地消纳其产生的畜禽粪便，客观上已经形成了比较严重的农牧脱节，以猪为例，不同类型养殖场标准单位占有的配套耕地平均不足 $0.07hm^2$，最少占有耕地水平尚不足 $0.02hm^2$[8]①。

2　畜禽废弃物处置概况

由于畜禽废弃物可以通过土层的过滤、土壤粒子和植物根系的吸附、生物氧化、离

① 2000 年全国畜禽养殖污染排放情况调查对象为存栏数为 200 头及以上的养猪场、40 头及以上的奶牛场、80 头及以上的肉牛场、2 000只及以上的养鸡场、1 000只及以上的养鸭和养鹅场。

子交换、土壤微生物间的拮抗，使进入土壤的粪肥水中的有机物降解、病原微生物失去生命力或被杀灭，从而得到净化，同时，还可改良土壤、增加土壤肥力而提高作物产量，实现资源化利用。一些有足够土地消纳大量猪场废水的集约化猪场一般采用土地处置猪场废水[9]，调查表明，北京市集约化猪场粪污的去向主要是堆肥还田[10]，汕头集约化畜禽养殖场年污水产生量为76.71万t，年粪便产生总量11.02万t，粪便还田总量8.54万t，粪便使用水平1.8t·hm^{-2}，粪便还田率为77%[11]。表1为笔者所调查的几个万头猪场的粪污处置利用情况。

表1 万头猪场粪污处置调查

Table 1 Investigation of swine waste deposited of large-scale swine-farms

名称	规模（万头）	建场时间	地点	粪污生产量（t·d^{-1}）	粪污处置
京安猪场	10	1998年	河北安平县	2 000	部分湿粪堆肥，部分湿粪出售到蔬菜基地。部分废水浇灌附近约100 hm^{2}农田土壤，部分输入城市污水管道
海润实业	1	1995年	河南武陟县	100	湿粪出售于附近蔬菜基地，废水浇灌附近农田土壤
北郎中种猪场	3	1997年	北京顺义	100	湿粪堆肥，售于蔬菜基地。废水浇灌附近4 hm^{2}果园土壤
安定种猪场	1	2005年	北京大兴安定镇	100	湿粪出售于附近蔬菜基地，废水浇灌附近农田土壤

根据《畜禽养殖业污染物排放标准（GB 18596—2001）》要求，用于直接还田的畜禽粪便，必须进行无害化处理[12]。畜禽粪便还田时，不能超过当地的最大农田负荷量，避免造成面源污染和地下水污染。畜禽养殖业应积极通过废水和粪便的还田或其他措施对所排放的污染物进行综合利用，实现污染物资源化。据2002年9月农业部和国家环境保护总局的联合调查显示，在2003年1月1日《畜牧养殖废弃物排放标准》正式实施时，有90%左右的大型畜禽养殖场达不到排放控制标准[3]。对北京市33家集约化养殖场调研发现，仅有8.8%的污水排放至沼气池和污水处理站，其余91.21%的污水未经处理，直接排放至周边环境，大约有12.2%的猪场粪便存放在无任何防淋失、防渗漏措施的裸露场地上[7]。为避免过量施用造成的地下水污染和作物贪青倒伏，各国都采取畜牧场与农田配套建设的办法解决，一般规定每养30头存栏猪须有1 hm^{2}土地消化粪肥[13]。

3 畜禽废弃物重金属污染概况

现代畜牧业集约化养殖，特别是集约化养猪场的快速发展，使得各种重金属元素添加剂的使用越来越广泛。适量重金属元素能为畜禽生产带来较好的经济效益，如添加As、Cu、Mn和Zn能改善动物的生长性能，在饲料中添加Cu、Cr、Zn等重金属元素在世界各国较为普遍。Cu能促进猪生长，高Cu［一般200~250mg·kg^{-1}，NRC（国家推荐标准）推荐量为3~6mg·kg^{-1}］能提高饲料利用率，高Zn（一般以ZnO形式提供2 000~3 000mg·kg^{-1}，NRC推荐量为50~100mg·kg^{-1}）能减轻仔猪腹泻，促进生长发育，同时使用高Cu、高Zn时，必须适当增加Fe、Mn等添加量，否则由于拮抗作用使Cu和Zn缺乏。在各种饲料成分中，Cu含量要高到足够满足动物Cu的需求，Zn的要求量更大，实际上会通过矿质混合物在饲料中添加过量的Cu和Zn，从而导致饲料Cu和Zn过量，而有机As化合物是控制猪疾病和增加体重的饲料添加剂，As添加剂也正受到公众关注[14~20]。

大部分重金属元素会直接通过动物体内排出，如进入畜禽体内90%的Cu和90%~95%的Zn从粪便中排出。据报道，中国每年使用的重金属元素添加剂为1.5×10^5~1.8×10^5t，但由于生物利用率低，大约有1×10^5t添加剂左右未被利用而随粪尿排出，高剂量重金属添加剂可导致动物粪污中重金属含量提高。有报道表明，畜禽粪便中重金属元素含量较高，猪粪中含Cu、Zn、Ni、Cd、Cr和Pb分别为（498.05 ± 2.32）mg·kg^{-1}、（$1\ 046\pm12.34$）mg·kg^{-1}、（58.00 ± 3.46）mg·kg^{-1}、（2.83 ± 0.45）mg·kg^{-1}、（6.18 ± 0.65）mg·kg^{-1}及（166.07 ± 3.48）mg·kg^{-1}[16,20~21]，浙江省一些地区调查表明，猪粪中As、Cd、Cr和Cu分别为180.4mg·kg^{-1}、1.45mg·kg^{-1}、13.63mg·kg^{-1}、790.3mg·kg^{-1}，严重超过国家城镇垃圾农用控制标准（GB 8172—1987）[22]。江苏省10个主要城市的31个畜禽场的饲料和畜禽粪便采样分析表明，发现猪饲料中Cu、Zn和As平均含量分别为105.36mg·kg^{-1}、144.17mg·kg^{-1}和90μg·kg^{-1}，猪粪中Cu、Zn和As平均含量分别为399.0mg·kg^{-1}、505.9mg·kg^{-1}和12μg·kg^{-1}[23]。北京市朝阳区8个猪场29个饲料样品和29个粪便样品的As检出率为100%，As含量分别为0.15~37.8mg·kg^{-1}和0.42~119.0mg·kg^{-1}，猪粪As浓度随猪饲料As的增加而增加，北京14个县区的猪粪载入率为2.7~57.2t·hm^{-2}·a^{-1}，由于土壤应用猪粪而潜在的As增加率为11.8~78.9mg·kg^{-1}·a^{-1}[19]。

将猪粪以10 t·hm^{-2}的比率应用于作物，会产生相当于单独应用5mg·kg^{-1} Zn浓度的$ZnSO_4$的效果，应用猪粪施肥超过5年，土壤中Cu含量可从1~2μg Cu·g^{-1}Soil增加到3~10μgCu·g^{-1}Soil[14,24]。依据美国FDA（美国食品及药物管理局）允许使用的砷制剂剂量推算，一个万头猪场连续使用含砷饲料5~8年，将向猪场周边排放近1t砷，很显然，土壤和地下水中砷含量将大幅度提高[6,16]。长期大量农用富含Cu、Zn、Mn和As等重金属的猪场粪污，当重金属供应超过作物吸收，土壤重金属含量会增加，土壤pH值会降低，增加重金属有效态含量，作物对重金属的吸收可能会很高，最后给作物消费者（动物或人）带来健康风险[25~28]，2007年度“863”计划已经关注集约化养殖废水中重金属处理技术[29]。

4 畜禽废弃物重金属污染风险防治对策

4.1 利用有机微量元素，降低铜、锌等重金属元素排放

有研究表明，低剂量有机铜（以赖氨酸铜添加100mgCu·kg^{-1}）和有机锌（以蛋氨酸锌250mgZn·kg^{-1}）可以替代高铜、高锌的促长效果，还可极显著降低猪肝脏和粪中铜、锌含量。

4.2 应用天然提取物和有机畜产品改良剂，减少砷排放

国内外对一些天然提取物，如由大蒜提取的大蒜素、由大豆提取的大豆异黄酮以及中草药提取物进行了研究，发现这些提取物具有改善机体代谢、促进生长发育、提高免疫机能及防治疾病等作用，无毒副作用，是砷制剂和抗生素的理想替代品。

4.3 降低单位土地畜禽废弃物应用量

提高土壤 pH 值以降低土壤重金属有效态含量，开发畜禽废弃物重金属钝化剂，减少作物对重金属的吸收。

4.4 开展和加强集约化养殖废弃物重金属的处理技术

降低畜禽废弃物重金属含量，减小因畜禽废弃物还田引起的重金属污染风险。

参考文献

[1] Gerber Pierre, Chilonda Pius, Franceschini Gianluca, *et al.* Geographical determinants and environmental implications of livestock production intensification in Asia. Bioresource Technology, 2005, 96 (2): 263 ~ 276

[2] Delgado, C., Narrod, C. Impact of changing market forces and policies on structural change in the livestock industries of selected fast-growing developing countries. FAO, Rome, 2002

[3] 李传红，朱文转．集约化畜禽养殖业废弃物污染及其综合防治．环境保护，2001，12：32 ~ 34

[4] 温家宝．政府工作报告，2006

[5] 中国畜牧业年鉴．北京：中国农业出版社，1999 ~ 2003

[6] 周桂莲．环保日粮与现代养猪生产（DB/OL）. http: //gdivdc. com/magzine/magzine. php? id = 177

[7] 京郊的主要农业污染源（DB/OL）. 2004. http: //www. teic. com. cn/zy/jjgk/jjgk_ nr. asp? id = 42

[8] 2000 年全国规模化畜禽养殖业污染情况调查工作报告（EB/OL）: http: //www. zhb. gov. cn/eic/650776747519770624/20040811/620. shtml

[9] 邓良伟．规模化猪场粪污处理模式．中国沼气，2000，19（1）：29 ~ 33

[10] 刘永菊．北京市畜禽废弃物对环境影响的评价及对策（硕士论文）．中国农业大学，1999

[11] 2000 年汕头市环境状况公报（EB/OL）: http: //www. stepb. gov. cn/news_ detail. asp? newsid = 728

[12] 畜禽养殖业污染物排放标准（GB 18596—2001）

[13] 田仁．面临环保如何让我们不被淘汰出局．畜禽业，2004，4：2 ~ 5

[14] Gupta V. K., Singh C. P. and Relan P. S. Effect of Zn-enriched organic manures on Zn nutrition of wheat and residual effect on soyabean. Bioresource Technology, 1992, 42 (2): 155 ~ 157

[15] Bos J. F. F. P., Wit J. de. Livestock and the environment finding a balance. International Agriculture Centre Wageningen. The Netherlands January, 1996

[16] 李岱青．畜禽粪便尿污染恶果已突显．中国畜牧报，2003 - 09 - 14（第 10 版）

[17] Choudhary M., Bailey L. D. and Grant C. A. Review of the use of swine manure in crop production: effects on yield and composition and on soil and water quality. Waste Management & Research, 1996, 14 (6): 581 ~ 595

[18] Bolan N. S., Khan M. A., Donaldson J., *et al.* Distribution and bioavailability of copper in farm efflu-

ent. the Science of The Total Environment, 2003, 309 (1 ~ 3): 225 ~ 236

[19] Li Yan-xia and Chen Tong-bin. Concentrations of additive arsenic in Beijing pig feeds and the residues in pig manure. Resources, Conservation and Recycling, 2005, 45 (4): 356 ~ 367

[20] 游金明，翟明仁，张宏福．猪饲料中必需微量元素的盈缺对养猪生产的影响．中国饲料，2003，8：16 ~ 17

[21] 黄国峰，张振钿，钟流举等．重金属在堆肥过程中的化学变化．中国环境科学，2004，24 (1)：94 ~ 99

[22] 加强肥料规范化管理，控制蔬菜重金属污染．http://www.zjny.net/nyzl/read.asp? id = 1003

[23] Long Cang, Wang Yu-jun, Zhou Dong-mei, *et al.* Heavy metals pollution in poultry and livestock feeds and manures under intensive farming in Jiangsu Province, China. Journal of Environmental Sciences. 2004, 16 (3): 371 ~ 374

[24] Huysman F., Verstraete W. and Brookes P. C.. Effect of manuring practices and increased copper concentrations on soil microbial populations. Soil Biology and Biochemistry, 1994, 26 (1): 103 ~ 110

[25] Hsu Jenn-Hung, Lo Shang-lien. Effect of composting on characterization and leaching of copper, manganese, and zinc from swine manure. Environmental Pollution, 2001, 114: 119 ~ 127

[26] 黄治平，徐斌，张克强等．连续四年施用规模化猪场猪粪温室土壤重金属积累研究．农业工程学报，2007，23 (11)：239 ~ 244

[27] 黄治平，徐斌．规模化猪场废水污灌农田的土壤 Zn 和 Cu 空间变异分析．农业环境科学学报，2008，27 (1)：126 ~ 132

[28] 黄治平，徐斌，涂德浴等．规模化猪场废水灌溉农田土壤 Pb、Cd 和 As 空间变异及影响因子分析．农业工程学报，2008，24 (2)：77 ~ 83

[29] 863 计划资源环境技术领域 2007 年度专题课题申请指南 (EB/OL)：http://www.most.gov.cn/tztg/200703/t20070327_ 42369. htm

Heavy Meatals Pollution and Countermeasures of Inteusive Scaled Swine Farms

Huang Zhiping[1], Zhang Keqiang[1], Xu Bin[2], Wang Feng[1], Yang Peng[1], Li Junxing[1], Li Xiaoguang[1], Yu Dan[1]

(1. Institute of Agro-Environmental Protection, Ministry of Agriculture of the People's Republic of China, Tianjin 300191, China
2. Institute of Agricultural Resources and Regional Planning, Chinese Academy of Agricultural Sciences, Beijing 100081, China)

Abstract: With the rapid development of scale animal-farms in China, the animal waste was almost disposed in farmland soils around animal farm region. The disposition and pollution of animal waste was introduced in this paper, and the pollution risk of heavy metals in swine waste was gone into environment. Some countermeasures were put forward to reduce the pollution risk of heavy metals in animal waste.

Key words: Swine manure; Heavy metals; Pollution

植物修复重金属污染土壤根际效应研究*

乔冬梅[1,2] 齐学斌[1] 庞鸿宾[1] 赵志娟[1]

（1. 中国农业科学院农田灌溉研究所 新乡 453003；
2. 中国农业科学院研究生院 北京 100081）

摘 要：随着重金属对土壤污染的日益加剧，植物修复技术作为一门新兴的技术近些年来受到了国内外学者的广泛关注。本文综述了近些年来国内外在这方面的研究进展，并阐述了根际土壤 pH 值、Eh、微生物、根系分泌物以及矿物质对植物修复重金属污染土壤方面的影响及研究进展。

关键词：重金属污染；超富集植物；植物修复

1 引言

我国面临着资源型和水质型缺水双重危机，在水资源短缺的情况下，为了确保农业生产，许多地方被动利用污水进行灌溉。大量未达标的污水直接用于农田灌溉，虽然解决了一些地区缺水的燃眉之急，却为之付出高昂的代价。污水灌溉使污染物特别是重金属在土壤中大量残留，直接影响土壤生态系统的结构和功能，使生物种群结构发生改变，生物多样性减少，土壤生产力下降，土壤理化性质恶化，且影响作物生长，造成农作物减产和农产品质量下降，对生态环境、食品安全和农业可持续发展构成威胁，土壤污染的总体形势相当严峻。

土壤重金属污染带来了严重后果：一是影响耕地质量，造成直接经济损失。据估算，全国每年因重金属污染的粮食达 1 200万 t，造成的直接经济损失超过 200 亿元。二是影响食品安全，威胁人体健康。重金属在农作物中累积，并通过食物链进入人体，引发各种疾病，最终危害人体健康。三是影响农产品出口，降低国际竞争力。20 世纪 90 年代以来，因农药残留和重金属含量超标，农产品出口被外方退货、索赔和终止合同的事件时有发生，部分传统大宗农产品也被迫退出国际市场。特别是我国加入世贸组织以后，发达国家对我国出口农产品要求提高，出口压力增大。由于土壤重金属污染具有累积性、滞后性、不可逆性的特点，治理难度大、成本高、周期长，将长期影响经济社会

* 国家青年科学基金项目（50809074）、科技部国际科技合作项目（2006DFA72190）、欧盟第六框架项目（PL 023168 SAFIR）和国家科技支撑计划项目（2006BAD17B02）。

的发展。土壤重金属污染问题已经成为影响群众身体健康、损害群众利益、威胁农产品安全的重要因素。因此，重金属污染的修复研究不容忽视。

如何修复重金属污染土壤是一项非常艰巨而重要的任务，目前植物修复技术是一种可靠的、相对安全的环境友好型修复技术，不仅技术成本低、对环境扰动少、无副作用，而且有较高的美化环境价值，有利于生态环境改善和野生生物的繁衍，目前被世界各国政府、科技界、学术界所关注。但目前为止，对植物修复技术的植物选择、修复机理、合理应用、修复效果等方面的研究还比较薄弱。

2　国内外研究现状

2.1　植物修复技术

植物修复是以植物忍耐和超量富集某种或某些化学元素的理论为基础，利用植物及其共存微生物体系来净化环境的一种环境污染治理技术。植物修复的概念有广义和狭义之分。广义的植物修复包括：利用植物修复重金属污染土壤，利用植物净化空气和水体，利用植物清除放射性元素和利用植物及其根际微生物共存体系净化土壤中的有机污染物。狭义的植物修复主要指利用植物清除污染土壤中的重金属。按照污染物植物修复的作用机理可分为植物挥发、植物过滤、植物提取和植物钝化四种，其中植物挥发和植物过滤已有应用，基础理论研究相对较为成熟，植物提取和植物钝化在目前污染土壤植物修复的研究中占据很大的份额，植物提取最有前景[1]。

1583 年意大利植物学家 Cesalpino 首次发现在意大利托斯卡纳“黑色的岩石”上生长的特殊植物，这是关于超富集植物（*Hyperaccumulator*）的最早报道。从这以后，相继又发现了 *Alyssum betolonii*（庭荠属）、*Brassica juncea*（印度芥菜）和 *Elsholtzia harchow ensis sun*（铜草，在我国发现）等 400 多种超富集植物[2]，并发现这些超富集物种的分布与所在地区土壤内部重金属的含量有明显相关关系。1977 年，Brooks 正式提出了超富集植物的概念[3]，1983 年 Chaney 又提出了利用超富集植物清除土壤重金属污染的思想[4]。随着对超富集植物的深入研究，植物修复成为迄今为止修复重金属污染土壤的最有效途径，也成为各相关领域目前研究的热点之一。

2.2　重金属污染土壤植物修复的机理

超富集植物的耐性特征获得有两个途径，一是重金属的排斥性，即重金属被植物吸收后又被排出体外，或者在植物体内的运输受到阻碍；另一途径是金属富集，但可自身解毒，即在植物体内以不具有生物活性的解毒形式存在。研究表明，超富集植物的耐性是由植物本身的生理机制所控制。在耐性植物的根和叶组织中能积累高浓度的重金属[5]。因超富集植物吸收重金属的数量与其根部细胞具有与重金属结合点位多少有关，在细胞内，金属离子可能会直接改变质酶的活性或诱导新的基因产物的重新合成，或结合在外部结合点位上，同时金属有机配位体，如有机酸、植物金属螯合态、金属硫蛋白等都有可能降低细胞质中毒性离子的化学活性，从而降低毒性重金属离子对重要代谢功能的负面影响[6]。

2.3 影响重金属污染土壤植物修复的根际环境

植物修复过程中，根际环境作为土壤—植物的连接纽带，是污染土壤植物修复最直接作用的部分，它决定了重金属在根际中的理化过程。根际环境对植物修复重金属污染土壤的影响主要通过以下几个因素体现，即土壤 pH 值、Eh、根系分泌物、微生物等，而且这几个因素相互联系，相互协调作用。

2.3.1 *根际土壤 pH 值对重金属行为的影响* 根际环境中，土壤 pH 值是最重要、最活跃的影响因子。已有研究得出，根际环境中的 pH 值明显不同于非根际环境，变化范围一般在 1 ~2 个单位[7]。pH 值的变化对根际环境的影响是多方面的，首先，重金属在大多情况下以难溶态存在于土壤中，随着 pH 值的变化，许多重金属的溶解度会发生相应的变化，使得植物对其的吸收也会发生显著变化；其次，植物通过根部分泌质子来酸化土壤，降低土壤 pH 值，可以使与土壤结合的金属离子改变其活性和生物有效性，进入土壤溶液，进而影响植物对重金属的吸收。笔者模拟沙壤土对重金属 Cd 的实验也表明，同等浓度梯度条件下，随着 pH 值的升高，吸附量逐渐增加，当 pH =3 时，吸附量最小，pH =11 时，吸附量最大，在 pH 值从 7 变化为 9 时，变化最为明显。

2.3.2 *根际土壤 Eh 对重金属行为的影响* 根际 Eh 对重金属行为的影响，主要表现在化学反应方面。随着根际 Eh 的变化，根际土壤中氧化还原反映的方向及其速率都会随之变化，许多金属离子在土壤中的物理化学性质也会发生相应的变化，从而影响其活性和生物有效性。对于旱作植物，根系微生物以好氧分解为主，根系分泌物中也含有酚类等还原性物质，在根系呼吸的共同作用下，作物根际环境中的 Eh 一般比非根际土壤低 50 ~100mV[8]。而水稻则相反，由于具有特殊的根系泌氧功能，其根际的 Eh 通常会比相应非根际土壤高一些。

对于同种植物，根际 Eh 在不同生育阶段内含量也不同，而且变化很大，其生长状况也是影响 Eh 的一个重要方面；对于不同植物，其根际的 Eh 也不同，例如水稻和小麦在不同的生育阶段内，不同的长势下 Eh 存在明显的时空差异[9]。随着 Eh 的变化，根系的吸收性能会发生明显的变化，对重金属的形态及其毒性都会产生重要的影响。在一般情况下，重金属在土壤中存在很多价态和形态，且与氧化还原反应存在密切关系。

2.3.3 *根系分泌物对重金属行为的影响* 植物根系分泌物反映了植物之间、植物与土壤以及植物与微生物之间的物理、化学和生物关系，在土壤污染修复中发挥重要的作用。根系分泌物影响重金属修复的途径是多种多样的，能通过调节根际 pH 值、螯合作用、沉淀、稳定等途径改变重金属的生物有效性和生物毒性，从而影响植物对重金属的吸收；此外，通过其分泌的酶类，与土壤微生物的共同作用来降解、消除有机污染物，减轻其对植物的毒害，最终减少污染物在食物链中的传递[10]。总之，根系分泌物在重金属污染的植物修复过程中作用十分明显。

植物在生长过程中，根系不断向根际环境中分泌大量有机物质，据估测，植物根系分泌物的质量可以占到光合作用产物的15% ~40%[11]，这些分泌物中含有碳水化合物、有机酸、氨基酸、糖类物质、蛋白质、核酸以及大量其他物质，特别是低分子量的有机酸，对重金属离子的形态及其生物有效性有着重要的影响，这些物质中含有能提高土壤重金属生物有效性的金属螯合分子[12,13]。Cieslinski 等的试验表明，小麦苗期地上部 Cd 积累差异与根系分泌的低分子量有机酸的数量有关[14]。Miguel 等在研究抗 Al 大麦（Zea mays）指出，Al 胁迫刺激根系分泌柠檬酸等有机酸，并认为根系分泌有机酸是其对 Al 产生抗性的机制之一[15]。Hammer 和 Keller 认为，超积累植物分泌质子和有机酸的能力比一般植物强，所分泌的有机酸使土壤 pH 值降低，显著活化了土壤不溶态重金属，从而促进了植物对重金属的吸收[16]。但也有相反报道，Salt 等曾做过相应研究，他们认为超量积累植物与非超量积累植物根系分泌物并无明显差异[17]。目前，关于根系分泌物促进重金属吸收的机理研究还很薄弱。

2.3.4 *根际微生物对重金属行为的影响* 微生物与重金属的相互作用已成为微生物领域中的研究热点。因根际土壤中存在较高浓度的碳水化合物、氨基酸、维生素和能促进生长的其他物质，使得微生物活动非常旺盛。根际中微生物的数量一般为非根际的 5 ~ 40 倍[18]。这些生物体与根系组成一个特殊的生态系统，对土壤重金属元素的生物有效性产生显著的影响。很多根际微生物通过氧化还原，甲基化等作用，使重金属转化为低毒性或者无毒的状态，并且一些细菌、真菌等都可以通过离子交换等反应将重金属吸收到体内。微生物的活动对根际土壤重金属污染修复产生重要的作用。微生物学家也将研究的重点投向根际微生物。他们认为菌根和非菌根根际微生物可以通过溶解、固定作用使重金属溶解到土壤溶液，进入植物体，最后参于食物链传递，特别是内生菌根可能会大大促进植株对重金属的吸收能力，加速植物修复土壤的效率。目前，在利用细菌降低土壤中重金属毒性和植物修复方面也有了许多尝试。

2.3.5 *根际矿物质对重金属行为的影响* 矿物质是土壤的主要成分，也是重金属吸附的重要载体，不同矿物对重金属的吸附有显著的差异。在重金属污染防治中，也有人利用膨润土、合成沸石等硅铝酸盐来钝化土壤中 Cd 等重金属。从目前对土壤根际吸附重金属的研究来看，根际环境的矿物成分在重金属的可利用性中作用较大。王建林和刘芷宇等研究了四种土壤中种植水稻后，根际—非根际土 Cu 的吸附和解吸特性，表明根际土中 Cu 的吸附量大于非根际，吸附的 Cu 可分为易解吸态 Cu（0.1mol · L^{-1} KNO_3）和难解吸态 Cu（0.1mol · L^{-1} HCl），根际土易解吸态 Cu 的数量少于非根际，难解吸态 Cu 的量则相反。其中第四纪红土和赤红壤根际土中铜吸附增加，主要是根际土壤中活性铁锰增加的原因[19]。可见根际矿物质不仅影响重金属的吸附的特性，同时也影响重金属的存在形态。

3 讨论

综上所述，在土壤—根际—植物系统中，根际环境是一个重要的环境界面，它影响着重金属的迁移、转化和积累。但是，因根际环境的微域性、动态性、复杂性和不可视性等特点，使得对重金属污染植物修复机理的研究存在一定的困难，特别是根系分泌物对植物修复机理的影响，目前还缺乏系统的了解。以往对植物吸收重金属的研究是从化学特性（pH 值和 Eh），生物的遗传特性（根际分泌物、根际微生物），生理生化代谢几个方面进行研究。而且研究得出植物根系分泌物中含有碳水化合物、有机酸、氨基酸、糖类物质、蛋白质、核酸以及大量其他物质，而且根系分泌有机酸能促进重金属吸收。但究竟有机酸中哪些物质能对重金属的吸收起关键性促进作用，目前还没有定论。

总之，由于诸多因素的影响，重金属在植物根际和非根际之间的迁移、转化和归宿成为一个十分复杂的过程。根际土壤在植物根部分泌物及吸收作用的影响下，离子组成、pH 值、有机质含量、Eh 和微生物量等都有别于非根际土壤。由于根际环境的特异性，对研究超富集植物对重金属的富集有着十分重要的实际意义。富集植物修复重金属污染土壤的研究还处于初级阶段，理论研究不够完整，还需深入研究。

参考文献

[1] 骆永明．金属污染土壤的植物修复．土壤，1999，5：261～263

[2] Baker A. J. M, McGrath S. P., Sido li C. M. D., *et al.* The possibility of in situ heavy metal decontam ination of polluted soils using crops of metal-accumulating plants, Resourse, Conservation and Recycling, 1994, Ⅱ: 41～49

[3] Brooks R. R., Lee J, Reeves R. D, *et al.* Detection of nickeliferous rocks by alysus of herbarium species of indicator plants Journal Geochem ical Exploration, 1977, 7: 49～57

[4] Chaney R l. Plant up take of inorganic waste constituents In: Parr J. F. eds Land Treatment of Hazardous Wastes Noyes Data Corporation, Park Ridge, New Jersey, U S A, 1983, 50～76

[5] Brker A. J. M. Accumulators and Excluders-Strategies in the Response of Plants to Heavy Metals. J. Plant Nutr., 1981, 3: 643

[6] Adriano D. C. Biogeochemistry of Trace Metals. Lewis Publishers, Boca Raton, London, Tokyo, 1992

[7] 李花粉．根际重金属污染，中国农业科技导报，2000，2（4）：54～55

[8] 刘志光．根际的氧化还原状况与可溶性有机物和氧化物作用的关系．土壤，1993，25（5）：234～237

[9] 王焕校．污染生态学．北京：高等教育出版社，2000

[10] 王先进主编，中国权威人士论中国怎样养活养好中国人．北京：中国财经出版社，1997

[11] KEITH H AND OADES J M. Input of carbon to soil from wheat plants, Soil Biol Biochem, 1986, 8: 445～449

[12] 陈英旭，林琦，陆芳等．有机酸对铅、镉植株危害的解毒作用研究．环境科学学报，2000，20（4）：467～472

[13] 有机酸对铅、镉的土壤化学行为和植物效应的影响，应用生态学报，2001，（5）：619～622

[14] Cieslinski G.., Van Rees K. C. J, &Szmigielska A. M. Low-molecular-weight organic acids in rhizoaphere soils of durum wheat and their effect on cadmium bioaccumulation. Plant and Soil, 1998, 203: 109～117

[15] Miguel A. P., randir V. M., &Vera M. K. The physiology and biophysics of an aluminum tolerance mechanism bases on root citrate exudation in maize. Plant Physiology, 2002, 129, 3: 1194～1206

[16] Hammer D. & Keller C. Change in the rhizosphere of metal-accumulating plants evidenced bychemical extractants. J. of Environmental Quality, 2002, 31 (5): 1561～1569

[17] Salt D. E., Kato N., Kramer U., & Smith R. D. The role of root exudates in nickel hyperaccumulation and tolerance in accumulator and nonaccumulator species of Salt D E, prince R, 2000

[18] 杨晔，陈英旭，孙振世．重金属胁迫下根际效应的研究进展．农业环境保护，2001，20（1）：55～58

[19] 王大力. 水稻化感作用研究综述. 生态学报, 1998, 18 (3): 25 ~ 73
[20] 中国科学技术信息研究所, 国家科委高技术计划司. 中国人能够养活自己 环球科技与经济快报, 1995, 17
[21] 高粱, 土壤污染及其防治措施. 农业环境保护, 1992, Ⅱ (6): 272 ~ 273
[22] 张世贤. 我国土壤科学的成就(见: 中国土壤学会编) 中国土壤学在前进. 中国农业科技出版社, 1995
[23] 夏立江, 王宏康. 土壤污染及其防治, 上海: 华东理工大学出版社, 2001
[24] Ebbs S D et al. Journal of Environmental Quality, 1997, 26: 1424 ~ 1430
[25] Baker A J M *et al.* Resources, Conservation and Recycling, 1994, Ⅱ: 41 ~ 49
[26] Shen Z G, Zhao F J, McGrath S P. Uptake and transport of zinc in the hyperaccmulator Thlaspi Caerulescences and the non-hyperaccumulator Thlaspiochroleucum Plant Celland Environment, 1997, 20: 898 ~ 906
[27] 陈能场, 陈怀满. 重金属在根际中的化学行为. 土壤学进展, 1993, 21 (1): 9 ~ 14
[28] 王建林, 刘芷宇. 重金属在根际中的化学行为——土壤中铜吸附的根际效应. 环境科学学报, 1991, 11: 178 ~ 185
[29] Mc Grath S P. In: Plants that Hyperaccumulate Heavy metals, Brooks R R (ed), CAB International, Wallingford, UK, 1998, 261 ~ 287
[30] 陈怀满. 环境土壤学. 北京: 科学出版社, 2004
[31] 张明灶, 黎庆淮, 石秀兰. 土壤学与农作学, 北京: 中国水利水电出版社, 1993
[32] 曹裕松, 李志安, 邹碧. 根际环境的调节与重金属污染土壤的修复. 生态环境, 2003, 12 (4): 493 ~ 497
[33] 林达, 谢水波等. 重金属生物吸附研究进展. 铀矿冶, 2007, 26 (2): 96 ~ 99
[34] 廖丽莎, 李咏梅, 顾国维. 有机物生物吸附研究进展. 四川环境, 2007, 26 (2): 96 ~ 99
[35] 陈苏, 孙丽娜等. Cd^{2+}、Pb^{2+}在根际和非根际土壤中的吸附—解吸行为. 环境科学, 2007, 28 (4): 843 ~ 851
[36] 戴媛, 谭晓荣, 冷进松. 超富集植物修复重金属污染的机制和影响因素. 河南农业科学, 2007, 4: 10 ~ 12
[37] 常青山, 马祥庆. 重金属超富集植物筛选研究进展. 农业环境科学学报, 2005, 24 (增刊): 330 ~ 335
[38] 王松良, 郑金贵. 土壤重金属污染的植物修复与金属超富集植物及其遗传工程研究. 中国生态农业学报, 2007, 15 (1): 190 ~ 193
[39] 聂发辉. 镉超富集植物商陆及其富集效应. 生态环境, 2006, 15 (2): 303 ~ 306
[40] 钟科. 超富集植物修复土壤重金属污染. 江苏农业科技报, 2005 - 01 - 01
[41] 韩盛, 努尔加义, 刘雪梅. pH 值对土壤中 Pb 的缓冲影响. 干旱环境监测, 1999, 13 (2): 116 ~ 117
[42] 林大松, 徐应明等. 土壤 pH 值、有机质和含水氧化物对镉、铅竞争吸附的影响. 农业环境科学学报, 2007, 26 (2): 510 ~ 515

Research Development of Phytoremediation of Heavy Mental Polluted Soil

Qiao Dongmei[1,2], Qi Xuebin[1], Pang Hongbin[1], Zhao Zhijuan[1]

(1. Farmland Irrigation Research Institute, Chinese Academy of Agricultural Sciences, Xinxiang 453003, China;
2. Graduate School of Chinese Academy of Agricultural Sciences, Beijing 100081, China)

Abstract: Phytoremediation technology as an emerging technology was concerned by scholars at home and abroad in recent years. This paper reviews the domestic and international studies of phytomediation within recent years in this area. And expounded the effect of pH, Eh, microorganisms, root exudates and minerals of rhizosphere on phytoremediation in heavy metals polluted soil.

Key words: Heavy metals contamination; Soil-enrichment plant; Phytoremediation

铜矿区铜抗性植物内生细菌的分离鉴定及促生特性的研究*

张艳峰** 孙乐妮 何琳燕 盛下放***

（农业部农业环境微生物工程重点开放实验室，
南京农业大学生命科学学院，南京 210095）

摘 要：从 Cu 污染矿区植物体内分离具有 Cu 抗性（20mg·L^{-1}）植物内生细菌，并以 1-氨基-环丙烷-1-羧酸（ACC）为唯一氮源进一步筛选能产生 ACC 脱氨酶的菌株。对分离菌株的促生效应进行了研究。分离到 8 株具有 ACC 脱氨酶活性的抗性内生细菌。菌株具有产生 IAA、铁载体和溶解难溶性磷酸盐的能力，盆栽实验表明，其中 6 株植物内生细菌对油菜生长具有显著的促生能力，使油菜地上部分和根部的干重分别增加了 16.7% ~34.3% 和 32.1% ~ 44.0%。菌株 16S rDNA 序列分析表明，分离菌株分属于 *Pantoea* sp.，*Pseudomonas* sp. 和 *Ralstonia* sp. 三个属。

关键词：Cu 矿区；Cu 抗性植物内生细菌；促生效应

1 引言

由于有毒重金属引起的土壤污染会引发多种负面影响，例如生态系统、农业生产力和食物链的破坏，水体污染，经济损失，最终还会导致影响动物和人类身体健康[1]。铜是植物生长的一种必需元素，但大量铜又会对植物以及其他生物产生严重的毒害作用。野外实地实验证明，土壤中总 Cu 含量达到 150 ~400mg·kg^{-1}，或者是有效态 Cu（DTPA）超过 15mg·kg^{-1}时，就会对植物产生毒害[2]。由于铜矿开采及其产生的废料堆积，污水灌溉和工业发展，铜污染正成为日益严峻的土壤污染问题。因此，对土壤体系铜污染的及其修复的研究正在引起人们的重视。

现有的很多方法可以应对土壤污染，但很多清除土壤污染的技术是高成本、高耗能，并且产生大量温室气体的，同时这些方法对土壤系统的扰动很大，使得修复后的土壤不能很好的再利用。因此，温和的、低成本的生物工程修复技术应运而生[3]。所以植物修复这

* 基金项目：国家自然科学基金项目（40371070），国家“863”专题项目（2006AA10Z404），“111”项目（1307030）资助。

** 作者简介：张艳峰（1984~），女，内蒙古乌兰察布市人，硕士研究生，主要从事土壤重金属污染生物修复研究。E-mail：zyf_ 3456@163. com。

*** 通迅作者：盛下放，E-mail：xfsheng604@sohu. com。

一方法因其绿色环保可持续的特点，得到了广泛的关注。超积累植物对重金属的吸收有一种天然的非凡能力，但是生长率和生物量限制了超积累植物的大规模应用；使用大规模种植的栽培作物可以解决生物量的问题，却有面临这类植物不能有效吸收重金属的难点[4]。由于微生物能够分泌一些植物激素，产生一些有利于植物生长的酶类，改善修复植物的生长环境，增加修复植物的抗逆性，因此，希望能够通过增加植物的生物量和对金属的吸收量，来改善植物修复重金属污染的效率。本文通过筛选具有促生特性的植物内生细菌，以期为提高铜污染土壤植物修复效率提供理论依据和技术途径。

2 材料与方法

2.1 样品来源

从南京汤山铜尾矿采集重金属耐性优势植物 35 株，编号后带回实验室，将植物表面用清水洗净，用 75% 的无水乙醇和 2.5% 次氯酸钠溶液进行表面消毒后，灭菌研钵磨碎植物根茎叶等部分，采用平板分离法分离植物内生细菌。

2.2 培养基及培养条件

SMS 培养基［蔗糖 10g、$(NH_4)_2SO_4$ 1g、K_2HPO_4 2g、$MgSO_4 \cdot 7H_2O$ 0.5g、NaCl 0.1g、酵母膏 0.5g、$CaCO_3$ 0.5g、蒸馏水 1 000ml、琼脂 20g、pH7.2］和 $CuSO_4 \cdot 5H_2O$ 配成 Cu^{2+} 浓度为 $10^4 mg \cdot L^{-1}$ 的溶液，121℃灭菌 25min。培养基到平板时将 $CuSO_4 \cdot 5H_2O$ 混入，使 Cu^{2+} 浓度为 $20mg \cdot L^{-1}$。28℃培养。

2.3 植物促生内生细菌的初筛

挑选菌落形态不同的具有 Cu^{2+} 抗性的菌株，纯化后保存斜面。以 SM 培养基（葡萄糖 1g、蔗糖 1g、苹果酸 1g、甘露醇 1g、柠檬酸三钠 1g、K_2HPO_4 2g、KH_2PO_4 0.4g、醋酸钠 1g、$CaCl_2$ 0.1g 和 $MgSO_4 \cdot 7H_2O$ 0.2g）为基础培养基，分别设置以 1-氨基-环丙烷-1-羧酸（ACC）为唯一氮源，不加氮源和以（$(NH_4)_2SO_4$（$2g \cdot L^{-1}$）为氮源处理，接种具有 Cu^{2+} 抗性的植物内生菌，28℃摇床 $150rpm \cdot min^{-1}$ 培养 72h，比色测定细菌悬液 600nm 处吸光值。

2.4 菌株 16S rDNA 鉴定

提取细菌总 DNA 作为扩增 16S rDNA 的模板，设计 16S rDNA 的 PCR 扩增的通用引物，正向引物 27f 序列为 5’-GAGTTTGATCACTGGCTCAG-3’，反向引物 1 492r 序列为 5’-TACGGCTACCTTGTTACGACTT-3’[5]。PCR 反应体系（50μl）：10 × PCR 缓冲液 5μl、Mg^{2+} 10mmol、dNTP（2.5mmol）4μl、引物 27f 和 1 492r 各 7.5pmol、模板 DNA 1μl、Taq 酶（2.5U）0.5μl。PCR 反应条件：94℃ 5min、94℃ 1min、52℃ 1min、72℃ 1.5min、循环 30 次；72℃ 10min。PCR 产物的纯化和测序由 Invitrogen 公司完成。

2.5　促生特性的研究

2.5.1　ACC 脱氨酶活性测定　按照 Belimov A. A. 等[6]的方法测定 ACC 脱氨酶的活性。

2.5.2　吲哚乙酸（IAA）产量的测定　根据 Loper and Scroth[7]的方法稍加改进，菌株接种到含 L-色氨酸浓度 0.5mg · ml^{-1}的 SMS 培养基中，28℃摇床 150rpm · min^{-1}培养 72h。取发酵液 3ml 离心 8 000rpm · min^{-1}离心 5min，去上清液 1ml，加入 50μl 10μmol 正磷酸，再加入 2ml of the Salkowski reagent（49 ml 35% $HClO_4$，1ml 0.5mol $FeCl_3 \cdot 7H_2O$），25℃暗处放置 30min，测定 530nm 处吸光值。标准曲线 IAA 浓度范围 0 ~ 100mg · L^{-1}。

2.5.3　铁载体　参照 Schwyn and Neilands[8]的文献，采用 CAS 检测平板，检测能够产生黄色水解圈的产生铁载体的菌株。

2.5.4　难溶性磷酸盐的溶解　将接种菌株培养 18 ~ 24h 的种子液，接种到磷酸钙培养基［葡萄糖 10.0g、$(NH_4)_2SO_4$ 0.5g、NaCl 0.3g、KCl 0.3g、$MgSO_4 \cdot 7H_2O$ 0.3g、$FeSO_4 \cdot 7H_2O$ 0.03g、$MnSO_4 \cdot H_2O$ 0.03g、$Ca_3(PO_4)_2$ 5.0g 和 H_2O 1 000ml，pH 值为 7.0 ~ 7.5，115℃灭菌 30min］中，摇床 150rpm · min^{-1}培养 96h 后，发酵液离心后上清液测定 pH 值，同时用钼锑抗比色法测定磷含量。

3　结果与分析

3.1　铜抗性内生细菌的分离筛选及鉴定

从含 Cu^{2+}20mg · L^{-1}的培养基中初步分离得到 152 株抗性细菌，经过 ACC 脱氨酶活性的定性鉴定后，得到生长势较好的细菌共 8 株，均来自不同植物的不同部位，见表 1 所示。

经 16S rDNA 测序，通过 Genbank 的 Blast 比对序列，得到其中菌株 J1-17-2a，Y1-15-5，J1-13-7a，Jp3-3 和 J1-7-5b 均为 *Pantoea* sp.，G1-21-2 和 Y1-3-9 属于 *Pseudomonas* sp.，J1-22-2 属于 *Ralstonia* sp.。

表 1　菌株来源植物和部位

Tabel 1　The plant and part that strains isolated from

菌株	来源植物	来源部位
J1-17-2a	鸡眼草［*Kummerowia striata*（Thunb.）Schindl.］	茎
G1-21-2	矛叶荩草［*Arthraxon lanceolatus*（Roxb.）Hochst.］	根
Y1-15-5	野菊［*Dendranthema indicum*（Linn.）Des Moul.］	叶
J1-13-7a	野菊［*Dendranthema indicum*（Linn.）Des Moul.］	茎
Jp3-3	小飞蓬（*Conyza canadensis* L.）	茎
J1-22-2	鬼针草（*Bidens pilosa* Linn.）	茎
Y1-3-9	石香薷（*Mosla chinensis* Maxim.）	叶
J1-7-5b	水竹叶（*Murdannia triquetra*）	茎

构建系统发育树如图 1，菌株 J1-22-2 与 *Ralstonia pickettii* ATCC27511（AY741342）同源性达到 100%，菌株 Y1-3-9 与 *Pseudomonas thivervalensis*（AF100323）[9] 相似性达到 100%，菌株 Y1-15-5、J1-7-5b 和 J1-13-7a 与菌株 *Pantoea ananatis* LMG 20105（AF364845）相似性 100%，菌株 Jp3-3 与 *Pantoea agglomerans* LMG 2660（Z96083）序列相似性 100%，菌株 J1-17-2a 与 *Enterobacter ludwigiitype* strain EN-119T（AJ853891）同源性为 100%。菌株 G1-21-2 与比对的菌株都不能聚类在一起，只能确定其属于 *Pseudomonas* sp.。通过构建 16S rDNA 系统发育树，得出这 8 株菌中 7 株（J1-17-2a，Y1-15-5，J1-13-7a，Jp3-3，J1-7-5b，G1-21-2，Y1-3-9）属于 Proteobacteria（变形菌门）的 Gammaproteobacteria（γ-变形菌纲），另外一株（J1-22-2）属与 Proteobacteria（变形菌门）的 Betaproteobacteria（β-变形菌纲）。

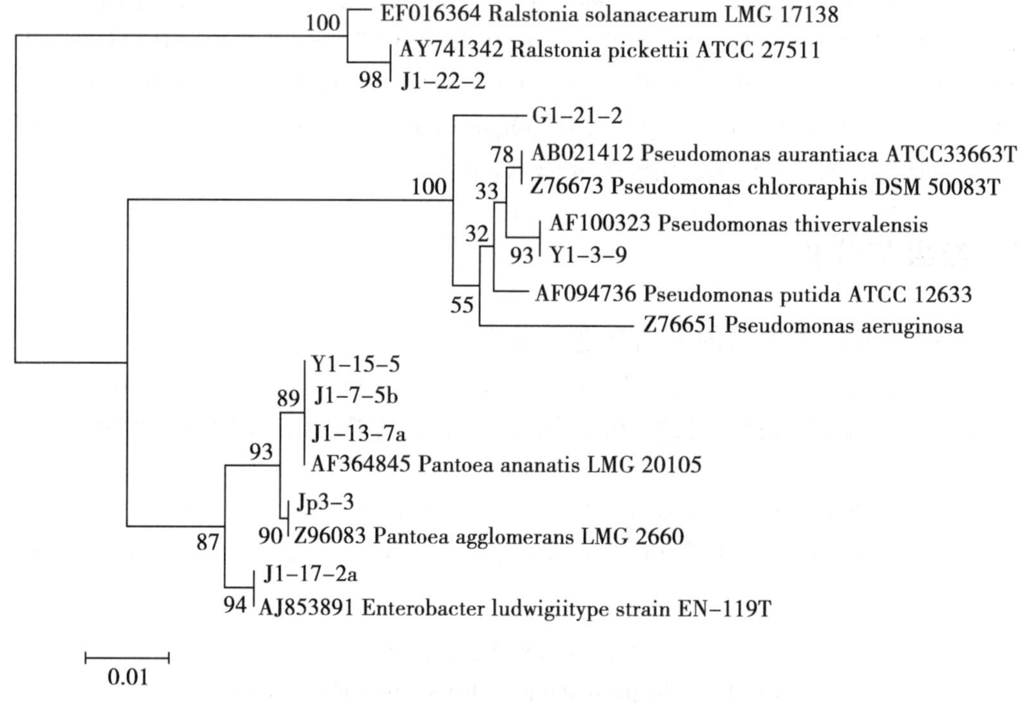

图 1　16S rDNA 序列系统发育树

Figure 1　phylogenetic tree derived from the 16S rDNA sequence

3.2　促生特性

由表 2 可以看出，菌株产生 ACC 脱氨酶的活性以 α-丁酮酸（αKB）的量表示，其中菌株 JP3-3 的 ACC 脱氨酶活性最高，达到（74.30 ± 9.03）mmol · αKB · mg^{-1} · h^{-1}。IAA 产量最高的是菌株 J1-7-5b，在含有 L-色氨酸的 SMS 培养基中产量可达到（13.12 ± 0.12）mg · L^{-1}。

菌株 J1-13-7a、Y1-3-9 和 J1-7-5b 在铁营养缺乏的培养基中都能产生铁载体。细菌溶解难溶性磷酸盐产生可溶性磷效果最好的是菌株 J1-22-2，并且所有菌株在溶解难溶性磷酸盐试验中，接菌与接灭活菌相比，pH 值都有所降低，发酵液中可溶性磷含量显著提高，提高的范围从 33% ~176%。

综合前面促生特性来看，Y1-3-9、J1-22-2 和 Jp3-3 都具有较好的促进植物生长的潜能。

表 2 菌株促生特性

Table 2 Characteristics of the isolated endophytic Cu-resistant bacterial strains

菌株	ACC 脱氨酶活性/ mmol · αKB · mg^{-1} · h^{-1}	IAA 产量/mg · L^{-1}	铁载体
J1-17-2a	1.56 ±0.90	10.23 ±2.05	—
G1-21-2	9.45 ±8.28	9.26 ±1.15	—
Y1-15-5	48.86 ±2.67	6.25 ±0.82	—
J1-13-7a	4.89 ±2.82	8.59 ±0.04	+
Jp3-3	74.30 ±9.03	11.87 ±0.11	—
J1-22-2	51.94 ±2.92	10.27 ±0.28	—
Y1-3-9	43.63 ±4.02	11.84 ±2.98	+
J1-7-5b	14.20 ±8.20	13.12 ±0.12	+

4 结论

从南京汤山铜尾矿区共采集植物 35 株，进行内生 Cu 抗性（20mg · L^{-1}）细菌的分离筛选，然后进行以 ACC 为唯一氮源试验，初步得到具有促生作用的内生 Cu 抗性细菌 8 株。对这 8 株菌进行 16S rDNA 的 PCR 扩增测序，经 NCBI 比对序列，得出这 8 株菌分属于 *Pantoea* sp.，*Pseudomonas* sp. 和 *Ralstonia* sp. 三个属。

测定这 8 株菌的 ACC 脱氨酶活性，酶活力范围从（1.56 ±0.90）~（74.30 ±9.03）mmol · αKB · mg^{-1} · h^{-1}，同时它们都具有产生植物激素 IAA 的能力，产生 IAA 的量从（6.25 ±0.82）~（13.12 ±0.12）mg · L^{-1}，8 株菌中 J1-13-7a、Y1-3-9J 和 1-7-5b 这 3 株能够产生铁载体。

这 8 株植物内生 Cu 抗性细菌都具有溶解难溶性磷酸盐的能力。接种这 8 株菌的磷酸钙培养基中经培养后，与接灭活菌的对照相比，pH 值都有所降低，可溶性磷的含量提高了 33% ~176%。

参考文献

[1] Raicevica S, Kaludjerovic-Radoicicb T, Zouboulis A I. In situ stabilization of toxic metals in polluted soils using phosphates: the oretical prediction and experimental verification. Journal of Hazardous materials, 2005, 117: 41 ~53

[2] Adriano D. C. Trace Elements in the Terresrtial Environment. USA, New York: Springer-Verlag, 1986

[3] Mitsch W J, Jgensen S. E. Ecological engineering: a field whose time has come. Ecological engineering, 2003, 20: 363 ~377

[4] Fellet G, Marchiol L, Perosa D *et al.* The application of phytoremediation technology in a soil contaminated by pyrite cinder. Ecological engineering, 2007, 31: 207 ~ 214

[5] Byers H. K, Stackebrandt E, Hayward C, *et al.* Molecular investigation of a microbial mat associated with the great artesian basin. FEMS Microbiology Ecology, 1998, 25: 391 ~ 403

[6] Belimov A A. , Hontzeas N, Safronova V. I *et al.* Cadmium-tolerant plant growth-promoting bacteria associated with the roots of Indian mustard. Soil Biology and Biochemistry, 2005, 37: 241 ~ 250

[7] Loper J. E, Scroth M. N. Influence of bacterial sources on indole-3 acetic acid on root elongation of sugarbeet. Phytopathology, 1986, 76: 386 ~ 389

[8] Schwyn B, Neilands J. B. Universal chemical assay for the detection and determination of siderophores. Analytical Biochemistry, 1987, 160: 47 ~ 56

[9] Achouak W, Sutra L, Heulin T. *Pseudomonas brassicacearum* sp. nov. and *Pseudomonas thivervalensis* sp. nov. , two root-associated bacteria isolated from Brassica napus and Arabidopsis thaliana. International Journal of Systematic and Evolutionary Microbiology, 2000, 50: 9 ~ 18

Screening of Copper-resistant Endophytic Strains and their Multiple Plant Growth Promoting Activities

Zhang Yanfeng, Sun Leni, He Linyan, Sheng Xiafang

(Key Laboratory of Microbiological Engineering of Agricultural Environment, College of Life Science, Nanjing Agricultural University, Nanjing 210095, China)

Abstract: Eight copper (Cu) -resistant endophytic bacteria which were able to grown on 1-aminocyclopropane-1-carboxylate as a sole nitrogen source were isolated from plant grown in copper mine tailings. The eight isolates were identified as *Pantoea* sp. , *Pseudomonas* sp. and *Ralstonia* sp. based on the 16S rDNA sequence analysis. The all eight strains can produce indole acetic acid, 1-aminocyclopropane-1-carboxylate deaminase and solubilize inorganic phosphate. Three of the eight strains produced siderophores. A pot experiment was conducted for investigating the capability of the eight strains to promote the growth of plant. As a result, six of the eight isolates increased in biomass of rape. In the bacterial inoculation, the dry weight of rape shoots and roots were increased by 16.7% ~ 34.3% and 32.1% ~ 44.0% compared to the non-inoculation control.

Key words: Copper mining tailings; Cooper-resistant endophytic bacteria; Plant growth promoting characteristics

第七章

农产品加工业的污染和治理

农产品加工业的污染和治理

1　农产品加工业的现状

1.1　农产品加工业的概念

农产品加工业的发展在一定程度上反映了一个国家的科学技术水平与富裕程度。世界上许多发达国家都把农产品的贮藏、保鲜、加工放在农业的首位。非常重视农产品加工及其深度利用技术。如美国的马铃薯和玉米深加工技术，日本的稻谷加工技术和装备，瑞士的制粉技术，欧美的油脂精炼及副产物精细化工产品制取技术均称雄于世。20世纪70年代以来，世界经济发达国家陆续实现了农产品保鲜产业化，意大利、荷兰等国的保鲜规模达60%，美国、日本达70%。发达国家粮食和果菜食品工业转化率分别在80%和50%以上，工业食品占整个食品的80%～90%。

农产品通常指的是农业生物资源，包括植物性和动物性资源。农产品加工业是指以农业产品为原料的直接加工和再加工的产业。它是连接农业生产和消费市场的重要纽带，是农业产品商品化不可缺少的必要环节，同时也是我国农业生产现代化的一个重要标志。农产品加工的目的就是提高农产品的利用率，增加其价值。农产品加工方法可分为：①延长和保持农产品原有的物理特性和品质，如冷藏保鲜；②改善和提高农产品原有的物理特性和品质，如棉花加工；③改变农产品原有的物理、化学和生物特性，满足人们不同的需求，如食品加工；④分离提取农产品中的有用成分和功能成分，如淀粉加工等。

1.2　农产品加工业在我国国民经济中的作用

1.2.1　*增加农民收入*　农产品加工企业尤其是“龙头”企业，对于带动农户致富，提高农业综合效益有积极意义，也是社会主义新农村建设中，工业反哺农业的渠道之一。近年来，我国农民收入增长缓慢，究其原因，除了农产品价格持续低迷，人均耕地面积不断减少，农村产业结构不合理；农业生态条件不断恶化和改革政策落实不到位等宏观性原因外；最主要、最直接的原因是长期以来我国不重视农产品的产后加工，农产品加工业欠发达，产后损失率高，增产不增收。据统计，我国主要农产品产量如粮食、油料、水果肉类、蛋类和水产品等均居世界首位，但产后加工率却不足25%。由于农产品加工能力不足，产后损失率粮食在10%以上，薯类在15%以上，果蔬高达30%以上；相反，发达国家农产品产后加工率高达70%以上。据有关资料显示：农产品经多次加工后，粮食可增值达1～4倍；畜产品可增值达1～3倍，棉花可增值达2～4倍，果蔬可增值达1～10倍，而粮食经过加工则可使损失率降低一个百分点，节约粮食500万t。目前，我国每年农业总产值约为25 000亿元，按产后加工平均增值10%计算，农民年收入可增加2 500亿元。由此可见，大力发展农产品加工业不仅可以有效解决农产品卖难问题；使农民的初级农产品能卖个好价钱，而且通过对农产品多次加工增值，有利于提高农业综合效益和大幅度增加农民收入。

另外，值得关注的是，农产品加工的连动作用相当大。在其产业链上；如加工原料；往往受地域自然条件影响，因此其带动作用往往不限于一地，跨区域采购或建基地的现象十分普遍，这有利于缩小地区差距；带动各地农户共同致富。

1.2.2 *延长农业产业链* 加入WTO后；我国粗放式经营的农业由于成本高、质量低而受到很大的冲击，农业和农民收入也因此受到一定影响，农民压力加大，“三农”问题已成为我国经济持续稳定发展中亟需解决的障碍性因素。只有对农产品进行精深加工，走农业产业化和农村工业化的道路，农业和农村经济的发展才能登上新台阶。农产品加工业是对农业部门提供的初级产品和中间产品进行加工的工业部门，可通过农产品的适度加工使农业生产的价值得以更充分的体现，资源得以更充分的利用，是农业产业链的延续。因此，大力发展农产品加工业是增强农业竞争力；促进农业结构调整向纵深发展的迫切需要。作为农业生产的下游产业，农产品加工业对推进农业的产业化经营，降低农产品损失，提高农业生产的综合经济效益，促进农业生产的良性循环和协调发展具有不可替代的地位和作用。

1.2.3 *转移农村剩余劳动力* 近年来，我国经济持续快速增长，但城乡就业率却并未同步增长。据统计，目前我国农村共有剩余劳动力约2亿人，且随着集约化经营的发展，种植业和养殖业劳动力需求减少，农村剩余劳动力将逐渐增加。国外的经验表明，健康的经济体制应能使经济高速增长的同时；就业也能高速增长，这就要求在制定经济发展和产业政策时，把发展就业容量大的产业放在更加突出的位置。农产品加工业属于劳动密集型产业，在创造就业方面具有很大的空间。以食品工业为例，2000年我国食品工业企业就业人数达到403.7万人，占全国工业企业就业总人数的3%。是整个工业中为国家吸纳城乡就业人数最多的产业。在美国，直接从事初级农产品生产的劳动力虽然只占全部劳动力的3%，但从事农产品加工及相关产前、产后服务的从业人员却高达18%左右。今后，随着我国工业化和城镇化进程的加快，将会有更多的农村劳动力向第二、第三产业转移。加快发展农产品加工业，不仅可为这种转移创造更多的就业空间，而且还可推动小城镇建设，带动服务业发展，进一步提高城镇就业容量。

1.2.4 *重振乡镇企业的发展* 大力发展农产品加工业是重振乡镇企业的有效途径。1980～1990年代中期。乡镇企业曾经创造了我国农村经济最为辉煌的业绩，但20世纪90年代中期以后，由于我国经济发展进入剩余经济时代，买方市场形成，而广大乡镇企业的粗放式经营方式，和依赖卖方市场以及以牺牲资源与环境为代价的发展状况屡屡受挫，大多数乡镇企业陷入困境，甚至面临倒闭。乡镇企业的出路何在？如何引导乡镇企业完成二次创业？这一系列的问题逐渐成为人们关注的焦点。就我国目前农村经济的发展水平来看，乡镇企业要想在资金密集、技术密集和知识密集的城市产业竞争中占取优势谋求发展；面临着巨大的困难。但乡镇企业也有自己独特的优势——与农业、农村和农民有着天然的联系，而农业农村和农民恰好是农产品加工业赖以生存和发展的基本土壤，因而把乡镇企业发展的重点及时转向农产品加工业；这对乡镇企业的发展来说，无论在产业布局、劳动力素质、投资能力和生产成本等方面都有极大优势。可以预期，大力发展农产品加工业必将大大推动我国乡镇企业实现二次腾飞。

1.2.5 提高我国农业的国际竞争力 加入WTO对我国农业和农产品加工业来说既是挑战，更是机遇：一是我国农牧业生产尤其是粮食生产没有比较优势；二是我国农产品加工技术水平低，农业加工品没有比较优势；农业生产没有优势，农产品加工业也没有优势；面对WTO的严峻挑战和空前的压力，要在短期内大幅度提高我国农业劳动生产率，降低农业生产成本和农产品价格是不现实的，但只要从现在起不失时机地大力扶持和发展农产品加工业，以加工业带动农业发展，在短期内提高我国农产品的市场竞争力，缩小与发达国家的差距则是可以办到的。

1.2.6 加快小城镇发展 小城镇是农村工业化和城镇化的载体，位于城之尾，乡之首，既具有农村社区所固有的优势，又能发挥城市的一定功能；可以作为连接大中小城市和农村的纽带，以其逐步增强的经济辐射力和带动力，沟通城乡市场，繁荣城乡经济，缩小城乡差别。对地区发展差距的研究表明，中国目前地区发展差距问题的关键在于不同区域农村的工业化和城镇化发展差距，由于市场区位限制，内陆地区农村一般非农工业产业发展难度很大；但这些地区却有可能将农产品加工业和小城镇建设结合起来，形成有内陆地区特色的工业化、城镇化增长方式，充分发挥农产品加工业和小城镇建设的双重规模效益。通过农产品加工链条延长，产业聚集，增加其附加值，吸引农村人口向小城镇转移，增加农民收入来缩小城乡差距和收入差距。

1.3 我国农产品加工业的主要发展成就

农产品加工业是“人类的生命产业”，它是古老而永恒不衰的常青产业。尽管新兴产业不断涌现，但农产品加工业仍然是第一大产业。作为农产品面向市场的重要后续加工产业，农产品加工业与农业相辅相成，相互促进。农产品加工业是21世纪的朝阳产业，发展潜力巨大。我国是一个农业生产和农产品消费大国，由于历史和社会生产体制的原因，在相当长的时期内，我国的农产品大都以初级原料或半成品原料进入消费市场。农业生产的产前、产中和产后之间脱节严重，特别是农产品产后损耗严重，造成农业增产不增收、增收不增值的被动局面。改革开放以来，我国农产品加工业得到了较快的发展，在主要粮食作物、油料作物、经济作物及果蔬等的储藏和加工方面取得了重要的研究成果，使得农产品加工业得以发展壮大。农业和农村经济取得了举世瞩目的伟大成就，以下是我国农产品加工业的主要发展成就[1,2]。

1.3.1 产业门类齐全，发展规模不断壮大 我国农产品加工产业已成为门类比较齐全、技术不断进步、产品日益丰富、网络基本健全的产业体系。根据我国《国民经济行业分类与代码》的有关规定，按照国际分类惯例并结合我国农产品加工业的实际，我国农产品加工业涉足12个行业之多，主要包括五大类：食品工业；纺织、服装、皮革工业；纸、纸制品及其印刷工业；木材加工及家具工业；其他工业等。北京市到2000年底，全市规模以上以农产品为原料的加工企业（规模以上工业企业指年销售收入500

万元以上的工业企业）1 486个、工业总产值3 934 951万元、从业人员295 501人，分别占全市限额以上工业企业的32.5%、15.3%和26.1%。全市已形成了以食品加工制造、饮料制造和纺织、服装、家具制造业等为主体的农产品加工体系。在农产品加工企业中，又以食品工业的发展最为迅速。2000年全市已有食品工业企业1 226个，工业总产值达到2 150 345万元，工业总产值比1995年增长了25.2%。

“十五”期间，农产品加工业产值的年均增长近15%。2005年我国农产品加工业产值达到4.2万亿元，比上年增长16%。全国规模以上的农产品加工企业达7万多家，从业人数近1 800万人，占全部工业从业人员的28%。目前，农产品加工业是我国国民经济的第一大支柱产业，也是发展最快的产业之一。

近年来，国内已涌现出一批起点高、成长快、规模大的农产品加工企业集团，成为农产品加工业的中坚力量。到2005年底，全国年销售收入500万元以上的农产品加工企业7万多家，全国农产品加工业增加值的20%以上是由固定资产5 000万元以上的企业创造的，并有效带动了关联企业的发展。在全国6万多家农业产业化龙头企业中，国家级龙头企业580多家，省级重点龙头企业3 750多家，一大批农产品加工龙头企业，不仅规模大，效益好，而且带动能力强，辐射面广。

1.3.2　*产品结构调整取得较大进展，新产品、名优产品不断涌现*　我国各类农产品加工产品在质量、档次、品种、功能以及包装等各方面已基本满足城乡居民不同消费层次的需求。如：粮食加工中，特二级以上精度的小麦粉已占面粉总产量的7成，精米占大米总产量的85%左右；奶粉生产实现了系列化、配方化，产品品种增加，不同包装规格的消毒液体奶和各种乳酸奶供应大幅度增加；名优产品得到较快发展，产品质量稳定，产量不断增加，产品市场覆盖面扩大。

产业和产品结构进一步优化，逐步实现了由初加工向深加工的转变。农产品加工业的产业结构和产品结构逐步调整，形成了以粮油、果蔬、畜产品和水产品加工为主导行业的农产品加工产业格局。其中，食品工业比重上升，2005年食品工业占农产品加工业产值的比重达到50%。产品结构呈现多样化趋势，方便食品、快餐食品、休闲食品、营养保健食品等发展迅速，产品附加值不断提高，主要农产品深加工比例达到30%以上，逐步由初加工向深加工转变。

1.3.3　*高新技术在农产品加工业中得到了较好应用，大中型企业技术装备水平有了较大提高*　生物工程技术、超高温杀菌、冷冻速冻、超临界革取、膜分离、分子蒸馏等一大批高新技术在农产品加工业得到了推广应用，有力地促进了农产品深加工生产技术水平的提高和产品的更新换代。啤酒、葡萄酒、饮料、乳品、烟草加工等行业中较先进的技术装备，已接近发达国家20世纪90年代中期先进水平，我国农产品深加工机械设备制造水平正在逐步适应农产品加工业的发展和技术改造的要求。

1.3.4　*企业改革和所有制结构调整有了新的进展，多种所有制经济形式共同发展*　随着近年来我国农业产业化的发展，许多农产品加工企业，尤其是已经实现了从技术到产品都与世界接轨的大中型企业，已经成为带动产地农业发展的骨干力量。这些农产品加工的龙头企业，下联广大农户，上联市场，形成了比较健全的生产、经营网络体系，成为适合我国国情的农产品加工业发展的成功模式。由于技术的进步，产业的发展，我国有些农产品加工产品已在世界上占有举足轻重的位置。

近年来，除了国有资本外，私人资本、外资、港澳台资纷纷进入农产品加工业；并占有越来越重要的地位；特别是民营企业发展较快；在一些地区已成为农产品加工业的骨干企业。许多农产品加工企业建立了现代企业制度，各种所有制经济形式共同发展，其中不少企业已成为上市公司。农产品深加工骨干企业以公司加农户和“订单农业”等多种组织形式，促进了农产品的加工转化与增值，带动了农村经济的发展以及农民增收。

1.3.5　*农产品加工业的发展，促进了农业产业化经营和农村经济的发展*　农产品加工骨干企业以公司加农户的组织形式，促进农产品加工转化增值，带动了农业的发展和农民增收。特别是在西部地区和经济欠发达地区，农产品加工业的发展，对当地经济的发展和农民脱贫致富发挥了重要作用，并已成为吸纳农村剩余劳动力就业的主体之一。

在繁荣地方经济，促进农民增收和转移农村剩余劳动力等方面的作用日益显现。农产品加工业在地方经济发展中的地位和作用日益增强，逐步成为地区经济发展的重要力量，并在增加农民收入，转移农村剩余劳动力等方面发挥了重要作用。在一些以农业为主的县市，农产品加工业的税收对本级财政的贡献率已达到70%，通过建立“公司+基地+农户”、“公司+中介组织+农户”、“公司+村委会+农户”等多种利益连接机制，增加农民收入。目前，国家级农业产业化龙头企业580多家，带动农户8 726万户，占全国农户总数的35.2%，参与产业化经营的农户比普通农户每户年平均增收1 300多元。

1.4　我国农产品加工业存在的问题

自从改革开放政策实施以来，我国农业产品的生产和农产品的加工业得到了持续、稳定和快速的发展，取得了明显的进步。但是，与农产品的发展速度相比较，农产品加工的发展速度却相对落后了许多，其总体水平仍然较低。目前，我国农产品作为初级原料和经过初加工后销售的份额占总产量的80%以上，而深加工后成为真正商品的还不足20%，农产品产后产值与采收时自然产值之比仅为0.38∶1。与发达国家相比，我国农产品加工业的水平还较低，并且存在着许多亟待解决的问题

1.4.1　*农产品品质低影响加工产品质量*　我国现在每年可生产5亿t粮食，4亿t蔬菜；5 000万t肉类；3 500万t水产品，2 000万t油料，总量位居世界前列，人均占有粮食达400kg，超过世界平均水平，但适合加工的品种资源严重缺乏，以致造成一方面农产品供大于求，大量积压，而另一方面又出现加工业还需要从国外进口原料的怪现象。农产品品质状况是决定加工产品质量和加工企业效益的重要因素，我国的农产品品种和质量结构主要是与以前的那种初级产品的直接消费方式相适应，长期以来；农业发展强调数量和高产，对提高农产品品质和加工专用型农产品的研究、开发和生产投入严重不足，使得农产品品种类型单一，适宜加工的优质、专用品种缺乏；并且没有固定的基地。目前我国农产品品质存在的问题突出还是表现在有些国内农产品虽然可以达到加工品质量标准要求；但农产品收购缺乏健全的统一品质标准。科学完善的质量标准和检验检测体系是我国农产品加工业与国际先进水平相比最薄弱的环节之一。国际上许多国家

要求农产品加工业采用国际统一标准或较高的国家（地区）标准进行生产和经营，凡达到标准的产品都以相应等级的商品形态上市，不符合分级标准或等级划分不高的产品，则不准上市，或重新分级，或改作它用。尽管我国大部分农产品的加工品有国家标准或行业标准，但普遍存在标准陈旧比有失规范，企业只好将国际标准、国家标准、行业标准和企业标准并用，从而造成品种混乱，品质不一致，不仅增加加工企业的成本，而且还降低了农产品加工品的质量，严重制约加工企业的发展。

1.4.2　*产业结构和布局不够合理*　在主要农产品由卖方市场转为买方市场后，人们对基本农产品的直接消费趋于下降，而对农产品的优质化和品种的多样化提出了更高要求。因此，大力发展农产品加工业，改变农产品消费的结构形式，对于促进农业生产发展和提高农业生产效益具有重要意义，是农业生产在高产、优质条件下获得高效的根本保障。

农产品加工是一个涉及学科众多，牵扯领域宽广的工程体系，这一产业的发展需要种植业、养殖业、机械制造业、科技产业、信息产业、营销产业等多方面的支撑，是一项浩大的系统工程。但目前我国的多数农产品加工企业，尚没有很好地认识到这一点，其原料生产基地不稳定，原料生产不规范，粗加工的比例大，深加工和精加工少，烟酒等嗜好产品所占比重较大，特殊人群食用的产品发展不够，而且加工的产品品种花色少、档次低、包装差，产品更新换代慢，产品结构不能完全适应市场需求变化。我国农产品加工的地区布局也不够合理，在人口密集的东部地区集中着大量的农产品加工企业，其产值将近全国农产品加工总产值的七成；而具有巨大农产品资源潜力的西部地区，农产品加工产值只占全国农产品加工总产值的10%。

目前，美国市场上含玉米或玉米副产品的产品品种多达3 500多种。其中玉米深加工产品达3 000个品种，广泛应用到化工、纺织、印染、造纸等各个领域，而我国玉米深加工产品只有20几种。发达国家玉米变性淀粉有2 000多种，我国仅十几种。再如专用面粉，日本有60多种，英国有70多种，美国100多种，我国仅为20种左右。发达国家肉制品则有1 500余种，乳制品中仅干酪一项就有800余种，在技术含量低和产品同质化的条件下，我国农产品加工产品只能是低水平的价格竞争。

受我国不同区域经济发展不平衡的影响，农产品加工业的发展在不同的经济区域呈现出极大的差别。东部沿海地区经济条件较好，农产品加工业的发展就比较快，而在西部山区，由于经济条件较差，农产品的加工业处于刚刚起步阶段。这种不平衡的发展导致了西部农产品生产过程中的极大困难，大量具有很高价值的经济作物产品因为没有加工能力而损失，造成农业生产效益低下，使农村的经济发展不能进入良性循环。

1.4.3　*企业总体规模小，生产集中度不高，加工比重小，没有形成完整的产业化体系*　我国农产品加工企业数量之多，居世界各国之冠，但总体上生产和加工集约化程度低、规模小，还有相当一部分是家庭作坊。从上市的食品类公司看；在深沪两市共11家食品类上市公司，经营规模普遍较小，其中只有一半多的总股本超过2亿元人民币；然而流通股本同样不大，上亿元的只有莲花味精、新疆屯河与维维股份三家，从一定程度上体现了国内食品行业经营规模偏小的特点。世界大型的食品加工企业年销售收入都在100亿美元以上规模，其中排名第50位、也就是食品加工企业50强里最小的一家农业食品集团企业，年销售收入也达 38 亿美元，相当于中国 300 亿元人民币；而我国目前还没有达到年销售收入 100 亿元人民币的食品企业。我国目前很多肉类加工企业大多数日加工量仅在 500kg 以下，一些传统的名特产品多属前店后厂的作坊式加工。水产品加工企业大多为年产值在 200 万～300 万元以下的小型企业。我国饮料企业中，年产量 10 万 t 以上的企业仅 20 家，绝大部分为小型企业；很多果汁加工厂的生产规模大多数在 1t/h以下。500 家啤酒生产企业中，年产量在 5 万 t 以下的占 69.3%。我国最大的酱油生产企业年产量只有 10 万 t，占全国产量 2%，而日本最大酱油企业的产量是 40 万 t，占全国产量 30%。我国 1 000家乳品加工企业中，日加工能力过百吨的只有 5%，40% 的企业日加工能力在 50～100t，其余的大部分在 20t 以下。很多地方的农产品加工业处于超小规校的低水平竞争状态，如广西某县盛产茉莉花，花茶的加工企业达 160 多家。这种状况实际上谈不上规模效益，也不利于技术改进，处在一种低水平循环状态。

企业的规模较小，资金有限，也导致我国食品加工业总体上看是加工比重小；精深加工更少，处在初加工和粗加工阶段，资源综合利用率低。我国初级食品加工率仅在 20% 左右，其中二次以上的深加工还不到一半，与发达国家 80% 甚至 90% 的加工率相差甚远。我国食品很多还是以鲜食、鲜销为主，比如目前我国肉制品仅占肉类产品总产量的比重在 3% 左右，其中熟肉与火腿肠等肉制品生产只占整个肉类加工业的 5%～6%；肉类加工量占肉类产量的比例是 4.4%；禽蛋加工比例仅仅为 0.25%；水产品加工比例不足总产量的 3.0%；果品采后贮藏能力不到总产量的 5%，转化加工比例不到总产量的 3.5%。这种情况同时还表现在居民的膳食结构上：我国居民消费的食品结构仍是以鲜食为主，经过工业加工的食品只占总食品消费量的 15%～20%，远远低于发达国家 80% 左右的水平。在广大农村地区，农民食品消费中以自给为主，只有比例极低的加工品，并且其中大多还只是初级加工食品。技术力量单薄，技术投入少，企业技术水平和管理水平还较差我国农产品加工科技队伍还很薄弱，尤其在企业，专业技术人员更加缺乏。例如，在我国 530 多万食品加工企业的职工队伍中，具有大、中专学历的科技人员和管理人员加起来只有 8 万多名，仅占到职工总数的 1.5% 左右，这与知识经济时代企业对人员素质的要求反差太大。因此造成了我国多数农产品加工企业管理层次不清、组织结构不够合理、各专业协作程度低、管理系统封闭和企业科技进步处于较低水平等。

产前、产中、产后脱节，没有形成完整的产业化体系。农产品贮藏、保鲜与加工是一个严密的工程体系。产前、产中、产后各个环节必须紧密地结合，建立农产品生产基地是发展优质农产品原料的先决条件。实行农产品产地贮藏百分百保鲜和适度加工是保证农产品以最低的产后损耗和优良的品质进入市场的主要手段，而目前我国一些农产品生产基地建设形不成规模，缺少产地贮藏、保鲜与加工环节，使农产品在不适合的条件下运输贮藏。导致农产品在产后高额损耗，加工企业因此而得不到优质原料，农产品附加值难以提高。

1.4.4　*整体科技水平低，加工技术设备落后，科技贡献率低*　先进的加工工艺必须有先进的技术装备来保障，才会生产出高质量、低成本、强竞争力和高附加值的产品。我国农产品加工业多数企业规模小，装备落后，基础薄弱，国产设备技术含量低，自动控制系统与工艺流程设计和机械制造脱节，产品性能稳定性和成套性差、精度和自动化程度不高；在引进国外先进设备时，消化吸收和自主创新不够，技术开发投入不足，产品缺乏自己的特色；产品结构不合理且调整缓慢，大型设备且技术含量高的设备少，低附加值、低水平的产品多，设备稳定性及耐用性与国际先进产品有差距；精度要求较高的农产品加工与包装机械及零部件仍大量依赖国外进口。

粗略估计，目前发达国家农产品加工业总体科技水平比我国领先10~20年，拥有农产品加工领域高新技术的核心技术的知识产权，发达国家科技贡献率在70%以上。而我国农产品加工业整体科技贡献率仅为30%~40%。其中饲料产业的科技贡献率为45%，粮油储运与加工的科技贡献率为30%，畜产品加工业科技贡献率不到30%。

目前，发达国家农产品加工工艺和设备总体水平比我国领先20~30年。据有关部分抽样统计，我国农产品加工企业的技术装备水平只有5%左右达到目前国际先进水平，15%左右处于20世纪90年代水平，80%处于70年代至80年代的世界平均水平。

高新技术在农产品加工业的应用少。目前膜分离技术已在发达国家农产品和食品加工业中获得广泛的应用，占到各工业应用总数的约68%，其中，乳品加工业占37%，果汁加工业占18%。俄罗斯、美国、芬兰等国已成功开发通过微生物加工或酶工程使秸秆中的纤维素、木质素等分解为糖或转化为单细胞蛋白，并已经在动物饲料和食用菌等高度产业化应用。国外已将超高压杀菌技术应用到梨、肉类、牡蛎的低温消毒。国外已超低温粉碎技术广泛地应用于香辛料，如可可、杏仁、咖啡豆；调味品，如芥子、胡椒。真空冷冻干燥技术已经广泛应用到蜂乳、蒜片、小葱、花卉及猪、牛肉干的干燥加工中。一些在国外已经得到普遍应用的已显著提高农产品加工产品质量与安全的新技术、新设备，只有极少数在我国得到应用和推广，绝大多数仍未得到广泛推广应用。

1.4.5 *农产品加工业标准体系和质量控制体系不完善* 我国农产品加工行业的管理与先进国家相比较还存在很大的差距。尽管我国大部分在产品加工工艺流程、产品质量检测、产品使用期限等方面已有国家或行业标准，但普遍存在标准滞后、制定周期长、标准水平偏低的问题，不能适应我国入世和人民生活质量提高的需要。我国近500个农产品加工业的卫生标准基本涵盖了食品安全管理的各个方面，但有的标准与国际食品法典标准不接轨，同时，加工过程中质量控制体系不完善，产业化程度不高。尤其是一些小型企业设备陈旧，管理水平较低，质量安全意识淡薄，缺乏保证食品质量的必备条件。因此，在全社会提高对农产品加工业重要性认识的基础上，国家要在政策上给予支持和保护，制定相关的农产品加工产业政策，参照国际标准，制定国际化、标准化、系列化的农产品加工工艺流程规范以及农产品加工机械设备质量标准，建立健全质量监督和检测体系，从而促进农产品加工业的健康发展。

1.4.6 *农产品加工对环境污染问题较多* 一些淀粉、酿造、屠宰等重污染行业的企业在建厂时不做环境影响评价，生产产生的大量“三废”随意排放，对周边环境造成了较严重的污染。美国淀粉糖制造设备加工淀粉糖能做到无废渣、废水或废气。而我国多数农产品加工企业各种下脚料和副产品，大都埋掉、流走或堆积，使农产品加工业成为“污染密集型”产业。这种状况影响了食品出口，破坏了市场经济秩序。

2 农产品加工过程对环境的影响

农业是我国经济发展、社会稳定、民族自立的基础。为了提高农民收入，抵御市场风险，促进农业可持续发展，解决当前我国所面临的农业、农村和农民问题，国家从政策、技术和资金等诸多方面给予了大力扶持，在全国掀起了农产品加工经营的热潮。这是继家庭联产承包，乡镇企业之后又一能极大地促进农村社会生产力发展的创举。面对全球经济的一体化，现代农业应当走“种养加”、“农工贸”一体化的农产品加工经营模式。农产品加工不仅应追求最佳经济效益，还应注意资源优化配置，永续利用，循环再生，与农业生态保护和建设结合起来，实现农产品加工的可持续发展。但一些地方的农产品加工，由于指导思想不明确，片面追求短期效益，致使环境问题日趋突出，如果不能尽快解决，势必影响农产品加工的可持续发展。

当前我国环境污染形势非常严峻。对环境污染最严重企业仍是养殖企业和农产品加工企业。2003 年通报点名批评的十家排污大户，8 家是农产品加工企业。据国家环保总局 2004 年第 1 周（2004 年 1 月 5 日至 2004 年 1 月 11 日）全国主要水系 73 个重点断面水质自动监测站八项指标（水温、pH 值、浊度、溶解氧、电导率、高锰酸盐指数、氨氮和总有机碳）的监测结果表明：Ⅰ～Ⅲ类水质的断面为 39 个，占 53.4%；Ⅳ类水质的断面为 10 个，占 13.7%；Ⅴ类水质的断面为 6 个，占 8.2%；劣Ⅴ类水质的断面为 18 个，占 24.7%。Ⅳ类以上劣质污水河流占 46.6%。水体污染中，农产品加工企业排出污染物的约占 1/2。特别是，劣Ⅴ类水的河段，农产品加工企业污染贡献率更高。全国人大 2003 年对《中华人民共和国固体废物污染环境防治法》执法检查，对农村固体废物污染问题提出严厉批评。据调查我国畜禽养殖场的粪便产生量达 17.3 亿 t。80% 的规模化畜禽养殖场缺乏必要的污染治理设施，畜禽粪便未经处理直接排入环境，严重污染空气和水体。我国温室气体排放已严重影响我国气候变化。国家气象局局长秦大河介绍，中国科学家预估了未来中国气候的变化：第一，中国气候将继续变暖。到 2020～2030 年，全国平均气温将上升 1.7℃；到 2050 年，全国平均气温将上升 2.2℃；当大气中二氧化碳浓度加倍时，全国平均气温将上升 2.9℃。第二，中国气候变暖的幅度由南向北增加。到 2030 年，中国西北地区气温可能上升 1.9～2.3℃。第三，中国不少地区降水出现增加趋势，东南沿海增加值最大。长江中下游地区出现变干的趋势，华北和东北南部等一些地区出现继续变干的趋势。

2.1 环境问题

农产品加工业迅速崛起。在规模扩展，投入增加，龙头企业崛起的同时，也带来了许多环境问题。农产品加工的关键是建设具有强大带动力的，能促进主导产业形成和发展，对农产品进行深加工的龙头企业。但由于资金、技术的不足和环境意识欠缺，龙头企业在生产过程中产生的废水、废气、固体废弃物及噪音等环境污染得不到有效治理，对环境特别是农业环境带来了不可忽视的污染[3]。

2.1.1 *废水污染* 目前，农产品的加工主要集中在食品行业，如：淀粉厂、味精厂、果汁厂、肉产品联合加工厂、乳制品厂等。例如一个中等规模的肉制品厂，每生产1t产品，其废水的排放量为20～40t。其中BOD_5达500～3 000mg·L^{-1}，COD达900～6 000mg·L^{-1}。一个以玉米为原料的淀粉厂，每生产1t淀粉排放10～20t废水，其中SS为2 500～13 000mg·L^{-1}，BOD_5为1 100～1 600mg·L^{-1}，NH_4^+－N为90～250mg·L^{-1}。如果这些废水未经有效处理就排入江河湖泊，则必然使水中溶解氧降低，水质发臭，鱼虾等水生生物死亡。如果排入农田，则会使土壤的厌氧发酵剧增，土壤微生物平衡破坏，农产品产量、品质下降。此外，废水产生的恶臭也影响人的正常学习和工作。

2.1.2　废气污染　农产品加工产生的废气污染主要是燃用高硫煤产生的SO_2污染，会对农作物、土壤造成危害。大气颗粒物会沉降到农作物叶面，抑制植物的光合作用，使作物产量下降，品质降低。

2.1.3　固体废弃物污染　农产品加工过程产生的固体废弃物，如：果屑、蔗渣等多是有机废弃物，如果不能综合利用，就会因大量堆放占用农田、耕地。如果处置不当还会发生厌氧发酵，产生恶臭气体，影响周围环境。甚至被雨水淋溶、侵蚀而影响地下水水质。

2.1.4　噪音污染　农产品加工产生的噪音也是一个不容忽视的问题，特别是在粉碎、锯割等过程中产生的噪音和振动，对周围居民正常工作、生活会产生很大影响。近年来，农村居民对噪音污染的投诉越来越多，噪音对人类身心健康造成的影响已引起有关专家学者的高度重视。

2.2　生态破坏问题

2.2.1　水土流失问题　许多地方为解决农产品加工过程中的土地匮乏，山地、坡地、薄地比重大的问题，适应规模化种植的需要，开展了以“坡改梯”为主要内容的农田基本建设。但不科学的开垦，使原有的土壤植被破坏，多年熟化的好土变成了生土，从而破坏了土壤植被的生长环境，使植被种群改变，土壤侵蚀加剧，出现了新的水土流失。有的地方甚至不惜以砍伐森林，破坏草原来扩大种植面积。从而，直接破坏了当地的生态环境，致使降水减少，灾害频繁，土地沙化、风沙肆虐，水土流失面积增加。

2.2.2　单一化种植对农业生态的影响　农产品加工要求某一作物的种植面积要达到一定的规模优势。为实现这一目标，单一作物在某一区域的种植面积可能达到几十万亩，甚至数百万亩。这种种植模式，打破了原有的生物种群平衡，一些生物种群会自然消失，另一些生物种群会大量增加。这就为这种作物的易感病虫害创造了大面积繁殖的可能性，从而使病虫害的防治难度增加，防治费用升高。如果防治不及时，则会造成毁灭性的灾害。近年来，一些地方大面积松毛线虫繁殖，使成百上千公顷的松林遭到灭顶之灾，就是因为大面积单一种植松树而引起的。个别地方蝗虫成灾，也与单一种植某一作物不无关系。

3　农产品加工业的治理

进入工业社会后，人类生产活动的注意力集中于把原料（自然资源）转化为产品而忽略了废物的转化。这种忽略所造成的严重环境和资源问题使人类不能不全面考虑生产物质运动的影响。今天人类已认识到与环境、资源协调的经济发展才能持久。1992年6月在巴西举行的联合国环境与发展大会，就是人类社会对这一共识的确认。

人类所拥有的发达科学技术不能只注意利用原料（自然资源）生产产品，而应该同时注意把所生产的废物转化为资源。在农业社会里，人类生产活动逐步地建立起废物转化渠道，保护了环境。在当代生产力高度发达的条件下，自觉地建立起新的废物资源化渠道，是完全必要的，也是完全可能的。人类既能大规模地产生废物，也能大规模地转化、利用废物资源。废物资源化的重要性已越来越受到重视，正在成为环境保护的一个重要内容。

3.1 农产品加工中废水治理[4~6]

农产品加工业多是以水作为工业用水和清洗用水，用水量很大，废水排放量也大。例如，生产1t糖耗水1.5t、生产1t味精耗水1 000t、生产1t酒精耗水200t。对这些废水进行处理，既可保护环境、防止污染扩散，又可提高经济效益、实现可持续发展。

处理方法有废水处理方法按作用原理可分为物理法、化学法和生物法三类，每一类中又有若干种工艺和设备。

3.1.1 *物理法* 用于食品工业废水处理的物理法有筛滤、撇除、调节、沉淀、气浮、离心分离、过滤、微滤等。前5种工艺多用于预处理或一级处理，后3种工艺主要用于深度处理。

（1）筛滤：筛滤是预处理中使用最为广泛的一种方法。主要作用是从废水中分离出较粗的分散性悬浮固体物。所用的设备有格栅和格筛。格栅拦截较粗的悬浮固体，其作用是保护水泵和后续处理设备。农产品加工工业废水中常用的格筛有固定筛、转动筛和震动筛等。

（2）撇除：某些农产品加工工业废水中含有大量的油脂，这些油脂必须在进入生物处理工艺前予以除去，否则会造成管道、水泵和一些设备的堵塞，并且会对生物处理工艺造成一定的影响。废水中的油脂根据其物理状态可分为游离漂浮状和乳化状两大类。通常用隔油池除去漂浮状油脂。隔油池对漂浮状油脂的除去率可达90%以上。如果处理流程中设有调节池或沉淀池，则隔油池可与调节池或初沉池合用同一构筑物，可节省投资和占地。对小型处理系统，可设油水分离器撇油。

（3）调节：对于水质水量变化幅度大的农产品加工业废水，常设置调节池对废水的水质和水量进行调节。调节时间一般为6～24h，多为6～12h。调节池容量为日处理废水量的15%～50%。

（4）沉淀：沉淀是用来除去原废水中无机固体物和有机固体物，以及分离生物处理工艺中的固相和液相。用沉沙池除去原废水中的无机固体物，用初沉池除去原废水中的有机固体物，用二沉池分离生物处理工艺中的生物相和液相。沉沙池一般设在格栅和格筛之后。为了清除废水中无机固体物表面的有机物，避免废水中有机固体物在沉沙池中产生沉淀，可采用曝气沉沙池。采用初沉池可降低后续工艺的负荷。初沉池除去悬浮固体的效果与加工的原料和产品有关。为了提高沉淀池的沉淀效率，可在沉淀池内设置平行的斜板或斜管而成斜板（管）沉淀池。一般沉淀时间为 1.5～2.0h。

（5）气浮：气浮主要用于除去食品工业废水中的乳化油、表面活性物质和其他悬浮固体。有真空式气浮、加压溶气气浮和散气管式气浮。应用最普遍的是加压溶气气浮。当废水进入溶气气浮池之前，往水中投加化学混凝剂或助凝剂，可提高乳化油脂和胶体悬浮颗粒的除去率。

（6）其他处理：为了解决用水紧张问题，须将处理后的水回收利用，为此需对二级处理出水进行深度处理。最常用的方法是过滤，可采用沙滤池或复合滤料滤池。按滤速大小分慢速沙滤池和快滤池（重力式、压力式和多层式）。

3.1.2 *化学法* 中和法、氧化还原法（投加氧化剂、电解、光氧化等）、混凝法、离子交换法、膜分离法（电渗析法、反渗透法等）都属于化学处理法。农产品加工业废水处理中所用的化学处理工艺主要是混凝法。混凝法不能单独使用，必须与物理处理工艺的沉淀法、澄清法或气浮法结合使用，构成混凝沉淀或混凝气浮。常用的混凝剂有石灰、硫酸铝、三氯化铁、聚合氯化铝、聚合硫酸铁以及有机高分子混凝剂（如聚丙烯酰胺），但这种有机高分子混凝剂常作为助凝剂。化学处理工艺主要除去水中的细微悬浮物和胶体杂质。

3.1.3 *生物法* 生物处理工艺可分为好氧工艺、厌氧工艺、生态塘、土地处理以及由上述工艺的结合而形成的各种各样的组合工艺。生物法是主要的二级处理工艺，目的在于降解农产品加工废水中的 COD（化学需氧量）和 BOD（生物需氧量）。

（1）好氧生物处理：好氧生物处理工艺根据所利用微生物的生长形式分为活性污泥工艺和膜法工艺。活性污泥工艺。混合液悬浮固体的浓度为 2 500mg · L^{-1}，运行正常的活性污泥系统中 BOD 除去率通常超过 90%。有些农产品加工废水，如酿酒废水和乳品加工废水采用活性污泥工艺会出现污泥膨胀问题，其原因是有机负荷过高，或是营养物缺乏。膜法工艺膜法。该工艺处理农产品加工废水时，生物滤池一般采用两级串联运行。用生物滤池处理高浓度的肉类加工废水和酒废水时，滤池易堵，难以正常运行。而塔式生物滤池耐冲击负荷能力强，不易发生堵塞。

（2）厌氧生物处理：厌氧生物处理工艺适用于农产品加工废水，主要是因为废水中含有容易生物降解的高浓度有机物，且无毒性。但是，厌氧生物处理后的出水达不到直接排入水体的要求，它一般作为好氧工艺的前处理，或者作为排放到城市下水道之前的预处理。厌氧—好氧组合一体化法。这种方法所用设备是在吸收了传统流化床、活性污泥法和生物接触氧化法的优点基础上开发的一种高效、稳定的生化处理装置，它由厌氧悬浮床、移动循环床和好氧固定床组成。其核心技术是应用悬浮生物载体形成移动床和增加高效微生物优势菌，充分提高反应器中微生物浓度。该装置具有比表面积大、挂膜时间短、不易堵塞特点，可在好氧、缺氧、厌氧环境下，实现悬浮载体与污水流化状态下充分接触，凭借微生物的生物活性，进行有机物的水解、生物降解、氮的硝化和磷的生物沉淀。高效厌氧（ABR）—生态组合法。将高效厌氧技术（ABR—厌氧折流板反应器）与改良的人工湿地串连起来，ABR 作为强化预处理技术，增加悬浮有机填充料和优势微生物，高效降解污水中有机污染物。厌氧单元在较大程度上发挥了将颗粒有机物转化为溶解性有机物的作用，为后续湿地处理提供了有利的条件。改良的人工湿地主体为多孔的无机填充料、沙石和微生物组成填料床，并在床体表面种植具有处理性能好、耐水性好、适应能力强、根系发达且美观的植物，通过生物处理和人工生态系统中植物—微生物的协同作用，实现污水的净化处理。

（3）生态塘工艺：生态塘处理系统可以化分为厌氧塘、兼性塘、好氧塘、生态系统塘等多种形式。生态塘以太阳能为初始能源，通过在塘中种植水生作物、进行水产和水禽养殖，形成人工生态系统。在太阳能的推动下，通过塘中多条食物链的物质和能量的逐级传递、转化，将进入塘中污水的有机物降解和转化，最后不仅去除污染物，而且还能收获水生作物、鱼、虾、鹅、鸭等产品，净化的污水还可作为再生水用于农田灌溉、绿化浇水等。生态塘具有构造简单、基建投资少、维护管理方便、净化效果良好、运行稳定可靠等诸多优点。

总之，废水的处理方法与工艺的选择需进行技术与经济分析，才能确定最佳方案。首先应改革工艺，尽可能地减少废水量或降低废水浓度；其次要考虑综合利用，变废为宝，降低污染，减轻处理的负荷。选择废水处理方法和流程时要因地制宜，同时要防止二次污染，保证废水处理后能达到排放标准。选择农产品加工排放污水处理工艺，不仅要考虑污水中有害物质的组成，而且要了解排出污水的水质、水量的瞬时变化等情况，掌握这些对选择污水处理工艺、设备和日后的运行管理都很重要。污水处理过程中产生的污泥、废油、废酸、废碱，以及加工过程中产生的动植物弃物也应该进行无害化处理，不能随意抛弃、排放，避免造成二次污染。

3.2　农产品加工固体废弃物的治理

3.2.1　能源化　由于生物质能是仅次于煤炭、石油、天然气的第 4 大能源，在世界能源消费总量中占 14%，而农业废弃物作为生物质的一个部分，在利用其能量方面，可采用如下途径：①农业废弃物制沼气。据研究表明，农作物秸秆、蔬菜瓜果的废弃物和畜禽粪便都是制沼气最好的原料。据测算，每千克秸秆可制沼气 2.2m^3，每吨秸秆可替代 0.7t 煤炭，每利用 1 万 t 秸秆可减少二氧化硫排放量 140t，减少烟尘排放量 100t。按一家 4 口人每天用气量 5～6m^3、价格 0.1～0.2 元/m^3 计算，每户每月仅需 18～36 元。②农业废弃物气化。利用生物质热能气化原理，由气化反应器将可燃烧物质经过干燥热解气化和还原等过程，变成可燃气体，最终输送到各个用户。固体废弃物经气化可产生高效清洁方便的可燃气，为农村供气、供热、供电。③农业废弃物液化。将能量密度较低的废弃物转化成密度高、品位高的液体燃料是合理利用生物质能的有效途径，也是 21 世纪最有发展潜力的技术之一。由生物质制成的液体燃料叫生物燃料。生物燃料主要包括生物酒精、生物甲醇、生物柴油和生物油。④农业废弃物固化。将秸秆、稻壳、锯末、木屑等有机废弃物，用机械加压、加热等原理，将原来松散、无定型、低发热量的生物质原料压制成具有一定形状、密度较高（1.1～1.4t/m^3）的固体成型燃料（热值 14～20MJ/kg），其功效相当于中质煤，但没有煤所固有的含硫量大、灰分高、污染环境等缺点。从成型工艺上可分为常温压缩成型、热压成型和碳化成型 3 类。

3.2.2　肥料化　堆肥化可以实现农业废弃物的减量化、无害化和资源化的处理目标，堆肥技术是利用利用微生物在一定温度、湿度、pH 值条件下的作用，将不稳定的有机质转变为较稳定的有机质，使废弃物中挥发性物质含量降低，臭味减小，物理性状明显改善。根据处理过程中微生物对 O_2 要求的不同，培肥化可分为好氧堆肥化和厌氧堆肥化。前者是在通气条件下借好氧微生物活动使有机物得到降解，因好氧堆肥化温度在50～60℃，极限可达80～90℃，故亦称为高温堆肥；后者是利用微生物发酵造肥，所需时间较长。高温堆肥还可杀灭堆料中的病原菌、虫卵和草籽，堆肥产品作为土壤改良剂和植物营养源。堆肥化成功的关键是使微生物正常繁衍，使用适当地的微生物接种剂可以加速农业废弃物的堆肥进程。

生物有机肥料是以农业废弃物为基质，经过多种具有降解功能的微生物的发酵制成有机肥料，然后添加适量的有益微生物菌剂制成的一种新型肥料[7]。

各种农业废弃物通常含有丰富的有机质、氮、磷、钾等营养元素，经好氧堆肥发酵后可制成堆肥。与化肥相比，它具有营养全面、肥效长、易于被作物吸收等特点，对提高作物的产量和品质、防病抗逆、改良土壤等具有显著功效。制造简单方便，可利用的原料种类丰富，成本低，具有广泛的群众基础。

有机复合肥。将高温堆肥产品经杀灭病原菌、虫卵和杂草种子等无害化处理和稳定化处理后，配以一定比例的无机氮、磷、钾复混造粒，加入功能微生物而形成的一种融有机、无机肥及功能微生物于一体的“三合一”肥料。颗粒化的复合肥因为含有大量的有机质，不仅可以增加土壤肥效与土壤中的负电荷，促进微生物的活动，还具有速效成分快而不猛、减少养分淋失、施用方便、便于运输等特点而得以迅速发展。

有机无机复混肥料是指在无机复混肥料中加入大量的有机质形成的产品。有机肥料肥效缓长，具有改良土壤作用，但不能满足高产作物的养分需要，而化学肥料肥效快而猛，但又会因施用不当而引起土壤酸化、板结和有机质含量下降等问题。有机无机复混肥料既有无机化肥肥效快的长处，又具备有机肥料改良土壤、肥效长的特点，近年来在我国试用效果明显，深受农民欢迎，是肥料发展的方向之一。我国有机无机复混肥料的产业化在20世纪80年代后期兴起，2002年出台相关的国家标准。迄今为止，有机无机复混肥料的研究主要集中于其肥效的研究，以及生产工艺的研究等。

3.2.3 *沼气化* 沼气发酵是指各种农业废弃物在厌氧条件下被沼气微生物分解代谢，最终形成以甲烷为主要成分的混合气体的过程，是一个复杂的生物化学过程[8]。沼气技术是生物质能的开发和利用的重要途径，也是农业废弃物能源化利用的关键手段。沼气的综合利用即“三沼（沼气、沼液、沼渣）利用”在我国可持续农业发展战略中具有重要意义。以沼气为纽带可促进物质和能量在系统内部有多重循环利用，如我国北方开发的“四位一体”高效种养结合发展模式，即“太阳能温室—沼气池—猪圈—厕所”、“温室猪圈—沼气池—厕所—果园”和南方的“猪圈—沼气池—果园”模式，可使一切有机残体和废弃物无害化和资源化，是一条适合我国国情的农村发展之路[9～12]。

在利用沼气作为能源的同时，充分利用沼气发酵残余物作为优质的有机肥料和饲料的功能，形成以沼气为纽带的“饲料—肥料—能源—环境”复合生态工程，具有较高的经济效益和社会效益。经过试验与示范，在北方地区形成了将沼气池和猪禽舍、厕所、蔬菜大棚有机结合的“四位一体”技术，既解决了北方寒冷地区沼气池安全越冬的问题，又促进了生猪的生长发育，缩短育肥期和节约饲料，同时还为大棚蔬菜提供优质肥料，提高蔬菜产量和质量，增加农民收入，具有土地、能源、时间、劳动力等高度利用和生产发展、环境改善、能源再生效益提高等综合效果。

沼气发酵有较多优势：①沼气微生物自身耗能少。沼气发酵过程中，沼气微生物自身繁殖需要的能量是好氧微生物的1/30～1/20。对于基质来说，大约90%的COD被转化为沼气。②沼气发酵能够处理高浓度的有机废物。好氧条件下，一般只能处理COD含量在1 000mg·L^{-1}以下的废水，而沼气发酵处理废水COD含量可以高达10 000mg·L^{-1}以上。如表1所示，各种农产品加工废水，都可作为沼气发酵的原料。③能处理的废物种类多。沼气发酵可以处理人、畜粪便，作物秸秆，农产品加工企业的废水、废渣等。沼气发酵除去了90%的有机质，余下的部分再经过耗氧处理，便可达到国家排放标准，见表1所示。

表1　农产品加工转化企业排放水质特性

原料名称	pH值	COD（mg·L^{-1}）	BOD（mg·L^{-1}）
酒精醪液	3～5	30 000～60 000	15 000～30 000
白酒废水	3.7～5.8	11 400～130 000	5 800～67 000
黄酒废水	3.5～4.0	9 400～30 000	5 000～15 000
制革废水	8～10	3 000～4 000	1 500～2 000
柠檬酸废水	4.0～4.6	10 000～40 000	6 000～25 000
淀粉废水	4.6～5.3	3 000～12 000	1 000～7 000
豆制品废水	3.5～5.0	10 000～20 000	7 000～12 000
造纸黑液	11～13	106 000～157 000	34 500～42 500
制药废液	4.0～6.0	5 000～40 000	2 000～18 000
乳品加工废水	3.5～7.5	2 000～11 000	1 000～75 000
高浓度啤酒废水	3.5～6.0	9 000～43 000	7 000～33 350
味精废水	1.5～3.2	20 000～60 000	10 000～30 000
糖蜜酒精废水	4.4	40 000～150 000	20 000～60 000
猪粪水	7.0～7.8	11 000～26 000	7 000～13 000
鸡粪水	6.5～7.5	43 000～77 000	17 000～32 000
奶牛粪水	7.2～8.2	70 000～116 285	

3.2.4　*栽培食用菌*　食用菌是一类子实体肉质或胶质可供食用的大型真菌，通常只包括少数几种子囊菌，绝大多数种类是担子菌。

我国是世界上最早开始利用农业废弃物进行食用菌人工栽培的国家，香菇、黑木耳、草菇、平菇等多种食用菌的人工代料栽培技术都起源于中国。我国也是世界上最大的食用菌生产国和出口国，目前人工栽培的食用菌种类达20多种，产量约600万t。食用菌都是大型的高等真菌，属于腐生菌，其菌丝体通过分泌胞外酶分解有机物质如纤维素、半纤维素、木质素、蛋白质、多糖等，人工栽培食用菌是以农业废弃物（如农作物秸秆、玉米芯、棉籽壳、锯木屑、牛粪、鸡粪等）为原料生产食用菌产品的过程，生产食用菌之后的培养料又可作为动物饲料或有机肥，实现了有机物质循环反复利用，达到了农业生态环境的良性循环。食用菌栽培是一项“投入小、见效快、无风险”的高效农业项目，可以产生显著的经济效益、社会效益和生态效益。农业废弃物经食用菌菌丝的分解作用，分泌出某些激素类和特殊生物活性酶，加上菇渣中菌体蛋白的大量存在，因此用菇渣作肥料比用秸秆堆沤的肥料有更多的可给态养分和更好的增产效果；用果树修剪枝条栽培香菇后木质素降解了 20% ~30%，粗纤维降解了 15% ~50%，粗蛋白由2% ~3%提高到10% ~17.14%，氨基酸含量增加到5% ~6%，特别是含有多种禽畜体内不能合成的、一般饲料中又缺乏的必需氨基酸和菌类多糖，因此，栽培香菇的下脚料作为菌糠饲料又具有食用菌的清香味，且适口性好，有利于提高畜禽产品的产量和质量。

4 生物腐植酸技术与农产品加工废弃物的资源化利用[13]

4.1 生物腐植酸概述

20 世纪 80 年代末，河北省衡水地区有一位老人利用作物秸秆堆沤，施用于田间，作物长势很好，而且病害少，展现了不同于一般有机肥的良好特性。当地的民营企业家立即着手开发这种产品，开始了小规模试产。此事引起了河北省科委的重视，很快组织专家进行研究分析，发现物料中富含黄腐酸，于是在 1992 年 12 月主持召开了关于“生化法制取黄腐酸”的鉴定会，并发出了“冀科鉴字 467 号”文件。该文称“生化法制取黄腐酸的新工艺填补了国内空白、属世界首创”。这就是中国生物腐植酸产业这条小河的源头。杨耀在“生化黄腐酸应用简介”一文中高度概括：生化黄腐酸是多种物质的复合体，经中国科学院化学研究所多次化验分析结果是：该物质呈弱酸性（pH 值为 5 ~6）含黄腐酸 50%；含核糖核酸 15%；含 17 种氨基酸总量为 9%，另外还含有维生素 B_1、维生素 C、肌醇和糖类等物质。

生化黄腐酸与矿物提取的黄腐酸相比具有相当明显的五大特点：一是生化黄腐酸分子量小，渗透能力强，容易被生物吸收利用；二是水溶性好，抗硬水能力强，不絮凝，不沉淀，使用方便；三是活性基团含量高，生理活性大，对金属离子络合、螯合能力强；四是饱和溶解度大，与微量元素有良好的相溶性；五是不含重金属与其他有害物质，适宜开发医用产品。

由于生化黄腐酸是多种有益物质组成的复合体，加之其独有的五大特点，它对生物具有极大的活性，能明显提高动植物的免疫功能和抗逆性能。因此生化黄腐酸是生产低毒无公害化肥、农药和饲料添加剂的新型替换原料，可以广泛应用于农业、畜牧业、医药和工业等领域。

生物腐植酸的原料多种多样，可以说凡是有机废弃物，都可能成为原料。生物腐植酸加工工艺也异彩纷呈，涉及微生物工程、化学工程和生物化学、化学物理等多种边沿学科。因此必然形成生物腐植酸产品的多样性、复杂性、包容性和多功能性以及后开发产业链的延伸性。以下试用图 1 形式表达。

图 1 比较形象地表述了生物腐植酸产品的功能，从中可以看出它在多个经济领域有

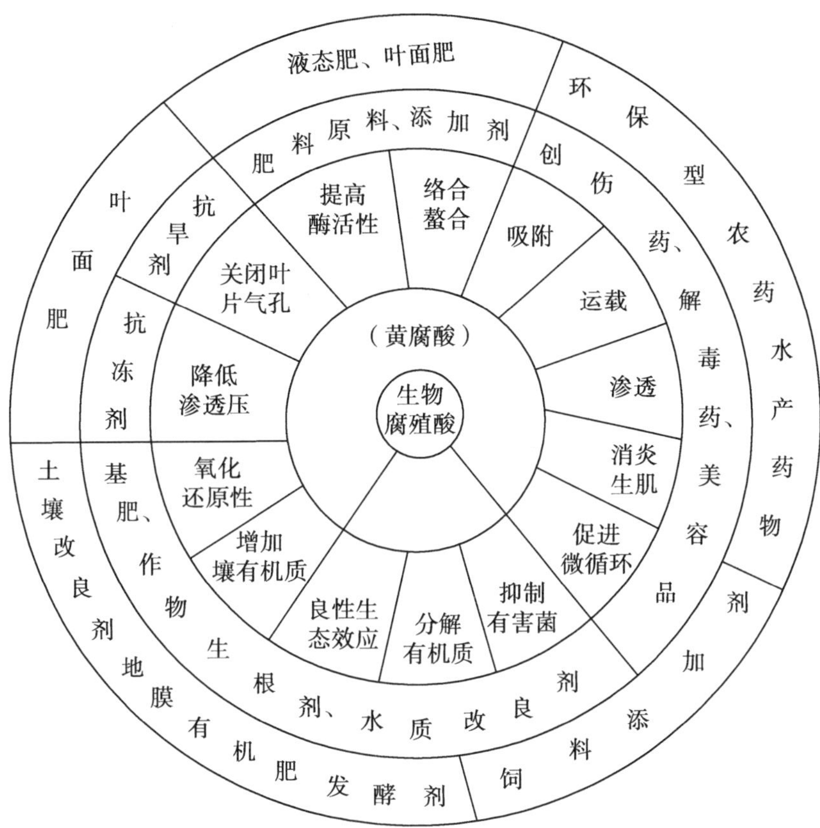

图1　生物腐植酸成分、功能、产品分类图

注：第2圈为主要成分圈、第3圈为功能圈、第4圈为产品分类圈。

着广泛的用途，它的后开发产业链很长。

如果要全面了解生物腐植酸对国民经济和绿色GDP的贡献，那就必须溯其源头。生物腐植酸的原料主要是工农业有机废弃物。生物腐植酸产品生产和使用得越多，国土所受的污染就越少、温室气体的排放就越少、地球就越洁净。这是生物腐植酸区别于矿物腐植酸的主要之处，也是生物腐植酸产业生命力无比强大的重要原因。现先用图示方式将生物腐植酸的资源介绍如下。

从图2可见，许多工农业有机废弃物都是生产生物腐植酸类产品的原材料。这些废弃物量大，收用成本低，加工后产品附加值大，是生物腐植酸产业能蓬勃发展的保证。生物腐植酸产业的蓬勃发展，又将对环保事业和高效生态农业作出巨大贡献。

4.2　制糖、酒精、味精行业有机废弃物的利用技术

制糖、酒精、味精行业，是工业有机废弃物排污大户，是环境污染的重要来源。一个年产5万t蔗糖的制糖厂，每年产生的滤泥4万t，产生不能用于造纸、热值又很低的废渣粉（蔗髓）2万t。

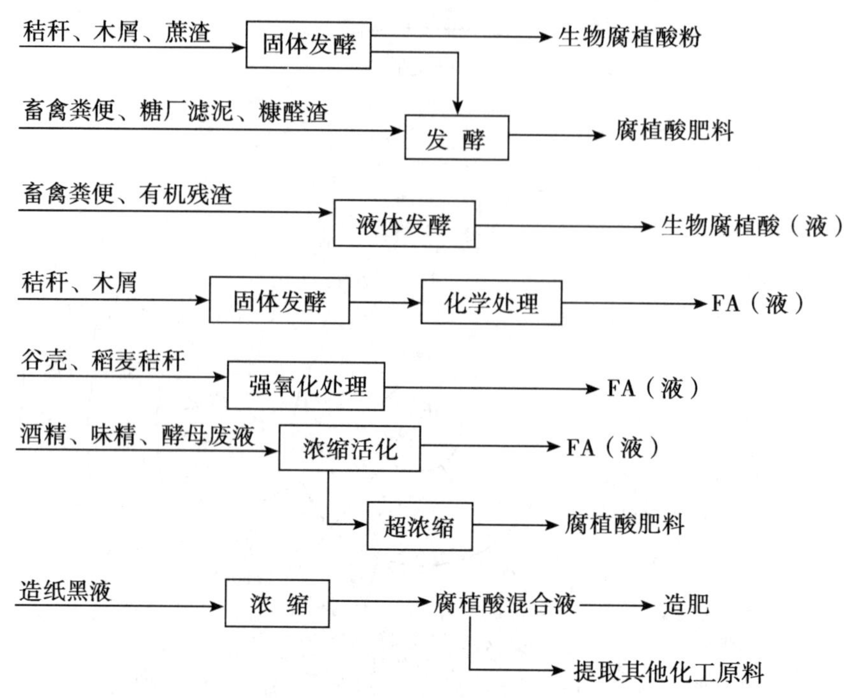

图2 生物腐植酸产品及其资源图

一个年利用废糖蜜5万t的酒精（味精）厂，每年排出废液14万t。

上述三大类废液富含有机质和其他大量营养成分，向环境排放将造成环境水域COD（化学耗氧量）和BOD（生物耗氧量）直线上升，水质迅速恶化发臭。据检测，上述三大类废液的COD达到2万~4万 $mg \cdot L^{-1}$、BOD达到1万~2万 $mg \cdot L^{-1}$，而国家关于废液排放标准是COD允许值为400$mg \cdot L^{-1}$，BOD允许值为100$mg \cdot L^{-1}$。用简单直排法，每吨废液必须用100~200t水来稀释才能达到排放标准。可见上述几类废液没有回收利用将造成多么严重的环境污染。因此这几类加工业的废液回收利用是非做不可的。

4.2.1 *甘蔗制糖厂主要废弃物的回收利用技术* 甘蔗制糖厂（以下简称“糖厂”）生产蔗糖所产生的废弃物主要是滤泥、粉煤灰和蔗渣粉。

滤泥是甘蔗加工第一道工序压榨出来的汁液，经加入絮凝剂后的沉淀物。滤泥含水量约70%，其他成分主要是蔗糖类碳水化合物，以及植物蛋白、纤维素、氮、钾、钙、镁、磷盐酸、硫酸盐和细泥。由于滤泥有着较高含量的有机质和营养盐，堆放数天后就开始发臭。过去糖厂滤泥通常由附近群众自发取去用于肥田或养鱼喂鸭，但利用价值是很低的。现在由于劳动力短缺，滤泥不可能“自然分散”掉，便成了糖厂一大害了。每年数万吨发臭的滤泥堆在厂区，真是不堪设想。

粉煤灰是糖厂锅炉烟道中的粉灰经水幕除尘沉降而成。一个中型糖厂每天会产生10多吨粉煤灰。

蔗渣粉是压榨甘蔗时产生的粉末状细渣，俗称蔗髓。甘蔗粗渣可以造纸，而蔗髓则不可以。一般糖厂都用蔗髓作补充燃料，但其热值仅为标准煤的1/3，且进入锅炉后很快被热风吹入烟道，不能完全燃烧，还造成大量粉灰，加重对环境的污染。

糖厂废弃物的处理，首要的是滤泥。而在滤泥转化为肥料过程中，正需要蔗髓的加工物，还可捎带处理掉粉煤灰，所以把滤泥和蔗髓及粉煤灰一并纳入回收加工的方案内。

4.2.1.1　蔗髓深加工部分的简介　本方案就是把部分蔗髓转化为生物腐植酸，其余蔗髓经烟道废气（做热源）干燥后参与下述滤泥加工发酵，以减少发酵物料含水量。

（1）蔗髓转化为生物腐植酸的工艺路线：

蔗髓转化为生物腐植酸工艺要点是发酵菌剂的制备，培养基的配制和发酵方法（包括发酵条件），以及干燥环节温度的控制，工艺路线如图3所示。

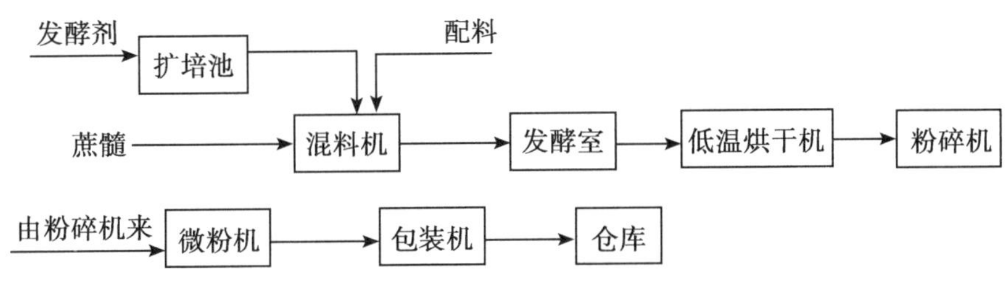

图3　蔗髓转化为生物腐植酸工艺流程图

（2）生产规模设计及投资概算：

生产规模分二阶段设计。按日产300t蔗糖、热带地区年生产期150d计，糖厂蔗髓量可达到每日80t以上，可生产生物腐植酸60t，年产9 000t。考虑到糖厂历史上一直是销售蔗糖，没有农资推广网络，在短时期内没有年销9 000t生物腐植酸的能力，因此设计第一阶段生产规模为年产1 200t自动生产线，自用于滤泥发酵和复混肥增效每年1 000t，另200t用于市场推销，建立营销网络。在若干年后市场对生物腐植酸认可了，需求量将大大提升，再投年产9 000t全自动生产线。

本规划设计年产生物腐植酸1 200t半自动生产线。

土地面积	7 221m^2	
厂房仓库面积	2 705m^2	108 万元
其他配套建筑	550m^2	28 万元
道路晒场	4 600m^2	18 万元
设备设施		87.2 万元
水电配套		5 万元
合计投资		56.2 万元

人员构成（按1班制设计）

厂长	1 人
厂长助理	1 人
生产工人	25 人
辅助工人	3 人

合计　　　　　　30 人

经济效益测算，年产生物腐植酸 1 200t，其中厂内自用 1 000t，按内部周转价每吨 3 000 元计，产值 300 万元，利润约 100 万元。厂外销售 200t，平均每吨 8 000 元，产值 160 万元，毛利约 110 万元，非成本费用 25 万元，利润 85 万元。两部分年总产值 460 万元，年利润 185 万元。正式投产后 1 年半可收回全部投资。工艺生产线如图 4 所示。

4.2.1.2　滤泥及粉煤灰改造为肥料部分的方案简介　对于用亚硫酸法处理产生的滤泥，通过特殊发酵工艺可以转化为优质有机肥，这种有机肥与化肥混合后经干式挤压造粒成为富含腐植酸和其他生物活性物质的有机无机复混肥，从而产生一个能耗低、产品功能先进的大型绿色环保肥料厂。这是对糖厂滤泥高价值的资源化利用。通过这个厂的投产，还可消化本糖厂蔗髓转化项目和糖蜜废液转化项目的部分产品，形成内部循环，有利于这几个项目的顺利投产，降低产品成本，使糖厂主要废弃物的零排放和资源化利用成为可能。

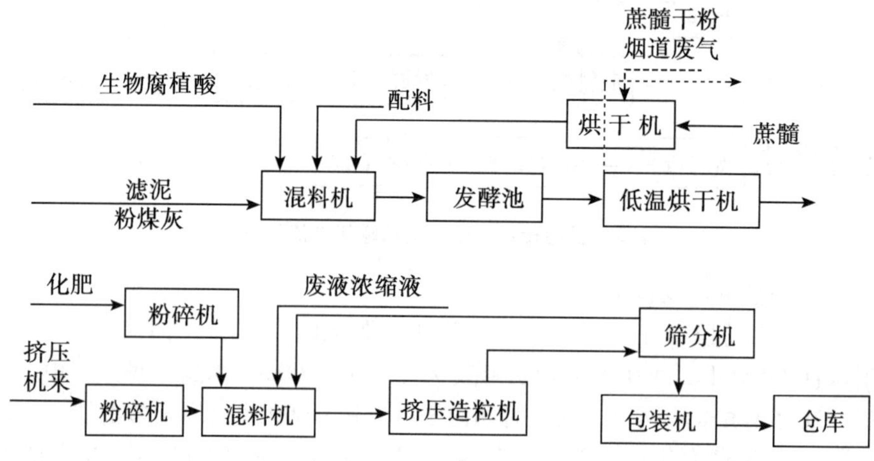

图 4　糖厂滤泥加工为肥料的工艺流程

（1）生产规模及投资概算：

生产规模的设计必须能回收利用全部滤泥，即每日滤泥 130t（含水量 70%），通过生物腐植酸发酵转化为有机肥约 60t（含水量 20%）。这些有机肥留 20t 作纯有机肥自用（甘蔗基地）和在附近销售，另 40t 用作原材料与化肥等混合经冷挤压造粒成腐植酸有机无机复混肥。根据以上规划，该项目日产有机肥 20t，有机无机复混肥 80t，即年产有机肥 3 000t，有机无机复混肥约 12 000t。投资概算如下：

土地	30 780m^2	
厂房仓库	4 000m^2	165 万元
综合楼	600m^2	40 万元
发酵棚	1 680m^2	34 万元
道路及绿化	20 340m^2	80 万元
设备设施		280.8 万元
管道工程		30 万元

水电设施	40 万元
合计投资（不含土地）	664.8 万元
人员构成（3 班）	
正、副领班	6 人
工人	120 人
营销人员（包括 A 厂、B 厂产品）	6 人
管理人员	5 人
技术人员	4 人
项目负责人	2 人
合计	205 人

（2）经济效益测算：

本项目年处理滤泥（含水 70%）19 500t，得发酵有机肥（含水 20%）10 800t。其中用 3 000t 作为正式有机肥产品，每吨售价 650 元，产值 195 万元，得毛利 50 万元；另用 7 800t 做复混肥原料（与化肥混合造粒），可得复混颗粒肥 17 000t，每吨销价 1 600元，产值 2 700 万元，得毛利 400 万元。有机肥和复混颗粒肥合计年产值 2 985 万元，年毛利 450 万元。预计非成本费用每年 150 万元，每年利润为 300 万元，正式投产两年后可收回全部投资。

以糖厂废弃物为主要原料生产的肥料成分及肥效分析。

首先了解一下滤泥发酵前后成分的变化情况。

表 2 显示，经生物腐植酸发酵后，滤泥碳氮比下降（相应有机质含量也稍有减低），FA 含量和水溶性固形物则大幅度上升。这是有机物发生质的变化的表现。经发酵后有机物大量转化为可以被植物吸收的有机营养成分，主要是有机碳。因此经此工艺加工的滤泥，已经转化为优质的有机肥了。生物腐植酸发酵此说法不妥，应该改成利用生物腐植酸技术发酵或生物腐植酸接种发酵。

表 2　滤泥发酵前后（干物质）理化性状的变化

类别	C/N	有机质含量（%）	FA 含量（%）	水溶性固形物（%）
发酵前	36	37	3.8	11.2
发酵后	32	35	8.6	17.3

以发酵滤泥（有机肥）与化肥混合造粒，形成富含 FA 的有机无机复混肥。这是一种有机质（包括腐植酸）包裹化肥微粒的复混体（图 6）。在土壤水分的作用下，化肥微粒与腐植酸及有机质中其他活性物质形成络合体或螯合物，使化肥营养成分缓慢释放，这是肥料专家们追求已久的“缓控释肥”的效果；另一方面由于富含腐植酸的有机肥与化肥同时进入土壤，对土壤补充了有机碳，有利于强化土壤中微生态效应，促进作物根系发达，作物吸收肥料的能力增强，土壤保肥能力也提高，进一步增强了肥效。因此这种有机无机复混肥是一种肥料利用率很高的肥料，也就是高能绿色环保肥料。

下表是这种有机无机复混肥与混合化肥对比应用效果的实验情况，实验肥料有机质含量20%（其中包括腐植酸8%），$N + P_2O_5 + K_2O = 25\%$（12∶6∶7），对照化肥为$N + P_2O_5 + K_2O = 40\%$（19∶10∶11），对比应用实验结果如表3所示：

表3　对芦笋实验的结果

类别	每亩用肥总量（kg）	芦笋亩产（kg）	增产率（%）	一等品（%）
有机无机复混肥	200	788	8.6	53
混合化肥	200	725	—	41

表4　对芥菜实验的结果

类别	每亩用肥总量（kg）	亩产量（kg）	增产率（%）	平均售价（元/kg）
有机无机复混肥	150	2 177	-2.3	1.67
混合化肥	150	2 230	—	1.54

由表4可见，对比试验显示：含有机质20%（其中包括腐植酸8%）、化肥营养成分25%的有机无机复混肥，与化肥营养成分40%的混合肥肥效大体相当，而农作物产品质量则前者为优。

设有机无机复混肥单位用量肥效为m（$m < 100\%$），混合化肥单位用量肥效为n（$n < 100\%$），可以得到以下等式：

$$0.25m = 0.4n$$

$$m/n = 0.4/0.25 = 1.6$$

因此，可以初步得出结论：如果以化肥营养成分为肥料肥效的计算标志，则这种有机无机复混肥的肥效比纯化肥肥效提高60%。

4.2.2　*糖蜜加工酒精（味精、酵母）产生的废液的利用技术*　糖蜜是甘蔗汁浓缩结晶过程中被排斥于晶粒外的杂质，是一种浓浆状糖液，一般被用于做食品添加剂或制造酒精、味精和酵母的原料。

糖蜜用于制造酒精、味精或酵母，都是经由某些微生物的发酵过程。此过程的结果除产生目标产品（酒精、味精或酵母）外，还产生腐植酸以及其他有机质，以及残存的糖类和残余培养基养分。

所以糖蜜、酒精（味精、酵母）废液就富含腐植酸，这是一种宝贵的腐植酸资源。但这种腐植酸经多道高温处理后“钝化”，实际生产中应实施活化措施。

由于糖蜜深加工排出的废液量大，且有机质和其他营养成分含量还很高，因此对环境污染相当严重，几十年来我国大量科技工作者和相应行业的从业人士花了大量人力物力用于治理这种废液，产生了多种治理工艺技术。但由于糖蜜废液的特殊理化性质（高水分含量又高黏性），还由于人们对废液中腐植酸的了解不足，所以绝大多数治理措施都不能令人满意，至今还是被这种废液的治理问题所困扰。

以下为一条可行的、受业界人士欢迎的治理路线，就是腐植酸肥料的路线，这种技术路线有如下特点：

①节能，加工过程基本没有二次污染。

②加工成本低，附加值比较高，仅治理就能盈利。

③全部收用工厂每天大量产生的废液，实现污染物的零排放，彻底解除这类行业发展的环保瓶颈。

糖蜜废液的回收利用（腐植酸）工艺流程分三个独立的工艺单元，见图 5、图 6 和图 7 所示。

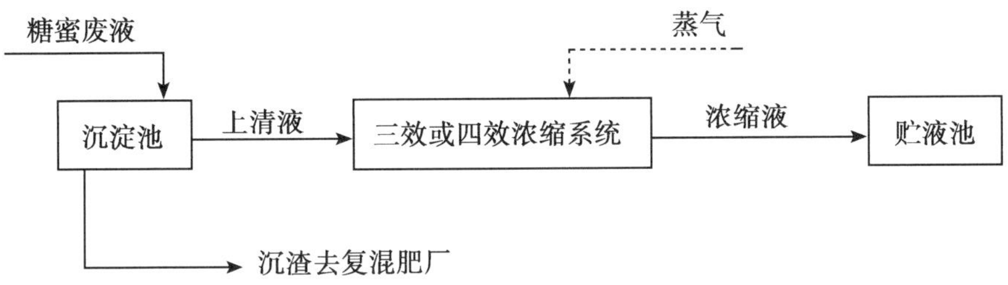

图 5 第一工艺单元：浓缩液的制作

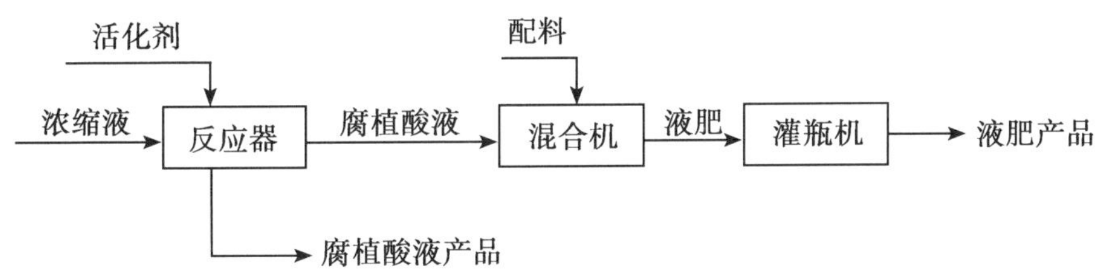

图 6 第二工艺单元：腐植酸液和液肥的制作

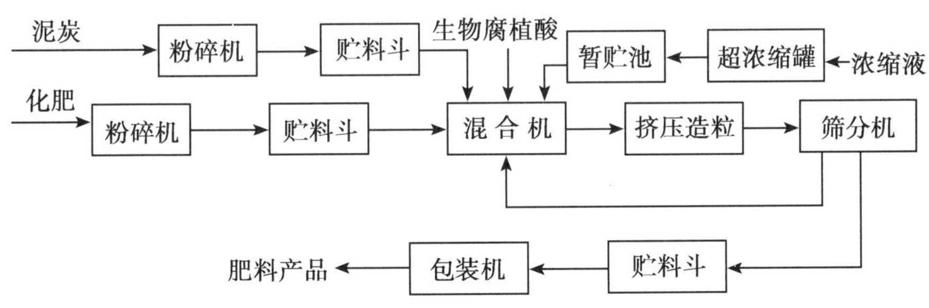

图 7 第三工艺单元：以废液为主料制作有机无机复混肥

参考文献

[1] 佟玲，李成华. 我国农产品加工业的现状及发展趋势. 农机化研究，2005，9（5）：11 ~ 15

[2] 孔凡真. 我国农产品加工业的现状与市场前景. 山东食品科技，2004，（5）

[3] 肖春玲，李青萍. 农产品加工过程中的环境问题及对策. 食品科学，2007，28，（7）：553 ~ 555

[4] 袁静. 农产品加工废弃物处理新技术. 农产品加工新技术手册，北京：中国农业科学技术出版社，2005

[5] 徐志伟，陈凌霞. 农村废弃物无害化资源化处理技术探讨. 2006 年中国农学会学术年会论文集，2006

[6] 张克强，张洪生，李军率等. 我国农村生活污水资源化利用技术与模. 2006 年中国农学会学术年

会论文集，2006

［7］吕爱清，周卫平．论微生物农业与农业的可持续发展．中国农业科技导报，2002，4（3）：50～51

［8］朱能武．好氧堆肥的代谢酶变化和生物毒性物质的降解．华南理工大学学报（自然科学版），2005，33（11）：6～9

［9］邱凌，杨改河，杨世琦．黄土高原生态果园工程模式设计研究．西北农林科技大学学报（自然科学版），2001，29（10）：65～69

［10］王飞，王革华．“四位一体”户用沼气工程建设对农民种植行为影响的计量经济学分析．农业工程学报，2006，22（3）：116～120

［11］汪建妹，叶静，马军伟等．有机无机复混肥的含水量及形状对其贮存性能及肥效的影响．浙江农业学报，2005，17（5）：307～310

［12］刘英．农村沼气实用新技术．成都：农业部沼气科学研究所，2002

［13］杨新美．中国食用菌栽培学．北京：农业出版社，1986

糖业产业节能减排和循环经济新模式*

李瑞波[1**]　叶　婧[2]　李　峰[2]

（1. 福建省诏安县绿洲生化有限公司，诏安　363503；
2. 中国农业科学院农业环境与可持续发展研究所，北京　100081）

摘　要： 利用生物腐植酸技术可以把糖果的两种主要废弃物——滤泥和糖蜜加工废液转化为有机肥、有机无机复混肥和腐植酸液态肥。该套技术的主要物点是实现了上述两种废弃物的零排放，而产成品则是性质优良的绿色环保肥料，而且生产中节能，工艺简单，适于糖业产业推广应用。

关键词： 滤泥；糖蜜废液；生物腐植酸；绿色环保肥料

本文介绍生物腐植酸技术在糖业产业节能减排和循环经济方面的应用模式，供大家共同探讨。

1　广西糖业产业发展的环保瓶颈

糖业产业是广西壮族自治区的重大支柱产业。回顾过去，糖业产业在占全区经济总量的比例方面，在解决城乡人民的就业方面，都发挥了重大作用；展望未来，随着经济快速发展对糖业制品需求的不断增加，加上生物质能源在国家能源战略中的重要性，广西糖业产业更会迅速腾飞，前景无限广阔。

但是不容否认的是：糖业产业的发展遇到了十分严峻的环保瓶颈。一直以来糖业产业就是出了名的“污染大户”，各糖业相关企业都不同程度地存在固体、液体、气体废弃物对环境的污染问题。近十年来，随着人们环保意识的增强和国家对环境污染治理法规的陆续推行，大多数糖业企业都重视了对三废的治理，尤其在废气治理方面总体来说卓有成效。许多企业对固体、液体废弃物的治理也投入了大量资源。但由于技术路线不先进、不实用，治理的情况不甚理想：有的是对外排污达标了，但治理投入过大，没有回报，企业不堪重负；有的是治理结果达不到预期效果，对环境污染还在继续。客观地说，全区糖业产业废弃物治理的形势仍然严峻，不但未能达到环保要求，制约了该产业

* 基金项目：国家水污染控制与治理重大专项支持项目（2008ZX07425－002）、国家科技支撑项目（2006BAD17B02）、中央级公益性科研院所基本科研业务费（养殖污染水体控制与生物修复技术的研究）。

** 作者简介：李瑞波，福建诏安，高级工程师。现任诏安县商会副会长，诏安海西经济发展研究会会长，中国腐植酸工业协会常务理事，并被聘任中国农业科学院客座研究员、福州大学客座教授。

的进一步发展，不少企业还面临因对环境污染问题不能解决将被逼关门。因此，寻找到一种适合糖业产业特点的、能彻底解决废弃物的零排放的，治理过程还能少亏损不亏损甚至盈利的，可以持续运用的治理技术，是许多企业的共同心愿。

2 生物腐植酸与有机废弃物资源化利用

2.1 生物腐植酸的概念和主要功能

生物腐植酸简称 BHA，是我国腐植酸界科技工作者的创新技术产品。其中一类生物腐植酸产品不但富含活性腐植酸（FA），还含有大量有益菌（B），这类生物腐植酸又简称为 BFA。经大量试验表明，BFA 兼具活性腐植酸和有益菌两种功能，在有机废弃物的资源化转化利用方面有特殊的作用。

2.2 生物腐植酸的概念和主要功能

李瑞波在其作品《生物腐植酸与生态农业》一书中对此作了图示描述（图 1）。

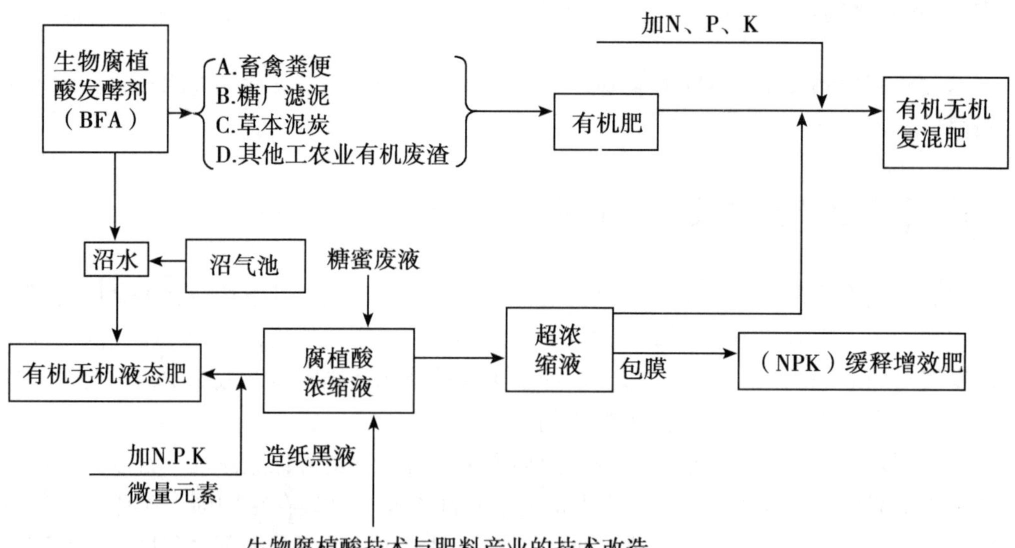

图 1　生物腐植酸技术与肥料产业的技术改造

从图 1 可见，糖业产业的两种最主要废弃物——滤泥和糖蜜（加工后）的废液，可以经生物腐植酸技术转化为有机肥、有机无机复混肥和有机无机液态肥。

实际上以生物腐植酸技术利用转化糖厂蔗渣粉（蔗髓）、滤泥和酒精废液，变废为宝，并实现产业化的研究已进行多年，并获 2 项国家发明专利，另 1 项发明进入公开阶段。现利用此机会把这些技术作概要介绍。

3　生物腐植酸技术与糖业产业主要废弃物的回收利用

3.1　对蔗渣粉（蔗髓）的利用转化

蔗渣粉不能用于造纸，传统的解决办法是作为锅炉的补充燃料。蔗渣粉热值很低（只有标准煤的1/3）又容易产生更多粉尘。因此对蔗渣粉这种回收利用办法是不合理的。如果以生物腐植酸技术利用蔗渣粉，可以将它改造为高效土壤改良剂（每亩土地每年用5kg左右）、肥料增效剂、有机肥发酵剂、作物抗逆生根剂，每吨售价可达8 000元左右。

3.2　对滤泥的利用转化

关于糖厂滤泥，过去各厂的处理办法多是“分散法”，低价值地送给附近群众，拉去下地（等于秸秆还田改良土壤）、喂鱼喂鸭子，但是利用价值都很低。现在各地工业化建设用工很多，工价不断提升，农村劳动力短缺，因此这种“分散法”就越来越不灵了。也有一些糖厂用滤泥直接参与做有机无机复混肥。由于滤泥未经有效发酵，肥效不高，施入土壤还容易造成作物肥伤，因此这种办法也不能推广。滤泥还有一个特殊问题，就是量大，一个糖厂每日产生几百吨滤泥，榨季每天源源不断产生，没有一种“大”的解决办法是不行的。也有人想到发酵法做成有机肥，但许多发酵法周期都在20d以上，这期间必须翻堆3～4次。以20d周期为例，一个糖厂一个发酵周期就得摆放1万余吨滤泥发酵物，光发酵场就得占用几万平方米土地，加上20部翻堆机，真是场面浩大，投资巨额，让许多糖厂望而生畏。生物腐植酸技术的应用改变了这一切。用生物腐植酸作发酵剂发酵滤泥，发酵周期短（7d）、免翻堆、效果好（有机碳溶出物提高50%），使大量滤泥转化为有机肥成为可能。以这种滤泥有机肥为原料生产有机无机复混肥，活性腐植酸含量高、肥料养份利用率可提高50%以上，还保留大量有益活菌，改良土壤效果十分突出，是优质绿色环保肥料，这是适用现代农业的新型肥料，市场十分广阔。因此，生物腐植酸技术的应用是彻底解决糖厂大量滤泥回收利用的先进而实用的途径。

3.3　对糖蜜废液的利用转化

糖蜜（加工后的）废液是糖业产业排放的重大污染源。几十年来对这种废液的治理方案层出不穷，但至今没有一种方案得到普遍推广。生物腐植酸技术使这种困境得以解决。其处理目标是：把废液变成肥料。其处理措施分两种：一种是把废液浓缩成含水分50%的浓缩液，然后将其改性，成为腐植酸液，再加入化肥或微量元素，成为腐植酸液肥。另一种是将含水分50%的浓缩液再浓缩成含水分30%以下的超浓缩液，这种超浓缩液同上述滤泥发酵有机肥以及化肥各1/3，合成复混肥原料，再加入上述BFA粉作减水剂和活化剂，经冷挤压造粒形成腐植酸有机无机复混肥。这就把大量废液一步步“压缩”到复混肥料中去。后一种措施可以解决大酒精（味精、酵母）厂大量废液的及时彻底回收利用问题，实现有害物质的“0”排放。

4 糖业产业生物腐植酸技术应用的前景

4.1 生物腐植酸技术转化糖业废弃物的主要目标

生物腐植酸技术的应用，从工艺上解决了糖业产业大量废弃物的彻底回收利用，达到有害物质的“0”排放。这就为糖业产业节能减排提供了新思路、新出路。

生物腐植酸技术对糖业产业主要废弃物利用转化的主要目标，是有机无机复混肥料，这种肥料用于糖业甘蔗基地，不但为蔗田提供优质肥料，还把从蔗田带走的各种微量元素和有机质补回蔗田，完成了物质循环，不但有利于减少污染物（包括温室气体）排放，还有利于甘蔗产量质量的提高。据试验，应用这种肥料，甘蔗亩产量提高 10%，甘蔗含糖量提高 0.5 至 1 个百分点。两个提高使蔗农效益提高 10%，使糖厂制糖效益提高 4% ~8%。

4.2 生物腐植酸技术的生产工艺优势

由于生物腐植酸特性所决定，其产品及衍生产品（肥料）生产中，必须保持腐植酸和微生物的活性，生产工艺过程必须避免高温，因而所规定的生产工艺和选用设备都是亚高温和常温的，这在客观上减少了设备投资，降低了能耗，降低了生产成本。

生物腐植酸技术的应用具有广泛的适应性，可以根据各企业的不同情况实行“技术模块组装”。例如：

（1）可以单独处理滤泥，生产有机无机复混肥；

（2）可以单独处理糖蜜废液，生产腐植酸液和腐植酸液肥；

（3）可以在 A 企业处理滤泥生产有机肥，又在 B 企业处理糖蜜废液生产腐植酸液或超浓缩液，然后由 C 企业“组装”有机无机复混肥；

（4）可以在一个企业里处理滤泥，又处理糖蜜废液，再“组装”成有机无机复混肥，同时生产腐植酸液肥。

有的企业还可以利用自己的资源生产有机肥发酵剂（BFA 粉）供其他企业发酵滤泥，也可以自己同时生产有机无机复混肥。

上述各种技术都已有成熟的生产工艺和对应的技术装备，各有关企业移植该技术时不必走重新探索的弯路，基本上都可以实现年初投建榨蔗季节投产，第二年便有经济效益。

4.3 本模式几种产品介绍

本技术模式中的几种产品概括介绍如下，见表 1 所示。

表 1 糖业废弃物回收利用产物

产品	主要功能	参考价
生物腐植酸（粉）	土壤改良剂、有机肥发酵剂、肥料增效剂	8 000 元/t
腐植酸浓缩液	液肥原料、肥料增效剂	3 000 元/t
腐植酸液肥	作物冲施、喷施肥、养殖肥水剂	7 000 元/t
滤泥有机肥	土壤改良剂、基肥	700 元/t
有机无机复混肥	有改良土壤功效的肥料、基肥、追肥	2 000 ~ 2 200 元/t

5 结论

生物腐植酸技术对糖业产业废弃物的回收利用，可生产出适应多方面需要的产品性能优越的多种产品。不但使困扰糖业产业多年的滤泥、糖蜜废液等废弃物实现彻底回收利用，还能使治理企业获得良好的经济效益。对有些糖厂酒精厂来说，一次治理可以实现一厂变两厂，效益翻一番。该技术推广给广西壮族自治区糖业产业送来了及时雨，必将为该产业的技术改造和结构调整提供可靠的技术支持，使该产业发展的瓶颈得以解脱，从而迎来新的发展黄金时期。

参考文献

李瑞波．生物腐植酸与生态农业．北京：化学工业出版社，2008

The New Model of Recycle Economy on Energy-Saving and Discharge-Reducing in Sugarcane Industry

Li Ruibo[1], Ye Jing[2], Li Feng[2]

(1. Lv Zhou biochemical limited company of Zhaoan Fujian, Zhaoan, Fujian 363503, China;
2. Institute of Agricultural Environment and Sustainable Development,
Chinese Academy of Agricultural Sciences, Beijing, 100081, China)

Abstract: The main two wastes in sugarcane factory-filter mud and molasses are conversed to organic fertilizer, organic-inorganic compound fertilizer and liquid humic acid fertilizer by humic acid technology. The main advantages include zero discharge of waste, green environment-protection of product, energy-saving of production and simple process of production. It will be a good technology for applying to sugarcane industry.

Key words: Filter mud; Molasses waste liquid; Biological humic acid; Green environment-protection fertiliazer

第八章

石油污染土壤的微生物修复

石油污染土壤的微生物修复

石油是现代社会的最主要能源之一，被称作“工业的血液”、“黑色的金子”。石油工业在国民经济中占有十分重要的地位，也是国家综合国力的重要组成部分，因此世界各国十分重视石油工业的发展。全世界大规模开采石油是从20世纪初开始的，1900年全球的石油消费量约为2 000万 t，100年来这一数量已增长百余倍[1]。目前产油的国家和地区已有150多个，发现的油气田共有4万多个，每年生产石油总量超过30亿 t。

在石油的开采、贮运、炼制加工以及使用过程中，不可避免的会造成石油的溢出和排放，对环境（大气、土壤、地表及地下水）产生影响。随着工业的发展，石油的生产量和消费量不断提高，石油类物质造成的环境污染问题日益严重，因此，近年来世界各国对石油污染的治理问题极为重视。土壤是人类赖以生存的主要自然资源之一，对石油污染土壤进行修复治理，使其在短时间内达到可耕作的标准，对保护生态环境、实现农业的可持续发展具有重要的意义。

目前，对土壤中石油污染物的处理方法有物理法、化学法、生物法（即生物修复）。生物修复被认为是最有生命力的土壤清洁技术。生物修复的类型包括微生物修复、植物修复和动物修复，其中微生物修复由于经济、有效并对环境破坏性小等诸多优点近年来发展尤为迅猛，在一定程度上给污染土壤的修复带来了技术上的革命。因此，研究石油污染土壤的微生物修复技术已成为目前的一个热门课题。

1　石油

1.1　石油的概念

石油是原油和石油制品的总称。我们通常所说的石油一般是指直接从地下开采出来未经过提炼的原油，它是一种存在于地下岩石孔隙介质中由各种碳氢化合物与杂质组成的液态黏稠状天然可燃有机矿产。目前就石油的成因有两种说法：①无机论，即石油是无机物在基性岩浆中形成的；②有机论，即各种有机物如动物、植物、特别是低等的动植物像藻类、细菌、蚌、鱼类等死后埋藏在不断下沉缺氧的海湾、三角洲和湖泊等地，经过许多物理化学作用，最后逐渐形成为石油。自20世纪50年代以来，有机论得到了学术界的普遍认同和支持。

石油的颜色多为黑色或深棕色，少数为暗绿、赤褐或黄色，并且有特殊气味。在常温下，石油大都呈流体或半流体状态，密度为0. 8 ~1. 0g · cm^{-3}，黏度范围很宽，凝固点差别很大（ -60 ~30℃），沸点范围为常温到500℃以上。石油之所以在外观和物理性质上存在差异，根本原因在于其化学组分不完全相同。

1.2 石油的组成

组成石油的成分非常复杂，本文中从馏分组成、组分组成、元素组成、化合物组成的角度分别来说明石油的组成成分。

1.2.1 *石油的馏分组成* 利用组成石油的化合物具有不同沸点的特性，加热蒸馏，将石油切割成不同范围（即馏程）的若干部分，每一部分就是一个馏分。切割馏分所用的温度因研究目的不同而有所差异。在石油炼制上，各馏分的名称、碳数及温度大致如表1所示。

表1 石油的馏分组成

馏分	轻馏分		中馏分			重馏分	
	石油气	汽油	煤油	柴油	重瓦斯油	润滑油	渣油
温度(℃)	<35	35～190	190～260	260～320	320～360	360～530（500）	>530（500）
碳数	C_1～C_4	C_5～C_{10}	C_{11}～C_{13}	C_{14}～C_{18}	C_{19}～C_{25}	C_{26}～C_{40}	>C_{40}

1.2.2 *石油的组分组成* 石油化合物的不同组分对有机溶剂和吸附剂具有选择性溶解和吸附性能，选用不同有机溶剂和吸附剂，将石油分成若干部分，每一部分就是一个组分，石油的组分分别为油质、胶质、沥青质和碳质。

油质是指石油中能溶解于中性有机溶剂、不被硅胶吸附的浅黄色黏性油状物。主要为饱和烃和一部分芳香烃。

胶质是指石油中可溶于石油醚、苯、二氯甲烷等有机溶剂，能被硅胶所吸附的油状物。可分为苯胶质（用苯解吸的产物）和酒精—苯胶质。前者多为芳香烃和一些含有杂原子（氧、硫、氮）的芳香烃化合物，后者主要为含杂原子的非烃化合物。轻质油中胶质含量少于5%，重质油中胶质含量可达20%以上。胶质有很强的着色力，油品的颜色主要来自胶质。

沥青质是指石油中不溶于石油醚和酒精，而溶于苯、三氯甲烷的物质，是暗褐色或黑色脆性的非晶体固体粉末。其分子量较大，在电子显微镜下，其宏观结构呈胶状颗粒，其分子结构为以稠环芳香烃和烷基侧链组成的复杂结构。

碳质是指石油中不溶于有机溶剂的非烃化合物。

1.2.3 *石油的元素组成* 组成石油的元素主要有碳（C）和氢（H），其次是硫（S）、氮（N）、氧（O）。不同产地的石油元素组成存在差异，但有一定的变化范围。化学分析表明[2]，石油的平均元素组成为碳83%～87%、氢11%～14%、硫0.06%～0.08%、氮0.02%～1.7%、氧0.08%～1.82%。碳、氢两种元素主要呈烃类化合物存在，是石油组成的主体。硫、氮、氧元素组成的化合物大多富集在渣油或胶质和沥青质中。

除上述5种元素外，石油中还含有几十种微量元素，它们构成了石油中的灰分，其含量变化从十万分之几到万分之几。这些微量元素可利用发射光谱法和中子活化分析法来加以鉴定，常见的有：铁（Fe）、钙（Ca）、镁（Mg）、硅（Si）、铝（Al）、钒

(V)、镍(Ni)、铜(Cu)、锑(Sb)、锰(Mn)、锶(Sr)、钡(Ba)、硼(B)、钴(Co)、锌(Zn)、钼(Mo)、铅(Pb)、锡(Sn)、钠(Na)、钾(K)、磷(P)、锂(Li)、氯(Cl)、铋(Bi)、铍(Be)、锗(Ge)、银(Ag)、砷(As)、镓(Ga)、金(Au)、钛(Ti)、铬(Cr)和镉(Cd)。在这些微量元素中，最引起石油地质学者重视的是钒和镍两种元素，它们的含量高、分布普遍并且具有成因意义。近年来，石油灰分中的钒、镍含量及其比值已被用来确定生油岩相、油源对比以及研究油气运移等问题。

1.2.4 *石油的化合物组成*　从化合物组成的角度来说，石油主要由烷烃、环烷烃及芳香烃组成，简称石油烃，约占石油含量的95% ~99%，其余为非烃类组分。

烃类化合物是组成石油的主要成分，它们的相对分子质量变化范围很大，从16(甲烷)~1 000左右，随着相对分子质量的增加，石油烃分别以气、液、固三态存在于石油中。在常温常压下，$C_1 \sim C_4$的烃为气态；$C_5 \sim C_{16}$的烃为液态；C_{17}以上的烃为固态，一般多以溶解状态存在于石油中，当温度降低时出现结晶，这种固体烃类称为蜡。

正构烷烃在石油中平均占15.5%(体积)，在轻质石油中可达30%以上，而重质石油中可小于15%，其含量主要取决于生成石油的原始有机质的类型(陆相原油含量多，海相原油含量少)和石油的成熟度(未成熟的石油主要含高分子量的正构烷烃；成熟的石油中主要含中分子量的正构烷烃；降解的石油中主要含中、小分子量的正构烷烃)。石油中已鉴定出的正构烷烃有$C_1 \sim C_{45}$，个别报道曾提及见到正烷烃C_{60}。正构烷烃分子中的碳原子数越多，越难被微生物降解。石油中的烷烃除正构烷烃以外，还含有异构烷烃。异构烷烃中最重要的是异戊间二烯烷烃类化合物，其特点是在直链上每4个碳原子有一个甲基支链，以姥鲛烷和植烷为代表。异构烷烃分子结构的分支侧链越多越难被微生物降解。

低分子量的环烷烃($\leqslant C_{10}$)是石油中的重要组分，最常见的是环戊烷和环己烷及其烷基取代衍生物。中等到大分子量($C_{10 \sim 35}$)的环烷烃可以是单环到六环，其中以单环(通式C_nH_{2n})和双环(通式C_nH_{2n-2})最为重要，占石油中环烷烃重量的50% ~55%，三环的环烷烃占20%，四环以上占25%左右。成熟度低的石油中主要含多环环烷烃，成熟度高的石油中主要含单环或双环环烷烃。在常温和常压下，环丙烷和甲基环丙烷为气态，其他单环环烷烃均为液态，两环以上的环烷烃为固态。当环烷烃含量高时，油品的黏度大。

芳香烃占石油含量的2% ~4%，有单环类(如苯、甲苯和二甲苯)，还含有双环(主要是萘)、三环芳烃(如蒽和菲)和三环以上的多环芳烃(如苯并芘、苯并蒽等)。在石油各组分中，芳香烃对生物的毒性最大，特别是多环芳烃。大量的研究表明，多环芳烃具有致癌、致畸、致突变的作用，对微生物的生长有强烈抑制作用。

石油中的非烃组分可分为6类：含硫化合物(如硫醇、硫醚、二硫化物、环硫化物、噻吩等)、含氮化合物(如吡啶、哇啉、吡咯等)、含氧化合物(如酚类、脂肪酸类、酮类等)、卟啉、沥青烯和痕量金属。在痕量金属中，钒和镍的含量有时每升可达几毫克。

1.3 石油的分类

由于生成条件不同，原油的化学组成及物理性质随产地不同而异。一般将石油按其特征分为三类：石蜡基原油、环烃基石油和中间基原油，见表2所示。

表2 原油的分类

名称 \ 项目	主要成分	汽油馏分	柴油馏分	煤油馏分	典型油田
石蜡基石油	烷烃	辛烷值低	十六烷值高	燃烧性好	大庆油田
环烃基原油	环烷烃、芳香烃	辛烷值高	十六烷值低	燃烧性较差	委内瑞拉原油
中间基石油	均介于二者之间				科威特原油

除了上述分类方法，也有将原油按比重或含硫量多少来分类的。原油的含硫量与比重之间有较好的相关性。日本将含硫量为2%以上的原油称为高硫原油，1% ~2%的原油称为中硫原油，1%以下的原油称为低硫原油[3]。

我国主要油田的原油特点是含蜡较多，凝固点高，硫含量低，镍、氮含量中等，钒含量极少。除个别油田外，原油中汽油馏分较少，渣油含量占1/3。

1.4 石油的测定方法

我国目前使用的石油类测定方法主要有重量法、荧光光度法、紫外分光光度法和红外光度法。

1.4.1 *重量法* 重量法是常用的分析方法，它的原理是以硫酸酸化样品，分解环烷酸及磺化环烷酸盐，用石油醚或氯仿等有机溶剂提取油类，然后蒸发除去溶剂，称重后计算石油类的含量。若样品中含有大量动、植物油，可将萃取液通过氧化铝（或佛罗里硅藻土）层析柱，除去动、植物油后再蒸发除去溶剂。

重量法的优点是测定准确、不受石油品种的限制，适于测定10mg·L^{-1}以上的含油样品。但是此方法操作繁杂，灵敏度低，并且在蒸发除去溶剂的过程中轻质油有明显的损失。另外，由于石油醚对石油成分有选择的溶解，石油的重质成分中可能含有不为溶剂萃取的物质。

1.4.2 *荧光光度法* 荧光光度法的原理是基于石油类物质中的芳香烃在紫外光激发下，于353 ~415nm有较强的荧光发射，当样品中石油含量很低时，荧光强度与石油含量成正比，因此可利用测定荧光强度来测定样品中微量油的含量。

周林红[4]采用红外、紫外、荧光三种方法测定炼油厂废水中石油类的含量并对结果进行了比较，结果显示荧光法是最为灵敏的方法，其测定范围为0.02 ~20mg·L^{-1}，适合测定痕量的石油。但是当油品组分中芳香烃数目不同时，所产生的荧光强度差别很大，因而数据准确度差、可比性小。

由于海洋监测关注的是难降解的芳香烃类石油，故此法在我国海水监测中仍在使用。

1.4.3　*紫外分光光度法*　紫外分光光度法的原理是利用石油及其产品中含有的具有共轭体系的物质在215～260nm紫外光区有特征吸收峰来测定石油类含量。带有苯环的芳香族化合物主要吸收波长为250～260nm，带有共轭双键的化合物主要吸收波长为215～230nm。一般原油的两个吸收峰为225nm及256nm，其他油品如燃料油、润滑油等的吸收峰也与原油接近。

此法我国目前应用较多，一般选用石油醚（60～90℃）或己烷为萃取剂，透光率应大于80%，否则要进行脱芳处理。测定时用硫酸酸化样品，再加入氯化钠破乳化，然后用萃取剂萃取，萃取液脱水后定容再测定。

吴玉新[5]对紫外分光光度法与红外法进行了比较，黄红[6]和刘汉初[7]等分别对紫外分光光度法与重量法进行了比较，认为紫外分光光度法具有精密度好、灵敏度高、重现性好、操作简单快速等优点，适于测定0.05～50mg·L^{-1}的含油废水。

1.4.4　*红外光度法*[8]　红外光度法是采用四氯化碳或三氟乙烷萃取水中石油类物质，然后将萃取剂通过硅酸镁吸附柱、氧化铝柱或佛罗里硅藻土柱，除去动、植物油类，根据石油烃中碳氢键伸缩振动在红外光谱区产生的特征吸收来测定石油类的方法。国家标准GB/T16488—1996中推荐了两种红外光度法，即三波长分散红外光度法和单波长非分散红外光度法。

非分散红外光度法利用石油中烷烃的甲基（CH_3 -）、亚甲基（- CH_2 -）在近红外区（3.5μm附近）的特征吸收来测定；红外分光光度法则利用烷烃中甲基、亚甲基及芳香烃的碳氢键伸缩振动在红外光谱区的吸收系数不同的特点，采用三波长法获取数据。非分散红外光度法由于没有考虑到芳香烃类化合物，因此测定石油含量的准确度和可靠性远不及分散红外光度法。

周林红经过研究认为，分散红外光度法与荧光光度法、紫外分光光度法相比，代表性好，测定结果的可比性也较好，但是操作繁琐，并且使用的溶剂为CCl_4，其毒性较大，对操作人员的身体损害较大。

2　土壤的石油污染

2.1　石油污染土壤的来源[9]

石油污染是泛指原油和石油初加工产品（包括汽油、煤油、柴油、重油、润滑油等）及各类石油的分解产物所引起的污染。随着石油工业的迅速发展，全世界每年有近1 000万t石油污染物进入环境，其中我国每年有近60万t石油污染物经跑、冒、滴、漏等途径进入环境，而这些污染物通过多种途径最终仍旧进入土壤环境，造成土壤的石油污染，我国自78年以来年产石油污染土壤近10万t，目前石油污染土壤面积达500万hm^2。石油污染物主要通过以下5种途径进入到土壤：

2.1.1　*原油泄漏和溢油事故*　在原油开采过程中经常发生井喷事故，造成大量石油烃类物质直接进入土壤，石油浓度大大超过土壤颗粒能够吸附的量，过多的石油存在于土壤空隙中，使小范围内的生态系统完全毁灭。此外，在我国的矿业生产过程中，还存在一些不合理的作业方式，在采油井洗井和检修时，都会有大量的原油洒落在油井周围，造成了严重的环境污染和生态破坏。石油及其产品在运输、使用、贮存过程中的渗漏和溢油现象也时有发生，由此引起的突发性泄漏往往造成数量多、浓度高、危害大的局部污染。

2.1.2 含油矿渣、污泥、垃圾的堆置 石油在开采、炼制时产生大量的含油废弃物，这类物质主要包括含油岩屑、含油泥浆等。这些含油废弃物往往堆积在厂矿周围，在堆放的过程中，经过雨水的冲刷、淋洗便向周围土壤中浸入相当数量的油，致使土壤中石油烃类含量比非堆放区高出数倍。广东省茂名市就曾因大量堆积含油矿渣使大片的农田污染，成为寸草不生的荒地。

2.1.3 污水灌溉 使用含油污水灌溉农田是土壤受石油污染的主要原因之一。许多工业废水和生活污水都含有石油烃类物质，另外石油开采、冶炼、加工的企业和以石油为原料的化工部门排放的废水也都含有大量的石油烃类物质，长期使用这类污水灌溉农田必然导致土壤石油污染。

2.1.4 大气污染及汽车尾气的排放 石油炼化企业和工厂在生产过程中，都有部分石油中可挥发成分进入大气，这些成分可与大气中颗粒物结合形成降尘进入土壤。有研究表明，大气降尘污染区的土壤中矿物油含量比对照区高出 1 ~ 2 倍。此外，各种使用汽油、柴油的车辆在行进中排出的尾气中也含有大量未燃烧的石油成分，这些成分也会以沉降物的形式进入土壤。因此，公路两侧土壤中往往含有较多的石油污染物。

2.1.5 药剂污染 油类经常作为各种杀虫剂、防腐剂和除草剂的溶剂或乳化剂等，当使用这些农药时，油类就同时进入土壤，增加了土壤中的石油烃含量，使土壤受到污染。

2.2 石油在土壤中的归宿[10]

2.2.1 分散、挥发和淋滤 泄漏到土壤中的石油，其物理分散作用影响它对被污染环境的冲击，也影响它从被污染环境中的排出。沿土壤表面横向散开会增大污染面积，但同时有助于低分子量烃类的蒸发清除。由重力和毛细管力引起的垂直渗透作用，会妨碍蒸发，减少生物降解的可利用氧气含量，而且可能引起地下水的污染。

2.2.2 化学和光化学降解 石油的各种成分在环境中可能会发生非生物化学氧化或光化学氧化反应。一般地说，有机化合物自动氧化作用的发生，要借助于通过热激活或光化学激活形成自由基，能吸收光能的光敏物质可能起促进作用。文献中显然缺乏关于陆地环境中烃类非生物氧化转化的报道，似乎反映土壤中的这种过程并不重要。但有研究表明，光化学氧化作用对水生环境中的石油降解起着重要作用。

2.2.3 生物降解 石油的生物降解最终产生 CO_2、H_2O 和微生物的生物量。烃类的部分生物降解产生的氧化型中间产物是脂肪酸和酚类物质。通过微生物的生物量，某些石油碳可变成土壤腐殖质的一部分。

2.3 石油污染土壤的危害

石油污染物进入土壤环境之后，由于其特殊的物理和化学性质及其具有难以去除并且残留时间长的特点，因此对土壤和生态环境造成一系列的危害，给污染地区的生态、作物以及人类健康带来负面影响。主要表现在以下四个方面：

2.3.1　*石油污染对土壤理化性质的影响*　首先，由于石油密度比较小、黏着力强且乳化能力低，因此在土壤中容易与土粒黏连，堵塞土壤孔隙，影响土壤的通透性。其次，石油类物质进入土壤能够改变土壤有机质的组成和结构，由于石油烃中含有大量的有机碳，从而引起土壤有机质的碳氮比（C/N）和碳磷比（C/P）的变化。另外，石油中富含反应基，能与无机氮、磷结合并限制硝化作用和脱磷酸作用，从而使土壤有效氮、磷含量减少，引起土壤综合肥力下降。

2.3.2　*石油污染对作物的危害*　不同作物受石油污染物的影响是不同的，总体来说石油污染对作物生长发育的不利影响主要表现为：发芽出苗率低，各生育期推迟，贪青晚熟，结实率下降，抗倒伏、抗病虫害的能力降低等。石油还会黏着在植物的根表面，形成黏膜，阻碍根系的呼吸与吸收，引起根系腐烂，影响作物根系的生长，甚至造成作物的死亡，使作物减产。另外，石油类物质进入土壤后，经过土壤生态系统的一系列作用，在土壤、作物各部分都有残留，影响粮食质量，使粮食的品质下降。研究结果显示，当土壤原油含量为 3 100mg · kg^{-1}时，玉米减产 10%，若原油含量达到 5 000mg · kg^{-1}，则苯并芘在玉米中的残留量超标，玉米不能食用[11]。

2.3.3　*石油污染物中有毒物质对人的危害*　石油是多种组分的混合物，而且石油中各种馏分物（组分）的毒性也是不一样的，其中毒性较大是石油中的多环芳烃（PAHs），多环芳烃具有致癌性、致突变性和致畸性等作用，而低沸点的燃料油及润滑油类能引起人体的麻醉、窒息、化学性肺炎和皮炎等。作物和粮食对石油污染物有吸收残留效应，这些有毒物质可以通过食物链传递进入人的体内，影响人体健康，见表 3 所示。另外，石油中不易被土壤吸附的污染物成分可以随地面降水渗透到地下水，污染浅层地下水环境，影响饮用水的质量，最终危害人体健康。

表 3　常见 PAHs 类化合物致癌性比较[12]

物质名称	致癌活性	物质名称	致癌活性
萘	-	苯并（a）芘	+ + + +
苊	-	苯并（e）芘	-
芴	-	苯并（k）荧蒽	+ +
菲	-	花	-
蒽	-	苯并（g，h，i）苝	+ +
芘	-	茚并（1，2，3-c，d）芘	*
荧蒽	+	二苯并（a，h）蒽	+ +
苯并（a）荧蒽	-/+	苯并（b）荧蒽	+ +

注：“-”：不致癌；“+”：弱致癌；“+ +”：致癌；“+ + + +”：很强致癌；*：已由动物试验验证致癌。

2.3.4　*土壤的石油污染给国家带来巨大经济损失*　土壤的石油污染不仅给环境和生态系统带来巨大的危害，同时也给国家、公司和企业造成无法挽回的经济损失。1998 年中国石油天然气集团公司所属的石油、炼化企业共发生污染事故151次，污染事故赔罚款总额48.5亿元，各石油、炼化企业共交纳排污费793.8亿元，2005年仅胜利油田就因石油污染被东营市环保局处以9亿元的罚款。

2.4 石油污染对土壤微生物的影响

微生物是土壤生态系统中的重要成员。由于土壤类型、植物群落和气候条件等因子的影响，土壤微生物的分布类型和生理活性也存在着一定的差异。土壤微生物类群的特性和数量与土壤肥力和植物生长有密切关系。在土壤以及生物圈的物质循环和能量流动中，土壤微生物起着关键作用。它们参与的主要生态化学过程有：有机化合物和动、植物及微生物残体的分解；固氮作用；腐殖质的分解与形成；磷、硫、铁及其他化学元素的转化，以及碳、氮、磷的生物地球化学循环等。在生态系统中，作为分解者的微生物，细菌以占绝对优势的生物量起到重要作用，成为生物修复研究工作中的主要对象。

微生物种群结构与多样性都是表征生态系统群落结构的重要参数，其对环境污染物的反应表现为多种形式：有的表现为遗传适应，有的表现为生理适应，有的则表现为种群结构的变迁，即以具抗性种取代敏感种。石油污染物进入土壤后对生态环境的影响首先表现为对土壤微生物的影响，石油及其产品进入土壤能够导致土壤微生物种群数量的改变、群落结构和组成的变化及群落多样性的变化。有调查表明，石油污染地区土壤中的嗜油微生物数量（细菌、放线菌、真菌）与对照土相比有不同程度的增长。这是由于石油污染物的长期富集和驯化作用，使得土壤中形成了土著嗜油微生物区系，其中微生物类群以细菌为主，细菌的生物量总是占绝对优势。国内外许多学者应用传统的微生物培养技术和前沿的分子生物学技术对石油烃污染土壤中微生物的生态过程进行了大量的研究。这些研究的大多数结论表明，石油污染能够导致土壤中微生物多样性的降低，不同种群在数量上的变化，群落结构和组成改变的同时石油烃降解菌群逐渐成为群落中的优势菌群。在研究土壤石油烃污染对微生物影响的同时，也扩展了对石油降解微生物的认识，发现了许多以前没有发现的降解菌种。

2.5 土壤石油污染的现状

石油工业是国家综合国力的重要组成部分，但石油开采、石油化工行业的发展及各种石油产品的广泛使用，使石油污染成为世界性公害之一。据不完全统计，全世界在石油开采、运输及使用过程中，因各种原因泄漏的原油每年高达1 000万t，油田开采过程中排放的各种含油废水达3 000万t。土壤石油污染问题在工业发达国家和石油生产国最为严重，如美国约45万块棕色土地中，大约有一半存在石油污染；在加拿大，石油污染是分布最为广泛的土壤污染问题之一，60%的污染场地存在石油污染等[13]。

中国作为世界上最大的发展中国家及石油生产和消费大国，由于生产条件、环保技术等方面相对落后，近年来石油污染问题日益严重，特别是在油田区更为突出。以大庆油田为例，其石油开采场所周围土壤中石油总烃已超过土壤背景值60倍以上。我国目前勘探开发的油气田和油气藏已有400多个，分布在全国25个省、市、自治区，油田区工作范围近20万 km^2，约占国土总面积的3%，其中约480万 hm^2 土地的石油含量可能超过安全值[14]。据不完全统计，油田区内污染场地有20余万处，高浓度石油污染土壤及油泥沙积存量逾200万t。油田区土壤的石油污染已经成为我国亟待解决的重大环境问题之一。大庆、辽河等油田污染区的土壤表层（0~20cm）的含油量高达30%~50%。在辽河油田污染严重的区域，土壤含油量已经达到了10 000mg·kg^{-1}，远远超过了临界值500mg·kg^{-1}，污染十分严重。

由于井喷事故或输油管线泄漏等产生的落地原油是土壤石油污染的主要原因之一。据大庆油田老油区资料统计，平均每口井每年产生落地石油的质量高达0.5~2.0t[15]。以每口油井污染土地面积为200~500m^{2}计算，全国共有油井2×10^5口，由此造成的土壤污染可达8×10^7m^2，这一数字每年还在增长中。除落地原油之外，油田的接转站、联合站的油罐、沉降罐、污水罐、隔油池的底泥，炼油厂含油污水处理设施产生的油泥，以及石油炼化企业产生的各种含油废弃物也是我国油田土壤石油污染的主要来源。据初步统计，我国石油化学行业中，平均每年产生80万t罐底泥、池底泥。使用含油污水灌溉农田是产生土壤石油污染的另一重要原因。据不完全统计，全国因使用污水灌溉而导致土壤污染面积达9.3×10^3hm^2，全国类似农田有1×10^5hm^2。

与油田区土壤的石油污染问题相比，加油站和地下储油罐的泄露和渗漏对土壤和地下水的污染更隐蔽和难于发现。一旦发生，后果十分严重。由于此类石油污染场地的分布广、污染严重，因而也备受关注。美国环保局对2001年9月以前的有关地下油罐状况的数据进行了统计，全美国已被确认的有渗漏问题的地下油罐接近42万个，有15万个由于渗漏造成污染的地点正在等待清理整治[16]。壳牌石油公司对其设在英国的1 100个加油站进行过调查，发现这些加油站中1/3已对当地土壤和地下水造成了污染。类似情形在捷克、匈牙利、前苏联以及南美州的一些国家都有发生。加油站石油渗漏引发的污染事故在我国部分大中城市已开始出现，包括北京市、沈阳市、西安市、成都市等地，其中北京市呼家楼和六里桥加油站发生的石油渗漏污染，致使附近的水源井遭受严重污染，甚至一度迫使附近的自来水厂停止运行，影响供水范围达36km^2。

鉴于石油对土壤造成污染后产生的严重危害，世界各发达国家纷纷制定了土壤修复计划。荷兰在20世纪80年代就已花费了约15亿美元进行土壤的修复工作，德国在1995年约投资60亿美元净化土壤[17]，美国EPA在2005年用于石油烃污染场地评价和修复的资金仅棕色土地基金一项就达到2 200万美元。

3　石油污染土壤的治理方法

目前对石油污染物土壤的处理方法按性质可分为：物理处理、化学处理、生物处理(即生物修复)。在20世纪80年代以前，还仅限于物理和化学的处理方法。1989年3月，Exxon石油公司的油轮在阿拉斯加Prince William海湾发生溢油事故，5h内溢出原油4.17×10^3m^3，被污染的海岸线长达500~600km，采用生物技术对原油污染的滩涂土壤修复获得了巨大成功，从此生物修复技术开始受到人们的重视，并在许多国家得到广泛应用。

物理和化学的处理方法能够净化土壤中的大部分石油污染物，并且见效很快，但是它们本身固有的一些缺陷却限制了其应用范围。例如物理方法在去除污染物的同时亦破坏土壤结构和组分，且所用的燃料和设备价格昂贵；化学方法虽然可以获得较好的除油效果，但所用的化学试剂的二次污染问题限制了其应用。生物修复虽然不具有上述缺陷，但是处理时间却比物理和化学方法长。因此，对于污染物浓度低的土壤宜采用生物修复技术进行处理，而对于污染物浓度较高的土壤应将三种方法结合起来运用，发挥各自的优点。

3.1 物理处理

3.1.1 焚烧法 焚烧法要求温度在815～1 200℃，而且对焚烧过程中可能产生的有毒物质要进行收集处理，进入焚烧炉的土壤颗粒直径不得大于25mm。该方法只适于小面积被石油烃类严重污染土壤的治理而不适用于大面积污染土壤，原因是处理成本过高。

3.1.2 隔离法 采用黏土或其他人工合成的惰性材料，把被石油烃类污染土壤和周围环境隔离开来，这一方法没有破坏石油烃类，只是防止了污染物质向环境（地下水、土壤）的迁移。由于石油烃类对隔离系统不会产生影响，所以这一方法适合于任何石油烃污染土壤的控制。对于渗透性差的地带，尤其比较适用。此法与其他方法相比，运行费用较低，但对于毒性期长的石油烃类，只是暂时地防止了石油烃类的迁移，不能作为永久的治理方法。

3.1.3 换土法 换土法是用新鲜未受污染的土壤替换或部分替换原污染土壤，以稀释原污染物浓度，增加土壤环境容量。换土法又可分为翻土、换土和客土3种方法。翻土就是深翻土壤，使聚集在表层的污染物分散到土壤深层，达到稀释和自处理的目的。换土就是把污染土壤取走，换入新的干净土壤。该方法适用于小面积严重污染土壤的治理，但是对换出的土壤需进行治理。在操作过程中，操作人员将接触到污染土壤，人工费用较高，故一般仅适用于事故后的简单处理。客土法是向污染土壤内加入大量的干净土壤，覆盖在表层或混匀，使污染物浓度降低或减少污染物与植物根系的接触。对于水稻等浅根作物和移动性较差的污染物，采用覆盖法较好。新加入的土壤应尽量选择黏重或有机质含量高的土壤，以增加土壤环境容量，增强土壤的自净能力。

3.2 化学处理

3.2.1 萃取法 根据相似相溶原理，使用有机溶剂对石油污染土壤中的原油进行萃取，然后对有机相进行分离，回收其中的原油，实现废物的资源化。此方法适于油污浓度较高的土壤，处理后的石油污染土壤污染物含量可低于5%。

3.2.2 土壤洗涤法 将污染土壤破碎，混入足够的水和洗涤剂，得到土壤、水和洗涤剂相互作用的浆液，静置，使污染物与洗涤剂一起上升，从水相中将部分脱除污染物的土壤分离出来，洗涤土壤后归入环境，过滤有污染物的水，将水排出。或将污染土壤放入容器内，将表面活性剂与水混合制成洗涤水，表面活性剂为C_8～C_{15}的直链醇与2～8个环氧乙烷单元的加成物，洗涤水加入到容器中，用洗涤水洗污染的土壤，并除去土中的油。为了防止油和洗涤水形成乳化液，限制表面活性剂的量少于0.5%（体积百分比），从容器中除去油。

3.2.3 化学氧化法 化学氧化法是通过向被石油烃类污染的土壤中喷撒或注入化学氧化剂，使其与污染物质发生化学反应来实现净化的目的。化学氧化剂有臭氧、过氧化氢、高锰酸钾、二氧化氯等。其中二氧化氯对石油烃类有较高的清除效率，氧化反应可在瞬间进行，且二氧化氯的造价较低，用起来比较经济。化学氧化法适合于土壤和地下水同时被石油烃类污染的治理，可配合曝气装置，抽出的地下水经曝气塔后，大部分的挥发物质被清除，向从曝气塔流出的水中注入氧化剂后，再回灌于土壤，使氧化剂充分和土壤、地下水接触。在治理过程中，需预先确定地下水污染带的位置，再决定抽水井的位置和注水井的位置，抽水井应设立在地下水污染带上，注水井则应布置在土壤污染较强的位置。

3.3 生物修复

污染土壤的生物修复是指利用生物的生命代谢活动减少土壤环境中有毒有害物质的浓度或使其完全无害化，从而使污染了的土壤环境能够部分地或完全地恢复到原始状态的过程[18]。利用生物修复技术可以削弱乃至消除环境污染物的毒性，降低污染物的健康风险。石油污染土壤的生物修复，是指利用特定的生物（微生物、植物或原生动物）吸收、转化、清除或降解石油污染物，实现环境净化、生态效应恢复的生物措施[19]。生物修复由于具有费用低、处理效果好、对环境影响小、无二次污染、不破坏植物生长所需的土壤环境等优点而成为一种新的可靠的环保技术，已得到世界环保部门的认可，并引起了工业界的关注，预计生物修复服务和产品平均每年增长15%，生物修复在治理土壤污染方面的作用已越来越突出。

生物修复的类型包括：微生物修复、植物修复及动物修复。其中常用的是微生物修复和植物修复，而微生物修复更是近年来研究的重点。关于微生物修复技术将在下一节内容中详细介绍，这里简要介绍一下植物修复技术。

植物修复技术兴起于20世纪50年代，是一种利用自然生长的植物或者遗传工程培育的植物修复污染土壤的环境技术总称。它是利用植物体对某些污染物的积累、植物代谢过程对某些污染物的转化和矿化，植物根圈与根茎的共生关系增加微生物的活性的特点，加速土壤污染物降解速度的过程。

植物修复的方式包括植物提取、植物降解和植物稳定化3种。

3.3.1 植物提取 植物提取是指利用植物吸收积累污染物，待收获后可以进行热处理、微生物处理和化学处理。石油污染物被吸收后，在植物体内会有多种去向：大多数在植物的生长代谢过程中通过木质化作用转化成对植物无害的物质（不一定对人、畜无害），储存在新的植物组织中，也可通过挥发、代谢或矿化作用转化为 CO_2 和 H_2O，或转化为无毒性的中间代谢产物，贮存在植物细胞中，一部分通过植物蒸腾作用挥发到大气中。Zdwards等的研究表明大豆根能吸收溶液中的^{14}C-蒽，并向叶运移，也可以从大气中吸收该PAHs，并向根运移。

3.3.2 植物降解[20] 植物降解是指植物及其相关的微生物区系将石油污染物转化为无毒物质。它的成功与否主要取决于石油污染物的生物利用性，即通过植物—微生物系统的吸收和代谢能力对石油污染物进行降解。

植物降解主要有根部释放的酶对石油污染物的降解作用和根际微生物群落的降解作用两种方式。植物在生长发育过程中会产生许多酶，如去硝化酶、漆酶和去卤代酶等，这些酶可以降解不同的有机物，植物死亡后，酶释放到环境中还可以继续发挥分解作用。此外，植物根际土壤中存在一些可以降解有机污染物的微生物。植物脱落物中含有糖、醇、蛋白质和有机酸等，植物细根的迅速分解也向土壤中补充了有机 C，为根际微生物的生长发育提供了养料，促进了它们的生长代谢，提高了它们矿化有机污染物的速率。

孙铁珩等[21]的研究表明，在苜蓿草存在的条件下，土壤中 PAHs 的降解率明显提高，说明植物根际使土壤环境发生了变化，更有利于对有机污染物的降解。1996 年 Reilley 等研究了 PAHs 的降解，发现植物的分泌物使其根际微生物的密度增加，从而增加了土壤中 PAHs 的降解率，Miya 等的研究也得到相同的结论。

3.3.3 *植物稳定化* 植物稳定化是指植物在同土壤的共同作用过程中，固定石油污染物质，减少其对生物与环境的危害。该技术适用于质地黏重和有机质含量高的土壤。植物通过改变土壤的水流量使残存的游离污染物与根结合，防止污染物的进一步扩散，进而增加对污染物的多价螯合作用。目前，这项技术已经应用在矿区污染的修复中，而在城市和工业区中采用的不多。

植物修复是一项利用太阳能动力的处理系统，具有安全、成本低、生态协调及环境美化功能等特点，常常被称之为绿色修复。据美国实践，种植管理的费用在每公顷 200～1 000美元，即每年每立方米的处理费为 0.02～1.00 美元，比物理化学处理的费用低几个数量级。此外，植物修复技术可在清除土壤污染的同时，清除污染土壤周围的大气和水体中的污染物，有利于改善生态环境。虽然由于植物修复易受气候的影响、受石油污染物特性和土壤类型的限制、所需时间较长等原因，使得这种方法的应用还具有一定的局限性，但其发展和应用前景却已被世人所瞩目。

4 石油污染土壤的微生物修复研究进展

动物、植物和微生物都具有降解污染物的能力，但微生物在污染物降解中的作用最大，这是因为微生物具有种类多、分布广、个体小、繁殖快、比表面积大、容易变异等特点。微生物的降解酶系具有氧化还原作用、脱羧作用、脱氨作用、水解作用、脱水作用等各种化学作用能力，所以对能量的利用比高等生物体更加有效。微生物高速度的繁殖和遗传变异性使它的酶体系能够以最快的速度适应外界环境的变化，从而显示出其在环境治理上的高效性和多样性。

由于微生物在环境污染物降解过程中发挥主要作用，因此狭义的生物修复通常就是指微生物修复。利用微生物对有机污染物的降解作用，可以使污染物在其初始环境中降解。同物理、化学处理方法相比，基于微生物的生物处理技术具有下列优点：①污染物在原地被降解清除。避免了运输过程中的污染，对环境影响小；②操作简便；③费用低；④微生物处理的最终产物为 CO_2、水和脂肪酸，对人类无害；⑤适用范围广；⑥不产生二次污染等。因此，在环境科学界，微生物处理技术被认为更具发展前途，它在土壤修复中的应用价值是不可估量的。

国外开展微生物治理石油污染方面的研究较早，最早的是美国海洋微生物学家Zobell于1964年用原油和润滑油浓度1.0g·cm^{-3}进行海洋细菌降解石油烃速率的研究。我国在此方面的研究开展的较晚，但随着近年来石油污染问题日益突出，此方面的研究也逐渐受到人们的重视。到目前为止，对微生物修复石油污染的研究工作主要集中在以下几个方面：

4.1　降解石油微生物的研究

4.1.1　*降解石油微生物的种类*　作为污染物降解的执行者，降解石油微生物的种类和数量是影响土壤石油降解的重要因素。降解微生物的存在与污染物的存在密切相关。土壤中存在着各种各样的微生物，在遭受有机物污染后，实际上就自然地存在着一个驯化选择的过程，一些特异的微生物在污染物的诱导下产生分解污染物的酶系，进而将污染物降解。Atlas曾报道降解烃类的微生物在土壤和水环境中到处可见，但在一般情况下，降解烃类的微生物只占微生物群落总数的1%，而当有石油污染物存在时，降解者的比例可增加到10%。他在布里塔尼岸外漏油事故发生时发现，漏油后大约1.5h就有大量降解烃类的微生物繁殖，一天之内这种微生物群落就增加了几个数量级。还有资料显示，在没有受到石油污染的海洋污泥中，每克湿重仅有石油降解菌100～1 000个，而海岸油井周围污泥中则可达1×10^9个/g湿泥[22]。

到目前为止，已查知能降解石油中各种烃类的微生物约100余属、200多种[23]。降解石油烃类化合物的细菌主要有无色杆菌属（*Achromobacter*）、不动杆菌属（*Acinetobacter*）、产碱杆菌属（*Alcaligenes*）、节杆菌属（*Archrobacter*）、芽孢杆菌属（*Bacillus*）、黄杆菌属（*Flavobacterium*）、棒杆菌属（*Coryneforms*）、微杆菌属（*Microbacterium*）、微球菌属（*Micrococcus*）和假单孢菌属（*Pseudomonas*）等；放线菌中有放线菌属（*Actinomycetes*）、诺卡氏菌属（*Nocardia*）、分枝杆菌属（*Mycobacterium*）、红球菌属（*Rhodococcus*）；真菌主要有金色担子菌属（*Aureobasidium*）、假丝酵母属（*Candida*）、红酵母属（*Rhodotorula*）、掷孢酵母属（*Sporobolomyces*）、曲霉属（*Aspergillus*）、毛霉属（*Mucor*）、镰刀霉属（*Fusarium*）、青霉属（*Penicilium*）、木霉属（*Trichoderma*）和被孢霉属（*Mortierella*）等。此外，藻类也是降解石油污染物质的微生物群落之一，如颤藻属（*Oceillatoria*）、鞘藻属（*Microlocoleus*）、鱼腥藻属（*Anabaena*）和念珠藻属（*Nostoc*）等。在这些微生物中，细菌和真菌是土壤中石油生物降解的主要作用者，但这两类生物对石油降解的相对贡献，目前还不清楚。许多放线菌也被证实具有降解石油烃的能力，虽然由于生长缓慢它们很难在污染土壤中取得竞争优势，然而，它们在烃类生物降解的后期可能发挥较大的作用。藻类的降解能力不太显著，因此很少有文献报道。

目前在石油污染土壤生物修复中研究最多的还是细菌。这是因为细菌具有以下特点：①易培养；②易于通过分子生物学技术改造；③能够代谢氯代有机物；④能够矿化烃类物质并把它们作为碳源、能源。

虽然直接利用土著微生物菌群处理石油污染物已有成功的事例，但在许多条件下，由于土著微生物菌群驯化时间长、生长速度慢、代谢活性不高，因而筛选一些降解污染物的高效菌种是生物修复的必然要求。筛选高效石油降解微生物的研究工作在国内外都受到了极大的重视。

4.1.2 *微生物对石油烃类的降解机理* 分离可降解某污染物的纯种菌株并对其进行研究的一个重要意义就在于可利用它揭示污染物的降解途径与机理，这是有效地将生物技术应用于环境的基础。石油烃的微生物降解过程可分为三个步骤：首先是石油烃在微生物表面的吸附，这是一个动态平衡的过程；其次是吸附在细胞膜表面的石油烃的跨膜转运；最后是进入微生物细胞膜内的石油烃与降解酶结合，发生酶促反应被降解。

4.1.2.1 *石油烃在微生物表面的吸附* 由于石油烃具有疏水性，土壤中的石油烃类大多吸附在土壤颗粒表面，很难直接被微生物利用。然而，微生物可通过自身的适应机制来提高对石油烃的利用率，对此目前有两种解释：一种是特异性附着机制，微生物通过菌毛或细胞膜的脂类和蛋白使细胞形成疏水表面而附着于水中的油滴上；另外一种是烃类乳化机制，微生物通过释放出乳化剂将油滴乳化成小颗粒，增大油滴的表面积，有利于微生物的直接接触和利用。

许多利用石油烃的微生物可以分泌脂肪酸、酯类、蛋白质和胞外聚合物等各种生物乳化剂和生物表面活性剂来乳化或溶解烷烃以利于微生物直接与烷烃的接触。而且，细菌所分泌的有些物质不仅具有乳化作用，还能增加细胞表面的黏性，从而增加微生物对土壤中石油烃的吸附作用。

4.1.2.2 *石油烃的跨膜运输* 石油烃的跨膜运输是微生物吸收石油烃的重要途径，但目前关于石油烃通过细胞膜的机制研究还不是很充分，一般认为石油等有机污染物可以通过主动吸收和被动吸收两个途径进入微生物的细胞内。Bateman[24]认为，萘是通过被动运输的方式进入微生物体内的，不存在转运蛋白，而 Whitman 等[25]发现 *Pseudomonas aeruginosa* 菌和 *Pseudomonas fluorescens* 菌在吸收萘的过程中存在主动运输。也有研究表明，微生物自身产生的生物表面活性剂能使微生物细胞膜结构发生改变，从而引起污染物通过细胞膜的机会增加。有些表面活性剂能够集合排列在微生物细胞膜的表面，有的甚至还可以镶嵌在细胞膜中，从而在细胞膜表面形成类似通道的孔状结构，使石油烃更容易通过细胞膜进入细胞体内。

4.1.2.3 *石油烃在微生物细胞内的降解机理* 石油中所含的各种烃类，从最简单的 C_1 化合物至复杂的几十个碳原子的固体残渣，只要条件合适，大多数都能被微生物代谢降解，但难易程度和降解速度不同。在有氧条件下，石油化学物质通常按照下列方式被降解[26]：

$$\text{石油产品} + \text{微生物} + O_2 + \text{营养元素} \rightarrow CO_2 + H_2O + \text{副产品} + \text{微生物细胞生物量}$$

一般来说，$C_8 \sim C_{18}$范围的直链化合物较易分解，烯烃最易分解，烷烃次之，芳烃较难，多环芳烃更难，脂环烃类对微生物作用最不敏感，至今只发现个别菌株能利用它。在烷烃中，$C_1 \sim C_3$ 化合物，如甲烷、乙烷和丙烷只能被少数具有专性的微生物所利用。石蜡可被微生物降解，但其碳原子数超过 30 个的组分较难降解，部分原因是因其溶解度小，表面积小的缘故。正构烷烃比异构烷烃易降解，直链烃比支链烃易降解。在芳香烃中，苯的降解极难，比烷基苯和其他多环芳烃化合物要慢的多。

（1）烷烃的微生物好氧代谢：直链烷烃最常见的好氧代谢途径是单末端氧化，即首先通过氧化烷烃末端的一个甲基转变为相应的醇，然后再依次氧化为相应的醛和脂肪酸。在转化为相应的脂肪酸后，经历随后的 β 氧化序列，即形成羧基并脱落 1 个二碳单元。

单末端氧化过程如下：

$CH_3CH_2CH_2CH_2CH_3 \rightarrow CH_3CH_2CH_2CH_2CH_2OH \rightarrow CH_3CH_2CH_2CH_2CHO \rightarrow CH_3CH_2CH_2CH_2COOH \xrightarrow{\beta\text{-氧化}} CH_3（CH_2）nCOOH + CH_3COOH$

乙酸进入三羧酸循环最终被分解为 CO_2 和 H_2O，剩下的少 2 个碳原子的脂肪酸按同样方式经 β-氧化再脱下 2 个碳原子，直至在氧的参与下全部烷烃分解完毕。

甲烷是最简单的烷烃。它不同于其他的气态碳氢化合物，具有两个方面的生物学独特性：第一，它是仅有的靠微生物活动所大量产生的气体；第二，甲烷的分解是由一些对较大分子碳氢化合物没有活性的微生物推动的。它们氧化甲烷以合成自身细胞物质，其氧化过程为：

$$CH_4 + O_2 \rightarrow CO_2 + H_2O$$

其中间步骤也与上述烷烃类似：

$$CH_4 \rightarrow CH_3OH \rightarrow HCHO \rightarrow HCOOH \rightarrow CO_2$$

自然界中能使甲烷氧化的微生物主要是一群专性细菌，只能利用甲烷和甲醇作为碳源及能源而不能利用其他脂肪族碳氢化合物；这些细菌是一些形状与大小各不相同的严格需氧型革兰氏阴性菌，但最近也有厌氧甲烷氧化细菌的报道。烃链上的分支结构会使得其生物降解速率大大降低，而环状烷烃需要有两种或两种以上的微生物的协同作用才能降解。

烷烃类物质的 β-氧化在某些环境中会受到阻碍，特别是当烃链上带有分支结构时，会发生 ω-氧化，即单末端氧化产生的脂肪酸在 β-氧化受阻时，微生物在烃链的另一末端将甲基氧化，经历 ω - 羟基化形成 ω - 羟基脂肪酸，然后在非专一羟基酶的参与下被氧化为二羧基酸，最后再经历 β - 氧化序列，这种氧化途径称之为双末端氧化。因此，异构烷烃链上的分支结构会使其生物降解速度大大降低。

正烷烃链的亚末端也可能被氧化。烷烃被直接氧化为仲醇，仲醇进一步氧化产物为酮，酮再被氧化为酯。酯键较容易发生断裂，酯被裂解为伯醇和脂肪酸，然后，伯醇和脂肪酸再沿各自的降解途径发生相应的转化。

$$\underset{\text{正烷烃}}{RCH_2CH_2CH_3} \rightarrow \underset{\text{仲醇}}{RCH_2CH_2OHCH_3} \rightarrow \underset{\text{酮}}{RCH_2COCH_3} \rightarrow \underset{\text{酯}}{RCH_2OCOCH_3} \rightarrow \underset{\text{伯醇}}{RCH_2OH} + \underset{\text{酸}}{CH_3COOH}$$

Rittman[27] 发现，以烷烃为唯一碳源和能源的细菌，亚末端氧化与单末端氧化比起来可能是次要的。而在那些辅助氧化烷烃的细菌中，如 *Bacillus* sp. 、*Streptomyces* sp. 和 *Arthrobacter* sp. 亚末端氧化可能是主要的。许多真菌则专门是亚末端氧化的。

有一些学者在 *Acinetobacter* sp. M1 中发现了一种新的代谢途径，Finnerty 途径，即在双加氧酶作用下，烷烃经氢过氧化物态转变成脂肪酸，不产生醇中间产物，主要因为双加氧酶要求分子氧来催化烷烃（$C_{10} \sim C_{30}$）的氧化，所以不产生氧分子的产物。

$$RCH_2CH_3 \rightarrow \underset{\text{烷基氢过氧化物}}{[RCH_2CH_2OOH]} \rightarrow RCH_2COOH$$

（2）芳香烃的微生物好氧代谢：相对于烷烃来说，芳香烃更难于降解。芳香化合物的降解在有氧代谢时同时需要加氧酶的催化。单加氧酶和双加氧酶分别催化不同的反应途径，使苯环开裂，形成容易降解的直链烃。一般而言，真核细胞微生物（真菌等）是利用单加氧酶将分子氧中的一个氧原子引入芳香环中，形成中间产物反式二醇（具有毒性，是潜在的致癌物质），而原核细胞生物（细菌）则常常利用双加氧酶将分子氧中的两个氧原子引入芳香化合物中，其形成的中间产物为顺式二醇（无毒性），然后二醇再转化形成邻苯二酚。单加氧酶和双加氧酶的两条不同的降解途径都经过邻苯二酚这个环节，最后邻苯二酚再通过邻位或间位途径使环断开，形成三羧酸循环的中间产物，如图 1 所示。

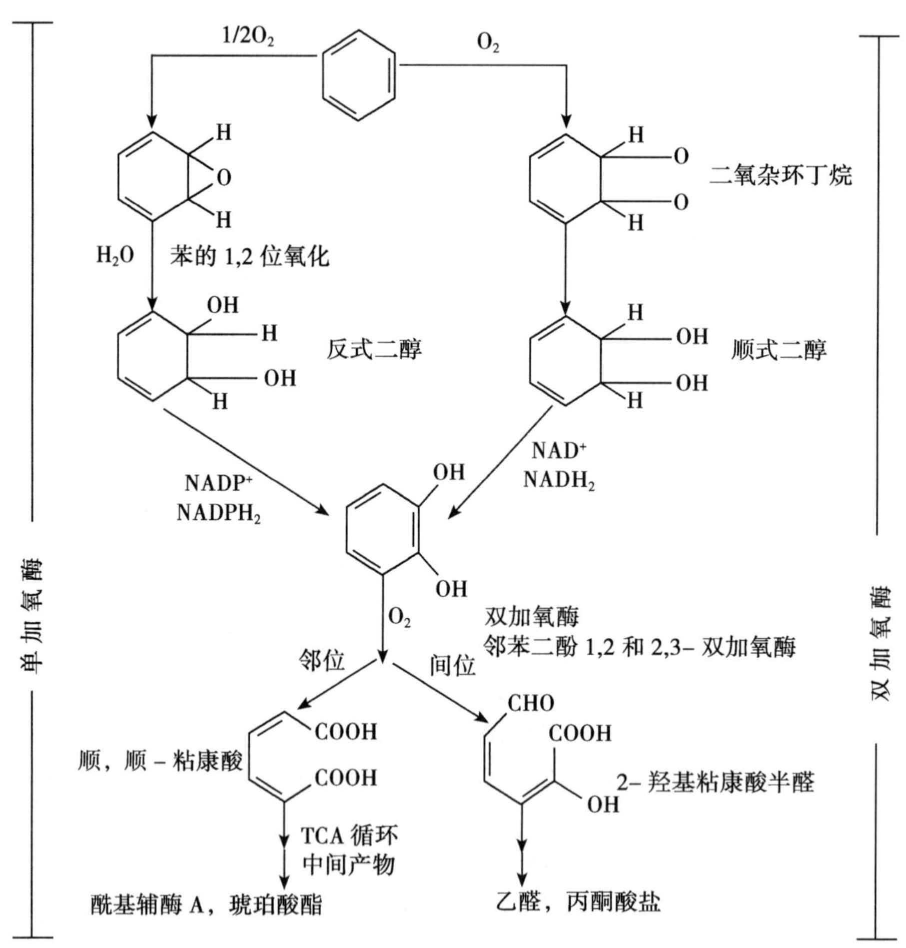

图 1　芳香化合物被真核、原核微生物降解的代谢途径

（3）石油烃的微生物厌氧代谢：以往的许多研究者认为氧气是微生物代谢烃类所必需的，然而越来越多的研究表明，烃类的生物降解既可以发生在好氧环境也可以发生在厌氧环境。厌氧微生物在 NO_3^-、SO_4^{2-}、Fe^{3+} 等作为电子受体的条件下，能降解部分好氧处理不能降解的物质。但厌氧菌的培养速度和对污染物的降解速度却比好氧处理慢得多。微生物在硫酸盐还原环境中可以降解萘、菲、荧蒽等；在反硝化的条件下，多环芳烃可以硝酸盐作为电子受体发生无氧降解。

在缺氧的环境中，烷烃类物质的降解过程则是从脱氢开始，烷烃脱氢变成烯烃，烯烃再羟基化形成伯醇，而后形成酸。

$$RCH_2CH_3 \xrightarrow{\text{羟基化}} RCH_2CH_2OH \rightarrow RCH_2COOH$$

这时的脂肪酸如果继续处于缺氧环境，则发生还原脱羧作用，如果进入有氧环境则发生β-氧化。

芳香烃物质在厌氧或缺氧的环境下可发生厌氧降解，其代谢途径大致为，芳香烃化合物在厌氧的条件下将苯环还原，然后水解开环生成羧酸，再通过末端氧化、β-氧化等使之矿化为甲烷和二氧化碳。

4.1.3　*降解石油微生物的相关功能基因*　石油降解基因是近年来研究的热点之一，随着研究手段的增加和技术的不断进步，关于这方面的研究成果也非常显著。

对直链烷烃的降解基因方面已研究得相当深入，重点集中在 *alk* 基因的相关研究。早在 1973 年 Chakrabarty 等[28]就发现利用 C_6 ~ C_{12}的烷烃作唯一碳源和能源的典型菌株 *Pseudomonas Putida* Gpol 中，氧化烷烃的烷烃羟化酶系是由一个大质粒 OCT（辛烷降解）上的基因编码的。随后，又有实验证明 *Pseudomonas Putida* Gpol 中 *alk* 基因是由 alkBAC 和 alkR 两个基因簇聚集而成。最近 PCR 和基因组测序显示，其他菌属的 *alk* 基因编码的蛋白质大部分是 Gpol 中相应酶系的同系物，同源性达 43.1% ~93.8%，不同的是这些 *alk* 基因大都位于基因组上。

近年来，芳烃类化合物的降解基因研究取得了重大突破，确定了许多能降解芳烃类化合物的基因。Kniemeyer 和 Heider[29] 从一株反硝化菌中分离得到的乙苯脱氢酶以及 Iwabuchi 和 Harayana[30] 从菲降解菌中纯化得到的 2-羟基苯醛脱氢酶都能够直接催化芳香烃的生物降解，另外，还在反硝化菌中发现了芳香烃类厌氧降解的调节基因 *tutB* 和 *tutC*。此外，Christian 等人[31] 对 20 种芳烃类化合物降解菌的降解酶基因进行编码，并运用 DNA 的杂交实验和 PCR 方法确定了降解基因。

4.2　影响微生物降解石油的因素

除了分解者自身的效能外，还有许多因素会影响到石油污染物的降解速度和效果。主要影响因素为：

4.2.1　*石油的物理化学特性*

4.2.1.1　*石油烃的种类和组成对石油生物降解的影响*　石油产品的可降解性随其组分的种类和分子量大小的不同而改变。相同条件下，微生物对不同种类石油烃的降解能力是不同的。许多研究已证明微生物能够降解石油中的饱和烃和轻质芳香烃组分，而其中的相对分子质量较高的重质芳香烃、胶质和沥青质则难以降解。一般而言，各类石油烃被微生物降解的相对能力为：饱和烃 > 芳香烃 > 胶质和沥青质。在饱和烃部分中，直链烷烃最容易被降解；在芳香烃部分中，二环和三环化合物较容易被降解，而含有 5 个或更多环的那些芳香烃难于被微生物所降解；胶质和沥青则极难被微生物所降解。原油经微生物降解后饱和烃含量急剧下降，而沥青质和非烃化合物均显著增加。这种现象可能是由于微生物优先降解饱和烃所致，一方面使原油中其他组分相对富集，另一方面，微生物的代谢过程中产生了大量非烃化合物，引起了原油中沥青质和非烃化合物的急剧上升。Chaineau 等[32]用微生物处理被石油烃污染的土壤，270d 后发现，75% 的原油被降解；饱和烃中，正构烷烃和支链烷烃在 16d 内几乎全部降解；22% 的环烷烃未被降解；芳香烃有 71% 被同化；占原油总重量 10% 的沥青质完全保留了下来。Duarte 等[33]从原油污染的土壤中筛选出能够降解萤蒽、菲、芘等多环芳烃的菌株，其中，三环化合物较四环易降解，五环的萤蒽类也可被降解；沥青质可通过共氧化的方式被微生物所降解。相同条件下，石油烃组分的比例变化影响微生物对单个烃组分的降解能力。混合菌利用石油烃作为唯一碳源的能力不仅取决于非饱和烃部分的组成，而且取决于脂肪烃部分的组成。不同的原油，由于其饱和烃、芳香烃、胶质和沥青质的含量不同以及饱和烃中正构烃的含量不同而导致他们具有不同的抗降解性。Haus 等[34]人还发现，石油的物理化学性质如芳香烃或极性物质的含量，石油的黏度、沸点、折射率都与石油的降解率存在一定的关系。

4.2.1.2 *石油的物理状态对石油生物降解的影响* 石油的物理状态直接影响到它的生物可达性。在油—水体系中，微生物主要在油水界面活动，油的分散程度直接影响微生物能接触到的石油烃的表面积，油水界面面积的增加，不仅使石油烃更易到达微生物，而且进入水体的乳化液滴使氧和营养物更易被微生物获得，从而促进微生物对石油烃的降解。一些烃降解微生物产生乳化剂，乳化剂促进了石油烃在水中的分散。就微生物降解石油烃而言，如不产生抑制作用的毒性影响，油的分散应能促进微生物对石油烃的降解。在许多土壤系统中，由于油的疏水性，土壤胶体对油的吸附性，油的挥发性或不能溶解到土壤有机质中等原因，使微生物不能与之充分接触，影响了降解效果。

4.2.1.3 *石油浓度对石油降解的影响* 石油浓度对石油生物降解有很大影响，即使降解同一种石油污染物，降解方法或降解菌不同，最合适的石油烃浓度也会不同。在较高的石油烃浓度下，由于营养、氧的传递限制或挥发性烃产生的毒性而抑制了生物降解。Rambeloarisoa 等在 1984 年曾指出，原油的降解率与油浓度成反比例，K. S. M. Rahman 等[35]也发现当 Bombay High 原油浓度由 1% 升至 10% 时，混菌对原油的降解率由 78% 降至 52%。齐永强等[36]经过研究指出，污染强度在 5% 以内的石油污染土壤在实验所给的条件下会呈现明显的降解过程，但如果石油浓度达到了 15% 高的水平，生物降解作用就很微弱了。石油污染物浓度对降解率的影响众多文献资料中给出了相同的结论，因此被处理的石油物质浓度控制在一定范围内更有利于石油的生物处理。

4.2.2 *环境因素对石油生物降解的影响*

4.2.2.1 *土壤 pH 值* 环境中的 pH 值变化对微生物的生命活动影响很大，它通过引起细胞电荷的变化，影响代谢中酶的活性、细胞质膜的透性及稳定性，从而影响微生物对营养物质的吸收以及石油烃的降解速率；同时 pH 值的变化还会改变生长环境中的营养物质的可给性及其有害物质的毒性，低的 pH 值会影响氮的转化，当 pH 值稍高于中性时，对硝化作用及氮的进一步转化均有利，而磷的有效性在 pH 值 6.0 ~ 8.0 时很高。另外对于某些产生物表面活性剂的降解菌，pH 值影响发酵液中生物表面活性剂的聚集形式，使石油烃的分散状态改变，进而影响降解菌与石油烃的接触状态，最终影响石油烃的摄取。因此最适 pH 值既与降解菌有关，也与降解条件密切相关。

与大多数微生物相同，能降解石油类物质的土壤微生物繁殖的适宜 pH 值为 6 ~ 8，最优为 7 ~ 7.5 左右。由于土壤微生物在降解过程中产生的酸性物质往往在土壤中有积累效应，会导致 pH 值进一步降低，所以在偏酸性污染土壤的生物治理过程中，为了提高微生物代谢活性和降解石油类物质的速率，可以在土壤中添加一些农用酸碱缓冲剂调整土层的 pH 值。

4.2.2.2 *温度* 温度以两种方式影响石油的生物降解效率：一是影响石油烃降解菌的生长速度，影响氧化污染物的酶活性，影响微生物的种群构成；二是影响油的物理状态，影响油的化学组成。生化反应遵循的一个总的原则就是反应速度随温度升高而升高。研究表明，随着温度的升高，烃代谢率增加，一般在 30 ~ 40℃时达到最大；温度继续升高，烃的膜毒性增大，抑制烃类的降解能力；在低温时，油黏度增加，有毒的短链烷烃挥发性下降，生物降解启动滞后。此外，微生物活性需要有液态水，要求温度至少在水的凝固点以上。因此对微生物降解的土壤环境特别是气温低的地区进行温度控制是十分必要的。许多（但不是所有）微生物含有必需的酶，而这种酶在高于 50℃的温度下会变性。因此，这个温度代表了一个保持微生物活性的温度上限。对于好氧菌来说最佳的石油降解温度大概是在 15 ~ 30℃。

4.2.2.3 *N、P 营养* 微生物代谢需要 N、P、Fe、Mg 等营养物质的参与才能顺利进行。作为微生物能源兼碳源的烃类足够多时，其他营养物的供给是否充分将直接影响微生物对烃类的降解活动。如果营养物质缺乏就会抑制微生物对石油烃的降解作用。土壤中至少有 11 种微生物必需的宏量和微量的营养元素。这些元素必须保持一定的数量、形式和比例以维持好氧菌生长。在石油污染土壤中，通常有机碳含量较高，而 N、P 相对缺乏，因为石油能够提供生物较易利用的有机碳，而不能提供 N、P 及其他营养物。因此，氮源和磷源是常见的烃类生物降解限制因素，添加适量营养物可以促进生物降解。C：N：P 比例达不到细菌代谢所需要的比例，就会限制细菌的代谢速度，从而制约污染物的降解。营养添加剂在降解的中后期起到了主导作用，这是因为在以化学氧化为主的阶段过去后，微生物降解起到了主要作用，土壤中原有的营养物质在一定时间内会达不到微生物继续生长的要求，因而适宜微生物生长所需营养物的加入将对促进微生物数量的增加起到重要作用。

4.2.2.4 *土壤中的电子受体* 土壤中污染物氧化分解的最终电子受体的种类和浓度也极大的影响着生物修复的速度和程度。微生物的氧化—还原反应一般是以氧为电子受体的，微生物对石油的生化降解过程随烃类的不同而各异，但其好氧生物降解的起始反应却是相似的，在降解的过程中需要大量的电子受体，由于石油在水表面形成油膜，氧的传递非常缓慢，在许多石油污染区，供氧不足成为石油降解的制约因素。据计算，1mg 烃完全氧化为 CO_2 和 H_2O 需 3 ~ 4mg O_2[37]。尽管在缺氧条件下，厌氧微生物能够利用 Mn^{5+}、Fe^{3+}、SO_4^{2-} 和 CO_2 作为电子受体，但石油降解速率往往较低，有试验表明，在有氧时烃类经 14d 可降解 20% 以上，而厌氧条件下经 233d 降解不到 5%。由此可见，氧对石油烃的微生物降解作用非常重要。

4.2.2.5 含水量 微生物需要水来维持新陈代谢过程，在水存在时微生物活性最高。土壤含水量过低，微生物得不到充足的水分供应，细胞活性受到抑制，代谢速率降低；土壤含水量过高，有效毛细空隙将被水充满，妨碍空气的通透，妨碍氧的供应。对于干旱地区的油污土壤的治理，可采取间断性的喷淋等手段以增强土壤的湿度，提高微生物降解效率。

4.2.2.6 盐度 盐度会降低石油污染的微生物治理效果。经室内试验分析，土壤中石油的生物降解率随盐度增大而减小，但土壤中石油降解菌数量受盐度影响较小，只影响了许多微生物的代谢活性。随着盐度的升高，烃的代谢速率降低，并且在一般的微生物代谢烃的过程中普遍存在着这种现象。季节变化和营养物的添加对咸水沼泽的影响比淡水沼泽的大；受污染土壤的孔隙度比未受污染的要小，从而阻碍生物降解的进行。Rhykerd 等[38]研究表明，用盐度 200ds · m^{-1}的油处理土壤后，黏质壤土中油的矿化作用下降了 44%，沙质黏壤土下降了 20%；40ds · m^{-1}的盐度可使两种土壤中油的矿化作用下降了约 10%。

4.3 强化微生物修复的途径

4.3.1 石油烃降解菌的质粒研究及基因工程菌的构建 经过研究发现，许多脂肪烃、芳香烃、多环芳烃以及他们的氧化产物、萜烯、生物碱、氯代芳烃和多氯联苯等污染物质的降解都受到质粒携带的基因控制，降解性质粒（Degradative plasmid or Catabolic plasmid）的存在为基因工程菌的构建提供了可能。构建含有目的基因、具有较强竞争力的基因工程菌（GEM）是现代环境生物技术的主要目标之一。

人们利用天然降解性质粒的相容性，把能够降解不同污染物的质粒组合到一个菌株中，构建一个多质粒的新菌株，这样就使得一种微生物可降解多种污染物。假单胞菌广泛存在于土壤和水体中，部分假单胞菌拥有极为复杂的酶系统，具有降解各种复杂有机物的潜力，例如洋葱假单胞菌同时可以降解 95 种以上的有机物，可利用其中任何一种物质作为唯一碳源。由于假单胞菌具有丰富的质粒多样性，因此是构建基因工程菌较好的微生物菌种资源。1975 年，美国的 A. M. Charkrabarty 将来自其他假单胞菌的可分解芳香烃的质粒、分解多环芳烃的质粒、分解萜类的质粒通过接合转入分解脂肪烃的噬油假单胞菌中，获得一株能同时降解上述 4 种烃类的多质粒超级菌（*Multiplasmid superbug*），它能把原油中约 2/3 的烃消耗掉。它的突出优点是比自然菌降解速度快，据报道自然菌种需要 1 年以上才能清除的海上浮油，该菌可将其在几小时内清除。

4.3.2 同生菌群的强化作用 通常一种微生物往往对原油中特定的成分有较强的降解能力，但是由于石油是由多种烃组成的复杂混合物，所以单一种类的石油降解微生物不可能完成原油的降解，原油的降解是由多种石油烃降解菌协同完成的，这种具有协同降解作用的微生物群称为同生菌群。有研究表明混合培养菌的石油降解效果明显高于单株培养菌。Trzesicka-Mlynarz D. 和 Ward OP 等[39]从多环芳烃污染的土壤中富集分离出微生物的混合培养物具有降解多种多环芳烃的能力，研究表明其对多环芳烃的降解效果要明显好于从混合培养物中分离出的单菌的降解效果；Lal 和 Khanna[40]研究发现将 *Acinetobacter calcoaceticus* S30 和 *Aicaligenes Odorans* P20 混合培养可以显著提高单独培养时的石油降解速率；S. H. Ko 和 J. M. Lebeault 等[41]在研究 *Pseudomonas aeruginosa* K1 和 *Rhodococcus equi* P1 两株对烷烃有降解作用的菌株时，发现两株菌在混合培养中可以通过共氧化作用降解萘烷，连续添加十六烷可以促进萘烷的降解；Robert A. Kanaly 等[42]从土壤中富集得到可以在柴油中通过共代谢作用矿化苯并［α］芘的微生物菌群；Van Hamme 和 Ward 等[43]研究了 *Pseudomonas* sp. strain JA5-B45 和 *Rhodococcus* sp. strain F9-D79 混合培养以及添加表面活性剂时对原油降解效果的影响，结果表明混合培养能够显著提高原油的降解效果；Thomassin-Lacroix EJ 等[44]从 Ellesmere 岛东北部被燃料油污染的土壤中富集得到石油烃降解微生物菌群，该菌群可以在7℃的低温情况下降解燃料油，经16S rDNA 序列分析显示，该菌群主要由 *Rhodococcus erythropolis*、*Sphingomonas spp.* 和 *Pseudomonas synxantha* 等。国内，席淑琪等[45]通过投加混合菌群对石油污染的地表水进行处理；林力等[46]从石油污染土层中分离烃降解菌，并通过投加混合菌株对石油污染土壤进行修复取得了较好的效果；魏呐等[47]通过筛选驯化的耐盐复合高效微生物处理菌群对大港油田石油开采废水进行有机物降解；何翊等[48]通过施加微生物菌剂对污灌区石油烃污染土壤进行处理，修复后土壤中石油类污染物的降解率达54.23%。

目前国内外多数研究中都是直接从污染环境中通过富集、驯化作用得到微生物菌群，或者直接将具有降解能力的微生物菌株进行随机组合来构建微生物同生菌群，对于菌群中具有协同关系的菌株的筛选和组合完全是一个随机的过程，其协同作用的机制还不清楚，有待于进一步研究。Suneel Chhatre 等[49]从半连续的原油处理反应器中分离得到石油降解菌，并构建了一个含有四株菌的菌群来降解石油，3d 内降解率达70%，经分析菌群中有一株菌可以产生鼠李糖作为表面活性剂，可以乳化石油并且有助于原油的降解；Komukai-nakamura S. 等[50]利用四株菌组成菌群来降解轻质原油并取得了很好的效果，经检测四株菌分别可以降解原油中烷烃、烷基苯和几种多环芳烃；谢丹平等[51]从含油污水中分离得到四株石油降解菌并构建石油降解菌群，并通过正交试验优化各菌的投加量并取得了较好的降解效果，采用 GC-MS 对残油进行分析，结果表明四株菌分别对原油中不同碳原子数的直链烃和支链烃有降解作用；郑金秀等[52]通过石油降解实验以及 GC-MS 分析，选择对碳原子数在10～20的中长链烃具有降解作用的四株菌构建菌群，并在石油污染土壤生物修复试验中取得了较好的效果。由于石油污染土壤生物修复过程中的影响限制因素以及微生物之间的相互协同作用机制非常复杂，因此 Ka JO 等[53]通过竞争 PCR（Competitive PCR）和实时定量 PCR（RT-PCR）方法对土壤生物修复过程中微生物群落的密度和代谢活性进行监测，试图解释菌群各微生物间的作用机制以及在生物修复过程中限制因素。

4.3.3　*表面活性剂对微生物降解的强化作用*　在石油污染土壤的生物修复过程中，石油中的主要成分—烃类化合物的疏水性是微生物进行代谢、降解存在的主要问题。当石油污染物进入土壤之后，石油中疏水性强的化合物大多吸附在土壤颗粒的表面，表面活性剂的作用是将石油烃类从其所吸附的土壤胶体上剥离下来，使污染物分散、增溶、乳化从而大大提高其生物可利用性。利用表面活性剂提高污染物的生物可给性，已成为国内外有关工作者的一个重要研究方向。Bardi L 等[54]以β-环糊为表面活性剂提高十二烷、二十四烷、蒽和萘的生物降解率。Texas Research Institute（TRI）对表面活性剂 Richonate-YLA 和非离子表面活性剂 Hyonic PE-90 的研究表明两种表面活性剂联合作用是最有效的，可使 80% 的石油残余物从土壤表面脱除。国内宋玉芳等人[55]的研究表明添加适量的表面活性剂 TW-80 能很大程度上促进石油污染土壤中多环芳烃的降解。魏德洲等[56]采用生物泥浆法研究了油酸钠和十二胺对石油污染土壤微生物治理效果的影响。结果表明阴离子表明活性剂油酸钠能明显促进石油污染物的降解过程，大幅度提高微生物的除油效果。

近年来，生物表面活性剂以其可生物降解、无毒害、结构多样以及对环境具有温和性等优点而成为研究热点，不同微生物往往产生不同结构的表面活性剂，主要有糖脂、脂肽、多糖—蛋白络合物、磷脂、脂肪酸和中性脂等。许多研究表明，生物表面活性剂在石油降解中也有很好的促进作用。有人利用鼠李糖脂去除土壤中的脂肪族和芳香族烃类取得较好的效果。

4.3.4 *营养物质的添加量及配比* 石油烃类污染物进入土壤后带入大量的有机碳源，造成土壤中的 C、N、P 比例严重失调。研究表明，氮、磷营养物质的缺乏或过量均可限制石油污染物的降解，适当加入 N、P 元素能明显促进污染土壤中石油的生物降解作用。为了达到较好的修复效果，在添加 N、P 营养物时，必须首先确定营养盐的形式、浓度以及适当的比例。

一些研究者认为，降解石油微生物 N 源主要利用 NH_4^+，P 源主要利用 PO_4^{3-}。也有的研究者探索用有机 N 源（如尿素、谷氨酸等）代替无机的 N 源。就降解效果而言，无机氮比有机氮效果要好，硝酸氮比铵态氮要好。Koren 等[57]发现在开放式的环境中，铵和硝酸盐由于具有高水溶性，浓度会被不断稀释，从而降低了氮源的可利用率，因此他们建议用非水溶性的尿酸来代替水溶性的硫酸铵等作为微生物降解石油的氮源。

添加外源营养物并非越多越好，只有在一定量的范围内，才能具有促进作用。Oudot J 等[58]在法国 Brest 海湾进行了一个添加缓释肥料对原油污染地的生物修复实验，结果表明，如果污泥中含有≥100μmol · L^{-1}的 N，则生物修复的所需营养充足，无须添加外源营养物。如果营养物的浓度含量很高，则只能促进 N 的循环和硝化细菌的活性，但对石油降解的促进作用很小。

虽然理论上可以估算出 N、P 的需要量，但在实际操作中由于土壤中石油类污染物降解速度太慢，且不同环境中 N、P 的可利用性变化很大，计算值只是一种估计，与实际值会有很大偏差，需结合实际处理的污染土壤确定营养物的实际添加量。

4.3.5 *添加电子受体* 微生物氧化还原反应一般以氧为电子受体。土壤中氧的浓度有明显的层次分布，一般从表面到深层依次分布的是好氧层、缺氧层和厌氧层。对于表层受石油污染的土壤，通过土壤翻耕等方法可以保证氧的供应量。对于深层土壤的污染，在修复工程上通常采用通气法。具体措施是向不饱和层打通气井，将压缩空气或纯氧注入土壤，也可以向土壤中加入适量的氧化剂，例如 H_2O_2、CaO_2 等。对于石油污染土壤，利用加入电子受体等生物修复技术的应用，在实验室和现场的修复过程中都取得了成功。最著名的修复实例是 20 世纪 80 年代初纽约长岛汽油站发生汽油泄漏后所进行的修复。当时约有 106t 汽油进入附近土壤和地下水中，后来回收了未被土壤吸附的汽油约 82t，但仍有相当多的汽油残留在土壤中。1985 年 4 月开始在该地进行生物修复处理，采用 H_2O_2 作为供氧体，在 21 个月中有效地去除了土壤中吸附的汽油，估计通过生物作用去除的汽油约为 17.6t，占总去除量的 72%。经过生物修复处理后，土壤中的汽油含量已低于检测限。魏德州[59]采用生物泥浆法系统的研究了对土壤中烃类污染物降解速度的影响，发现 H_2O_2 既可直接氧化一部分烃类污染物又可为微生物的氧化过程提供出的电子受体，强化它们对烃类的氧化降解作用，使土样中石油的去除率增加了近 3 倍。

在厌氧条件下，硝酸盐、硫酸盐、3 价铁离子以及有机物分解的中间产物也可以作为电子受体。电子受体对厌氧降解的影响很大。研究表明，在有混合电子受体的条件下，更有利于石油烃的降解，故可通过加混合电子受体的方式加强修复。但必须注意电子受体的添加量，当硝酸盐过多未被微生物利用完全时，就可能会产生次生污染；硫酸盐还原后还会产生 H_2S，产生恶臭和毒害。

4.4 石油污染土壤的生物修复技术

目前，石油污染土壤的生物修复技术有很多种，一般来讲可以分为两种类型，即原位生物修复（*in situ* bioremediation）和异位生物修复（*ex situ* bioremediation）。在实际操作中可根据场地特征、污染物的浓度等因素选择合适的修复技术。

4.4.1 *原位生物修复* 原位生物修复是指对受污染的土壤不做挖掘或运输而在原污染地进行的生物修复处理，这种处理方法要求在处理过程中要持续对污染土壤进行各种强化生物降解性能的操作。通常原位修复技术包括生物通风、生物强化、生物刺激等。

生物通风法（Bioventing）通常是在污染场地打竖井并安装鼓风机和抽真空机向污染区域供给空气或氧气，在通气的同时也可以同时向污染区域添加 N、P 等营养物来刺激土著石油降解菌的生长和代谢。在受污染地区，土壤中污染物的降解会使土壤中氧气浓度降低、二氧化碳的浓度升高，从而抑制了污染物的进一步生物降解。因此，为了提高土壤中污染物的降解效果，需要排出土壤中的二氧化碳并补充氧气，生物通风系统就是为了改变土壤中气体成分而设计的。生物通风法常用于由地下油罐泄漏造成的轻度污染土壤的生物修复，这一方法已在美国空军基地用于处理航空机油污染的土壤。

生物强化法（Bioaugmentation）是通过向土壤中投加经驯化培养的高效降解微生物或基因工程菌，并同时提供这些微生物生长所需的营养物质，从而加快土壤中污染物的降解。Sanjeet 等[60]通过采用存在于载体上的细菌联合体和营养物质对 4 000m^2 的石油污染土地进行了处理，结果发现细菌联合体显著降低了土壤中石油烃的含量。

生物刺激（Biostimulation）是向污染土壤中添加降解石油微生物生长所需的 N、P 等营养元素及 H_2O_2、O_2 等电子受体以刺激土著微生物的生长，从而加速污染物的降解。研究认为，通过提高受污染土壤中土著微生物的活力比采用外源微生物的方法更可取，因为土著微生物已经适应了污染物的存在，而外源微生物不能有效地与土著微生物竞争，因此只有在现存微生物不能降解污染物时，才考虑引入外源微生物。

Mohn 等[61]对北极原油污染土壤现场接种抗寒微生物混合菌种进行生物修复处理，1 年后，土壤中石油浓度降到初始浓度的 1/20。Eliss 等[62]在斯德哥尔摩中部的一个废弃的木材防腐油生产区，对高浓度低分子量 PAHs 和高分子量 PAHs 污染进行原位修复。经过 4 个月处理，所有 PAHs 的降解都很明显。1984 年，针对美国密苏里州西部石油运输泄漏事件，采用了添加 N、P 营养物质，人工曝气的方法进行原位生物修复，经过 32 个月的运行，苯、甲苯和二甲苯的浓度从 $20mg \cdot L^{-1}$降低到 $0.05mg \cdot L^{-1}$，均得到了良好的处理效果。

原位处理的工艺技术比较简单，费用低廉，适用于处理受污染面积较大、石油烃含量较低的地区。但这种工艺还存在很多缺点：①所需处理时间较长，在长期的处理过程中，污染物可能会进一步扩散到深层土壤和地下水中；②在一定时间内不能有效去除多环芳烃；③受到温度、土壤渗透性等环境条件的影响而具有一定局限性。因此，探索并采取经济有效的强化措施加快石油的微生物降解速度，将会使这一技术更具吸引力。

4.4.2 异位生物修复 该方法要求把污染的土壤挖出，在污染场地以外或者运送至专门的修复场地集中起来进行生物降解处理。一方面，可以在土壤受污染之初限制污染物的扩散与迁移，减少污染范围；另一方面，可以设计和安装各种过程控制器或生物反应器以创造生物降解的理想条件。异位生物修复包括：土地耕作法、生物堆制法、土壤堆肥法、预制床法和泥浆法。

（1）土地耕作法（Land Farming）：基本操作是在不泄漏的平台上铺上石子和沙子，将污染土壤以 15 ~ 30cm 的厚度平铺其上，并淋洒营养物和水，定期耕作，以保持良好的通风条件。土耕法需要监测土壤水分和补充无机营养物（N、P、K），耕作机械定期使污染物与营养盐、细菌和空气充分接触，使上部处理带保持好氧状态。土耕法是一项有效的节省成本的方法，处理费用较低，处理时间从 2 ~ 6 个月不等，夏季的处理效率很高，而秋、冬两季因为土壤温度下降因而处理效率较低。土耕法最初用于处理石油工业废物及生活污泥，可在几个月时间内使土壤中的石油质量分数由 7% 降低到 0.01% ~ 0.02%。这种方法存在的问题是，挥发性有机物会造成空气污染，难降解物质的缓慢积累会增加土壤的毒性，美国石油研究所（American Petroleum Institute）正在探索优化这一处理过程的途径。

（2）生物堆制法（Biopile）：同样是利用微生物对石油污染物降解的另一种技术，它是一种对土地处理技术的改进降解技术。将石油污染土壤从污染地域挖出，运输到异地堆积，一般成条状，中间留有“田埂”，便于收集产生的渗出液，避免处理现场土层的污染，生物修复处理后再运回原地。生物堆通常包括一个打了孔的暗渠以用来收集沥出物和回收生物堆中的空气，一个真空泵和暗渠连接在一起给生物堆充气，促进微生物生长。生物堆也包括一个喷灌和滴灌系统来最优化土壤湿度和处理效率。与土耕法不同的是，生物堆释放的易挥发气体更少，因为周围的空气传送到生物堆中，回收的气体已被处理。李培军等[63]利用生物堆制法对不同类型原油污染土壤进行修复，通过投加肥料、菌剂、控制水分和 pH 值，经过近 2 个月的运行，石油总烃去除率达 38.37% ~ 56.74%。该技术处理时间 1 ~ 4 个月不等，处理费用相对也较低。

（3）土壤堆肥法（Composting）：这是一种和土地耕作法相似的生物修复过程，但是它加入了土壤调理剂以提供微生物生长和石油生物降解的能量。这个过程对去除含高浓度不稳定固体的有机复合物是最有效的。加入的物质或调理剂通常是粪肥、营养物质、微生物和稻草等，目的是为提高土壤的渗透性，增加氧的传输，改善土壤质量，以及为快速建立一个大的微生物种群提供能源。土壤堆肥法传统上用于处理农业废物，近年来也用于处理废水处理厂的污泥和石油污染的土壤。Gian Gupta 和 Jianmei Tao[64] 对汽油污染的土壤进行堆肥处理的研究表明，家禽粪草（Poultry litter）中存在大量能降解石油烃的微生物，它既能提供无机和有机营养物质，又能起到接种的目的。叶小梅[65]研究了添加不同调理剂及不同量的调理剂对污泥中石油生物降解的影响，结果表明，添加调理剂可以显著提高石油生物降解速率；几种调理剂之间比较，以木屑最好，蛭石次之，稻草再次之；添加6%的调理剂，在室温下培养120d，污泥中石油残留量减少了近70%。与土耕法或生物堆制技术相比土壤堆肥法可以降低承载石油污染土壤的修复时间，它的处理时间一般是1～4个月，处理费用比土耕法略高一点。

（4）预制床法（Prepared bed bioremediation）：预制床的设计可以使污染物的迁移量减至最小，因为它具有滤液收集和控制排放系统。预制床的底面为渗透性低的物质，如高密度的聚乙烯或黏土。将污染土壤转移到预制床上，通过施肥、灌溉，调节 pH 值，有时还加入微生物和表面活性剂，使其最适合污染物的降解。Ellis 等用具有滤液收集和水循环系统的预制床对斯德歌尔摩中部防腐油生产区的土壤进行治理，土壤中多环芳烃的浓度从 1 024.4mg·kg^{-1}降至 324.1mg·kg^{-1}，与同一区域的原位处理技术相比，预制床处理对三环和三环以上多环芳烃的降解率明显提高。

（5）泥浆法（Slurry-phase bioremediation）：也称为生物反应器法，其主要特征是以水为处理介质，将受污染的土壤挖出后分散于水中送入接种微生物的反应器装置内进行处理，其工艺类似于污水的处理方法，达到处理目标后，将土壤排出、脱水再运回原地，处理的出水可循环使用也可视水质情况直接排放或送污水处理厂。密西西比州立大学土木系的 Dennis D. Truax 等[66] 参考几十年来废水连续处理的成功经验，用 Bench-Scale 生物反应器对柴油污染的土壤进行了连续处理的可行性研究，实验结果表明，这个方案是可行的，经过60d 的处理，沙土中的柴油质量分数为0.13%，除油率达91%；柴油的质量分数为0.17%时，除油率达86%。另外，荷兰的一家公司研制出了回转式反应器，这种设备的特点是把待处理的石油污染土壤装入反应器的圆筒内，借助于反应器的回转运动，使土壤得以与微生物充分接触。这种设备可间歇操作也可连续操作。间歇操作每次装入50t 污染土壤，营养物在加入污染土壤时混入，湿热空气由位于反应器一端的鼓风机吹入，并向反应器中喷水，以保特土壤的湿度。利用这种设备对石油污染物质量分数为0.1%～0.6%的被污染土壤进行处理，22℃条件下，处理17d 后，土壤中石油污染物的质量分数降至0.005%～0.025%，污染物的脱除率达95%以上。丁克强等[67]利用自行设计的生物反应器进行 PAHs 菲污染土壤的生物修复，研究表明利用生物反应器能够快速、高效地消除土壤中的有机污染物，实现有机污染土壤的异位生物修复。

异位修复与原位修复相比能够在较短时间内取得较好的效果，但其费用较高，一般用于处理石油含量较高且面积较小的污染土壤。

虽然石油污染土壤的微生物处理方法各有不同，但它们仅仅是工艺技术上差异，其原理都是微生物降解。例如生物反应器处理，实质上是土耕法等修复技术的重新构造，使处理方式更为灵活，提供更优的控制，创造更理想的条件，其目的仍在于强化微生物降解这一过程，这也正是这一技术的关键。

参考文献

[1] 陆秀君，郭书海，孙清等．石油污染土壤的修复技术研究现状及展望．沈阳农业大学学报，2003，34（1）：63～67

[2] 任广辉．浅谈石油的历史．今日科苑，2007，(16)：276

[3] 王连生．环境化学进展．北京：化学工业出版社，1995

[4] 周林红，吴燕．紫外分光光度法测定炼油废水中的石油类含量．石化技术与应用，2004，22（6）：456～458

[5] 吴玉新．紫外分光光度法测定污水中油含量的研究．环境保护，1998，(10)：31～33

[6] 黄红，吴红雨，朱红昆．紫外分光光度法测定污水中油的分析方法探讨．黑龙江环境通报，2000，24（3）：64，96

[7] 刘汉初，胡玉．水中油的测定方法探讨．环境监测管理与技术，1997，9（3）：38～39

[8] 城乡建设环境保护部环境保护局《环境监测分析方法》编写组．环境监测分析方法，北京：中国环境科学出版社，1986

[9] 李宝明．石油污染土壤为生物修复的研究．北京：中国农业科学技术出版社，2007

[10] R. M. 阿特拉斯编．石油微生物学．黄第藩等译．北京：石油工业出版社，1991

[11] 吕志萍，程龙飞．石油污染土壤中石油含量对玉米的影响．油气田环境保护，2001，11（1）：36～37

[12] 段小丽，魏复盛．苯并（a）芘的环境污染、健康危害及研究热点问题．世界科技研究与发展，2002，24（1）：11～17

[13] 曹云者，施烈焰，李丽和等．石油烃污染场地环境风险评价与风险管理．生态毒理学报，2007，2（3）：265～272

[14] 刘五星，骆永明，腾应等．我国部分油田土壤及油泥的石油污染初步研究．土壤，2007，39（2）：247～251

[15] 齐永强，王红旗．微生物处理土壤石油污染的研究进展．上海环境科学，2002，21（3）：177～180

[16] 薛健．加油站的污染与防治．黑龙江环境通报，2003，27（4）：27～28

[17] 何良菊，魏德州，张维庆．土壤微生物处理石油污染的研究．环境科学进展，1999，7（3）：110～115

[18] 陈玉成．土壤污染的生物修复．环境科学动态，1999，(2)：7～11

[19] 马强，林爱军，马薇等．土壤中总石油烃污染（TPH）的微生物降解与修复研究进展．生态毒理学报，2008，3（1）：1～7

[20] 吴凡，刘训理．石油污染土壤的生物修复研究进展．土壤，2007，39（5）：701～707

[21] 孙铁珩，宋玉芳，许华夏等．植物法生物修复多环芳烃和矿物油污染土壤的调控研究．应用生态学报，1999，10（2）：225～229

[22] 王家玲．环境微生物学．北京：高等教育出版社，1988

[23] 顾传辉，陈桂珠．石油污染土壤生物修复．重庆环境科学，2001，23（2）：42～45

[24] Bateman J. N. Speer B，Feduik L，Hartline R. A. Naphthalene association and uptake in Pseudomonas putida. JBacteriol，1986，166（1）：155～161

[25] Whitman B. E, Luekong D. R. Naphthalene uptake by a *Pseudomonas fluorescens* isolate. Canadian Journal of Microbiology, 1998, 44 (11): 1086 ~ 1093

[26] 顾传辉，陈桂珠. 石油污染土壤生物降解生态条件研究. 生态科学，2000，19 (4): 67 ~ 72

[27] Rittman B. E, Valocchi A. J, Seagren E. A Critical Review of In-Situ Bioremediation. University of Illinois at Urbana-Champaign, 1991

[28] Chakrabarty A. M, Chou G, Gunsalus I. C. Genetic regulation of octane dissimilation plasmid in Pseudomonas. Proceedings of the National Academy of Sciences, 1973, 70 (4): 1137 ~ 1140

[29] Kniemeyer O, Heider J. Ethylbenzene dehydrogenase, a novel hydrocarbon-oxidizing molybdenum/iron-sulfur/heme enzyme. J . Biol Chem, 2001, 276 (24): 21381 ~ 21386

[30] Iwabuchi T, Harayama S. Biochemical and genetic characterization of 2-carboxybenzal-dehyde dehydrogenase, an enzyme involved in phenanthrene degradation by Nocardioides sp. Strain KP7. Journal of Bacteriology, 1997, 179: 6488 ~ 6494

[31] Christian H, Jorg H, Armin H. Detection of polycyclic aromatic hydrocarbon degradation genes in different soil bacteria by polymerase chain reaction and DNA hybridization. FEMS Microbiology Letters, 1999, 173: 255 ~ 263

[32] Chaineau C, Morel J, Oudot J. Microbial degradation in soil microcosms of fuel oil hydrocarbons from drilling cuttings. Environmental Science and Technology, 1995, 29: 1615 ~ 1621

[33] Duarte J. C, David S. D, Eusebio A. Degradation of polycyclic aromatic hydrocarbons by microorganisms from contaminated Soil [A] . Biotechnology for Waste Management and Site Restoration. Netherlands: Kluwer Academic Publishers, 1997, 187 ~ 192

[34] Frederique Haus, Jean German, Guy-Alain Junter. Primary biodegradability of mineral base oils in relation to their chemical and physical characteristics. Chemosphere, 2001, 45 (6 ~ 7): 983 ~ 990

[35] Rahman K. S. M, Thahira-Rahman J, Lakshmanaperumalsamy P, *et al* . Towards efficient crude oil degradation by a mixed bacterial consortium. Bioresouce Technology, 2002, 85 (3): 257 ~ 261

[36] 齐永强，王红旗，刘静奇. 土壤中石油污染物微生物降解及其降解去向. 中国工程科学，2003，5 (8): 70 ~ 75

[37] 孙清，陆秀君，梁成华. 土壤的石油污染研究进展. 沈阳农业大学学报，2002，33 (5): 390 ~ 393

[38] Rhykerd R L, Weaver R W, Mcinnes K. Influence of salinity on bioremediation of oil in soil. Environmental Pollution, 1995, 90 (1): 127 ~ 130

[39] Trzesicka-Mlynarz D, Ward O P. Degradation of polycyclic aromatic hydrocarbons (PAHs) by a mixed culture and its component pure cultures, obtained from PAH-contaminated soil. Canadian Journal of Microbiology, 1995, 41: 470 ~ 476

[40] Lal B, Khanna S. Degradation of crude oil by *Acinetobacter calcoaceticus* and *Aicaligenes Odorans.* J Appl Bacteriol, 1996, 81 (4): 355 ~ 362

[41] Ko S H, Lebeault J M. Effect of a mixed culture on co-oxidation during the degradation of saturated hydrocarbon mixture. Journal of Applied Microbiology, 1999, 87(1): 72 ~ 79

[42] Kanaly Robert A, Harayama Shigeaki. Biodegradation of high-molecular-weight polycyclic aromatic hydrocarbons by bacteria. Journal of Bacteriology, 2000, 182 (8): 2059 ~ 2067

[43] Van Hamme J D, Ward O P. Physical and metabolic interactions of *Pseudomonas sp.* strain JA5-B45 and *Rhodococcus sp.* strain F9-D79 during growth on crude oil and effect of a chemical surfactant on them. Appl Environ Microbiol, 2001, 67(10): 4874 ~ 4879

[44] Thomassin-Lacroix, Eric J. M, Yu Zhongtang, Mikael Ericsson, *et al.* DNA-based and culture-based characterization of a hydrocarbon-degrading consortium enriched from Arctic soil. Canadian Journal of Microbiology, 2001, 47 (12): 1107 ~ 1115

[45] 席淑琪，刘芳，吴迪．微生物对地表水中石油类污染物的降解研究．南京理工大学学报，1998，22 (3): 232 ~ 235

[46] 林力，杨惠芳，贾省芬．石油污染土壤的生物整治研究．上海环境科学，2000，19 (7): 325 ~ 329

[47] 魏呐，王祥河，李风凯等．复合高效微生物处理高含盐石油开采废水．城市环境与城市生态，2003，16 (6): 10 ~ 12

[48] 何翊，吴海，魏薇．石油污染土壤菌剂修复技术研究．土壤，2005，37 (3): 338 ~ 340

[49] Chhatre S, Hemant. Purohit, Rishi Shankar, *et al.* Bacterial consortia for crude oil spill remediation. Water Science and Technology, 1996, 34 (10): 187 ~ 193

[50] Syoko K. N, Keiji Sugiura, Yukie Y. I, *et al.* Construction of bacterial consortia that degrade Arabian light crude oil. Journal of Fermentation and Bioengineering, 1996, 82 (6): 570 ~ 574

[51] 谢丹平，尹华，彭辉等．混合菌对石油的降解．应用与环境生物学报，2004，10 (2): 210 ~ 214

[52] 郑金秀，彭祺，张甲耀等．优势降解菌群生物强化修复石油污染土壤．农业环境科学学报，2006，25 (5): 1212 ~ 1216

[53] Ka J O, Yu Z, Mohn W W. Monitoring the size and metabolic activity of the bacterial community during biostimulation of fuel-contaminated soil with competitive PCR and RT-PCR. Microbial Ecology, 2001, 42 (3): 267 ~ 273

[54] Bardi L, Mattei A, Steffan S, *et al.* Hydrocarbon degradation by a soil micobial population with β-cyclodextrin as surfactant to enhance bioavailability. Enzyme and Microbial Technology, 2000, 27 (9): 709 ~ 713

[55] 宋玉芳，孙铁珩，许华夏等．表面活性剂 TW-80 对土壤中多环芳烃生物降解的影响．应用生态学报，1999，10 (2): 230 ~ 232

[56] 魏德洲，秦煜民．表面活性剂对石油污染物生物降解的影响．东北大学学报（自然科学版），1998，19 (2): 125 ~ 127

[57] Koren Omry, Knezevic Vishnia, Ron Eliora Z, *et al.* Petroleum pollution bioremediation using water-insoluble uric acid as the nitrogen source. Applied and Environmental Microbiology, 2003, 69 (10): 6337 ~ 6339

[58] Oudot J, Merlin F X, Pinvidic P. Weathering rates of oil components in a bioremediation experiment in estuarine sediments. Marine Environmental Research, 1998, 45 (2): 113 ~ 125

[59] 魏德洲，秦煜民．H_2O_2 在石油污染土壤微生物治理过程中的作用．中国环境科学，1997，17 (5): 429 ~ 432

[60] Sanjeet M, Jeevan J, Ramesh C K, Banwari L. Evaluation of inoculum addition to stimulate in situ bioremediation of oily-sludge-contaminated soil. Applied And Environmental Microbiology, 2001, 67 (4): 1675 ~ 1681

[61] Mohn W. W, Radziminski C. Z, Fortin M-C, *et al.* On site bioremediation of hydrocarbon-contaminated Arctic tundra soils in inoculated biopiles. Applied Microbiology Biotechnology, 2001, 57 (1 ~ 2): 242 ~ 247

[62] Eliss B, Harold P, Kronberg H. Bioremediation of a creosote contaminated site. Environmental Technol-

ogy, 1991, 12 (5): 447 ~ 459

[63] 李培军，郭书海，孙铁珩等．不同类型原油污染土壤生物修复技术研究．应用生态学报，2002，13 (11)：1455 ~ 1458

[64] Gupta G, Tao J. M. Bioremendiation of gasoline-contaminated soil using poultry litter. J ournal of Environmental Science and Health, 1996, 31 (9): 2395 ~ 2407

[65] 叶小梅，常志州，朱万宝等．调理剂对污泥中石油降解速率的影响．环境导报，1999，(2)：21 ~ 22

[66] Truax Dennis D, Brittu Ronald, Sherrard Joseph H. Bench-scale studies of reactor-based treatment of fuel-contaminated soils. Waste Management, 1995, 15 (5 ~ 6): 351 ~ 357

[67] 丁克强，骆永明，刘世亮等．利用改进的生物反应器研究不同通气条件下土壤中菲的降解．土壤学报，2004，41 (2)：245 ~ 251

石油污染物对山东省三种类型土壤微生物种群以及土壤酶活的影响[*]

王 梅[**] 江丽华 刘兆辉[***] 郑福丽 张文君 林海涛 宋效宗

（山东省农业科学院土壤肥料研究所，济南 250100）

摘 要：对山东省三大类型的土壤混入不同浓度的含油污泥后造成的微生态变化进行了试验。从土壤微生物种群数量和土壤酶活性的角度评价了含油污泥对土壤生态系统的影响，尤其是三种不同的土壤对不同浓度的原油污染从微生态角度做出的反应，结果表明三种类型土壤的微生物数量都有明显变化但是规律性不同。其中棕壤的微生物区系受石油烃的变化影响较小，对石油烃造成的微生态影响的修复能力较强，可以作为植物修复石油污染土的首要选择土壤类型。石油烃浓度对三大类微生物类群变化的影响，以放线菌最为显著，当土壤石油烃含量为500mg·kg^{-1}时，潮土、褐土和棕壤的放线菌总数分别下降了80%、85%和89%。三类土壤淀粉酶和脲酶随石油烃浓度的变化表明，潮土和褐土的淀粉酶受石油烃的浓度影响显著，可以作为这两类土壤石油污染程度的敏感生化指标。

关键词：微生物区系；石油烃污染；土壤酶活性

土壤微生物是构成土壤环境的重要组成部分。分析土壤微生物区系的目的在于了解不同地区的土壤微生物生态系的特点及土壤内部生态环境的变化对土壤微生物的生长活动规律的影响，为合理采取农业技术措施提供土壤微生物生态学方面的理论依据。含有石油烃的污泥加入到正常土壤中可引起土壤中各微生物种群活细胞数量及组成结构的变化，同时土壤中的微生物也会在生理代谢方面做出响应，以适应环境的选择压力[1]。

土壤酶主要来源于土壤微生物的生命活动，土壤酶在一定程度上反映了土壤微生物的活性。另外，土壤酶参与许多重要的生物化学过程，土壤酶活性在一定程度上反映出土壤功能状况。因此，将土壤酶学应用于环境领域中并作为土壤质量评价指标之一近年来也逐渐成为一个研究热点[2]。研究表明，磷酸酶、脲酶和葡糖苷酶的活性与作物产量呈正相关[3]。此外，土壤酶对环境很敏感，其活性可以作为重金属和农药等污染的敏感指标[4]。但是山东省三种土壤类型的土壤酶活与受石油烃类物质污染的关系方面的资料还少有报道。本文针对石油烃污染对土壤微生物区系和土壤酶活性的影响进行了

* 项目资助：水体污染控制与治理科技重大专项（2008ZX07425－001），山东胜利油田资助项目（2005178）。

** 作者简介：王梅（1978～），女，山东诸城人，助理研究员，主要从事土壤微生物研究。

*** 通讯作者：刘兆辉（1963～），男，山东郓城人，研究员，主要从事植物营养与肥料研究。
E-mail：wenchenggongzhu@tom.com，Tel：0531－83179096。

初步研究，以期为土壤环境质量评价、建立土壤生物安全预警系统以及土壤石油烃污染的综合治理提供科学依据。

1 材料与方法

1.1 供试材料

本试验设 4 个处理，即 4 种石油污染物浓度，分别为 $0mg \cdot kg^{-1}$、$500mg \cdot kg^{-1}$、$1\ 000mg \cdot kg^{-1}$、$2\ 000mg \cdot kg^{-1}$，每个处理 3 个重复。土壤类型分别为褐土（采自山东省农业科学院温室），潮土（采自济南市黄河北大桥镇）和棕壤（采自济南仲宫）。按照土壤中原油浓度为以上 4 个梯度加入从胜利油田采集的含有原油的污泥，混合均匀，静置数日。试验每盆装土 5kg，施尿素 1.5g、磷酸二铵 1.75g、硫酸钾 2.0g 作为基肥，同时每盆按照试验设计要求加入不同量的石油土。种植油菜（*Brassica juncea* L.）品种为苏州青（河北京都种业），试验于 4 月 14 日播种，每盆播 25 粒左右种子，6 月 7 日全部收获后采取植物根部新鲜土样待用。

1.2 测试方法

微生物种群数量测定：①分离计数培养基，分别为牛肉膏蛋白胨培养基、马丁氏孟加拉红琼脂培养基和高氏一号培养基，分别用于细菌、真菌和放线菌的分离与计数；②方法。称取 10g 鲜土样置于已灭菌的装有玻璃珠的三角瓶中，加入 90ml 无菌水，振荡 40min 使土样分散成为均匀的土壤悬液，进行梯度稀释，取合适的稀释度涂平板，一般好氧异养细菌采用 $10^{-6} \sim 10^{-4}$ 稀释度，放线菌采用 $10^{-5} \sim 10^{-3}$，真菌采用 $10^{-3} \sim 10^{-1}$。将涂布均匀的平板倒置于 30℃ 培养一定时间（3 ~ 5d，放线菌 10 ~ 14d，真菌5 ~ 6d），进行 CFU（Colony Forming Unit）计数。

1.3 土壤酶活性测定方法

土壤酶活性的测定采用《土壤微生物分析方法手册》和《土壤酶活性》[5] 所提供的方法。

淀粉酶：10g 土壤置于 100ml 三角瓶中，用 1.5ml 甲苯处理 15min。加入底物和缓冲液，摇匀后 37℃ 恒温箱中培养 24h。培养结束后，将悬液过滤．淀粉酶采用二硝基水杨酸比色法。试验设无土对照和无基质对照，淀粉酶活性以 24h 后 1.0g 土壤中葡萄糖的毫克数表示。

脲酶：5g 土壤，置于 100ml 三角瓶中，用 1.0ml 甲苯处理 15min。加入底物和缓冲液，摇匀后 37℃ 恒温箱中培养 24h。培养结束后，将悬液过滤。脲酶采用奈氏比色法。试验设无土对照和无基质对照。脲酶活性以 24h 后 1.0g 土壤中 $NH_3^- - N$ 的毫克数表示。

2 试验结果与讨论

2.1 三种土壤类型微生物数量和种类随石油烃含量的变化

为了考察不同浓度的石油烃胁迫对三类土壤微生物数量的影响，用平板计数法测定了无石油烃污染土壤和不同浓度石油烃污染土壤根际微生物的数量变化。数据见表1所示。

表1 三种土壤类型微生物数量和种类随石油烃含量的变化

Table 1 TPH concentrations and quantities on three type of microbial population in three different type of soil

土样编号 number	放线菌 actinomycetes	真菌 fungi	细菌（24h） bacterium	细菌（48h） bacterium	细菌（72h） bacterium	细菌（总） bacterium
C_0	1.0×10^7	2.0×10^6	4.0×10^7	2.67×10^7	7.67×10^7	1.43×10^8
C_1	2.0×10^6	1.0×10^7	4.67×10^7	1.96×10^8	2.36×10^8	4.8×10^8
C_2	1.3×10^5	1.3×10^6	2.67×10^7	8.67×10^7	2.67×10^7	1.4×10^8
C_4	1.0×10^5	5.0×10^5	1.2×10^8	0.4×10^8	0.15×10^8	1.75×10^8
H_0	7.8×10^6	1.0×10^5	1.0×10^7	1.0×10^7	6.33×10^7	8.33×10^7
H_1	1.2×10^6	1.0×10^5	0.33×10^7	1.67×10^7	2.33×10^7	4.33×10^8
H_2	4.0×10^5	3.0×10^5	2.7×10^8	5.67×10^7	1.33×10^8	4.57×10^8
H_4	1.0×10^6	1.0×10^6	1.0×10^7	2.67×10^7	1.33×10^7	5.0×10^7
Z_0	2.0×10^6	0.33×10^5	6.33×10^8	3.0×10^8	3.0×10^8	12.33×10^8
Z_1	2.0×10^5	0.67×10^5	10.0×10^8	4.33×10^8	2.0×10^8	16.33×10^8
Z_2	2.0×10^6	0.33×10^5	5.0×10^8	1.0×10^8	2.33×10^8	8.33×10^8
Z_4	6.33×10^5	2.33×10^4	2.33×10^8	0.67×10^8	0.33×10^8	3.33×10^8

注：潮土，以石油烃含量不同分别为 C_0，C_1，C_2，C_4；褐土，以石油烃含量不同分别为 H_0，H_1，H_2，H_4；棕壤，以石油烃含量不同分别为 Z_0，Z_1，Z_2，Z_4。

Note: C_0 Fluvo-aquic soil 0mg · kg^{-1} TPH, C_1 Fluvo-aquic soil 500mg · kg^{-1} TPH, C_2 Fluvo-aquic soil 1 000mg · kg^{-1} TPH, C_4 Fluvo-aquic soil 2 000mg · kg^{-1} TPH; H_0 cinnamon soil 0mg · kg^{-1} TPH, H_1 cinnamon soil 500mg · kg^{-1} TPH, H_2 cinnamon soil 1 000mg · kg^{-1} TPH, H_4 cinnamon soil 2 000mg · kg^{-1} TPH; Z_0 brown soil 0mg · kg^{-1}, Z_1 brown soil 500mg · kg^{-1} TPH, Z_2 brown soil 1 000mg · kg^{-1} TPH, Z_4 brown soil 2 000mg · kg^{-1} TPH.

2.2 三种土壤细菌数量随石油烃含量的变化

三种土壤中的细菌数量受石油烃的含量影响很大，三种土壤的细菌变化幅度都不一样，但是有近似的变化趋势。随石油烃含量的增加，细菌的数量都是先增加的趋势，又随着石油烃含量的增加而降低，其中以潮土最为敏感，棕壤变化幅度小。说明低浓度的石油烃含量刺激了土壤中细菌的数量增加，以降解外来污染物保持原有的平衡[6]。但是随着石油烃含量持续增加，细菌数量总体呈下降趋势，但是最终变化趋于和缓，如图

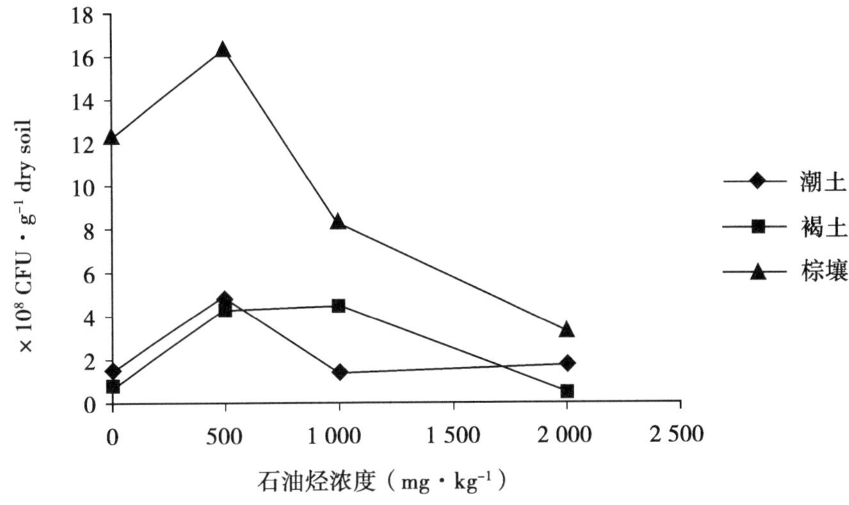

图 1　三种土壤细菌数量随石油烃含量的变化

Figure 1　Changes of bacterium population with TPH in three different type of soil

1 所示。从细菌的种类来看，虽然褐土和棕壤的未加入石油烃和石油烃含量最高的两个样品的数量差别不大，但是石油烃污染程度高的土壤伴随着微生物多样性的降低[7]。

2.3　三种土壤放线菌数量随石油烃含量的变化

三种土壤中的放线菌数量受石油烃的含量影响很显著，三种土壤放线菌数量都随石油烃含量的增加而急剧降低，说明虽然经过 54d 种植油菜的修复作用，石油烃对土壤放线菌的破坏是不可逆转的，其中以潮土和褐土最为敏感。说明低浓度的石油烃含量已经对土壤中放线菌的产生了很大危害，严重破坏了放线菌在土壤中原有的平衡。但是，棕壤是个例外，随着石油烃含量持续增加，放线菌数量总体呈下降趋势，如图 2 所示。但是又逐渐升高最终变化趋于和缓，这可能与不同土壤性质不同有关系。

2.4　三种土壤真菌数量随石油烃含量的变化

三类土壤中的真菌数量受石油烃的含量影响变化不明显，褐土和棕壤真菌数量都随石油烃含量的增加有微弱的增加趋势，但是潮土的真菌含量随石油烃的含量先升高又很快降低，最终潮土的真菌数量与未加石油烃的真菌数量差别不大，如图 3 所示。这三种微生物中，真菌数量受石油烃的影响幅度是最小的。说明经过油菜种植试验，真菌对石油烃污染造成的影响恢复能力较强。

在三大类土壤中，棕壤的微生物数量和微生物区系的变化受石油烃的浓度影响是最小的。这与相关的油菜种植试验，油菜的品质和各个方面的性质有一定的吻合性。相关的实验数据显示三种土壤中棕壤的油菜生长和各方面品质受石油烃浓度的影响最小。

实验数据显示石油烃对土壤微生物的影响和石油烃对油菜生长的影响有一定的相关性。棕壤在三种土壤中对石油烃的缓冲能力最好，其微生物区系和数量受其影响变化比较小，而油菜的生长受影响也最小。

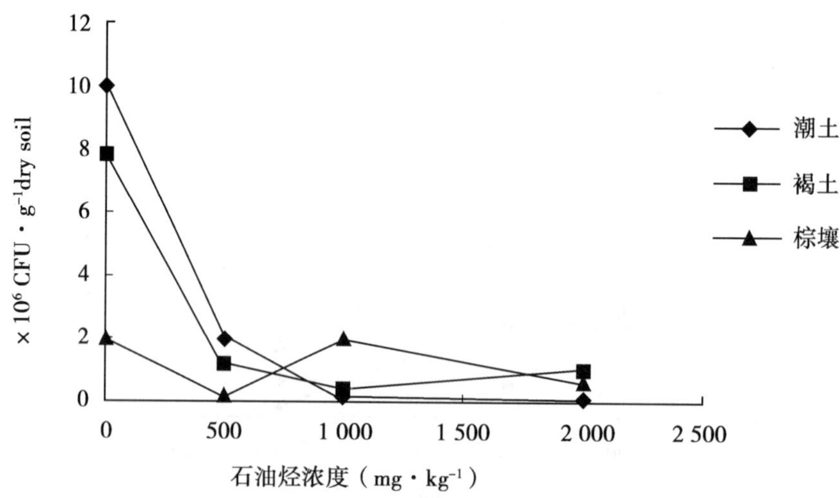

图 2　三种土壤放线菌数量随石油烃含量的变化

Figure 2　Changes of actinomycetes population with TPH in three different type of soil

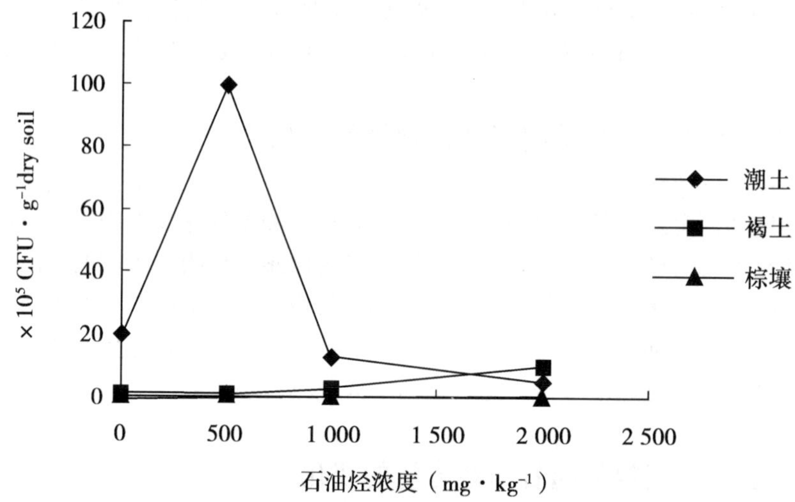

图 3　三种土壤真菌数量随石油烃含量的变化

Figure 3　Changes of fungi population with TPH in three different type of soil

2.5　三种土壤淀粉酶活性和脲酶活性随石油烃含量的变化

淀粉是土壤中有机残体的组成成分。淀粉酶能使淀粉水解生成糊精和麦芽糖，它是参与自然界碳素循环的一种重要的酶[8]。脲酶广泛存在与土壤中，脲酶酶促产物—氨是植物氮源之一，同时，脲酶与土壤其他因子，有机质含量，微生物数量有关。

除棕壤外，褐土和潮土的淀粉酶都有降低的趋势，其中褐土的淀粉酶酶活降低幅度最大，见图 4 所示。潮土和褐土的脲酶活性也随石油烃的含量有所降低，但是降低的幅度不大，见图 5 所示。本试验条件下，两种土壤酶活性的影响总体表现为抑制作用。但

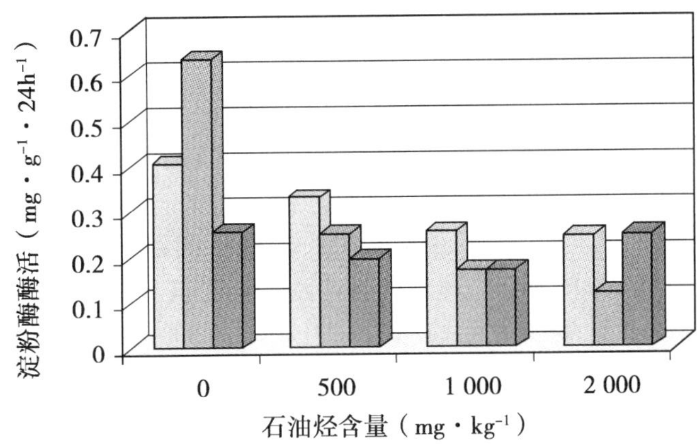

图 4　三种土壤淀粉酶活性随石油烃含量的变化

Figure 4　Effect of TPH on the soil amylase content of the three different type of soil

是棕壤的两种酶活性都是先降低，又升高，这与土壤本身的性质有一定的关系，也与前面测定的微生物的量变化趋势有一定的吻合性。石油烃对两种酶活的抑制机理可能有：石油烃直接作用于酶分子，改变酶的构象，使酶的活性中心受到抑制；石油烃抑制土壤微生物的生长繁殖，减少微生物体内酶的合成和分泌量；石油烃影响到作物的代谢活力，使根分泌和释放酶的能力受影响。其中，褐土和潮土的淀粉酶酶活对石油烃的含量变化比较敏感，可望作为这两种土壤类型石油烃污染指示的敏感指示酶活。

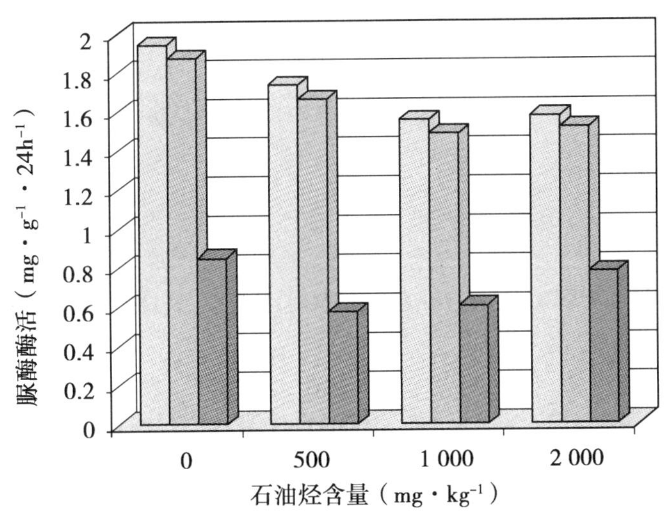

图 5　三种土壤脲酶活性随石油烃含量的变化

Figure 5　Effect of TPH on the soil urease content of the three different type of soil

3　结论

3.1　三种类型土壤中，以棕壤的微生物区系受石油烃的变化影响较小，对石油烃造成的微生态影响修复能力较强。结合油菜种植试验的观察，棕壤中的油菜生长情况受石油烃浓度的影响最小。如果采用植物修复的方法治理土壤中的石油烃污染，可以首要选择棕壤。

3.2 石油烃浓度对三类微生物变化的影响以放线菌最为显著，当土壤石油烃含量为 500mg·kg^{-1}时，潮土、褐土和棕壤的放线菌总数分别下降了 80%、85%和 89%。真菌的数量褐土和棕壤受石油烃的影响较潮土要小一些。

3.3 土壤酶活中，三类土壤的淀粉酶和脲酶随石油烃浓度的变化表明，潮土和褐土的淀粉酶受石油烃的浓度影响显著，可以作为这两类土壤石油污染程度的敏感生化指标。脲酶的变化随石油烃的浓度变化不显著。

参考文献

[1] 李慧，陈冠雄，杨涛，张成刚等．沈抚灌区含油污水灌溉对稻田土壤微生物种群及土壤酶活性的影响．应用生态学报，2005，16（7）：1355~1359

[2] 李培军等．石油污染土壤的生物修复与土壤酶活关系．生态学杂志，2005，24（10）：1226~1229

[3] 吴凤芝，孟立君，王学征．土壤酶研究进展．植物与营养肥料学报，2006，12（4）：554~558

[4] 吕桂芬．赵吉．赵利等．应用土壤酶活性评价草原石油污染的初步研究．内蒙古大学学报（自然科学版），1997，28（5）：687~691

[5] 关松荫．土壤酶及其研究方法．北京：农业出版社，1986

[6] 张丽莉．陈利军，刘桂芬等．污染土壤的酶学修复研究进展．应用生态学报，2003，14（12）：2342~2346

[7] 陈嫣，李广贺，张旭等．石油污染土壤植物根际微生态环境与降解效应．清华大学学报（自然科学版），2005，45（6）784~787

[8] 韩永伟，韩建国，张蕴薇．农牧交错带退耕还草对土壤物理形状的影响．草地学报，2002，10（2）：100~105

Impacts of Petroleum-containing Soil on Microbial Population and Enzyme Activities in Three Different Type of Soil of Shandong Province

Wang Mei, Jiang Lihua, Liu Zhaohui, Zheng Fuli,
Zhang Wenjun, Lin Haitao, Song Xiaozong

(Soil and Fertilizer Institute, ShanDong Academy of Agricultural Sciences, Jinan 250100, China)

Abstract: The studies concentrate on the micro-ecological response of three type of soil on the different TPH content. The study showed that the microbial population and the soil enzyme activities of the three type of soil changed to different degree with different TPH content. And of the three type of soil, effect of TPH on microbial population of brown soil was the least. And when the three different type of micro orgasm were compared, the population of actinomycetes was greatly affected of three type of soil and as the TPH content was 500mg · kg^{-1}, the decrease rate of the population of actinomycetres were 80%, 85%, 89% of fluvo-aquic soils, cinnamon soil and brown soils, respectively. Amylase and urease of three type of soil were tested for different TPH content and the results showed that amylase of cinnamon soil and fluvo-aquic soil was sensitive to the TPH content and can be used as sensitive biological indexes for petroleum-containing soil.

Key words: Microbial population; Petroleum hydrocarbon contamination; Soil enzyme activity

BIOLOG 技术在石油污染土壤微生物修复研究中的应用

李宝明[1,2,3*]　张晓霞[1]　崔丽虹[2]　朱昌雄[2]　张经华[3]　姜瑞波[1]

(1. 中国农业科学院农业资源与农业区划研究所，北京　100081；
2. 中国农业科学院环境与可持续发展研究所，北京　100081；
3. 北京市理化分析测试中心，北京　100089)

摘　要：本研究在实验室条件下模拟石油污染土壤的微生物修复过程，并采用 BIOLOG 微平板技术研究微生物代谢特性与石油污染物降解之间的关系，以期通过该研究了解石油降解微生物在石油污染土壤微生物修复过程中代谢规律和特点。研究结果表明，石油降解菌群对石油污染物的降解起到了关键作用；在微生物在降解石油污染物的过程中，由于环境条件改变及污染物的毒害微生物代谢活性呈下降趋势；微生物类群随着污染土壤中碳源底物的改变而发生转变。

关键词：石油；石油污染土壤；微生物修复；BIOLOG 微平板法；代谢

随着石油工业的飞速发展，石油污染土壤逐年增加，目前我国年产生石油污染土壤近 10 万 t，污染土地面积近 500 万 hm^2[1]。石油污染问题已经成为人类社会可持续发展所面临的主要问题之一。20 世纪 80 年代发展起来的微生物修复方法由于其操作简单、费用低、效果好以及无二次污染等已经成为石油污染治理方法的主流。但是，由于石油组成成分复杂，石油污染物的降解需要多种微生物的共同作用；另外，在微生物在降解石油的过程中还会受到多种环境条件的影响和限制，微生物在降解石油污染物过程中微生物间的动态变化机理以及代谢机理均不清楚，这些都成为限制石油污染土壤微生物修复技术发展的主要因素。本文在实验室条件下模拟石油污染土壤微生物修复过程，并尝试采用 BIOLOG Eco 板法对修复土壤中的微生物代谢活性及代谢特征进行了研究，以期进一步揭示石油污染土壤微生物修复机理。

* 作者简介：李宝明，男，(1978～)，辽宁本溪人，博士，北京市理化分析测试中心，微生物学专业，长期环境污染的微生物修复研究，博士导师姜瑞波研究员。现在读博士后，师从朱昌雄研究员，现从事食品中病原微生物及功能性生物大分子的分析检测研究。邮编：100089。E-mail：baomingli@126.com。

1　材料与方法

1.1　材料

1.1.1　*石油降解菌群*　本研究从胜利油田石油污染土壤中分离筛选并构建的石油降解菌群 C9，菌群 C9 由菌株 SL-51（*Rhodococcus erythropolis*）、SL-84（*Ochrobactrum anthropi*）、SL-133（*Pseudomonas aeruginosa*）、SL-163（*Rhodococcus rhodochrous*）组成。

1.1.2　*石油污染土壤*　试验用土采集自中国农业科学院东门试验田，采集后过 3mm 筛子，并加入石油配制成石油浓度 0.5% 的石油污染土壤。

1.1.3　*培养基*　无机盐培养基：KNO_3 3g、K_2HPO_4 1g、$MgSO_4 \cdot 7H_2O$ 0.5g、KCl 0.5g、$FeSO_4 \cdot 7H_2O$ 0.01g、$CaCl_2$ 0.002g、蒸馏水 1 000ml 和原油 5g，pH 值为 8.0。

1.1.4　*主要仪器*　BIOLOG 细菌自动鉴定系统。

1.2　方法

1.2.1　*石油污染土壤修复试验*　对模拟石油污染土壤设置了两个处理，处理Ⅰ为接种石油降解菌群[2]并添加 N、P 营养处理；处理Ⅱ不接种石油降解菌群的对照处理，分别于修复至第 7 天、第 21 天、第 52 天和第 102 天时取土壤样品，采用重量法测定其石油降解率并采用 BIOLOG Eco 板对修复土壤中的微生物代谢活性及代谢特征进行了研究。

1.2.2　*不同修复时期微生物的代谢活性分析*　石油污染土壤微生物代谢多样性分析采用 BIOLOG™生态测试板（ECO MicroPlate）进行测定[6,9]。石油降解微生物在不同时期的总体代谢活性用平均颜色变化率（Average Well Color Development，AWCD）表示，某时刻 Eco 微平板内平均颜色变化率的计算公式为[3]：

$$AWCD = \frac{\sum_{i=1}^{31}(R_i - R_0)}{31}$$

其中，R_i 是除对照孔外的吸光值，R_0 是对照孔的吸光值。AWCD 值反映了微生物对不同碳源代谢的总体情况，其变化速率反映了微生物的代谢活性，AWCD 值增加越快，表明微生物的代谢活性越高。

1.2.3　*不同修复时期微生物的代谢特征分析*　对微生物代谢特征指纹的分析采用多元统计方法中的主成分分析法（Principal Component Analysis，PCA）。本研究中将 Eco 板中的 31 种碳源合并成 5 大类[8]，5 大类碳源的分布情况见表 1。对数据进行标准化处理后，采用 SPSS10.0 软件对 Biolog 数据进行主成分分析[4,5,7]。

表 1　Eco 微平板中碳源分类情况[4]

Table 1　The classification of 31 kinds of carbon sources in ECO microplate

碳水化合物类	氨基酸类	羧酸类	聚合物类	混合物类
D-纤维二糖	L-精氨酸	D-葡糖胺酸	吐温 40	丙酮酸甲酯
α-D-乳糖	L-天门冬酰胺	D-半乳糖酸 γ-内酯	吐温 80	1-磷酸葡萄糖

续表

碳水化合物类	氨基酸类	羧酸类	聚合物类	混合物类
β-甲基-D-葡萄糖苷	L-苯丙氨酸	D-半乳糖醛酸	α-环式糊精	D，L-α-磷酸甘油
D-木糖/戊醛糖	L-丝氨酸	2-羟基苯甲酸	肝糖	
i-赤藓糖醇	L-苏氨酸	4-羟基苯甲酸		
D-甘露醇	甘氨酰-L-谷氨酸	γ-羟丁酸		
N-乙酰-D 葡萄糖氨	苯乙胺	衣康酸		
	腐胺	α-丁酮酸		
		D-苹果酸		

2 结果与讨论

2.1 石油降解菌群对石油污染物的降解

石油降解菌群对石油污染土壤的降解效果见图 1 所示。接种石油降解菌群的处理在经过 102d 微生物修复后，最终石油降解率达到 82.53%，而未接种石油降解菌群的对照处理，通过土著石油降解微生物富集作用，在 102d 后最终石油降解率只达到 24.2%，说明接种的石油降解菌群对石油污染物的降解起到了关键作用；

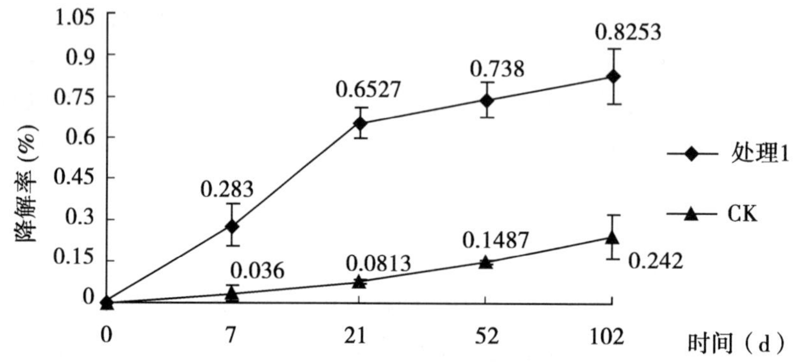

图 1 石油污染土壤菌群 C9 修复试验结果

Figure 1 The effects of oil contaminated soil biorecovery

2.2 石油污染土壤微生物修复不同时期微生物代谢活性的变化

Biolog 平板上不同微孔内的吸光度变化情况反映了微生物对不同碳源的代谢和利用过程，而平均颜色变化率（AWCD）反映了微生物对不同碳源代谢的平均状况[4]。Garland[7] 等认为土壤微生物群落酶联反应速度（以 AWCD 表示）和最终达到的程度与群落内能利用单一碳底物的微生物群落的数目和种类相关。本研究对修复过程中四个不同时期的 AWCD 进行了测定，结果见图 2 所示。

由图 2 可以看出，投加菌群的处理和对照处理在整个修复的过程中曲线斜率均出现

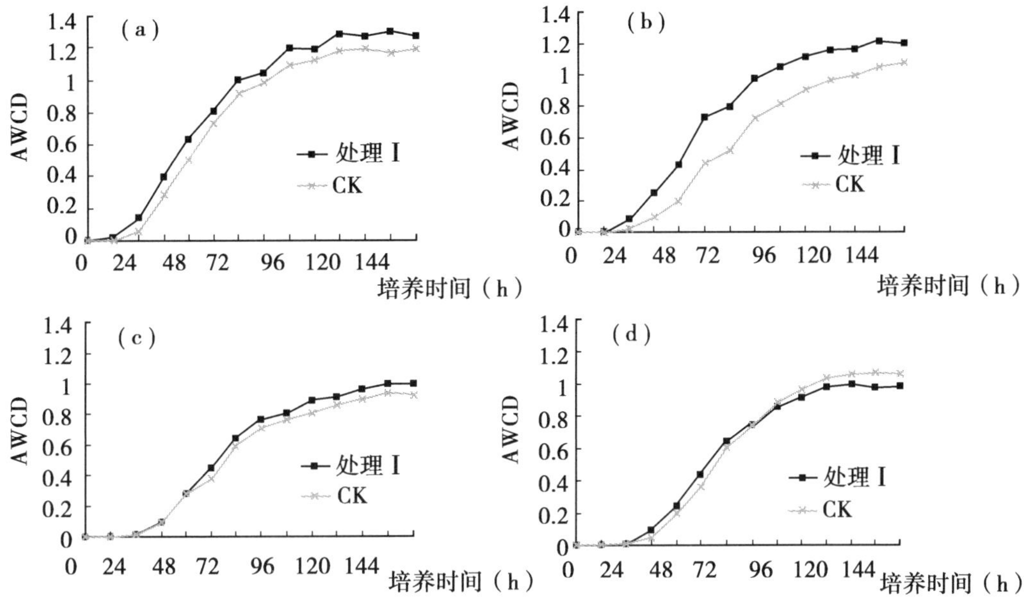

图 2　石油污染土壤中微生物在不同时期 Eco 板平均颜色变化率（AWCD）

Figure 2　Average Well Color Development of bacteria in oil contaminated soil at different periods

处理 I 为：接种石油降解菌群并添加 N、P 营养处理；CK：不接种不加营养液的对照处理。

（a）、（b）、（c）和（d）分别代表第 7 天、第 21 天、第 52 天、第 102 天所取土壤样。

下降，说明土壤中微生物的代谢活性均有所降低；投加石油降解菌群的处理中，其土壤中微生物活性在较长时间内高于对照处理，但是在修复的后期其微生物活性下降较快，已经低于对照土壤中微生物活性。分析可能原因：一方面是由于石油污染物对微生物有毒害作用，并且环境因素发生改变已经开始不再适应石油降解菌群的生长繁殖；另一方面对照处理中的石油污染物对石油降解菌起到了富集培养的作用，使石油降解微生物的数量有所增加，最终使代谢活性相对有所提高。

2.3　石油污染土壤微生物修复不同时期微生物代谢特征的主成分分析

Biolog 实验方法得到的数据量很大，Eco 板的测定结果反映的是微生物群落对 31 种碳源代谢特征的多元向量，不易直观比较。本研究中将 Eco 板中 31 种碳源分为碳水化合物类、氨基酸类、羧酸类、聚合物类、混合物类 5 大类，见表 2 所示。然后通过主成分分析对不同处理在不时期石油污染土壤修复过程中微生物的代谢特征进行分析。

根据主成分分析中特征根及累积贡献率确定主成分数目为 2，由表 2 的初始载荷因子矩阵可知，在处理 I 中，碳水化合物类的碳源在第一主成分（PCA1）上有较高的载荷，聚合物类的碳源在第二主成分（PCA2）上有较高的载荷；在对照处理中，聚合物类的碳源在 PCA1 上有较高的载荷，混合物类的碳源在 PCA2 上有较高的载荷；并根据主成分得分绘制了两个处理在不同修复时期微生物代谢特征的因子载荷图，见图 3 所示。

表2　主成分分析初始载荷因子矩阵表

Table 2　The component matrix of principal component analysis

碳源种类	处理Ⅰ		对照处理	
	PCA1	PCA2	PCA1	PCA2
碳水类	**0.999**	0.04684	0.958	0.155
羧酸类	0.969	-0.245	0.976	-0.149
氨基酸类	0.968	0.06978	0.884	-0.437
聚合物类	0.822	**0.557**	**0.986**	0.126
混合物类	0.923	-0.362	0.273	**0.950**

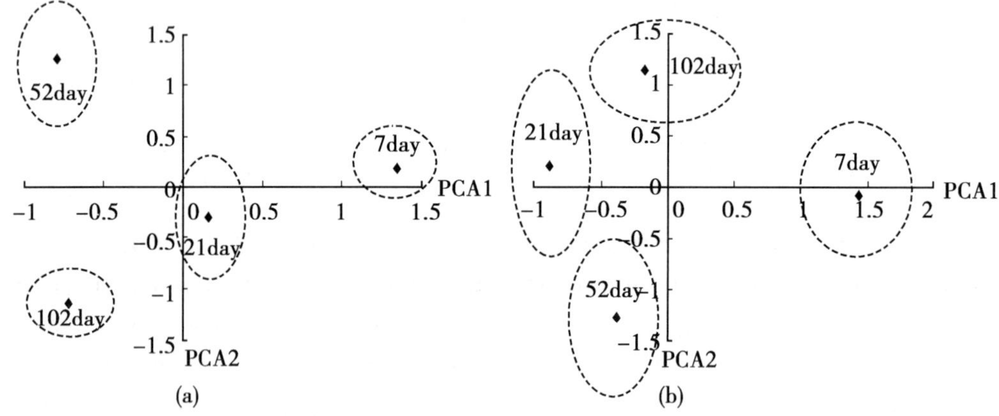

图3　石油污染土壤中微生物代谢特征的主成分分析图

Figure 3　The principal component analysis of microorganism metabolic character in oil polluted soil

(a)：处理Ⅰ；(b)：CK

对修复不同时期微生物代谢特征的BIOLOG数据主成分分析结果见图3。投加菌群的处理在整个修复过程中微生物群落代谢特征的投影点分别落在了四个不同的象限里，说明微生物群落结构发生变化。在修复的前期，土壤中的微生物主要是以碳水化合物类为底物的微生物类群，也印证了石油降解菌群是此时土壤中的主要微生物类群；随着石油污染物逐渐被降解，以碳水化合物类为底物的微生物类群减少，土壤中的微生物开始转变为以聚合物类碳源作为底物的微生物类群；在后期，土壤中碳水化合物类和聚合物类的底物被降解，以聚合物类作为碳源底物的微生物类群也失去了优势，最终投影点落在了PCA1轴和PCA2轴的负端。对照处理中的微生物群落结构也有较大的变化。由于没有接种石油降解菌群，因此在修复的前期，土壤中的微生物类群是以聚合物类碳源作为底物的微生物类群为主；随着聚合物类碳源的耗尽，微生物类群开始变化，以聚合物类碳源作为底物的微生物类群失去了优势；在修复后期，以混合物类碳源作为底物的微生物数量增加，成为主要的微生物类群。

3　结论

Biolog 的 Eco 板是一种多底物的酶联（ELISA）反应平板，除对照孔仅有指示剂（四氮叠茂）和一些营养物质外，其余 31 孔都装有不同的单一碳源底物。在接种后各孔中微生物利用碳源底物，呼吸作用产生还原型烟酰胺腺嘌呤二核苷酸（NADH），引起四氮叠茂发生氧化还原变色反应。根据反应孔中颜色变化的吸光值来指示微生物对 31 种不同碳源的利用模式，从而反映微生物群落的功能代谢能力差异；而某个时刻 Eco 微平板中 31 种碳源代谢的吸光度形成了描述微生物群落代谢的多元向量，通过 PCA 分析可以将碳源代谢的多元向量变换为互不相关的主元向量，并在降维后的主元向量空间中用点的位置可以直观反映不同微生物群落的代谢特征。本研究中成功地利用 BIOLOG 微平板技术对石油降解微生物在不时期的代谢活性及代谢特征进行了分析，证明 BIOLOG 微平板法可以作为一种有效微生物种群分析手段，应用于环境微生物学中复杂微生物种群的群落特征以及多样性分析。

参考文献

[1] 姜昌亮．石油污染土壤的物理化学处理——生物修复工艺与技术研究．沈阳：中国科学院应用生态研究所，2001，1～20

[2] 李宝明，阮志勇，姜瑞波．石油降解菌的筛选、鉴定及菌群构建．中国土壤与肥料，2007，(3)：68～72

[3] 席劲瑛，胡洪营，钱易．Biolog 方法在环境微生物群落研究中的应用．微生物学报，2003，43 (1)：138～141

[4] 席劲瑛，胡洪营，姜健等．生物过滤塔中微生物群落的代谢特性．环境科学，2005，26 (4)：165～170

[5] 郑华，欧阳志云，方治国等．Biolog 在土壤微生物群落功能多样性研究中的应用．土壤学报，2004，41 (3)：456～461

[6] De Fede K. L, Sexstone A. J. Differential response of size fractionated soil bacteria in BIOLOG (R) microtitre plates. Soil Biology and Biochemistry, 2001, 33 (11): 1547～1554

[7] Garland J. L, Mills A. L. Classification and characterization of heterotrophic microbial communities on the basis of patterns of community level sole carbon source utilization. Appl Environ Microbiol., 1991, 57 (8): 2351～2359

[8] Juliet Preston-Mafham, Lynne Boddy, Peter F. Randerson. Analysis of microbial community functional diversity using sole-carbon-source utilisation profiles-a critique. FEMS Microbiology Ecology, 2002, 42: 1～14

[9] Keun-Hyung Choi, Fred C. Dobbs. Comparison of two kinds of Biolog microplates (GN and ECO) in their ability to distinguish among aquatic microbial communities. Journal of Microbiological Methods, 1999, 36: 203～213

The Application of Biolog in Study of Oil Contaminated Soil Bioremediation

Li Baoming[1,2,3], Zhang Xiaoxia[1], Cui Lihong[2], Zhu Changxiong[2], Zhang Jinghua[3], Jiang Ruibo[1]

(1. Institute of Agricultural resources and Regional Planning Chinese Academy of Agricultural Sciences, Beijing 100081, China;
2. Institute of Environment and Sustainable Development in Agriculture Chinese Academy of Agricultural Sciences, Beijing 100081, China;
3. Beijing Center for Physical and Chemical Analysis, Beijing 100089, China)

Abstract: In this study the bioremediation experiment of oil contaminated soil was simulated in lab, and the Biolog Microplate technology was also applied in order to discover the mechanisms of microbial bioremediation. The result showed that microbial community C9 was crucial for accelerating oil degradation in oil polluted soil, the metabolic activities of oil degrading microorganisms declined with the changes of environment and oil contaminations, the microbial community structure also changed with changes of types of carbon sources.

Key words: Oil; Oil contaminated soil; Bioremediation; Biolog microplate; Metabolism

第九章

外来入侵生物与污染控制

外来入侵生物与污染控制

随着国际经济形式的发展和全球经济一体化进程的不断加快，世界贸易自由化越来越成为一种趋势。以此为背景的国际大环境为外来生物的入侵、传播和扩散创造了条件，特别是世界各国在共享生物多样性资源中对物种资源的引进与交换，更加增大了外来生物的入侵风险。外来入侵生物在给世界很多国家造成不可逆转的生态灾难的同时也造成了巨大的经济损失。

我国到2003年10月止，共有283种外来入侵生物。这些外来入侵生物大多数为引种引进我国，自然传入的很少。外来入侵生物严重破坏生态系统的结构和功能；加快物种多样性的丧失；造成一些物种的近亲繁殖和遗传漂变；给农林生产造成重大经济损失；一些外来入侵生物还直接威胁人类健康。

每种外来入侵生物都是在原产地固有生态条件下形成的，这些入侵生物对生态条件有特定的要求，如光照、温度、降水和土壤等，多数外来入侵生物自身具备适应于传播的某些特征，有助于其在传入地定植和扩散。预防优于治理，对外来植物进行生态风险评价可有效地防御和降低入侵风险，有效指导引种和已入侵植物的防治工作，尽量避免或降低外来入侵植物带来的生态风险和经济损失。

在完善的政策法规、管理条例、信息交流等的基础上，对外来入侵生物的预防与管理应着重于国家预防能力、研究能力、监测与监管能力和治理能力四大体系的建设。从经济社会环境可持续发展角度，将人工、机械、化学、生物、替代等单项技术融合起来，取长补短，进行系统性防治。同时有效地利用入侵生物的某些经济特性，实现综合开发，变害为宝。

1　什么是外来入侵生物

1.1　外来入侵生物

生物的一个重要特征就是它能够自主运动，这种运动可以是个体的运动，也可以是由于世代活动所造成的运动。但是，由于环境屏障和适宜条件的限制，生物的运动大多局限在一个有限的区域内，自然界中长距离的生物迁移并不多见。虽然生物入侵与分布扩张在人类出现之前就是地球史的一部分，但人类活动加快了这种扩张的速度。随着人类活动的越来越频繁，生物往往在人类无意或有意的引种下，越过环境屏障，达到一个新的分布区，完成运动。到达新环境的这些生物大多因为不能适应新环境而灭亡，但有些也可能因为新环境生境条件与其原产地很相近而得以继续生长，从而形成新的自然种群，还有一些有可能是在人类栽培养殖的帮助下逐渐适应新环境，继而定植。这些由于自然扩散或者由于人类有意识的引种使得某种生物进入到原产地以外的地区，并在那里定居建立起自然种群的生物被称为“外来种”（Exotic species，Alien species 或 Non-native，Non-indigenous，Foreign species）。有些外来种能在新的地区逐渐扩张，数量增加很快，并对当地的生态系统、人类经济造成危害，这些外来种就被称为“入侵种”（Invasive species）（Mack *et al.* 2000；刘建等，2004；Reichard *et al.* 2001；Pysek *et al.* 2004）。

综上所述，外来入侵生物（物种）是指从自然分布区通过有意或无意的人类活动而被引入，在当地的自然或半自然生态系统中形成了自我再生能力，给当地的生态系统或景观造成明显损害或影响的物种，亚种或以下的分类单元，包括其所有可能存活继而繁殖的部分、配子或繁殖体（周曙东等，2005；李振宇和解焱，2002）。外来入侵生物定义包含三个要素：第一，通过有意或无意的人为活动被引进到自然分布范围以外的非原产地区；第二，在当地自然或人为生态系统中建立了可自我维持的种群；第三，造成自然生态系统或景观的明显变化，或给当地的自然或人为生态系统造成破坏或危害（钱保元，2005）。

1.2 我国外来入侵生物现状

据徐海根等2001～2003年的调查结果表明：我国到2003年10月止，共有283种外来入侵生物，入侵植物共有188种，其中水生植物18种，陆生植物170种，分别隶属41个科。其中种数最多的科是菊科49种和禾本科33种。外来植物的传入途径可分为4种：①作为有用植物引进，有94种，占总数的50.0%，如：水花生、紫茎泽兰等（王一专和吴竞仑，2005；薛纪如等，1979）；②从邻国自然或随人类的交通工具传播进入，如飞机草、豚草等（曹洪麟，2004；黄宝华，1982）；③由国际农产品和货物的输入裹挟带入或由船只压舱水带入，如假高粱、刺苍耳等（尹凯峰等，1989；车晋滇和胡彬，2007）；④随植物引种带入，如毒麦等（朱清海，1979）。我国外来入侵动物有76种，其中水生无脊椎动物25种、陆生无脊椎动物33种。两栖爬行类3种，鱼类10种、哺乳类5种（徐海根等，2004）。其中有意引进的有19种，如大瓶螺、美国白蛾等（梁羡圆，1985；李玉璠等，1982），占我国外来入侵动物总种数的25%；无意引进的有58种，如松材线虫等（杨宝军和王秋丽，1988），占我国外来入侵动物总种数的76.3%；通过自然扩散的有1种，麝鼠原产北美，以后引入欧洲各国，多次外轮的输入导致其成功入侵我国沿海城市。目前中国外来入侵微生物共有19种，一般是随引进的新鲜带皮的原木、接穗或者带有小枝的原木、幼树、苗木、花钵、土壤而无意引入的，均属无意引进。从调查结果分析，外来入侵物种中，一半以上是陆生植物；其次是陆生无脊椎动物、水生无脊椎动物和微生物；水生植物位居第五（徐海根等，2004），见图1所示。

在这些外来入侵物种中，来自美洲的有178次，占总频次的55.1%（原产地总频次为323）；来源于欧洲的有70次，占总频次的21.7%；来自亚洲的有32次，占总频次的9.9%；来自非洲的有26次，占总频次的8.1%；来源于大洋洲的有2次，占总频

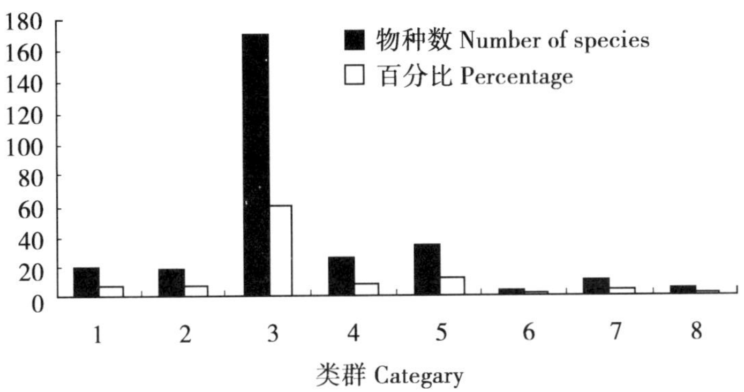

图 1　外来入侵生物类群

次的 0.6%（徐海根等，2004），见图 2 所示。

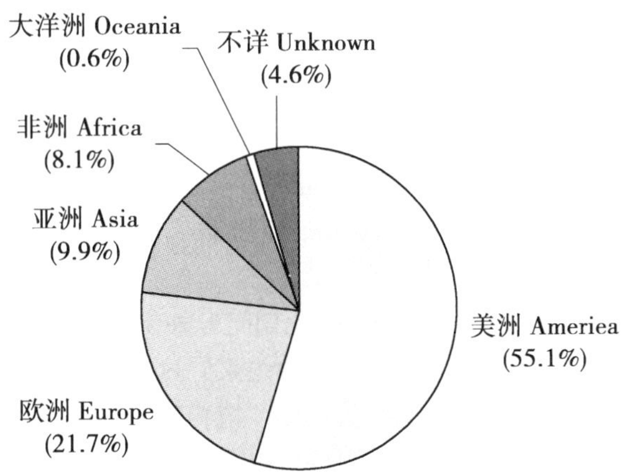

图 2　中国外来入侵生物原产地

外来入侵物种的主要生境类型首先是农田生态系统，达 59.1%；其次是森林生态系统和海洋生态系统，分别占 13.7% 和 12.5%。农田生态系统实际上是一个人工生态系统，受人为干扰大，容易受到外来物种的入侵。但森林、海洋、内陆水域和湿地也同样遭受着外来入侵物种的危害，也应引起高度重视（徐海根等，2004），见图 3 所示。

以上结果还是不完全统计，随着我过经济地位的不断提升，对外贸易日趋频繁，外来入侵生物的数量还在不断增加。如起源于南美洲的黄顶菊，2002 年 10 月在河北省衡水湖发现，发现时的发生面积仅湖东小村路旁两侧 200m^2，到 2005 年扩大到西至湖东岸，东至 206 国道东侧，东西长达 2km；北至侯店北，南达冀州市区，南北长达 20km 的范围内，有大面积分布。2006 年河北省通过普查，黄顶菊分布面积达 2 万多 hm^2，并引起社会的广泛关注，目前已将其划归为外来入侵生物（郑翔云和郑博颖，2007）。

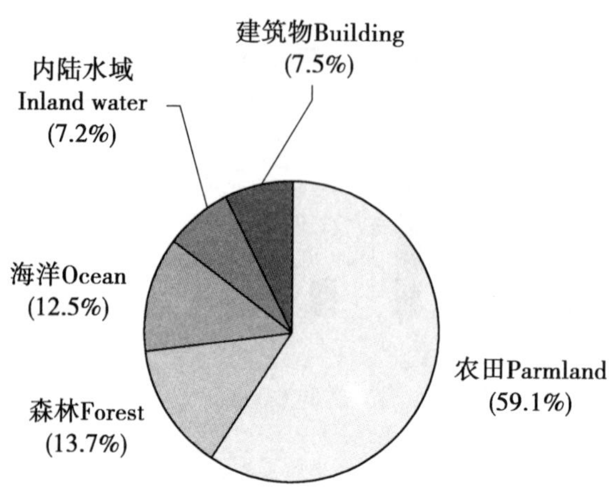

图3　中国外来入侵生物生境类型

2　外来生物的入侵过程

外来种的入侵过程在过去的50多年里已经成为生态学家争论和实验的焦点，它被认为是一系列连续阶段组成的链式过程（Stanton *et al.* 2005；徐汝梅和叶万辉，2003）。生物或繁殖体首先通过自然迁移或人类携带克服居住区的地理限制进入新的生态环境（传入），当物种在运输过程中存活下来，而且至少有一个个体能够成功生长和繁殖后即完成了生物入侵的第二阶段（建群）。在此期间，外来种与入侵地生态系统的相互作用包括与土著种和先前建群的非土著种之间的关系，这些相互作用与其他生物或非生物因子共同决定了物种能否在新生境中成功建群，植物物种只有成功建立种群才能确保在新的环境中续存下去。新建群的外来种的特征以及与入侵生态系统的物种间的相互作用最终将决定外来种在新生境中的传播范围和危害（扩散和危害阶段）。Williamson和Fitter（1996a和1996b）的文章中指出，10%的外来生物被引入到新的生境后，其中的10%能够成功建群，10%的建群物种能够成为入侵种，即只有0.1%的外来种能够成为入侵生物。

2.1　传入

外来入侵生物传入的途径主要分为人类有意引入、随人类活动无意传入以及非人为因素的自然传入三大类。在283种外来入侵物种中，39.6%属于有意引进，49.3%属无意引进；经自然扩散而进入中国境内的外来入侵物种仅9种，占3.1%（徐海根等，2004），见图4所示。

2.1.1　有意引入　指人类有意实行的引种（包括已授权的或未经授权的），将某个物种有目的地转移到其自然分布范围及扩散潜力以外的地区。

2.1.1.1　植物引种　人们为了农林生产、景观美化、生态环境改造与恢复、观赏、食用等目的有意引入的外来生物逃逸或被随意丢弃后“演变”为入侵生物。植物引种对

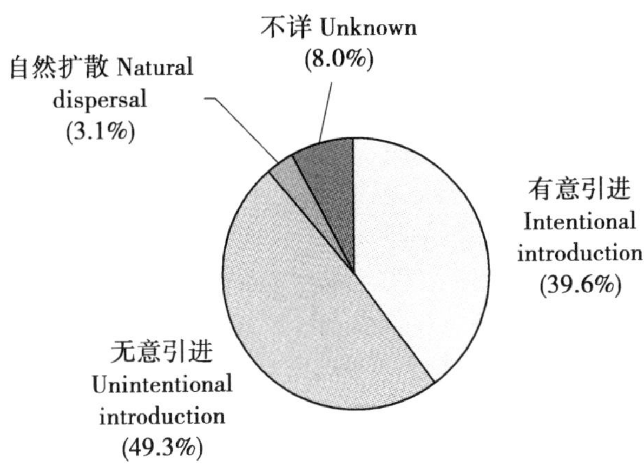

图4　中国外来入侵生物引入途径

我国的农林渔业等多种产业的发展起到了重要的促进作用，但人为引种也导致了一些严重的生态学后果。在我国目前已知的外来有害植物中，超过50%的种类是人为引种的结果，这些引种植物包括牧草、饲料、观赏植物、纤维植物、药用植物、蔬菜、草坪植物和环境保护植物等。引进物种逃逸后给经济与环境带来危害的案例比比皆是。原产巴西的空心莲子草（水花生）于20世纪30年代作为马饲料从日本传入我国上海及华东一带，50年代后，南方很多地方将此草作为猪饲料引种，后逸为野生，现已成为遍布我国16个省自治区的恶性杂草（王一专和吴竞仑，2005）；水葫芦被列为世界十大害草之一，原产于南美洲，自20世纪初传入我国，由于水葫芦不但能净化污水，也可作为饲料、造纸和生物能源的原料，客观上促成了它在全国的迅速分布和传播。但从20世纪90年代中期开始出现了水葫芦泛滥的端倪，目前水葫芦已给南方17个省带来了严重的生态、经济和社会危害（徐金叶，2007）；加拿大一枝黄花原产于北美，最初是作为庭园花卉引种栽培于我国上海、南京一带，其花能散发清香气味而作为插花材料使用（丁建清和解焱，1996），但近年来，逸生的加拿大一枝黄花由于其非凡的环境适应性已广泛分布于我国浙、沪、苏、皖、辽、滇一带，在加拿大一枝黄花入侵的地方已经造成其他生物（包括动物与植物）的大量减少，严重影响了其他生物的生存，是一种典型的外来入侵杂草（黄振裕等，2005）；南京大学仲崇信教授1963年从英国引进大米草，在我国海岸带海滩上引种，栽培，生长良好，形成茂密的草滩，该草耐盐、耐淹能力强，生长繁殖快，生态幅宽，是一种优良的促淤、护堤、保岸和改造滩涂的盐生植物（唐廷贵和张万钧，2003），经过近40年的引种、驯化和栽培，种植面积已大大增加，分布在北起辽宁锦西，南到广西北海共100多个县市的海滩上（吴敏兰和方志亮，2005）。

2.1.1.2　*动物引种*　外来动物物种往往是为了畜牧业生产、观赏、生物防治、食用等目的有意引入。牛蛙是我国最早引入的养殖蛙类，它具有个体大、生长快、肉味鲜美等特点。1959年从古巴引进后，先后在20多个省市推广养殖。由于一些地区养殖管理不善，以及实行稻田、菜田等自然放养而逸为野生（李成和谢锋，2004）。獭狸在1953

年被引入东北动物园饲养，供观赏用。但獭狸在南方饲养后毛质变差，养大后无人问津而被弃养（周曙东等，2005）。一些哺乳动物的皮张具有较高的经济价值，如麝鼠和海狸鼠，人们在大范围内推广饲养以获取皮张；水产养殖引进外域鱼种如虎鱼、麦穗鱼、福寿螺等（周卫川，2004）。

2.1.1.3 为食用目的引入 美食是我国传统文化的一部分，人们为了追求食品的色、香、味、新、奇，食用野生动物，从而为满足餐馆野味消费而走私入境野生动物如毒蛇、果子狸和非洲大蜗牛等（周曙东等，2005）。

2.1.1.4 作为宠物引入 一些动物作为宠物而在城市中广泛养殖，通过放生而造成外来生物入侵。生存能力较强的一些鹦鹉，如小葵花凤头鹦鹉和虹彩吸蜜鹦鹉，在中国逃逸野化后数量大增，过度利用结果实的灌木或者过度采食嫩叶，危害当地植被。巴西龟已经是全球性的外来入侵种，目前在我国从北到南的几乎所有的宠物市场上都能见到。水族馆和家庭水族箱的普及也使一些外来水生动植物成为外来入侵种，例如用于观赏而引进的食人鲳（赵亚辉等，2003）；又如原产美国的水盾草现已出现在浙江的河流中（丁炳扬等，2007）。

2.1.1.5 植物园、动物园、野生动物园的引入 我国许多城市都有动物园、植物园、野生动物园。已经有许多外来动植物从园中逃逸野化形成入侵的事例。动物园中的野兽、野禽可能逃到野外，在野外自然繁殖，例如八哥已经在北京形成了自然种群。现在各地时兴建立野生动物园，大量物种被散放到自然区域中，如管理措施不够严密，动物园、植物园和野生动物园的外来物种就有可能逃逸（其中可能会携带外来的野生动物疾病），这些潜在的外来入侵种源可能会带来灾难性后果。

2.1.1.6 为科学研究目的引入 随着国际间学术交流活动的频繁，国际间合作项目的增多。由于科研引种而后因管理不善逸生为入侵生物的可能性也不断增加。

2.1.2 随人类活动无意传入 无意传入指随着人类的贸易、运输、旅行、旅游等活动而无意识地引进，很多外来入侵生物是随人类活动而无意传入的。尤其是近年来，随着国际贸易的不断增加、对外交流的不断扩大、国际旅游业的迅速升温，外来入侵生物借助多种途径越来越多地传入我国。

2.1.2.1 随人类交通工具带入 如豚草最初是随火车从朝鲜传入我国的，多生长于铁路和公路两侧（黄宝华，1982）；褐家鼠和黄胸鼠则是通过铁路从内地带入新疆（冯玉明等，2001；张美文等，2000）。

2.1.2.2 随国际农产品和货物中带入 我国进口农产品的供给国多、渠道广、品种杂、数量大，带来有害杂草籽的几率高。据检疫部门统计，从1986年至1990年9月，上海口岸进口粮食349船次，截获杂草种子近30科、100属、200余种。1998年在包括大连市、青岛市、上海市、张家港市、南京市、广州市等12个口岸截获了547种和5个变种的杂草，分属于49科，这些杂草来自30个国家，随粮食、饲料、棉花、羊毛、草皮和其他经济植物的种子进口带入。通过货物运输还会无意中引入病虫害，这在农林牧和园林等各个行业造成巨大经济损失的案例很多，如农业病虫害稻水象甲、甘薯长喙壳菌和马铃薯癌肿病、水稻条斑病与番茄溃疡病等；还有随着苗木传入我国的林业害虫如美国白蛾、松突圆蚧、日本松干蚧、蔗扁蛾等（曹坳程等，2004）。

2.1.2.3　随进口货物包装材料带入　一些林业害虫是随木质包装材料而来，货物进口是外来生物进入我国的重要渠道。我国海关1999年7月从日本、美国等进口的机电、家电等使用的木质包装上59次查获号称“松树癌症”的松材线虫；2000年多次从美国、日本等进口木质包装材料中发现大量松材线虫（杨宝军和王秋丽，1988）。

2.1.2.4　旅游者带入　我国海关多次从入境人员携带的水果中查获地中海实蝇、桔小实蝇等；北美车前草可能是由旅游者的行李黏附带入我国。

2.1.2.5　通过船舶压舱水带入　压舱水是船舶空载时为了保持稳定、增强抗风浪能力而在始发港或途径的沿岸水域抽进舱底的海水，被运载到异地或异国，在船舶载货后排放掉。船舶压舱水带来了近百种外来海洋生物，方式主要通过压舱水的异地排放。据国际海事组织（IMO）资料报道，世界上90%以上的商贸货物运输依靠海运。据估计，世界上每年由船舶转移的压舱水有100亿吨之多。因此许多细菌和动植物也被吸入并转移到下一个停靠的港口。我国沿岸海域有害赤潮生物有16种左右，其中部分是通过压舱水等途径在各沿岸海域传播。外来赤潮生物种加剧了我国赤潮现象的发生（徐海根等，2004）。

2.1.2.6　军队的转移　军队的出入境可不通过特定的海关通道，从而不经过检疫。大规模的军队转移如海外维和部队的调防，在没有注意清理交通工具和装备的情况下，容易将一些外来生物携带到新的生态系统中。

2.1.3　自然传入　自然传入指非人为因素引起的外来生物入侵。

2.1.3.1　外来植物可以借助根系和种子通过风力、水流、气流等自然传入　植物可以通过根系、种子通过风力传播，如薇甘菊可能是通过气流从东南亚传入广东（邵婉婷等，2002），还有通过种子或根系蔓延的畜牧业害草如紫茎泽兰、飞机草（薛纪如等，1979；曹洪麟等，2004）。

2.1.3.2　外来动物可以通过水流、气流长途迁移　动物可以通过水流、气流长途迁移。麝鼠原产北美，以后引入欧洲各国，1927年从北美洲引入前苏联，通过前苏联境内分别沿着西北和东北两端边境的河流自然扩散到我国境内。西北方向沿伊犁河、额尔齐斯河扩散到新疆；东北方向沿黑龙江和乌苏里江两条界河扩散到黑龙江省，1953年在新疆北部伊犁河发现，随后在黑龙江省有正式报道。多食性害虫如美洲斑潜蝇可进行长距离迁移（刘育和夏北成，2003），马铃薯块茎蛾可借风力扩散（李秀军等，2005），稻水象甲也可能是借助气流迁飞到中国大陆（赵建成，2007）。鸟类等动物迁飞还可传播杂草的种子。

2.1.3.3　外来海洋生物随海洋垃圾的漂移传入　随着废弃的塑料物和其他人造垃圾漂浮的海洋生物也会造成危害，对当地的物种造成威胁。这些垃圾使向亚热带地区扩散的生物增加了1倍。与椰子或木材之类的自然漂浮物相比，海洋生物更喜欢附在塑料容器等不易被降解的垃圾上漂浮，借助这些载体，它们几乎可以漂浮到世界的任何地方。

2.1.3.4　微生物可以随禽兽鱼类动物的迁移传入　一些细菌和病毒可以通过疾病传染，如疯牛病、口蹄疫和禽流感等。

2.2 建群

外来生物传入到新的生境后，首先要适应新生境的气候、土壤等非生物因子或者本身属于广幅生物，具有很强的耐受性，在新生境中广幅物种比特有物种有更强的占据优势。很多外来种可以在生境边缘存活，如加拿大一枝黄花首先占据路边生境。外来种与土著种之间的竞争对外来种成功建群同样具有很大的影响。在动物界经常出现干扰竞争，大物种代替小物种（Roughgraden *et al.* 1984）。在植物界，竞争被认为通过抑制物种的幼苗萌发和定居降低物种的占有能力（Crawley *et al.* 1999；Yurkonis and Meiners，2004）或直接竞争取代土著种（Parker *et al.* 1999）。很多生态学家认为生物多样性高与竞争力强有很大的关联性（Huang 和 Ye，2004；Turnbull *et al.*，2005；Tilman，2004）。然而，实验证明这一结果并非总是成立的（Levine，2000；Naeem *et al.*，2000）。Robinson 等（1995）和 Wiser 等（1998）分别研究了草原和森林群落中物种多样性和竞争间的关系，他们发现竞争性强且物种丰富的样点比竞争性弱的低生物多样性的样点更容易受到外来种的入侵。竞争一直以来被认为影响外来种的入侵和建群，但对外来种与土著种竞争关系的分析仅仅局限于外来种与单一的土著种间的关系，大多数研究关注竞争力强的外来种的入侵，缺少不同竞争能力的外来种对多物种土著生态系统入侵机制的研究。

有些外来植物通过分泌化感物质排斥其他物种，影响系统的功能和结构，使入侵地物种减少甚至灭绝。如水葫芦能分 N-苯胺萘胺等化感物质抑制其他水生植物的生长，化感作用是其迅速蔓延的主要原因之一。薇甘菊也有化感作用，被称为“植物杀手”，已列为世界最有害的 100 种入侵物种之一（梁斌等，2006）。

2.3 传播

外来生物建群以后，小种群或者趋向灭绝或者开始传播。在传播过程中外来种的传播格局是非常重要的，可以推断造成这一空间格局最重要的生态过程，也可能有助于阐明入侵植物的传播特点从而加深我们对入侵过程的理解（wangen *et al.*，2006）。传播速度的大小依赖于很多因素，包括一定的生活史特征（如耐受性，营养生长形式和迁移机制），受到 Anee 效应和入侵种年龄结构特征等的影响。外来生物在新的生境中建群后存在两种基本的传播格局，一是种群表现为稳定的前进方式，另一种格局表现为多个离散的“卫星式”种群，通过迁移和重复建群形成大的斑块。前者主要通过无性系植物的克隆生长来维持，后者的增长模式与外来种传播到周围环境的种子的分布形式有关，在干扰和动态变化的环境中更可能促进外来种成功入侵。Moody 和 Mack（1988）以及 Revstad（2005）分别用简单的数学模型和空间显含的元胞自动机模型方法模拟了两种不同的扩散方式同时比较了两种不同的生物入侵控制方法，即：一是首先去除“卫星式”小斑块然后去除核心斑块的外来种群；另一个是首先去除核心斑块然后去除小斑块的外来种群，两种控制方法得到同样的结论——控制外来种的入侵首先铲除种子或繁殖体扩散形成的“卫星式”种群，然后对源种群采取控制措施，这样可以节省人力、物力和财力，收到事半功倍的效果。

外来生物在新生境建群后常常服从逻辑斯蒂模型，分布区面积与时间的关系存在3个时相（Shigesada，1997），即初始建立相—几乎不发生分布区的扩散，扩散相—分布区迅速扩散和饱和相—有限的空间限制了外来种的扩散。很明显，在建立和扩散之间经常会存在一个时间迟滞。对时滞现象主要有下列3种机制（俞建，2004）：①当入侵的种群非常小，而且有足够的生存空间，只有当其正常的活动区域或地盘被占据后，迁移和传播才会开始出现，初始种群密度达到某一水平的时间将会延长；②入侵种可能对新环境起初并不适应，所以在低密度时他们在最初入侵的生境中很难续存。但是其种群可能选择生产具有高繁育力和传播力的后代，其活动领地才有可能扩散。这种初始的时滞表明在一个有利的突变体出现，并能成功的增长前，遗传上的调整是必要的；③也有个别的物种在局部释放后，迅速向周围传播，所以只有等到个体繁殖后种群得以恢复才会被探测到，当种群密度到达一个足够高的水平时，其分布区才能变得明显。

外来生物扩散和入侵生态学的研究表明环境异质性是影响外来种成功入侵的关键因子之一（With，2002；Hastings *et al.*，2005；Nesslage，2005）。大量的试验研究比较了不同生境类型下外来种的空间传播率，物种的传播率因生境的不同而不同。例如，Williamson和Harrison（2002）发现矿区内种植的外来种在橡树林中迅速扩展，在蜿蜒的草地矿区层发展缓慢但它却无法进入蜿蜒的灌丛林中，建群阶段的生境差异导致了不同的传播率。生境的空间排列格局是生境异质性的另一种表现形式，引起很多学者的兴趣。Bergelson等（1993）发现同一属的草本植物在均匀干扰的生境中比斑块状分布的生境中的迁移距离大得多。大尺度景观中，对湖泊的占有能力受不同湖泊之间的距离的影响（Bailey *et al.*，2000）。还有很多学者通过反应—扩散模型、差分模型和元胞自动机模型模拟了不同异质性生境对外来种入侵的影响和续存（Berestychi *et al.*，2005；Latore *et al.*，1999）。虽然生境异质性对外来种的入侵已经做了很多研究，但大多数集中于某个外来种在不同生境环境下的入侵率的变化或模型分析，很少涉及与多物种之间的竞争关系，而且在生境变化中侧重于生境毁坏对外来种入侵的影响而几乎没有考虑生境增加会对外来种的入侵和续存产生怎样的影响。

2.4　危害

我国几种主要入侵物种每年造成的经济损失有500多亿。最严重的后果是它对我国的自然生态系统的危害和威胁。首先外来物种的疯狂繁殖，使当地的某些特有物种衰减或绝灭，进而破坏了当地的生态平衡（如物种组成、种群结构、食物链结构等），随之又出现了水土流失、土壤营养循环、环境污染等新的问题。这些问题的影响是长期持续的，其后果是无法用金钱来衡量和弥补的，而有些物种的灭失又是难以恢复的。

2.4.1　严重破坏生态系统的结构和功能　大部分外来入侵生物成功入侵后大暴发，生长难以控制，对生态系统造成不可逆转的破坏，造成严重的生态污染。

我国除西北地区外，由北至南，由东到西，外来植物几乎已经改变了道路、宅旁、撂荒地、裸地的景观。即使在九寨沟这样的未遭破坏的风景区也能看到外来入侵杂草的存在。

“水中霸王”水葫芦，原产巴西，是典型的入侵植物。入侵后大量逸生，现广泛分布于华北、华东和华南大部分省市的河道、湖泊和水塘中。绵延 1 000hm^2 的滇池，水葫芦疯长成灾，布满水面，严重破环水生生态系统的结构和功能，导致大量水生动植物的死亡（丁建清等，1996）。水葫芦堵塞河道，影响航运和水产养殖，同时还吸附重金属等有毒物质，死后沉入水底，造成水质的二次污染，破坏水生态系统，影响生活用水，孳生蚊蝇，给人类生产和生活带来不良影响。大米草是 20 世纪 60 ~ 80 年代从英国引进的用于保护滩涂的草种，今年来在沿海地区疯狂扩散，覆盖面积越来越大，已经到了难以控制的局面。肆意蔓延的大米草破坏近海生物的栖息环境，影响海水的交换能力，使沿海养殖的多种生物窒息死亡（万方浩等，2002）。

2.4.2 加快物种多样性的丧失 生物入侵（Biological invasion）是导致生物多样性丧失的第二大原因，仅次于生境破坏（Wilcove *et al.*，1998）随着人类活动频繁程度的提高，国际间的交往加强，交通的便利，原有的地理阻隔因素在逐渐消除，世界各地间物种成分的交流和渗透在日益加剧，各地间物种区系成分的趋同性和均匀性的发展趋势不可逆转。外来物种的引入在丰富中国物种区系成分和群落类型的同时，也在威胁中国原有物种区系成分和群落类型。

道路旁、闲置地和暂时性裸地几乎都成了以外来入侵植物为优势种的植物群落类型的主要发生地，豚草、小飞蓬、也塘蒿、一年蓬、飞机草、紫茎泽兰和胜红蓟等都能以单优或共优的形式构成群落。外来入侵生物通过压制或者排挤本地物种，形成单优势种群，危及本地物种的生存，加快物种的消失与灭绝。

解放前由东南亚传入云南省西南与西部地区的飞机草繁殖力强，生长旺盛，密集成丛或成片，在植被严重破坏的地段、陡坡、火烧迹地与农隙地形成片状优势分布，严重危害原生植被与草地（奎嘉祥等，1997）。1996 年侵入广东深圳内伶仃岛的薇甘菊，攀上灌木或乔木后能迅速形成整株覆盖之势，使植物因光合作用受到破坏而逐渐窒息死亡（庞雄飞和李丽英，2000）。

西双版纳版纳河自然保护区的许多山头，由于原始森林植被被破环，紫茎泽兰侵入并已经成为优势种群，与蕨类植物形成了相对稳定的灌丛，其中的植物种类非常单一，经取样，每平方米植物物种数不超过 5 种，几乎无经济利用价值，而且阻遏了正常的植物演替进程，对人类改造和利用这些山头带来了较大的困难。

据对太湖地区水稻田埂植物多样性调查研究表明，如以本土高秆植物白茅、狼尾草为优质种的水稻田埂植物群落中，共有 15 科 26 属 26 种，生物多样性指数为 0. 7095。以本土矮秆植物码唐、稗为优势种的水稻田埂植物群落中，共有 21 科 36 属 39 种，生物多样性指数为 0. 9383。而以外来杂草水花生为优势种的水稻田埂植物群落中，共有植物 8 科 13 属 13 种，生物多样性指数只有 0. 6393。水花生已对水稻田埂植物多样性构成严重威胁，水花生侵入处植物物种趋于单一，其他植物种数显著减少，植被景观单调。伴之大量病虫天敌减少，作物的病虫害加重。

福寿螺作为天敌动物引进我国，现已逸生成灾，危害水稻和其他水生农作物，并很快扩散至天然湿地环境，对当地水生贝类、水生植物造成威胁。沙饰贝使原有的牡蛎、蛤贝等养殖减产或无法养殖，排挤原有附着生物群落，降低生物多样性。

牛蛙体型大，可以吞食当地体型较小的蛙类的成体和蝌蚪，甚至吞食湖、塘内的鱼苗，可能造成本土动物资源的丧失，甚至可以改变当地两栖动物区系。

2.4.3　*影响遗传多样性*　随着生境片段化，残存的次生植被常被入侵物种分割、包围和渗透，使本土生物种群进一步破碎化，还可以造成一些物种的近亲繁殖和遗传漂变。有些物种可与同属近缘种，甚至不同属的种杂交。入侵物种与本地种的基因交流可能导致后者的遗传侵蚀（徐海根等，2004）。

2.4.4　*严重危害农林生产*　外来入侵生物在适宜的气候条件下，疯狂生长，生态灾害频繁暴发，已造成重大经济损失。

原产于美国的棉枯萎病和棉黄萎病，20 世纪 30 年代随棉种进入我国，造成的后患一直延续至今，成为我国棉花种植史上最重要的病害。仅据 1982 年的统计，我国 16 个省的 628 个县发生这两种病害的棉田面积达 148.2 万 hm^2，其中 2.07 万 hm^2 棉花绝收（杨之为等，1993；刘靖等，1999；王凤图等 1995；杨西安，1993；田长彦和丁海涛，1999）。原产于美国的甘薯黑斑病对甘薯产区造成极为严重的损失。据 1963 年调查，全国 20 个省市估计损失鲜薯在 500 万 t 以上，另据河南安阳、信阳两区和安徽北部 2 个县统计，因喂食病薯，有上万头耕牛中毒死亡。该病至今仍在各省市为害（白鸥，朱一农，1999；陈永康，1989）。

1982 年入侵我国的松材线虫，扩散蔓延极为迅速，至 1999 年发生面积约 7.4 万 hm^2。1988 年被人为携带传入广东的湿地松粉蚧，至 1999 年扩散至 35.24 万 hm^2，其中受害面积达 23.16 万 hm^2。1982 年 5 月首次在广州珠海市马尾松林内发现松突圆蚧，至 1996 年发生面积达到 80.9 万 hm^2；并以平均每年 6 ~ 7 万 hm^2 的速度递增并向西北等方向蔓延。1979 年入侵的美国白蛾，至 1998 年发生面积达到 9.9 万 hm^2，仅山东省受害林木花卉就达 17.29 万株，剪除网幕 29.91 万个。于 20 世纪 30 年代末随日本赤松和黑松苗木传入我国日本松干蚧，1996 ~ 1998 年，每年在吉林、辽宁、山东、江苏、浙江等省的发生面积约在 11 万 hm^2 左右。辽宁每年致死松树木材 3 万 m^3，造成巨大的经济损失（国家林业局，1998；中国农业年鉴编辑委员会，1997，1998，1999，2000）。1988 年稻水象甲在我国河北省唐海县暴发成灾，其后发生面积达 33 万 hm^2。水稻受害后，一般产量损失 5% ~ 10%，严重田块达 40% ~ 60%，少数田块基本无收成（李先誉，1997；魏鸿钧，1997）。

2.4.5　*对人体健康造成危害*　外来入侵生物不仅对生态环境、农林业生产带来巨大损失，而且直接威胁人类健康。褐家鼠、屋顶鼠、小家鼠等是鼠疫、流行性出血热、蜱性斑疹伤寒等传染病病原的自然携带者。在豚草发生地的空气中会漂浮大量豚草花粉，易引起过敏体质者患枯草热病。红火蚁原产于南美洲的巴西、巴拉圭、阿根廷等国，于 2003 年传入我国台湾省，目前分布与台湾广东等地。人体被红火蚁叮咬后会有火灼般疼痛感，持续十几分钟，其后会出现如灼伤般的水泡，8 ~ 24h 后叮咬处化脓形成脓包。如遭受大量红火蚁叮咬，除人体受害部位立即产生破坏性的伤害与剧痛外，毒液中的毒蛋白往往造成被害者（如果是敏感体质）产生过敏而休克，甚至有死亡的危险（曾玲等，2005）。

3　外来入侵生物的入侵机制

我国幅员辽阔，跨越50个纬度，跨越寒温带、温带、暖温带、亚热带和热带5个气候带，地形复杂，种类丰富，具备世界上大多数国家相似的气候条件，相类似的寄主种类。所以世界各国各地区很多生物种类在我国均有适合其生存和繁殖的环境条件。

每种外来入侵生物都是在原产地固有的生态条件下形成的，这些入侵生物对生态条件有特定的要求，如光照、温度、降水和土壤等。其固有的生态环境适应性是决定其分布范围的最重要的因素。原产美洲、非洲和亚洲热带气候地区的外来入侵生物，也有发生在中国的热带或亚热带地区，如粤、琼、台、云、桂等省区，并向北延扩到闽、赣、浙、贵、湘、川、鄂和苏、皖南部等。有的来源于热带地区的生态适应幅度宽的外来入侵生物其分布区可扩展至温带地区的华北甚至东北，如水花生、皱果苋、反枝苋、裂叶牵牛和圆叶牵牛等。温带起源的外来入侵生物多数种类为冬春型春化性杂草，冬春需低温通过春化作用，如波斯婆婆纳和毒麦等。因此，外来入侵生物在中国的分布范围显然是与其原产地生态气候条件密切对应的。

外来入侵生物自身有适应于传播的某些特征。如凤眼莲漂浮于水面，可随水流传播，水花生的分离段也有类似传播情形。豚草果实顶端的尖角会刺入轮胎或其他物品上随交通工具散布。北美车前则依种子外面的胶质物黏附于交通工具传播。菊科外来植物如小飞蓬、一年蓬、紫茎泽兰、飞机草、薇甘菊的籽实带有冠毛，会借助风力远距离传播。黄顶菊的种子数量庞大，种子非常小易于传播。因而会成功入侵的生物也是目前最具潜在危害性的的入侵生物（徐海根等，2004）。

根据外来植物成功入侵因子的特点，可将植物入侵的因子分为外因和内因。

3.1　影响外来生物入侵的外因

影响外来生物入侵的外因有光照、水分、土壤、温度和土壤的理化性质等生态因子，以及天敌种群数量。

3.1.1　光照　光照是影响外来植物、微生物入侵的重要因子。外来入侵生物可能通过与本地种竞争，争夺光源，进一步成为优势种，最终入侵成功。如 C_4 植物黄顶菊，其光合效率高，加之植株比较高大，对本地植物造成遮蔽，从而影响本地植物的正常生长（Powell，1978）。深圳内伶仃岛薇甘菊通过树林攀缘林冠上层，争夺阳光，造成本地种植物窒息而死亡（邵婉婷等，2002）。外来生物对光的竞争能力的大小，是影响入侵的重要因子之一。

3.1.2　水分　土壤含水量及该地区的降水量同样影响外来生物传入后的定植。我国华南地区、西南地区、华东地区因雨水充足，土壤中含水量高，比较适宜外来物种的入侵，西北和华北等大部分地区因降雨量少，限制了大部分外来种植物的入侵。目前我国有害外来种主要出现在降雨量较多的地区。

3.1.3　土壤的理化性质　土壤是植物生长的基质，植物能否成功定居与土壤的营养状况有着密切的关系。基质的理化性质影响着植物的生长和群落的组成。土壤中有机质等营养成分的含量、基质的结构、持水肥能力等影响着外来种的入侵。有机质含量高、持水肥能力强的基质有利于外来种的入侵。贫瘠的土壤则不利于外来种正常定居生长和成活。植物外来种多出现在肥沃的栖息地、森林、草地和开放的灌丛地，这有利于外来种的入侵和扩散。在贫瘠土地上只有适应性较强的物种才能定居和生长。外来种的入侵不仅与土壤的营养状况有关外，还与基质中的重金属元素的有关。对于基质中重金属含量高的基质不利于外来种的成功定居。空心莲子草在我国分布广泛的外来种，将其移到铜尾矿废弃地上，难以成活，这与尾矿基质的物理、化学因素有关。尾矿持水、肥能力差、基质贫瘠、重金属含量高是抑制空心莲子草正常定居和生长的原因之一。

3.1.4　温度、热量　温度是限制物种分布的重要因子之一，同样也限制着外来生物的入侵。中国南方地区，由于常年气温高，不受极端低温的制约，外来种出现或入侵几率高，而且植物体常年生长，进行无性和有性繁殖，排挤本地植物类群而成为优势种。植物入侵地区的温度与原产地温度相适宜，植物入侵的可能性会增加。薇甘菊在广东地区常年生长，与我国南亚热带地区温度高有着直接关系（邵婉婷等，2002）。

3.2　影响植物入侵的内因

外来生物的入侵除与生态因子有关外，还与自身因素有着密切的关系。外来种的入侵对自身的入侵、生存和扩展极为重要，适应性和耐性强的物种具有较大的入侵潜力。入侵潜力是外来生物的特征之一。有的外来生物在不利的条件下，可以维持自身的生存，一旦条件适宜，可能迅速扩张，而成为有害入侵生物。在目前所发现的外来物种中，它们通常具有较强的繁殖能力，为物种的入侵和扩张开拓了入侵的机会，能避免克服不良因子的干扰。靠种子繁殖的外来植物其种子可食或有附着结构，有利于借助风力和鸟类的传播；种子粒小便于借助风力和水力传播；种子产量高，无性繁殖能力强等因素是植物外来种入侵和扩张的重要保证。有些外来微生物的繁殖体具有休眠特性，遗传信息可以保存几十年甚至上百年，等待条件适应便可迅速繁殖。

3.3　外来生物入侵的有关生态学理论

与外来种入侵相关的生态学理论主要有以下几种理论基础：

3.3.1　天敌缺乏假说　在外来生物入侵的地区，由于多年的协同进化，各物种之间形成了相对固定的食物链关系。生态系统中各物种相互制约、彼此共存。当物种入侵到新的地区后，原有的固定食物链不复存在，物种间暂未形成新的制约机制，新进的外来种没有相应的天敌，这样就造成外来种的入侵和生存空间较大，外来种植物成为优势种，从而危害生态系统的健康。

3.3.2　强大的繁殖能力假说　入侵力强的外来种有更强的繁殖能力。许多外来植物能产生大量的种子，而且有些外来植物还能以无性繁殖方式进行繁衍，如薇甘菊是一种菊科多年生的草质藤本植物，这种植物能产生大量细小的种子（千粒重 0.0892g，种子一端有一圈细小的绒毛，能借助于风力远距离传播，而且薇甘菊的茎节与地面接触后可产生大量的须根，所以薇甘菊能以种子和营养体进行繁殖，具有较强的入侵能力（邵婉婷等，2002）。

3.3.3 土著种适应性差假说 由于全球气候变化、环境污染及人类活动干扰频繁，土著种不能适应变化了的环境，而外来种对不良环境有较大的忍受力，有更强大的竞争优势，而成为该地区的优势群落，而危及原有的生态系统，导致生物多样性下降。

3.3.4 环境发生化学变化假说 环境的化学性质发生变化后导致植物入侵，比如富营养化。这种假说能够较好地解释水生植物的入侵，如水葫芦，原是作为畜禽饲料引入我国，并曾作为观赏和净化水体的植物推广种植，后逸为野生，由于水体污染而导致水葫芦疯长（徐金叶，2007）。近年来农民化肥的使用量在增加，农田等用水，造成水体中植物营养化，致使外来种空心莲子草、水葫芦等物种在水体中疯狂生长（王一专和吴竞仑，2005）。

3.3.5 自然平衡假说 群落的复杂性导致群落的稳定性，群落的结构越复杂，对外来种入侵的抵抗能力越强。由于生境破碎化、干扰导致群落的稳定性下降，这为外来种的入侵提供了契机。关于这种“平衡”假说，目前还没有相应的证据。

3.3.6 干扰产生空隙假说 在研究外来种入侵时，干扰通常是指植物生物量的移出，从广义的角度上来讲，土壤营养和水分条件等的变化也可看作干扰。人们普遍认为干扰对外来种入侵重要，尤其对植物的入侵更加重要，这主要是因为干扰使群落中的生物大量减少，外来种的竞争压力减小。目前研究的大多数植物外来种多出现于受到人类干扰的地方，当然在没有受到干扰的自然生态系统中也有外来种出现，但其数量却少得多。

3.3.7 生物因子失控假说 该假说认为，外来入侵种在新的区域得以生存和繁殖，不是外来种本身具有的特性所致，而是它们偶然到达了不具备天敌和其他生物限制的新环境，因而快速扩散，危及原来的生态系统。其实多数情况下，用上述其中一种假说很难解释某种外来种的入侵成功。易遭受外来种入侵的地方多是受到人工干扰的区域，在这些地方入侵成功的外来种一般有强大的繁殖力，有的能通过化感作用等竞争方式来排斥其他物种而自身却得以生存发展。这些外来种的入侵成功是生境变化和外来种自身特性协同作用的结果。

3.3.8 进化适应假说 外来种的适应性进化可以体现在形态、生活史、生态位和行为特征上。

形态进化指在新栖息地中由于所面临的自然环境和种间作用关系的改变，外来种往往表现出形态上的适应性进化。由于在新栖息地缺少天敌的制约，外来种可以将更多的能量投入到个体增长上；因此，与原产地相比，外来种在新栖息地中有个体增大的现象。Blossey 和 Notzold（1995）发现外来植物在新栖息地中的个体通常比在原产地的个体要大一些，其他学者也发现了类似的现象（Gray *et al.*，1987）。但 Willis 等（1999）的研究结果并不支持这一观点。新栖息地中天敌的缺乏同样能造成外来种出现种群增大的现象。原产于红海的点带棘鳞鱼和黑绿单鳍鱼属于夜间觅食性鱼类，它们在入侵到地中海以后种群发生了扩增现象（Golani *et al.*，1993）。这可能是因为地中海的土著鱼类中极少有夜间觅食的，因此这两种鱼类的觅食特性使它们在地中海中具有充足的资源保障，从而导致了种群增大。外来种形态上的适应性进化还表现为一些特征器官上的改变，如鸟类的喙、昆虫的翅等。夏威夷管舌鸟科中的一种蜜鸟源自欧洲，其祖先来到北美后由于在生态位上出现分化而产生了适应性辐射。在形态上表现为喙的分歧，主要有三种情况：以植物种子为食的，喙加厚；以花蜜为食的，喙延长，并且尖端下弯；以花蜜和昆虫为食的，则喙变细并延长（Carrol 和 Dinngle，1996；Pratt *et al.*，1987）。

生活史进化是由于自然选择的不同，外来种在新栖息地中也表现出生活史特征上的变化，包括种群的年龄组成、性比、个体的最小性成熟年龄、繁殖时间和繁殖力等。原产于阿根廷的福寿螺是一种淡水螺类，现已广泛分部于东南亚和夏威夷地区，并对当地农作物构成严重危害。Lach 等（2000）的实验研究揭示了它在新栖息地达到性成熟的时间要比原产地快得多。在原产地中达到性成熟的时间是两年，但在夏威夷只需要 10 个月略多一点的时间，而在东南亚它达到性成熟的时间还要更早。

生态位进化指新的种间作用关系和新栖息地生态位的特点都促成了外来种在新栖息地中出现生态位上的改变，包括营养生态位和空间生态位。外来种生态位的变化可能是由下面 3 个原因所引起的：根据达尔文的物种进化论，任何区域物种的进化都具有不完善性和地理局域性，因此新栖息地中的生态位甚至可能较原产地更适合于外来种；土著种通过竞争排斥导致外来种生态位的改变；新栖息地中不具备外来种的原生态位。福寿螺在入侵到夏威夷和东南亚以后，不仅在繁殖特征上发生变化，而且在食物的选择上也有变化。它在原产地是一种以大型水生植物为食的杂食性螺类，但在新栖息地，它对食物却有一定的选择性（Lach *et al.*，2000）。

行为进化指除了形态、生活史和生态位特征外，外来种在行为上也可能发生变化。Holway 和 Suarez（1999）发现两种入侵到北美的阿根廷蚂蚁表现出不同于原产地的行为特征，即两种阿根廷蚂蚁在北美不同巢穴间的种内竞争明显减少，但种间竞争的能力却得到进一步的加强。

4 外来入侵生物造成的生物污染控制

4.1 风险评估

外来生物一旦入侵成功，往往造成暴发与流行，难于控制；外来入侵种的危害对环境、大农业生产、人类健康造成了巨大的生态及经济损失。预防优于治理，对外来植物进行生态风险评价可有效地防御和降低入侵风险，有效指导引种和已入侵植物的防治工作，尽量避免或降低外来入侵植物带来的生态风险和经济损失。

广义的外来有害生物风险评估是预测有害生物传入一个国家或地区以及定植后造成经济损失的可能性。狭义的风险评估是其传入（包括进入、定植）和扩散的可能性、潜在的经济和环境影响等各项指标的风险大小，对传入过程的不确定事件进行识别、预测、处理，使各种风险减小到最低程度的评价措施。就风险评估而言，一是研究潜在的外来物种的引入、载体和定居之前的传播途径，使决策者做出特定条件下的准入、禁入决定；二是控制外来物种定居在新地区后在稀有物种中的分布，包括暴露在新环境下的状况、对突发事件的应急反应以及预测对环境、经济的损失（郭晓华等，2007）。

目前，国际上的许多国家都针对引进外来物种的风险性评估制定了相应的评估技术规范，并针对不同外来物种和可能的危险等级进行了相应的细分。如美国已制定了 353 种入侵植物风险评估的技术标准，澳大利亚、日本、南非、欧盟等都制定具体的相应标准。如美国对拟引入的植物，首先要对所引进的植物是否可能成为杂草的潜在可能性进行评估，有则进行以杂草为起点的定性有害生物风险评估，反之则继续进行以传播途径为起点的有害生物风险评估。同样，加拿大在对引入植物风险评估阶段，也首先考虑商品本身是否有成为农业或林业有害生物的潜在可能，同时将定植潜力、扩散能力、经济影响和环境影响作为引入后果的评价因素（Nix，1986；Royer，1989；Food and Agriculture Organization，1996）。

外来生物风险评价的方法很多，应用较多的有多指标综合法、农业气候相似距分析、地理信息系统、生态气候模型评价、模糊综合评价法等。

4.1.1 多指标综合法 根据 PRA（Pest Risk Assessment）分析准则，应用系统科学、生物学理论和专家决策系统的基本理论和方法，对有害生物各项风险指标进行分级划分、计算风险指标并建立数学模型的定量评估方法。

4.1.2 农业气候相似距 魏淑秋（1984）建立的有害生物适生区分析，即在分析适生区气候指标的基础上（包括各地与疫区的气候相似程度、生物的生态气候相似指标以及二者的互相结合等因素）确定有害生物的适生区。该方法是根据 Mayer 的“气候相似性”原理，将某一地点 m 种气候因素作为 m 维空间，计算地球上任意 2 点间多维空间相似距离 dy，定量表示不同地点间的气候相似程度，预测有害生物潜在的适生区分布（王金伟和刘冬华，1997）。

4.1.3 地理信息系统 地理信息系统（Geographical Information System，GIS）是 20 世纪 60 年代发展起来的一个地理学研究科学和技术，它是描述、存储、分析和输出空间信息的理论和方法的交叉学科，又是以地理空间数据为基础，根据多种空间和动态的地理信息，建立的地理模型技术系统。Liebhold（1993）率先将其应用于植物检疫研究。随后，该方法在有害生物风险性分析、疫情监测和检疫决策等发面发挥了重要作用。

4.1.4 生态气候模型评价 生态气候模型评价（CLMEX）是从生物对环境条件（主要指气候条件）的反应角度出发，用种群在不同温度、湿度、光照条件下的增长指数和滞育指数，冷、热、干、湿等条件下的逆境指数和逆境交互作用指数来反映物种适生状况，最终用生态气候指数（Ecoclimatic Index，EI）模拟种群在已知地的参数，确定种群在未知分布地的生长模型。

4.1.5 模糊评价法 所谓模糊综合评价法，就是借助模糊关系原理，针对被评判食物各个相关因子的影响，对事物做出总的评价。设有 m 个估计地，选每一个估计地的 n 个因素作为评判因子，根据每一评判指标的期望指标建立隶属函数，计算出各个因子实际指标对期望指标的隶属度，每一评估地对各期望指标的隶属度就构成了一个 n × m 阶矩阵，由此计算出物种的适生值（Liebhold *et al.*，1993）。

4.1.6 其他评估方法 除上述提到的风险评估方法外，美国农业部动植物检疫局应用基于蒙特卡洛（Monte Carlo）模型的@ risk 软件系统，通过建模型、确定不确定性、模型仿真分析等过程进行有害生物风险评估（张星耀，1999）。Nix（1986）创建的 BIOCL IM 生物气候分析和预测系统对物种的过去、现在和未来的可能分布区进行了定量分析。Royer（1989）曾建立了一个专门用于 PRA 的世界植物病原数据库，在此基础上又建立了归纳法推理和神经网络系统的计算机辅助决策系统。Peterson 和 Cohoon

(1999)、Yamamura 和 Katsumata (1999) 采用预设预测规则的遗传算法 (GARP), 以墨西哥实蝇为例建立了预测检疫性有害生物进口传播概率的数学模型, 分析了气候变化对物种分布的影响。王艳平和温俊宝 (2006) 将 GARP 生态位模型和风险性定量分析方法相结合, 预测刺桐姬小蜂在中国的潜在地理分布, 认为中国东南部大部分地区是该虫的适生区。沈佐锐等 (2003) 建立了生态模拟现实 ESR (Ecologically Simulated Reality) 模型, 提出了 ESR 有害生物风险分析技术。

但是国内外的风险评估指导性原则和标准还处于早期发展阶段, 上述提到的任何一种方法在某些方面还有一定的不足之处, 迫切需要建立科学合理、可行性强、准确性高的风险识别、评估方法对外来入侵生物的入侵风险进行预测。

4.2 管理对策

部分外来生物的入侵是由于: ①不负责任的人为因素 (检疫不严或执法不严、淡薄的生态意识与利益驱使、盲目引种) 导致其成功入侵; ②缺乏严格的监测管理机制与全面的检疫体系; ③缺乏科学的外来生物的风险—收益评价体系和严格的科学决策程序, 看重经济利益, 忽视生态利益。

综上所述, 在完善的政策法规、管理条例、信息交流等的基础上, 对外来入侵生物的预防与管理应着重于国家预防能力、研究能力、监测与监管能力和治理能力四大体系的建设。

4.2.1 *国家能力建设* 国家能力建设是成功解决入侵生物种问题的关键。中国是一个农业大国, 任何种类的生物入侵无疑会对特定的生态系统和区域造成巨大的生态与经济损失。在承诺和履行生物多样性及生物安全性等国际公约的前提下, 既要有效地防止异域有害生物的入侵, 保卫中国国家生态安全, 又要对国际社会提供可用的信息及经验。因此, 国家能力的建设应包括:

(1) 监管能力: 根据我国的国情, 建立健全有关预防、管理、防治外来有害生物的国家政策法规和条例, 充分执行已有的政策、法令及条例。完善已有的动植物检疫法。成立跨部门、多学科的外来入侵生物专家工作组。

(2) 狙击能力: 建立黑色、白色、灰色名单, 改革根据“黑名单”建立的针对性、指定性检疫体系, 执行全面检疫体系 (在没有证据说明进境外来生物无害之前, 均应将其视为有害, 禁止或限制其入境), 将外来有害生物拒之于国门之外 (外检)。对已侵入但仅局部发生的外来有害生物, 要采取严格的内检措施, 防止其扩散与蔓延。

(3) 预警能力: 发展早期预警系统, 建立风险评估和流行进行风险评估与预警, 加强监测与实施有效的技术予以扑灭、根除和控制。

(4) 快速反应能力: 构建快速反应机制与体系, 一旦发现有害的入侵生物, 有能力快速地予以清除或消灭。这需要政府的支持、训练有素的专业人员、必要的仪器设备及可使用的经费。

(5) 信息处理能力: 建立国家外来有害生物信息库和专门网站, 与国际机构 (SCOPE, UNEP, I-UCN)、国际项目计划 (GISP, DIVERSITAS) 等交流信息; 与国际、地区有关机构开展有关共同问题的合作或协作研究。

（6）教育宣传能力：建立外来入侵生物培训中心（网），在正确识别入侵生物及其危害，预防、清除、控制和灭绝外来入侵生物的管理方法，风险与环境影响评估，生态系统的恢复等方面，对有关人员进行技术培训。通过各种媒体对公众进行教育与宣传。

4.2.2 研究能力建设 目前有关外来入侵生物的知识还不足以准确地进行风险评估和设计有效的管理措施，有关入侵生物学、入侵生态学的研究基础极为薄弱。研究生物入侵在时间上是一个长久的课题，在空间上是一个立体交叉的学科群领域，许多问题并不是短期“攻关”就能解决的，还有许多问题并不能因为入侵的不确定性而采用“亡羊补牢”的方式来解决，否则后果将极其惨重，代价也将远远高于先期研究投资的成千上万倍（上述例证已说明了这一点）。因此，有关外来生物的研究是政府应优先发展的课题与领域。

其研究能力建设包括：

（1）完善阻止和预防外来有害生物入侵的检测技术（如实施全面检疫体系的技术与方法），以及去除以各种形式（贸易产品、包装材料）携带入侵的有效技术。编制外来生物的黑色、灰色和白色名单。

（2）发展外来入侵生物初始种群的野外监测技术；发展大面积发生蔓延的检测技术（如遥感监测、雷达监测）。

（3）发展针对特定目标的有效的、可接受的消灭或控制外来有害生物的技术与方法；发展消灭、控制外来入侵生物的综合治理技术体系，制定最佳的优选方案与组合技术。对新发现的小面积危害的入侵生物，采用高效的紧急扑灭技术（如化学防治、人工防除、机械防除）；对暴发性的入侵者，采用紧急的化学防治及其他一次性的扑灭技术；对大面积发生并已基本稳定的入侵种，采用能建立自然生态平衡达到长久抑制效果的生物防治技术。

（4）发展更深层次的外来入侵种生物气候限制、物种种系发生、地域分布限制、生态适应性等多方面的相互关联的系统研究，以便有能力识别、记载及监测入侵种的动态及更新资料。

（5）发展外来生物（包括有意识地引进的物种）的环境影响及风险评估系统。

（6）强化对外来有害物种的生物防治基础、技术与方法的研究，及对引进的有益物种可能成为另类入侵种的收益与风险评估研究。

（7）对既定种在既定地区的生态代价与经济代价的影响预测模式研究，研制出既定外来入侵生物的预测指标体系，以便将这种模式应用到其他地区或其他种的评估中。

（8）被入侵生态系统的恢复研究。

（9）创建外来入侵生物管理示范区，建立通过例证示范对外来生物进行监测、管理与控制的体系。

（10）研制外来入侵生物的识别、控制、管理的技术程序与指南。

4.2.3 监测与管理能力建设 建立外来有害生物入侵的监管体系，组织协调各部门间的管理工作，严格引种的审核、批准与检疫程序。目前，我国的引种制度极不规范，对引种的监管还无章可循，只重视引种前的审批工作，而忽视引种释放后的管理。建立经济惩罚体制，实行经济责任制度。无论是有意识还是无意识地引入外来生物，均应采用经济政策规范引种的行为与责任。

4.2.4 综合防治能力 生物入侵一旦成功，根除极为困难。用于控制其危害、防止蔓延的代价极大，费用昂贵。为减少生物入侵，需采取各种耗资不菲的措施。1993 年，美洲斑潜蝇首次在我国海南发现，目前几乎传播到全国所有省市，使蔬菜、花卉遭受灭顶之灾。国家每年投入斑潜蝇防治费 415 亿元（刘育和夏北成，2003）。对外来种研究发现，外来种入侵定居后有一个长的滞后期，然后种群暴发、扩展。另外，外来种生存需要一个最小空间，如果没有达到或超过此空间需求，就难以实现定居与扩散。所以防止生物入侵的最佳条件是外来种的滞后期和达到其空间需求之前（向言词等，2002）。

（1）人工或机械防治：可依靠人力或利用专门设计制造的机械设备来防治有害生物。鉴于我国人力资源丰富，人工或机械防除可在短时间内迅速清除有害生物，缺点是耗资巨大，且受自然条件限制。另外，对有害动植物残体、残株处理不当，有可能成为新的传播源，客观上加速了外来生物的扩散。

（2）化学防治：化学农药具有效果迅速，使用方便，易于大面积推广应用等特点。不足是防治费用较高，污染环境，在杀灭入侵生物的同时，也毒杀了生境中许多非目标物种。入侵生物一旦产生抗药性，就会造成再猖獗。所以把握化学防治的剂量与时间非常关键。

（3）生物防治：无论是从生态角度还是经济角度，生物防治被认为是继人工或机械防治和化学防治之后最有吸引力的方法（张乃明等，2003）。生物防治具有成本低，不污染环境，控制时效长等优点。缺憾是建立有效控制机制的时间较长，一般需要几年甚至更长的时间，因此对于那些要求在短时期内彻底清除的入侵物，生物防治难以起效。另外，引进天敌防治外来有害生物也具有一定的生态风险性，释放天敌前如不经过谨慎的、科学的风险分析，引进的天敌很可能成为新的入侵生物。所以，立足于开发本地天敌资源并规模化防治的研究就显得十分重要。

（4）生物替代：生物替代技术是根据植物群落演替的自身规律，利用有经济或生态价值的本地植物取代外来入侵植物的一种生态防治技术。不足是对环境的要求较高，很多生境并不适宜人工种植植物，同时人工种植本地植物恢复自然生态环境涉及的生态学因素很多，实际操作有一定难度。张正文等（2003）利用皇竹草生长优势排挤紫茎泽兰生存空间，有效阻止了紫茎泽兰的“生态入侵”，从而达到以草治草、以草促林，实现科学生态治理的目标。

（5）综合治理：从经济社会环境可持续发展角度，将人工、机械、化学、生物和替代等单项技术融合起来，取长补短，进行系统性防治。提高农业生态系统自身的“免疫能力”，使入侵种群数量控制在危害显现的范围内，而不是全部消灭，即为综合治理法。综合治理法并不是各种技术的简单相加，而是它们有机的融合，彼此相互协调、相互促进（丁建清和解焱，1996）。

（6）综合开发与利用：在经过科学的成本—收益论证后，可有效地利用入侵生物的某些经济特性，实现综合开发，变害为宝。如利用入侵生物化感物质，作为拒食剂、引诱剂、生长调控剂、种子萌发促进剂，以及抗寄生病和作为植物毒素等，直接控制害虫以及疾病的发生。或依其结构人工合成大量生产，或者经过化学修饰之后，进一步提高其效力（徐汝梅和叶万辉，2003）。

参考文献

[1] 白鸥，朱一农．狙击生物入侵．科技新时代，1999，3：54 ~ 57

[2] 曹洪麟，葛学军，叶万辉．外来入侵种飞机草在广东的分布与危害．广东林业科技，2004，2（2）：57 ~ 59

[3] 车晋滇，胡彬．外来入侵杂草意大利苍耳．杂草科学，2007，2：57 ~ 59

[4] 曾玲，陆永跃，陈忠南等．红火蚁监测与防治（第一版）．广州：广东科技出版社，2005

[5] 曹坳程，郭美霞，张向才，田宇，吕平香，柏亚男，张庆．我国主要的外来恶性杂草及防治技术．中国植保导报，2004，3：5 ~ 8

[6] 陈永康．外来危险性病害杂草给四川农业生产造成的危害．植物检疫，1989，3（6）：46

[7] 田长彦，丁海涛．中国棉花枯黄萎病的研究与防治．江西棉花，1999，（3）：3 ~ 8

[8] 丁炳扬，金孝锋，于明坚，俞建，沈海铭，王月丰．水盾草（*Cabomba caroliniana*）入侵对沉水植物群落物种多样性组成的影响．海洋与湖沼，2007，38（4）：336 ~ 342

[9] 丁建清，付卫东．利用生物多样性保护生物多样性．生物多样性，1996，4（4）：222 ~ 227

[10] 丁建清，解焱．保护中国的生物多样性，北京：中国环境科学出版社，1996

[11] 丁建清，解焱．中国外来种入侵机制及对策：保护中国的生物多样性（二），北京：中国环境科学出版社，1996

[12] 冯玉明，林纪春，张晓雪，钱存宁．新疆塔里木盆地中部发现褐家鼠．地方病通报，2001，16（4）：49 ~ 50

[13] 国家林业局（编）．中国林业年鉴．北京：中国林业出版社，1998

[14] 郭晓华，齐淑艳，周兴文，孙晓扬．外来有害生物风险评估方法研究进展．生态学杂志，2007，26（9）：1486 ~ 1489

[15] 黄宝华．危险性杂草—豚草在国内的漫延．植物检疫，1982，6：1 ~ 2

[16] 黄振裕，胡艳红，石全秀，黄恒献．外来入侵有害生物加拿大一枝黄花在福建省的风险性分析，2005，32（4）：146 ~ 150

[17] 奎嘉祥，匡崇义，和占星，周自玮，袁福锦，吴文荣，谢有标．中国云南南部建植臂形草混播草场防治飞机草的研究．中国草地，1997，5：55 ~ 58

[18] 梁斌，袁亚莉，谷文祥，李拥军．薇甘菊化感作用的初步研究．应用与环境生物学报，2006，1：21 ~ 22

[19] 李成，谢锋．牛蛙入侵新案例与管理对策分析．应用与环境生物学报，2004，10（1）：95 ~ 98

[20] 刘靖，熊建喜，张豹，赵明勤，朱文平．新疆棉花枯黄萎病迅速蔓延的原因及防治．中国棉花，1999，26（9）：38 ~ 39

[21] 刘建，王仁卿，张治国．植物外来种研究进展．植物科学进展，2001，4：335 ~ 344

[22] 李秀军，金秀萍，李正跃．马铃薯块茎蛾研究现状及进展．青海师范大学学报（自然科学版），2005，2：67 ~ 70

[23] 梁羡圆．我国新近引进的一种水产贝类养殖新品种—大瓶螺．海洋湖沼通报，1985，1：81 ~ 82

[24] 李先誉．我国稻水象的发生与防治．植物检疫，1997，11（增刊）：62 ~ 63

[25] 李玉璠，艾德洪，王景文，于虎勇．美国白蛾研究初报．辽宁农业科学，1982，2：45 ~ 48

[26] 刘育，夏北成．生物入侵的危害与管理对策．广州环境科学，2003，18（3）：29 ~ 321

[27] 李振宇，解焱．中国外来入侵种．北京：中国林业出版社，2002

[28] 庞雄飞，李丽英．恶性杂草——薇甘菊．大自然，2000，3：24

[29] 钱保元．我国外来生物入侵现状和立法分析．中国媒介生物学及控制杂志，2005，16（3）：224～225

[30] 邵婉婷，韩诗畴，黄寿山，刘文惠，李开煌，彭统序，李丽英．控制外来杂草薇甘菊的研究进展．广东农业科学，2002，1：43～45，48

[31] 沈佐锐，马晓光，高灵旺．植保有害生物风险分析研究进展．中国农业大学学报，2003，8（3）：51～55

[32] 田长彦，丁海涛．中国棉花枯黄萎病的研究与防治．江西棉花，1999，（3）：3～8

[33] 唐廷贵，张万钧．论中国海岸带大米草生态工程效益与“生态入侵”，2003，5（4）：15～20

[34] 万方浩，郭建英，王德辉．中国外来入侵生物的危害与管理对策．生物多样性，2002，10（1）：119～125

[35] 王凤图，张传义，张法孟．棉花枯黄萎病防治与皮棉产量的相关分析．中国棉花，1995，22（8）：13～14

[36] 魏鸿钧．我国稻水象发生态势与持续控制．植物检疫，1997，11（增刊）：60～62

[37] 王金伟，刘冬华．稻水象在吉林省的适生性分析及检疫对策．植物检疫，1997，11（S1）：38～40

[38] 吴敏兰，方志亮．大米草与外来生物入侵．福建水产，2005，1：56～58

[39] 魏淑秋．农业气候相似距简介．北京农业大学学报，1984，10（4）：427～428

[40] 王艳平，温俊宝．新入侵种刺桐姬小蜂在中国的危险性评估．昆虫知识，2006，43（3）：364～367

[41] 王一专，吴竞仑．水花生的危害及防治．杂草科学，2005，3：11～12

[42] 徐海根，强胜，韩正敏，郭建英，黄宗国，孙红英，何舜平，丁晖，吴海荣，万方浩．中国外来入侵物种的分布与传入路径分析．生物多样性，2004，12（6）：626～638

[43] 徐海根，王健民，强胜，王长永．《生物多样性共约》热点研究：外来物种入侵生物安全遗传资源．北京：中国农业科学技术出版社，2004

[44] 徐金叶．水葫芦的入侵特性及防治措施．福建农业科技，2007，3：71～72

[45] 徐汝梅．生物入侵—数据集成、数量分析与预警，北京：科学出版社，2003

[46] 徐汝梅，叶万辉．生物入侵——理论与实践．北京：科学出版社，2003

[47] 薛纪如，董世仁，洪淑德，印嘉祐．紫茎泽兰调查初报．云南农业科技，1979，3：36～38

[48] 向言词，彭少麟，周厚诚．外来种对生物多样性的影响及其控制．广西植物，2002，22（5）：425～432

[49] 杨宝军，王秋丽．松材线虫在我国的分布．林业科学研究，1988，1（4）：450～452

[50] 俞建．水盾草（*Cabomba caroliniana*）入侵生态系统特征的研究．硕士学位论文．浙江大学，2004，2～30

[51] 尹凯峰，赵辉，沈宝成，陈秀峰，钱启春．假高粱的初步研究．植物保护，1989，15（2）：30

[52] 杨西安．检疫性植物病害在河南发生分布之现状．植物检疫，1993，7（4）：254～255

[53] 杨之为，王汝贤，李君彦，棉花枯黄萎病湖南省病田损失初步研究．中国棉花，1993，20（6）：27～29

[54] 中国农业年鉴编辑委员会．中国农业年鉴，北京：中国农业出版社，1997

[55] 中国农业年鉴编辑委员会．中国农业年鉴，北京：中国农业出版社，1998

[56] 中国农业年鉴编辑委员会．中国农业年鉴，北京：中国农业出版社，1999

[57] 中国农业年鉴编辑委员会．中国农业年鉴，北京：中国农业出版社，2000

[58] 赵建成．稻水象甲的发生规律及综合防治．山西农业科学，2007，25（10）：42～43

[59] 张美文，郭聪，王勇，胡忠军，陈安国．我国黄胸鼠的研究现状．动物学研究，2000，21（6）：487～497

[60] 张乃明，张玉娟，高阳俊．生物入侵的现状与对策思考．农业环境与发展，2003，20（4）：29～311

[61] 朱清海．检疫杂草——毒麦．现代农业，1979，10：23～24

[62] 周卫川．外来入侵生物福寿螺的风险分析．检验检疫科学，2004，14（6）：37～39

[63] 周曙东，易小燕，汪文，刘莉．外来生物入侵途径与管理分析．农业经济问题，2005，10：19～23

[64] 赵亚辉，胡学友，伍玉明，张春光．谈谈"食人鲳"——兼论生物外来种的入侵．动物学杂志，2003，38（1）：98～101

[65] 张星耀．森林病理学研究的生态数学方法．北京：中国林业出版社，1999

[66] 郑翔云，郑博颖．黄顶菊的传播及对生态环境的影响．杂草科学，2007，2：30～31

[67] 张正文，张雪尽．在黔中高原喀斯特脆弱生态区种植皇竹草治理紫茎泽兰的研究．贵州畜牧兽医，2003，27（3）：4～51

[68] Bailey D J，Otten W. and Gilligan C A. Saprotrophic invasion by the soil-bome fungal plant pathogen rhezactonia solani and percolation thresholds. New phytol，2000，146：535～544

[69] Berestychi H，Hamel F and Roques I. Analysis of the periodically fragmented environment model；Ⅱ. biological invasions and pulasating travelling fronts. J. math. Pures appl，2005，84：1101～1146

[70] Bergelson J，Newman J A and Floresroux F M. Rate of weed spread in spatially heterogeneous environments. Ecology，1993，74：999～1011

[71] Blossey B，Notzold R. Evolution of increased competitive ability in invasive nonindigenous plants：a hypothesis. J. Ecol，1995，83：887～889

[72] Carrol S P，Dinngle H. The biology of post-invasion events. Biological Conservation，1996，78：207～221

[73] Crawley M J，brown S I，heard M S and Edwards G R. Invasion-resistance in experimental grassland communities：species richness or species identity? Ecology letter，1999，2：140～148

[74] Food and Agriculture Organization. International standards for phytosanitary measures. Part 1：Import regulations：Guidelines for pest risk analysis（Draft Standard）. Secretariate of the International Plant Protection Convention. Food and Agriculture Organization of the United Nations. Rome，Italy，1996

[75] Golani D. Tropic adaptation of Red Sea fish to the eastern Mediterranean environment reviewand new data. Isr. J. Zool，1993，39：391～402

[76] Gray A J，Grawley M J，Edwards P F. Colonization，Succession and Stability，1987，429～453

[77] Hastings A，Cuddington K，Davies K F，Dugaw，C J，Elmendorf S F，Reestone A，Harrison S. Freestone A，Holland M，Lambinos J，Malvadkar U，Melbourne B A，Moore K，Taylor C and Thomson D. The spatial spread of invasions：new developments in theory and evidence. Ecology letters，2005，8：91～101

[78] Holway D. A，Suarez A V. Animal behavior：an essential component of invasion biology. Trends in Ecology and Evolution，1999，14（8）：328～330

[79] Huang h j and Ye W H. Exotic invasion and species diversity. Chinese journal of ecology，2004，23（2）：121～126

[80] Lach L，Britton D. K，Rundell R. J. Food preference and reproductive plasticity in an invasive freshwa-

ter snail. BiologicalInvasion, 2000, 2: 279

[81] Latore J, Gould P, Mortimer A M. Effects of habital heterogeneity and dispersal srratedies on population persistence in annual plants. Ecological modeling, 1999, 123: 127 ~ 139

[82] Levine J M. Species diversity and biological invasions: relating local process to community Pattern. Science, 2000, 288 (476): 852 ~ 854

[83] Liebhold A M, Rossi R E, Kemp W P. Geostatistics and geographic information systems in applied insect ecology. Annual Review of Genetics, 1993, 38: 303 ~ 327

[84] Mack R N, Simberloff D, Lonsdale W, Evans H, Clout M and Bazzaz F. Biotic invasions: causes, epidemiology, global consequence, and control. Ecological Applications, 2000, 10: 689 ~ 710

[85] Moody M E and Mack R N. Controlling the spread of plant invasions: the importance of nascent foci. Journal of applied ecology, 1988, 25: 1009 ~ 1021

[86] Naeem S, Knops J M, Tilman D. Plant diversity increases resistance to in the absence of covarying extrinsic factors. Oikos, 2000, 91 (1): 97 ~ 108

[87] Nesslage G M. Spatial structure and invasion success of populations undergoing range expansion: effects of dispersal strategy and landscape heterogeneity. A doctoral dissertation, mechigan state university, 2005, 35 ~ 51

[88] Nix N A. A biogeographic analysis of the Australian elapid snakes//Longmore R, ed. Atlas of Elapid Snakes: Australian Flora and Fauna (series number 7). Canberra: Australian Government Publishing Service, 1986, 415

[89] Parker I M, Simberloff D, Lonsdale W M, GoodelL K, Wonham m, Kareiva P M, Willamson M H, Von Holle B, Moyle P B, Byers J E and Golewasser I. Inpact: toward a framework for understanding the ecological effects of invaders. Biological invasion, 1999, 1: 3 ~ 19

[90] Peterson A T, Cohoon K P. Sensitivity of distributional prediction algorithms to geographic data completeness. Ecological Modelling, 1999, 117: 159 ~ 164

[91] Powell A M. Systematics of *Flaveria* (F1averiinae-Asteraceae). Annals of the Missouri Botanical Garden, 1978, 65: 590 ~ 636

[92] Pratt H D, Bruner P L, Berrett D G. A field guide to the birds of Hawaii and the tropical Pacific [M]. Priceton: Princeton University Press, N J, 1987

[93] Pysek P, Richardson D M, Rjmanek M, Webster G, Willianson M and Kirschner J. Alien plants in checklists and floras: towards better communication between taxonomists and ecologists. Taxon, 2004, 53: 131 ~ 143

[94] Reichard S H and White P. Horticulture as a pathway of inwasive plant introductions in the United atates. BioScience, 2001, 51: 103 ~ 113

[95] Robinson G R, Uinn J F and Stanton M I. Invisibility of ecoperimental habitat islands in valifornia winter annual grassland. Ecology, 1995, 76: 786 ~ 794

[96] Roughgraden J, Pacala S and Rummel J D. Strong present-day competition between the Anolis lizard populations of St. Martin (Neth. Antiles). 1984. In B. Shirricks, editor. Evolutionary Ecology, 1984, 220 ~ 223

[97] Royer M H. Integrating computerized decisions aids into the pest risk analysis process. NAPPO Annual Meeting. October 16 ~ 20. Quebec City, Quebec, 1989

[98] Shigesada N and Kawasaki K. Biological invasions: theory and practice. Oxford university press, oxford, 1997, 110 ~ 52

[99] Stanton L. E. The establishment, expansion and ecosystem effects of *Phragmites Australis*, an invasive species in coastal Louisiana. A doctoral dissertation. the Louisiana State University, 2005, 1 ~ 102

[100] Tilman D. Niche tradeoffs, neutrality, and community. structure: a stochastic theoty of resource competition, invasion, and community assembly. Proceedings of the national academy of sciences of the united of the united states of America, 2004, 101: 10854 ~ 10861

[101] Turnbull I A, Baudois S R O, Eichenberger-Glinz S, Wacher I and Schmid B. Expedimental invasion by legumes reveals non-random assembly rules in grassland communities. Journal of ecology, 2005, 93: 1026 ~ 1070

[102] Wangen S R, Webster C R and Griggs J A. Spatial characteristics of the invasion of acer platanoides on a temperate forested island. Biological invasions, 2006, 8 (5): 1001 ~ 1012

[103] Wilcove D S, D. Rothstein J, Dubow A, Phillips E and Losos. Quantifying threats to imperiled species in the United States. BioScience, 1998, 48: 607 ~ 615

[104] Williamson J N and Harrison S. Biotic and abiotic limits to the spread of exotic revegetation species in oak woodland and serpentine habitats. Ecology application, 2002, 12: 40 ~ 51

[105] Willianson M and Fitter A. The varying success of invaders. Ecology, 1996a, 77: 1661 ~ 1666

[106] Willianson M and Fitter A. The characters of successful invaders. Biological conservation, 1996b, 78: 163 ~ 170

[107] Willis A J, Thomas M B, Lawton J H. Is the increased vigor of invasive weeds explained byatrade-off between growth and herbivore resistance. Oecologia, 1999, 120: 632 ~ 640

[108] Wiser S K, Allen R B, Clinton P W and Platt K H. Community structure and forest invasion by an exotic herb over 23 years. Ecology, 1998, 79: 2071 ~ 2081

[109] With K A. The landscape ecology of invasive spread. Conservation biology, 2002, 16: 1192 ~ 1203

[110] Yamamura K, Katsumata H. Estimation of the p robability of insect pest introduction through imported commodities. Researches on Population Ecology, 1999, 41: 275 ~ 282

[111] Yurkonis K A and Meiners S J. Invasion impacts local species turnover in a successional system. Ecolcgy, 2004, 7: 764 ~ 769

东亚小花蝽成虫对西花蓟马的捕食作用

于 毅 张安盛 李丽莉 门兴元

（山东省农业科学院植物保护研究所，济南 250100）

摘 要：室内开展了东亚小花蝽成虫对西花蓟马的捕食功能反应与搜寻效应研究。结果表明，试验温度下其捕食功能反应符合 Holling II 型方程，东亚小花蝽成虫对西花蓟马若虫、成虫的捕食量随着猎物密度的增加而增加，搜寻效应随着猎物密度的增加而降低，捕食上限分别为 163.9 头和 51.3 头。

关键词：东亚小花蝽；西花蓟马；捕食作用

西花蓟马（*Frankliniella occidentalis* Pergande）是世界性危险害虫，分布于全球 69 个国家和地区[1]。该害虫在我国的适宜定居区有二十多个省、自治区、直辖市[2~3]，现已在北京、云南、浙江、山东等省市多种作物上发生和为害[4~5]。西花蓟马可为害 50 多个科 500 多种植物，并传播多种病毒病，严重影响作物的产量和质量[1]。

西花蓟马个体小，具有隐匿性，随着抗药性的增强，一般的化学防治方法很难对其进行有效防治。东亚小花蝽（*Orius sauteri* Poppius）是中国重要捕食性天敌，为探明其对西花蓟马的捕食作用，笔者进行了东亚小花蝽成虫对西花蓟马若虫、成虫的捕食功能反应与搜寻效应研究。

1 材料与方法

1.1 供试虫源

西花蓟马由中国农业科学院蔬菜花卉研究所提供，室内在糖果瓶中用芸豆饲喂，建立稳定种群，选择 2 ~3 龄若虫、成虫做供试猎物；东亚小花蝽成虫采自山东省农业科学院试验农场，在糖果瓶中用西花蓟马饲喂 48h，再饥饿 24h 做供试天敌。

1.2 试验方法

试验在 HPG-280H 型光照培养箱中进行，供试温度为 26℃ ±0. 5℃，相对湿度为 65% ±3%。将供试西花蓟马若虫、成虫分别吸入塑料注射器管中（若虫密度分别为 10 头/管、20 头/管、30 头/管、40 头/管、50 头/管和 60 头/管，成虫密度分别为 5 头/管、10 头/管、15 头/管、20 头/管、25 头/管和 30 头/管），每管放入一体积为 1. 0cm

×0.5cm×0.2cm 的芸豆片，再接入 1 头东亚小花蝽成虫，最后用封口膜将注射器封口，每密度处理重复 4 次。24h 后检查西花蓟马剩余数量。

1.3 数据处理

1.3.1 功能反应[6]

$$\frac{1}{N_a}=\frac{1}{a}\times\frac{1}{N}+T_h \quad (1)$$

1.3.2 搜寻效应估计[6]

$$S=\frac{a}{1+aT_hN} \quad (2)$$

式中：N 为供试猎物密度，N_a为被捕食猎物数量，a 为瞬时攻击率，T_h为处置一头猎物的时间，S 为搜寻效应。

2 结果与分析

2.1 东亚小花蝽成虫对西花蓟马的捕食功能反应

东亚小花蝽成虫对西花蓟马若虫、成虫的捕食量见图 1 所示。结果表明，东亚小花蝽成虫对西花蓟马的捕食量均随着猎物密度的增加而增加，当猎物密度增加到一定限度后，其捕食量增加的速度变慢，呈负加速曲线。在相同猎物密度下，东亚小花蝽成虫对西花蓟马若虫的捕食量大于其对西花蓟马成虫的的捕食量。

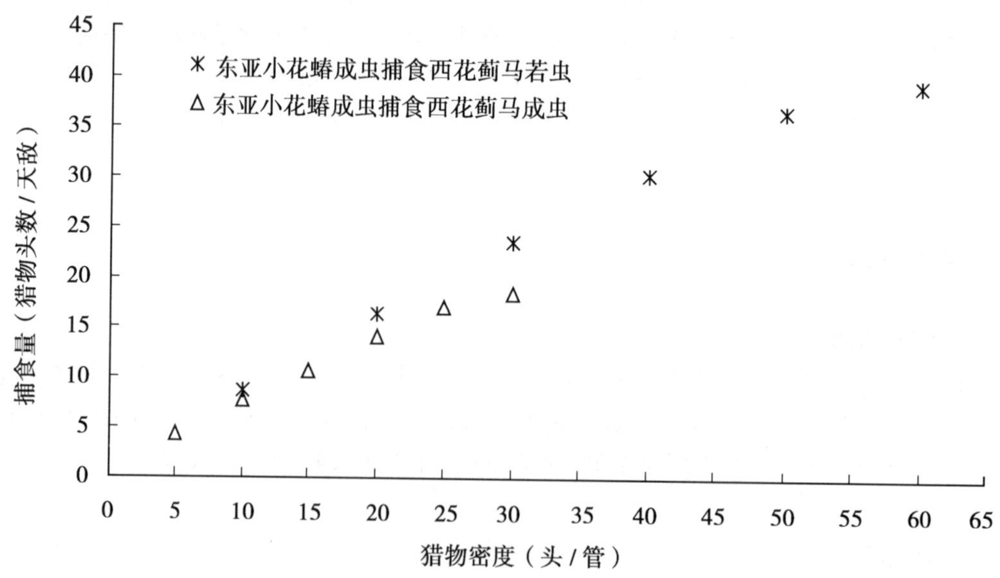

图 1 不同猎物密度下东亚小花蝽成虫对西花蓟马的捕食量

根据 Holling II 型圆盘方程（公式 1）计算得到东亚小花蝽成虫对西花蓟马若虫、成虫的功能反应方程及其参数，见表 1 所示。结果显示，方程的相关系数 R 值均较高

(0.9998, 0.9990), 表明东亚小花蝽成虫捕食量与西花蓟马密度显著相关; X^2 值 (0.0364, 0.0801) 均低于 $X^2_{(0.01,4)}$ (13.28), 理论捕食量与实际捕食量非常吻合。东亚小花蝽成虫处理1头西花蓟马若虫所需的时间 T_h 为0.0061d, 瞬间攻击率 a 为0.9147, 捕食上限为163.9头/d; 处理1头西花蓟马成虫所需的时间 T_h 为0.0195d, 瞬间攻击率 a 为0.9375, 捕食上限为51.3头/d; 对西花蓟马若虫的捕食上限远高于西花蓟马成虫。

表1 东亚小花蝽成虫对西花蓟马的功能反应

西花蓟马虫态	功能反应方程	R	T_h (d)	a	捕食上限(头/天)	X^2
若虫	$1/N_a = 0.0061 + 1.0932/N$	0.9998	0.0061	0.9147	163.9	0.0364
成虫	$1/N_a = 0.0195 + 1.0667/N$	0.9990	0.0195	0.9375	51.3	0.0801

2.2 东亚小花蝽成虫对西花蓟马搜寻效应估计

东亚小花蝽成虫对西花蓟马若虫、成虫的搜寻效应见图2所示。结果表明，东亚小花蝽成虫对西花蓟马若虫、成虫的搜寻效应均随着猎物密度的增加而降低。在相同西花蓟马密度下，东亚小花蝽成虫对西花蓟马若虫的搜寻效应高于其对西花蓟马成虫的搜寻效应。

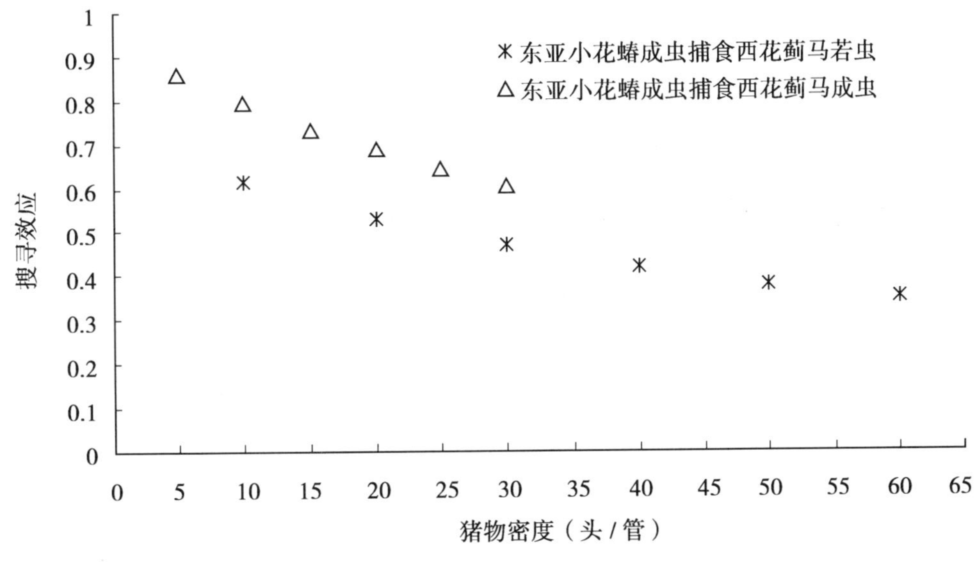

图2 东亚小花蝽成虫搜寻效应与西花蓟马密度的关系

3 结论

西花蓟马是危险性入侵害虫，已在局部地区定居、传播和为害。充分发挥本土的天敌资源的作用，是建立西花蓟马防控体系的重要环节。在国外，多种小花蝽 *Orius* 如

O. laevigatus、*O. majusculus*、*O. armatus*、*O. heteroriosus*、*O. tantillus*、*O. insidiosus* 被用来防治西花蓟马[1]，本试验中东亚小花蝽成虫对西花蓟马若虫、成虫的理论日捕食量分别达 163.9 头和 51.3 头，表明东亚小花蝽成虫对西花蓟马有较好的捕食潜能，在西花蓟马生物防治中有重要的应用价值。

本试验是在室内限定条件下进行的，自然界中捕食性天敌的捕食能力受温度、湿度等多种因子的影响，这些因子对东亚小花蝽捕食西花蓟马的影响有待研究。

参考文献

[1] 吴青君，张友军，徐宝云等．入侵害虫西花蓟马的生物学、危害及防治技术．昆虫知识，2005，42（1）：11～14

[2] 戴霖，杜予州，张刘伟等．西花蓟马在中国的适生性分布研究初报．植物保护，2004，30（6）：48～51

[3] 程俊峰，万方浩，郭建英．入侵昆虫西花蓟马的潜在适生区分析．昆虫学报，2006，49（3）：438～446

[4] 吴青君，徐宝云，张治军等．京、浙、滇地区植物蓟马种类及其分布调查．中国植保导刊，2007，27（1）：32～34

[5] 郑长英，刘云虹，张乃芹等．山东省发现外来入侵有害生物-西花蓟马．青岛农业大学学报，2007（3）：172～174

[6] 丁岩钦．昆虫数学生态学，北京：科学出版社，1994

Predation of *Orius sauteri* Adult on *Frankliniella Occidentalis* Nymphs and Adults

Yu Yi, Zhang Ansheng, Li Lili, Meng Xingyuan

(Institute of Plant Protection, ShanDong Academy of Agricultural Sciences, Jinan 250100, China)

Abstract: Functional response and searching rate of the *Orius sauteri* adult on *Frankliniella occidentalis* were studied in laboratory. The results showed that the functional response could be described with Holling II equation at the tested temperature. Predation capacity of *O. sauteri* adult on *F. occidentalis* nymphs and adults increased with the increasing density of *F. occidentalis*, while searching rate decreased. The maximal predation were 163.9 and 51.3, respectively.

Key words: *Orius sauteri*; *Frankliniella occidentalis*; Predation

外来入侵杂草化感效应研究进展

陈　艳　张国良*　付卫东

（中国农业科学院农业环境与可持续发展研究所，北京　100081）

摘　要： 外来入侵杂草是外来植物中具有侵略扩张性的物种，对农业生产造成了极大的危害，并严重威胁到我国本土群落的生物多样性。化感效应在外来杂草入侵过程中起着非常重要的作用。简要的综述了外来入侵杂草化感潜势、化感作用研究方法、化感作用机理，提出了化感作用的研究方向。

关键词： 外来入侵杂草；化感作用；研究方法

生物入侵是指某种生物从原来的分布区域扩展到一个新的（通常也是遥远的）地区，在新的区域里，其后代可以繁殖、扩散并持续下去[1]。导致生物入侵的杂草称为外来入侵杂草。

外来入侵杂草是外来植物中具有侵略扩张性的物种，对农业生产造成了极大的危害，并严重威胁到我国本土群落的生物多样性。目前在我国危害非常严重的外来入侵杂草有：紫茎泽兰（*Eupatorium adenophorum* Spreng）、薇甘菊（*Mikania micrantha*）、普通豚草（*Ambrosia artemisiifolia*）、三裂豚草（*Ambrosia trifida*）、胜红蓟（*Ageratrm conyzoides*）、蟛蜞菊（*Wedelia chinensis*），加拿大一枝黄（*Solidago canadensis*）、飞机草（*Chromolaena odoratum*）、一年蓬（*Erigeron anglica*）和水葫芦（*Eichhornia crassipes*）等。根据研究表明，许多外来入侵杂草在和新生境植物种间相互作用中能够通过释放特定的化学物质而抑制当地物种的萌发和生长发育，即所谓的化感作用。外来杂草的化感作用在其入侵过程中起到重要的作用[2]。

1　外来入侵杂草的化感潜势及化感物质

大多数能够入侵的外来杂草都被证明具有化感效应。紫茎泽兰地上部水提取物对豌豆种子萌发和幼苗的生长均有抑制作用，化感活性较强的组分为9－酮－泽兰酮[3]。薇甘菊释放出的化感物质能够抑制邻近植物的生长，其地上部分、根部、枯枝叶和土壤的水提液能够明显抑制番茄和白菜的生长[4]。加拿大一枝黄花茎叶部分和地下部分的水浸液对长梗白菜、番茄、萝卜、小麦和辣椒种子萌发表现为抑制作用，对种子苗高和胚

* 通讯作者：张国良，男，副研究员，主要从事外来入侵生物综合治理研究。

根生长为低促进高抑制的化感现象[5]。蟛蜞菊水提物对萝卜、莴苣和苜蓿有较强的抑制作用，从蟛蜞菊中分离出两个很强的化感作用物质，鉴定为倍半萜内酯[6]。豚草的挥发物和茎叶水浸提液对大豆和小麦种子萌发有明显的抑制作用，对玉米幼根的伸长有抑制作用，其释放的化感物质主要是萜类、烯醇类和聚乙炔类化合物[7]。三裂叶豚草茎叶部分的水浸液对大豆、玉米、小麦和水稻种子的萌发和幼苗和幼根伸长有明显的抑制作用[8]。胜红蓟通过地上部的淋溶和凋落物的分解向体外释放次生代谢物来抑制邻近植物的生长发育，主要的化感物质有早熟素和 5，22 - 二烯 - 3^1β - 豆甾醇[9]。地上部分的挥发物质有 11 种不同类型的化合物组成，其中，早熟素Ⅰ、早熟素Ⅱ、乙酸莳醇酯、子丁香烯、红没药烯、3，3 - 二甲基 - 5 - 特丁基茚酮为主要成分[10]。飞机草乙醇提取物对菜心、小白菜和大白菜等种子具有明显的抑制萌发作用[11]。一年蓬地上部分的水浸提液在高浓度下对辣椒、萝卜、长梗白菜和番茄种子萌发，幼苗的根长和苗高表现出明显的抑制作用，其主要的化感物质为倍半萜和二萜类物质[12]。

植物向环境释放的化感物质并不是单一的，化感物质之间常常存在着协同、拮抗或简单的加合作用。孔垂华等从胜红蓟挥发油中分离出 6 种主要的化感物质，早熟素Ⅰ、早熟素Ⅱ、3，3 - 2 甲基 - 5 - 特丁基茚酮及子丁香烯虽有较强的化感活性，但均弱于挥发油的化感活性，而子丁香烯，红没药烯和乙酸莳醇酯则基本无化感活性。但是，早熟素Ⅱ和无活性的三个化感物质结合，则表现出强烈的化感活性，说明胜红蓟各化感物质之间存在着明显的协同作用[10]。

2 外来入侵杂草化感作用的研究方法

2.1 化感物质的提取、鉴定

化感物质主要是通过雨雾淋溶、根系分泌、植物残株或掉落物分解和茎叶挥发等途径进入环境中。化感物质的来源不同，收集方法也不尽相同。主要采用的方法有浸渍法、连续性根分泌物收集系统法（CRETS）、固体吸附法和腐解法等。根据化感物质进入环境的途径模拟自然条件来收集，尽量不影响化感作用的实际状态，提取的化感物质才具现实意义。化感物质的纯化主要采用萃取法和色谱法。通过生物测定活性跟踪，将杂质除去。化感物质鉴定广泛应用紫外、红外、核磁共振、质谱和气相色谱/质谱联用技术（GC/MS）等。

2.2 生物测定

外来入侵杂草化感作用潜势的确定，化感物质的提取，分离，鉴定的生物活性追踪，以及化感作用机理研究都必须进行生物测定。外来入侵杂草利用物理和化学机制同新生境的土著种竞争。植物之间的干扰作用是光照、营养和水分等资源竞争和化感作用复杂的结合。考虑到植物化感潜势，区分化感作用和资源竞争干扰的影响是非常必要的，因此，研究化感作用的生物测定实验的设计应尽量从整个实验系统中消除竞争干扰影响的因素[12]。生物测定实验的受体植物应根据研究目的和在野外可能的作用对象来选择。生物测定常采用种子发芽测定法和幼苗生长测定法。由于化感物质主要是次生代谢物质，在植物体中的含量很少，化感物质的提取耗费大量的人力物力，这就为生物测定提出了更高的要求。改进生物测定方法，利用较少的化感物质来准确评价外来杂草的化感效应。

目前化感作用的研究方法缺乏标准化，采用什么方法对化感物质进行提取分离纯化鉴定和检测才能得到更令人信服的科学结论是化感作用研究中亟待解决的问题。

3 外来入侵杂草化感物质的作用机理研究

外来入侵杂草对作物的化感效应是通过化感物质实现，化感物质包括多种分子结构不同的化学物质。Rice（1984）将化感物质划分为15类：①简单的水溶性有机酸，直链醇，脂肪醇，脂肪醛和酮；②简单的不饱和内酯；③长链脂肪酸和聚乙炔；④醌类；⑤简单酚类，苯甲酸及其衍生物；⑥肉桂酸及其衍生物；⑦香豆素类；⑧黄酮类；⑨单宁；⑩萜类和甾类化合物；⑪氨基酸和多肽；⑫生物碱和氰醇；⑬糖，硫氰酸酯；⑭嘌呤和核苷；⑮其他化合物。这些物质对植物的作用方式不尽相同，因此存在多种化感作用机理。研究外来入侵杂草化感物质的作用机制对揭示化感作用的本质和入侵机理具有重要的理论指导意义。

3.1 对光合作用的影响

叶绿素是光合作用的场所。酚类是外来入侵杂草主要的化感物质。肉桂酸、苯甲酸、对羟基苯甲酸等都对叶绿体造成伤害，使叶片失绿，造成植物光合作用的下降[13]。胜红蓟的化感物质能显著降低受试作物（番茄、萝卜和绿豆）的叶绿体含量，说明它们能影响受试的光合作用或叶绿素合成的酶系统[10]。

3.2 对细胞膜透性的破坏

化感物质能降低细胞膜的完整性，使细胞内物质大量渗出，渗出液的电导率增加[14]。酚酸类物质能改变膜的透性，倍半萜内酯能够引起质膜破裂和原生质溶解。

3.3 影响酶的活力

化感物质能影响生物体内关键酶的抑制和激活。三裂叶蟛蜞菊水提液能显著抑制菜心叶片保护酶和硝酸还原酶活性，花生种子的萌发过程中，能降低其过氧化物酶等保护酶的活性[15,16]。

3.4 对植物激素活性的影响

植物激素水平收化感物质的强烈影响。用浓度为2.5mol·L^{-1}的阿魏酸处理小麦幼苗，其体内的内源激素－生长素（IAA）、赤霉素（GA）、细胞分裂素（ZR）大量积累，反而抑制了小麦幼苗的生长，同时诱导脱落酸含量升高（ABA）[17]。一些酚酸类物质可以抑制山葵过氧化物酶与吲哚乙酸反应，从而阻止了吲哚乙酸的降解。

3.5 其他

化感物质还影响细胞亚显微结构、蛋白质合成，改变核酸代谢等。安息香酸影响植物对根际养分的吸收，致使植物养分吸收不平衡，抑制了植物的生长[18]。

4 外来入侵杂草化感作用研究方向

4.1 目前外来入侵杂草化感作用的研究大多停留在化感现象的观察和化感物质鉴定方面，对化感物质作用机制上的研究不够深入，这是以后研究的关键内容。

4.2 加强外来入侵杂草和作物相互作用的化学物质识别，化感物质在环境、作物体内的迁移变化规律，外来入侵杂草为什么和在什么条件下产生并释放化感物质，释放化感物质的种类和数量方面研究[19]。弄清化感作用在生态系统中的自然化学调控规律对筛选出对外来入侵杂草化感作用不敏感，反而对外来入侵杂草生长具有抑制作用的作物，利用植被替代有效的控制外来入侵杂草。

4.3 摸索探讨化感作用的野外实验，毕竟外来入侵杂草具有化感效应和真正在自然条件下显示化感效应并不是一回事。在陆地生态系统中，大部分的化感物质要经过土壤为媒介的作用才能影响其他植物，土壤是个复杂的生态系统，将分离出来的化感物质放到原来的自然生态系统中去，使得化感作用的研究更接近于自然，化感作用的研究才具有效性。

4.4 外来入侵杂草分子生物学水平上的研究。化感关键酶的基因克隆和转基因，并对受体植物基因的表达与调控，化感物质的生物合成途径与关键酶的特性研究[20]。利用基因工程技术将化感基因引入到栽培品种中去，开发出可以抑草、抗病、抗虫的新品种，减少了化学农药使用，从而减少了对环境的污染。

4.5 对外来入侵杂草化感作用和活性化感物质的研究，从中寻找出具有生物活性的先导化合物，对其结构进行修饰，制成植物源农药和成长调节剂，使其变废为宝，为外来入侵杂草的利用开辟新途径。